普通高等教育“十一五”国家级规划教材

全国高等学校自动化专业系列教材
教育部高等学校自动化专业教学指导分委员会牵头规划

国家级精品课程教材

Principles of Automatic Control (Second Edition)

自动控制原理

（第2版）

王建辉 顾树生 主编
Wang Jianhui Gu Shusheng

清華大學出版社
北京

内 容 简 介

本书阐述了经典控制理论的基本概念、原理和自动控制系统的各种分析方法，主要内容包括线性连续系统与离散系统的时域和频域理论，如系统的动态性能、静态性能、稳定性的分析和各种设计方法的运用等。

本书从基本概念、基本分析方法入手，结合生产和生活中的实例，以时域分析方法为主线，时域分析和频域分析并进，在严谨的数学推导的基础上，利用直观的物理概念，引出系统参数与系统指标之间的内在联系。

本书既可以作为高等学校自动化、仪表、电气传动、计算机、机械、化工、航天航空等相关专业的教材，也可供有关工程技术人员再学习时参考。

图书在版编目(CIP)数据

自动控制原理/王建辉，顾树生主编. —2版. —北京：清华大学出版社，2014(2024.7重印)
全国高等学校自动化专业系列教材
ISBN 978-7-302-34743-9

Ⅰ. ①自… Ⅱ. ①王… ②顾… Ⅲ. ①自动控制理论 Ⅳ. ①TP13

中国版本图书馆CIP数据核字(2013)第298457号

责任编辑：王一玲
封面设计：傅瑞学
责任校对：梁 毅
责任印制：刘 菲

出版发行：清华大学出版社
网 址：https://www.tup.com.cn，https://www.wqxuetang.com
地 址：北京清华大学学研大厦A座　**邮 编**：100084
社 总 机：010-83470000　**邮 购**：010-62786544
投稿与读者服务：010-62776969，c-service@tup.tsinghua.edu.cn
质量反馈：010-62772015，zhiliang@tup.tsinghua.edu.cn
课件下载：https://www.tup.com.cn，010-62795954

印 装 者：大厂回族自治县彩虹印刷有限公司
经 销：全国新华书店
开 本：175mm×245mm　**印 张**：29.75　**字 数**：628千字
版 次：2007年4月第1版　2014年4月第2版　**印 次**：2024年7月第24次印刷
定 价：75.00元

产品编号：056553-03

出版说明

《全国高等学校自动化专业系列教材》

为适应我国对高等学校自动化专业人才培养的需要，配合各高校教学改革的进程，创建一套符合自动化专业培养目标和教学改革要求的新型自动化专业系列教材，“教育部高等学校自动化专业教学指导分委员会”（简称“教指委”）联合了“中国自动化学会教育工作委员会”、“中国电工技术学会高校工业自动化教育专业委员会”、“中国系统仿真学会教育工作委员会”和“中国机械工业教育协会电气工程及自动化学科委员会”四个委员会，以教学创新为指导思想，以教材带动教学改革为方针，设立专项资助基金，采用全国公开招标方式，组织编写出版了一套自动化专业系列教材——《全国高等学校自动化专业系列教材》。

本系列教材主要面向本科生，同时兼顾研究生；覆盖面包括专业基础课、专业核心课、专业选修课、实践环节课和专业综合训练课；重点突出自动化专业基础理论和前沿技术；以文字教材为主，适当包括多媒体教材；以主教材为主，适当包括习题集、实验指导书、教师参考书、多媒体课件、网络课程脚本等辅助教材；力求做到符合自动化专业培养目标、反映自动化专业教育改革方向、满足自动化专业教学需要；努力创造使之成为具有先进性、创新性、适用性和系统性的特色品牌教材。

本系列教材在“教指委”的领导下，从2004年起，通过招标机制，计划用3～4年时间出版50本左右教材，2006年开始陆续出版问世。为满足多层面、多类型的教学需求，同类教材可能出版多种版本。

本系列教材的主要读者群是自动化专业及相关专业的大学生和研究生，以及相关领域和部门的科学工作者和工程技术人员。我们希望本系列教材既能为在校大学生和研究生的学习提供内容先进、论述系统和适于教学的教材或参考书，也能为广大科学工作者和工程技术人员的知识更新与继续学习提供适合的参考资料。感谢使用本系列教材的广大教师、学生和科技工作者的热情支持，并欢迎提出批评和意见。

《全国高等学校自动化专业系列教材》编审委员会

2005年10月于北京

《全国高等学校自动化专业系列教材》编审委员会

序

FOREWORD

自动化学科有着光荣的历史和重要的地位,20世纪50年代我国政府就十分重视自动化学科的发展和自动化专业人才的培养。五十多年来,自动化科学技术在众多领域发挥了重大作用,如航空、航天等,两弹一星的伟大工程就包含了许多自动化科学技术的成果。自动化科学技术也改变了我国工业整体的面貌,不论是石油化工、电力、钢铁,还是轻工、建材、医药等领域都要用到自动化手段,在国防工业中自动化的作用更是巨大的。现在,世界上有很多非常活跃的领域都离不开自动化技术,例如机器人、月球车等。另外,自动化学科对一些交叉学科的发展同样起到了积极的促进作用,例如网络控制、量子控制、流媒体控制、生物信息学、系统生物学等学科就是在系统论、控制论、信息论的影响下得到不断的发展。在整个世界已经进入信息时代的背景下,中国要完成工业化的任务还很重,或者说我们正处在后工业化的阶段。因此,国家提出走新型工业化的道路和"信息化带动工业化,工业化促进信息化"的科学发展观,这对自动化科学技术的发展是一个前所未有的战略机遇。

机遇难得,人才更难得。要发展自动化学科,人才是基础、是关键。高等学校是人才培养的基地,或者说人才培养是高等学校的根本。作为高等学校的领导和教师始终要把人才培养放在第一位,具体对自动化系或自动化学院的领导和教师来说,要时刻想着为国家关键行业和战线培养和输送优秀的自动化技术人才。

影响人才培养的因素很多,涉及教学改革的方方面面,包括如何拓宽专业口径、优化教学计划、增强教学柔性、强化通识教育、提高知识起点、降低专业重心、加强基础知识、强调专业实践等,其中构建融会贯通、紧密配合、有机联系的课程体系,编写有利于促进学生个性发展、培养学生创新能力的教材尤为重要。清华大学吴澄院士领导的《全国高等学校自动化专业系列教材》编审委员会,根据自动化学科对自动化技术人才素质与能力的需求,充分吸取国外自动化教材的优势与特点,在全国范围内,以招标方式,组织编写了这套自动化专业系列教材,这对推动高等学校自动化专业发展与人才培养具有重要的意义。这套系列教材的建设有新思路、新机制,适应了高等学校教学改革与发展的新形势,立足创建精品教材,重视实践性环节在人才培养中的作用,采用了竞争机制,以激励和推动教材建设。在此,我谨向参与本系列教材规划、组织、编写的老师致以诚挚的感谢,并希望该系列教材在全国高等学校自动化专业人才培养中发挥应有的作用。

吴启迪 教授

2005年10月于教育部

序

FOREWORD

《全国高等学校自动化专业系列教材》编审委员会在对国内外部分大学有关自动化专业的教材做深入调研的基础上，广泛听取了各方面的意见，以招标方式，组织编写了一套面向全国本科生（兼顾研究生）、体现自动化专业教材整体规划和课程体系、强调专业基础和理论联系实际的系列教材，自 2006 年起将陆续面世。全套系列教材共 50 多本，涵盖了自动化学科的主要知识领域，大部分教材都配置了包括电子教案、多媒体课件、习题辅导、课程实验指导书等立体化教材配件。此外，为强调落实"加强实践教育，培养创新人才"的教学改革思想，还特别规划了一组专业实验教程，包括《自动控制原理实验教程》、《运动控制实验教程》、《过程控制实验教程》、《检测技术实验教程》和《计算机控制系统实验教程》等。

自动化科学技术是一门应用性很强的学科，面对的是各种各样错综复杂的系统，控制对象可能是确定性的，也可能是随机性的；控制方法可能是常规控制，也可能需要优化控制。这样的学科专业人才应该具有什么样的知识结构，又应该如何通过专业教材来体现，这正是"系列教材编审委员会"规划系列教材时所面临的问题。为此，设立了《自动化专业课程体系结构研究》专项研究课题，成立了由清华大学萧德云教授负责，包括清华大学、上海交通大学、西安交通大学和东北大学等多所院校参与的联合研究小组，对自动化专业课程体系结构进行深入的研究，提出了按"控制理论与工程、控制系统与技术、系统理论与工程、信息处理与分析、计算机与网络、软件基础与工程、专业课程实验"等知识板块构建的课程体系结构。以此为基础，组织规划了一套涵盖几十门自动化专业基础课程和专业课程的系列教材。从基础理论到控制技术、从系统理论到工程实践、从计算机技术到信号处理、从设计分析到课程实验，涉及的知识单元多达数百个、知识点几千个，介入的学校 50 多所、参与的教授 120 多人，是一项庞大的系统工程。从编制招标要求、公布招标公告，到组织投标和评审，最后商定教材大纲，凝聚着全国百余名教授的心血，为的是编写出版一套具有一定规模、富有特色的、既考虑研究型大学又考虑应用型大学的自动化专业创新型系列教材。

然而，如何进一步构建完善的自动化专业教材体系结构？如何建设基础知识与最新知识有机融合的教材？如何充分利用现代技术，适应现代大学生的接受习惯，改变教材单一形态，建设数字化、电子化、网络化等多元形态、开放性的“广义教材”？等等，这些都还有待我们进行更深入的研究。

本套系列教材的出版，对更新自动化专业的知识体系、改善教学条件、创造个性化的教学环境，一定会起到积极的作用。但是由于受各方面条件所限，本套教材从整体结构到每本书的知识组成都可能存在许多不当甚至谬误之处，还望使用本套教材的广大教师、学生及各界人士不吝批评指正。

吴澄 院士

2005年10月于清华大学

前言

PREFACE

自动控制技术已经广泛应用于工农业生产、交通运输和国防建设的各个领域。自动控制技术以控制理论为基础，以计算机为手段，解决了一系列高科技难题，诸如宇宙航行、航空航天工程、导弹制导与导弹防御体系等领域的一些高精度控制问题等，在科学技术现代化的发展与创新过程中，正在发挥着越来越重要的作用。

“自动控制原理”是自动化及相关专业的一门技术基础课。由于自动控制技术在各个行业的广泛渗透，其控制理论已逐渐成为高等学校许多学科共同的专业基础，且愈来愈占有重要的位置。

控制理论一般分为以讲述单输入单输出(SISO)系统理论为主的经典控制理论(自动控制原理)和以讲述多输入多输出(MIMO)系统理论为主的所谓“现代控制理论”。实质上，SISO 理论既是 MIMO 理论的特例，又是 MIMO 理论的基础。这两种理论是互通的，有着极其密切的内在联系。研究所用的主要方法都是以时域和频域为主。在研究 MIMO 系统时经常采用解耦的方法，把多变量、强耦合的系统分解成若干个独立系统，再用单变量系统的理论进行分析与综合。

由于计算机技术和信息技术的迅速发展，加快了社会信息化的进程，拓宽了自动化专业的发展空间。在以教学创新为目标，以教材建设带动教学改革的思想指导下，本教材在 20 多年实践的历程中，不断修订。1980 年，初版由杨自厚主编、冶金工业出版社出版；1987 年出版了修订版；2001 年 9 月由顾树生、王建辉主编，杨自厚主审，出版了第 3 版(原冶金工业部“九五”规划教材)；2005 年 1 月由王建辉、顾树生主编，杨自厚主审，出版了第 4 版；2007 年 4 月入选全国高等学校自动化专业系列教材，由清华大学出版社出版。

教材的每次修订都是在前修订版的基础上重构和重组，以适应教学改革的需要和市场经济对人才培养的要求；教学内容的增减，更适合自主学习——这是今后大学生的主要学习方式，体现了“先进性、创新性、适用性”，体现了自动化类教材要与国际接轨，要面向世界、面向未来、面向经济建设的办学指导思想。

该教材曾获机械工业出版社优秀教材二等奖，辽宁省优秀教学成果二等奖，并被评为辽宁省和东北大学精品教材。目前已累计发行逾

16万册。为东北大学的"自动控制原理"课程成为国家级精品课奠定了坚实的基础。

本书注重更新观念,深化改革,理论联系实际,努力拓宽专业口径,以增强培养人才的适应性;为加强基本理论、工程技能和专业素质教育,在体系结构、内容安排、授课方式等方面均作了大的改动;引入了本科学生能够理解的新方法;改变了主要理论、方法的比例,并尽量使其相互独立,以适应教学、研究及人才培养的需要。

本教材从基本概念、基本分析方法入手,结合生产和生活中的实例,以时域分析方法为主线,时域分析和频域分析并进,利用直观的物理概念,使学生充分理解系统结构、参数与系统指标之间的内在联系,由浅入深地引导学生理解和掌握经典控制理论的精髓。

此次重新出版保留了前五版的数学推导严谨、物理概念清楚等主要特色,加强了基本理论和基本概念的阐述,增加了通用性的内容,除用数学工具分析工程中的实际系统之外,还力求由浅入深、循序渐进和突出重点,同时给学生自学留有充分的空间。这既给分析、设计和调试目前工业中广泛应用的各种控制系统提供了清楚的理论依据,又为学习有关专门文献和现代控制理论打下了良好的基础,也为进一步激发和调动学生的潜能和积极性创造了条件。

本书由王建辉、顾树生主编。全书共分8章:第1章和各章MATLAB部分由徐林执笔,第2章由方晓柯执笔,第3、第4、第8章由王建辉执笔,第5章由顾树生执笔,第6章由王大志执笔,第7章由徐建有执笔。应当指出,本书版本的不断修订,是一个不断完善、不断提高、不断创新的过程。在这个过程中,许多兄弟院校的同行对我们的工作给予了多方面的支持和帮助;同时,还有我们永远不会忘记本书初版和修订版的作者:杨自厚、汪谊臣、吴源达、李宝泽、余平章、侯军等教授对本书的贡献;我们的博士研究生张宇献,硕士研究生吴同刚、赵光鑫、董亮、鲍凤忠、浮洁、李琳、郭银环、郭磊、郭锐、王留福、王立岩等参与了本书的打字、绘图、排版。在此,谨向对我们的编写工作给予积极支持和大力帮助的人们表示诚挚的谢意!

由于时间仓促,加之我们水平有限,错误在所难免,敬请广大读者谅解并予以指正,我们将不胜感激!

编　者

2013年10月

主要符号表

符号	符号说明	首次出现页码
$x_{\mathrm{r}}(t)$	系统的输入量	6
$x_{\mathrm{c}}(t)$	系统的输出量	6
$\sigma\%$	最大超调量	12
x_{cm}	输出最大值	12
$x_{\mathrm{c}}(\infty)$	输出稳态值	12
t_{r}	上升时间	12
t_{s}	调节时间	13
μ	振荡次数	13
K	弹性系数,扭簧的弹性系数	18
B,K_{f}	阻尼器的阻尼系数,黏性摩擦系数	18
R	电阻	21
L	电感	22
C	电容器	21
J	转动系统的惯性矩,转动惯量	19
u_{d}	电动机的电枢电压	22
i_{d}	电动机电枢回路电流	23
R_{d}	电动机电枢回路电阻	23
L_{d}	电动机电枢回路电感	23
e_{d}	电动机电枢反电势	23
C_{e}	电动机电势常数	23
n	转速,前向通路数	23
M	转矩,流量,质量	23
GD^2	转动惯量	23
C_{m}	电动机转矩常数	23
T_{d}	电动机电磁时间常数	23
T_{m}	电动机机电时间常数	24
K_{s}	功率放大装置的电压放大系数	51
K_{sf}	速度反馈系数	51
K_{K}	开环放大系数	92
θ	电动机转角	24
ω	角速度	24

符号	符号说明	首次出现页码
E_d	整流电压	32
α	控制角	32
E_2	交流电源相电压的有效值	32
E_{d0}	$\alpha=0°$时的整流电压	32
$-z_i$	系统的零点	36
$-p_j$	系统的极点	36
K	放大系数	36
T_L	RL电路的时间常数	37
T_C	RC电路的时间常数	37
T	时间常数	42
$W(s)$	传递函数	36
$X_c(s)$	输出量的拉氏变换	35
$X_r(s)$	输入量的拉氏变换	35
ω_n	自然振荡角频率	46
ξ	阻尼比	46
τ	时滞	47
Δh_d	厚差信号	47
Δh_c	测厚信号	47
$W_K(s)$	开环传递函数	57
$W_B(s)$	闭环传递函数	60
$W_g(s)$	正向通道传递函数	58
$W_f(s)$	反向通道传递函数	58
$X_d(s)$	扰动量	62
T_k	第k条前向通道的传递函数	66
T	系统的总传递函数	66
$\sum L_m$	m个互不接触回环的传递函数乘积之和	66
Δ	信号流图的特征式	66
Δ_k	第k条通路特征式的余因子	66
$1(t)$	单位阶跃函数	87
$\delta(t)$	单位脉冲函数	88
α	电动机的转角与输出轴转角间的比例系数	92
ω_d	阻尼振荡角频率	95
t_m	峰值时间	98
t_f	阻尼振荡的周期时间	99
$W_e(s)$	误差传递函数	118

符号	符号说明	首次出现页码
e_{ss}	稳态误差	118
K_p	位置稳态误差系数	122
K_v	速度稳态误差系数	122
K_a	加速度稳态误差系数	123
k_0	动态位置误差系数	124
k_1	动态速度误差系数	124
k_2	动态加速度误差系数	125
$W_c(s)$	补偿校正装置传递函数	127
σ_1	稳定裕度	117
N	开环传递函数中串联的积分环节的阶次(系统的无差阶数)	121
K_g	根轨迹放大系数	144
n	开环有限极点数	147
m	开环有限零点数	147
N_z	实轴上根轨迹右侧的开环有限零点数	147
N_p	实轴上根轨迹右侧的开环有限极点数	147
α_i	开环有限零点到 s 的矢量幅角	145
β_j	开环有限极点到 s 的矢量幅角	145
φ	根轨迹渐近线倾角	150
$-\sigma_k$	根轨迹渐近线交点	151
β_{sc}	根轨迹出射角	153
α_{sr}	根轨迹入射角	153
$e^{-\tau s}$	时滞环节的传递函数	162
$W_{eq}(s)$	等效开环传递函数	169
θ	阻尼角	95
$A(\omega)$	幅频特性	196
$L(\omega)$	频率特性幅值的对数值	205
Z	复数阻抗	196
ω	角频率(简称频率)	196
$\varphi(\omega)$	相频特性	196
$P(\omega)$	频率特性的实部(实频特性)	204
$Q(\omega)$	频率特性的虚部(虚频特性)	204
ω_p	谐振频率	217
M_p	谐振峰值	217

符号	符号说明	首次出现页码
$F(s)$	辅助函数	230
$D_B(s)$	闭环特征方程式	148
N	矢量 $F(s)$相角变化圈数	233
$\gamma_{max}(\omega_c)$	最大相位裕度	246
$\gamma(\omega_c)$	相位裕度	239
GM	增益裕度或称幅值裕度	240
BW	频带宽	249
$M(\omega)$	闭环频率特性的幅值	250
$\theta(\omega)$	闭环频率特性的相角	250
ω_j	相位截止频率	240
ω_c	穿越频率	225
$W_c(s)$	校正环节传递函数	270
$W_o(s)$	被控对象传递函数	269
$H(s)$	反馈传递函数	270
τ	微分时间常数	276
ω_b	带宽频率	295
φ_{max}	最大相角位移	277
T_i	积分时间常数	281
T_d	微分时间常数	282
$W_n(s)$	为补偿扰动 $N(s)$的影响引入的前馈装置的传递函数	271
$W_{bc}(s)$	输入补偿的前馈校正装置传递函数	271
$W_r(s)$	设定值滤波控制器的传递函数	310
K_i	积分增益系数	281
γ_i	积分校正装置交接频率比	282
γ_d	微分校正装置交接频率比	276
K_p	比例环节放大倍数	288
Δ	不灵敏区(死区)	329
M_1	静摩擦力矩	334
M_2	动摩擦力矩	334
M_m	电磁力矩	334
M_f	折算至电动机轴上的摩擦力矩	334
T_c	干摩擦力矩	374
T_η	黏性摩擦力矩	374
T_f	负载力矩	374

符号	符号说明	首次出现页码
η	阻尼系数	374
N	描述函数	338
K_0	非线性特性的尺度系数	350
$f^*(t)$	采样函数	385
$u^*(t)$	离散模拟控制信号	384
$e^*(t)$	离散模拟偏差信号	384
$e^*(k)$	第 k 个采样时刻的偏差信号	384
$u^*(k)$	第 k 个采样时刻的控制信号	384
$x_r(k)$	第 k 个采样时刻的输入信号	397
$x_c(k)$	第 k 个采样时刻的输出信号	397
$x_r^*(t)$	离散模拟输入信号	401
$x_c^*(t)$	离散模拟输出信号	401
$\delta_T(t)$	单位理想脉冲序列	385
ω_s	采样频率	386
ω_{max}	最大采样频率	387
$W_{h0}(s)$	零阶保持器的传递函数	388
$F(j\omega)$	连续函数的频谱	386
$F^*(j\omega)$	采样函数的频谱	386
$W(z)$	脉冲传递函数	395
$X_c(z)$	输出脉冲序列的 z 变换	395
$X_r(z)$	输入脉冲序列的 z 变换	395
T	采样周期	385

目录

CONTENTS

第1章 自动控制系统的基本概念

在现代科学技术的众多领域中，自动控制技术起着越来越重要的作用。所谓自动控制是在没有人的直接干预下，利用物理装置对生产设备和(或)工艺过程进行合理的控制，使被控制的物理量保持恒定，或者按照一定的规律变化，例如矿井提升机的速度控制、造纸厂纸浆浓度的控制、轧钢厂加热炉温度的控制、轧制过程中的速度和张力的控制，等等。自动控制系统是为实现某一控制目标所需要的所有物理部件的有机组合体。在自动控制系统中，被控制的设备或过程称为被控对象或对象；被控制的物理量称为被控量或输出量；决定被控量的物理量称为控制量或给定量；妨碍控制量对被控量进行正常控制的所有因素称为扰动量。给定量和扰动量都是自动控制系统的输入量。扰动量按其来源可分为内部扰动和外部扰动。自动控制的任务实际上就是克服扰动量的影响，使系统按照给定量所设定的规律运行。

1.1 开环控制系统与闭环控制系统

控制系统按其结构可分为开环控制系统、闭环控制系统和复合控制系统。

为了说明自动控制系统的结构特点和工作原理，我们先来看一个简单的例子。图1-1是一个电加热温度控制系统。该系统的控制目标是，通过调整自耦变压器滑动端的位置，来改变电阻炉的温度，并使其恒定不变。因为被控制的设备是电阻炉，被控量是电阻炉的温度，所以该系统可称作温度控制系统。自耦变压器滑动端的位置(按工艺要求设置)对应一个电压值 u_c，也就对应了一个电阻炉的温度值 T_c，改变 u_c 也就改变了 T_c。当系统中出现外部扰动(如炉门开、关频度变化)或内部扰动(如电源电压波动)时，T_c 将偏离 u_c 所对应的数值。图1-2所示的结构图可以表示该系统输入量和输出量之间的作用关系。这种结构是典型的开环控制结构。

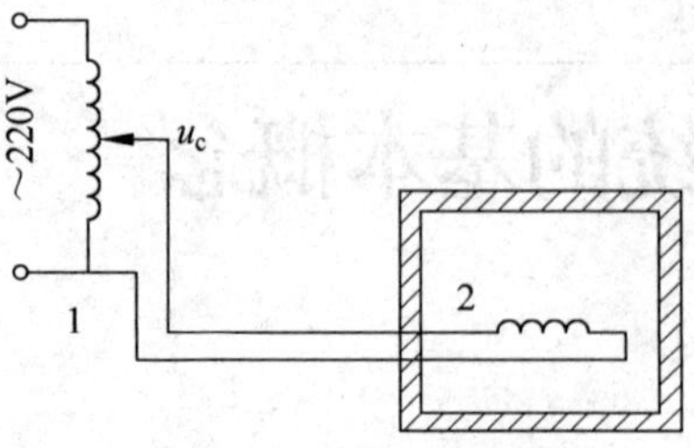

图 1-1 温度控制系统

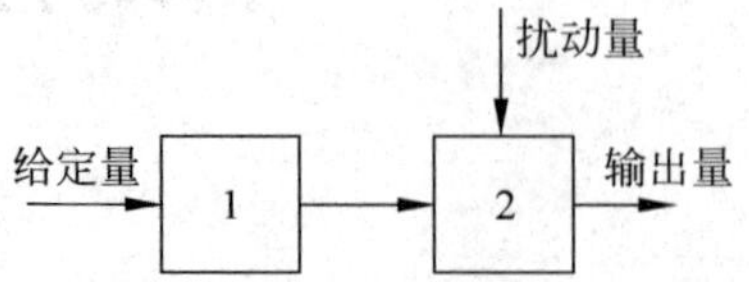

图 1-2 开环控制结构图

1—控制器(自耦变压器);2—被控对象(电阻炉)

从结构图上可以看出,在这种开环控制中,只有输入量对输出量产生控制作用,而没有输出量参与对系统的控制;当出现扰动时,如果没有人工干预,给定量与输出量之间的对应关系将被改变,即系统的输出量(实际输出)将偏离给定量所要求的数值(理想输出)。显然,图 1-1 所示系统实现不了保持温度恒定的控制目标。这是由于开环控制的结构特点,决定了它不具备抗干扰的能力。因此,这类开环控制系统只能用于控制精度要求不高的场合。

闭环控制则是在开环控制基础上引入人工干预过程演变而来的。对于图 1-1 所示的系统,如果要实现,无论是否出现扰动,都能使炉温保持恒定,则需要人工干预。那么操作人员怎么保证炉温恒定,即人工干预过程是什么呢?首先,操作人员要测量炉温,然后与生产工艺所要求的数值相比较,再根据二者之间的差值(又称偏差)适当地调整自耦变压器滑动端位置来减小乃至完全消除偏差。这里,操作人员的工作顺序是测量输出量,将其转换成与给定量相同的物理量(反馈量),反馈到系统的输入端与给定量进行比较,根据给定量与反馈量的差值调整自耦变压器滑动端的位置。操作人员的关键性作用是使得系统的输出量参与了系统的控制,系统一旦出现偏差,就调整控制量,从而保证输出量的恒定。图 1-3 所示的系统,就是采用一系列的物理器件来取代操作人员上述功能,实现对炉温的闭环控制的。在这里,炉温的给定量由电位器滑动端位置所对应的电压值 U_g 给出,炉温的实际值由热电偶检测出来,并转换成电压 U_f,再把 U_f 反馈到系统的输入端与给定电压 U_g 相比较(通过二者极性反接实现)。由于扰动(例如电源电压波动或加热物件多少等)影响,炉温偏离了给定值,其偏差电压经过放大,控制可逆伺服电动机 M,带动自耦变压器的滑动端,改变电压 u_c,使炉温保持给定温度值。图 1-4 描述了该系统的输入量、输出量和反馈量之间的作用关系。这种系统是把输出量直接(或间接)地反馈到输入端形成闭环,使得输出量参与系统的控制,所以称为闭环控制系统。系统的自动调节过程可用图 1-5 表示。闭环系统的结构特点决定了它对干扰具有抑制能力。

再举一个闭环控制的例子。图 1-6 所示是一个速度控制系统。这里用测速发电机 TG 将输出量检测出来,并转换成与给定电压物理量相同的反馈电压 U_f,然

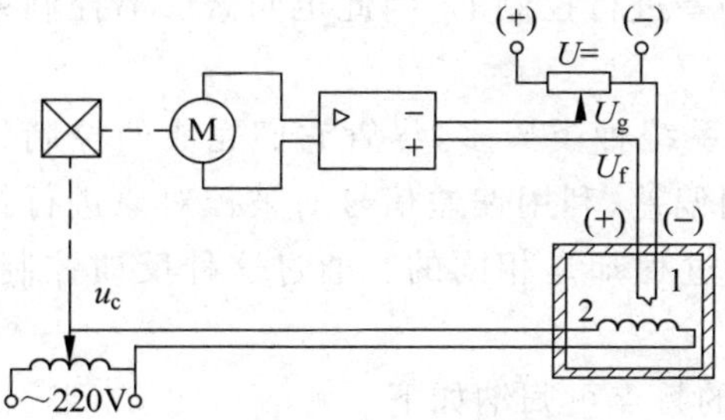

图 1-3　炉温闭环控制系统图

1—热电偶；2—加热器

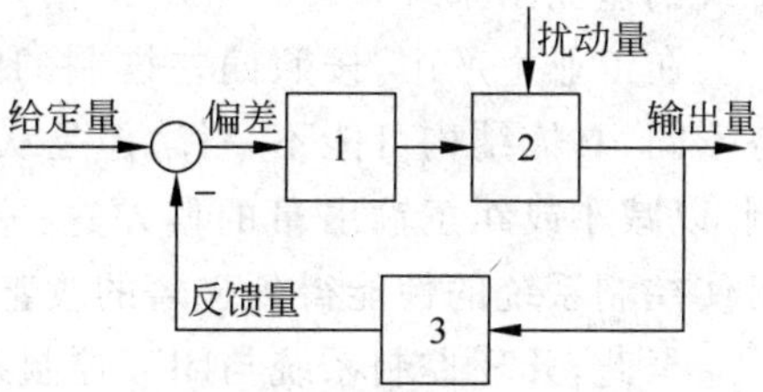

图 1-4　闭环控制结构图

1—控制器；2—控制对象；3—检测装置

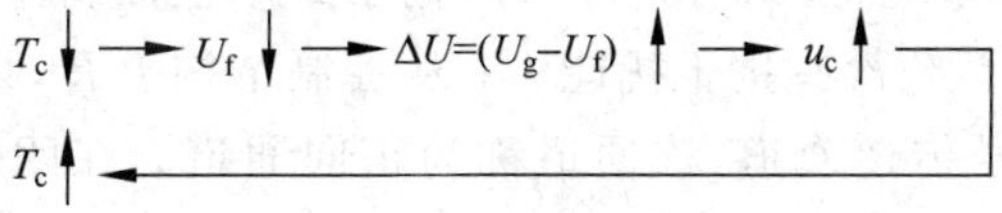

图 1-5　温度闭环控制的自动调节过程

后反馈到输入端，与给定电压 U_g 相比较。其偏差经过运算放大器放大后，用来控制功率放大器输出电压 U_d 和电动机的转速 n。当电位器滑动端在某一位置时，电动机就以一个指定的转速运转。如果由于外部或内部扰动（例如负载突然增加），使电动机转速降低，那么这一速度的变化，将由测速发电机检测出来。此时反馈电压相应降低，与给定电压比较后，偏差电压增大，再经过放大器放大后，将使功率放大器输出电压 U_d 升高，从而减小或消除电动机的转速偏差。这样，不用人的干预，系统就可以近似保持给定速度不变。图 1-7 给出了速度控制系统的结构图。

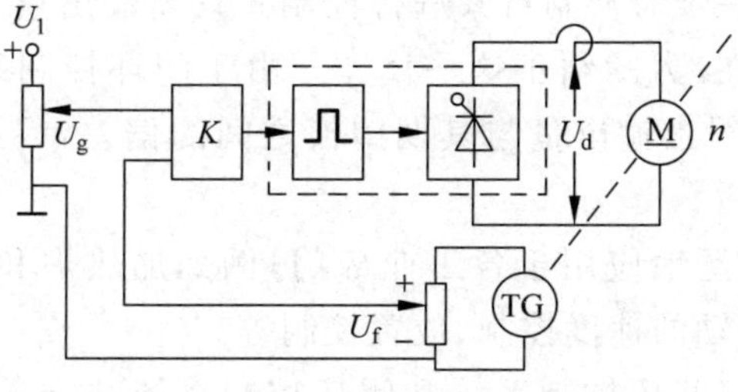

图 1-6　闭环调速系统

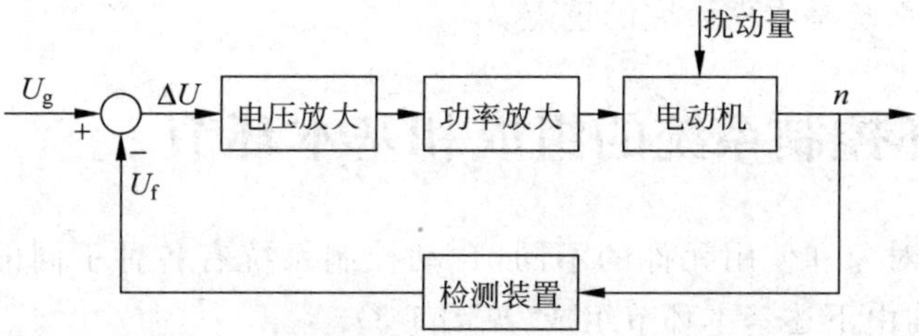

图 1-7　速度控制系统结构图

由于闭环系统是根据负反馈原理按偏差进行控制的，因此也叫做反馈控制系统或偏差控制系统。

在工业生产中，按照偏差控制的闭环系统种类繁多，尽管它们完成的控制任务不同，具体结构可能不一样，但是从检测偏差、利用偏差信号对被控对象进行控制，以减小或纠正输出量的偏差这一控制过程却是相同的。通过这种反馈控制，可使控制系统的性能得到显著的改善。

至此，开环控制系统与闭环控制系统的特点可归纳如下。

(1) 在开环控制系统和闭环控制系统中，输入量和输出量都存在一一对应关系。

(2) 在开环控制系统中，只有输入量对输出量产生控制作用，输出量不参与系统的控制，因而开环系统没有抗干扰能力；从控制结构上看，只有从输入端到输出端(从左向右)的信号传递通道，该通道称为正向通道。在闭环控制系统中，除输入量对输出量产生控制作用外，输出量也参与系统的控制，因而闭环控制系统具有抗干扰能力；从控制结构上看，除正向通道外，还必须有从输出端到输入端(从右向左)的信号传递通道，使输出信号也参与控制作用，该通道称为反向通道；闭环控制系统就是由正向通道和反向通道组成的。

(3) 为了检测偏差，必须直接或间接地检测出输出量，并将其变换为与输入量相同的物理量，以便与给定量相比较，得出偏差信号。所以闭环控制系统必须有检测环节、给定环节和比较环节。

(4) 闭环控制系统是利用偏差量作为控制信号来纠正偏差的，因此系统中必须具有执行纠正偏差这一任务的执行机构。闭环系统正是靠放大了的偏差信号来推动执行机构，进一步对控制对象进行控制。只要输出量与给定量之间存在偏差，就有控制作用存在，力图纠正这一偏差。由于闭环控制系统是利用偏差信号作为控制信号，自动纠正输出量与其期望值之间的偏差，因此可以构成精确的控制系统。

闭环控制系统广泛地应用于各工业部门，例如加热炉和锅炉的温度控制，轧钢厂主传动和辅助传动的速度控制、位置控制等。

在有些系统中，将开环控制系统和闭环控制系统结合在一起，构成复合控制系统，能取得更好的控制效果。

闭环控制系统是本书研究的重点。

1.2 闭环控制系统的组成和基本环节

根据控制对象和使用元件的不同，自动控制系统有各种不同的形式，但是概括起来，一般均由下述基本环节组成(见图1-8)。

(1) 控制对象或调节对象。它是指要进行控制的设备或过程，如前面所举例中的电动机、电阻炉等。相应地，控制系统所控制的某个物理量，就是系统的被控制量或输出量，如电动机的转速、电阻炉的温度等。闭环控制系统的任务就是控制这些系统输出量的变化规律，以满足生产工艺的要求。

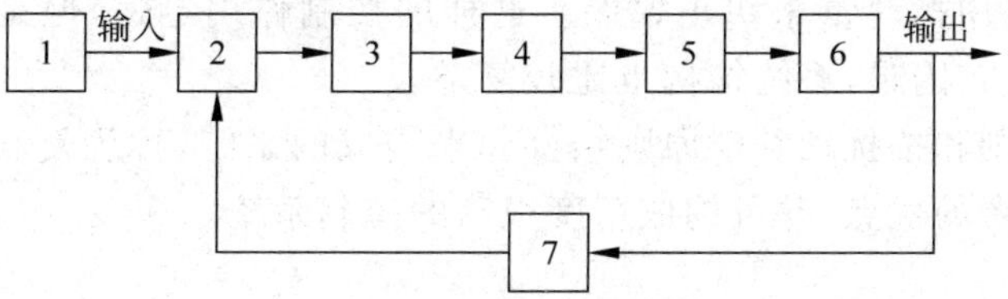

图 1-8　控制系统结构图

1—给定环节；2—比较环节；3—校正环节；4—放大环节；
5—执行机构；6—被控对象；7—检测装置

（2）执行机构。它一般由传动装置和调节机构组成。执行机构直接作用于控制对象，使被控制量达到所要求的数值。

（3）检测装置或传感器。该装置用来检测被控制量，如所举例中的热电偶、测速发电机等，并将其转换为与给定量相同的物理量。检测装置的精度和特性直接影响控制系统的控制品质，它是构成自动控制系统的关键性元件，所以一般应要求检测装置的测量精度高、反应灵敏、性能稳定等。

（4）给定环节。它是设定被控制量的给定值的装置，如电位器。给定环节的精度对被控制量的控制精度有较大影响，在控制精度要求高时，常采用数字给定装置。

（5）比较环节。比较环节将所检测的被控制量与给定量进行比较，确定两者之间的偏差量。该偏差量由于功率较小或者由于物理性质不同，还不能直接作用于执行机构，所以在执行机构和比较环节之间还有中间环节。

（6）中间环节。中间环节一般是放大元件，将偏差信号变换成适于控制执行机构工作的信号。根据控制的要求，中间环节可以是一个简单的环节，如放大器；或者是将偏差信号变换为适于执行机构工作的物理量，如功率放大器。除此之外，还希望中间环节能够按某种规律对偏差信号进行运算，用运算的结果控制执行机构，以改善被控制量的稳态和暂态性能，这种中间环节常称为校正环节。

在控制系统中，常把比较环节、放大装置、校正环节合在一起称为控制器。

在图 1-8 的控制系统结构图中，清楚地表明了各环节之间的关系和信号的传递方向。应注意，在结构图中，各环节的信号传递是有方向性的。在正向通道里，总是前一环节的输出影响后一环节，而后面环节的输出量不影响前面的环节。如果在实际的环节中存在输出对输入的影响，那么这一影响可以用反馈的形式表示出来，这种反馈称为局部反馈，而系统输出量的反馈称为主反馈。为了改善系统中某些环节的特性，如改善环节非线性特性，减少环节的延迟等，在部分环节之间附加局部反馈。图 1-8 是按照偏差原则构成的控制系统的典型结构图，不管外部扰动或内部扰动何时发生,只要出现偏差量,系统就利用这一偏差去纠正输出量的偏差。

从系统的结构来看,也可以按照补偿扰动的原则构成系统,即当扰动量引起偏差的同时,利用扰动量来纠正偏差。这样的控制作用迅速,但是当有多种干扰时,检测干扰比较困难,系统结构也比较复杂。

按偏差原则和按扰动补偿原则结合起来构成的系统,称为复合控制系统。这种系统兼有二者的优点,并可构成精度很高的控制系统。

1.3 自动控制系统的类型

自动控制系统广泛应用于国民经济的各个部门。随着生产规模的扩大和生产能力的不断提高,以及自动化技术和控制理论的发展,自动控制系统也日益复杂和日趋完善。例如,由单输入单输出的控制系统,发展为多输入多输出的系统;由具有常规控制仪表和控制器的连续控制系统,发展到由计算机作为控制器的直接数字控制系统,从而实现各种复杂的控制。从不同的角度出发,自动控制系统的类型可以有很多,如按照输入量的变化规律可将系统分为恒值系统和随动系统;按照系统传输信号对时间的关系可将系统分为连续系统和离散系统;按照系统的输出量和输入量之间的关系可将系统分为线性系统和非线性系统;按照系统参数对时间的变化情况可将系统分为定常系统和时变系统;按照系统的结构和参数是否确定可将系统分为确定性系统和不确定性系统,等等。现将经常讨论的,并且能够反映自动控制系统本质特征的几种类型概括如下。

1.3.1 线性系统和非线性系统

自动控制系统按其主要元件的特性方程式的输入输出特征,可以分为线性系统和非线性系统。

1. 线性系统

线性系统是由线性元件组成的系统,该系统的运动方程式可以用如下线性微分方程描述:

$$a_0(t)\frac{\mathrm{d}^n x_c(t)}{\mathrm{d}t^n}+a_1(t)\frac{\mathrm{d}^{n-1}x_c(t)}{\mathrm{d}t^{n-1}}+\cdots+a_{n-1}(t)\frac{\mathrm{d}x_c(t)}{\mathrm{d}t}+a_n(t)x_c(t)$$

$$=b_0(t)\frac{\mathrm{d}^m x_r(t)}{\mathrm{d}t^m}+b_1(t)\frac{\mathrm{d}^{m-1}x_r(t)}{\mathrm{d}t^{m-1}}+\cdots+b_{m-1}(t)\frac{\mathrm{d}x_r(t)}{\mathrm{d}t}+b_m(t)x_r(t)$$

式中:$x_r(t)$——系统的输入量;

$x_c(t)$——系统的输出量。

在该方程式中,输出量 $x_c(t)$ 及其各阶导数都是一次的,并且各系数与输入量

(自变量)无关。线性微分方程的各项系数为常数的系统称为线性定常系统。这是一种简单而重要的系统,有关这种系统已有较为成熟的研究成果和分析设计的方法。

线性系统的主要特点是具有叠加性和齐次性,即当输入量为 $x_{r1}(t)$ 和 $x_{r2}(t)$ 时,如果输出量分别为 $x_{c1}(t)$ 和 $x_{c2}(t)$,则当输入量为 $x_r(t)=ax_{r1}(t)+bx_{r2}(t)$ 时,输出量为 $x_c(t)=ax_{c1}(t)+bx_{c2}(t)$。

叠加性和齐次性是鉴别系统是否为线性系统的依据。

本书第 2～6 章将讨论单输入单输出线性定常系统的自动控制基本原理。这种系统可以用拉普拉斯变换求解微分方程,并由此定义系统传递函数这一系统动态数学模型。根轨迹法和频率法就是在此基础上发展起来的分析和设计线性系统的有效方法。至于多输入多输出系统所采用的状态空间、传递矩阵等分析方法,将在其他相关课程中论述。

2. 非线性系统

如果系统微分方程式的系数与自变量 $x_r(t)$ 有关,则为非线性微分方程;由非线性微分方程描述的系统称为非线性系统。应指出,在自动控制系统中,即使只含有一个非线性环节,这一系统也是非线性的。典型的非线性环节有继电器特性环节(如图 1-9(a))、饱和特性环节(如图 1-9(b))和不灵敏区环节(如图 1-9(c))等。

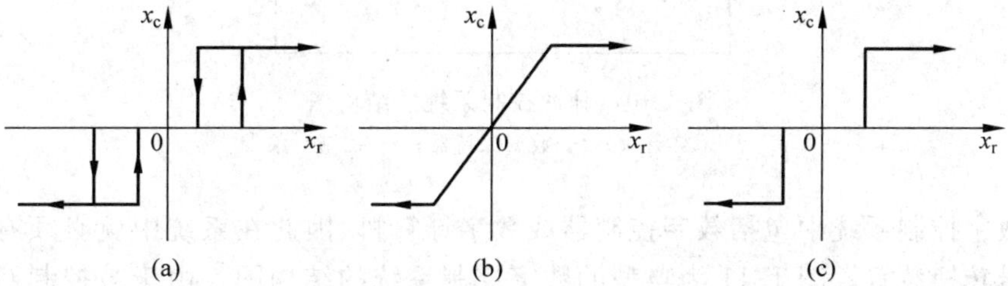

图 1-9　典型非线性环节特性

(a) 继电器特性;(b) 饱和特性;(c) 不灵敏区特性

对于非线性系统的理论研究远不如线性系统那样完整,一般只能满足于近似的定性描述和数值计算。本书第 7 章将介绍有关非线性理论的描述函数法和相平面法等基本内容。

应指出的是,任何物理系统的特性,精确地说都是非线性的,但是在误差允许范围内,可以将非线性特性线性化,近似地用线性微分方程来描述,这样就可以按照线性系统来处理。

非线性系统的暂态特性与其初始条件有关。从这一点来看,它与线性系统有很大的区别。例如当偏差的初始值很小时,系统的暂态过程为稳定的,而当偏差量的初始值较大时,则可能变为不稳定的。线性系统的暂态过程则与初始条件无关。

1.3.2 连续系统和离散系统

按照自动控制系统中信号的传递方式,也可将自动控制系统分为连续系统和离散系统。

连续系统是指系统各部分的信号都是模拟的连续函数。目前大多数闭环系统都是这种形式的。

离散系统是指系统的一处或几处信号是以脉冲系列或数码的形式传递。

离散系统的主要特点是,在系统中使用采样开关,将连续信号转变为离散信号。通常对于离散信号取脉冲形式的系统,称为脉冲控制系统;而对于采用数字计算机或数字控制器,其离散信号以数码形式传递的系统,则称为数字控制系统。由于 20 世纪末计算机产业的迅猛发展,数字控制系统的应用越来越广泛而深入,并且大有取代模拟系统的趋势。

图 1-10 为脉冲控制系统的结构图。当连续信号 $x_r(t)$加于输入端时,采样开关对偏差信号 $e(t)$进行采样,采样开关的输出是偏差的脉冲序列 $e^*(t)$。用这一偏差信号序列 $e^*(t)$经过保持器对控制对象进行控制。

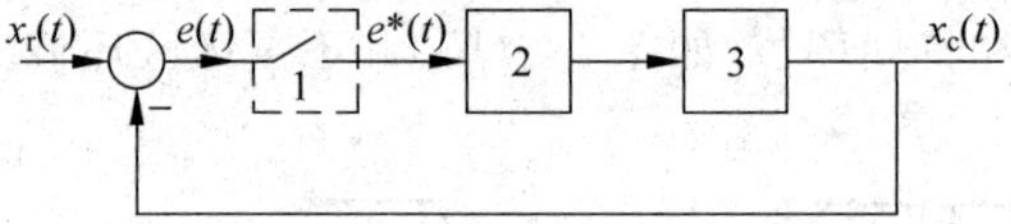

图 1-10 脉冲控制系统的结构图

1—采样开关;2—数据保持器;3—控制对象

数字控制系统中包括数字控制器或数字计算机,因此在系统中就必须有相应的信号转换装置。图 1-11 为典型的数字控制系统的结构图。由于被控制对象的输入量和输出量都是模拟信号,而计算机的输入量和输出量是数码,所以要有将模拟量转换为数码的模数转换装置 A/D 和把数码转换为模拟量的数模转换装置 D/A。研究离散系统的方法和研究连续系统的方法相类似。如在连续系统中,以微分方程来描述系统运动状态,并用拉氏变换求解微分方程,离散系统则以差分方程描述系统的运动状态,用 z 变换求解差分方程;在连续系统中用传递函数和频率特性分析系统的暂态特性,在离散系统中,则用脉冲传递函数和频率特性分析系统的暂态特性。有关离散系统将在第 8 章中介绍。

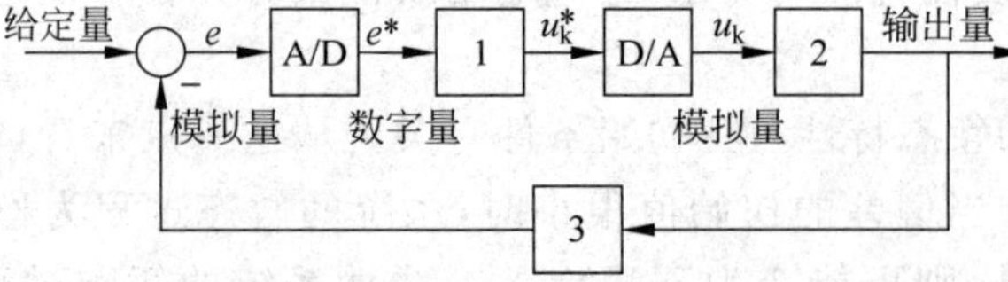

图 1-11 典型的数字控制系统的结构图

1—计算机;2—控制对象;3—检测装置

1.3.3 恒值系统、随动系统和程序控制系统

在生产中应用最多的闭环自动控制系统，往往要求被控制量保持在恒定的数值上。但也有的系统要求输出量按一定规律变化。因此，按照给定量的特征，又可将系统分成如下三种类型。

(1) 恒值系统。恒值系统中的给定量是恒定不变的，如恒速、恒温、恒压等自动控制系统，这种系统的输出量也应是恒定不变的。

(2) 随动系统。随动系统中的给定量按照事先未知的时间函数变化，要求输出量跟随给定量的变化。所以也可以叫做同步随动系统。

(3) 程序控制系统。这种系统中的给定量是按照一定的时间函数变化的，如数控机床的程序控制系统，这种系统的输出量应与给定量的变化规律相同。

当然，这三种系统都可以是连续的或离散的，线性的或非线性的，单变量的或多变量的。本书着重以恒值系统和随动系统为例，来阐明自动控制系统的基本原理。

1.4 自动控制系统的性能指标

一个闭环控制系统，当扰动量或给定量(或给定量的变化规律)发生变化时，被控量偏离了给定量(或给定量的变化规律)而产生偏差，通过反馈控制作用，经过短暂的过渡过程，被控量又趋近于或恢复到原来的稳态值，或按照新的给定量(或给定量的变化规律)稳定下来，这时系统从原来的平衡状态过渡到新的平衡状态。我们把被控量处于变化状态的过程称为动态过程或暂态过程，而把被控量处于相对稳定的状态称为静态或稳态。自动控制系统的暂态品质和稳态性能可用相应的指标衡量。

自动控制系统的性能指标通常是指系统的稳定性、稳态性能和暂态性能。

1.4.1 稳定性

当扰动作用(或给定值发生变化)时，输出量将偏离原来的稳定值，这时由于反馈的作用，通过系统内部的自动调节，系统可能回到(或接近)原来的稳定值(或跟随给定值)稳定下来，如图1-12(a)所示。但也可能由于内部的相互作用，使系统出现发散而处于不稳定状态，如图1-12(b)所示。显然，不稳定的系统是无法工作的。因此，对任何自动控制系统，首要的条件便是系统能稳定正常运行。对系统的稳定性分析方法将在本书有关章节中介绍。

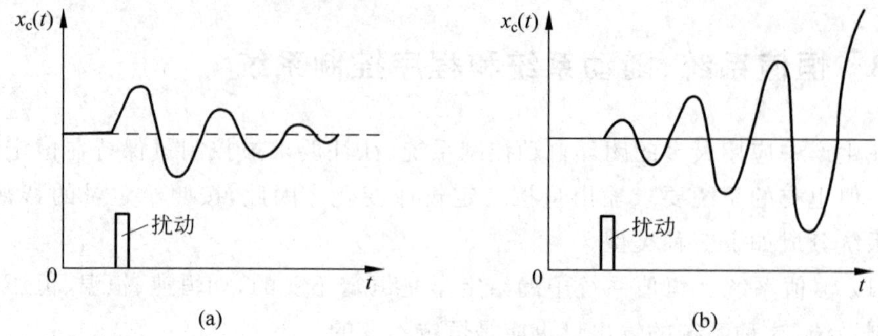

图 1-12 稳定系统和不稳定系统

(a) 稳定系统；(b) 不稳定系统

1.4.2 稳态性能指标

当系统从一个稳态过渡到新的稳态，或系统受扰动作用又重新平衡后，系统可能会出现偏差，这种偏差称为稳态误差。一个反馈控制系统的稳态性能用稳态误差来表示。系统稳态误差的大小反映了系统的稳态精度，它表明了系统控制的准确程度。稳态误差越小，则系统的稳态精度越高。若稳态误差为零，则系统称为无差系统，如图 1-13(b)所示；若稳态误差不为零，则系统称为有差系统，如图 1-13(a)所示。对于一个恒值系统(如调速系统)来说，稳态误差是指扰动(例如负载变化)作用下，被控量(例如转速)在稳态下的变化量；对于一个随动系统来说，稳态误差则是指在稳定跟随过程中，输出量偏离给定量的大小。

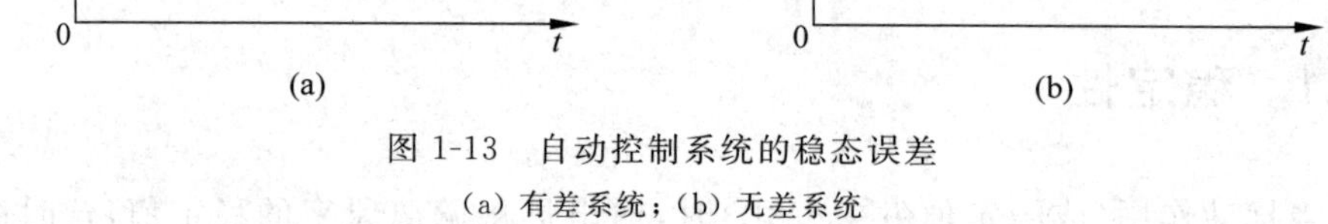

图 1-13 自动控制系统的稳态误差

(a) 有差系统；(b) 无差系统

1.4.3 暂态性能指标

由于系统的对象和元件通常都有一定惯性(如机械惯性、电磁惯性、热惯性等)，并且也由于能源功率的限制，系统中各种变量值(如加速度、位移、电压、温度等)的变化不可能是突变的。因此,系统从一个稳态过渡到新的稳态都需要经历一段时间,亦即需要经历一个过渡过程。表征这个过渡过程性能的指标叫做暂态性能指标。如果控制对象的惯性很大,系统的反馈又不及时,则被控量在暂态过程中将产生过大的偏差,到达稳态的时间拖长,并呈现各种不同的暂态过程。对于一般的控制系统,当给定量或扰动量突然增加某一给定值时,输出量的暂态过程可能有以下几种情况:

(1) 单调过程。这一过程的输出量单调变化,缓慢地到达新的稳态值。这种暂态过程具有较长的暂态过程时间,如图 1-14 所示。

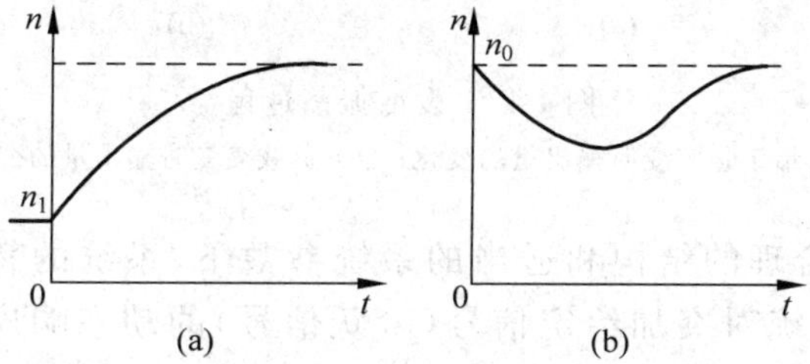

图 1-14　单调过程

(a) 给定量突变时输出量的变化;(b) 负载突变时输出量的变化

(2) 衰减振荡过程。这时被控制量变化很快,以致产生超调,经过几次振荡后,达到新的稳定工作状态,如图 1-15 所示。

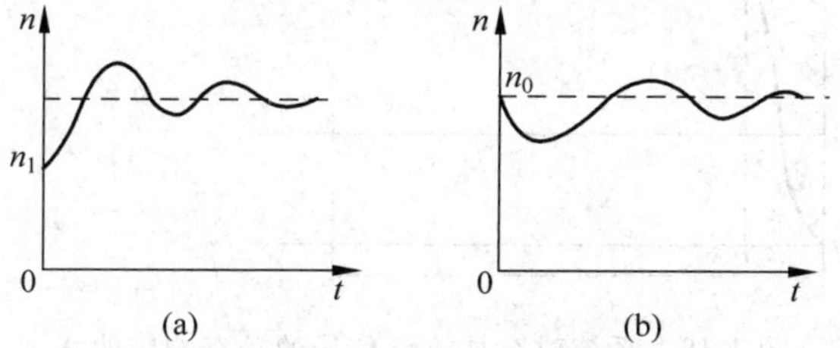

图 1-15　衰减振荡过程

(a) 给定量突变时输出量的变化;(b) 负载突变时输出量的变化

(3) 持续振荡过程。这时被控制量持续振荡,始终不能达到新的稳定工作状态,如图 1-16 所示。这属于不稳定过程。

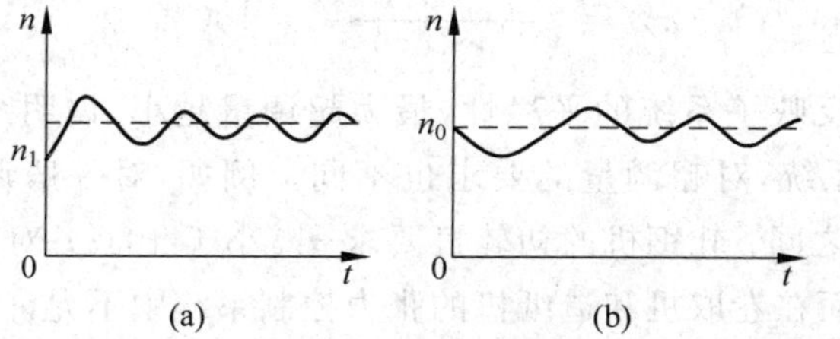

图 1-16　持续振荡过程

(a) 给定量突变时输出量的变化;(b) 负载突变时输出量的变化

(4) 发散振荡过程。这时被控制量发散振荡,不能达到所要求的稳定工作状态。在这种情况下,不但不能纠正偏差,反而使偏差越来越大,如图 1-17 所示。这也属于不稳定过程。

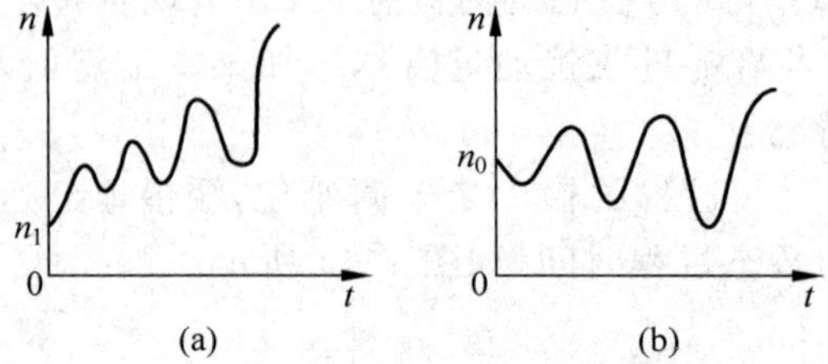

图 1-17　发散振荡过程

(a) 给定量突变时输出量的变化；(b) 负载突变时输出量的变化

一般而言,在合理的结构和适当的系统参数下,系统的暂态过程多属于第二种情况。现以系统对突加给定信号(阶跃信号)的动态响应来介绍暂态性能指标。

图 1-18 为系统对突加给定信号的动态响应曲线。

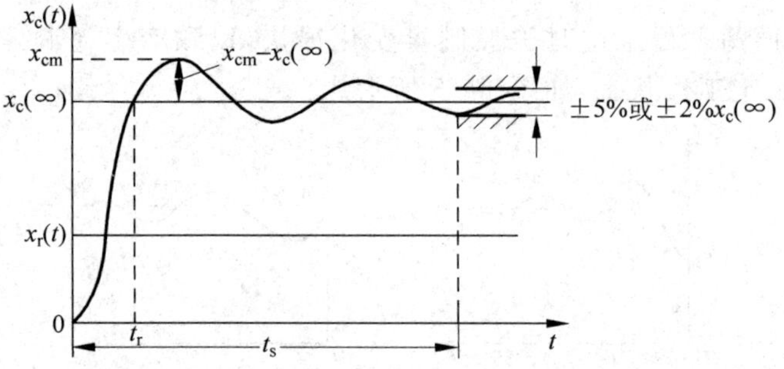

图 1-18　系统对突加给定信号的动态响应曲线

暂态性能指标定义如下:

(1) 最大超调量 $\sigma\%$

最大超调量是输出最大值 x_{cm} 与输出稳态值 $x_c(\infty)$ 的相对误差,即

$$\sigma\% = \frac{x_{cm} - x_c(\infty)}{x_c(\infty)} \times 100\%$$

最大超调量反映了系统的平稳性,最大超调量越小,说明系统过渡过程越平稳。不同的控制系统,对超调量的要求也不同。例如,对一般调速系统,$\sigma\%$ 可允许在 10%～35%之间；轧钢机的初轧机要求 $\sigma\%$ 小于 10%；对连轧机则要求 $\sigma\%$ 小于 2%～5%；而在卷取机和造纸机的张力控制系统中不允许有超调量。

(2) 上升时间 t_r

该时间是指系统的输出量第一次到达输出稳态值所对应的时刻。对于无振荡的系统(即具有图 1-14 所示暂态过程的系统),常把输出量从输出稳态值的10%到输出稳态值 90%所对应的时间叫做上升时间。

(3) 过渡过程时间(或称调节时间)t_s

调节时间是指系统的输出量进入并一直保持在稳态输出值附近的允许误差带内所需的时间。允许误差带宽度一般取稳态输出值的±2%或±5%。调节时间的长短反映了系统过渡过程时间的长短。调节时间 t_s 和上升时间 t_r 都反映系统的快速性。

(4) 振荡次数 μ

振荡次数是指在调节时间内,输出量在稳态值附近上下波动的次数。它也反映系统的平稳性。振荡次数越少,说明系统的平稳性越好。

在同一个闭环控制系统中,上述性能指标之间往往存在矛盾,必须兼顾它们之间的要求,根据具体情况合理地解决。

随着国民经济和自动化技术的发展以及生产过程的自动化水平不断提高,对自动控制系统的要求日益严格,人们力求使设计的控制系统能达到最优的性能指标。例如,使所控制的机械在最短的时间内完成给定的位移,或者在达到规定的产量和质量的过程中消耗的能量最少,或者使某个综合指标最优,等等。为达到最优性能指标的控制称为最优控制。但是针对某特定条件设计的最优控制系统,当条件发生变化时,其性能指标可能显著降低,甚至不能工作。因此往往希望设计的最优控制系统能按照外部条件的变化,自动地调整自身的结构或参数,以保持最优的评价或性能指标。具有这种性能的系统称为自适应控制系统。此外还有随着外部条件的改变不断积累控制经验,并能根据这些经验自动地调整本身的参数或结构的自适应系统,这种系统又叫做"自学习控制系统"。

最优控制是现代控制理论的主要内容,相关问题将在有关课程中讲述。

小结

(1) 开环控制系统结构简单、稳定性好,但不能自动补偿扰动对输出量的影响。当系统扰动量产生的偏差可以预先进行补偿或影响不大时,采用开环控制是有利的。当扰动量无法预计或控制系统的精度达不到预期要求时,则应采用闭环控制。

(2) 闭环控制系统具有反馈环节,它能依靠反馈环节进行自动调节,以克服扰动对系统的影响。闭环控制极大地提高了系统的精度。但是闭环使系统的稳定性变差,需要重视并加以解决。

(3) 自动控制系统通常由给定环节、检测环节、比较环节、放大元件、被控对象和反馈环节等部件组成。系统的作用量和被控量有给定量、反馈量、扰动量、输出量和各中间变量。

结构图(又简称框图)可以直观地表达系统各环节(或各部件)间的因果关系,可以表达各种作用量和中间变量的作用点和信号传递情况以及它们对输出量的影响。

(4) 在不同输入量作用下,对系统的输出量的要求,揭示出反馈控制系统的本质特征——输出跟随输入。

(5) 对自动控制系统的性能指标要求有:

稳定性——系统能工作的首要条件;

快速性——用系统在暂态过程中的响应速度和被控量的波动程度描述;

准确性——用稳态误差来衡量。

思考题与习题

1-1 什么是自动控制系统?自动控制系统通常由哪些基本环节组成?各环节起什么作用?

1-2 试比较开环控制系统和闭环控制系统的优缺点。

1-3 什么是系统的暂态过程?对一般的控制系统,当给定量或扰动量突然增加到某一个值时,输出量的暂态过程如何?

1-4 日常生活中有许多开环控制系统和闭环控制系统,试举例说明它们的工作原理。

1-5 试举几个工业生产中开环与闭环自动控制系统的例子,画出它们的框图,并说明它们的工作原理,讨论其特点。

1-6 图 P1-1 所示为一个直流发电机电压自动控制系统。图中,1 为发电机;2 为减速器;3 为执行机构;4 为比例放大器;5 为可调电位器。

(1) 该系统由哪些环节组成,各起什么作用?

(2) 绘出系统的框图,说明当负载电流变化时,系统如何保持发电机的电压恒定。

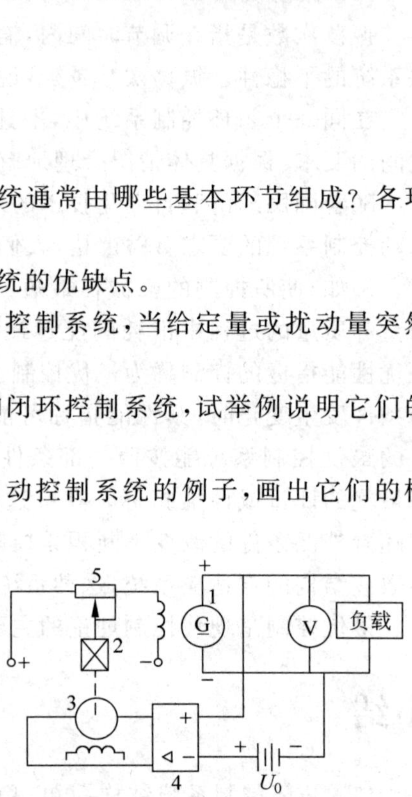

图 P1-1 电压自动控制系统

(3) 该系统是有差系统还是无差系统?

(4) 系统中有哪些可能的扰动?

1-7 图 1-6 所示为闭环调速系统,如果将反馈电压 U_f 的极性接反,成为正反馈系统,对系统工作有什么影响?此时各环节工作于什么状态?电动机的转速能否按照给定值运行?

1-8 图 P1-2 为仓库大门自动控制系统。试说明自动控制大门开启和关闭的工作原理。如果大门不能全开或全关,则怎样进行调整?

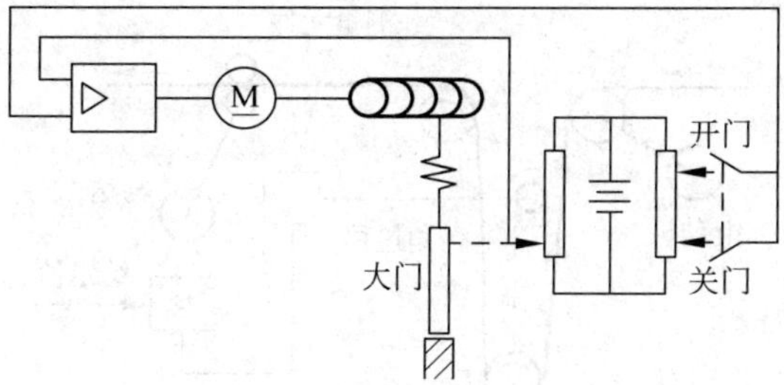

图 P1-2　仓库大门自动控制系统

1-9　图 P1-3 为液位自动控制系统示意图。在任何情况下，希望液面高度 h 维持不变。试说明系统工作原理，并画出系统结构图。

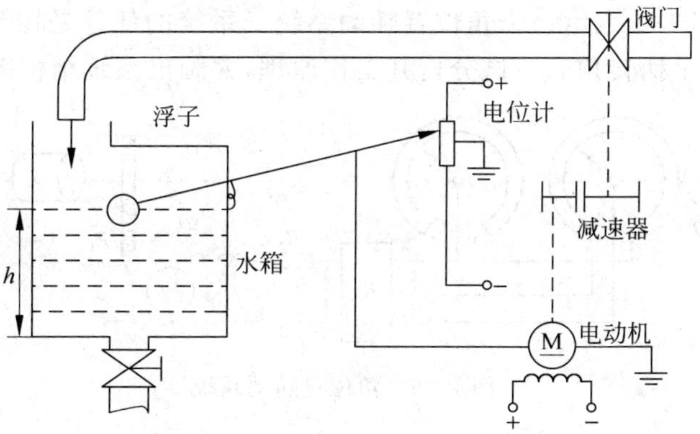

图 P1-3　液压自动控制系统示意图

1-10　图 P1-4 表示一个火炮跟踪系统。图中 θ_i 是输入角度，θ_o 是输出角度。电动机通过齿轮传动装置使火炮旋转。试分析该跟踪控制系统的工作原理，并画出系统结构图。

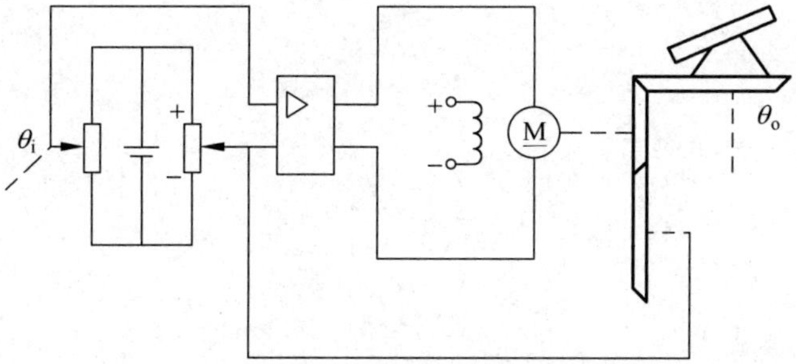

图 P1-4　火炮跟踪系统

1-11　图 P1-5 表示一个张力控制系统。当送料速度在短时间内突然变化时，试说明控制系统的作用情况。

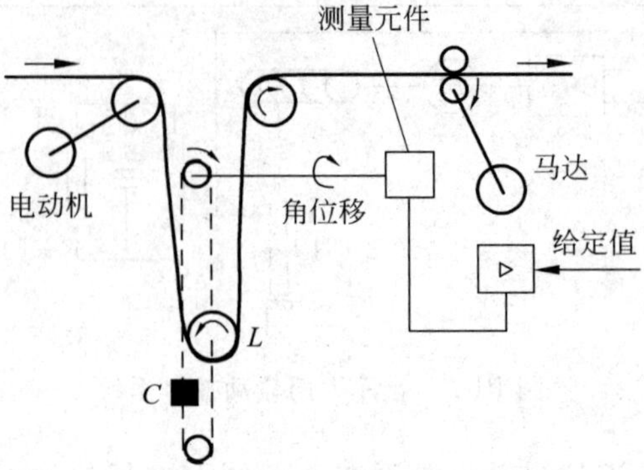

图 P1-5　张力控制系统

1-12　图 P1-6 表示一个角位置随动系统。系统的任务是控制工作机械角位置 θ_c 随时跟踪手柄转角 θ_r。试分析其工作原理,并画出系统结构图。

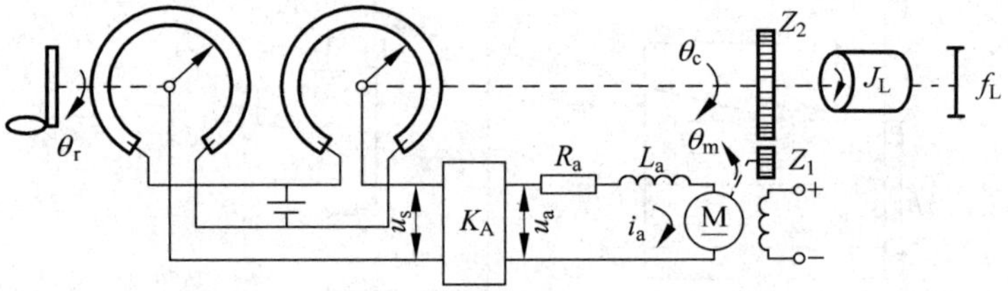

图 P1-6　角位置随动系统

第2章 自动控制系统的数学模型

在自动控制系统的设计中，为了使所设计的闭环自动控制系统的暂态性能满足要求，必须对系统的暂态过程在理论上进行分析，掌握其内在规律。用来描述系统因果关系的数学表达式，称为系统的数学模型。

在自动控制系统中，用来描述系统内在规律的数学模型的形式有很多，常用的有微分方程、传递函数、状态方程、传递矩阵、结构框图和信号流图等。在以单输入单输出系统为研究目标的经典控制理论中，主要采用微分方程、传递函数、结构框图和信号流图描述系统；而在最优控制或多变量系统中，则主要采用传递矩阵、状态方程作为描述系统的数学模型。

本章主要讲述经典控制理论中的微分方程、传递函数、结构框图和信号流图这几种数学模型，而传递矩阵、状态方程的建立和求解等将在现代控制理论课程中讲述。

2.1 微分方程式的编写

在编写自动控制系统的微分方程时，应从以下条件出发：在给定量发生变化或出现扰动的瞬间，系统是处于平衡状态的，因此被控制量的各阶导数都为零；因为自动控制系统是由各种不同的环节组成，所以在任一瞬间，用几个独立变量可以完全确定系统的状态。在编写微分方程时，应当首先确定各独立变量和系统的被控制量在原始平衡状态下的工作点。当出现扰动或给定量发生变化后，被控制量和各独立变量在其平衡点附近将产生微小的增量，所编写的系统微分方程式就是以增量为基础的增量方程，而不是其绝对值的方程。在这一条件下，所编写的微分方程是在小偏差下系统运动状态的增量方程，不是运动状态变量的绝对值方程，也不是在大偏差范围的增量方程。为了方便起见，在今后的讨论中和编写微分方程时，就不再特别指明这一条件。

编写系统的微分方程式，其目的在于确定被控制量与给定量或扰动量之间的函数关系。给定量和扰动量可以看做系统的输入量,被控制量可以看做输出量。具体编写时,往往是从系统的各环节开始,先确定各环节的输入量和输出量,以便确定其工作状态,并写出环节的微分方程式;再消去中间变量,最后求得系统的微分方程式。

各环节和系统微分方程式的列写方法常用的有两种。一种是进行理论推导,这种方法是根据各环节所遵循的物理规律(如力学、运动学、电磁学、热学等)来编写;另一种是统计数据求取,即根据统计数据进行整理编写。在实际工作中,这两种方法是相辅相成的。一般说来,对于简单的环节或装置,多用理论推导;而对于复杂的装置,往往因涉及的因素较多,多用统计方法。由于理论推导是基本的、常用的方法,本书着重讨论这种方法。

2.1.1　机械系统

机械系统中常用的基本器件是质量、弹簧和阻尼器等,而支配机械系统的基本定律是牛顿运动定律和力、力矩平衡定律。

例 2-1　图 2-1 所示为一个具有质量、弹簧、阻尼器的机械位移系统。当外力 $f(t)$ 作用于系统时,系统产生位移 $x(t)$。求该系统以 $f(t)$ 为输入量 x_r,位移 $x(t)$ 为输出量 x_c 的运动微分方程式。

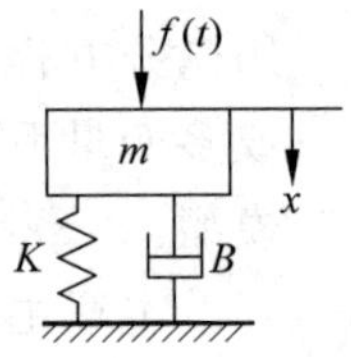

图 2-1　机械位移系统之一

解　根据牛顿力学第二定律可知,作用于质量 m 的诸力之和由下述方程式给出

$$f(t) - f_s(t) - f_d(t) = m\frac{d^2x(t)}{dt^2} \qquad (2\text{-}1)$$

式中:$f_s(t)$——弹簧力;

$f_d(t)$——阻尼器产生的阻尼力。

这两个力由下式给出

$$f_s(t) = Kx(t),\quad f_d(t) = B\frac{dx(t)}{dt}$$

式中:K——弹性系数;

B——阻尼系数。

将 $f_s(t)$、$f_d(t)$ 代入运动方程式(2-1),整理后得到系统的运动微分方程式为

$$m\frac{d^2x(t)}{dt^2} + B\frac{dx(t)}{dt} + Kx(t) = f(t)$$

令 $x_r(t)=f(t)$,$x_c(t)=x(t)$,上式可表示为

$$m\frac{d^2x_c(t)}{dt^2} + B\frac{dx_c(t)}{dt} + Kx_c(t) = x_r(t) \qquad (2\text{-}2)$$

这一系统的运动特点是,$f(t)$ 为作用于各部件的诸力之和,而每一个部件变化了相同的位移 $x(t)$。

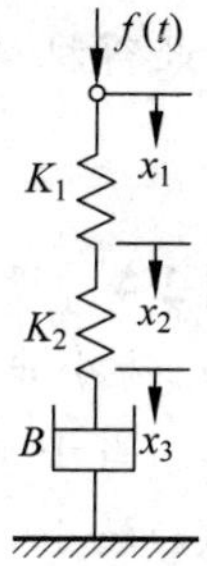

图 2-2 机械位移系统之二

例 2-2 图 2-2 所示为一个机械位移系统。当外力 $f(t)$ 作用于系统时，图中各点的位移为 $x_1(t)$、$x_2(t)$、$x_3(t)$。求该系统的运动方程式。

解 根据力平衡原理，作用于各部件的为同一个外力 $f(t)$，而系统的总位移 $x_1(t)$ 为诸部件各位移之和。系统的运动方程式编写如下。

(1) 机械位移方程式

$$x_1(t)=[x_1(t)-x_2(t)]+[x_2(t)-x_3(t)]+x_3(t) \tag{2-3}$$

(2) 各部件的位移与作用力 $f(t)$ 的关系为

$$K_1[x_1(t)-x_2(t)]=f(t)$$

$$K_2[x_2(t)-x_3(t)]=f(t)$$

$$B\frac{\mathrm{d}x_3(t)}{\mathrm{d}t}=f(t)$$

式中：K_1——弹簧 1 的弹性系数；

K_2——弹簧 2 的弹性系数；

B——阻尼系数。

(3) 系统运动微分方程式。将上面三式代入式(2-3)并整理得

$$x_1(t)=\left(\frac{1}{K_1}+\frac{1}{K_2}\right)f(t)+\frac{1}{B}\int f(t)\mathrm{d}t \tag{2-4}$$

令 $x_r(t)=f(t)$，$x_c(t)=x_1(t)$，上式可表示为

$$x_c(t)=\left(\frac{1}{K_1}+\frac{1}{K_2}\right)x_r(t)+\frac{1}{B}\int x_r(t)\mathrm{d}t$$

这一系统与例 2-1 的不同之处在于系统的总位移为各部件的位移之和，而每一部件上都作用有相同的外力。对于一些机械位移系统，可以看作上述两种典型系统不同形式的组合。

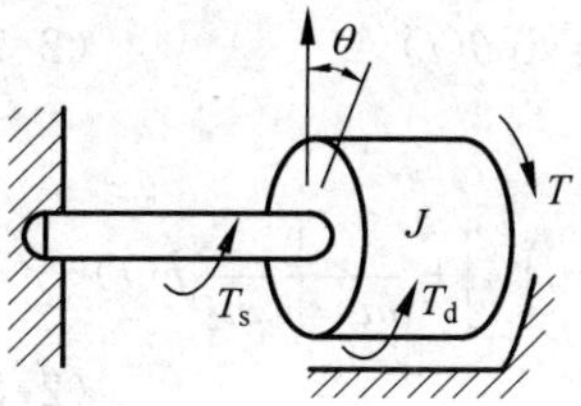

图 2-3 机械旋转运动系统

例 2-3 机械旋转运动系统如图 2-3 所示，为一个圆柱体被轴承支承并在黏性介质中转动。当力矩 T 作用于系统时，产生角位移 $\theta(t)$。求该系统的微分方程式。

解 这种机械旋转运动与平移运动相似。根据牛顿力学第二定律，系统的诸力矩之和为

$$T(t)-T_s(t)-T_d(t)=J\frac{\mathrm{d}^2\theta(t)}{\mathrm{d}t^2}$$

式中：J——转动系统的惯性矩；

扭矩 $T_s(t)=K\theta(t)$，K——扭簧的弹性系数；

黏性摩擦阻尼力矩 $T_d=B\frac{\mathrm{d}\theta(t)}{\mathrm{d}t}$，$B$——黏性摩擦系数。

因此得机械旋转系统的运动方程式如下

$$J\frac{\mathrm{d}^2\theta(t)}{\mathrm{d}t^2}+B\frac{\mathrm{d}\theta(t)}{\mathrm{d}t}+K\theta(t)=T(t) \tag{2-5}$$

例 2-4 设有一个倒立摆装在只能沿 x 方向移动的小车上,如图 2-4 所示。图中 m_1 为小车的质量,m_2 为摆球的质量,g 为重力加速度,l 为摆长,J 为摆的转动惯量。当小车受到外力 $f(t)$ 作用时,小车产生位移 $x(t)$,且摆产生角位移 $\theta(t)$。如果 $\theta(t)$ 较小,试求出描述摆角位移 $\theta(t)$ 和小车位移 $x(t)$ 的微分方程式。

解 当小车 m_1 在外力作用下产生位移 $x(t)$ 时,摆球受力情况如图 2-5 所示。图中 m_2g 为摆球 m_2 所受重力,$m_2\frac{\mathrm{d}^2x(t)}{\mathrm{d}t^2}$ 为 x 方向的惯性力,$m_2g\sin\theta(t)$ 为垂直于摆杆方向的重力分量。在 x 方向上,小车的惯性力矩为 $m_1\frac{\mathrm{d}^2x(t)}{\mathrm{d}t^2}$,摆球产生的位移量为 $x(t)+l\sin\theta(t)$;在垂直于摆杆的方向上,摆球的转动惯性力为 $J\frac{\mathrm{d}^2\theta(t)}{\mathrm{d}t^2}$;$m_2\frac{\mathrm{d}^2x(t)}{\mathrm{d}t^2}$ 的分力为 $m_2\frac{\mathrm{d}^2x(t)}{\mathrm{d}t^2}\cos\theta(t)$。

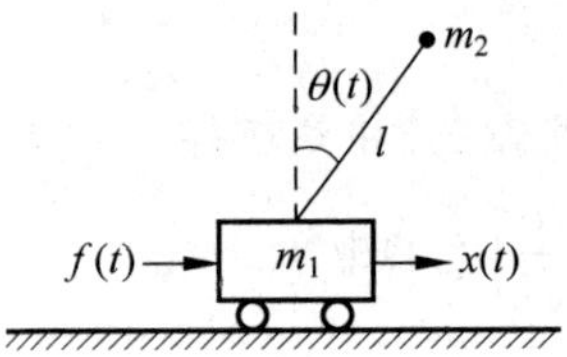

图 2-4 装有倒立摆的小车

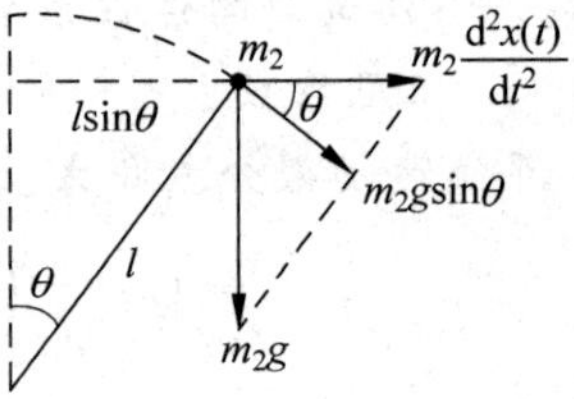

图 2-5 倒立摆受力图

根据牛顿运动定律,按照力的平衡原理,可以分别列出该系统在 x 方向上和垂直于摆杆方向上的运动方程

$$m_1\frac{\mathrm{d}^2x(t)}{\mathrm{d}t^2}+m_2\frac{\mathrm{d}^2x(t)}{\mathrm{d}t^2}+m_2\frac{\mathrm{d}^2[l\sin\theta(t)]}{\mathrm{d}t^2}=f(t) \tag{2-6}$$

$$J\frac{\mathrm{d}^2\theta(t)}{\mathrm{d}t^2}+m_2l\frac{\mathrm{d}^2x(t)}{\mathrm{d}t^2}\cos\theta(t)=m_2lg\sin\theta(t) \tag{2-7}$$

由式(2-6)可得

$$\frac{\mathrm{d}^2x(t)}{\mathrm{d}t^2}=\frac{-m_2l}{m_1+m_2}\left[\cos\theta(t)\frac{\mathrm{d}^2\theta(t)}{\mathrm{d}t^2}-\sin\theta(t)\left(\frac{\mathrm{d}\theta(t)}{\mathrm{d}t}\right)^2\right]+\frac{1}{m_1+m_2}f(t) \tag{2-8}$$

将式(2-8)代入式(2-7)并整理,可得到描述摆的角位移的微分方程式为

$$[m_2^2l^2\cos^2\theta(t)-(m_1+m_2)J]\frac{\mathrm{d}^2\theta(t)}{\mathrm{d}t^2}-m_2^2l^2\sin\theta(t)\cos\theta(t)\left[\frac{\mathrm{d}\theta(t)}{\mathrm{d}t}\right]^2$$
$$+(m_1+m_2)m_2gl\sin\theta(t)=m_2lf(t)$$

上式是一个非线性微分方程。如果摆的角位移较小,则可取 $\sin\theta(t)=\theta(t)$,$\cos\theta(t)=1$。

省略一阶导数的高次项$[\mathrm{d}\theta(t)/\mathrm{d}t]^2$，则可以得到描述摆角$\theta(t)$的线性化微分方程式

$$\left(m_2 l - J\frac{m_1+m_2}{m_2 l}\right)\frac{\mathrm{d}^2\theta(t)}{\mathrm{d}t^2}+(m_1+m_2)g\theta(t)=f(t)$$

将式(2-6)和式(2-7)变成线性化微分方程，再用s代替$\mathrm{d}/\mathrm{d}t$，并省略一阶导数的高次项可得

$$\begin{cases}(m_1+m_2)s^2x(t)+m_2ls^2\theta(t)=f(t)\\ m_2ls^2x(t)+Js^2\theta(t)=m_2lg\theta(t)\end{cases}$$

由上述方程组可以得到

$$\{[(m_1+m_2)J-m_2^2l^2]s^4-(m_1+m_2)m_2lgs^2\}x(t)=(Js^2-m_2lg)f(t)$$

将s还原为$\mathrm{d}/\mathrm{d}t$，可得

$$[(m_1+m_2)J-m_2^2l^2]\frac{\mathrm{d}^4x(t)}{\mathrm{d}t^4}-(m_1+m_2)m_2lg\frac{\mathrm{d}^2x(t)}{\mathrm{d}t^2}=J\frac{\mathrm{d}^2f(t)}{\mathrm{d}t^2}-m_2lgf(t)$$

2.1.2　电气系统

电气系统的基本元件是电阻、电容、电感以及电动机等，而建立数学模型的基本定律是基尔霍夫电流定律、基尔霍夫电压定律等。

例 2-5　图 2-6 所示是一个简单的RC电路，求其微分方程式。

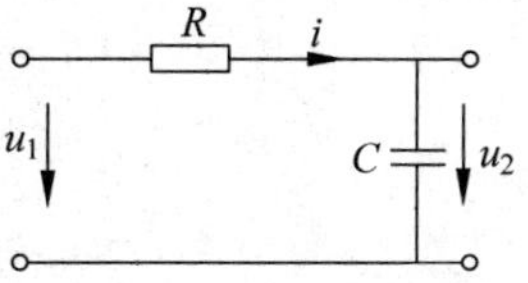

图 2-6　RC 电路

解　(1) 确定电路的输入量和输出量。由图 2-6 可知，当电压u_1变化时，将引起电路中电流i的变化，因此u_2也随着变化。在这里，取电路的输入量为u_1，以下式表示

$$x_r=u_1$$

取输出量为u_2，以下式表示

$$x_c=u_2$$

这两个量都是时间的函数，回路电流i则为联系输入和输出的中间变量。

(2) 列出原始微分方程式。根据电路理论得

$$u_1=Ri+u_2$$

$$u_2=q/C$$

式中，q为电容上的电荷，而q与中间变量i之间的函数关系为

$$i=\frac{\mathrm{d}q}{\mathrm{d}t}$$

(3) 消去中间变量。联立以上三个方程式，消去中间变量i，可得电路微分方程式

$$RC\frac{\mathrm{d}u_2}{\mathrm{d}t}+u_2=u_1\tag{2-9}$$

或

$$RC\frac{\mathrm{d}x_c}{\mathrm{d}t}+x_c=x_r$$

式(2-9)表示了 RC 电路的输入量与输出量之间的关系。

(4) 算子方程式。根据微分方程式的表达方式,一个常系数线性微分方程,可以用算子 p 代替 $\mathrm{d}/\mathrm{d}t$ 这一微分运算符号。在式(2-9)中,以 p 代替 $\mathrm{d}/\mathrm{d}t$,可以得到算子方程

$$RCpx_c+x_c=x_r \tag{2-10}$$

上式为微分方程式的另一种写法。

例 2-6 图 2-7 所示为一个简单的 RL 电路,该电路所示的可以是直流电动机或直流发电机励磁绕组的等效电路。当外加的直流电压变化时,回路电流 i 即发生变化。求其微分方程式。

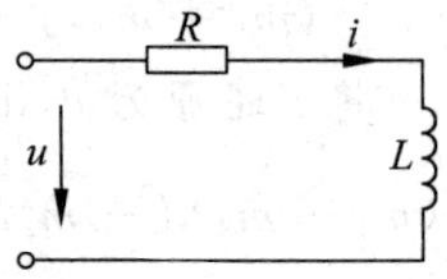

图 2-7 RL 电路

解 (1) 确定输入量和输出量。取电路的输入量为 u,输出量为 i,这里没有中间变量,故

$$x_r=u$$
$$x_c=i$$

(2) 列出电路微分方程式。根据电路理论可以写出

$$L\frac{\mathrm{d}i}{\mathrm{d}t}+Ri=u$$

或

$$L\frac{\mathrm{d}x_c}{\mathrm{d}t}+Rx_c=x_r$$

写成算子方程式得

$$Lpx_c+Rx_c=x_r \tag{2-11}$$

比较式(2-10)和式(2-11)可以看出,虽然两个电路不同,但它们的微分方程却是相似的。从这里可以看出,尽管环节(或系统)的物理性质不同,它们的数学模型却可以是相似的。

例 2-7 求电枢电压控制的他励直流电动机的微分方程式。

解 电枢电压控制的他励直流电动机,是控制系统中常用的执行机构或被控对象。当电枢电压 u_d 发生变化时,则其转速 n 以及转角 θ 产生相应的变化。

(1) 确定输入量和输出量。取输入量为电动机的电枢电压 u_d,即

$$x_r=u_d$$

取输出量为电动机的转速 n,即

$$x_c=n$$

(2) 列写微分方程式。电动机的微分方程式由该装置的电枢回路的微分方程式和转动部分的微分方程式所决定。

求电枢回路的微分方程式。由图 2-8 可写出电路平衡方程式

$$e_d + R_d i_d + L_d \frac{di_d}{dt} = u_d$$

式中：e_d——电动机电枢反电势；

R_d——电动机电枢回路电阻；

L_d——电动机电枢回路电感；

i_d——电动机电枢回路电流。

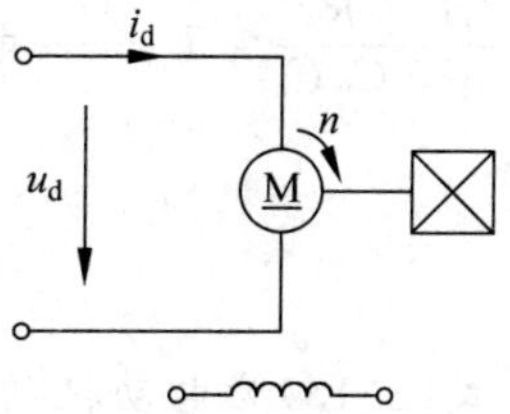

图 2-8　直流电动机电枢电路

因为反电势 e_d 与电动机的转速成正比，故

$$e_d = C_e n$$

式中：C_e——电动机电势常数；

n——电动机转速。

因此上式可以改写为

$$C_e n + R_d i_d + L_d \frac{di_d}{dt} = u_d \tag{2-12}$$

求电动机的机械运动微分方程式。当省略电动机的负载力矩和黏性摩擦力矩时，电动机的机械运动微分方程式为

$$M = \frac{GD^2}{375} \frac{dn}{dt} \tag{2-13}$$

式中：M——电动机的转矩；

GD^2——电动机的转动惯量。

由于电动机的转矩是电枢电流的函数，因此当电动机的励磁不变时，电动机的转矩为

$$M = C_m i_d \tag{2-14}$$

式中：C_m——电动机转矩常数。

上述三个方程式为电动机暂态过程的方程组，其中电枢电流和电动机转矩是中间变量。

(3) 消去中间变量。将式(2-13)代入式(2-14)，得

$$i_d = \frac{GD^2}{375C_m} \frac{dn}{dt}$$

由此得

$$\frac{di_d}{dt} = \frac{GD^2}{375C_m} \frac{d^2 n}{dt^2}$$

将 i_d 及$\frac{di_d}{dt}$代入式(2-12)并整理，得

$$\frac{L_d}{R_d} \frac{GD^2}{375} \frac{R_d}{C_m C_e} \frac{d^2 n}{dt^2} + \frac{GD^2}{375} \frac{R_d}{C_m C_e} \frac{dn}{dt} + n = \frac{u_d}{C_e}$$

令

$\frac{L_d}{R_d} = T_d$——电动机电磁时间常数；

$$\frac{GD^2}{375}\frac{R_d}{C_m C_e}=T_m$$——电动机的机电时间常数。

则得

$$T_d T_m \frac{d^2 n}{dt^2}+T_m \frac{dn}{dt}+n=\frac{u_d}{C_e} \tag{2-15}$$

式(2-15)为电动机的动态微分方程式。当以输入量 x_r 及输出量 x_c 代替 u_d 及 n 时,则其输入量和输出量的微分方程式为

$$T_d T_m \frac{d^2 x_c}{dt^2}+T_m \frac{dx_c}{dt}+x_c=\frac{x_r}{C_e} \tag{2-16a}$$

以算子表示时,得

$$T_d T_m p^2 x_c+T_m p x_c+x_c=x_r/C_e \tag{2-16b}$$

(4) 当以电枢电压为输入量,电动机的转角 θ 为输出量 x_c 时,电动机的微分方程式列写如下。由于

$$\omega=\frac{d\theta}{dt},\quad n=\frac{30\omega}{\pi}$$

式中:θ——电动机转角;

ω——电动机角速度。

因此

$$n=\frac{30}{\pi}\frac{d\theta}{dt}$$

由此得以转角 θ 为输出量的微分方程式为

$$T_d T_m \frac{d^3\theta}{dt^3}+T_m \frac{d^2\theta}{dt^2}+\frac{d\theta}{dt}=0.105\frac{u_d}{C_e} \tag{2-17a}$$

或

$$T_d T_m \frac{d^3 x_c}{dt^3}+T_m \frac{d^2 x_c}{dt^2}+\frac{dx_c}{dt}=0.105\frac{x_r}{C_e} \tag{2-17b}$$

2.1.3 液压系统

液压系统的基本器件是油泵、工作缸、溢流阀、单向阀、节流阀、换向阀等,建立数学模型的基本定律有帕斯卡原理、连续方程、伯努利方程等流体力学理论。液压系统结构比较复杂,建模难度较大,因此本节仅以一些常用的液压元件为例分析它们的简化数学模型。

例 2-8 已知一个双通口定量泵(如图 2-9 所示),设进口油压为 p_0,出口油压为 p_1,求该油泵的流量方程。

解 因进口节点为双通口边界节点,考虑泄漏量和液体可压缩性,其流量方程的形式为

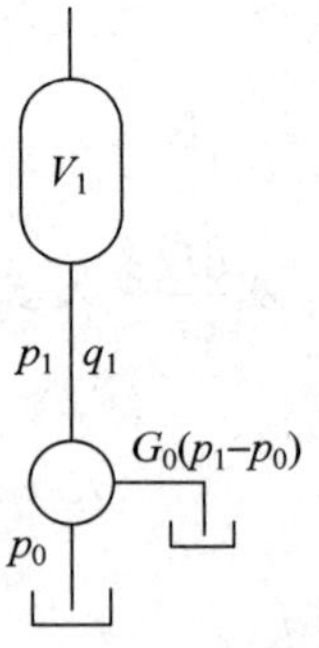

图 2-9 油泵模型示意图

$$q_1 = q_0 - G_0(p_1 - p_0) - \frac{V_1}{K}\frac{\mathrm{d}p_1}{\mathrm{d}t} \tag{2-18}$$

式中：q_1——油泵的实际流量(流变量)；

q_0——油泵的理论流量；

G_0——油泵的液导；

V_1——油泵的出口容积；

K——油液体积弹性模量。

例 2-9　图 2-10 为两种工作缸结构，其中图 2-10(a)为双通口工作缸，图 2-10(b)为三通口工作缸。若不考虑缸出口的排油背压，求其相关的数学模型。

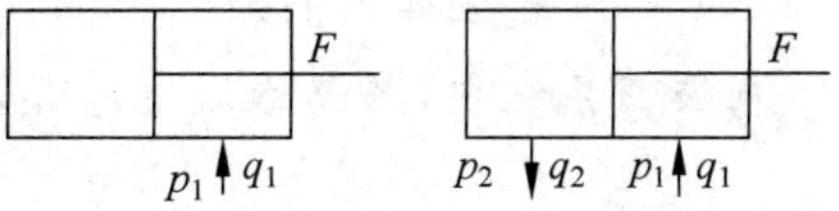

图 2-10　工作缸结构示意图

解　(1) 工作缸活塞的运动方程为

$$F = p_1 A - \sum_{i=1}^{n} R_i \text{（匀速运动）} \tag{2-19}$$

或

$$p_1 A - F - \sum_{i=1}^{n} R_i = m\frac{\mathrm{d}^2 x}{\mathrm{d}t^2} \text{（匀加速运动）} \tag{2-20}$$

(2) 双通口缸流量方程为

$$q_1 = A'\frac{\mathrm{d}x}{\mathrm{d}t} + \frac{V_1}{K}\frac{\mathrm{d}p_1}{\mathrm{d}t} \tag{2-21}$$

(3) 对于三通口工作缸，需补充出口流量方程

$$q_2 = A'\frac{\mathrm{d}x}{\mathrm{d}t} - \frac{V_2}{K}\frac{\mathrm{d}p_2}{\mathrm{d}t} \tag{2-22}$$

式中：F——液压缸工作负载；

A, A'——工作缸活塞杆腔面积和活塞腔面积；

$\sum_{i=1}^{n} R_i$——各种摩擦阻力之和；

n——摩擦阻力的数量；

m, x——运动部分质量和位移；

p_1, p_2——油缸进口油压、出口油压；

q_1, q_2——油缸进口流量、出口流量；

V_1, V_2——进油腔液体容积、排油腔液体容积。

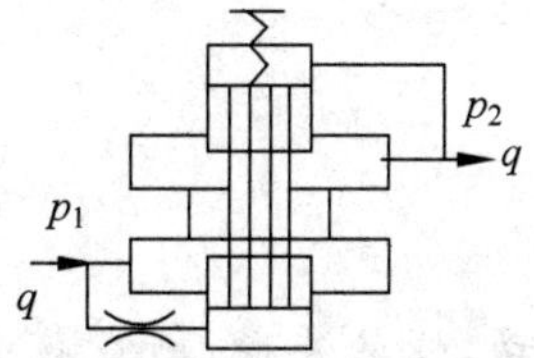

图 2-11　直动式溢流阀结构简图

例 2-10　直动式溢流阀的作用是通过阀口的溢流，调定系统的工作压力或限定其最大的工作压力，主要用来防止系统的过载。图 2-11 为直动式溢流阀结构简图，求其数学模型。

解　直动式溢流阀作用在阀心上液压力直接与阀口上的弹簧力相平衡。通过分析受

力可得溢流阀阀心运动方程为

$$m_r \frac{d^2 x_v}{dt^2} = (p_1 - p_2)A_r - K(x_c + x_v) - (K_v + K_f)\frac{dx_v}{dt} \tag{2-23}$$

式中：m_r, x_v——阀心质量和位移；

p_1, p_2——进口油压、出口油压；

K, x_c——弹性系数和预压缩量；

K_v, K_f——瞬态液动力系数和黏性阻尼系数；

A_r——液体作用面积。

在液压系统中，若忽略溢流阀开启时的动态特性，可得其简化模型为

$$q = G_2(p_1 - p_r) \tag{2-24}$$

式中：G_2——溢流阀液导；

p_r——溢流阀调定压力。

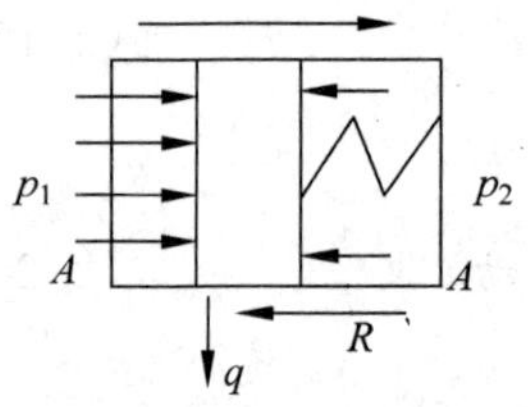

图 2-12 插装阀受力分析

例 2-11 二通插装阀是一种多功能的复合阀，可用于方向控制、流量控制和压力控制。图 2-12 所示为一个二通插装阀的受力分析图，求其数学模型。

解 二通插装阀阀心运动方程(开启时)为

$$m\frac{d^2 x}{dt^2} = p_1 A_1 - p_2 A_2 - K(x_0 - x) - R \tag{2-25}$$

式中：m, x——插装阀阀心质量和位移；

R——摩擦阻力；

K——弹性系数；

x_0——弹簧预压缩量；

A_1, A_2——插装阀锥腔及控制腔面积；

p_1, p_2——插装阀锥腔及控制腔油压。

二通插装阀关闭时运动方程形式与式(2-25)相仿，只是作用力方向有所不同。

二通插装阀打开后相当于一个节流阀，其流量方程为

开启时

$$q = G(p_1 - p_2) \tag{2-26a}$$

关闭时

$$q = A_2\frac{dx}{dt} + \frac{A_2 x}{K}\frac{dp_2}{dt} \tag{2-26b}$$

式中：A_1, A_2——插装阀高压油腔、控制油腔的面积；

q——通过插装阀的流量；

G——插装阀的液导。

例 2-12 换向阀是利用阀口与阀体间的相对运动，使油液通、断或换向来控制液压执行元件运动、停止或变换运动方向的。按阀口运动的操作方式，可分为

手动控制、气动控制和电磁控制等。现以电磁换向阀为例求其数学模型。

解　(1) 电磁换向阀通电时阀心运动方程为

$$F_e = m\frac{d^2x}{dt^2} = (B_v + B_f)\frac{dx}{dt} + (K_v + K)x + R_m \tag{2-27}$$

式中：F_e——加给阀心的外力即电磁力；

m, x——阀心质量和位移；

B_v, B_f——瞬态液动力系数及黏性阻尼系数；

K, K_v——对中弹性系数和稳态液动力系数；

R_m——库仑摩擦阻力。

(2) 当电磁阀换向以后，流经电磁阀的流量方程可表示为

$$q = C_d A\sqrt{2(p_1 - p_2)/\rho} = C\sqrt{p_1 - p_2} \tag{2-28}$$

式中：q——流经电磁阀的流量；

C_d, A——阀口流量系数及阀口面积；

ρ——液体密度；

p_1, p_2——电磁阀进出口液体压力；

C——电磁阀综合流量系数。

由于电磁换向阀响应速度较快，所以在考虑大系统动态性能时只考虑其流量特性。

例 2-13　常用的蓄能器有活塞式、气囊式、弹簧式等结构，它们在液压系统中起蓄能、吸收压力脉动和稳压等作用。现以活塞式蓄能器为例求其数学模型。

解　充液时，活塞式蓄能器的运动方程为

$$m\frac{d^2x}{dt^2} = pA - p_a A - mg - \sum_{i=1}^{n} R_i \tag{2-29}$$

式中：m, x——蓄能器活塞质量和位移；

p, A——进口液体压力和活塞面积；

p_a——蓄能器气室压力；

$\sum_{i=1}^{n} R_i$——各种摩擦阻力之和；

n——摩擦阻力的数量。

蓄能器排液时活塞运动方程形式与式(2-29)类似，只是作用力方向有所不同。

蓄能器流量方程为

进油时

$$q = A\frac{dx}{dt} + \frac{V}{K}\frac{dp}{dt} \tag{2-30}$$

排油时

$$q = A\frac{\mathrm{d}x}{\mathrm{d}t} - \frac{V}{K}\frac{\mathrm{d}p}{\mathrm{d}t} \tag{2-31}$$

式中：V——高压油所占容积。

例 2-14 单向阀主要用来控制油液的单向运动。以普通单向阀为例求其数学模型。

解 水平放置的直通式单向阀运动方程为

$$m\frac{\mathrm{d}^2 x}{\mathrm{d}t^2} = (p_1 - p_2)A - Kx - F_{\mathrm{f}} \tag{2-32}$$

式中：m,x——阀心质量和位移；

p_1,p_2——单向阀进口压力、出口压力；

A——液体作用面积，即流通面积；

K,F_{f}——弹性系数和预压缩所产生的预紧力。

实际上，单向阀一打开，其作用就相当于一个液阻元件，将单向阀的液阻简化成线性液阻，其模型形式(流量方程)为

$$q = \frac{1}{R}(p_1 - p_2) = G(p_1 - p_2) \tag{2-33}$$

式中：q——通过单向阀的流量；

R——液阻；

G——液导；

p_1,p_2——单向阀进口压力、出口压力。

例 2-15 液控单向阀为单向阀的一种，它利用液压来控制阀门。这里，在忽略液动力、库仑摩擦、黏性阻尼和阀心重力的情况下，求液控单向阀的数学模型。

解 液控单向阀开启时阀心运动方程为

$$m\frac{\mathrm{d}^2 x}{\mathrm{d}t^2} = p_3 A_3 - p_1 A_1 - p_2 A_2 + K(x_0 + x) \tag{2-34}$$

式中：m,x——阀心质量和位移；

p_3,A_3——控制腔油压及作用面积；

p_1,A_1——高压腔油压及作用面积；

p_2,A_2——低压腔油压及作用面积；

K,x_0——弹性系数及预压缩量。

液控单向阀开启后，通过液控单向阀的流量为

$$q = C\sqrt{p_1 - p_2} \tag{2-35}$$

式中：C——液控单向阀综合流量系数。

式(2-35)是液控单向阀用于液压大系统中的简化形式，进入液控单向阀控制腔的液体流量方程如式(2-33)所示。

例 2-16 节流阀是流量控制阀中最常用的阀，它是依靠调节油路通流截面积来控制通过的流量的。求其数学模型。

解　节流阀的作用相当于一个阻尼器，通过节流阀的流量可写成

$$q = C_1(p_1 - p_2)^{C_2} \tag{2-36}$$

式中：p_1，p_2——节流阀进口油压、出口油压；

C_1，C_2——系数。

为简化系统模型，将节流阀看成一个线性液阻，其简化模型形式为

$$q = \frac{1}{R}(p_1 - p_2) = G(p_1 - p_2) \tag{2-37}$$

式中：R——液阻；

G——液导。

2.1.4　热工系统

在热工装置系统分析中，常用的器件是阀门和容器；而运用的基本定律是物料与物流量的平衡方程、压力与热量平衡方程。

例 2-17　如图 2-13 所示为一个密闭容器充气压力系统，求输入压力 p_1 与容器内压力 p_2 之间的数学模型。

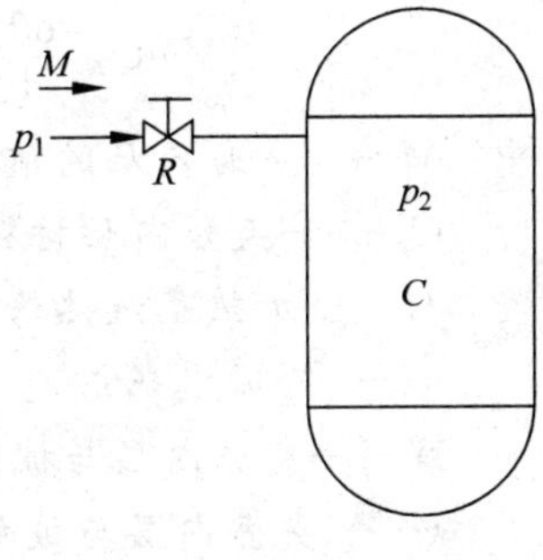

图 2-13　容器压力系统

解　设进气的阀门开度一定时，气阻值为 R，容器的气体容量为 C，进气质量流量为 M，p_1 和 p_2 为容器外部与内部的压力。当外部压力 $p_1 > p_2$，并向密闭容器充气，此时由进气流量与压降关系得

$$M = \frac{1}{R}(p_1 - p_2)$$

又由于容器中压力 p_2 随储存气质量 m 增加而升高的关系得

$$C = \frac{\mathrm{d}m}{\mathrm{d}p_2} = \frac{\mathrm{d}m/\mathrm{d}t}{\mathrm{d}p_2/\mathrm{d}t} = \frac{M}{\mathrm{d}p_2/\mathrm{d}t}$$

所以

$$M = C\frac{\mathrm{d}p_2}{\mathrm{d}t}$$

根据物料平衡关系得

$$\frac{1}{R}(p_1 - p_2) = C\frac{\mathrm{d}p_2}{\mathrm{d}t}$$

整理后

$$RC\frac{\mathrm{d}p_2}{\mathrm{d}t} + p_2 = p_1 \tag{2-38}$$

也可以表示为

$$T\frac{\mathrm{d}p_2}{\mathrm{d}t} + p_2 = p_1 \tag{2-39}$$

式中，$T=RC$。式(2-39)就是该容器压力系统的数学模型。

例 2-18　一个夹套反应釜温度系统如图2-14所示。求其输入蒸汽流量 W 与反应釜内层温度 θ_2 之间的数学模型。

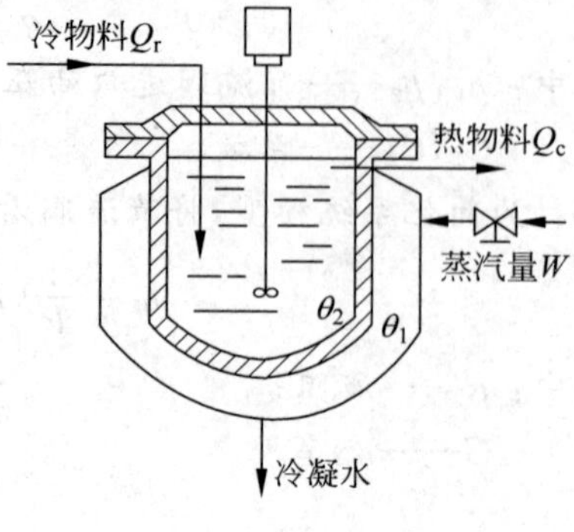

图 2-14　夹套反应釜温度系统

解　假设不计热量损失，加热物料充分搅拌，其反应釜内层温度 θ_2 均匀；由蒸汽带来的热量 WH 与进入的被加热物料 Q_r 进行充分的热交换；蒸汽在饱和状态下冷却为冷凝水，被加热后的物料为 Q_c；而设夹套内温度为 θ_1。

夹套内的热量平衡方程式为

$$MC_{p1}\frac{\mathrm{d}\theta_1}{\mathrm{d}t}=WH-Wh-kA(\theta_1-\theta_2) \tag{2-40}$$

被加热物料热量平衡方程式为

$$VmC_{p2}\frac{\mathrm{d}\theta_2}{\mathrm{d}t}=kA(\theta_1-\theta_2)+Q_rC_{p2}\theta_0-Q_cC_{p2}\theta_2 \tag{2-41}$$

式中：M——夹套内层的质量；

C_{p1}——夹套内层材料比热容；

H——加热蒸汽热焓；

h——冷凝水热焓；

A——夹套内层与被加热物料间的传热面积；

k——夹套内层与被加热物料间的传热系数；

m——被加热物料质量；

C_{p2}——被加热物料比热容；

W——加热蒸汽流量；

θ_0——进料初始温度；

V——反应釜内层容积。

因为 Q_r 与 Q_c 是被加热的物料流量，则进料流量与出料流量相等，记为 Q，整理方程式，并消去中间变量 θ_1，得

$$\begin{aligned}&T_1T_2\frac{\mathrm{d}^2\theta_2}{\mathrm{d}t^2}+(T_1+T_2+T_1K_2)\frac{\mathrm{d}\theta_2}{\mathrm{d}t}+K_2\theta_2\\&=K_1W+K_2\theta_0+T_1K_2\frac{\mathrm{d}\theta_0}{\mathrm{d}t}\end{aligned} \tag{2-42}$$

若不考虑进料的初始温度，即 $\theta_0=0$，则上式变为

$$T_1T_2\frac{\mathrm{d}^2\theta_2}{\mathrm{d}t^2}+(T_1+T_2+T_1K_2)\frac{\mathrm{d}\theta_2}{\mathrm{d}t}+K_2\theta_2=K_1W \tag{2-43}$$

式中：$T_1=\dfrac{MC_{p1}}{kA}$，$T_2=\dfrac{VmC_{p2}}{kA}$，$K_1=\dfrac{H-h}{kA}$，$K_2=\dfrac{QC_{p2}}{kA}$。式(2-43)就是夹套反应

釜的数学模型。

综上所述,可以得出编写闭环系统微分方程式的一般步骤如下:

(1) 确定系统的输入量和输出量。

(2) 将系统分解为各环节,依次确定各环节的输入量与输出量,根据各环节的物理规律写出各环节的微分方程。

(3) 消去中间变量,就可以求得系统的微分方程式。线性系统微分方程式的一般表达式为

$$\begin{aligned} & a_0 \frac{\mathrm{d}^n x_c}{\mathrm{d}t^n} + a_1 \frac{\mathrm{d}^{n-1} x_c}{\mathrm{d}t^{n-1}} + \cdots + a_{n-1} \frac{\mathrm{d}x_c}{\mathrm{d}t} + a_n x_c \\ = & b_0 \frac{\mathrm{d}^m x_r}{\mathrm{d}t^m} + b_1 \frac{\mathrm{d}^{m-1} x_r}{\mathrm{d}t^{m-1}} + \cdots + b_{m-1} \frac{\mathrm{d}x_r}{\mathrm{d}t} + b_m x_r \end{aligned} \tag{2-44}$$

2.2　非线性数学模型的线性化

在编写各环节的微分方程式时,常常遇到非线性问题。由于求解非线性微分方程比较困难,因此提出了非线性特性线性化问题。也就是说,如果能够作某种近似,或者缩小一些研究问题的范围,那么大部分非线性特性都可以近似地作为线性特性来处理,这样就给研究控制系统的工作带来很大的方便。虽然这种方法是近似的,但在一定的范围内能够反映系统的特性,在工程实践中有很大的实际意义。

现以图 2-15 所示的发电机励磁特性为例来说明。

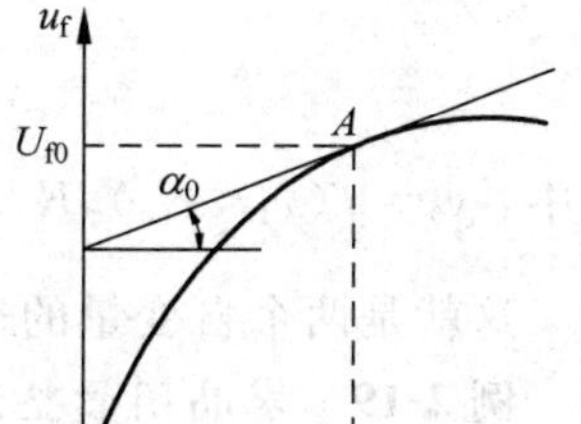

图 2-15　发电机励磁特性

图中的 A 点为励磁的工作点,励磁电流和发电机电压分别为 I_{f0} 和 U_{f0}。当励磁电流 i_f 变化时,电压 u_f 沿着励磁曲线变化。因而,ΔU_f 和 ΔI_f 不按比例变化,就是说 i_f 和 u_f 之间有非线性关系。但是,如果 i_f 在 A 点附近只作微小的变化,那么我们可以近似地认为 u_f 是沿着励磁曲线在 A 点的切线变化,即励磁特性用切线这一直线来代替,即

$$\Delta U_f = \tan\alpha_0 \Delta I_f$$

这样就把非线性问题线性化了。这种方法可以称为小偏差线性化。

线性化这一概念用数学方法来处理,就是将一个非线性函数 $y = f(x)$,在其工作点(x_0, y_0)展开成泰勒(Taylor)级数,然后省略二次以上的高阶项,得到线性化方程,用来代替原来的非线性函数。

对于具有一个自变量的非线性函数,设环节或系统的输入量为 $x(t)$,输出量为 $y(t)$,如果系统的工作点为 $y_0 = f(x_0)$,那么在 $y_0 = f(x_0)$附近展开成泰勒级数为

$$y=f(x_0)+\left(\frac{\mathrm{d}f(x)}{\mathrm{d}x}\right)_{x_0}(x-x_0)+\frac{1}{2!}\left(\frac{\mathrm{d}^2f(x)}{\mathrm{d}x^2}\right)_{x_0}(x-x_0)^2+\cdots$$

忽略二阶以上各项,可写成

$$y=f(x_0)+\left(\frac{\mathrm{d}f(x)}{\mathrm{d}x}\right)_{x_0}(x-x_0)$$

或

$$y-y_0=K(x-x_0) \tag{2-45}$$

式中:$y_0=f(x_0)$,$K=\left(\frac{\mathrm{d}f(x)}{\mathrm{d}x}\right)_{x_0}$。

这就是非线性元件或系统的线性化数学模型。

对于具有两个自变量的非线性函数,设输入量为 $x_1(t)$ 和 $x_2(t)$,输出量为 $y(t)$,系统正常工作点为 $y_0=f(x_{10},x_{20})$。在工作点附近展开泰勒级数得

$$\begin{aligned}y=&f(x_{10},x_{20})+\left[\left(\frac{\partial f}{\partial x_1}\right)(x_1-x_{10})+\left(\frac{\partial f}{\partial x_2}\right)(x_2-x_{20})\right]\\&+\frac{1}{2!}\left[\left(\frac{\partial^2 f}{\partial x_1^2}\right)(x_1-x_{10})^2+2\left(\frac{\partial^2 f}{\partial x_1\partial x_2}\right)(x_1-x_{10})(x_2-x_{20})\right.\\&\left.+\left(\frac{\partial^2 f}{\partial x_2^2}\right)(x_2-x_{20})^2\right]+\cdots\end{aligned}$$

式中,偏导数都在 $x_1=x_{10}$、$x_2=x_{20}$ 上求取。忽略二阶以上各项,可以写成

$$y=f(x_{10},x_{20})+\left(\frac{\partial f}{\partial x_1}\right)(x_1-x_{10})+\left(\frac{\partial f}{\partial x_2}\right)(x_2-x_{20})$$

或

$$y-y_0=K_1(x_1-x_{10})+K_2(x_2-x_{20}) \tag{2-46}$$

式中:$y_0=f(x_{10},x_{20})$,$K_1=\frac{\partial f}{\partial x_1}$,$K_2=\frac{\partial f}{\partial x_2}$。

这就是两个自变量的非线性系统的线性化数学模型。

例 2-19 求晶闸管整流电路的线性化数学模型。

解 取三相桥式整流电路的输入量为控制角 α,输出量为整流电压 E_d,E_d 与 α 之间的关系为

$$E_d=2.34E_2\cos\alpha=E_{d0}\cos\alpha$$

式中:E_2——交流电源相电压的有效值;

E_{d0}——$\alpha=0°$时的整流电压。

该电路的整流特性曲线如图 2-16 所示。输出量 E_d 与输入量 α 呈非线性关系。

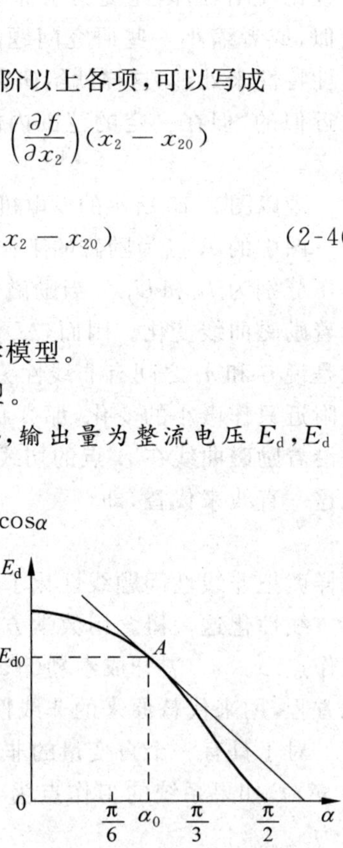

图 2-16 晶闸管整流特性

如果正常工作点为 A,这时 $(E_d)_0=E_{d0}\cos\alpha_0$,那么当控制角 α 小范围内变化时,可以作为线性化环节来处理。由式(2-45),令

$$x_0=\alpha_0,y_0=E_{d0}\cos\alpha_0$$

得

$$E_d - E_{d0}\cos\alpha_0 = K_s(\alpha - \alpha_0) \tag{2-47}$$

式中：

$$K_s = \left(\frac{dE_d}{d\alpha}\right)_{\alpha=\alpha_0} = -E_{d0}\sin\alpha_0$$

例如，$\alpha_0 = 30°$，则 $K_s = -E_{d0}\sin 30° = -0.5E_{d0}$。这里负号表示随 α 的增大，E_d 下降。

将式(2-47)写成增量方程，得

$$\Delta E_d = K_s \Delta\alpha \tag{2-48}$$

式中，$\Delta E_d = E_d - E_{d0}\cos\alpha_0$，$\Delta\alpha = \alpha - \alpha_0$。这就是晶闸管整流电路线性化后的特性方程。在一般情况下，为了简化起见，当写晶闸管整流电路的特性方程式时，把增量方程转换成为一般形式

$$E_d = K_s\alpha \tag{2-49}$$

但是，应明确的是，式(2-49)中的变量 E_d、α 均为增量。

例 2-20　求液压伺服马达线性化数学模型。

解　液压执行元件是自动控制系统中经常采用的一种执行机构，它与其他类型的执行机构相比，具有体积小、反应快等优点。图 2-17 为液压伺服马达的工作原理图，它由滑阀式液压放大器Ⅰ和执行机构——油缸Ⅱ组成。由于作用在滑阀上的油液压力是平衡的，所以滑阀是一个平衡阀，它可以控制很大的输出功率，而操纵滑阀只需要很小的功率。

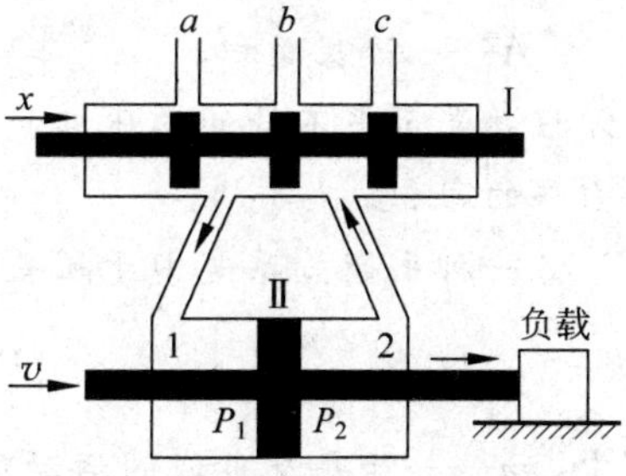

图 2-17　液压伺服马达原理图

a,c—回油；b—高压油

当滑阀处于中间位置时，油缸中活塞两侧的压力相等，活塞处于静止状态。然而，当滑阀向右位移 x 时，油缸的腔 1 与高压油路 b 相通，于是活塞两侧产生压差 $P_c = P_1 - P_2$。此压差推动活塞带动负载向右运动，使负载位移 y。从液压伺服马达来看，输入量是位移 x，输出量是位移 y。

(1) 油缸的负载特性

进入油缸的油量 Q 与滑阀位移 x 和活塞两侧的压差有关。设滑阀位移为 x，活塞两侧单位面积上的压差为 P_c，单位时间内进入油缸的油量为 Q，变量 Q 与 x 和 P_c 之间的关系为非线性的，可以表示为

$$Q = f(x, P_c)$$

如果工作点为 $Q_0 = f(x_0, P_{c0})$，那么在工作点附近变化时，可以用如下线性方程来表示

$$Q = Q_0 + K_1(x - x_0) - K_2(P_c - P_{c0}) \tag{2-50}$$

式中：$K_1 = \left(\frac{\partial Q}{\partial x}\right)_{x=x_0}$，　$K_2 = -\left(\frac{\partial Q}{\partial P_c}\right)_{P_c=P_{c0}}$。

写成增量方程式为

$$Q - Q_0 = K_1(x - x_0) - K_2(P_c - P_{c0}) \tag{2-51}$$

$$\Delta Q = K_1 \Delta x - K_2 \Delta P_c$$

如果工作点 $Q_0 = 0$,即 $x_0 = 0$,$P_{c0} = 0$,式(2-51)可以写成

$$Q = K_1 x - K_2 P_c \tag{2-52}$$

这就是液压伺服马达负载特性的线性方程,绘成曲线,如图2-18所示。

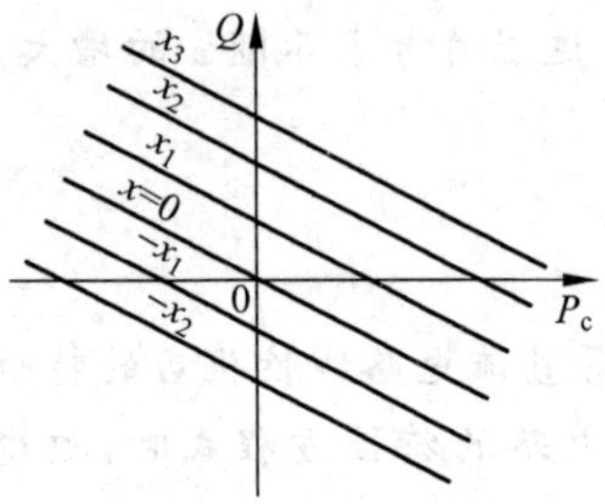

图 2-18 液压马达线性化负载特性

(2) 活塞运动方程式

当高压油进入油缸并推动活塞和负载产生位移时,这一运动过程由两种平衡关系来决定。一种平衡关系是进油量和活塞位移量之间的关系,可表示为

$$Q\mathrm{d}t = \rho A \mathrm{d}y \quad 或 \quad Q = \rho A \frac{\mathrm{d}y}{\mathrm{d}t} \tag{2-53}$$

式中:ρ——油液密度;

A——活塞面积。

该方程式表示当不计油的压缩和泄露时,进入油缸的油量所占有的容积应等于活塞右移的容积。

另一种平衡关系是由于压差 P_c 使活塞运动时力的平衡,可写成

$$P_c A = F_f + m \frac{\mathrm{d}^2 y}{\mathrm{d}t^2} \tag{2-54}$$

式中:m——活塞及负载的运动质量;

F_f——黏性摩擦阻力,$F_f = K_f \dfrac{\mathrm{d}y}{\mathrm{d}t}$; (2-55)

K_f——黏性阻尼系数。

由式(2-52)~式(2-55)可求得液压伺服马达的动态微分方程式为

$$m \frac{\mathrm{d}^2 y}{\mathrm{d}t^2} + \left(K_f + \frac{A^2 \rho}{K_2}\right) \frac{\mathrm{d}y}{\mathrm{d}t} = \frac{AK_1}{K_2} x \tag{2-56}$$

这就是描述液压伺服马达的线性化微分方程式。写成算子形式时为

$$mp^2 y + \left(K_f + \frac{A^2 \rho}{K_2}\right) py = \frac{AK_1}{K_2} x \tag{2-57}$$

通过上述讨论,应注意到,运用线性化方程来处理非线性特性时,线性化方程的参量(如液压马达 K_1 值与 K_2 值)与原始工作点有关,工作点不同时,参量的数值也不同。因此在线性化以前,必须确定元件的静态工作点。

还应指出,有一些非线性特性(如继电器特性)是不连续的,不能满足展开成泰勒级数的条件,这时就不能线性化。这类非线性称为本质非线性,对于这类问题要用非线性控制理论来解决。

2.3　传递函数

在上面两节中，简要地讨论了如何编写自动控制系统的线性微分方程式（动态数学模型），并且得知线性微分方程式的一般表达式为

$$
\begin{aligned}
&a_0 \frac{\mathrm{d}^n x_c}{\mathrm{d}t^n} + a_1 \frac{\mathrm{d}^{n-1} x_c}{\mathrm{d}t^{n-1}} + \cdots + a_{n-1} \frac{\mathrm{d}x_c}{\mathrm{d}t} + a_n x_c \\
&= b_0 \frac{\mathrm{d}^m x_r}{\mathrm{d}t^m} + b_1 \frac{\mathrm{d}^{m-1} x_r}{\mathrm{d}t^{m-1}} + \cdots + b_{m-1} \frac{\mathrm{d}x_r}{\mathrm{d}t} + b_m x_r
\end{aligned}
\tag{2-58}
$$

进一步的工作就是以微分方程式为基础，来分析自动控制系统的性能。分析自动控制系统的性能，最直接的方法就是求解微分方程式，取得被控制量在暂态过程中的时间函数曲线 $x_c(t)$，然后根据 $x_c(t)$ 曲线对系统性能进行评价。直接求解可以运用经典法（即求解微分方程）或拉氏变换法。

拉氏变换是求解线性微分方程的简捷方法。当采用这种方法时，微分方程的求解问题化为代数方程和查表求解的问题，这样就使计算大为简捷。更重要的是，由于采用了这一方法，能把系统的以线性微分方程式描述的系统动态数学模型，转换为在复数 s 域的数学模型——传递函数，并由此发展出用传递函数的零点和极点分布、频率特性等间接分析和设计系统的工程方法。关于拉氏变换在有关教科书中已有详细论述，本书不再叙述。这一节论述传递函数的定义和典型环节的传递函数。

2.3.1　传递函数的定义

自动控制系统的动态方程式可转换成拉氏变换，以拉氏变换来表达系统的数学模型。例如控制系统的微分方程式一般可写成式(2-58)，$x_r(t)$为输入量，$x_c(t)$为输出量。

当初始条件为零时，根据拉氏变换的微分定理，上述微分方程式的拉氏变换为

$$
\begin{aligned}
&(a_0 s^n + a_1 s^{n-1} + \cdots + a_{n-1} s + a_n) X_c(s) \\
&= (b_0 s^m + b_1 s^{m-1} + \cdots + b_{m-1} s + b_m) X_r(s)
\end{aligned}
$$

式中：$X_c(s)=\mathcal{L}[x_c(t)]$；$X_r(s)=\mathcal{L}[x_r(t)]$。输出量的拉氏变换为

$$
X_c(s) = \frac{b_0 s^m + b_1 s^{m-1} + \cdots + b_{m-1} s + b_m}{a_0 s^n + a_1 s^{n-1} + \cdots + a_{n-1} s + a_n} X_r(s)
$$

令

$$
W(s) = \frac{b_0 s^m + b_1 s^{m-1} + \cdots + b_{m-1} s + b_m}{a_0 s^n + a_1 s^{n-1} + \cdots + a_{n-1} s + a_n} \tag{2-59}
$$

则输出量的拉氏变换为输入量的拉氏变换乘以 $W(s)$

$$X_c(s)=X_r(s)W(s)$$

或用方框图表示为

$$X_r(s)\longrightarrow\boxed{W(s)}\longrightarrow X_c(s)$$

$W(s)$称为系统或环节的传递函数,可以写成

$$W(s)=\frac{X_c(s)}{X_r(s)} \tag{2-60}$$

根据式(2-60)可以得到传递函数的定义:在零初始条件下,系统输出量的拉氏变换与输入量的拉氏变换之比。

可以看出,求出系统(或环节)的微分方程式以后,只要把方程式中各阶导数用相应阶次的变量 s 代替,就很容易求得系统(或环节)的传递函数。下面介绍几个定义和术语。

(1) 特征方程。传递函数的分母就是系统的特征方程式。

(2) 阶数。传递函数分母中 s 的最高阶次表示系统的阶数。例如分母中 s 的最高阶次为 n,则称为 n 阶系统。分子中 s 的最高阶次为 m,一般有 $n\geqslant m$。

(3) 极点。传递函数分母多项式的根称为系统的极点。

(4) 零点。传递函数分子多项式的根称为系统的零点。

传递函数是系统(或环节)数学模型的又一种形式,它表达了系统把输入量转换成输出量的传递关系。它只和系统本身的特性参数有关,而与输入量怎样变化无关。

传递函数是研究线性系统动态特性的重要工具,利用这一工具可以大大简化系统动态性能的分析过程。例如,对初始状态为零的系统,可不通过拉氏反变换求解研究在输入信号作用下的动态过程,而直接根据系统传递函数的某些特征来研究系统的性能。这样给分析系统带来很大的方便。另一方面,也可以将对系统性能的要求转换成对传递函数的要求,从而对系统的设计提供简便的方法。

系统传递函数 $W(s)$是复变量 s 的函数,常常可以表达成如下形式

$$W(s)=\frac{b_m}{a_n}\cdot\frac{d_0s^m+d_1s^{m-1}+\cdots+1}{c_0s^n+c_1s^{n-1}+\cdots+1}=\frac{K\prod_{i=1}^{m}(T_is+1)}{\prod_{j=1}^{n}(T_js+1)} \tag{2-61}$$

或

$$W(s)=\frac{b_0}{a_0}\cdot\frac{s^m+d_1's^{m-1}+\cdots+d_m'}{s^n+c_1's^{n-1}+\cdots+c_n'}=\frac{K_g\prod_{i=1}^{m}(s+z_i)}{\prod_{j=1}^{n}(s+p_j)} \tag{2-62}$$

式中:$-z_i$——分子多项式的根,即为系统的零点;

$-p_j$——分母多项式的根,即为系统的极点。

分母和分子多项式的根均可包括共轭复根和零根。式(2-61)中的常数 K 称为增益或传递系数,为方便起见,在本书中把 K 称为放大系数。

对于简单的系统和环节，首先列出它的输入量与输出量的微分方程式，求其在零初始条件下的拉氏变换，然后由输入量与输出量的拉氏变换之比，即可求得系统的传递函数。对于复杂的系统和环节，可以将其分解成各局部环节，先求得环节的传递函数，然后利用本章介绍的结构图变化法则，计算系统总的传递函数。

下面举例说明求取传递函数的步骤。

例 2-21　求图 2-7 所示 RL 电路的传递函数。

解　RL 电路的微分方程式为

$$L\frac{\mathrm{d}x_\mathrm{c}}{\mathrm{d}t}+Rx_\mathrm{c}=x_\mathrm{r}$$

当初始条件为零时，拉氏变换为

$$(Ls+R)X_\mathrm{c}(s)=X_\mathrm{r}(s)$$

或

$$R\left(\frac{L}{R}s+1\right)X_\mathrm{c}(s)=X_\mathrm{r}(s)$$

传递函数为

$$\frac{X_\mathrm{c}(s)}{X_\mathrm{r}(s)}=W(s)=\frac{1/R}{\frac{L}{R}s+1}=\frac{1/R}{T_Ls+1}\tag{2-63}$$

式中：$T_L=\frac{L}{R}$——RL 电路的时间常数。

例 2-22　求图 2-6 所示 RC 电路的传递函数。

解　RC 电路的微分方程式为

$$RC\frac{\mathrm{d}x_\mathrm{c}}{\mathrm{d}t}+x_\mathrm{c}=x_\mathrm{r}$$

初始条件为零时，拉氏变换为

$$(RCs+1)X_\mathrm{c}(s)=X_\mathrm{r}(s)$$

该电路的传递函数为

$$\frac{X_\mathrm{c}(s)}{X_\mathrm{r}(s)}=W(s)=\frac{1}{RCs+1}=\frac{1}{T_Cs+1}\tag{2-64}$$

式中：$T_C=RC$——RC 电路的时间常数。

例 2-23　求直流他励电动机的传递函数。

解　以电枢电压为输入量、转速为输出量的微分方程式，已由式(2-15)给出

$$T_\mathrm{d}T_\mathrm{m}\frac{\mathrm{d}^2n}{\mathrm{d}t^2}+T_\mathrm{m}\frac{\mathrm{d}n}{\mathrm{d}t}+n=\frac{u_\mathrm{d}}{C_\mathrm{e}}$$

在初始条件为零时，上式的拉氏变换为

$$(T_\mathrm{d}T_\mathrm{m}s^2+T_\mathrm{m}s+1)n(s)=\frac{U_\mathrm{d}(s)}{C_\mathrm{e}}$$

传递函数为

$$W(s)=\frac{n(s)}{U_d(s)}=\frac{1/C_e}{T_d T_m s^2+T_m s+1} \tag{2-65}$$

例 2-24 设有源网络如图 2-19 所示,试求其传递函数 $W(s)=\dfrac{U_o(s)}{U_i(s)}$。

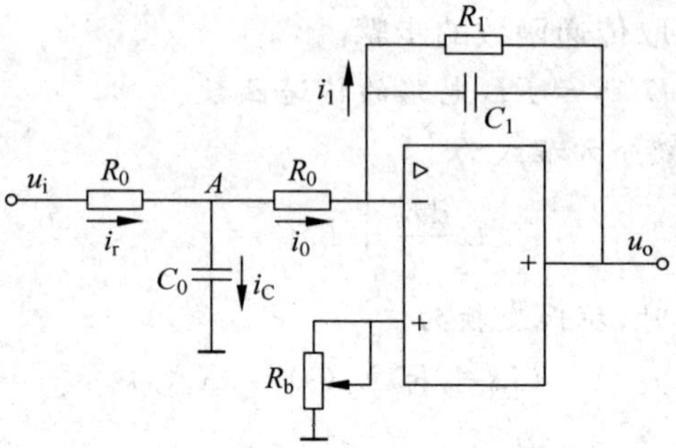

图 2-19 例 2-24 的有源网络

解 各支路电流如图 2-19 所示,根据运算放大器特性有

$$i_0=i_1$$

再由基尔霍夫电流定律有

$$i_r=i_C+i_0$$

并根据运算放大器负相输入端"虚地"的概念,可求得

$$i_0(s)=\frac{U_i(s)}{R_0+R_0//\dfrac{1}{C_0 s}}\frac{\dfrac{1}{C_0 s}}{R_0+\dfrac{1}{C_0 s}}=\frac{1}{2R_0\left(\dfrac{1}{2}R_0C_0+1\right)}U_i(s)$$

$$i_1(s)=-\frac{U_o(s)}{R_1//\dfrac{1}{C_1 s}}=-\frac{R_1C_1 s+1}{R_1}U_o(s)$$

由 $i_0=i_1$,将上述两式整理后,可以求得网络的传递函数

$$W(s)=\frac{U_o(s)}{U_i(s)}=\frac{R_1}{2R_0\left(\dfrac{1}{2}R_0C_0 s+1\right)(R_1C_1 s+1)}$$

例 2-25 图 2-20 所示为一个齿轮传动机构。各传动部件的转动惯量和黏性摩擦系数分别为 J_1、f_1 和 J_2、f_2。轴的角位移分别为 θ_1 和 θ_2。两级齿轮的传动比为 i。设此机构无间隙、无变形,求折算到驱动轴上的等效转动惯量和等效黏性摩擦系数,并写出传递函数。

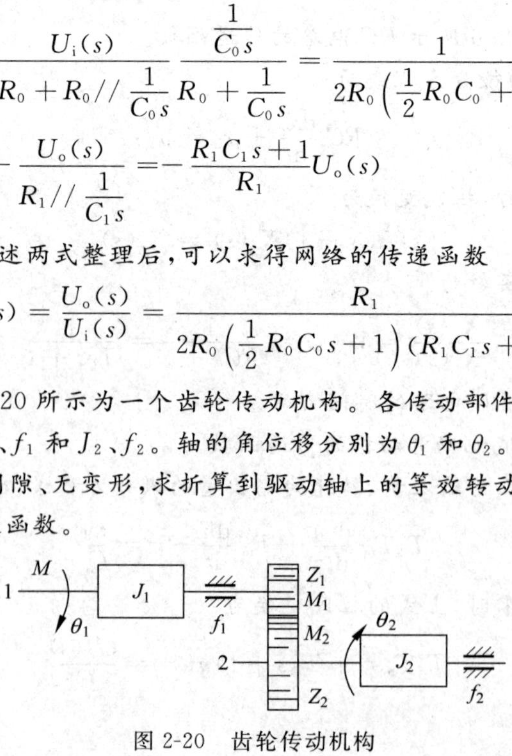

图 2-20 齿轮传动机构

解　轴 1 的力矩方程为

$$M = J_1 \frac{d^2\theta_1}{dt^2} + f_1 \frac{d\theta_1}{dt} + M_1$$

轴 2 的力矩方程为

$$M_2 = J_2 \frac{d^2\theta_2}{dt^2} + f_2 \frac{d\theta_2}{dt}$$

对上述两式取拉氏变换，并设初始条件为零，则有

$$M(s) = J_1 s^2 \theta_1(s) + f_1 s\theta_1(s) + M_1(s)$$

$$M_2(s) = J_2 s^2 \theta_2(s) + f_2 s\theta_2(s)$$

$$\frac{\theta_1}{\theta_2} = \frac{Z_2}{Z_1} = i$$

式中：Z_1，Z_2 分别表示齿轮 1，2 的齿数；M_1 为齿轮 1 承受的阻力矩，M_2 为齿轮 2 的传动力矩；i 为两级齿轮的传动比。

根据齿轮 1，2 做功相等，得

$$M_1\theta_1 = M_2\theta_2$$

$$M_2 = M_1 \frac{\theta_1}{\theta_2} = M_1 \frac{Z_2}{Z_1}$$

代入上述方程，消去中间变量 M_1 和 M_2，则有

$$M\frac{Z_1}{Z_2} = \left[J_1 s^2 + J_2\left(\frac{Z_1}{Z_2}\right)^2 s^2 + f_1 s + f_2\left(\frac{Z_1}{Z_2}\right)^2 s\right]\theta_2(s)$$

传递函数为

$$W(s) = \frac{\theta_2(s)}{M(s)} = \frac{Z_1/Z_2}{\left[J_1 + J_2 \frac{1}{(Z_2/Z_1)^2}\right]s^2 + \left[f_1 + f_2 \frac{1}{(Z_2/Z_1)^2}\right]s}$$

$$= \frac{1/i}{s\left[\left(J_1 + \frac{J_2}{i^2}\right)s + \left(f_1 + \frac{f_2}{i^2}\right)\right]} = \frac{1/i}{s(Js+f)}$$

式中：$J = J_1 + \frac{J_2}{i^2}$——折算到电动机轴上的转动惯量；

$f = f_1 + \frac{f_2}{i^2}$——折算到电动机轴上的黏性摩擦系数。

例 2-26　如图 2-21 所示为一个电磁阀液位控制系统。求其数学模型。

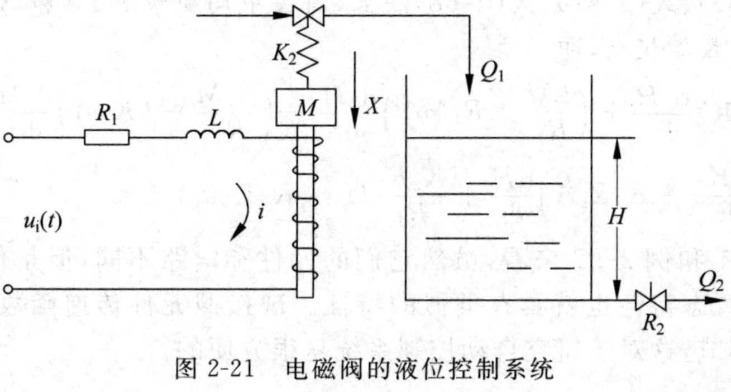

图 2-21　电磁阀的液位控制系统

解 设输入量为 $u_i(t)$，输出量为 $H(t)$。若线圈的反电势不计，则由线圈和铁芯产生的电磁力与线圈回路电流成正比，即

$$F_L = K_1 i$$

由电压定律得 RL 电路方程为

$$L\frac{di}{dt} + R_1 i = u_i \tag{2-66}$$

又由力学定律得阻尼方程为

$$M\frac{d^2X}{dt^2} + K_2 X = F_L \tag{2-67}$$

由物料平衡定律得水槽液位方程为

$$A\frac{dH}{dt} = Q_1 - Q_2$$

将 $Q_2 = \dfrac{H}{R_2}$，$Q_1 = K_3 X$ 代入上式得

$$R_2 A\frac{dH}{dt} + H = K_3 R_2 X \tag{2-68}$$

式中：L——线圈电感；

i——RL 电路电流；

R_1——电阻；

F_L——阀门铁芯作用力；

M——阀门铁芯质量；

X——阀门铁芯位移；

K_1——电路系数；

K_2——阀弹簧刚性系数；

A——水槽截面积；

H——水槽液位；

Q_1——流入量；

Q_2——流出量；

R_2——阀2的阀门阻力系数；

K_3——流量放大倍数。

将式(2-66)、式(2-67)、式(2-68)联立，消去中间变量 i，F_L 和 X，得电磁阀液位控制系统的数学模型，即

$$\begin{aligned} &LMC\frac{d^4H}{dt^4} + \left(\frac{LM}{R_2} + R_1 MA\right)\frac{d^3H}{dt^3} + \left(\frac{R_1 M}{R_2} + LK_2 A\right)\frac{d^2H}{dt^2} + \\ &\left(\frac{LK_2}{R_2} + K_2 R_1 A\right)\frac{dH}{dt} + \frac{K_2 R_1}{R_2}H = K_1 K_3 u_i \end{aligned} \tag{2-69}$$

从例2-21和例2-22来看，虽然它们的元件和电路不同，但是传递函数的形式相同，所以暂态特性也就具有类似的特征。现按照元件传递函数的异同，归纳为几种典型环节，这对于研究自动控制系统是很方便的。

2.3.2 典型环节的传递函数及暂态特性

1. 比例环节

比例环节或无惯性环节,其输出量和输入量的关系,由下面的代数方程式来表示

$$x_c = Kx_r$$

式中,K——环节的放大系数,为一个常数。

两边取拉氏变换,得

$$X_c(s) = KX_r(s)$$

传递函数为

$$W(s) = \frac{X_c(s)}{X_r(s)} = K$$

图 2-22 为比例环节的例子。这类例子的特点是,当输入量 x_r 作阶跃变化时,输出量 x_c 成比例变化。图 2-22(a)所示为一个分压器,图 2-22(b)所示为晶体管放大器,它们具有相同的传递函数。比例环节的输入量 x_r 作阶跃变化时,输出量 x_c 的变化示于图 2-22(c)。这一环节的输入量和输出量的关系可用图 2-22(d)所示的方框图来表示。方框图两端的箭头表示输入量和输出量,方框中写明了该环节的传递函数 K。

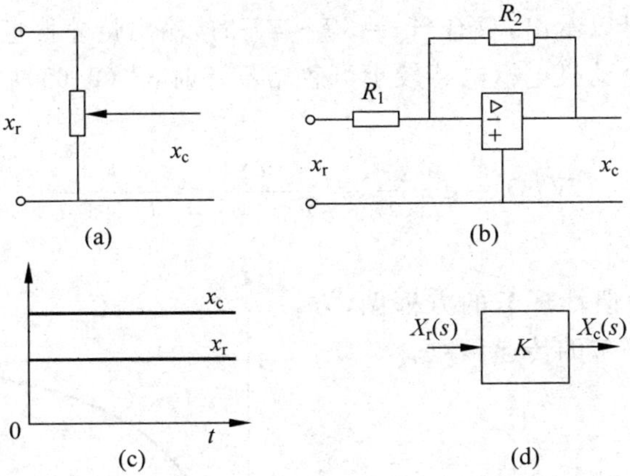

图 2-22　比例环节

2. 惯性环节

自动控制系统中经常包含这种环节,这种环节具有一个储能元件。前面叙述的 RC 电路、RL 电路就是惯性环节的例子。这类环节的特点是,当输入量 $x_r(t)$作阶跃变化时,其输出量 $x_c(t)$不是立刻到达相应的平衡状态,而要经过一定的时间,其输出量的变化规律可以用指数曲线来表达。惯性环节的传递函数可以写成如下表达式:

$$W(s)=\frac{X_c(s)}{X_r(s)}=\frac{K}{Ts+1}$$

式中：K——环节的比例系数；

T——环节的时间常数。

现求输入量为单位阶跃函数时，惯性环节输出量的函数关系。

已知输入量的拉氏变换为 $X_r(s)=\frac{1}{s}$，则输出量的拉氏变换为

$$X_c(s)=W(s)X_r(s)=\frac{K}{s(Ts+1)}=\frac{K/T}{s(s+1/T)}=\frac{A_0}{s}+\frac{A_1}{s+1/T}$$

式中：

$$A_0=\left[\frac{K/T}{s(s+1/T)}s\right]_{s=0}=K, A_1=\left[\frac{K/T}{s(s+1/T)}(s+1/T)\right]_{s=-1/T}=-K$$

因此

$$X_c(s)=K\left(\frac{1}{s}-\frac{1}{(s+1/T)}\right)$$

求拉氏反变换得

$$x_c(t)=K(1-e^{-t/T})$$

这就是在单位阶跃输入下，惯性环节输出量的时间函数。式中的 T 是惯性环节的重要参数，称为惯性环节的时间常数。图 2-23(a)所示为 $K=1$ 时的 $x_c(t)$ 变化曲线。从图上可以看出，只有当 $t=3T\sim4T$ 时，输出量才接近平衡状态。

当直流他励电动机电枢电感较小可忽略不计时，式(2-65)中的 $T_d=0$，得该环节的传递函数

$$W(s)=\frac{n(s)}{U_d(s)}=\frac{1/C_e}{T_m s+1}=\frac{K}{T_m s+1}$$

为一个惯性环节。

图 2-23(b)为惯性环节的方框图，方框中标明了惯性环节的传递函数。

3. 积分环节

图 2-24 所示为几个积分环节的例子。图 2-24(a)为随动系统中经常应用的机电式伺服机构。该伺服机构由一个小型直流电动机通过减速器与输出轴相连接，其输入量为电枢电压 u_r，输出量为输出轴的转角 φ_c。如果忽略电动机的电磁惯性和机械转动部分的机械惯性，并设电动机的转速与电压成正比时，这种伺服机构可以近似看成积分环节。

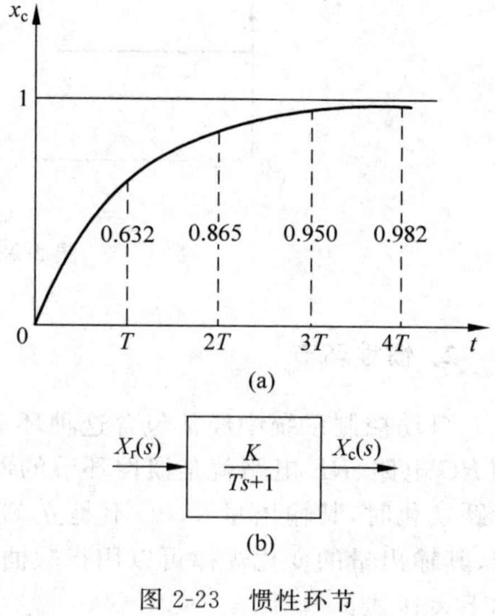

图 2-23 惯性环节

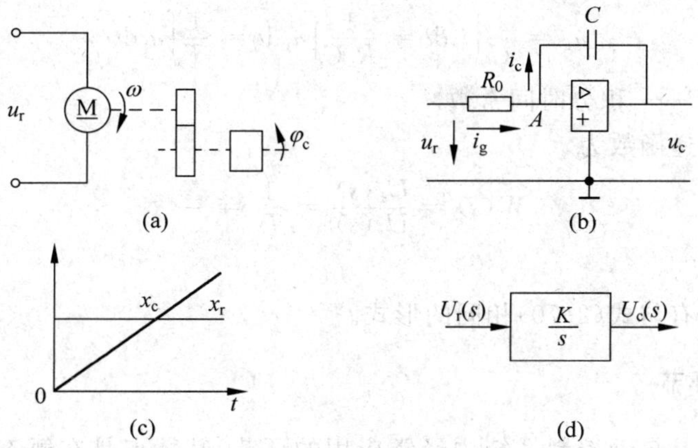

图 2-24　积分环节

设电动机的角速度为 ω(rad/s)，输入电压为 u_r，减速器的角位移为 φ_c(rad)，则它们之间的关系是

$$\omega = K_1 u_r$$

$$\varphi_c = \int K_2 \omega \mathrm{d}t$$

式中：K_1，K_2——比例常数。

因此

$$\varphi_c = \int K_1 K_2 u_r \mathrm{d}t$$

初始值为零时的拉氏变换为

$$\varphi_c(s) = \frac{K_1 K_2}{s} U_r(s) = \frac{K}{s} U_r(s)$$

传递函数为

$$W(s) = \frac{\varphi_c(s)}{U_r(s)} = \frac{K}{s} \tag{2-70}$$

由上面的分析可知，输出量 φ_c 为输入量 u_r 的积分，所以称为积分环节，其方框图示于图 2-24(d)。当输入量为单位阶跃函数时，输出量为

$$\varphi_c(t) = Kt$$

绘成曲线，如图 2-24(c)所示。

图 2-24(b)为自动控制系统中经常应用的积分调节器。由于运算放大器具有很大的开环放大系数 K_0，因此 A 点的对地电位 u_A 甚低，与此同时，放大器的输入电流也很小，均可忽略不计。因此得

$$i_c = i_0 = \frac{u_r}{R_0}$$

又因输出电压 u_c 近似等于电容两端电压，所以得

$$u_c = \frac{1}{C}\int i_c \mathrm{d}t = \frac{1}{R_0 C}\int u_r \mathrm{d}t = \frac{1}{T}\int u_r \mathrm{d}t$$

式中：$T=R_0C$——积分时间常数。

由此得传递函数为

$$W(s) = \frac{U_c(s)}{U_r(s)} = \frac{1}{Ts} = \frac{K}{s}$$

式中：$K=1/T$。

上式也具有与式(2-70)相同的形式。

4. 微分环节

微分环节是自动控制系统中经常应用的环节，其特点是在暂态过程中，输出量为输入量的微分，因此也可以说该环节的数学运算性能是作微分运算。图2-25所示的RC串联电路，输入量为转角φ而输出量为电枢电压u_c的测速发电机等，都是微分环节的例子。

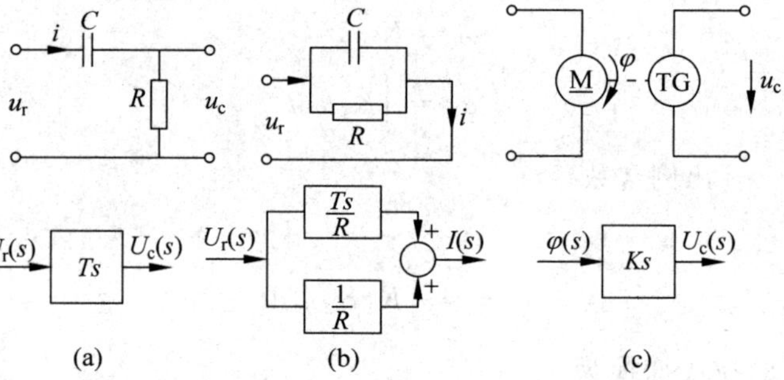

图2-25 微分环节

图2-25(a)所示微分电路的微分方程式为

$$u_r = \frac{1}{C}\int i\mathrm{d}t + iR$$

$$iR = u_c$$

消去中间变量得

$$u_r = \frac{1}{RC}\int u_c \mathrm{d}t + u_c$$

初始条件为零时的拉氏变换为

$$U_r(s) = U_c(s)\left(1 + \frac{1}{RCs}\right)$$

因此传递函数为

$$W(s) = \frac{U_c(s)}{U_r(s)} = \frac{T_C s}{1 + T_C s} \tag{2-71}$$

式中：$T_C=RC$。当$RC \ll 1$时，其传递函数可以写成

$$W(s)=\frac{U_{c}(s)}{U_{r}(s)}=T_{C}s \tag{2-72}$$

所以，根据传递函数的数学性质，输出量为输入量的微分。

图 2-25(c)所示为一个测速发电机，当其输入量为转角 φ，输出量为电枢电压 u_c 时，也具有微分环节的作用。设测速发电机的角速度为 ω，则 $\omega=\frac{\mathrm{d}\varphi}{\mathrm{d}t}$，而测速发电机的输出电压 u_c 与其角速度 ω 成正比，因此得

$$u_{c}=K\omega=K\frac{\mathrm{d}\varphi}{\mathrm{d}t}$$

初始条件为零时，上式的拉氏变换为

$$U_{c}(s)=Ks\Phi(s)$$

由此得传递函数为

$$W(s)=\frac{U_{c}(s)}{\Phi(s)}=Ks \tag{2-73}$$

图 2-25(b)所示 RC 电路也是微分环节。它与图 2-25(a)所示电路稍有不同，其输入量为电压 u_r，输出量为回路电流 i。由电路原理知，当输入电压 u_r 发生变化时，有

$$i=C\frac{\mathrm{d}u_{r}}{\mathrm{d}t}+\frac{u_{r}}{R}$$

在初始条件为零时，上式的拉氏变换为

$$I(s)=\frac{1}{R}(1+RCs)U_{r}(s)$$

令 $RC=T$，称为微分时间常数，则得

$$I(s)=\frac{1}{R}(1+Ts)U_{r}(s)$$

因此，该电路的传递函数为

$$W(s)=\frac{I(s)}{U_{r}(s)}=\frac{1}{R}+\frac{1}{R}Ts \tag{2-74}$$

上述三种装置的传递函数有所不同，但在系统中都起着微分环节的作用。凡具有式(2-72)和式(2-73)形式传递函数的环节，常称为理想微分环节。这种环节在输入量作阶跃变化时，输出量为一个振幅无穷大的脉冲。

有式(2-74)形式传递函数的环节，称为理想一阶微分环节，或一阶比例微分环节。有式(2-71)形式传递函数的环节，称为实用微分环节。

5. 振荡环节

这种环节包括两个储能元件，当输入量发生变化时，两个储能元件的能量相互交换。在阶跃函数作用下，其暂态响应可能作周期性的变化。现以图 2-26 RLC 电路为例加以说明。电路的电压平衡方程式为

$$L\frac{\mathrm{d}i}{\mathrm{d}t}+Ri+u_{c}=u_{r}$$

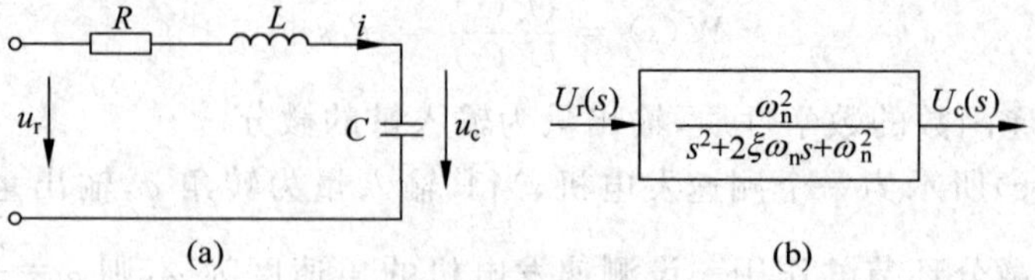

图 2-26 RLC 电路

因为 $C\frac{du_c}{dt}=i$,代入上式得

$$LC\frac{d^2u_c}{dt^2}+RC\frac{du_c}{dt}+u_c=u_r$$

令 $\frac{L}{R}=T_L$,$RC=T_C$,则得初始条件为零时的拉氏变换为

$$(T_LT_Cs^2+T_Cs+1)U_c(s)=U_r(s)$$

传递函数为

$$W(s)=\frac{U_c(s)}{U_r(s)}=\frac{1}{T_LT_Cs^2+T_Cs+1} \tag{2-75}$$

该环节在阶跃输入下的暂态响应可如下求出。将传递函数转换为

$$W(s)=\frac{1/T_LT_C}{s^2+\frac{1}{T_L}s+\frac{1}{T_LT_C}}=\frac{1/LC}{s^2+\frac{R}{L}s+\frac{1}{LC}}=\frac{\omega_n^2}{s^2+2\xi\omega_n s+\omega_n^2}$$

式中:$\omega_n=\frac{1}{\sqrt{LC}}$——振荡环节的自然振荡角频率;

$\xi=\frac{1}{2}R\sqrt{\frac{C}{L}}$——振荡环节的阻尼比。

当输入量为阶跃函数时,输出量的拉氏变换为

$$X_c(s)=\frac{\omega_n^2}{s(s^2+2\xi\omega_n s+\omega_n^2)} \tag{2-76}$$

当 $\xi<1$ 时,上式特征方程的根为共轭复数。

将式(2-76)分解为部分分式,并求出各待定系数:

$$X_c(s)=\frac{A_0}{s}+\frac{A_1s+A_2}{s^2+2\xi\omega_n s+\omega_n^2}$$

式中:$A_0=1$,$A_1=-1$,$A_2=-2\xi\omega_n$。故

$$X_c(s)=\frac{1}{s}-\frac{s+2\xi\omega_n}{s^2+2\xi\omega_n s+\omega_n^2}$$

查拉氏变换表得输出量为

$$x_c(t)=1-\frac{e^{-\xi\omega_n t}}{\sqrt{1-\xi^2}}\sin(\omega_n\sqrt{1-\xi^2}\,t+\theta),t\geqslant 0$$

式中:$\theta=\arctan\frac{\sqrt{1-\xi^2}}{\xi}$。

输出量的变化示于图 2-27。该图说明了输出量经短时间的周期振荡后，最后趋于稳定。振荡的程度与阻尼比 ξ 有关：ξ 值越小，振荡越强；当 $\xi=0$ 时，输出量作自持振荡，振荡的频率为自然振荡角频率 ω_n；ξ 值越大，则振荡越小；当 $\xi\geqslant1$ 时，电路的输出量为单调上升曲线。阻尼比是振荡环节的重要参量，本电路的阻尼比由回路参数 R，L 和 C 决定。

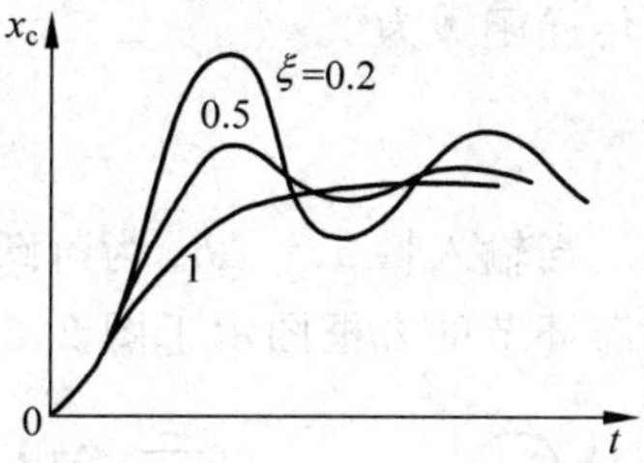

图 2-27　振荡环节阶跃响应

当直流电动机的输入量为电枢电压，输出量为电动机转速时，此环节也是振荡环节。由式(2-15)电动机的微分方程式

$$T_d T_m \frac{d^2 n}{dt^2} + T_m \frac{dn}{dt} + n = \frac{u_d}{C_e}$$

初始条件为零时的拉氏变换为

$$(T_d T_m s^2 + T_m s + 1)n(s) = \frac{U_d(s)}{C_e}$$

得到电动机的传递函数为

$$W(s) = \frac{n(s)}{U_d(s)} = \frac{1/C_e}{T_d T_m s^2 + T_m s + 1} \tag{2-77}$$

化成标准形式，令 $\xi=\frac{1}{2}\sqrt{\frac{T_m}{T_d}}$，$\omega_n=\frac{1}{\sqrt{T_d T_m}}$，则式(2-77)变为

$$W(s) = \frac{n(s)}{U_d(s)} = \frac{\omega_n^2}{C_e(s^2 + 2\xi\omega_n s + \omega_n^2)} \tag{2-78}$$

由式(2-78)看出，当 $\xi<1$，即 $T_m<4T_d$ 且输入量为单位阶跃函数时，输出量为衰减振荡特性。振荡环节的方框图示于图 2-26(b)。

6. 时滞环节

图 2-28 所示的带钢厚度检测环节，为时滞环节的实例。带钢在 A 点轧出时，产生厚度偏差 Δh_d，这一厚度偏差在到达 B 点才为测厚仪所检测。若测厚仪距机架的距离为 l，带钢运动速度为 v，则时滞为

$$\tau = \frac{l}{v}$$

而测厚信号 Δh_c 与厚差信号 Δh_d 之间有如下关系

$$\Delta h_c(t) = \Delta h_d(t-\tau)$$

这里，Δh_d 为时滞环节的输入量，Δh_c 为输出量。写成一般形式为

$$x_c(t) = x_r(t-\tau)$$

根据拉氏变换的时滞性质，在初始条件为零时，上式的拉氏变换为

$$X_c(s) = e^{-\tau s} X_r(s)$$

故传递函数为

$$W(s)=\frac{X_c(s)}{X_r(s)}=e^{-\tau s} \tag{2-79}$$

当输入量 $x_r=\Delta h_d$ 为阶跃函数时,其输出量 $x_c=\Delta h_c$ 的变化示于图 2-28(b),时滞环节的方框图示于图 2-28(c)。

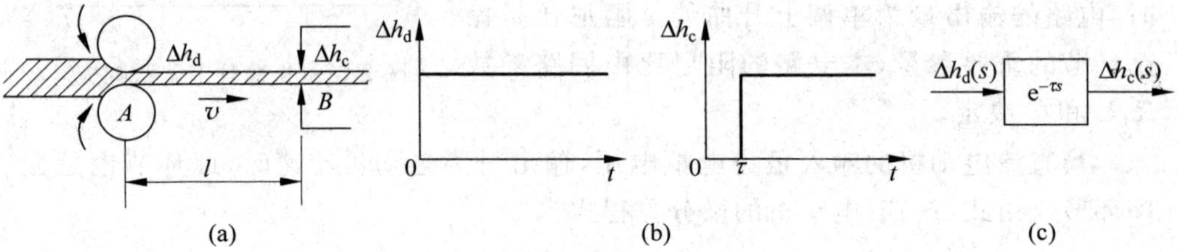

图 2-28　带钢厚度检测环节

图 2-29 所示的带式运输机也是一个时滞环节。如果在时间 $t=0$ 时,由于调节机构的调节作用,改变了 A 端的输入流量 ΔQ_r,但这时在运输机 B 端的输出量 ΔQ_c 相对输入量滞后一段时间 τ 后,即在 $t=\tau$ 时,ΔQ_c 才发生变化。因此输出量对输入量滞后一段时间 τ。该时间为 $\tau=\frac{l}{v}$,l 为 AB 间的距离,v 为运输机的运动速度。输出量与输入量的关系为

$$\Delta Q_c(t)=\Delta Q_r(t-\tau)$$

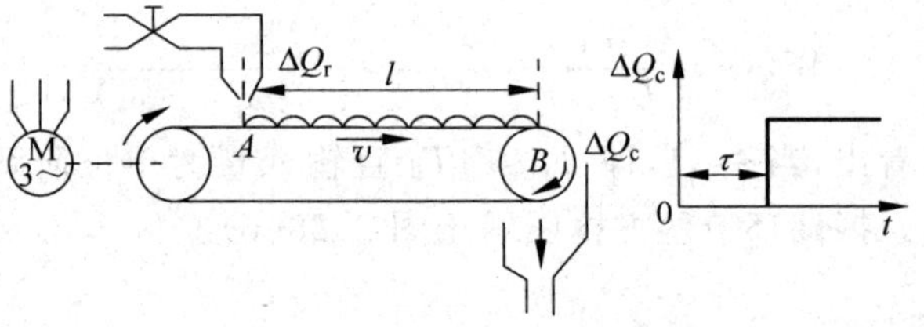

图 2-29　带式运输机时滞环节

同样,该环节的传递函数为

$$W(s)=\frac{\Delta Q_c(s)}{\Delta Q_r(s)}=e^{-\tau s}$$

对于时滞时间很小的时滞环节,常把它展开成泰勒级数,并省略高次项,得如下的简化时滞环节传递函数:

$$W(s)=\frac{1}{1+\tau s+\frac{\tau^2}{2!}s^2+\frac{\tau^3}{3!}s^3+\cdots}=\frac{1}{1+\tau s} \tag{2-80}$$

从简化后的传递函数来看,时滞环节在一定条件下可近似为惯性环节。

以上所举的例子只是一些典型的基本环节,而许多复杂的元件或系统可以看作是上述某些基本环节的组合。

最后应指出的是，对于同一个元件(或系统)，根据所研究问题的不同，可以取不同的量作为输出量和输入量，这时所得到的传递函数是不同的。例如，对同一台直流电动机，当研究电枢电压对电动机转速的影响时，我们取电枢电压作为输入量，电动机转速作为输出量；如果不忽略电动机电枢回路的电磁惯性和转动部分的机械惯性，那么，电动机的传递函数将为一个振荡环节。但是，当研究电动机电枢电流对电动机转速的影响时，我们取电动机转速作为输出量，而取电动机电枢电流为输入量，这时传递函数将为一个积分环节。在随动系统中研究的是电动机电枢电压对传动轴角位移的影响，这时则取传动轴角位移为输出量，取电枢电压为输入量。此时如果忽略电动机的电磁惯性和机械惯性，则传递函数也是一个积分环节。

2.4　系统动态结构图

在上一节中讨论了一些基本环节的传递函数。为了计算系统的动态数学模型——系统传递函数，常采用系统动态结构图这一图形化的分析和运算方法。

系统动态结构图是将系统中所有的环节用方框图表示，图中标明其传递函数，并且按照在系统中各环节之间的联系，将各方框图连接起来。用这一动态结构图来描述系统，具有明显的优点，可形象而明确地表达动态过程中系统各环节的数学模型及其相互关系，也就是系统图形化的动态模型。结构图具有数学性质，可以进行代数运算和等效变换，是计算系统传递函数的有力工具。

系统动态结构图的绘制步骤如下：

(1) 按照系统的结构和工作原理，分解出各环节并写出它的传递函数。

(2) 绘制各环节的动态方框图，方框图中标明它的传递函数，并以箭头和字母符号表明其输入量和输出量，按照信号的传递方向把各方框图依次连接起来，就构成了系统结构图。

下面以速度控制系统为例说明系统结构图的绘制方法。

例 2-27　图 2-30 为一个速度控制系统，该系统由给定环节、速度调节器、速度反馈、功率放大装置、直流电动机和测速发电机组成。系统的输入量为给定电压 u_r，输出量为电动机转速 n，扰动量为电动机的负载阻力转矩。试绘制该系统的结构图。

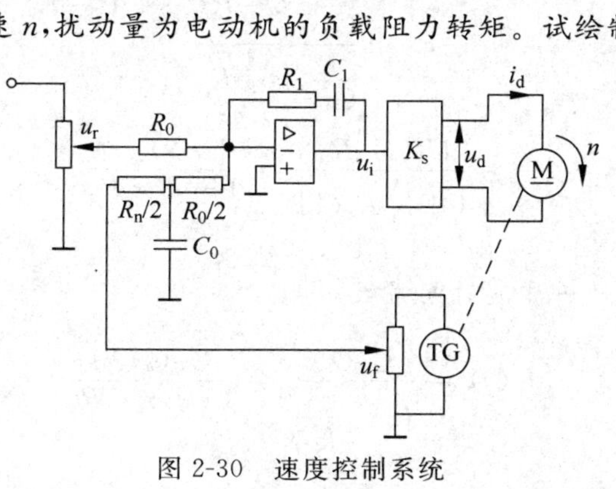

图 2-30　速度控制系统

解 各个环节的传递函数和方框图如下：

(1) 各环节的传递函数和方框图

图 2-31 的电路包括系统的比较环节、速度调节器(比例积分调节器)和速度反馈回路的滤波环节。

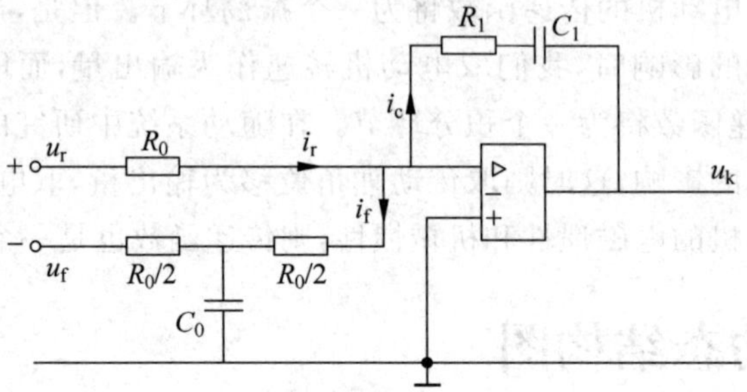

图 2-31 速度调节器

① 比较环节和速度调节器的传递函数和方框图

由调节器的基本原理得

$$i_c = i_r - i_f \tag{2-81}$$

式中：i_r——给定回路电流；

i_f——速度反馈回路电流；

i_c——比例积分调节器的积分回路电流。

回路中的电流计算如下：

$$I_r(s) = \frac{U_r(s)}{R_0} \tag{2-82}$$

$I_f(s)$和 $I_c(s)$可以按回路算子阻抗进行计算，图中的电容算子阻抗为$\frac{1}{C_0 s}$。按照电路原理可以求得

$$I_f(s) = \frac{U_f(s)}{\frac{1}{2}R_0 + \frac{\frac{1}{C_0 s}\times\frac{1}{2}R_0}{\frac{1}{C_0 s}+\frac{1}{2}R_0}} \frac{\frac{1}{C_0 s}}{\frac{1}{C_0 s}+\frac{1}{2}R_0}$$

$$= \frac{U_f(s)/R_0}{1+\frac{1}{4}R_0 C_0 s} = \frac{U_f(s)}{1+T_0 s}\frac{1}{R_0} \tag{2-83}$$

式中：$T_0 = \frac{1}{4}R_0 C_0$——滤波时间常数；

$$I_c(s) = \frac{U_k(s)}{R_1 + \frac{1}{C_1 s}} = \frac{U_k(s)\tau_1 s}{(1+\tau_1 s)R_1} \tag{2-84}$$

式中：$\tau_1=R_1C_1$。

将式(2-82)、式(2-83)和式(2-84)代入式(2-81)并经整理得

$$U_k(s)=K_c\frac{1+\tau_1 s}{\tau_1 s}\left[U_r(s)-U_f(s)\frac{1}{1+T_0 s}\right] \tag{2-85}$$

式中：$K_c=\dfrac{R_1}{R_0}$——速度调节器的比例系数。

式(2-85)可以写成如下形式：

$$U_k(s)=W_1(s)[U_r(s)-U_f(s)W_2(s)]$$

式中：$W_1(s)=K_c\dfrac{1+\tau_1 s}{\tau_1 s}$——速度调节器的传递函数；

$W_2(s)=\dfrac{1}{1+T_0 s}$——速度反馈回路滤波器的传递函数。

方框图绘于图 2-32。

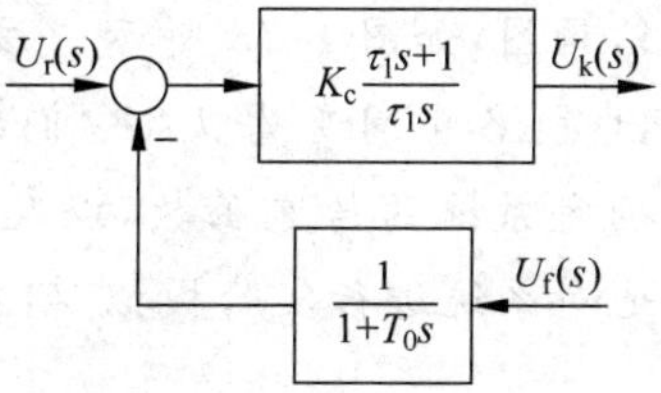

图 2-32　速度调节器方框图

② 速度反馈的传递函数

速度反馈的传递函数为

$$U_f(s)=K_{sf}n(s)$$

式中：K_{sf}——速度反馈系数。

③ 电动机及功率放大装置的传递函数

设功率放大装置为无惯性的放大环节，其传递函数为

$$W_3(s)=\frac{U_d(s)}{U_k(s)}=K_s$$

式中：K_s——功率放大装置的电压放大系数。

电动机电枢回路的微分方程式和零初始条件下的拉氏变换为

$$u_d-C_e n=R_d i_d+L_d\frac{\mathrm{d}i_d}{\mathrm{d}t}$$

即

$$U_d(s)-C_e n(s)=R_d(1+T_d s)I_d(s)$$

$$I_d(s)=\frac{U_d(s)-C_e n(s)}{R_d(1+T_d s)}$$

或写成

$$I_d(s)=[U_d(s)-C_e n(s)]W_4(s)$$

式中：$W_4(s)=\dfrac{1/R_d}{1+T_d s}$——电动机电枢回路传递函数。

电动机带动负载时的运动方程式为

$$i_d C_m-i_z C_m=\frac{GD^2}{375}\frac{\mathrm{d}n}{\mathrm{d}t}$$

式中：i_z——负载电流。

在初始条件为零时的拉氏变换为

$$I_d(s) - I_z(s) = T_m \frac{C_e}{R_d} sn(s)$$

式中：$T_m = \dfrac{GD^2 R_d}{375 C_m C_e}$——电动机的机电时间常数。或可写为

$$n(s) = [I_d(s) - I_z(s)] \frac{R_d}{C_e T_m s} = [I_d(s) - I_z(s)] W_5(s)$$

式中：$W_5(s) = \dfrac{R_d}{C_e T_m s}$——电动机输出量 n 对电动机动态电流$[I_d(s) - I_z(s)]$的传递函数。

(2) 系统的动态结构图

将上面各环节的方框图，按照信号传递的方向连接起来，则得速度控制系统的结构图，如图2-33所示。该图清晰地表明了系统各环节的传递函数、输入量、输出量、各中间变量以及它们的相互联系和信号传递流程。由结构图可以很方便地确定系统的传递函数，以及需要分析和计算的输出量和中间变量，并且可以方便地对系统进行实验模拟，研究系统的动态性能。

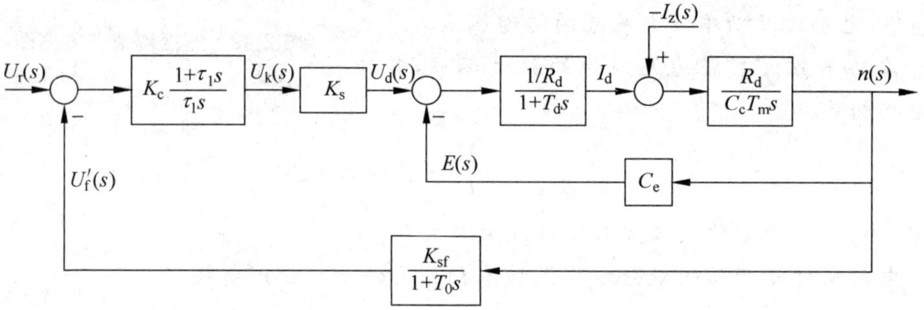

图 2-33　速度控制系统动态结构图

应指出，在绘制上面的系统结构图时，我们忽略了各环节之间的负载效应，例如 i_r 对给定电位器的负载效应，i_f 对速度反馈电位器的负载效应等。在这种情况下，可以很简单地求出各环节的传递函数。

2.5 系统传递函数和结构图的等效变换

利用结构图求系统的传递函数，需要将复杂的结构图进行等效变换，求其等效的结构图，以简化系统传递函数的计算。因为传递函数是以复数 s 为变量的代数方程，所以这些变换和计算是简单的代数运算。下面所介绍的是几种典型连接方式的传递函数计算方法和经常应用的结构图变换。

2.5.1　典型连接的等效传递函数

1. 单元方框图

图 2-34 所示为一个单元方框图。该方框图表示了系统中某一环节的传递函数。$X_r(s)$是该环节的输入量，$X_c(s)$是输出量，其运算法则是

$$X_c(s) = W(s)X_r(s)$$

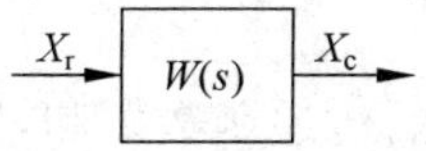

图 2-34　单元方框图

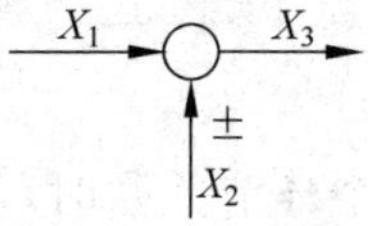

图 2-35　信号综合

2. 信号综合

当系统的几个信号在某一点进行相加或相减时，如图 2-35 所示。这时

$$X_3(s) = X_1(s) \pm X_2(s)$$

3. 几个环节串联连接的传递函数

在控制系统中，几个环节按照信号传递的方向串联在一起(如图 2-36 所示)，并且各环节之间没有负载效应和返回影响时，这几个环节可以等效成一个环节。该环节的等效传递函数求法如下。因为

$$X_1(s) = W_1(s)X_r(s),\quad X_2(s) = W_2(s)X_1(s),\quad X_c(s) = W_3(s)X_2(s)$$

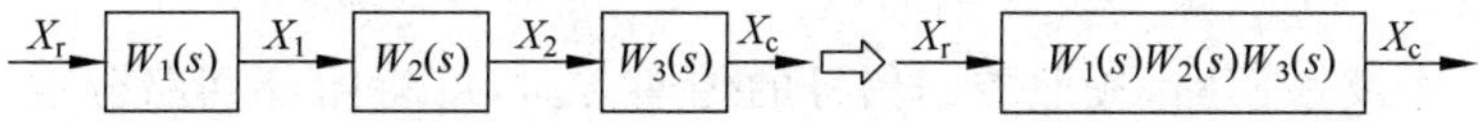

图 2-36　串联连接

用代入法消去中间变量 $X_1(s)$和 $X_2(s)$，得

$$X_c(s) = W_1(s)W_2(s)W_3(s)X_r(s)$$

由此得串联连接的等效传递函数为

$$W(s) = \frac{X_c(s)}{X_r(s)} = W_1(s)W_2(s)W_3(s)$$

如有 n 个环节相串联，则等效传递函数为各环节传递函数的乘积，即

$$W(s) = W_1(s)W_2(s)\cdots W_n(s) = \prod_{i=1}^{n} W_i(s)$$

4. 几个环节并联的等效传递函数

图 2-37 表示几个环节并联的情况：同一个信号输入到各环节，并转换成物理相同的信号再相加成为输出信号。在这种情况下，并联环节等效传递函数为

$$\frac{X_c(s)}{X_r(s)} = W(s) = W_1(s) + W_2(s) + W_3(s)$$

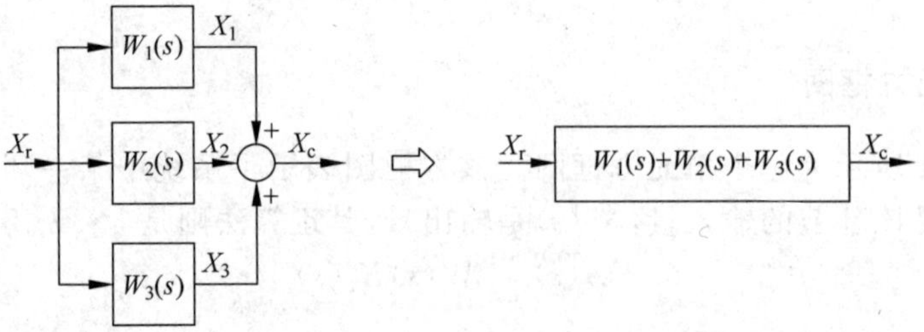

图 2-37 并联连接

当有 n 个环节并联时，等效传递函数则为各环节的传递函数之和，即

$$W(s) = W_1(s) + W_2(s) + \cdots + W_n(s) = \sum_{i=1}^{n} W_i(s)$$

5. 反馈连接的等效传递函数

在自动控制系统中，常常将几个串联环节的输出量返回到输入端构成闭环，借以改善这些环节的特性。这称为反馈连接，如图 2-38 所示。

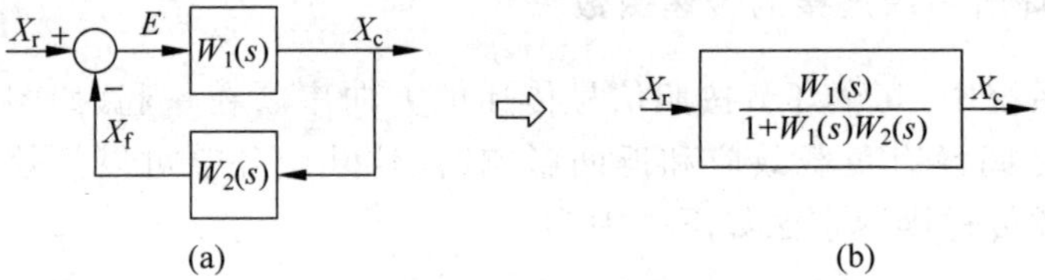

图 2-38 反馈连接

对于一个反馈回路，按照控制信号的传递方向，可将闭环回路分成两个通道，正向通道和反向通道。正向通道传递正向信号，通道中的传递函数称为正向传递函数，如图 2-38(a)中的 $W_1(s)$。反向通道是把输出信号反馈到输入端，它的传递函数称为反向通道的传递函数，如图 2-38(a)中的 $W_2(s)$。反馈有正反馈和负反馈之分，对于这种连接方式，各信号的关系式为

$$X_c(s) = W_1(s)E(s), \quad E(s) = X_r(s) \mp X_f(s), \quad X_f(s) = W_2(s)X_c(s)$$

合并上述各式，并消去中间变量 $X_f(s)$ 和 $E(s)$，可以求得反馈连接的等效传递函数(见图 2-38(b))。

负反馈时

$$W(s) = \frac{W_1(s)}{1 + W_1(s)W_2(s)}$$

正反馈时

$$W(s) = \frac{W_1(s)}{1 - W_1(s)W_2(s)}$$

反馈连接是重要的连接方式之一，一切闭环系统都可以转换成这一等效的连

接方式。

2.5.2　相加点及分支点的变位运算

在复杂的闭环系统中，除了主反馈外，一般都具有相互交错的局部反馈。为了简化系统的结构图，常常需要将信号的分支点或相加点进行变位运算。变位运算的原则是，变位前后的输出信号不变。现以几种经常遇到的情况来说明。

(1) 相加点从单元的输入端移到输出端，如图 2-39 所示。

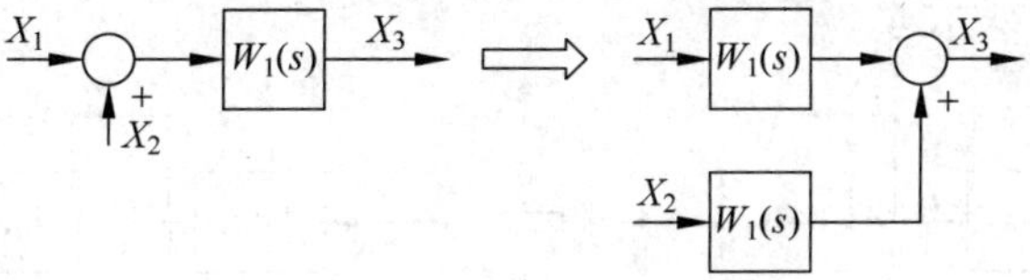

图 2-39　相加点后移变位运算

变位前

$$X_3(s) = [X_1(s) + X_2(s)]W_1(s)$$

变位后

$$X_3(s) = X_1(s)W_1(s) + X_2(s)W_1(s)$$

由此可见，在变位前后的输出量不变，所以这一变位是等效的。

(2) 相加点从单元的输出端移到输入端，如图 2-40 所示。

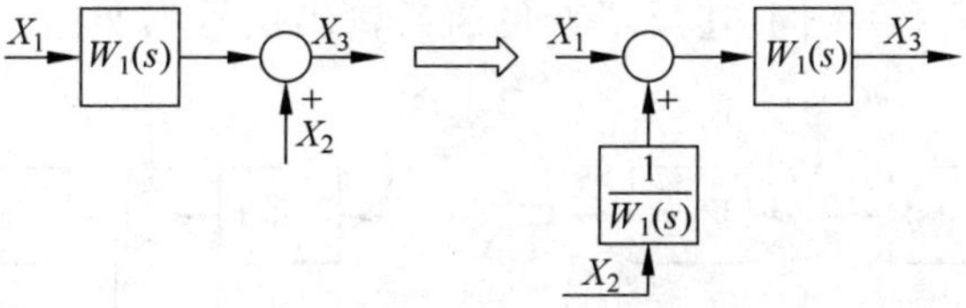

图 2-40　相加点前移变位运算

变位前

$$X_3(s) = X_1(s)W_1(s) + X_2(s)$$

变位后

$$X_3(s) = \left[X_1(s) + \frac{X_2(s)}{W_1(s)}\right]W_1(s)$$

由此可见，在变位前后，输出量未变，所以这一变位运算也是等效的。

(3) 分支点从单元的输入端移到输出端，如图 2-41 所示，两者是等效的。

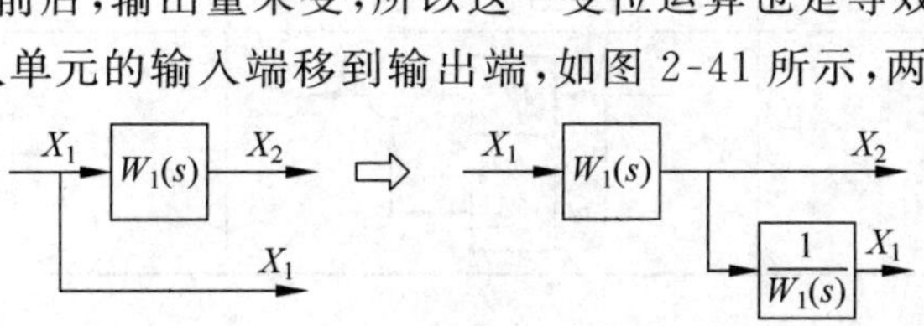

图 2-41　分支点后移的变位运算

(4) 分支点从单元的输出端移到输入端,如图 2-42 所示,两者是等效的。

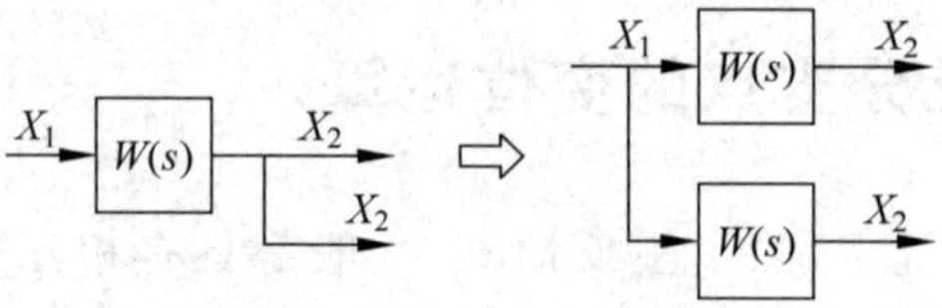

图 2-42 分支点前移的变位运算

(5) 两个分支点之间可以互相变位,如图 2-43 所示。a,b 两点可以互换位置,取出的信号仍然不变。

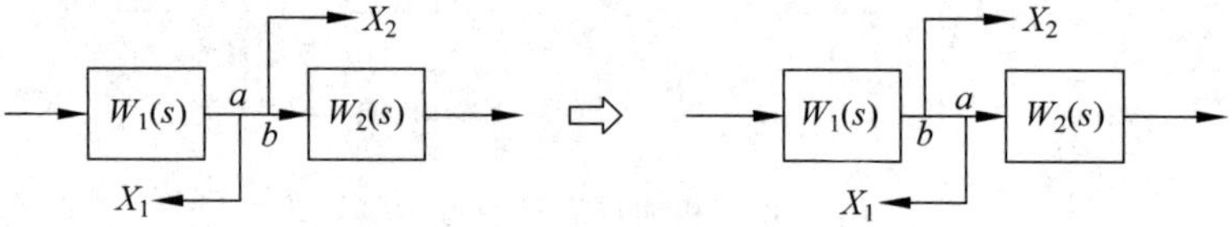

图 2-43 两个分支点互换变位

(6) 相加点和分支点之间,一般不能互相变位,这一点应该特别注意,如图 2-44 所示,这种变位是错误的,因为变位前

$$X_1(s) = W_1(s)X(s)$$

变位后

$$X_1(s) = W_1(s)X(s) + X_2(s)$$

变位前后的信号 $X_1(s)$不同,违反了变位前后输出信号不变这一原则。

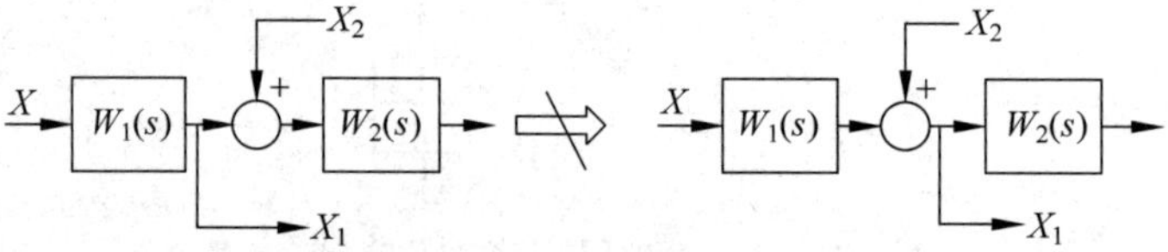

图 2-44 相加点和分支点错误的变位

现将常见的方框图变换列于表 2-1 中。

表 2-1 方框图变换

	变换前	变换后
串联	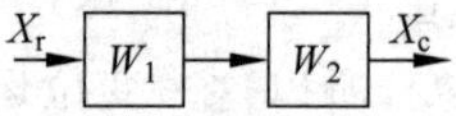	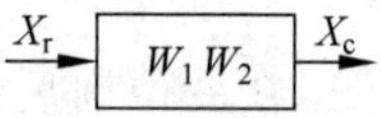
并联	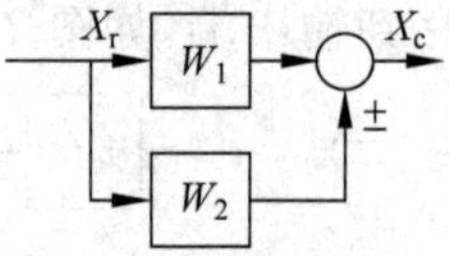	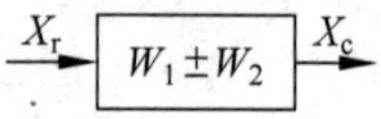

续表

	变换前	变换后
反馈	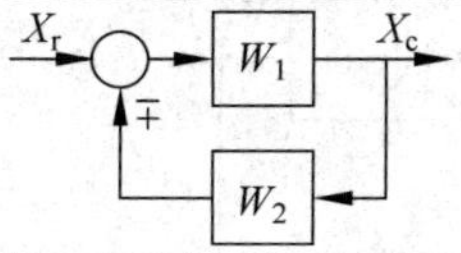	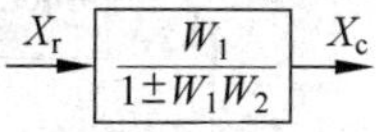
分支点前移	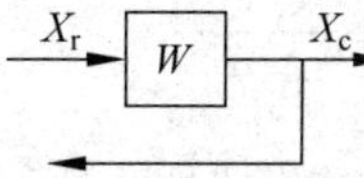	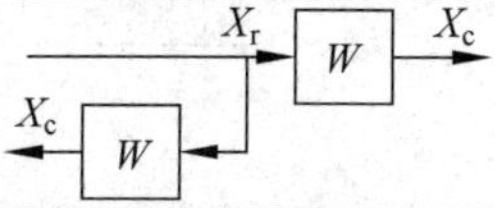
分支点后移	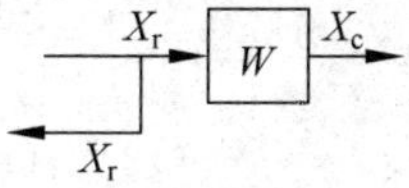	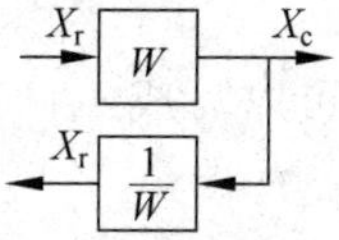
相加点前移	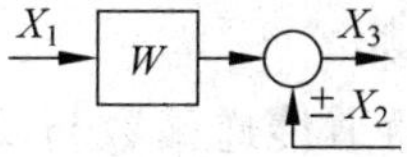	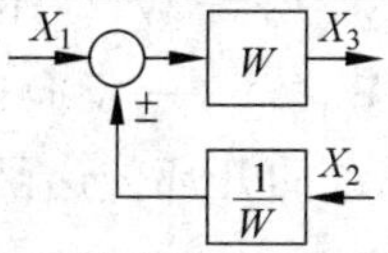
相加点后移	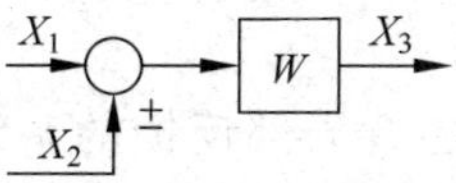	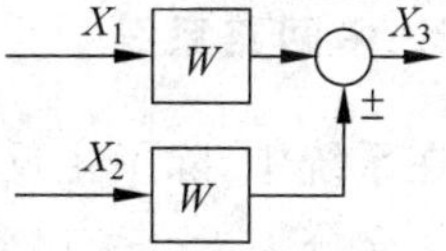
相加点变位	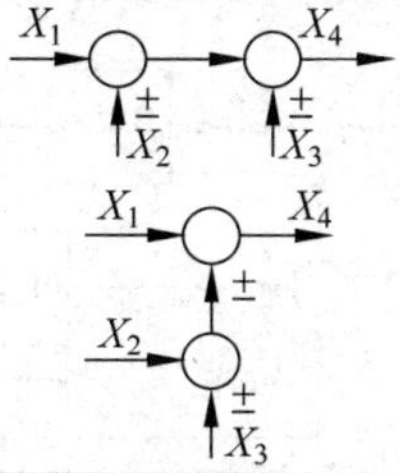	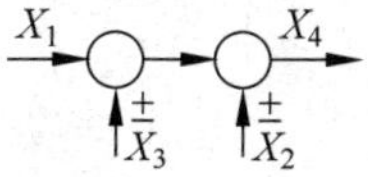

2.5.3　系统开环传递函数

系统的开环传递函数，是闭环系统反馈信号的拉氏变换与偏差信号的拉氏变换之比，它是今后用根轨迹法和频率法分析系统的主要数学模型。现就单回路系统和多回路系统分别加以说明。

1. 单回路系统

只有一个主反馈而没有局部反馈的系统叫做单回路反馈系统，如图 2-45 所示。当 $W_f(s)=1$ 时，称为单位反馈系统。在图 2-45 中，从 A 点断开由 $E(s)$ 到 $X_f(s)$之间各串联环节传递函数的乘积，就是系统的开环传递函数。以 $W_K(s)$表示开环传递函数，则

$$W_K(s)=\frac{X_f(s)}{E(s)}=W_1(s)W_2(s)W_3(s)W_f(s)$$

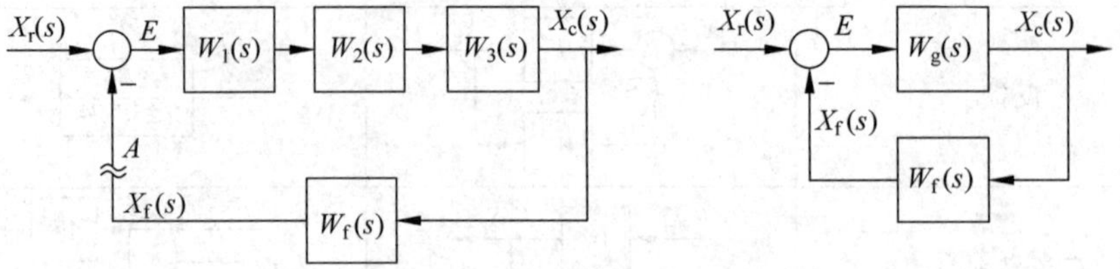

图 2-45 单回路反馈系统

上式也可以写成

$$W_K(s)=W_g(s)W_f(s)$$

式中：$W_g(s)=W_1(s)W_2(s)W_3(s)$——正向通道传递函数；

$W_f(s)$——反向通道传递函数。

因此系统的开环传递函数是正向通道传递函数与反向通道传递函数的乘积。

2. 多回路系统

在系统中，除了主反馈以外，还有局部反馈的系统称为多回路系统。在多回路系统中又分为无交叉局部反馈系统(见图 2-46)和有交叉局部反馈系统(见图 2-47)。

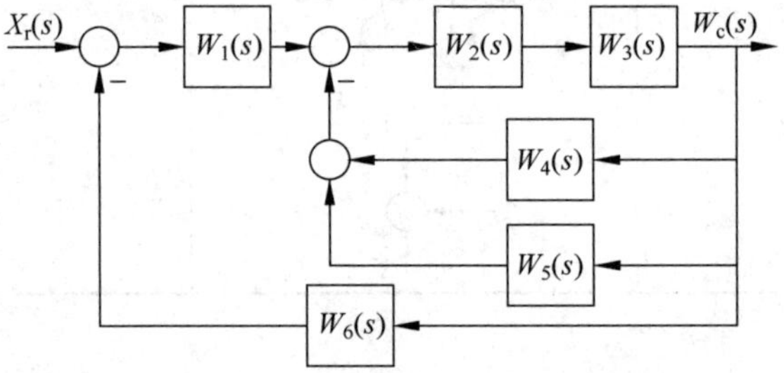

图 2-46 无交叉多回路系统

先将无交叉反馈的多回路系统简化成等效的单回路系统，然后计算正向通道的传递函数 $W_g(s)$ 及反向通道传递函数 $W_f(s)$，就可以求出系统的开环传递函数。图 2-46 所示的系统，正向通道传递函数为

$$W_g(s)=\frac{W_1(s)W_2(s)W_3(s)}{1+W_2(s)W_3(s)[W_4(s)+W_5(s)]}$$

反向通道的传递函数为 $W_6(s)$，因此系统的开环传递函数为

$$\begin{aligned}W_K(s)&=W_g(s)W_f(s)\\&=\frac{W_1(s)W_2(s)W_3(s)W_6(s)}{1+W_2(s)W_3(s)[W_4(s)+W_5(s)]}\end{aligned}$$

图 2-47(a)所示为具有交叉反馈的多回路系统，系统中有两个相互交叉的局

部反馈。在简化这种系统时，首先将其分支点进行变位运算，把系统转换成无交叉反馈的系统，如图 2-47(b)所示；然后将其变换为等效单回路系统，如图 2-47(d)所示。

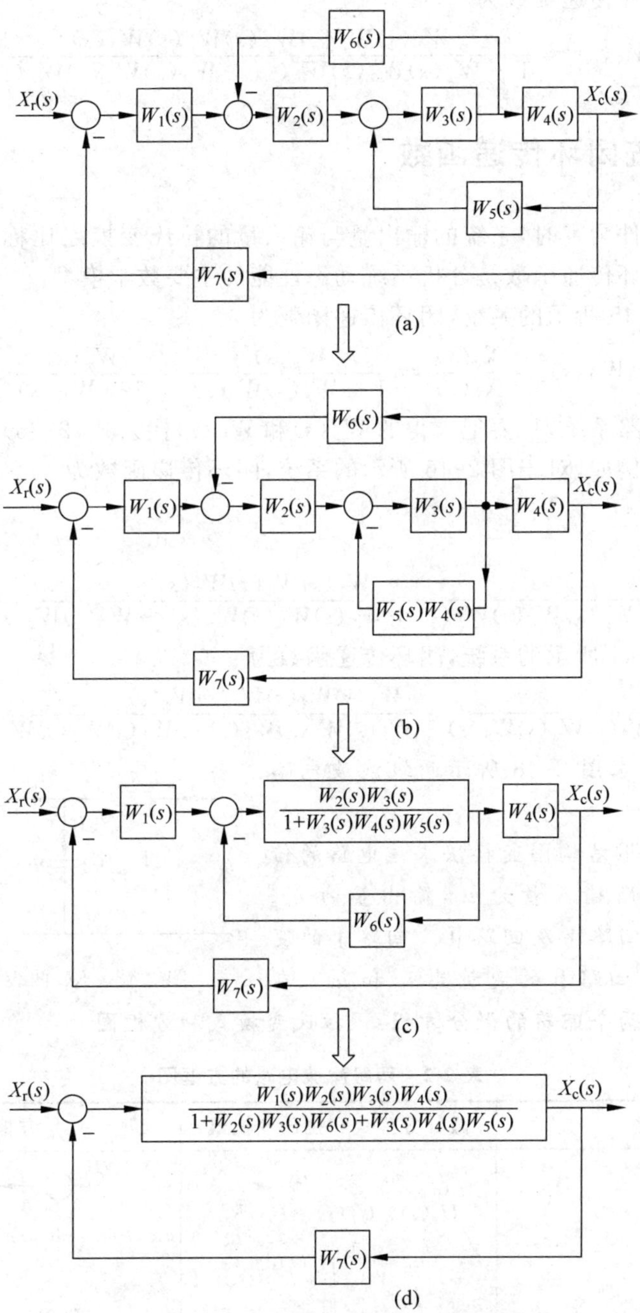

图 2-47　具有交叉反馈的多回路系统

这时可求得正向通道的传递函数为

$$W_g(s) = \frac{W_1(s)W_2(s)W_3(s)W_4(s)}{1 + W_2(s)W_3(s)W_6(s) + W_3(s)W_4(s)W_5(s)}$$

因此系统的开环传递函数为

$$W_K(s) = \frac{W_1(s)W_2(s)W_3(s)W_4(s)W_7(s)}{1 + W_2(s)W_3(s)W_6(s) + W_3(s)W_4(s)W_5(s)}$$

2.5.4 系统闭环传递函数

在初始条件为零时，系统的输出量与输入量的拉氏变换之比称为系统的闭环传递函数。闭环传递函数是分析系统动态性能的主要数学模型。

对于图2-45所示的系统，闭环传递函数为

$$W_B(s) = \frac{X_c(s)}{X_r(s)} = \frac{W_g(s)}{1 + W_g(s)W_f(s)} = \frac{W_g(s)}{1 + W_K(s)} \tag{2-86}$$

对于多回路系统，只要把求得的$W_g(s)$和$W_K(s)$代入式(2-86)就可以求得闭环传递函数。例如，对于图2-46所示的系统，闭环传递函数为

$$\begin{aligned} W_B(s) &= \frac{X_c(s)}{X_r(s)} \\ &= \frac{W_1(s)W_2(s)W_3(s)}{1 + W_2(s)W_3(s)W_4(s) + W_2(s)W_3(s)W_5(s) + W_1(s)W_2(s)W_3(s)W_6(s)} \end{aligned}$$

对于图2-47所示的系统，闭环传递函数为

$$W_B(s) = \frac{W_1(s)W_2(s)W_3(s)W_4(s)}{1 + W_2(s)W_3(s)W_6(s) + W_3(s)W_4(s)W_5(s) + W_1(s)W_2(s)W_3(s)W_4(s)W_7(s)}$$

例2-28 求图2-48所示两级滤波电路的传递函数。

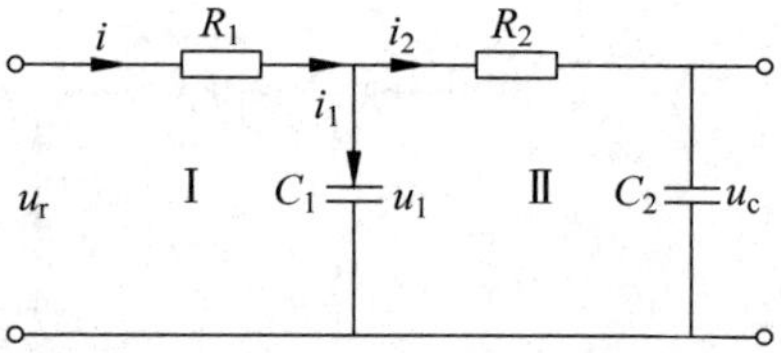

图2-48 RC两级滤波电路

解 下面用结构图变换法求该电路的传递函数。该电路输入量为u_r，输出量为u_c。将电路分解为回路Ⅰ及回路Ⅱ。回路Ⅰ的变量为i_1和u_1；回路Ⅱ的变量为i_2和u_c。在表2-2中列出两个回路的微分方程式、拉氏变换式和方框图。

表2-2 两级滤波电路的方框图

回路	微分方程式和拉氏变换式	方框图
回路Ⅰ	$u_r - u_1 = iR_1$ $U_r(s) - U_1(s) = I(s)R_1$ $u_1 = \frac{1}{C_1}\int i_1(t)\mathrm{d}t$ $U_1(s) = \frac{1}{C_1 s}I_1(s)$	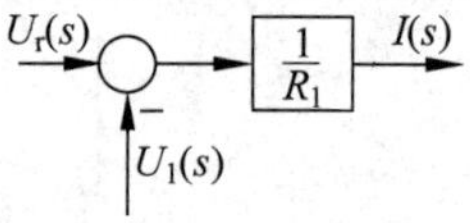 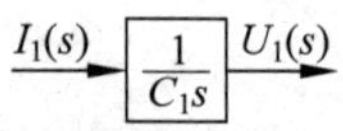

续表

回路	微分方程式和拉氏变换式	方框图
回路Ⅱ	$u_1-u_c=i_2R_2$ $U_1(s)-U_c(s)=I_2(s)R_2$ $u_c=\dfrac{1}{C_2}\int i_2(t)\mathrm{d}t$ $U_c(s)=\dfrac{1}{C_2s}I_2(s)$ $i_1=i-i_2$ $I_1(s)=I(s)-I_2(s)$	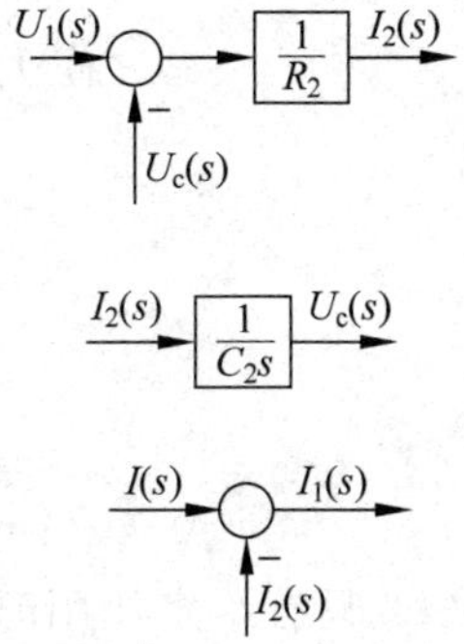

将上述各方框图连接起来，构成系统结构图。经过结构图的变换和运算，转换成等效的单回路系统结构图，列于表 2-3。表中 $\tau_{11}=R_1C_1$，$\tau_{22}=R_2C_2$，$\tau_{12}=R_1C_2$。

表 2-3　两级滤波回路的结构图变换

系统结构图	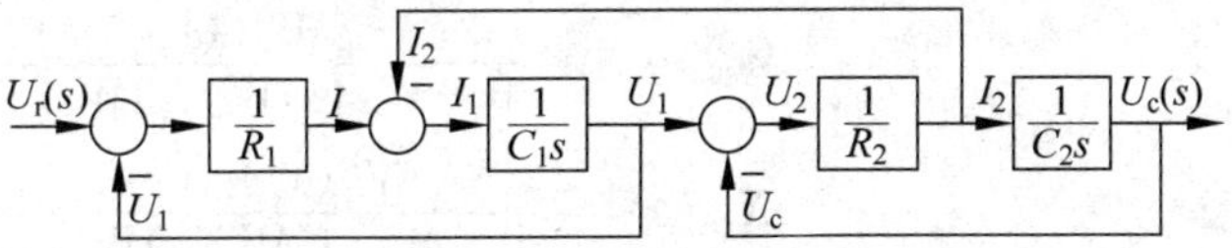
多回路结构图	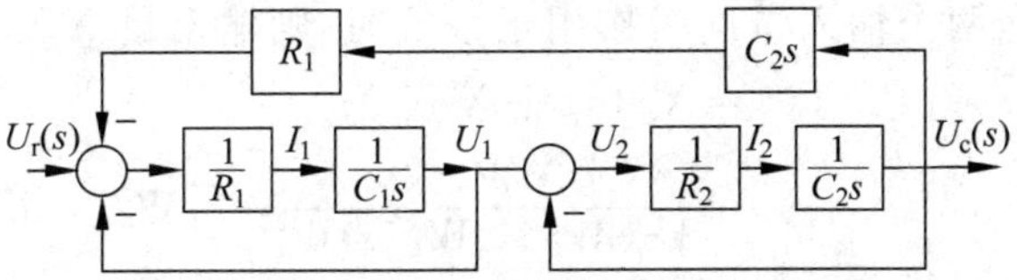
单回路结构图	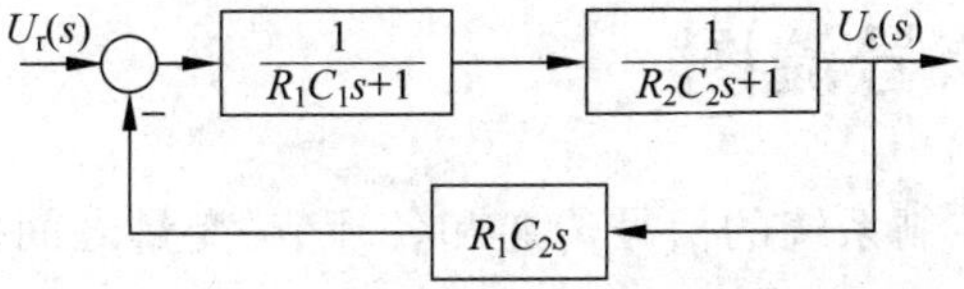
等效方框图	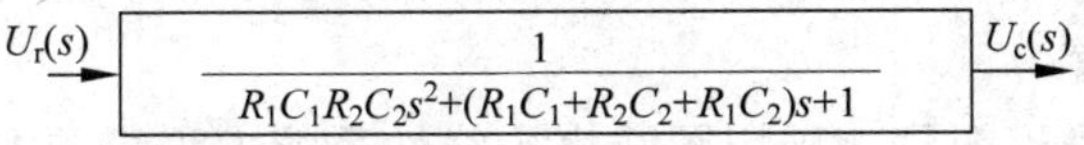
传递函数	$\dfrac{U_c(s)}{U_r(s)}=\dfrac{1}{\tau_{11}\tau_{22}s^2+(\tau_{11}+\tau_{22}+\tau_{12})s+1}$

2.5.5　系统对给定作用和扰动作用的传递函数

图 2-49 所示的系统中有两个输入量——给定作用量和扰动作用量，同时作用于系统。对于线性系统来说，可以对每一个输入量分别求出输出量，然后进行

叠加,就得到系统的输出量。

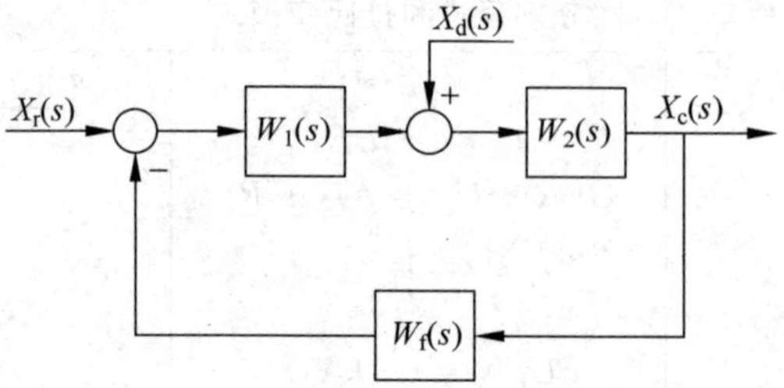

图 2-49 $X_r(s)$和 $X_d(s)$同时作用于系统

(1) 只有给定作用时的闭环传递函数 $W_{Br}(s)$和输出量 $X_{cr}(s)$为

$$W_{Br}(s) = \frac{W_1(s)W_2(s)}{1 + W_1(s)W_2(s)W_f(s)}$$

$$X_{cr}(s) = \frac{W_1(s)W_2(s)X_r(s)}{1 + W_1(s)W_2(s)W_f(s)}$$

(2) 只有扰动作用时的闭环传递函数 $W_{Bd}(s)$和输出量 $X_{cd}(s)$为

$$W_{Bd}(s) = \frac{W_2(s)}{1 + W_1(s)W_2(s)W_f(s)}$$

$$X_{cd}(s) = \frac{W_2(s)X_d(s)}{1 + W_1(s)W_2(s)W_f(s)}$$

因此,当两个输入量同时作用于系统时,则输出量 $X_c(s)$为

$$\begin{aligned} X_c(s) &= X_{cr}(s) + X_{cd}(s) \\ &= \frac{W_2(s)}{1 + W_1(s)W_2(s)W_f(s)}[W_1(s)X_r(s) + X_d(s)] \end{aligned}$$

2.6 信号流图

描述控制系统的信号传递和各环节、变量之间的关系,除了使用结构图外,信号流图也是经常应用的方法,二者有其共同的特性。本节介绍信号流图的画法及简化运算。

信号流图是一种用图线表示线性系统方程组的方法。设一线性方程组为

$$x_i = \sum_{j=1}^{n} a_{ij}x_j \quad i = 1,2,3,\cdots,n$$

方程中的 x_i 为系统中的 n 个变量,每个变量由各量及其本身所决定。当系统是由线性微分方程组描述时,通过拉氏变换把线性微分方程组转化成代数方程组

$$X_i(s) = \sum_{j=1}^{n} W_{ij}(s)X_j(s) \quad i = 1,2,3,\cdots,n$$

同样可以用信号流图表示上述方程组各变量之间的关系。现举例说明如何绘制

信号流图。

一个简单系统的描述方程为

$$x_2 = ax_1$$

式中：x_1——输入信号；

x_2——输出信号；

a——两个变量之间的传递函数。

该方程式的信号流图如图 2-50(a)所示。图中的小圆圈"○"称为节点，用它表示系统的变量或信号。连接节点的有向线段为支路，图中的箭头表示信号传递的方向，传递函数 a 标在支路之上。

又如一个系统的描述方程组为

$$\begin{aligned} x_2 &= ax_1 + bx_3 + gx_5 \\ x_3 &= cx_2 \\ x_4 &= dx_1 + ex_3 + fx_4 \\ x_5 &= hx_4 \end{aligned}$$

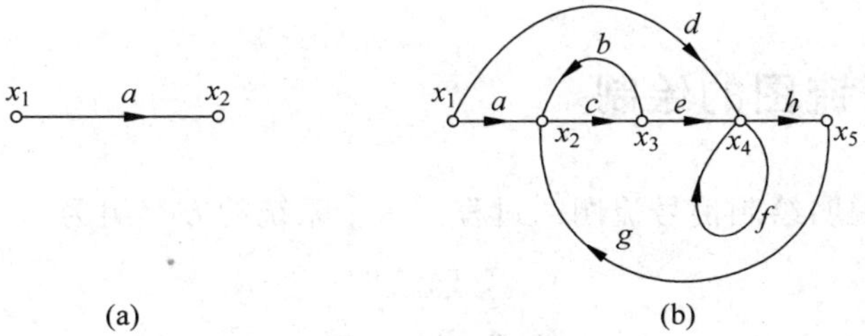

图 2-50　系统信号流图

方程组的信号流图如图 2-50(b)所示。

2.6.1　信号流图中的术语

为了进一步讨论信号流图的构成和绘制方法，下面介绍几个定义和用语。

(1) 源点。只有输出支路的节点称为源点或称为输入节点，如图 2-50(a)中的 x_1。它一般表示系统的输入变量。

(2) 汇点。只有输入支路的节点称为汇点或称为输出节点，如图 2-50(a)中的 x_2。它一般表示系统的输出变量。

(3) 混合节点。既有输入支路也有输出支路的节点称为混合节点，如图 2-50(b)中的 x_3，x_4 等。

(4) 通路。从某一节点开始，沿支路箭头方向经过各相连支路到另一个节点(或同一个节点)构成的路径，称为通路。通路中各支路传递函数的乘积称为通路传递函数。如图 2-50(b)中的 x_1 与 x_5 之间的通路为

$$x_1 \rightarrow x_2 \rightarrow x_3 \rightarrow x_4 \rightarrow x_5$$

该通路的增益为 $aceh$。图中 $x_2 \to x_3 \to x_4 \to x_5$ 也是通路。

(5) 开通路。与任一节点相交不多于一次的通路称为开通路。

(6) 闭通路。如果通路的终点就是通路的起点,并且与任何其他节点相交不多于一次的通路称为闭通路或称为回环。图 2-50(b)中的 cb,$cehg$,f 等为回环。

(7) 回环传递函数。回环中各支路传递函数的乘积称为回环传递函数(或称回环增益)。

(8) 前向通路。前向通路是指从源点开始并终止于汇点且与其他节点相交不多于一次的通路,该通路的各传递函数乘积称为前向通路传递函数。如图 2-50(b)所示,x_1 为源点,x_5 为汇点,两点之间有两条前向通路,一条为 $x_1 \to x_2 \to x_3 \to x_4 \to x_5$,另一条为 $x_1 \to x_4 \to x_5$,它们的前向通路传递函数分别为 $aceh$ 和 dh。

(9) 不接触回环。如果一个信号流图有多个回环,各回环之间没有任何公共节点,就称为不接触回环,反之称为接触回环。如图 2-50(b)所示,f 与 cb 之间为不接触回环,而 f 与回环 $cehg$ 有公共节点,为接触回环。同样,cd 与 $cehg$ 有公共节点,为接触回环。

2.6.2 信号流图的绘制

下面举例说明绘制信号流图的过程。一个系统的方程组为

$$x_1 = x_r - gx_c \tag{2-87}$$

$$x_2 = ax_1 - fx_4 \tag{2-88}$$

$$x_3 = bx_2 - ex_c \tag{2-89}$$

$$x_4 = cx_3 \tag{2-90}$$

$$x_c = dx_4 \tag{2-91}$$

首先按照节点的次序 $x_r, x_1, x_2, x_3, x_4, x_c$ 绘出各节点,然后根据各方程式绘制各支路。例如方程式(2-87)表示有两条至 x_1 节点的支路,一条起自节点 x_r、传递函数等于1;另一条起自 x_c,传递函数等于 $-g$。绘制其他各方程的信号流图都相似。当所有方程式的信号流图绘制完毕后,即得系统的信号流图,如图 2-51(a)所示。该系统相应的结构图如图 2-51(b)所示。

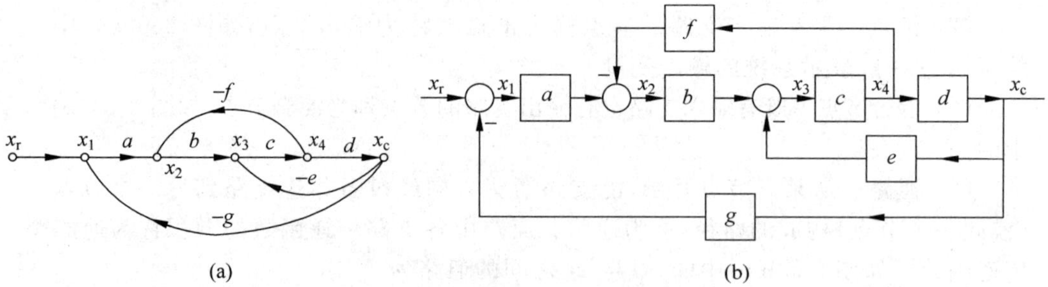

(a) (b)

图 2-51 系统信号流图和结构图

2.6.3 信号流图的基本简化法则

当信号流图绘出后，可以根据表 2-4 中所列的法则对信号流图进行简化运算，以便求出系统的传递函数。这些简化法则是与前面所述的结构图的变换法则相对应的。

表 2-4　信号流图简化法则

运算法则	信号流图	结构图变换
加法 将并联支路合并成单一支路，总传递函数等于诸支路传递函数之和	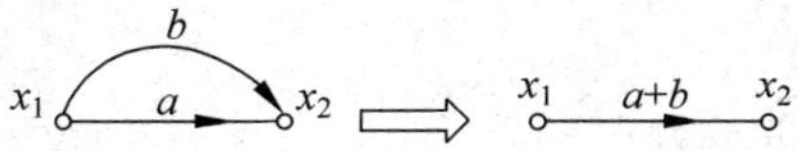	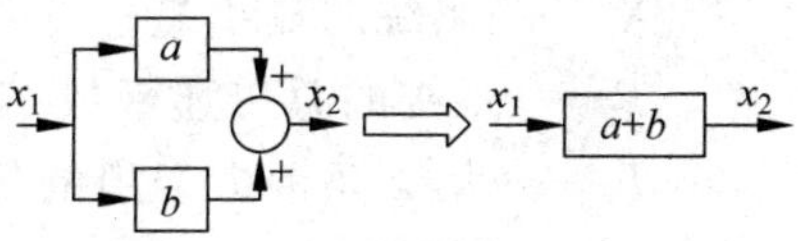
乘法 串联支路的总传递函数，等于所有支路的传递函数乘积	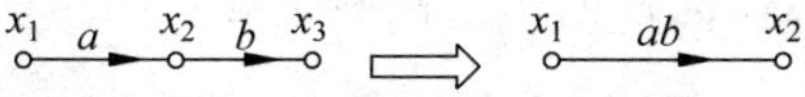	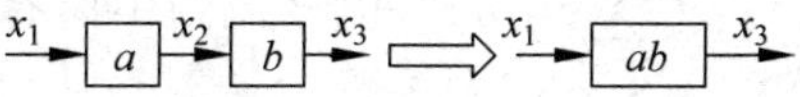
分配 支路移动后，新支路的传递函数等于被移动支路的传递函数乘以被消去节点至新支路节点的传递函数	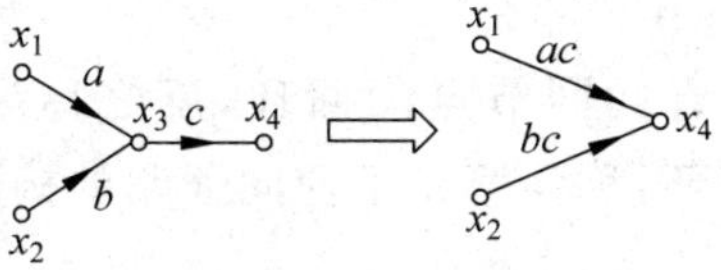	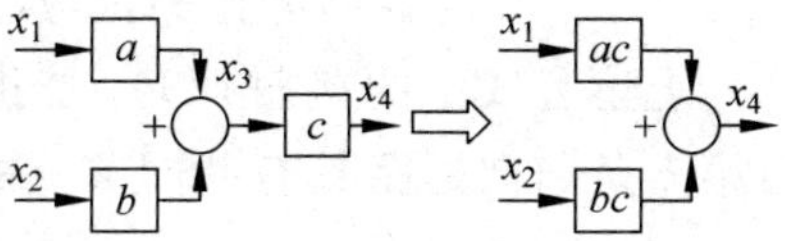
反馈回环 等效传递函数＝输入支路传递函数÷(1—回路传递函数)	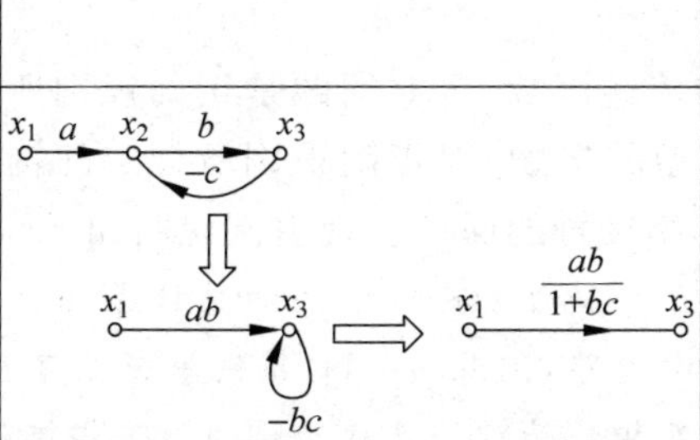	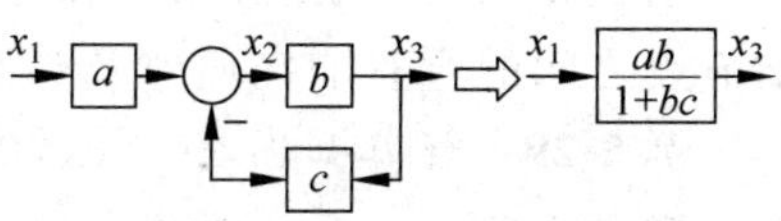

2.6.4 梅逊增益公式

利用上述基本法则,可以把信号流图初步简化,但对回环较多的信号流图来说,运用上述简化法则计算系统的总传递函数或其他相应变量之间的传递函数,还是很复杂的。利用下面介绍的梅逊增益公式,可以直接求出系统的总传递函数。梅逊增益公式是利用拓扑的方法推导出来的,公式表述如下

$$T=\frac{X_c}{X_r}=\frac{1}{\Delta}\sum_{k=1}^{n}T_k\Delta_k$$

式中:X_r——系统的输入量;

X_c——系统的输出量;

T——系统的总传递函数;

T_k——第 k 条前向通道的传递函数;

n——前向通路数;

Δ——信号流图的特征式,其意义为

$$\Delta=1-\sum L_1+\sum L_2-\sum L_3+\cdots+(-1)^m\sum L_m$$

$\sum L_1$—— 信号流图中所有不同回环的传递函数之和;

$\sum L_2$—— 信号流图中每两个互不接触回环的传递函数乘积之和;

$\sum L_3$—— 信号流图中每三个互不接触回环的传递函数乘积之和;

$\sum L_m$——m 个互不接触回环的传递函数乘积之和;

Δ_k——第 k 条通路特征式的余子式,是在 Δ 中除去第 k 条前向通路相接触的各回环传递函数(即将其置零)。

上述公式中的接触回环,是指具有共同节点的回环,反之称为不接触回环。与第 k 条前向通路具有共同节点的回环,称为第 k 条前向通路的接触回环。

利用上述公式时,特别注意 $\sum_{k=1}^{n}$ 这一求和符号。它是在从输入节点到输出节点之间全部可能的前向通路上求和。

根据梅逊增益公式计算系统的传递函数,首要问题是正确识别所有的回环并区分它们是否互相接触,是什么类型的接触,以正确识别所规定的输入节点与输出节点之间的所有前向通路及与其相接触的回环。现举例说明如下。

例 2-29 计算如图 2-51(a)所示系统 x_r 与 x_c 之间的总传递函数。

解 由图知该系统只有一个前向通路,因此 $n=1$;系统有三个不同的回环,这三个回环有共同的节点 x_3 和 x_4(即互相接触),并且都与前向通路相接触。由此得

前向通路传递函数

$$T_1=abcd$$

三个回环的传递函数

$$L_a = -cde$$
$$L_b = -bcf$$
$$L_c = -abcdg$$

因此

$$\sum L_1 = L_a + L_b + L_c = -(cde + bcf + abcdg)$$

没有不接触的回环。

系统的特征式为

$$\Delta = 1 - \sum L_1 = 1 + (cde + bcf + abcdg)$$

因为 L_a, L_b, L_c 均与前向通路 T_1 相接触，在 Δ 中令 L_a, L_b, L_c 都等于零，即得前向通路的余子式 $\Delta_1 = 1$。

根据梅逊增益公式，求得系统的总传递函数为

$$T = \frac{1}{\Delta} T_1 \Delta_1 = \frac{abcd}{1 + bcf + cde + abcdg}$$

例 2-30　一个系统的信号流图如图 2-52 所示，求系统的总传递函数。

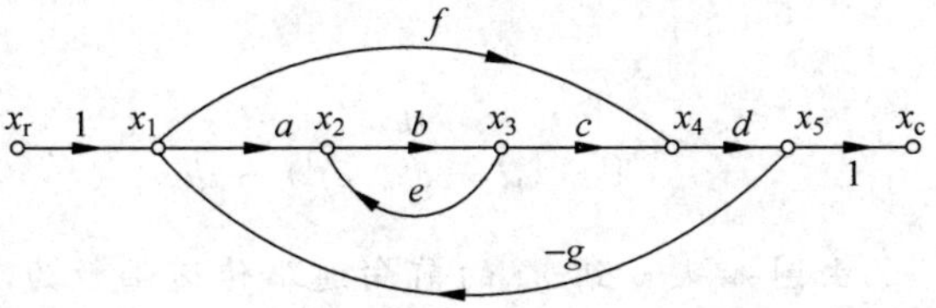

图 2-52　例 2-30 的信号流图

解　由图知道系统有两条前向通路，因此 $n=2$，其传递函数分别为 $T_1 = abcd$ 以及 $T_2 = fd$。

此系统有三个回环，即 $L_a = be, L_b = -abcdg, L_c = -fdg$，因此 $\sum L_1 = L_a + L_b + L_c$。

上述三个回环中只有 L_a 与 L_c 互不接触，L_b 与 L_a 及 L_c 都接触，因此 $\sum L_2 = L_a L_c$。由此得系统的特征式为

$$\begin{aligned}\Delta &= 1 - \sum L_1 + \sum L_2 = 1 - (L_a + L_b + L_c) + L_a L_c \\ &= 1 - be + abcdg + fdg - befdg \\ &= 1 - be + (f + abc - bef)dg\end{aligned}$$

由图知，与前向通路 T_1 相接触的回环为 L_a，L_b 和 L_c，因此在 Δ 中除去 L_a，L_b 和 L_c，得 T_1 的特征余子式 $\Delta_1 = 1$。又由图可知，与前向通路 T_2 相接触的回环为 L_b 及 L_c，因此把 Δ 中的 L_b 及 L_c 置零，得 T_2 的特征余子式 $\Delta_2 = 1 - L_a = 1 - be$。由此得系统的总传递函数为

$$T=\frac{1}{\Delta}\sum_{k=1}^{2}T_k\Delta_k=\frac{T_1\Delta_1+T_2\Delta_2}{\Delta}=\frac{abcd+fd(1-be)}{1-be+(f+abc-bef)dg}$$

例 2-31　一个系统的方程式组为

$$x_1=ax_r+dx_1+fx_2$$
$$x_2=cx_1+by+ex_2$$
$$x_c=x_2$$

其信号流图如图 2-53 所示,求系统的传递函数:

$$T_r=\frac{x_c}{x_r},T_y=\frac{x_c}{y},T_{r1}=\frac{x_1}{x_r},T_{y1}=\frac{x_1}{y}$$

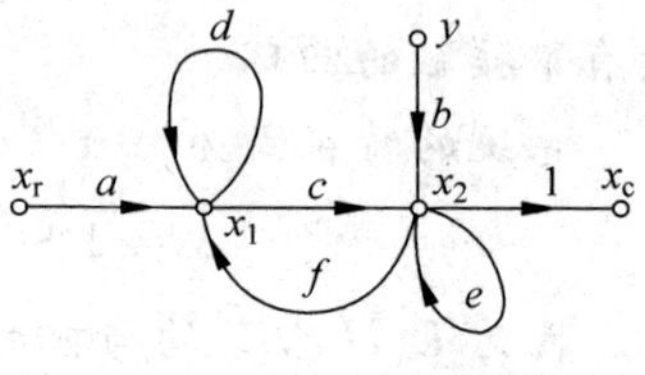

图 2-53　例 2-31 信号流图

解　(1) 求 $T_r=\frac{x_c}{x_r}$。由图可知 $T_1=ac,L_a=d$,$L_b=e,L_c=cf$, $\sum L_1=d+e+cf$, $\sum L_2=de$, $n=1$。

计算

$$\Delta=1-\sum L_1+\sum L_2=1-(d+e+cf)+de$$
$$\Delta_1=1$$

得系统传递函数

$$T_r=\frac{ac}{1-(d+e+cf)+de}$$

(2) 求 $T_y=\frac{x_c}{y}$。由图知从 y 到 x_c 的前向通路传递函数为 $T_1=b,L_b$ 和 L_c 与 T_1 相接触,故得 $\Delta_1=1-L_a=1-d$,Δ 仍如前式。根据梅逊增益公式求得

$$T_y=\frac{b(1-d)}{1-(d+e+cf)+de}$$

(3) 求 $T_{r1}=\frac{x_1}{x_r}$。由图知从 x_r 到 x_1 之间的前向通路传递函数为 $T_1=a$,与该通路相接触的回环是 L_a,L_c,系统的特征式仍然不变,$\Delta_1=1-e$。因此得

$$T_{r1}=\frac{x_1}{x_r}=\frac{a(1-e)}{1-(d+e+cf)+de}$$

(4) 求 $T_{y1}=\frac{x_1}{y}$。按同样的步骤求得前向通路传递函数为 $T_1=bf$,与该通路相接触的回环是 L_a,L_b,L_c,故得 $\Delta_1=1$,根据梅逊增益公式求得

$$T_{y1}=\frac{x_1}{y}=\frac{bf}{1-(d+e+cf)+de}$$

例 2-32　一个具有内部交连的系统,其信号流图和结构图如图 2-54 所示,求系统传递函数 $T=\frac{x_c}{x_r}$。

解　该系统具有内部交连,因此识别所有可能的前向通路和各回环是解题的

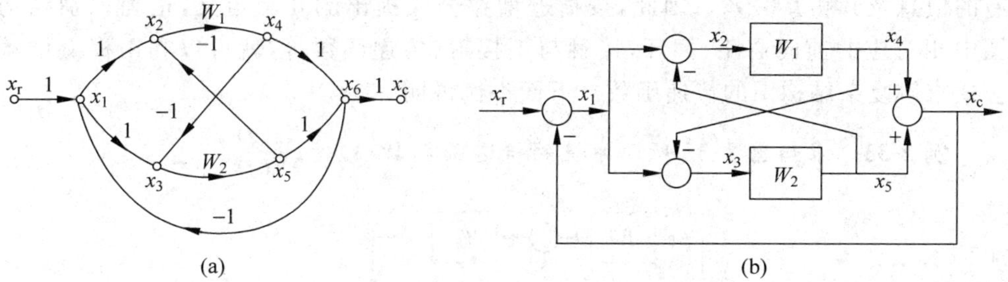

图 2-54　例 2-32 的信号流图

关键。今分析如下。

系统共有 4 个前向通路，即 $n=4$，其传递函数为

$T_1=W_1$，该通路的节点次序为

$$x_r \to x_1 \to x_2 \to x_4 \to x_6 \to x_c$$

$T_2=W_2$，该通路的节点次序为

$$x_r \to x_1 \to x_3 \to x_5 \to x_6 \to x_c$$

$T_3=-W_1W_2$，该通路的节点次序为

$$x_r \to x_1 \to x_2 \to x_4 \to x_3 \to x_5 \to x_6 \to x_c$$

$T_4=-W_2W_1$，该通路的节点次序为

$$x_r \to x_1 \to x_3 \to x_5 \to x_2 \to x_4 \to x_6 \to x_c$$

系统有 5 个不同的回环，其传递函数为

$L_a=-W_1$　其节点次序为 $x_1\to x_2\to x_4\to x_6\to x_1$；

$L_b=-W_2$　其节点次序为 $x_1\to x_3\to x_5\to x_6\to x_1$；

$L_c=W_1W_2$　其节点次序为 $x_2\to x_4\to x_3\to x_5\to x_2$；

$L_d=W_1W_2$　其节点次序为 $x_1\to x_3\to x_5\to x_2\to x_4\to x_6\to x_1$；

$L_e=W_1W_2$　其节点次序为 $x_1\to x_2\to x_4\to x_3\to x_5\to x_6\to x_1$。

上述 5 个回环互相接触，由此得系统的特征式为

$$\begin{aligned}\Delta &=1-\sum L_1=1-(L_a+L_b+L_c+L_d+L_e)\\&=1-(-W_1-W_2+3W_1W_2)=1+W_1+W_2-3W_1W_2\end{aligned}$$

上述 5 个回环都与 T_1,T_2,T_3 和 T_4 相接触，因此系统各条前向通路特征式的余子式是

$$\Delta_1=\Delta_2=\Delta_3=\Delta_4=1$$

由梅逊增益公式，求得总传递函数为

$$T=\frac{x_c}{x_r}=\frac{1}{\Delta}\sum_{k=1}^{4}T_k\Delta_k=\frac{W_1+W_2-W_1W_2-W_2W_1}{1+W_1+W_2-3W_1W_2}=\frac{W_1+W_2-2W_1W_2}{1+W_1+W_2-3W_1W_2}$$

应该指出的是，由于信号流图和结构图本质上都是用图线来描述各量之间的关系及信号传递的过程，完全包括了描述系统的代数方程、微分方程组提供的所

有的信息及其相互关系。因此,按梅逊增益公式提出的几个定义,正确识别结构图中相对应的前向通路、回环,接触与不接触、传递函数等,就可以利用梅逊增益公式求解复杂结构图的传递函数。下面举例说明。

例 2-33 求如图 2-55 所示系统的传递函数 $W(s)=\frac{X_c(s)}{X_r(s)}$。

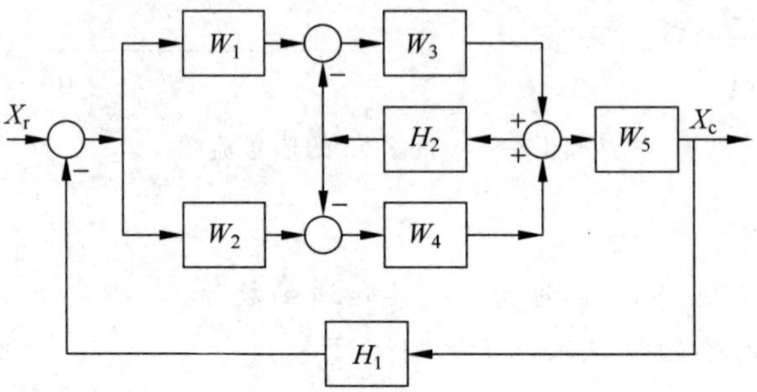

图 2-55 系统结构图

解 该系统的前向通路及其传递函数为

$$T_1 = W_1W_3W_5$$
$$T_2 = W_2W_4W_5$$

系统的回环及其传递函数为

$$L_a = -W_1W_3W_5H_1$$
$$L_b = -W_2W_4W_5H_1$$
$$L_c = -W_3H_2$$
$$L_d = -W_4H_2$$

上述各环互相接触,因此

$$\sum L_1 = L_a + L_b + L_c + L_d$$
$$= -[W_1W_3W_5H_1 + W_2W_4W_5H_1 + W_3H_2 + W_4H_2]$$
$$\sum L_2 = \sum L_3 = 0$$

由此得系统的特征式

$$\Delta = 1 - \sum L_1 = 1 + (W_1W_3 + W_2W_4)W_5H_1 + (W_3 + W_4)H_2$$

上述各回环都与前向通路 T_1 和 T_2 相接触(有共同支路或公共节点),因此得 $\Delta_1=\Delta_2=1$。

根据梅逊增益公式求得系统传递函数为

$$W(s) = \frac{X_c(s)}{X_r(s)} = \frac{T_1\Delta_1 + T_2\Delta_2}{\Delta}$$
$$= \frac{(W_1W_3 + W_2W_4)W_5}{1 + (W_1W_3 + W_2W_4)W_5H_1 + (W_3 + W_4)H_2}$$

2.7　用 MATLAB 求解线性微分方程和化简系统方框图

控制系统的数学模型在系统分析和设计中是相当重要的。前面已经介绍，在经典控制理论中常用的数学模型有微分方程、传递函数、结构框图和信号流图等。MATLAB 主要用传递函数来描述经典控制理论中的线性时不变系统（Linear Time Invariant，LTI）。

2.7.1　MATLAB 中数学模型的表示

1. 传递函数

因为传递函数为多项式之比，所以先来研究 MATLAB 是如何处理多项式的。MATLAB 中多项式用行向量表示，行向量元素为依次降幂排列的多项式系数，例如多项式 $P(s)=s^3+2s+4$，其输入为

```
>> P = [1 0 2 4]
```

注意：尽管 s^2 项系数为 0，但输入 $P(s)$ 时不可空缺，应写入 0。

在 MATLAB 下多项式乘法处理函数调用格式为

```
C = conv(A,B)
```

式中，A 和 B 分别表示一个多项式，而 C 为 A 和 B 多项式的乘积多项式。

例 2-34　已知多项式 $A(s)=s+3$，$B(s)=10s^2+20s+3$，求 $C(s)=A(s)B(s)$。

解　输入以下 MATLAB 命令

```
% L0201.m
A = [1,3];
B = [10,20,3];
C = conv(A,B)
```

运行结果为

```
C = 10   50   63   9
```

即得出的 $C(s)$ 多项式为

$$C(s)=A(s)B(s)=(s+3)(10s^2+20s+3)=10s^3+50s^2+63s+9$$

MATLAB 提供的 conv() 函数的调用允许多级嵌套，例如 $W(s)=4(s+2)\cdot(s+3)(s+4)$，可用下列语句来输入

```
>> W = 4 * conv([1,2],conv([1,3],[1,4]))
```

运行结果为

```
W =4  36  104  96
```

有了多项式的输入,系统的传递函数在 MATLAB 下可由其分子和分母多项式唯一地确定出来,其格式为

```
sys = tf(num,den)
```

式中,num 为分子多项式,num$=[b_0,b_1,b_2,\cdots,b_m]$;den 为分母多项式,den$=[a_0,a_1,a_2,\cdots,a_n]$(后文中 num 和 den 均做此定义)。

对于复杂的表达式,如 $W(s)=\dfrac{(s+1)(s^2+2s+6)^2}{s^2(s+3)(s^3+2s^2+3s+4)}$,可以用下列语句实现。

```
>>num = conv([1,1],conv([1,2,6],[1,2,6]));
>>den = conv([1,0,0],conv([1,3],[1,2,3,4]));
>>W = tf(num,den)
```

运行结果为

```
Transfer function:
s^5 + 5 s^4 + 20 s^3 + 40 s^2 + 60 s + 36
------------------------------------------------
s^6 + 5 s^5 + 9 s^4 + 13 s^3 + 12 s^2
```

2. 传递函数的特征根

MATLAB 提供了多项式求根函数 roots(),其调用格式为

```
roots(p)
```

式中,p 为多项式系数向量,按 s 的降幂排列。

例 2-35 求多项式 $p(s)=s^3+3s^2+4$ 的根。

解 输入以下 MATLAB 命令

```
%L0202.m
p = [1,3,0,4];
r = roots(p)
```

运行结果为

```
r = -3.3553
    0.1777 + 1.0773i
    0.1777 - 1.0773i
```

若已知特征多项式的特征根已求出,则可直接调用 MATLAB 中的 poly()函数来求得多项式降幂排列时各项的系数,如上例

```
>> poly(r)
p= 1.0000  3.0000  0.0000  4.0000
```

polyval()函数用来求取给定变量值时多项式的值，其调用格式为

```
polyval(p,a)
```

式中，p 为多项式系数向量；a 为给定变量值。

例 2-36　求 $n(s)=(3s^2+2s+1)(s+4)$ 在 $s=-5$ 时的值。

解　输入以下 MATLAB 命令

```
%L0203.m
n=conv([3,2,1],[1,4]);
value=polyval(n,-5)
```

运行结果为

```
value =  -66
```

3. 线性系统的零极点模型

零极点模型实际上是传递函数的另一种表现形式。在 MATLAB 下表示零极点模型的方法很简单，先用向量的形式输入系统的零点和极点，然后调用 zpk()函数就可以构造这个零极点模型。

zpk()函数的调用格式为

```
z=[z1; z2; …; zm];
p=[p1; p2; …; pn];
W=zpk(z,p,k)
```

其中，前面两个语句分别输入系统的零点列向量 z 和极点列向量 p，后面的语句可以由这些信息和系统增益构造出系统的零极点模型对象 W。

2.7.2　用 MATLAB 求解线性微分方程

拉氏变换是一种求解线性微分方程的简便运算方法，但是对于传递函数分母中包含较高阶次多项式的复杂函数，利用拉氏变换可能会有一定的困难并且浪费时间。利用 MATLAB，这种情况可以得到很好的解决。

MATLAB 提供的 residue()函数可用于部分分式展开，直接求出展开式中的留数、极点和整数项。其调用格式为

```
[r,p,k]=residue(num,den)
```

其中，r，p 分别为各个部分分式的留数和极点，k 为整数项。

例 2-37　用 MATLAB 求传递函数 $\dfrac{C(s)}{R(s)}=\dfrac{2s^4+s^3+6s^2+10s+24}{s^4+10s^3+35s^2+50s+24}$ 部分分式的展开式。

解 输入以下 MATLAB 命令

```
% L0204.m
num = [2 1 6 10 24];
den = [1 10 35 50 24];
[r,p,k] = residue(num,den)
```

运行结果为

```
r =  - 88.0000
       91.5000
      - 26.0000
        3.5000
p = - 4.0000
    - 3.0000
    - 2.0000
    - 1.0000
k = 2
```

所以,由 MATLAB 命令得到 $C(s)/R(s)$的部分分式展开为

$$\frac{C(s)}{R(s)}=\frac{2s^4+s^3+6s^2+10s+24}{s^4+10s^3+35s^2+50s+24}=\frac{-88}{s+4}+\frac{91.5}{s+3}+\frac{-26}{s+2}+\frac{3.5}{s+1}+2$$

当 $R(s)=1$(即为单位脉冲输入)时,可得到系统输出表达式

$$c(t)=-88\mathrm{e}^{-4t}+91.5\mathrm{e}^{-3t}-26\mathrm{e}^{-2t}+3.5\mathrm{e}^{-t}+2\delta(t)$$

当 $R(s)=\frac{1}{s}$ (即为单位阶跃输入)时,$C(s)=\frac{2s^4+s^3+6s^2+10s+24}{(s^4+10s^3+35s^2+50s+24)s}$,此时输入

```
>> num = [2 1 6 10 24];
>> den = [1 10 35 50 24];
>> [r,p,k] = residue(num,[den 0])
```

运行结果为

```
r = 22.0000
   - 30.5000
     13.0000
    - 3.5000
      1.0000
p = - 4.0000
    - 3.0000
    - 2.0000
    - 1.0000
           0
k = []
```

因此得到的系统输出表达式为

$$c(t)=22\mathrm{e}^{-4t}-30.5\mathrm{e}^{-3t}+13\mathrm{e}^{-2t}-3.5\mathrm{e}^{-t}+1$$

应当指出，如果函数含有 m 重极点 p，则部分分式展开式将包括下列诸项

$$\frac{r_1}{s-p}+\frac{r_2}{(s-p)^2}+\cdots+\frac{r_m}{(s-p)^m}$$

该形式对应的拉氏反变换为

$$r_1\mathrm{e}^{pt}+r_2t\mathrm{e}^{pt}+\cdots+\frac{1}{(m-1)!}r_mt^{m-1}\mathrm{e}^{pt}=\left(r_1+r_2t+\cdots+\frac{1}{(m-1)!}r_mt^{m-1}\right)\mathrm{e}^{pt}$$

例 2-38　用 MATLAB 求传递函数 $\frac{C(s)}{R(s)}=\frac{1}{(s-1)(s+4)(2s^2-3s+1)}$ 的部分分式展开式。

解　输入以下 MATLAB 命令

```
%L0205.m
num = 1;
den = [conv(conv([1 -1],[1 4]),[2 -3 1])];
[r,p,k] = residue(num,den)
```

运行结果为

```
r = -0.0044
    -0.4400
     0.2000
     0.4444
p = -4.0000
     1.0000
     1.0000
     0.5000
k = []
```

所以，由 MATLAB 命令得到 $C(s)/R(s)$ 的部分分式展开式为

$$\frac{C(s)}{R(s)}=\frac{1}{(s-1)(s+4)(2s^2-3s+1)}=\frac{-0.0044}{s+4}+\frac{-0.44}{s-1}+\frac{0.2}{(s-1)^2}+\frac{0.4444}{s-0.5}$$

整数项 k 为零。

当 $R(s)=1$（即为单位脉冲输入）时，可得系统输出表达式为

$$c(t)=-0.0044\mathrm{e}^{-4t}+(-0.44+0.2t)\mathrm{e}^{t}+0.4444\mathrm{e}^{0.5t}$$

当 $R(s)=\frac{1}{s^2}$（即为单位斜坡输入）时，$C(s)=\frac{1}{(s-1)(s+4)(2s^2-3s+1)s^2}$，此时

```
>> num = 1;
>> den = [conv(conv([1 -1],[1 4]),[2 -3 1])];
>> [r,p,k] = residue(num,[den 0 0])
```

结果为

```
r = - 0.0003
    - 0.8400
      0.2000
      1.7778
    - 0.9375
    - 0.2500
p = - 4.0000
      1.0000
      1.0000
      0.5000
           0
           0
k    []
```

可得系统输出表达式为

$$c(t)=-0.0003e^{-4t}+(-0.84+0.2t)e^{t}+1.7778e^{0.5t}+(-0.9375-2.5t)$$

2.7.3 MATLAB 在系统方框图化简中的应用

系统模型通常由一些典型环节按照基本连接结构相互连接构成,在对复杂系统方框图进行化简时,常常按照方框图基本连接方式逐步化简或者采用梅逊增益公式求整个系统的传递函数、步骤往往很烦琐。本节将介绍这种相互连接的系统传递函数的 MATLAB 求法。

1. 串联连接结构

如图 2-56 所示,$W_1(s)$和 $W_2(s)$相串联,在 MATLAB 中可用串联函数 series()来实现,其调用格式为

```
[num,den] = series(num1,den1,num2,den2)
```

式中:$W_1(s)=\dfrac{\text{num1}}{\text{den1}}$,$W_2(s)=\dfrac{\text{num2}}{\text{den2}}$,$W_1(s)W_2(s)=\dfrac{\text{num}}{\text{den}}$。

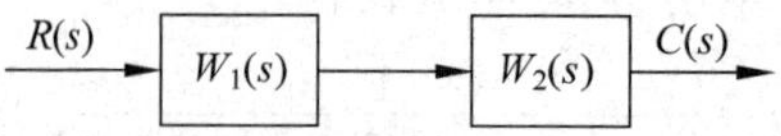

图 2-56 串联连接结构

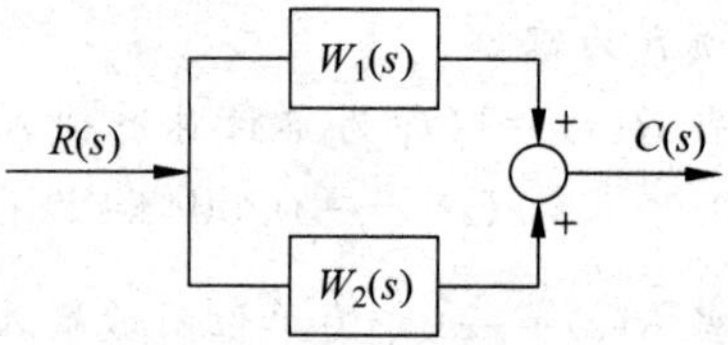

图 2-57 并联连接结构

2. 并联连接结构

如图 2-57 所示,$W_1(s)$和 $W_2(s)$相并联,可由 MATLAB 的并联函数 parallel()来

实现，其调用格式为

```
[num,den] = parallel(num1,den1,num2,den2)
```

式中，$W_1(s)=\dfrac{\text{num1}}{\text{den1}}$，$W_2(s)=\dfrac{\text{num2}}{\text{den2}}$，$W_1(s)W_2(s)=\dfrac{\text{num}}{\text{den}}$。

3. 反馈连接结构

反馈连接如图 2-58 所示。使用 MATLAB 中的 feedback()函数来实现反馈连接，其调用格式为

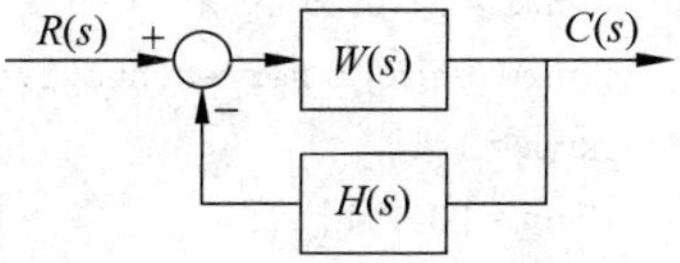

图 2-58　反馈连接结构

```
[num,den] = feedback(numw,denw,numh,denh,sign)
```

式中，$W(s)=\dfrac{\text{numw}}{\text{denw}}$；$H(s)=\dfrac{\text{numh}}{\text{denh}}$；sign 为反馈极性，“1”为正反馈，“$-1$”为负反馈(不指明反馈极性，则系统自动默认为负反馈)；$\dfrac{W(s)}{1\pm W(s)H(s)}=\dfrac{\text{num}}{\text{den}}$。

例 2-39　已知 $W(s)=\dfrac{s+1}{s+2}$，$H(s)=\dfrac{1}{s}$，采用负反馈连接方式，用 MATLAB 求解。

解　输入以下 MATLAB 命令

```
%L0206.m
numw=[1,1]; denw=[1,2];
numh=[1]; denh=[1,0];
[num,den]=feedback(numw,denw,numh,denh,-1);
printsys(num,den) %以习惯方式显示有理分式
```

运行结果为

```
num/den =
          s^2 + s
          -----------
          s^2 + 3 s + 1
```

在 MATLAB 中的函数 series()，parallel()和 feedback()可用来简化多回路方框图。

例 2-40　已知系统结构图如图 2-59 所示，图中

$$W_1(s)=\frac{7s+4}{s},W_2(s)=\frac{s^3+5s^2+4s+24}{s^4+25s^2+40s+24},H(s)=\frac{1}{0.2s+1}$$

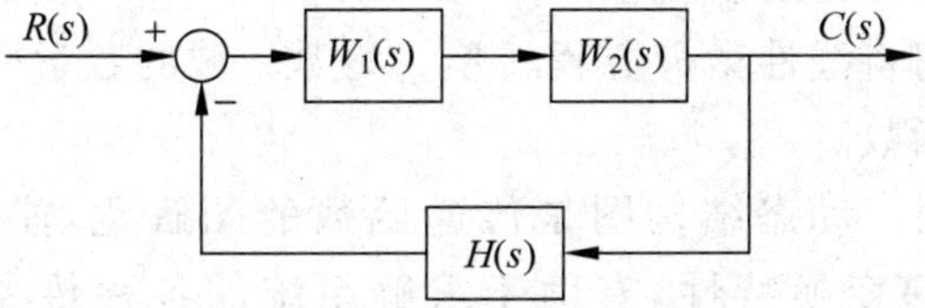

图 2-59　系统结构框图

试用 MATLAB 求出闭环传递函数。

解 输入以下 MATLAB 命令

```
%L0207.m
numw1 = [7 4];
denw1 = [1 0];
numw2 = [1 5 4 24];
denw2 = [1 0 25 40 24];
[numw,denw] = series(numw1,denw1,numw2,denw2);
numh = 1;
denh = [0.2 1];
[num,den] = feedback(numw,denw,numh,denh, - 1)
printsys(num,den)
```

运行结果为

```
Transfer function:
1.4 s^5 + 14.8 s^4 + 48.6 s^3 + 84.8 s^2 + 203.2 s + 96
----------------------------------------------------------------
0.2 s^6 + s^5 + 12 s^4 + 72 s^3 + 92.8 s^2 + 208 s + 96
```

小结

本章主要介绍了对系统数学模型的描述方式,主要内容包括:

(1) 数学模型的基本概念。数学模型是描述系统因果关系的数学表达式,是对系统进行理论分析研究的主要依据。

(2) 通过解析法对实际系统建立数学模型。在本章中,根据系统各环节的工作原理,建立其微分方程式,反映其动态本质。编写闭环系统微分方程的一般步骤如下。

① 确定系统的输入量和输出量;

② 将系统分解为各环节,依次确定各环节的输入量和输出量,根据各环节的物理规律写出各环节的微分方程;

③ 消去中间变量,就可以求得系统的微分方程式。

(3) 非线性元件的线性化。针对非线性元件,本章介绍了采用小偏差线性化方法对非线性系统的线性化描述。

(4) 传递函数。通过拉氏变换求解微分方程是一种简捷的微分方程求解方法。本章介绍了如何将线性微分方程转换为复数 s 域的数学模型——传递函数以及典型环节的传递函数。

(5) 动态结构图。动态结构图是传递函数的图解化,能够直观形象地表示出系统中信号的传递变换特性,有助于求解系统的各种传递函数,分析和研究系统。

(6) 信号流图。信号流图是一种用图线表示系统中信号流向的数学模型，完全包括了描述系统的所有信息及相互关系。通过运用梅逊增益公式能够简便、快捷地求出系统的传递函数。

思考题与习题

2-1　什么是系统的数学模型？在自动控制系统中常见的数学模型形式有哪些？

2-2　简要说明用解析法编写自动控制系统动态微分方程的步骤。

2-3　什么是小偏差线性化？这种方法能够解决哪类问题？

2-4　什么是传递函数？定义传递函数的前提条件是什么？为什么要附加这个条件？传递函数有哪些特点？

2-5　列写出传递函数三种常用的表达形式，并说明什么是系统的阶数、零点、极点和放大系数。

2-6　自动控制系统有哪几种典型环节？它们的传递函数是什么样的？

2-7　二阶系统是一个振荡环节，这种说法对吗？为什么？

2-8　什么是系统的动态结构图？它等效变换的原则是什么？系统的动态结构图有哪几种典型连接？将它们用图形的形式表示出来，并列写出典型连接的传递函数。

2-9　什么是系统的开环传递函数？什么是系统的闭环传递函数？当给定量和扰动量同时作用于系统时，如何计算系统的输出量？

2-10　列写出梅逊增益公式的表达形式，并对公式中的符号进行简要说明。

2-11　对于一个确定的自动控制系统，它的微分方程、传递函数和结构图的形式都将是唯一的。这种说法对吗？为什么？

2-12　试比较微分方程、传递函数、结构图和信号流图的特点与适用范围。列出求系统传递函数的几种方法。

2-13　试求出图 P2-1 中各电路的传递函数 $W(s)=U_c(s)/U_r(s)$。

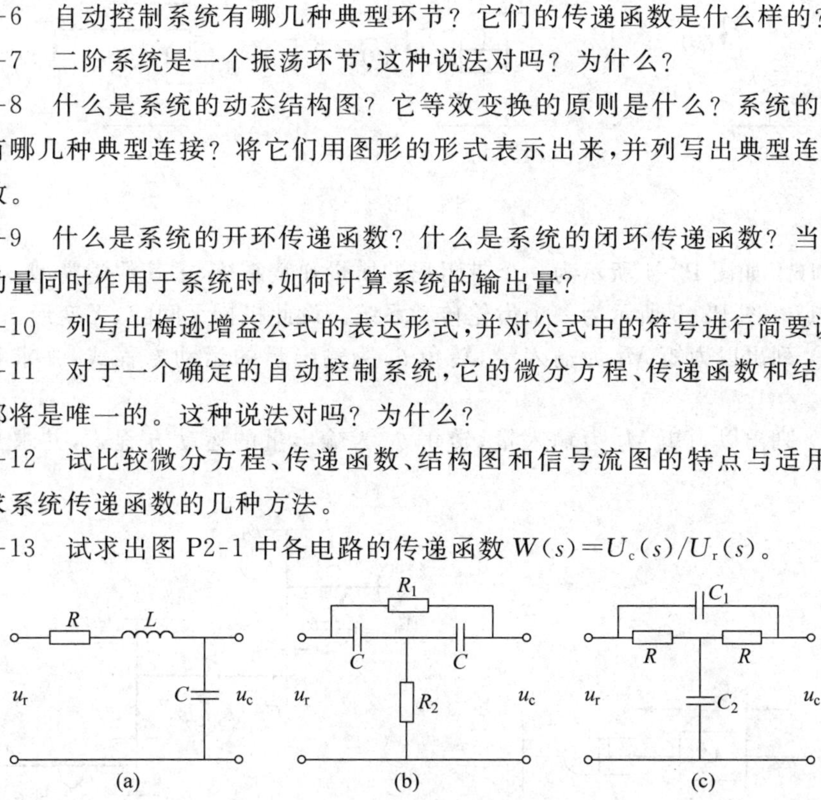

图　P2-1

2-14　试求出图 P2-2 中各有源网络的传递函数 $W(s)=U_c(s)/U_r(s)$。

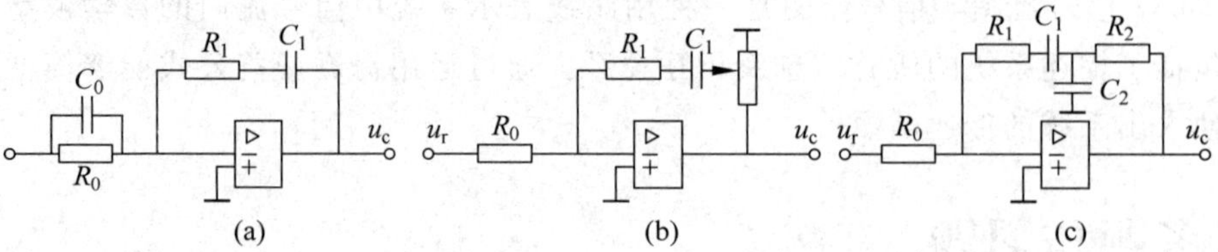

图　P2-2

2-15　求图 P2-3 所示各机械运动系统的传递函数。

(1) 求图(a)的$\dfrac{X_c(s)}{X_r(s)}=$？　　(2) 求图(b)的$\dfrac{X_c(s)}{X_r(s)}=$？

(3) 求图(c)的$\dfrac{X_2(s)}{X_1(s)}=$？　　(4) 求图(c)的$\dfrac{X_1(s)}{F(s)}=$？

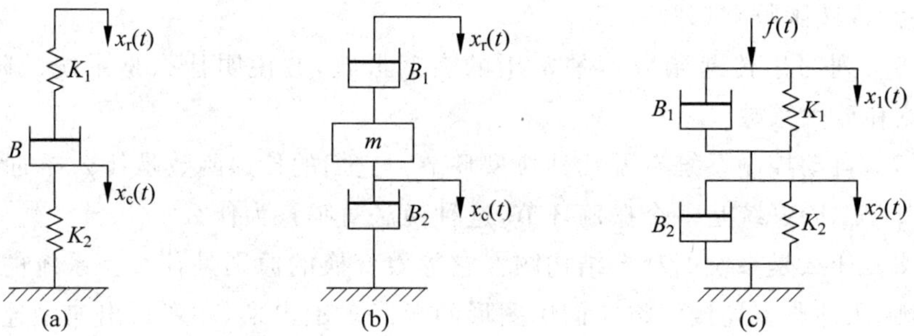

图　P2-3

2-16　如图 P2-4 所示为一个带阻尼的质量弹簧系统，求其数学模型。

2-17　图 P2-5 所示为一个齿轮传动系统。设此机构无间隙、无变形。

(1) 列出以力矩 M_r 为输入量，转角 θ_3 为输出量的运动方程式，并求其传递函数。

(2) 列出以力矩 M_r 为输入量，转角 θ_1 为输出量的运动方程式，并求其传递函数。

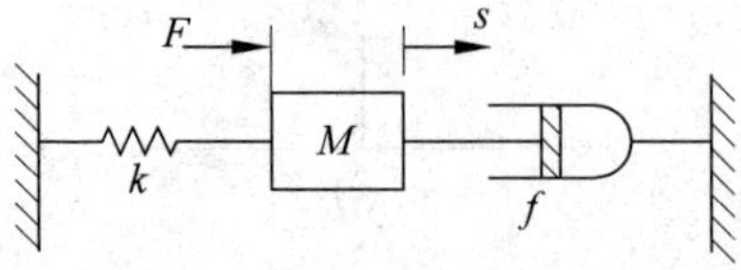

图　P2-4

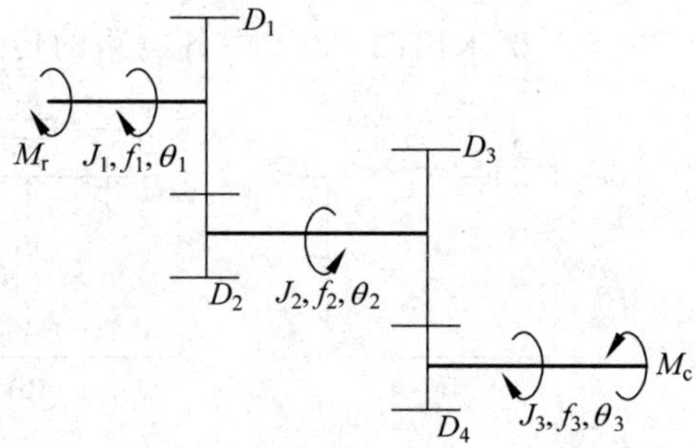

图　P2-5

2-18 图 P2-6 所示为一台磁场控制的直流电动机。设工作时电枢电流不变，控制电压加在励磁绕组上，输出为电机位移，求传递函数 $W(s)=\dfrac{\theta(s)}{U_r(s)}$。

2-19 图 P2-7 所示为一台用作放大器的直流发电机，原电机以恒定转速运行。试确定传递函数$\dfrac{U_c(s)}{U_r(s)}=W(s)$，假设不计发电机的电枢电感和电阻。

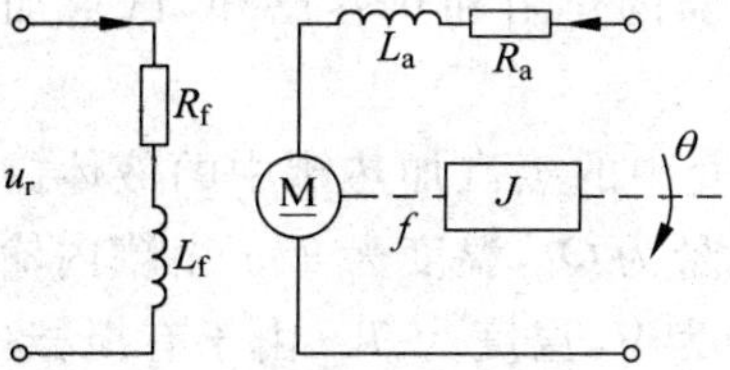

图 P2-6

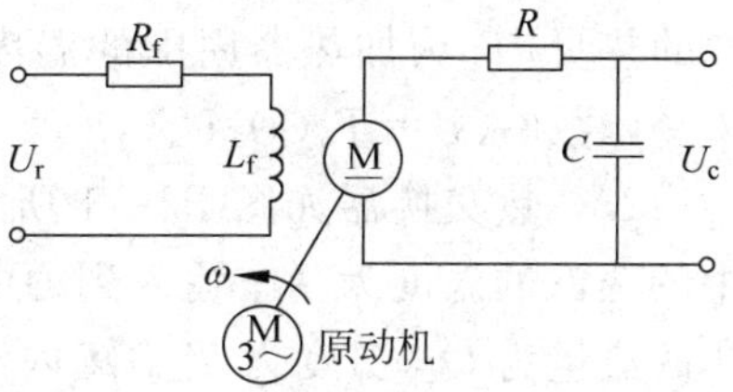

图 P2-7

2-20 图 P2-8 所示为串联液位系统，求其数学模型。

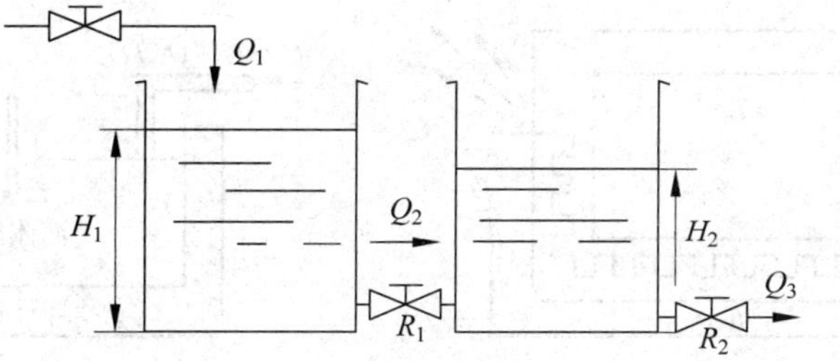

图 P2-8

2-21 一台生产过程设备是由液容为 C_1 和 C_2 的两个液箱所组成，如图 P2-9 所示。图中 $\bar{Q}$ 为稳态液体流量(m^3/s)，q_1 为液箱 1 输入流量对稳态值的微小变化(m^3/s)，q_2 为液箱 1 到液箱 2 流量对稳态值的微小变化(m^3/s)，q_3 为液箱 2 输出流量对稳态值的微小变化(m^3/s)，$\overline{H_1}$为液箱 1 的稳态液面高度(m)，h_1 为液箱 1 液面高度对其稳态值的微小变化(m)，$\overline{H_2}$为液箱 2 的稳态液面高度(m)，h_2 为液箱 2 液面高度对其稳态值的微小变化(m)，R_1 为液箱 1 输出管的液阻($m/(m^3/s)$)，R_2 为液箱 2 输出管的液阻($m/(m^3/s)$)。

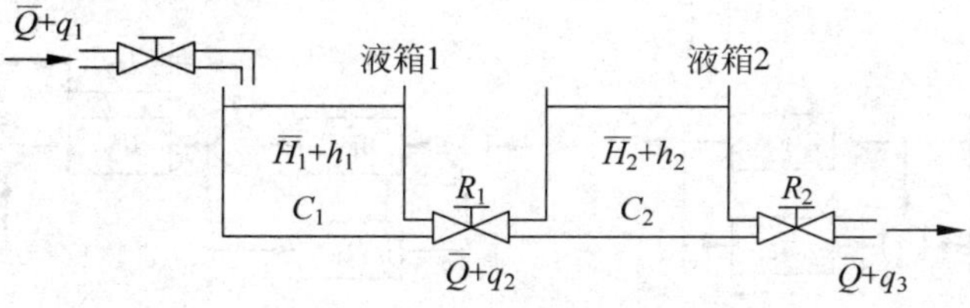

图 P2-9

(1) 试确定以 q_1 为输入量、q_3 为输出量时该液面系统的传递函数;

(2) 试确定以 q_1 为输入,以 h_2 为输出时该液面系统的传递函数。(提示:流量(Q)=液高(H)/液阻(R),液箱的液容等于液箱的横截面积,液阻(R)=液面差变化(h)/流量变化(q)。)

2-22　图 P2-10 所示为一个电加热器的示意图。该加热器的输入量为加热电压 u_t,输出量为加热器内的温度 T_o,q_i 为加到加热器的热量,q_o 为加热器向外散发的热量,T_i 为加热器周围的温度。设加热器的热阻和热容已知,试求加热器的传递函数 $G(s)=T_o(s)/U_t(s)$。

2-23　热交换器如图 P2-11 所示,利用夹套中的蒸汽加热罐中的液体。设夹套中的蒸汽的温度为 T_i;输入到罐中液体的流量为 Q_1,温度为 T_1;由罐内输出的液体的流量为 Q_2,温度为 T_2;罐内液体的体积为 V,温度为 T_0(由于有搅拌作用,可以认为罐内液体的温度是均匀的),并且假设 $T_2=T_0$,$Q_2=Q_1=Q$(Q 为液体的流量)。求当以夹套蒸汽温度的变化为输入量,以流出液体的温度变化为输出量时系统的传递函数(设流入液体的温度保持不变)。

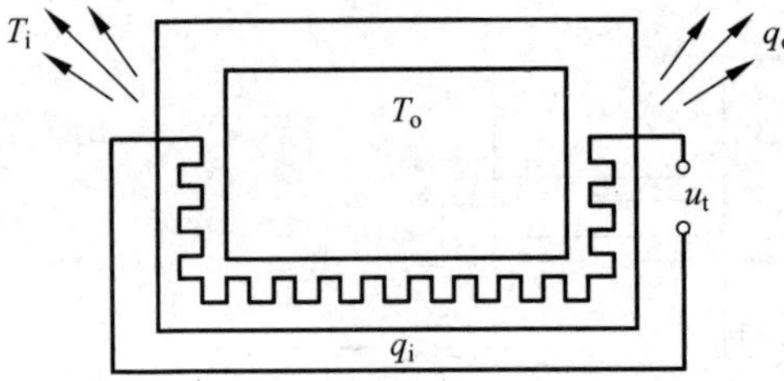

图　P2-10

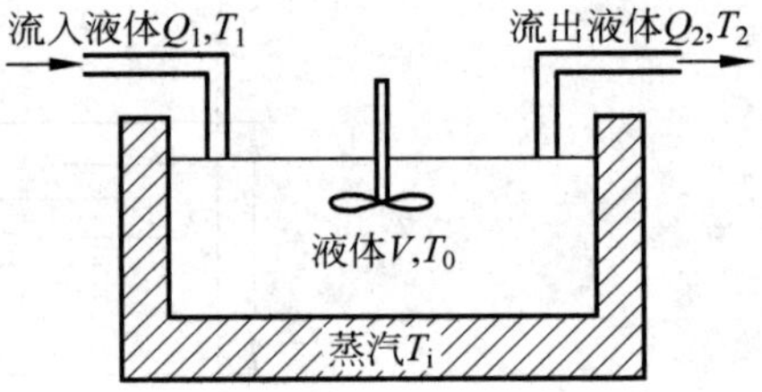

图　P2-11

2-24　已知一个系统由如下方程组组成,试绘制系统方框图,并求出闭环传递函数。

$$X_1(s)=X_r(s)W_1(s)-W_1(s)[W_7(s)-W_8(s)]X_c(s)$$
$$X_2(s)=W_2(s)[X_1(s)-W_6(s)X_3(s)]$$
$$X_3(s)=[X_2(s)-X_c(s)W_5(s)]W_3(s)$$
$$X_c(s)=W_4(s)X_3(s)$$

2-25　试分别化简图 P2-12 和图 P2-13 所示结构图,并求出相应的传递函数。

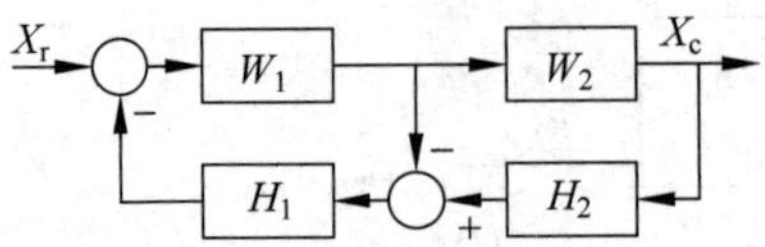

图　P2-12

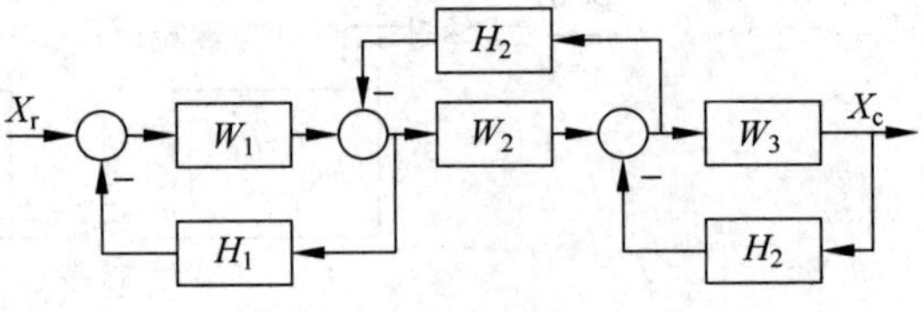

图　P2-13

2-26　求如图 P2-14 所示系统的传递函数 $W_1(s)=\dfrac{X_c(s)}{X_r(s)}$，$W_2(s)=\dfrac{X_c(s)}{X_d(s)}$。

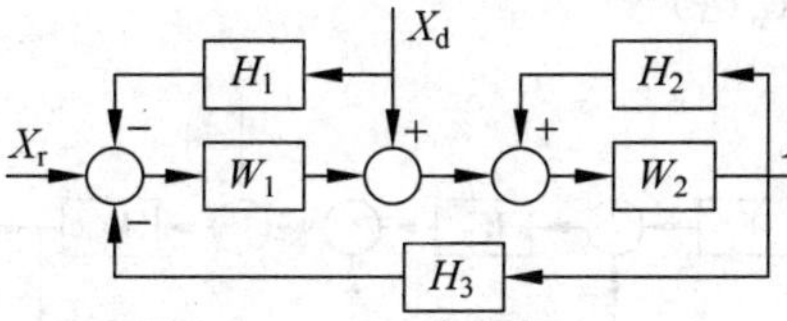

图　P2-14

2-27　求如图 P2-15 所示系统的传递函数。

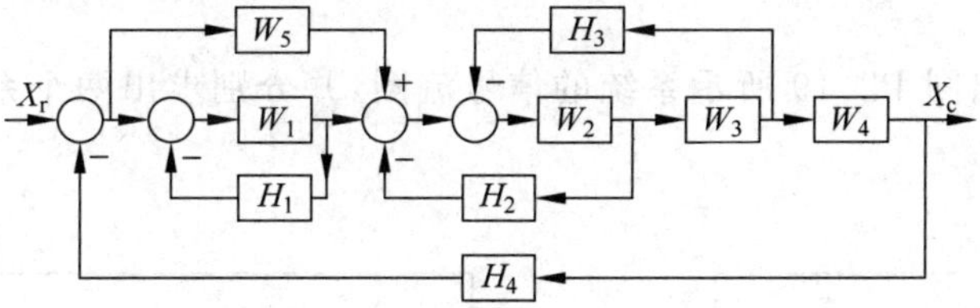

图　P2-15

2-28　求如图 P2-16 所示系统的闭环传递函数。

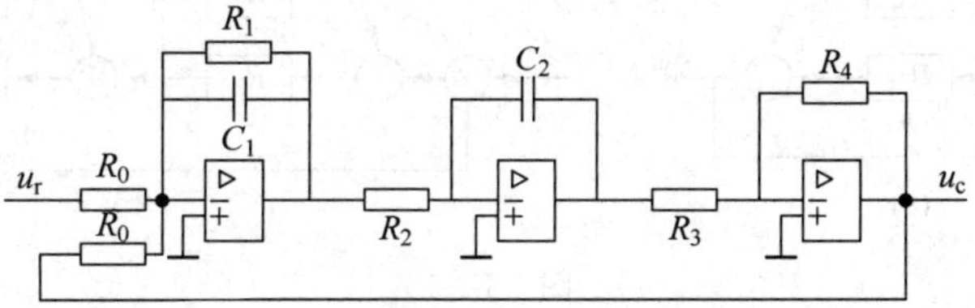

图　P2-16

2-29　图 P2-17 所示为一个位置随动系统，如果电机电枢电感很小可忽略不计，并且不计系统的负载和黏性摩擦，设 $u_r=\beta\varphi_r$，$u_f=\beta\varphi_c$，其中 φ_r、φ_c 分别为位置给定电位计及反馈电位计的转角，减速器的各齿轮的齿数以 N_i 表示。试绘制系统的结构图并求系统的传递函数。

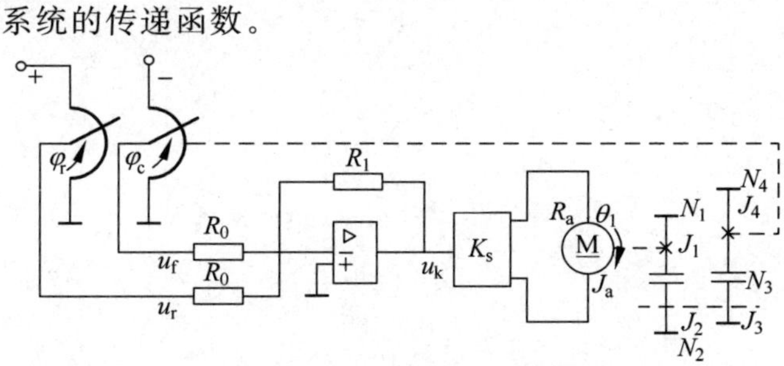

图　P2-17

2-30　画出图P2-18所示结构图的信号流图,用梅逊增益公式求传递函数 $W_r(s)=\dfrac{X_c(s)}{X_r(s)}$,$W_N(s)=\dfrac{X_c(s)}{X_d(s)}$。

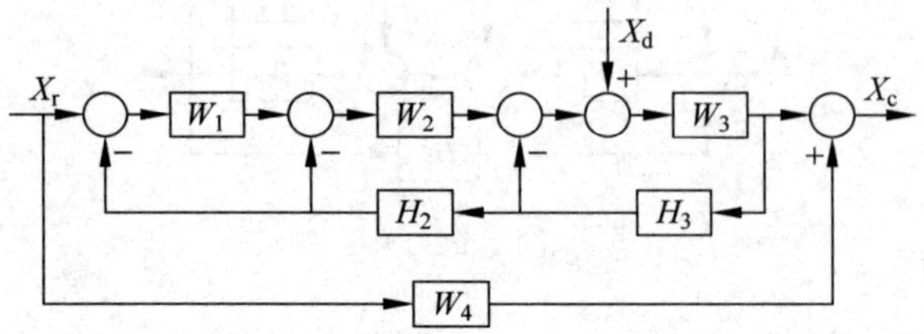

图　P2-18

2-31　画出图P2-19所示系统的信号流图,并分别求出两个系统的传递函数 $\dfrac{X_{c1}(s)}{X_{r1}(s)}$,$\dfrac{X_{c2}(s)}{X_{r2}(s)}$。

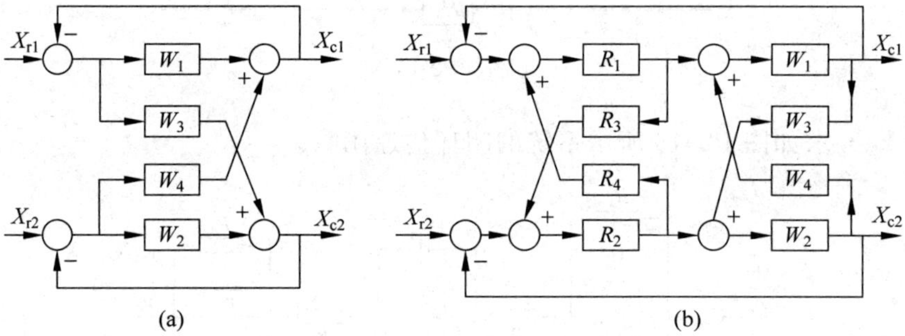

图　P2-19

第3章 自动控制系统的时域分析

前面已经讲过如何用数学表达式描述系统。只要知道了系统的结构和参数,我们就能计算出它的各个物理量的变化规律。但从工程角度看,这还是不够的。一方面,系统愈复杂,微分方程阶次就愈高,求解也就愈困难。许多复杂系统的微分方程阶次高达十几阶甚至几十阶,即使用计算机求解也是很麻烦的。另一方面,实际工程问题并不是简单地求解一个既定系统的运动方程,而往往是要选择系统中某些参数,甚至要改变系统的结构,以求获得较好的动态性能。如果都靠直接求解微分方程来研究这些问题,势必要解大量的微分方程,从而大大增加计算量。同时,从微分方程也不容易区分影响系统运动规律的主要因素和次要因素。因此,就需要研究一些比较方便的工程分析方法。这些工程方法的计算量应当不太大,并且不因方程阶次的升高而增加太多。用这些方法不仅比较容易分析各主要参数对系统运动规律的影响,而且还可以借助一些图表和曲线直观地把运动特征表示出来。这些都是直接求解微分方程所做不到的。而且从工程实用的角度来看,准确地求解微分方程往往也是不必要的。我们举一个例子来说明这一点。图 3-1 中,曲线 1 是四阶微分方程

$$0.5x^{(4)} + 10x''' + 10x'' + 10x' + x = 1 \tag{3-1}$$

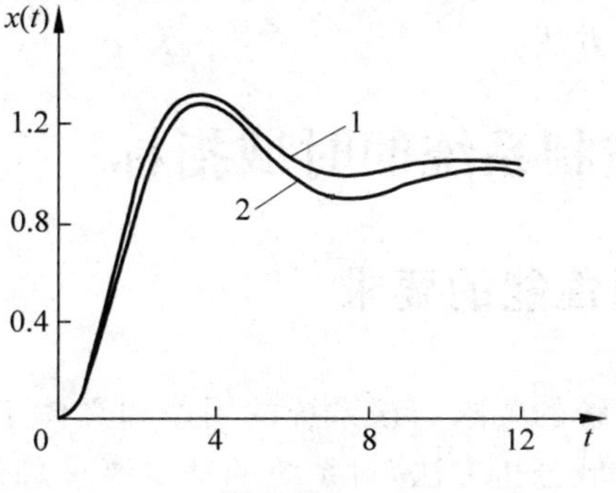

图 3-1

在初始条件 $x(0)=x'(0)=x''(0)=0, x'''(0)=20$ 时的解；而曲线2是二阶微分方程

$$1.21x''+0.792x'+x=1 \tag{3-2}$$

在初始条件 $x(0)=x'(0)=0$ 时的解。容易看出，尽管式(3-1)和式(3-2)这两个方程差别很大，但它们各自代表的系统的运动规律却很相近。从工程角度看，这两条曲线主要特征相同，而细节差别并不重要。由此可以想到，如果能够设法从微分方程判断出系统运动的主要特征而不必准确地把微分方程解出来，则更为实用。这样，就提出了从工程角度分析系统运动规律的问题。

分析系统的运动，首先要判断它是否稳定。第1章讲过，负反馈是实现控制的基本方法。但仅仅有了负反馈，并不一定能实现满意的控制。试观察秋千，以秋千的垂直悬挂位置作为基准。当荡秋千时，秋千摆到南边，就把它向北推；摆到北边，就向南推。这也是负反馈控制，但这样“控制”的结果，并不能使秋千回到垂直位置不动，相反却使秋千愈摆愈高，最后在基准位置的两侧形成大幅度的振荡。设计得不好的负反馈控制系统的被控制量也会出现类似的振荡。这在技术上称为不稳定。不稳定的负反馈系统显然是不能实现控制的。

其次，即使不发生上述情况，一个负反馈控制系统的质量也有优劣之分。图3-2表示三个随动系统当输入量按照虚线变化时被控量的变化情况。系统1的被控量要经过很长时间才能跟上输入量的变化。系统2的被控量虽然变化很快，但不易收敛，要经过几次振荡才能跟上输入量的变化。只有系统3才能较好地跟随输入量的变化。我们说，系统3的动态性能较好。动态性能的好坏在工程上往往是至关重要的。在控制理论发展的历史过程中，形成了多种分析控制系统运动的方法。诸如时间域分析法、频域分析法等。它们都得到了广泛的应用。

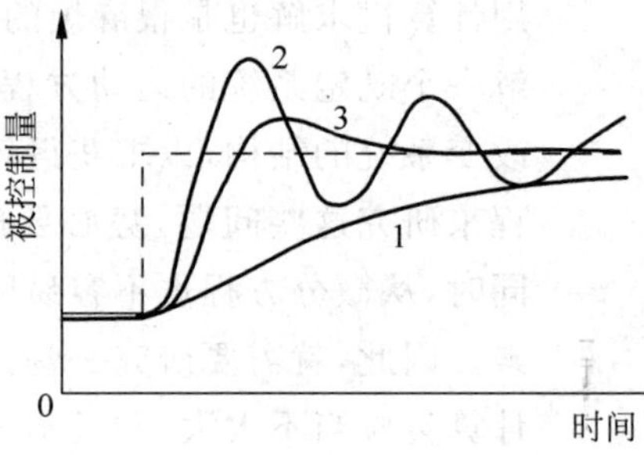

图　3-2

本章研究时间域分析方法，包括简单系统的动态性能以及高阶系统运动特性、系统稳定性、稳态误差的近似分析等。通过这些方面可以建立起关于系统运动的基本概念。我们还要从工程设计角度提出对控制系统性能指标的要求及一些基本设计原则和方法。

3.1　自动控制系统的时域指标

3.1.1　对控制性能的要求

对一个控制系统的要求与该系统的用途和具体工作条件有关，而且不论是时域分析方法还是频域分析方法，对系统的基本要求总是以下三个方面：

(1) 系统的稳定性；

（2）系统进入稳态后，应满足给定的稳态误差的要求；

（3）系统在动态过程中应满足动态品质的要求。

3.1.2　自动控制系统的典型输入信号

为了研究系统的动态特性或稳态特性，需要知道输入量是怎样变化的。但是我们常常不能准确地知道输入量怎样变化，因此选择了几种典型输入信号，研究在这几种典型输入信号作用下，系统的动态特性和稳态特性。自动控制系统的典型输入信号有阶跃函数、斜坡函数、抛物线函数、脉冲函数和正弦函数等。利用这些典型输入信号易于对系统进行实验和数学分析。

1. 阶跃函数

阶跃函数的定义是

$$x_r(t)=\begin{cases}0, & t<0\\ A, & t\geqslant 0\end{cases}$$

式中：A——常数。$A=1$ 时的阶跃函数称为单位阶跃函数，如图 3-3 所示。它表示为

$$x_r(t)=1(t)$$

或

$$x_r(t)=u(t)$$

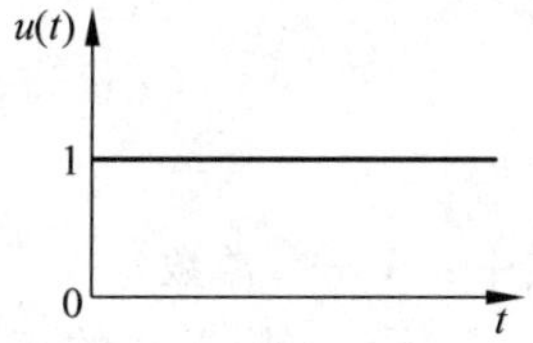

图 3-3　单位阶跃函数

单位阶跃函数的拉氏变换为

$$X_r(s)=\mathcal{L}[1(t)]=\frac{1}{s}$$

在 $t=0$ 处的阶跃函数，相当于一个不变的信号突然加于系统；对于恒值系统，相当于给定值突然变化或者突然变化的扰动量；对于随动系统，相当于加一个突变的给定位置信号。

2. 斜坡函数

这种函数的定义是

$$x_r(t)=\begin{cases}0, & t<0\\ At, & t\geqslant 0\end{cases}$$

式中：A——常数。斜坡函数的拉氏变换表达式为

$$X_r(s)=\mathcal{L}[At]=\frac{A}{s^2}$$

这种函数相当于随动系统中加入一个按恒速变化的位置信号，该恒速度为 A。当 $A=1$ 时，称为单位斜坡函数，如图 3-4 所示。

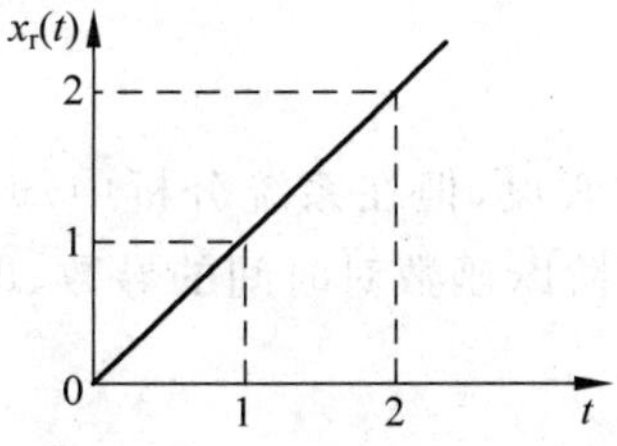

图 3-4　单位斜坡函数

3. 抛物线函数

如图3-5所示,这种函数的定义是

$$x_r(t)=\begin{cases}0, & t<0\\ At^2, & t\geqslant 0\end{cases}$$

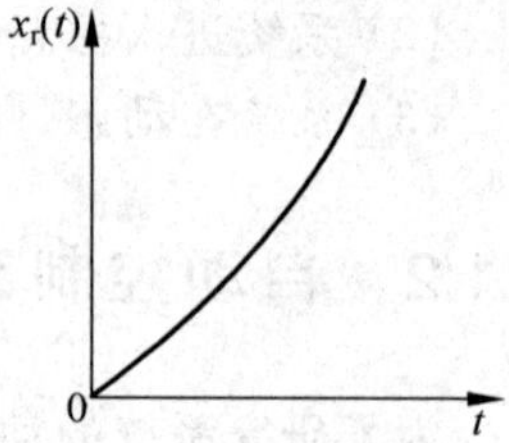

图3-5 抛物线函数

式中: A——常数。

这种函数相当于随动系统中加入一个按照恒加速变化的位置信号,该恒加速度为A。抛物线函数的拉氏变换表达式为

$$X_r(s)=\mathcal{L}[At^2]=\frac{2A}{s^3}$$

当$A=\frac{1}{2}$时,称为单位抛物线函数,即$X_r(s)=\frac{1}{s^3}$。

4. 脉冲函数

这种函数的定义是

$$x_r(t)=\begin{cases}\frac{A}{\varepsilon}, & 0\leqslant t\leqslant\varepsilon\\ 0, & t<0,t>\varepsilon\end{cases}$$

式中: A——常数;

ε——趋于0的正数。

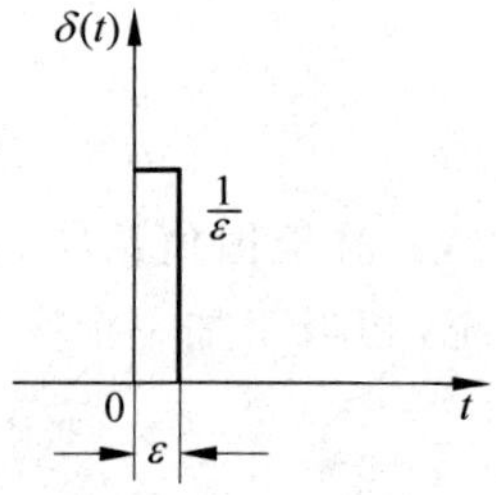

图3-6 单位脉冲函数

脉冲函数的拉氏变换表达式为

$$X_r(s)=\mathcal{L}\left[\lim_{\varepsilon\to 0}\frac{A}{\varepsilon}\right]=A$$

当$A=1,\varepsilon\to 0$时,称为单位脉冲函数$\delta(t)$,如图3-6所示。单位脉冲函数的面积等于1

$$\int_{-\infty}^{\infty}\delta(t)\mathrm{d}t=1$$

在$t=t_0$处的单位脉冲函数用$\delta(t-t_0)$来表示,它满足如下条件

$$\delta(t-t_0)=\begin{cases}0, & t\neq t_0\\ \infty, & t=t_0\end{cases}$$

$$\int_{-\infty}^{\infty}\delta(t-t_0)\mathrm{d}t=1$$

幅值为无穷大、持续时间为零的脉冲是数学上的假设,但在系统分析中却很有用处。单位脉冲函数$\delta(t)$可认为是在间断点上单位阶跃函数对时间的导数,即

$$\delta(t)=\frac{\mathrm{d}}{\mathrm{d}t}1(t)$$

反之,单位脉冲函数$\delta(t)$的积分就是单位阶跃函数。

5. 正弦函数

用正弦函数作输入信号，可以求得系统对不同频率的正弦输入函数的稳态响应，由此可以间接判断系统的性能。

本章主要以单位阶跃函数作为系统的输入量来分析系统的动态响应。

计算高阶微分方程的时间解是相当复杂的，在工程上，许多高阶系统常常具有近似一阶、二阶系统的时间响应。因此，深入研究一阶、二阶系统的性能指标，有着广泛的实际意义。

3.2 一阶系统的阶跃响应

由一阶微分方程描述的系统，称为一阶系统。一些控制元、部件及简单系统如 RC 网络、发电机、空气加热器和液位控制系统等都是一阶系统。

3.2.1 一阶系统的数学模型

一阶系统的微分方程为

$$T\frac{\mathrm{d}x_c(t)}{\mathrm{d}t}+x_c(t)=x_r(t) \tag{3-3}$$

式中：$x_c(t)$——输出量；

$x_r(t)$——输入量；

T——时间常数。

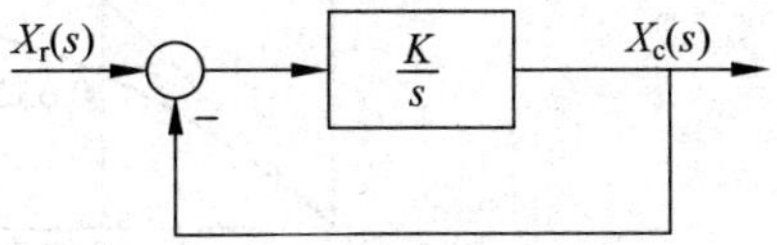

图 3-7 一阶控制系统

一阶系统的结构图，如图 3-7 所示。其闭环传递函数

$$W_B(s)=\frac{X_c(s)}{X_r(s)}=\frac{1}{\frac{1}{K}s+1}=\frac{1}{Ts+1} \tag{3-4}$$

式中：$T=\frac{1}{K}$。

式(3-3)和式(3-4)分别是用微分方程和传递函数表示的一阶系统的数学模型。时间常数 T 是表征系统惯性的一个主要参数，所以一阶系统也称为惯性环节。对于不同的系统，时间常数 T 具有不同的物理意义，但是由式(3-3)看出，它总是具有时间"秒"的量纲。

3.2.2 一阶系统的单位阶跃响应

因为单位阶跃输入的拉氏变换为

$$X_r(s)=\frac{1}{s}$$

所以由式(3-4)可得

$$X_c(s)=W_B(s)X_r(s)=\frac{1}{Ts+1}\cdot\frac{1}{s}$$

取 $X_c(s)$ 的拉氏反变换,可得单位阶跃响应

$$x_c(t)=\mathcal{L}^{-1}\left[\frac{1}{Ts+1}\cdot\frac{1}{s}\right]=\mathcal{L}^{-1}\left[\frac{1}{s}-\frac{1}{s+\frac{1}{T}}\right]$$

即

$$x_c(t)=1-e^{-\frac{1}{T}t},\quad t\geqslant 0 \tag{3-5}$$

或写成

$$x_c=x_{ss}+x_{ts}$$

式中:$x_{ss}=1$,代表稳态分量;$x_{ts}=-e^{-\frac{1}{T}t}$,代表暂态分量。当时间 t 趋于无穷,x_{ts} 衰减为零。显然,一阶系统的单位阶跃响应曲线是一条由零开始,按指数规律上升并最终趋于1的曲线,如图3-8所示。响应曲线具有非振荡特征,故也称为非周期响应。

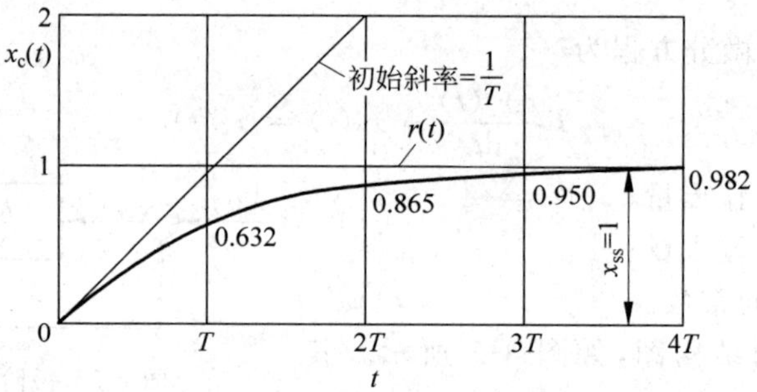

图3-8 一阶系统的单位阶跃响应

时间常数 T 是表征系统响应特性的唯一参数。它与输出值有确定的对应关系:

$$t=T,\quad x_c(T)=0.632$$
$$t=2T,\quad x_c(2T)=0.865$$
$$t=3T,\quad x_c(3T)=0.950$$
$$t=4T,\quad x_c(4T)=0.982$$

可以用实验方法,根据这些值鉴别和确定被测系统是否为一阶系统。

响应曲线的初始斜率

$$\left.\frac{dx_c(t)}{dt}\right|_{t=0}=\left.\frac{1}{T}e^{-\frac{1}{T}t}\right|_{t=0}=\frac{1}{T} \tag{3-6}$$

式(3-6)表明,一阶系统的单位阶跃响应如果以初始速度等速上升至稳态值1,所需的时间应恰好为 T。

由于一阶系统的单位阶跃响应没有超调量,所以其性能指标主要是调节时间

t_s，它表征系统过渡过程进行的快慢。由于 $t=3T$ 时，输出响应可达稳态值的 95%；$t=4T$ 时，输出响应可达稳态值的 98%，故一般取

$$t_s = 3T \quad (\text{对应 }5\%\text{ 误差带}) \tag{3-7}$$

$$t_s = 4T \quad (\text{对应 }2\%\text{ 误差带}) \tag{3-8}$$

显然，系统的时间常数 T 越小，调节时间 t_s 越小，响应过程的快速性也越好。

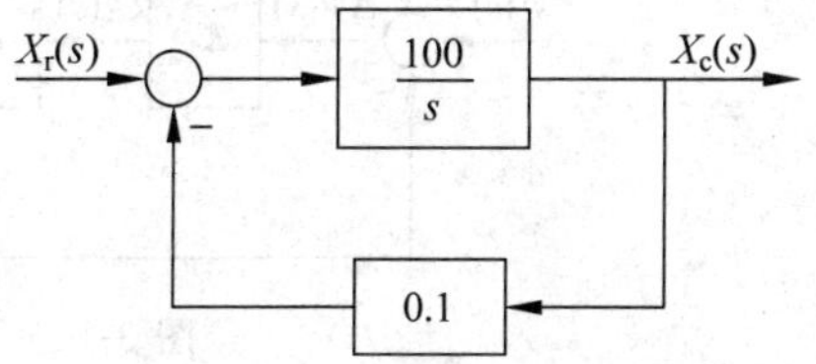

图 3-9　一阶系统结构图

例 3-1　一阶系统的结构如图 3-9 所示。试求该系统单位阶跃响应的调节时间 t_s；如果要求 $t_s \leqslant 0.1\text{s}$，试问系统的反馈系数应取何值？

解　首先由系统结构图写出闭环传递函数

$$W_B(s) = \frac{X_c(s)}{X_r(s)} = \frac{100/s}{1+\frac{100}{s}\times 0.1} = \frac{10}{0.1s+1}$$

由闭环传递函数得到时间常数 $T=0.1\text{s}$。因此调节时间

$$t_s = 3T = 0.3\text{s} \quad (\text{取 }5\%\text{ 误差带})$$

闭环传递函数分子上的数值 10，称为放大系数(或开环增益)，相当于串接一个 $K=10$ 的放大器，故调节时间 t_s 与它无关，只取决于时间常数 T。

下面来求满足 $t_s \leqslant 0.1\text{s}$ 的反馈系数值。假设反馈系数为 $K_t(K_t>0)$，那么同样可由结构图写出闭环传递函数

$$W_B(s) = \frac{100/s}{1+\frac{100}{s}\times K_t} = \frac{1/K_t}{\frac{0.01}{K_t}s+1}$$

由闭环传递函数可得

$$T = 0.01/K_t$$

根据题意要求 $t_s \leqslant 0.1\text{s}$，有

$$t_s = 3T = 0.03/K_t \leqslant 0.1\text{s}$$

所以

$$K_t \geqslant 0.3$$

3.3　二阶系统的阶跃响应

分析二阶系统的动态特性对于研究自动控制系统的动态特性具有重要意义。这是因为在实际工作中，在一定的条件下，忽略一些次要因素，常常可以把一个高阶系统降为二阶系统来处理，仍不失其运动过程的基本性质。另外，在初步设计

时,常常将高阶系统简化为二阶系统来作近似的分析。

图3-10所示为一个位置随动系统结构图,其输入量为一个给定的位置转角 φ_r,其输出量为随动转角 φ_c。当不计电动机的电枢回路电磁时间常数时,各环节的传递函数如下。

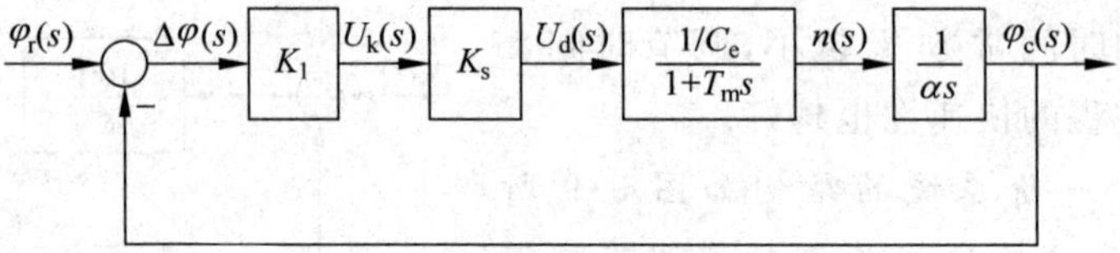

图3-10 位置随动系统结构图

(1) 比较环节

$$\Delta\varphi(s) = \varphi_r(s) - \varphi_c(s)$$

(2) 转换及放大环节

$$K_1 = \frac{U_k(s)}{\Delta\varphi(s)}$$

(3) 功率放大环节

$$K_s = \frac{U_d(s)}{U_k(s)}$$

式中:K_s——功率放大环节的电压放大系数。

(4) 电动机不计电枢回路的电磁时间常数时,为

$$\frac{n(s)}{U_d(s)} = \frac{1/C_e}{1 + T_m s}$$

式中:T_m——电动机时间常数,$T_m = \frac{GD^2 R_d}{375 C_m C_e}$;

GD^2——折合到电动机轴上的系统转动惯量;

R_d——电动机的电枢电阻;

C_e——电动机的电势常数;

C_m——电动机的转矩常数;

$n(s)$——电动机的转速。

(5) 转角的转换环节

$$\frac{\varphi_c(s)}{n(s)} = \frac{1}{\alpha s}$$

式中:α——电动机的转角与输出轴转角间的比例系数。

由系统的结构图可以看出,系统的开环传递函数为

$$W_K(s) = \frac{K_K}{s(T_m s + 1)}$$

式中:K_K——系统的开环放大系数,$K_K = \frac{K_1 K_s}{C_e \alpha}$。

系统的闭环传递函数为

$$W_B(s)=\frac{K_K}{T_m s^2+s+K_K}$$

由上式可以看出，该系统特征方程式的最高阶次为二阶，是一个典型的二阶系统。现将该式转换为二阶系统闭环传递函数的标准形式

$$W_B(s)=\frac{K_K/T_m}{s^2+\frac{1}{T_m}s+\frac{K_K}{T_m}}$$

令 $\omega_n=\sqrt{\frac{K_K}{T_m}}$ 为二阶系统的自然振荡角频率，$\xi=\frac{1}{2\sqrt{T_m K_K}}$ 为二阶系统的阻尼比。在本例中

$$\xi\omega_n=\frac{1}{2T_m}$$

这样可把所分析的二阶系统的传递函数写成如下标准形式

$$W_K(s)=\frac{\omega_n^2}{s(s+2\xi\omega_n)} \tag{3-9}$$

$$W_B(s)=\frac{X_c(s)}{X_r(s)}=\frac{\omega_n^2}{s^2+2\xi\omega_n s+\omega_n^2} \tag{3-10}$$

二阶系统标准形式的结构图如图 3-11 所示。

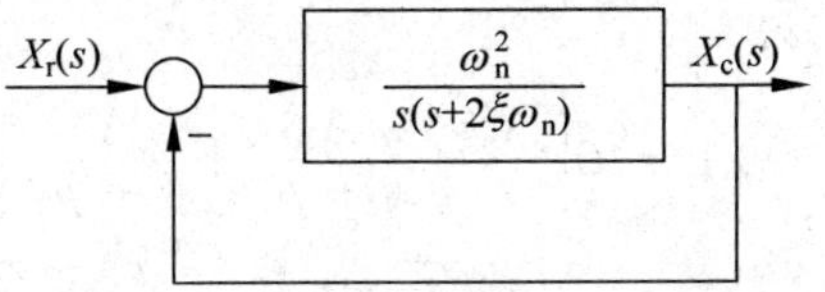

图 3-11　二阶系统标准形式的结构图

3.3.1　典型二阶系统的动态特性

现以图 3-11 所示典型的单位反馈系统来分析二阶系统的单位阶跃响应及其动态指标。假设初始条件为零，当输入量为单位阶跃函数时，输出量的拉氏变换为

$$X_c(s)=\frac{\omega_n^2}{s(s^2+2\xi\omega_n s+\omega_n^2)}$$

系统的特征方程为

$$s^2+2\xi\omega_n s+\omega_n^2=0 \tag{3-11}$$

由式(3-11)可解出特征方程式的根，这些根与阻尼比 ξ 有关。下面分几种情况来分析二阶系统的动态特性。

1. 过阻尼($\xi>1$)的情况

系统的特征根为

$$-p_1=-\left(\xi-\sqrt{\xi^2-1}\right)\omega_n$$
$$-p_2=-\left(\xi+\sqrt{\xi^2-1}\right)\omega_n$$

由于阻尼比大于 1($\xi>1$),所以 $-p_1$ 及 $-p_2$ 均位于根平面(即 s 平面)虚轴的左侧,并且均在实轴上,如图 3-12 所示。在这种情况下系统输出量的拉氏变换可以写成

$$X_c(s)=\frac{\omega_n^2}{s(s^2+2\xi\omega_n s+\omega_n^2)}=\frac{\omega_n^2}{s(s+p_1)(s+p_2)}$$
$$=\frac{A_0}{s}+\frac{A_1}{s+p_1}+\frac{A_2}{s+p_2}$$

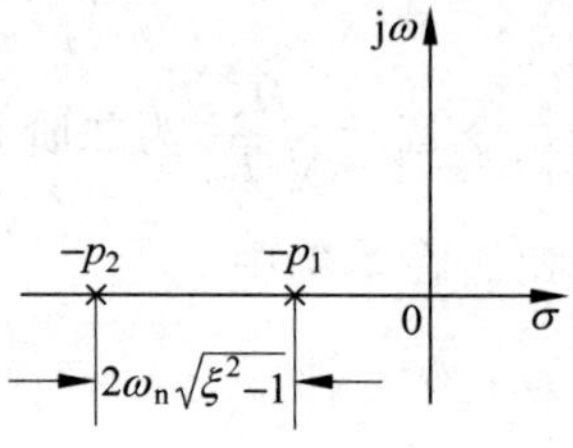

图 3-12 $\xi>1$ 时根的分布

式中各系数可按下列各式求出

$$A_0=[X_c(s)s]_{s=0}=1$$
$$A_1=[X_c(s)(s+p_1)]_{s=-p_1}=\frac{-1}{2\sqrt{\xi^2-1}\left(\xi-\sqrt{\xi^2-1}\right)}$$
$$A_2=[X_c(s)(s+p_2)]_{s=-p_2}=\frac{1}{2\sqrt{\xi^2-1}\left(\xi+\sqrt{\xi^2-1}\right)}$$

对 $X_c(s)$ 求拉氏反变换,得

$$x_c(t)=\mathcal{L}^{-1}[X_c(s)]=\mathcal{L}\left[\frac{A_0}{s}+\frac{A_1}{s+p_1}+\frac{A_2}{s+p_2}\right]$$
$$=1-\frac{1}{2\sqrt{\xi^2-1}}\left(\frac{e^{-\left(\xi-\sqrt{\xi^2-1}\right)\omega_n t}}{\xi-\sqrt{\xi^2-1}}-\frac{e^{-\left(\xi+\sqrt{\xi^2-1}\right)\omega_n t}}{\xi+\sqrt{\xi^2-1}}\right),\quad t\geqslant 0 \tag{3-12}$$

由式(3-12)可以明显看出,动态响应曲线由稳态分量和暂态分量组成。暂态分量又包含两项衰减的指数项,一项衰减指数为 $-p_1=-\left(\xi-\sqrt{\xi^2-1}\right)\omega_n$,另一项为 $-p_2=-\left(\xi+\sqrt{\xi^2-1}\right)\omega_n$。当 $\xi\geqslant 1$ 时,后一项的衰减指数远比前一项大得多。也就是说,在动态过程中后一分量衰减得快,因此后一项暂态分量只是在响应的前期对系统有所影响,而在后期,则影响甚小。所以近似分析过阻尼的动态响应时,可以将后一项忽略不计。这样二阶系统的动态响应就类似于一阶系统的响应。

2. 欠阻尼($0<\xi<1$)的情况

当 $0<\xi<1$ 时,特征方程的根为

$$-p_1=-\left(\xi-j\sqrt{1-\xi^2}\right)\omega_n$$
$$-p_2=-\left(\xi+j\sqrt{1-\xi^2}\right)\omega_n$$

由于 $0<\xi<1$,故 $-p_1$ 及 $-p_2$ 为一对共轭复根,如图 3-13 所示。

在第 2 章已求出输出量的拉氏变换为

$$X_c(s)=\frac{1}{s}-\frac{s+2\xi\omega_n}{s^2+2\xi\omega_n s+\omega_n^2}$$

为了对 $X_c(s)$ 求拉氏反变换，将上式作如下变换并求其原函数，得

$$X_c(s)=\frac{1}{s}-\frac{s+\xi\omega_n}{(s+\xi\omega_n)^2+\left(\omega_n\sqrt{1-\xi^2}\right)^2}-\frac{\xi\omega_n}{(s+\xi\omega_n)^2+\left(\omega_n\sqrt{1-\xi^2}\right)^2}$$

$$\begin{aligned}x_c(t)&=\mathcal{L}^{-1}[X_c(s)]\\&=1-e^{-\xi\omega_n t}\left(\cos\sqrt{1-\xi^2}\,\omega_n t+\frac{\xi}{\sqrt{1-\xi^2}}\sin\sqrt{1-\xi^2}\,\omega_n t\right)\\&=1-\frac{1}{\sqrt{1-\xi^2}}e^{-\xi\omega_n t}\sin\left(\sqrt{1-\xi^2}\,\omega_n t+\theta\right)\\&=1-\frac{1}{\sqrt{1-\xi^2}}e^{-\xi\omega_n t}\sin(\omega_d t+\theta),\quad t\geqslant 0\end{aligned}\tag{3-13}$$

式中：$\omega_d=\sqrt{1-\xi^2}\,\omega_n$——阻尼振荡角频率，或振荡角频率；

$\theta=\arctan\dfrac{\sqrt{1-\xi^2}}{\xi}$——阻尼角。

由式(3-13)所得结果看出，在 $0<\xi<1$ 的情况下，二阶系统的动态响应的暂态分量为一个按指数衰减的简谐振动时间函数。以 ξ 为参变量的二阶系统动态响应绘于图 3-14。

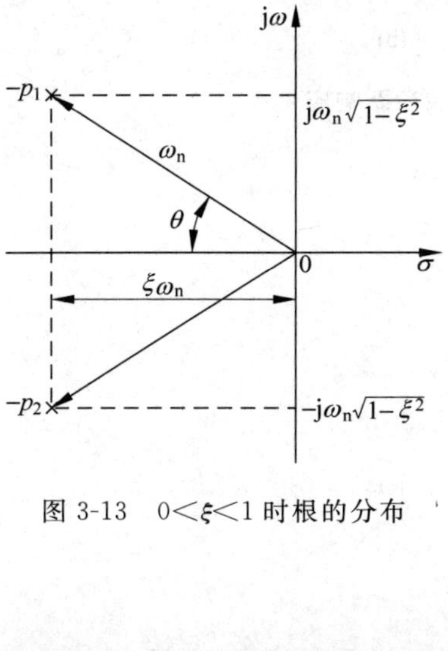

图 3-13　$0<\xi<1$ 时根的分布

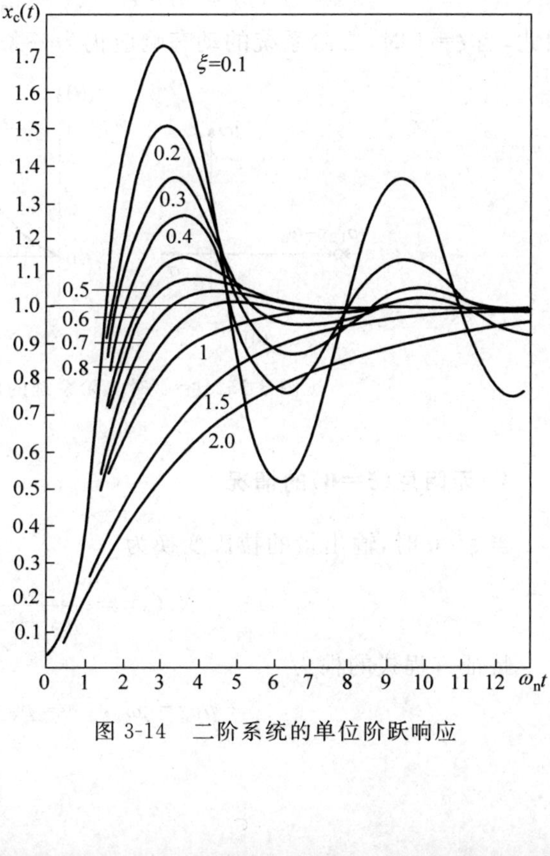

图 3-14　二阶系统的单位阶跃响应

3. 临界阻尼($\xi=1$)的情况

当 $\xi=1$ 时,系统的特征方程式的根为

$$-p_{1,2}=-\omega_n$$

$$X_c(s)=\frac{\omega_n^2}{s(s+\omega_n)^2}$$

也就是特征方程式有两个负实重根,如图 3-15(a)所示。在这种情况下,将上式分解为部分分式为

$$X_c(s)=\frac{A_0}{s}+\frac{A_{02}}{s+\omega_n}+\frac{A_{01}}{(s+\omega_n)^2}$$

各待定系数分别求得如下:

$$A_0=[X_c(s)s]_{s=0}=1$$

$$A_{01}=[X_c(s)(s+\omega_n)^2]_{s=-\omega_n}=-\omega_n$$

$$A_{02}=\left\{\frac{d}{ds}[X_c(s)(s+\omega_n)^2]\right\}_{s=-\omega_n}=\left\{\frac{-\omega_n^2}{s^2}\right\}_{s=-\omega_n}=-1$$

因此得

$$X_c(s)=\frac{1}{s}-\frac{1}{s+\omega_n}-\frac{\omega_n}{(s+\omega_n)^2}$$

求上式的反变换,得原函数为

$$x_c(t)=1-e^{-\omega_n t}(1+\omega_n t),\quad t\geqslant 0 \tag{3-14}$$

因此,当 $\xi=1$ 时,二阶系统的动态响应仍为一条上升曲线,如图 3-15(b)所示。

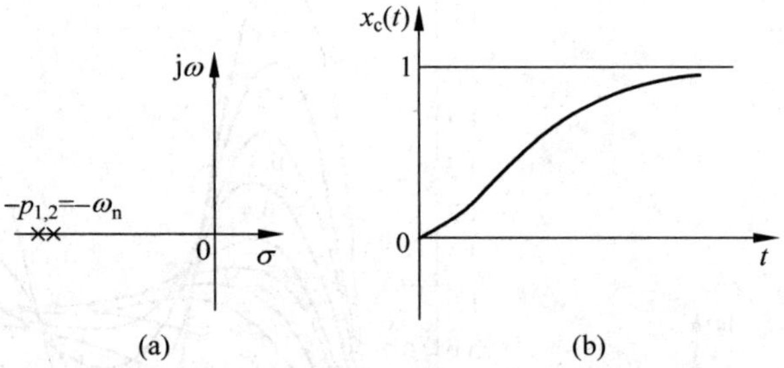

图 3-15 $\xi=1$ 时二阶系统的单位阶跃响应

4. 无阻尼($\xi=0$)的情况

当 $\xi=0$ 时,输出量的拉氏变换为

$$X_c(s)=\frac{\omega_n^2}{s(s^2+\omega_n^2)}$$

特征方程式的根为

$$-p_1=j\omega_n,\quad -p_2=-j\omega_n$$

因此，二阶系统的动态响应为

$$x_c(t) = 1 - \cos\omega_n t \tag{3-15}$$

在这种情况下，系统为不衰减的振荡，其振荡角频率为 ω_n，其动态响应曲线如图 3-16 所示。从这里可以看出自然振荡角频率 ω_n 的物理意义。

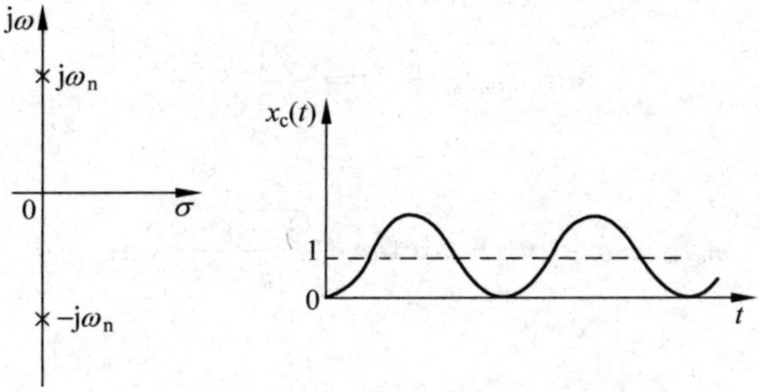

图 3-16 $\xi=0$ 时二阶系统的动态响应

综上所述，在不同的阻尼比时，二阶系统的动态响应有很大的区别，因此阻尼比 ξ 是二阶系统的重要参量。当 $\xi\leqslant 0$ 时，系统不能正常工作，而在 $\xi\geqslant 1$ 时，系统动态响应进行的又太慢。所以，对二阶系统来说，欠阻尼情况（$0<\xi<1$）是最有实际意义的。下面讨论这种情况下的动态性能指标。

3.3.2 二阶系统动态性能指标

1. 上升时间 t_r

在动态过程中，系统的输出第一次达到稳态值的时间称为上升时间 t_r。根据这一定义，在式(3-13)中，令 $t=t_r$ 时，$x_c(t)=1$，得

$$\frac{e^{-\xi\omega_n t_r}}{\sqrt{1-\xi^2}}\sin(\omega_d t_r + \theta) = 0 \tag{3-16}$$

但是，在 $t<\infty$ 期间，也就是没有达到最后的稳定以前，$\frac{e^{-\xi\omega_n t_r}}{\sqrt{1-\xi^2}}>0$，所以为满足式(3-16)只能使 $\sin(\omega_d t_r+\theta)=0$。由此得

$$\omega_d t_r + \theta = \pi$$

$$t_r = \frac{\pi-\theta}{\omega_d} = \frac{\pi-\theta}{\omega_n\sqrt{1-\xi^2}} \tag{3-17}$$

由上式可以看出 ξ 和 ω_n 对上升时间的影响。当 ω_n 一定时，阻尼比 ξ 越大，则上升时间 t_r 越长；当 ξ 一定时，ω_n 越大，则 t_r 越短。

2. 最大超调量 $\sigma\%$

最大超调量发生在第一个周期中 $t=t_m$ 时刻。根据求极值的方法，由式(3-13)，可求出

$$\frac{\mathrm{d}x_c(t)}{\mathrm{d}t}\Big|_{t=t_m}=0$$

得

$$\frac{\sin(\omega_d t_m+\theta)}{\cos(\omega_d t_m+\theta)}=\frac{\sqrt{1-\xi^2}}{\xi}$$

$$\tan(\omega_d t_m+\theta)=\frac{\sqrt{1-\xi^2}}{\xi}$$

因此

$$\omega_d t_m+\theta=n\pi+\arctan\frac{\sqrt{1-\xi^2}}{\xi}=n\pi+\theta$$

即

$$\omega_d t_m=n\pi$$

因为在 $n=1$ 时出现最大超调量，所以有 $\omega_d t_m=\pi$。峰值时间为

$$t_m=\frac{\pi}{\omega_d}=\frac{\pi}{\sqrt{1-\xi^2}\,\omega_n} \tag{3-18}$$

将 $t_m=\frac{\pi}{\sqrt{1-\xi^2}\,\omega_n}$代入式(3-13)，并整理得最大值为

$$x_{cm}=1-\frac{e^{\frac{-\xi\pi}{\sqrt{1-\xi^2}}}}{\sqrt{1-\xi^2}}\sin(\pi+\theta)$$

因为

$$\sin(\pi+\theta)=-\sin\theta=-\sqrt{1-\xi^2}$$

所以

$$x_{cm}=1+e^{-\frac{\xi\pi}{\sqrt{1-\xi^2}}} \tag{3-19}$$

根据超调量的定义

$$\sigma\%=\frac{x_{cm}-x_c(\infty)}{x_c(\infty)}\times 100\%$$

在单位阶跃输入下，稳态值 $x_c(\infty)=1$，因此得最大超调量为

$$\sigma\%=e^{-\frac{\xi\pi}{\sqrt{1-\xi^2}}}\times 100\% \tag{3-20}$$

从上式知，二阶系统的最大超调量与 ξ 值有密切的关系，阻尼比 ξ 越小，超调量越大。

3. 调节时间 t_s

调节时间 t_s 是 $x_c(t)$与稳态值 $x_c(\infty)$之间的偏差达到允许范围(一般取稳态值的±2%～±5%)而不再超出的动态过程时间。在动态过程中的偏差为

$$\Delta x=x_c(\infty)-x_c(t)=\frac{e^{-\xi\omega_n t}}{\sqrt{1-\xi^2}}\sin\left(\sqrt{1-\xi^2}\,\omega_n t+\theta\right)$$

当 $\Delta x=0.05$ 或 0.02 时得

$$\frac{e^{-\xi\omega_n t_s}}{\sqrt{1-\xi^2}}\sin\left(\sqrt{1-\xi^2}\,\omega_n t_s+\theta\right)=0.05\quad(或\ 0.02)\tag{3-21}$$

由上式可以看出，在 $0\sim t_s$ 时间范围内，满足上述条件的 t_s 值有多个，其中最大的值就是调节时间 t_s。由于正弦函数的存在，t_s 值与阻尼比 ξ 间的函数关系是不连续的。为简单起见，可以采用近似的计算方法，忽略正弦函数的影响，认为指数项衰减到 0.05 或 0.02 时，过渡过程即进行完毕。这样得到

$$\frac{e^{-\xi\omega_n t_s}}{\sqrt{1-\xi^2}}=0.05\quad(或\ 0.02)$$

由此求得调节时间为

$$t_s(5\%)=\frac{1}{\xi\omega_n}\left[3-\frac{1}{2}\ln(1-\xi^2)\right]\approx\frac{3}{\xi\omega_n},\quad 0<\xi<0.9\tag{3-22}$$

$$t_s(2\%)=\frac{1}{\xi\omega_n}\left[4-\frac{1}{2}\ln(1-\xi^2)\right]\approx\frac{4}{\xi\omega_n},\quad 0<\xi<0.9\tag{3-23}$$

根据上式绘成曲线见图 3-17。

如果考虑正弦项，由于调节时间 t_s 值与 ξ 之间的复杂函数关系，只能用数值计算求取 $t_s=f(\xi)$ 的函数曲线，或者由图 3-14 所示曲线上测出与 ±2% 或 ±5% 允许误差相对应的调节时间。

通过上述分析可知，调节时间 t_s 近似与 $\xi\omega_n$ 成反比关系。在设计系统时，ξ 通常由要求的最大超调量所决定，所以调节时间 t_s 由自然振荡角频率 ω_n 所决定。也就是说，在不改变超调量的条件下，通过改变 ω_n 的值可以改变调节时间。

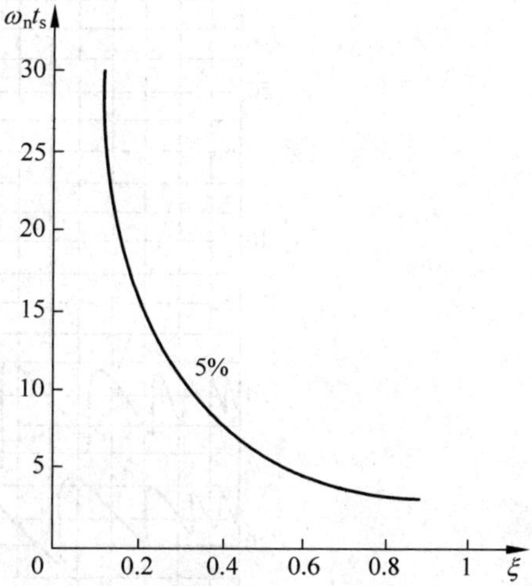

图 3-17　调节时间 t_s 与阻尼比的近似关系曲线

4. 振荡次数 μ

振荡次数是指在调节时间 t_s 内，$x_c(t)$ 波动的次数。根据这一定义可得振荡次数为

$$\mu=\frac{t_s}{t_f}\tag{3-24}$$

式中：$t_f=\dfrac{2\pi}{\omega_d}=\dfrac{2\pi}{\omega_n\sqrt{1-\xi^2}}$ ——阻尼振荡的周期时间。

3.3.3　二阶系统特征参数与动态性能指标之间的关系

根据上面分析所得的结果,可以将二阶系统特征参数($\xi\omega_n$)和动态性能指标($\sigma\%$,t_r,t_m,t_s)之间的关系绘成曲线如图3-18所示。

图3-18中,$T_a=\frac{1}{2\xi\omega_n}$为时间常数。调节时间曲线是利用准确公式由数字计算机解得。可以看出,曲线有突跳。这是由于在突跳点附近,ξ值的微小变化会引起调节时间t_s显著变化造成的。在$\xi=0.76$(或$\xi=0.68$)附近,调节时间达到最小值;以后,随着ξ的增大,调节时间迅速增长。

应注意到,当用式(3-22)(或式(3-23))这一近似公式计算调节时间t_s时,$\frac{t_s}{T_a}=6$(或8),在图3-18中应为一条水平线。

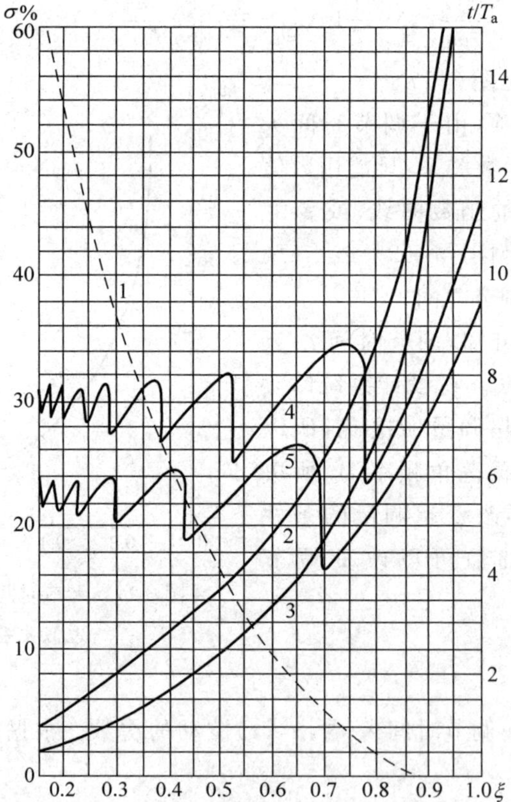

图3-18　二阶系统动态响应指标

1—$\sigma\%$;2—t_m;3—t_r;4—t_s(2%);5—t_s(5%)

由上可以得出如下结论:

(1) 阻尼比ξ是二阶系统的一个重要参量,由ξ值的大小可以间接判断一个二阶系统的动态品质。在过阻尼($\xi>1$)情况下,动态特性为单调变化曲线,没有超调和振荡,但调节时间较长,系统反应迟缓。当 $\xi\leqslant 0$,输出量作等幅振荡或发散振荡,系统不能稳定工作。

(2) 一般情况下,系统在欠阻尼($0<\xi<1$)情况下工作。但是 ξ 过小,则超调量大,振荡次数多,调节时间长,动态品质差。应注意到,最大超调量只和阻尼比这一特征参数有关。因此,通常可以根据允许的超调量来选择阻尼比 ξ。

(3) 调节时间与系统阻尼比和自然振荡角频率这两个特征参数的乘积成反比。在阻尼比 ξ 一定时,可以通过改变自然振荡角频率 ω_n 来改变动态响应的持续时间。ω_n 越大,系统的调节时间越短。

(4) 为了限制超调量,并使调节时间较短,阻尼比一般应在 0.4~0.8 之间,这时阶跃响应的超调量将在 1.5%~25%之间。

3.3.4 二阶工程最佳参数

目前,在某些控制系统中常常采用所谓二阶工程最佳参数作为设计控制系统的依据。这种系统选择的参数使

$$\xi=\frac{1}{\sqrt{2}}=0.707$$

这时,$T=\frac{1}{2\xi\omega_n}=\frac{1}{\sqrt{2}\,\omega_n}$。将这一参数代入二阶系统标准式,得开环传递函数为

$$W_K(s)=\frac{1}{2Ts(Ts+1)}=\frac{K_K}{s(Ts+1)} \tag{3-25}$$

式中:$K_K=1/2T$。

闭环传递函数为

$$W_B(s)=\frac{1}{2T^2s^2+2Ts+1}=\frac{K_K/T}{s^2+s/T+K_K/T}$$

这一系统的单位阶跃响应动态性能指标如下:

最大超调量 $\sigma\%=e^{\frac{-\xi\pi}{\sqrt{1-\xi^2}}}\times 100\%=4.3\%$

上升时间 $t_r=\frac{\pi-\theta}{\omega_n\sqrt{1-\xi^2}}=4.7T$

调节时间 $t_s(2\%)=8.43T$(用近似公式求得为 $8T$)

$t_s(5\%)=4.14T$(用近似公式求得为 $6T$)

显然,这是一种以获取比较小的超调量为目标设计系统的工程方法。

例 3-2 有一个位置随动系统,其结构图如图 3-19 所示,其中 $K_K=4$。求该系统的:(1)自然振荡角频率;(2)系统的阻尼比;(3)超调量和调节时间;(4)如果要求 $\xi=0.707$,应怎样改变系统参数 K_K?

解 系统的闭环传递函数为

$$W_B(s)=\frac{K_K}{s^2+s+K_K},\quad K_K=4$$

写成标准形式

$$W_B(s)=\frac{\omega_n^2}{s^2+2\xi\omega_n s+\omega_n^2}$$

由此得

(1) 自然振荡角频率　　$\omega_n=\sqrt{K_K}=2$

(2) 阻尼比　　$\xi=\frac{1}{2\omega_n}=0.25$

(3) 超调量　　$\sigma\%=e^{\frac{-\xi\pi}{\sqrt{1-\xi^2}}}\times 100\%=44\%$

调节时间　　$t_s(5\%)\approx\frac{3}{\xi\omega_n}=6s$

(4) 当要求 $\xi=0.707$ 时，$\omega_n=\frac{1}{\sqrt{2}}$，$K_K=\omega_n^2=0.5$

所以必须降低开环放大系数 K_K，才能满足二阶工程最佳参数的要求。但应注意到，降低开环放大系数将使系统稳态误差增大。

例 3-3　为了改善图 3-19 所示系统的动态响应性能，满足单位阶跃输入下系统超调量 $\sigma\%\leqslant 5\%$ 的要求，今加入微分负反馈 τs，如图 3-20 所示。求微分时间常数 τ。

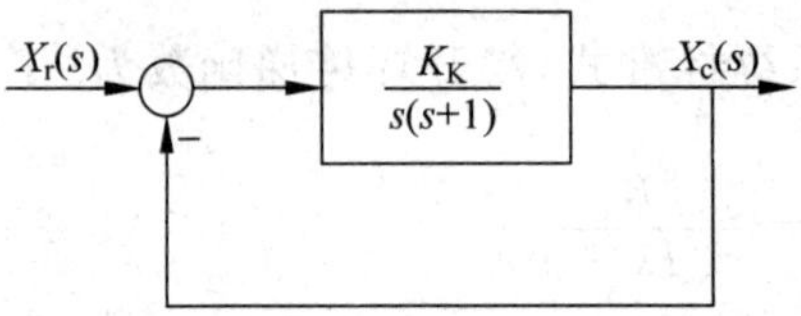

图 3-19　例 3-2 随动系统结构图

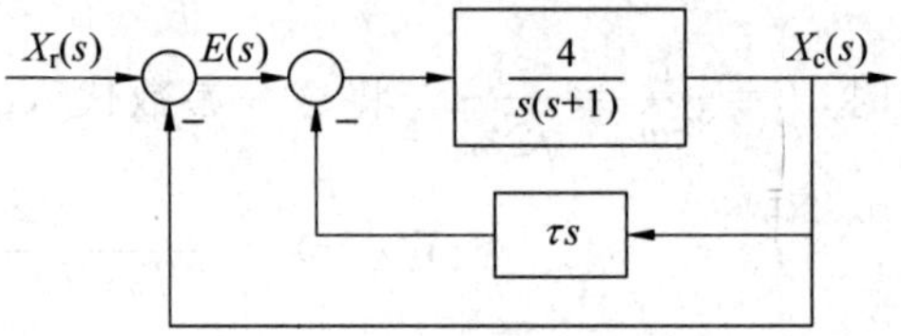

图 3-20　例 3-3 随动系统结构图

解　系统的开环传递函数为

$$W_K(s)=\frac{4}{s(s+1+4\tau)}=\frac{4}{1+4\tau}\times\frac{1}{s\left(\frac{1}{1+4\tau}s+1\right)}$$

由上式可以看出，等效于控制对象的时间常数减小为$\frac{1}{1+4\tau}$，开环放大系数由4降低为$\frac{4}{1+4\tau}$。

系统闭环传递函数为

$$W_B(s)=\frac{4}{s^2+(1+4\tau)s+4}$$

为了使 $\sigma\%\leqslant 5\%$，令 $\xi=0.707$。由

$$2\xi\omega_n=1+4\tau,\quad \omega_n^2=4$$

可求得

$$\tau = \frac{2\xi\omega_n - 1}{4} = \frac{2 \times 0.707 \times 2 - 1}{4} = 0.457$$

并由此求得开环放大系数为

$$K_K = \frac{4}{1 + 4\tau} = 1.414$$

可以看出，当系统加入局部微分负反馈时，相当于增加了系统的阻尼比，提高了系统的平稳性，但同时也降低了系统的开环放大系数。与例 3-2 之(4)所求的参数相比，同样保证了 $\xi = 0.707$ 的要求，而 K_K 远大于 0.5，提高了稳态精度。

3.3.5　零点、极点对二阶系统动态性能的影响

1. 具有零点的二阶系统的动态特性分析

具有零点的二阶系统的闭环传递函数为

$$\frac{X_c(s)}{X_r(s)} = \frac{\omega_n^2(\tau s + 1)}{s^2 + 2\xi\omega_n s + \omega_n^2} = \frac{\omega_n^2\left(s + \frac{1}{\tau}\right)}{\frac{1}{\tau}(s^2 + 2\xi\omega_n s + \omega_n^2)}$$

式中：τ——时间常数。

令 $\frac{1}{\tau} = z$，则上式可写为如下标准形式

$$\frac{X_c(s)}{X_r(s)} = \frac{\omega_n^2(s + z)}{z(s^2 + 2\xi\omega_n s + \omega_n^2)} \tag{3-26}$$

式(3-26)所示系统的闭环传递函数为具有零点 $-z$ 的二阶系统。为了求解方便起见，将系统的结构图等效成图 3-21 所示的结构，得

$$X_{c1}(s) = \frac{\omega_n^2 X_r(s)}{s^2 + 2\xi\omega_n s + \omega_n^2}, \quad 0 < \xi < 1$$

$$X_c(s) = X_{c1}(s) + \frac{s}{z}X_{c1}(s)$$

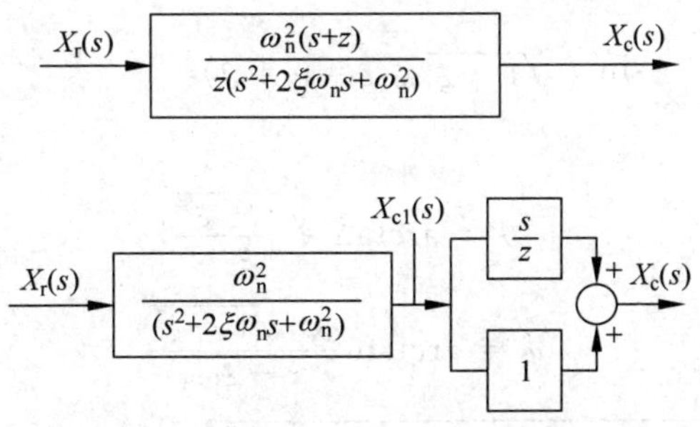

图 3-21　具有零点的二阶系统结构图

设 $X_r(s)=\frac{1}{s}$,在初始条件为零时,取 $X_{c1}(s)$和 $X_c(s)$的拉氏反变换得

$$x_{c1}(t)=\mathcal{L}^{-1}\left[\frac{\omega_n^2}{s(s^2+2\xi\omega_n s+\omega_n^2)}\right]$$

$$x_c(t)=\mathcal{L}^{-1}[X_{c1}(s)]+\mathcal{L}^{-1}\left[\frac{s}{z}X_{c1}(s)\right]=x_{c1}(t)+\frac{1}{z}\frac{\mathrm{d}x_{c1}(t)}{\mathrm{d}t} \tag{3-27}$$

分别求出式(3-27)中的两项,然后相加,就可以求出输出量。由式(3-13)得

$$x_{c1}(t)=1-\frac{e^{-\xi\omega_n t}}{\sqrt{1-\xi^2}}\sin(\sqrt{1-\xi^2}\,\omega_n t+\theta)$$

于是得

$$\frac{1}{z}\frac{\mathrm{d}x_{c1}(t)}{\mathrm{d}t}=\frac{e^{-\xi\omega_n t}}{\sqrt{1-\xi^2}}\frac{1}{z}\left[\xi\omega_n\sin(\sqrt{1-\xi^2}\,\omega_n t+\theta)-\sqrt{1-\xi^2}\,\omega_n\cos(\sqrt{1-\xi^2}\,\omega_n t+\theta)\right]$$

将上两式代入式(3-27)得

$$x_c(t)=1-\frac{e^{-\xi\omega_n t}}{\sqrt{1-\xi^2}}\frac{1}{z}\left[(z-\xi\omega_n)\sin(\sqrt{1-\xi^2}\,\omega_n t+\theta)+\sqrt{1-\xi^2}\,\omega_n\cos(\sqrt{1-\xi^2}\,\omega_n t+\theta)\right]$$

$$=1-\frac{e^{-\xi\omega_n t}}{\sqrt{1-\xi^2}}\frac{l}{z}\left[\frac{z-\xi\omega_n}{l}\sin(\sqrt{1-\xi^2}\,\omega_n t+\theta)+\frac{\sqrt{1-\xi^2}}{l}\omega_n\cos(\sqrt{1-\xi^2}\,\omega_n t+\theta)\right] \tag{3-28}$$

式中,l 为极点与零点间的距离,可由系统闭环传递函数的零点和极点在复平面上所在的位置确定。由图 3-22 知

$$l=|z-p_1|=\sqrt{(z-\xi\omega_n)^2+(\omega_n\sqrt{1-\xi^2})^2}$$

$$\frac{|z-\xi\omega_n|}{l}=\cos\varphi$$

$$\frac{\omega_n\sqrt{1-\xi^2}}{l}=\sin\varphi$$

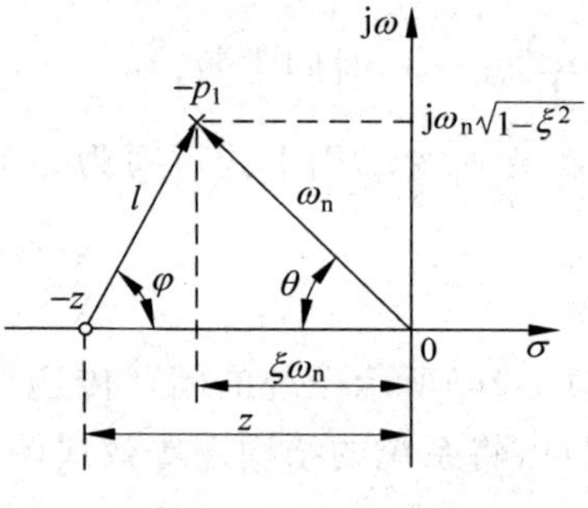

图 3-22 零、极点在 s 平面上的分布

故式(3-28)可写成

$$x_c(t)=1-\frac{e^{-\xi\omega_n t}}{\sqrt{1-\xi^2}}\frac{l}{z}\left[\sin(\sqrt{1-\xi^2}\,\omega_n t+\theta)\cos\varphi+\cos(\sqrt{1-\xi^2}\,\omega_n t+\theta)\sin\varphi\right]$$

$$=1-\frac{e^{-\xi\omega_n t}}{\sqrt{1-\xi^2}}\frac{l}{z}\sin(\sqrt{1-\xi^2}\,\omega_n t+\varphi+\theta) \tag{3-29}$$

式中:

$$\theta=\arctan\frac{\sqrt{1-\xi^2}}{\xi}$$

$$\varphi=\arctan\frac{\omega_n\sqrt{1-\xi^2}}{z-\xi\omega_n}$$

$$\frac{l}{z}=\sqrt{\frac{(z-\xi\omega_n)^2+(\omega_n\sqrt{1-\xi^2})^2}{z^2}}=\sqrt{\frac{z^2-2z\xi\omega_n+\omega_n^2}{z^2}}$$

令 $r=\frac{\xi\omega_n}{z}$,由图 3-22 知,r 为闭环传递函数的复数极点的实部与零点的实部之比,则得

$$\frac{l}{z}=\frac{1}{\xi}\sqrt{\xi^2-2r\xi^2+r^2}$$

因此,式(3-29)可写成

$$x_c(t)=1-\frac{\sqrt{\xi^2-2r\xi^2+r^2}}{\xi\sqrt{1-\xi^2}}e^{-\xi\omega_n t}\sin(\sqrt{1-\xi^2}\,\omega_n t+\varphi+\theta),\quad t\geqslant 0 \tag{3-30}$$

式(3-30)即为典型的具有零点的二阶系统的单位阶跃响应。由此式可以看出,当阻尼比 ξ 为定值时,闭环传递函数的零点影响二阶系统的动态特性。式中的 r 值反映了复数平面上零点与复数极点的相对位置。如果 z 值越小,即零点越靠近虚轴,则 r 值越大,振荡性越强。反之,如果 z 值越大,即零点离虚轴越远,则 r 值越小,振荡性相对减弱。总之,由于闭环传递函数零点的存在,振荡性增强。

在实际系统中,常常通过在正向通道中添加 PD 控制器或超前校正装置来设置系统零点。

2. 二阶系统加极点的动态响应

二阶系统加极点后,系统变为三阶,其传递函数可等效为如下标准式

$$W_B(s)=\frac{\omega_n^2R_3}{(s^2+2\xi\omega_n s+\omega_n^2)(s+R_3)} \tag{3-31}$$

从数学观点来看,该系统只是在二阶系统的基础上又多加了一个极点

$$-p_3=-R_3$$

现在分析一般情况下 $\xi<1$ 时的单位阶跃响应。当 $\xi<1$ 时,特征方程式的三个根为

$$-p_1=-(\xi-j\sqrt{1-\xi^2})\omega_n$$
$$-p_2=-(\xi+j\sqrt{1-\xi^2})\omega_n$$
$$-p_3=-R_3$$

因此得

$$X_c(s)=\frac{A_0}{s}+\frac{A_1s+A_2}{s^2+2\xi\omega_n s+\omega_n^2}+\frac{A_3}{s+R_3}$$

上式中各项的待定系数为

$$A_0=[X_c(s)s]_{s=0}=1$$

由式

$$[X_c(s)(s^2+2\xi\omega_n s+\omega_n^2)]_{s=-(\xi-j\sqrt{1-\xi^2})\omega_n}=[A_1s+A_2]_{s=-(\xi-j\sqrt{1-\xi^2})\omega_n}$$

可以求得

$$A_1=\frac{-\xi^2\beta(\beta-2)}{\xi^2\beta(\beta-2)+1}$$

$$A_2=\frac{-\xi\beta[2\xi^2(\beta-2)+1]\omega_n}{\xi^2\beta(\beta-2)+1}$$

式中：$\beta=\dfrac{R_3}{\xi\omega_n}$是负实数极点$-R_3$与共轭复数极点的负实部之比，见图3-23。

$$A_3=[X_c(s)(s+R_3)]_{s=-R_3}=\frac{-1}{\xi^2\beta(\beta-2)+1}$$

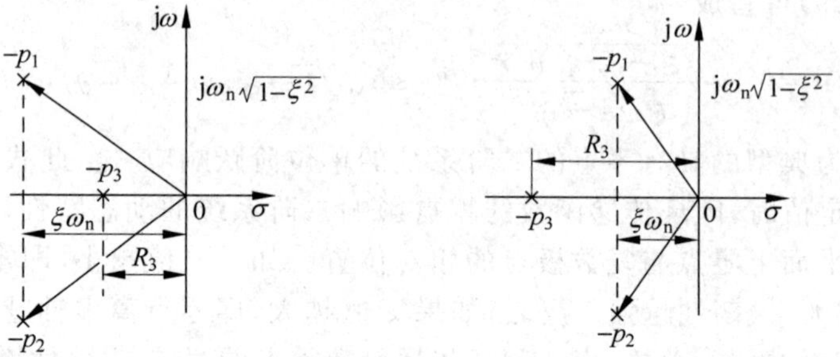

图3-23 三阶系统的极点分布

输出量的动态响应为

$$x_c(t)=1-\frac{e^{-R_3t}}{\xi^2\beta(\beta-2)+1}+e^{-\xi\omega_nt}\left(A_1\cos\sqrt{1-\xi^2}\,\omega_nt+\frac{A_2-A_1\xi\omega_n}{\omega_n\sqrt{1-\xi^2}}\sin\sqrt{1-\xi^2}\,\omega_nt\right),\quad t\geqslant 0$$

由此得系统的输出量为

$$x_c(t)=1-\frac{e^{-\beta\xi\omega_nt}}{\xi^2\beta(\beta-2)+1}-\frac{e^{-\xi\omega_nt}}{\xi^2\beta(\beta-2)+1}\left\{\xi^2\beta(\beta-2)\cos\omega_dt+\frac{\xi\beta[\xi^2(\beta-2)+1]}{\sqrt{1-\xi^2}}\sin\omega_dt\right\},\quad t\geqslant 0$$

或

$$x_c(t)=1-\frac{e^{-\beta\xi\omega_nt}}{\xi^2\beta(\beta-2)+1}-\frac{\xi\beta e^{-\xi\omega_nt}}{\sqrt{1-\xi^2}\sqrt{\xi^2\beta(\beta-2)+1}}\left\{\frac{\xi\sqrt{1-\xi^2}(\beta-2)}{\sqrt{\xi^2\beta(\beta-2)+1}}\cos\omega_dt+\frac{\xi^2(\beta-2)+1}{\sqrt{\xi^2\beta(\beta-2)+1}}\sin\omega_dt\right\}=1-\frac{e^{-\beta\xi\omega_nt}}{\xi^2\beta(\beta-2)+1}-\frac{\xi\beta e^{-\xi\omega_nt}}{\sqrt{1-\xi^2}\sqrt{\xi^2\beta(\beta-2)+1}}\sin(\omega_dt+\theta),\quad t\geqslant 0 \tag{3-32}$$

式中：$\omega_d=\sqrt{1-\xi^2}\,\omega_n$；$\tan\theta=\dfrac{\xi(\beta-2)\sqrt{1-\xi^2}}{\xi^2(\beta-2)+1}$。

由上述分析可以看出，三阶系统的动态响应由三部分组成，即稳态分量、由极点$-R_3$构成的指数函数项和由共轭复数极点构成的二阶系统暂态分量。影响动态特性的有两个因素。一个因素是共轭复数特征根的实部和负实根之比，即$\dfrac{R_3}{\xi\omega_n}=\beta$，该值反映了这两种特征根在复数平面上的相对位置。当$\beta\gg 1$时，与共轭复根相比，实根 $-p_3$ 距虚轴较远，共轭复根 $-p_1$ 和 $-p_2$ 则距虚轴较近，因此系统的动态特性主要由 $-p_1$ 和 $-p_2$ 决定，系统呈现二阶系统的特性。当 $\beta \ll 1$ 时，$-p_3$ 距虚轴较近，系统动态特性主要由 $-p_3$ 决定，系统呈现一阶系统特性。另一个因素为阻尼比 ξ，它对系统的影响与二阶系统相似。

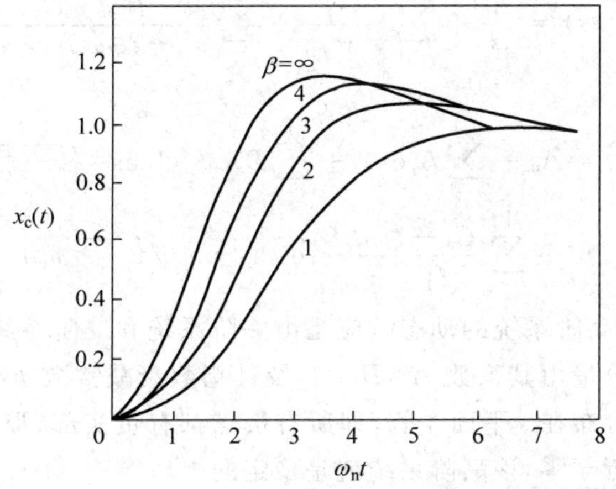

图 3-24　$\xi=0.5$，以 β 为参变量时三阶系统的单位阶跃响应

图 3-24 所示曲线为 $\xi=0.5$，以 β 为参变量时系统的单位阶跃响应。由图可知，当 $\beta=\infty$ 时，系统即为 $\xi=0.5$ 时的二阶系统的动态响应。一般情况下，$0<\beta<\infty$，因此具有负实数极点的三阶系统，其动态特性的振荡性减弱，而上升时间和调节时间增长，超调量减小，也就是相当于系统的惯性增强了。

3.4　高阶系统的动态响应

高阶系统的闭环传递函数可表示为如下普通形式

$$\frac{X_c(s)}{X_r(s)}=W_B(s)=\frac{b_0 s^m+b_1 s^{m-1}+\cdots+b_{m-1}s+b_m}{a_0 s^n+a_1 s^{n-1}+\cdots+a_{n-1}s+a_n}$$

将分子和分母分解成因式，上式可写成

$$\frac{X_c(s)}{X_r(s)}=W_B(s)=\frac{K(s+z_1)(s+z_2)\cdots(s+z_m)}{(s+p_1)(s+p_2)\cdots(s+p_n)}$$

式中：$-z_1,-z_2,\cdots,-z_m$——系统闭环传递函数的零点，又称系统零点；

$-p_1,-p_2,\cdots,-p_n$——系统闭环传递函数的极点，又称系统极点。

如果系统是稳定的，全部的极点和零点都互不相同，并且极点中包含共轭复数极点，则当输入为单位阶跃函数时，输出量的拉氏变换为

$$X_c(s)=\frac{K\prod_{i=1}^{m}(s+z_i)}{s\prod_{j=1}^{q}(s+p_j)\prod_{k=1}^{r}(s^2+2\xi\omega_{nk}s+\omega_{nk}^2)} \tag{3-33}$$

式中：$n=q+2r$；

q——实数极点的个数；

r——共轭复数极点的对数。

用部分分式展开得

$$X_c(s)=\frac{A_0}{s}+\sum_{j=1}^{q}\frac{A_j}{s+p_j}+\sum_{k=1}^{r}\frac{B_k s+C_k}{s^2+2\xi_k\omega_{nk}s+\omega_{nk}^2}$$

单位阶跃响应为

$$\begin{aligned}x_c(t)=&A_0+\sum_{j=1}^{q}A_j e^{-p_j t}+\sum_{k=1}^{r}B_k e^{-\xi_k\omega_{nk}t}\cos\sqrt{1-\xi_k^2}\,\omega_{nk}t\\&+\sum_{k=1}^{r}\frac{C_k-\xi_k\omega_{nk}B_k}{\sqrt{1-\xi_k^2}\,\omega_{nk}}e^{-\xi_k\omega_{nk}t}\sin\sqrt{1-\xi_k^2}\,\omega_{nk}t\end{aligned}\tag{3-34}$$

由上式可以看出,高阶系统的动态响应是由一阶系统和二阶系统的动态响应组合而成。各个暂态分量由其系数 A_j, B_k, C_k 及其指数衰减常数 $p_j, \xi_k\omega_{nk}$ 决定。如果所有闭环极点都分布在 s 平面左侧,即所有极点都有负实部,那么随时间增加,式中的指数项都趋近于零,该高阶系统就是稳定的。

从分析高阶系统单位阶跃响应表达式还可以得出如下结论：

(1) 高阶系统动态响应各分量衰减的快慢,决定于指数衰减常数 $p_j, \xi_k\omega_{nk}$。p_j 和 $\xi_k\omega_{nk}$ 越大,即系统闭环传递函数极点的实部在 s 平面左侧离虚轴越远,则相应的分量衰减越快。反之,系统闭环极点的实部越小,即在 s 平面左侧离虚轴越近,则相应的分量衰减越慢。

(2) 高阶系统动态响应各分量的系数不仅和极点在 s 平面中的位置有关,并且与零点的位置有关。

如果某极点 $-p_j$ 的位置距离原点很远,那么相应的系数 A_j 很小。所以离原点很远的极点的暂态分量,幅值小,衰减快,对系统的动态响应影响很小。

如果某极点 $-p_j$ 靠近一个闭环零点,远离原点及其他极点,则相应项的系数 A_j 比较小,该暂态分量的影响也就越小。如果极点和零点靠得很近,则该极点对动态响应几乎没有影响。

如果某极点 $-p_j$ 远离闭环零点,但与原点相距较近,则相应的系数 A_j 比较大。因此离原点很近并且附近没有闭环零点的极点,其暂态分量项不仅幅值大,而且衰减慢,对系统动态响应的影响很大。

(3) 如果高阶系统中距离虚轴最近的极点,其实部小于其他极点的实部的1/5,并且附近不存在零点,可以认为系统的动态响应主要由这一极点决定。这些对动态响应起主导作用的闭环极点,叫做主导极点,是所有闭环极点中最重要的极点。该极点经常以共轭复数的形式出现。如果找到一对共轭复数主导极点,那么,高阶系统就可以近似地当作二阶系统来分析,并可以用二阶系统的动态性能指标来估计系统的动态特性。

在设计一个高阶控制系统时，我们常常利用主导极点这一概念选择系统参数，使系统具有一对共轭复数主导极点，这样就可以近似地用二阶系统的指标来设计系统。

3.5 自动控制系统的代数稳定判据

一个线性系统正常工作的首要条件，就是它必须是稳定的。所谓稳定，是指如果系统受到瞬时扰动的作用，使被控量 $x_c(t)$ 偏离了原始的平衡状态而产生偏差 Δx_c，当瞬时扰动消失后，Δx_c 逐渐衰减，经过足够长的时间，Δx_c 趋近于零，系统恢复到原来的平衡状态，则系统是稳定的。反之，若 Δx_c 随着时间的推移而发散，则系统是不稳定的。

用代数的方法判断线性系统的稳定性，分析系统参数变化对稳定性的影响，是本节要介绍的内容。

3.5.1 线性系统稳定性的概念和稳定的充分必要条件

线性系统的稳定性取决于系统本身固有的特性而与扰动信号无关，它决定于瞬时扰动消失后暂态分量的衰减与否。根据上一节的讨论，暂态分量的衰减与否，决定于系统闭环传递函数的极点（系统的特征根）在 s 平面的分布：如果所有极点都分布在 s 平面的左侧，系统的暂态分量将逐渐衰减为零，则系统是稳定的；如果有共轭极点分布在虚轴上，则系统的暂态分量做简谐振荡，系统处于临界稳定状态；如果有闭环极点分布在 s 平面的右侧，系统具有发散振荡的分量，则系统是不稳定的。

根据上述分析，线性系统稳定的充分必要条件是：系统特征方程的根（即系统闭环传递函数的极点）全部为负实数或具有负实部的共轭复数，也就是所有的闭环特征根分布在 s 平面虚轴的左侧。该条件又可表示为

$$\mathrm{Re}[-p_j] < 0, \quad j = 1,2,\cdots,n$$

本章 3.3.1 节讨论了典型二阶系统的动态特性。从讨论结果可知：$\xi>0$ 时，系统的极点均位于 s 左半平面，系统的动态过程呈现指数衰减或衰减振荡，系统是稳定的；$\xi\leqslant 0$ 时，系统的极点位于虚轴或 s 右半平面，系统的动态过程呈现等幅振荡或发散振荡，系统是不稳定的。

既然线性系统的稳定性完全取决于特征方程的根，那么只要解出特征方程来就可以判定系统是否稳定。然而当特征方程的次数较高时，求解是困难的。因此在实践中人们需要一种方法，不必解出特征方程就能判别它是否有 s 右半平面的根以及根的个数。这是代数中一个已经解决的问题，我们用它来研究控制系统的稳定性，就称之为稳定性的代数判据。

本节叙述的代数判据(劳斯判据和赫尔维茨判据以及谢绪恺判据)就是不用直接求解代数方程,就可判断一个代数多项式有几个零点位于复平面的右半平面的方法。劳斯(E. J. Routh)判据和赫尔维茨(A. Hurwitz)判据是 Routh 于 1877 年和 Hurwitz 于 1895 年分别独立提出的稳定性判据,常常合称为 Routh-Hurwitz 判据;谢绪恺判据是 1957 年提出的。

3.5.2 劳斯判据

首先将系统的特征方程式写成如下标准形式

$$a_0 s^n + a_1 s^{n-1} + \cdots + a_{n-1} s + a_n = 0 \tag{3-35}$$

式中,a_0为正(如果原方程首项系数为负,可先将方程两端同乘以-1)。

为判断系统稳定与否,将系统特征方程式中的 s 各次项系数排列成如下劳斯表(Routh Array)。

$$\begin{array}{lllll}
s^n & a_0 & a_2 & a_4 & a_6 \quad \cdots \\
s^{n-1} & a_1 & a_3 & a_5 & a_7 \quad \cdots \\
s^{n-2} & b_1 & b_2 & b_3 & b_4 \quad \cdots \\
s^{n-3} & c_1 & c_2 & c_3 & c_4 \quad \cdots \\
\vdots & \vdots & \vdots & & \\
s^2 & e_1 & e_2 & & \\
s^1 & f_1 & & & \\
s^0 & g_1 & & &
\end{array}$$

劳斯表共 $n+1$ 行;最下面的两行各有 1 列,其上两行各有 2 列,再上面两行各有 3 列,依此类推。最高一行应有$(n+1)/2$ 列(若 n 为奇数)或$(n+2)/2$ 列(若 n 为偶数)。

表中的有关系数为

$$b_1 = \frac{-1}{a_1}\begin{vmatrix} a_0 & a_2 \\ a_1 & a_3 \end{vmatrix}, \quad b_2 = \frac{-1}{a_1}\begin{vmatrix} a_0 & a_4 \\ a_1 & a_5 \end{vmatrix}, \quad b_3 = \frac{-1}{a_1}\begin{vmatrix} a_0 & a_6 \\ a_1 & a_7 \end{vmatrix} \quad \cdots$$

$$c_1 = \frac{-1}{b_1}\begin{vmatrix} a_1 & a_3 \\ b_1 & b_2 \end{vmatrix}, \quad c_2 = \frac{-1}{b_1}\begin{vmatrix} a_1 & a_5 \\ b_1 & b_3 \end{vmatrix}, \quad c_3 = \frac{-1}{b_1}\begin{vmatrix} a_1 & a_7 \\ b_1 & b_4 \end{vmatrix} \quad \cdots$$

$$\cdots$$

这一计算过程,一直进行到 s^0 行,计算到每行其余的系数全部等于零为止。为简化数值运算,可以用一个正整数去除或乘某一行的各项,这时并不改变稳定性的结论。

劳斯判据:方程式(3-35)的全部根都在 s 左半平面的充分必要条件是劳斯表的第 1 列系数全部是正数。

劳斯判据还可以指出方程在 s 右半平面根的个数。它等于劳斯表中第 1 列各系数改变符号的次数。

例 3-4　系统的特征方程为

$$2s^6+5s^5+3s^4+4s^3+6s^2+14s+7=0 \tag{3-36}$$

试用劳斯判据判断系统的稳定性。

解　(1) 建立劳斯表。计算劳斯表中各系数的值,并排列成下表

$$\begin{array}{lllll}
s^6 & 2 & 3 & 6 & 7 \\
s^5 & 5 & 4 & 14 & \\
s^4 & \dfrac{7}{5} & \dfrac{2}{5} & 7 & \\
s^3 & \dfrac{18}{7} & -11 & & \\
s^2 & \dfrac{115}{18} & 7 & & \\
s^1 & -\dfrac{1589}{115} & & & \\
s^0 & 7 & & &
\end{array}$$

(2) 根据劳斯判据判断系统的稳定性及根的分布。

由于表中的第 1 列出现了负数,可以判定方程(3-36)的根并非都在 s 左半平面,因此,该系统是不稳定的。

又由表中第 1 列系数符号改变 2 次,即可判定方程(3-36)有 2 个根在 s 右半平面。事实上方程(3-36)的根是 -2.182, -0.599, $-0.691\pm j1.059$ 和 $+0.832\pm j0.992$,确有 2 个根在 s 右半平面。

在应用劳斯判据时,可能遇到如下特殊情况:

1. 劳斯表中第 1 列出现零

如果劳斯表第 1 列中出现 0,那么可以用一个小的正数 ε 代替它,而继续计算其余各系数。例如,方程

$$s^4+2s^3+s^2+2s+1=0$$

的劳斯表如下

$$\begin{array}{llll}
s^4 & 1 & 1 & 1 \\
s^3 & 2 & 2 & \\
s^2 & \varepsilon(\approx 0) & 1 & \\
s^1 & 2-\dfrac{2}{\varepsilon} & & \\
s^0 & 1 & &
\end{array}$$

现在观察劳斯表第 1 列的各系数。当 ε 趋近于零时,$2-\dfrac{2}{\varepsilon}$ 的值是一个很大的负值,因此可以认为第 1 列中的各系数的符号改变了两次。由此得出结论,该系统特征方程式有两个根具有正实部,系统是不稳定的。

如果 ε 上面一行的首列和 ε 下面一行的首列符号相同，这表明有一对纯虚根存在。例如下列方程式

$$s^3+2s^2+s+2=0$$

的劳斯表为

$$\begin{array}{lll} s^3 & 1 & 1 \\ s^2 & 2 & 2 \\ s^1 & \varepsilon & \\ s^0 & 2 & \end{array}$$

可以看出，第1列各元中 ε 的上面和下面的系数符号不变，故有一对虚根。将特征方程式分解，有

$$(s^2+1)(s+2)=0$$

解得根为

$$-p_{1,2}=\pm \mathrm{j}1, \quad -p_3=-2$$

2. 劳斯表的某一行中，所有系数都等于零

如果在劳斯表的某一行中，所有系数都等于0，则表明方程有一些大小相等且对称于原点的根。在这种情况下，可利用全0行的上一行各系数构造一个辅助多项式(称为辅助方程)，式中 s 均为偶次。以辅助方程的导函数的系数代替劳斯表中的这个全0行，然后继续计算下去。这些大小相等而关于原点对称的根也可以通过求解这个辅助方程得出。

例 3-5 系统特征方程式为

$$s^6+2s^5+8s^4+12s^3+20s^2+16s+16=0$$

试用劳斯判据判断系统的稳定性。

解 劳斯表中得 $s^6 \sim s^3$ 各系数为

$$\begin{array}{lllll} s^6 & 1 & 8 & 20 & 16 \\ s^5 & 2 & 12 & 16 & 0 \\ s^4 & 1 & 6 & 8 & \\ s^3 & 0 & 0 & 0 & \end{array}$$

由上表可以看出，s^3 行的各项全部为零。为了求出 $s^3 \sim s^0$ 各项，用 s^4 行的各系数构成辅助方程式

$$p(s)=s^4+6s^2+8$$

它的导函数为

$$\frac{\mathrm{d}p(s)}{\mathrm{d}s}=4s^3+12s$$

用导函数的系数4和12代替 s^3 行相应的系数继续算下去，得劳斯表为

s^6	1	8	20	16
s^5	2	12	16	0
s^4	1	6	8	
s^3	4	12		
s^2	3	8		
s^1	$\frac{4}{3}$			
s^0	8			

可以看出，在新得到的劳斯表中第 1 列没有变号，因此可以确定在 s 右半平面没有特征根。另外，由于 s^3 行的各系数均为零，这表示有共轭虚根。这些根可由辅助方程式求出。本例的辅助方程式是

$$p(s)=s^4+6s^2+8$$

求得特征方程式的大小相等符号相反的虚根为

$$-p_{1,2}=\pm \mathrm{j}\sqrt{2},\quad -p_{3,4}=\pm \mathrm{j}2,\quad -p_{5,6}=-1\pm \mathrm{j}$$

应用劳斯判据分别研究一阶、二阶和三阶微分方程

$$a_0s+a_1=0$$

$$a_0s^2+a_1s+a_2=0$$

$$a_0s^3+a_1s^2+a_2s+a_3=0$$

容易得到以下简单结论：

(1) 一阶和二阶系统稳定的充分必要条件是：特征方程所有系数均为正。

(2) 三阶系统稳定的充分必要条件是：特征方程所有系数均为正，且 $a_1a_2>a_0a_3$。

值得指出，**如果系统稳定，那么它的微分方程（不论是几阶的）的特征方程的所有系数必须同号**。这是因为，若系统稳定，特征方程的根无非是负实数或实部为负的共轭复数。因此，把特征方程左端的多项式分解因式时，只会有两种类型的因式，即对应于负实根 $-p$ 的因式 $(s+p)$ 与对应于负实部复根 $-\alpha\pm \mathrm{j}\beta$ 的因式 $(s^2+2bs+c)$。这里 α 与 β 均为正，所以这两类因式中各项的系数均为正。因此，这些因式相乘时，所得多项式的各系数都是一些正数的乘积之和，所以也都是正数，不可能是负数或 0，从而它们是同号的。注意，这只是系统稳定的必要条件，而不是充分条件。

3.5.3　赫尔维茨判据

设所研究的代数方程仍为式(3-35)，即

$$a_0s^n+a_1s^{n-1}+\cdots+a_{n-1}s+a_n=0$$

构造赫尔维茨行列式 D

$$D=\begin{vmatrix} a_1 & a_3 & a_5 & \cdots & 0 \\ a_0 & a_2 & a_4 & \cdots & 0 \\ 0 & a_1 & a_3 & \cdots & 0 \\ 0 & a_0 & a_2 & \cdots & 0 \\ 0 & 0 & \cdots & \cdots & 0 \\ 0 & \cdots & \cdots & a_{n-1} & 0 \\ 0 & \cdots & \cdots & a_{n-2} & a_n \end{vmatrix}$$

这个行列式的构造方法如下：行列式的维数为 $n\times n$。在主对角线上，从 a_1 开始依次写入式(3-35)的系数，直至 a_n 为止。然后在每一列内从上到下按下标递减的顺序填入其他系数，最后用0补齐。

赫尔维茨稳定判据：特征方程式(3-35)的全部根都在左半复平面的充分必要条件是上述行列式的各阶主子式均大于0，即

$$D_1=a_1>0,\quad D_2=\begin{vmatrix} a_1 & a_3 \\ a_0 & a_2 \end{vmatrix}>0,\quad D_3=\begin{vmatrix} a_1 & a_3 & a_5 \\ a_0 & a_2 & a_4 \\ 0 & a_1 & a_3 \end{vmatrix}>0,\cdots,D_n=D>0$$

我们把这些主子行列式与劳斯表中第1列的系数比较，就会发现它们与劳斯表中第1列的各元 $b_1,c_1,\cdots,g_1$ 之间存在如下关系：

$b_1=D_2/D_1,c_1=D_3/D_2,\cdots,g_1=D_n/D_{n-1}$。若 $b_1,c_1,\cdots,g_1$ 均为正，则 $D_1,D_2,\cdots,D_n$ 自然也都为正，反之亦然。可见劳斯稳定判据和赫尔维茨稳定判据实质是一致的。当 n 较大时，赫尔维茨判据计算量急剧增加，所以它通常只用于 $n\leqslant 6$ 的系统。

需要指出，劳斯-赫尔维茨判据用于分析次数较高的方程时会出现数值计算稳定性的问题。

3.5.4 谢绪恺判据

根据多项式系数来判断系统的稳定性虽然早已由 E. J. Routh 和 A. Hurwitz 等人解决，但其判据的充要条件都由多个式子组成，尤其在阶次高时，式子多且繁杂。中国学者谢绪恺于1957年研究系统稳定性时得到如下结论：

设系统的特征方程仍为式(3-35)，即

$$a_0s^n+a_1s^{n-1}+\cdots+a_{n-1}s+a_n=0\quad(n\geqslant 3)$$

式(3-35)的根全部具有负实部的必要条件为

$$a_ia_{i+1}>a_{i-1}a_{i+2}\quad(n=1,2,\cdots,n-2)\tag{3-37}$$

其根全部具有负实部的充分条件为

$$\frac{1}{3}a_ia_{i+1}>a_{i-1}a_{i+2}\quad(n=1,2,\cdots,n-2)\tag{3-38}$$

1976年中国学者聂义勇进一步证明，可将此充分条件放宽为

$$0.465a_i a_{i+1} > a_{i-1}a_{i+2} \quad (n=1,2,\cdots,n-2) \tag{3-39}$$

此判据被称为**谢绪恺判据**。

谢绪恺判据完全避免了除法，且节省了计算量。

需要指出，式(3-39)有过量的稳定性储备，即有些不满足式(3-39)的系统仍可能稳定。

3.5.5 参数对稳定性的影响

如上所述，线性系统的稳定性完全取决于系统的特征方程。但特征方程的各系数完全是由系统本身的结构和参数决定的，与初始条件和输入量无关。这就是说，系统本身的结构和参数将直接影响系统的稳定性。

应用代数稳定判据可以用来判定系统是否稳定，还可以方便地用于分析系统参数变化对系统稳定性的影响，从而给出使系统稳定的参数范围。

例 3-6 系统的闭环传递函数为

$$W_B(s)=\frac{K_K}{(T_1s+1)(T_2s+1)(T_3s+1)+K_K}$$

式中，K_K 为系统的开环放大系数。试给出为使系统稳定的 K_K 与系统其他参数间的关系。

解 系统特征方程为

$$T_1T_2T_3s^3+(T_1T_2+T_1T_3+T_2T_3)s^2+(T_1+T_2+T_3)s+1+K_K=0$$

根据代数稳定判据，稳定的充要条件是

$$a_0>0, a_1>0, a_3>0, a_4>0, (a_1a_2-a_0a_3)>0$$

所以得$(T_1T_2+T_1T_3+T_2T_3)(T_1+T_2+T_3)>T_1T_2T_3(1+K_K)$，经整理得

$$0<K_K<\frac{T_1}{T_2}+\frac{T_2}{T_3}+\frac{T_3}{T_1}+\frac{T_2}{T_1}+\frac{T_3}{T_2}+\frac{T_1}{T_3}+2$$

在本例中，假设取 $T_1=T_2=T_3$，则使系统稳定的临界放大系数为 $K_K=8$。如果取 $T_2=T_3$，$T_1=10T_2$，则使系统稳定的临界放大系数变为 $K_K=24.2$。由此可见，将各时间常数的数值错开，可以允许较大的开环放大系数。

利用代数判据也可以给出使系统稳定的参数范围。

例 3-7 如图 3-25 所示的系统，其闭环传递函数为

$$W_B(s)=\frac{K_y(\tau_1s+1)(T_fs+1)}{T_iT_aT_f\tau_1s^4+T_i\tau_1(T_a+T_f)s^3+T_i\tau_1s^2+K\tau_1s+K}$$

式中，$K_y=K_cK_s$，$K=K_cK_sK_f$。(1)设参数为 $\tau_1=0.15$，$T_a=0.2$，$T_i=0.2$，$T_f=0.01$，$K=5$，试判断该系统是否稳定；(2)试确定使系统稳定的参数 τ_1 的范围。

解 (1) 特征方程式为

$$T_iT_aT_f\tau_1s^4+T_i\tau_1(T_a+T_f)s^3+T_i\tau_1s^2+K\tau_1s+K=0$$

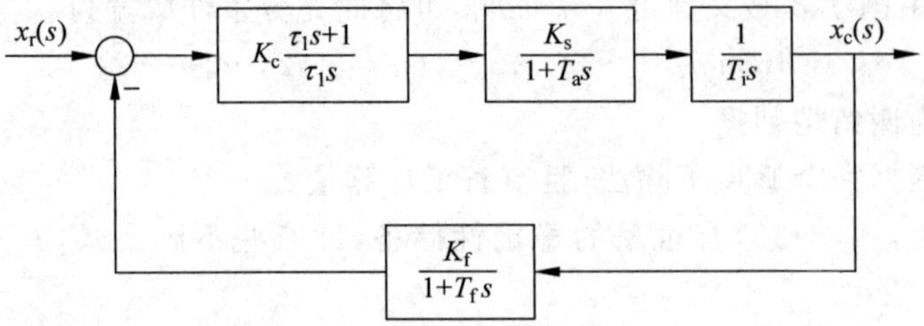

图 3-25 系统结构图

可以算得

$$a_0 = T_i T_a T_f \tau_1 = 6\times 10^{-5}, a_1 = T_i \tau_1 (T_a + T_f) = 6.3\times 10^{-3}$$

$$a_2 = T_i \tau_1 = 3\times 10^{-2}, a_3 = K\tau_1 = 0.75, a_4 = K = 5$$

各子行列式为

$$\Delta_1 = a_1 a_2 - a_0 a_3 = 1.44\times 10^{-5}$$

$$\Delta_2 = a_3 \Delta_1 - a_1^2 a_4 = -1.8\times 10^{-5}$$

由稳定条件可知,该系统不稳定。

(2) 将特征方程式改写为

$$T_i T_a T_f s^4 + T_i (T_a + T_f) s^3 + T_i s^2 + Ks + \frac{K}{\tau_1} = 0$$

可以算得

$$a_0 = T_i T_a T_f = 4\times 10^{-4}, a_1 = T_i (T_a + T_f) = 4.2\times 10^{-2}, a_2 = T_i = 0.2,$$

$$a_3 = K = 5, a_4 = \frac{K}{\tau_1} = \frac{5}{\tau_1}$$

各子行列式为

$$\Delta_1 = a_1 a_2 - a_0 a_3 = 6.4\times 10^{-3}$$

$$\Delta_2 = a_3 \Delta_1 - a_1^2 a_4 = 5\left(6.4\times 10^{-3} - \frac{1.764\times 10^{-3}}{\tau_1}\right)$$

系统稳定的条件是

$$6.4\times 10^{-3} - \frac{1.764\times 10^{-3}}{\tau_1} > 0$$

由此可得

$$\tau_1 > 0.275$$

所以,参数 τ_1 的整定范围为 $\tau_1 > 0.275$。

另外,如果调节器时间常数为已知量,也可以根据稳定条件来确定放大系数的范围。应指出,代数稳定判据只能应用于特征方程式是代数方程,并且其系数是实系数的情况。如果任一系数为复数,或者方程中包含了 s 的指数项,就不能应用代数判据。

3.5.6　相对稳定性和稳定裕度

应用代数判据只能给出系统是稳定还是不稳定，即只解决了绝对稳定性的问题。在处理实际问题时，只判断系统是否稳定是不够的。因为，对于实际的系统，所得到参数值往往是近似的，并且有的参数随着条件的变化而变化，这样就给得到的结论带来了误差。考虑这些因素，往往希望知道系统距离稳定边界有多少余量，这就是相对稳定性或稳定裕度的问题。

我们可以用闭环特征方程式每一对复数根的阻尼比的大小来定义相对稳定性，这时是以响应速度和超调量来代表相对稳定性；我们也可以用每个根的负实部来定义相对稳定性，这时是以每个根的相对调节时间来代表相对稳定性。在 s 平面中，用根的负实部的位置来表示相对稳定性是很方便的。例如，要检查系统是否具有 σ_1 的稳定裕度(见图 3-26)，相当于把纵坐标轴向左位移距离 σ_1，然后判断系统是否仍然稳定。这就是说，以

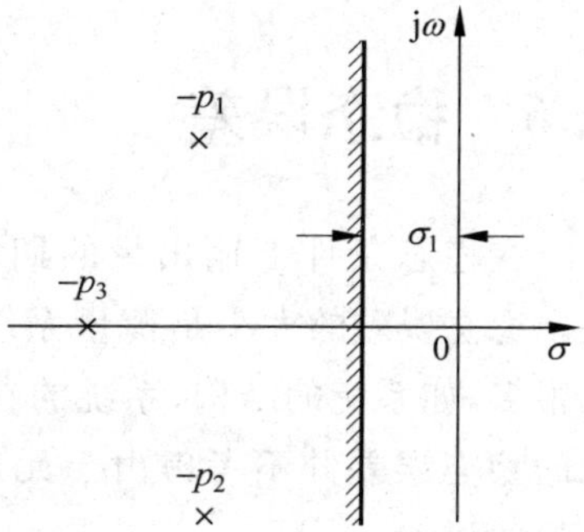

图 3-26　相对稳定性

$$s = z - \sigma_1$$

代入系统特征方程式，写出 z 的多项式，然后用代数判据判定 z 的多项式的根是否都在新的虚轴的左侧。

例 3-8　系统特征方程式为

$$s^3 + 5s^2 + 8s + 6 = 0$$

试检查上述系统是否有裕度 $\sigma_1 = 1$。

解　劳斯表为

s^3	1	8
s^2	5	6
s^1	$\frac{34}{5}$	
s^0	6	

可以看出，第一列中各项符号没有改变，所以没有根在 s 平面的右侧，系统是稳定的。

将 $s = z - 1$ 代入原特征方程式，得

$$(z-1)^3 + 5(z-1)^2 + 8(z-1) + 6 = 0$$

新的特征方程为

$$z^3 + 2z^2 + z + 2 = 0$$

列出劳斯表

z^3	1	1
z^2	2	2
z^1	$0(\approx\varepsilon)$	
z^0	2	

由于 0 (ε)上面的系数符号与 0 (ε)下面的系数符号相同,表明没有在 s 右半平面的根,但由于 z^1 行的系数为零,故有一对虚根。这说明,原系统刚好有 $\sigma_1=1$ 的稳定裕度。

3.6 稳态误差

在稳态条件下输出量的期望值与稳态值之间存在的误差,称为系统稳态误差。稳态误差的大小是衡量系统稳态性能的重要指标。影响系统稳态误差的因素很多,如系统的结构、系统的参数以及输入量的形式等。必须指出的是,这里所说的稳态误差并不考虑由于元件的不灵敏区、零点漂移、老化等原因所造成的永久性的误差。

为了分析方便,把系统的稳态误差分为扰动稳态误差和给定稳态误差。扰动稳态误差是由于外部扰动而引起的,常用这一误差来衡量恒值系统的稳态品质,因为对于恒值系统,给定量是不变的。而对于随动系统,给定量是变化的,要求输出量以一定的精度跟随给定量的变化,因此给定稳态误差就成为衡量随动系统稳态品质的指标。本节将讨论计算和减少稳态误差的方法。

3.6.1 扰动稳态误差

图 2-49 所示为有给定作用和扰动作用的系统动态结构图。当给定量不变,即 $\Delta X_r(s)=0$,而扰动量变化,即 $\Delta X_d(s)\neq 0$,这时输出量 $x_c(t)$ 的变化量 $\Delta x_c(t)$ 即为扰动误差。扰动误差的拉氏变换为

$$\Delta X_c(s)=\frac{W_2(s)\Delta X_d(s)}{1+W_1(s)W_2(s)W_f(s)} \tag{3-40}$$

由此求出扰动误差的传递函数为

$$W_e(s)=\frac{\Delta X_c(s)}{\Delta X_d(s)}=\frac{W_2(s)}{1+W_1(s)W_2(s)W_f(s)} \tag{3-41}$$

$W_e(s)$ 称为误差传递函数。根据拉氏变换的终值定理,求得扰动作用下的稳态误差为

$$e_{ss}=\lim_{t\to\infty}\Delta x_c(t)=\lim_{s\to 0}sW_e(s)\Delta X_d(s)=\lim_{s\to 0}\frac{sW_2(s)\Delta X_d(s)}{1+W_1(s)W_2(s)W_f(s)} \tag{3-42}$$

由上式可知，系统扰动误差决定于系统的误差传递函数和扰动量。

对于恒值系统，典型的扰动量为单位阶跃函数，$\Delta X_{\mathrm{d}}(s)=\frac{1}{s}$，则扰动稳态误差为

$$e_{\mathrm{ss}}=\lim_{t\to\infty}\Delta x_{\mathrm{c}}(t)=\lim_{s\to 0}\frac{W_2(s)}{1+W_1(s)W_2(s)W_{\mathrm{f}}(s)} \tag{3-43}$$

下面举例说明。

图3-27所示为具有比例调节器的速度负反馈系统的动态结构图。

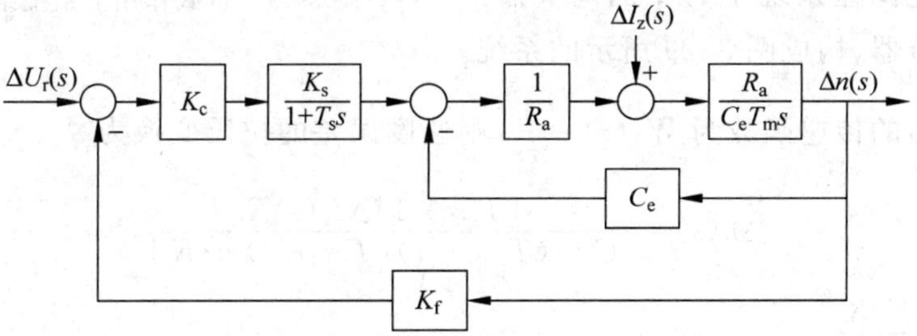

图3-27　速度负反馈系统的动态结构图

图中：$\Delta I_{\mathrm{z}}(s)$——负载电流的拉氏变换；

K_{c}——比例调节器的比例系数；

K_{s}——晶闸管整流装置的电压放大系数；

T_{s}——晶闸管整流装置的时间常数；

T_{m}——电动机的机电时间常数；

R_{a}——电动机电枢回路电阻；

C_{e}——电动机的电势常数；

K_{f}——速度反馈系数。

图3-28所示为给定量$\Delta U_{\mathrm{r}}(s)=0$时，以扰动量为输入量的系统结构图。在负载电流作用下转速误差的拉氏变换为

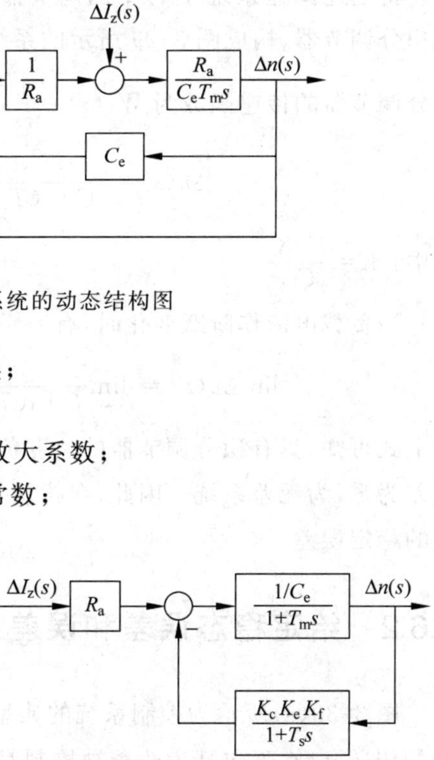

图3-28　负载作用下的结构图

$$\Delta n(s)=\frac{(T_{\mathrm{s}}s+1)\frac{R_{\mathrm{a}}}{C_{\mathrm{e}}}\Delta I_{\mathrm{z}}(s)}{(T_{\mathrm{m}}s+1)(T_{\mathrm{s}}s+1)+K_{\mathrm{K}}} \tag{3-44}$$

式中：$K_{\mathrm{K}}=K_{\mathrm{c}}K_{\mathrm{s}}K_{\mathrm{f}}\frac{1}{C_{\mathrm{e}}}$——系统开环放大系数。

当负载为阶跃函数时，$\Delta I_{\mathrm{z}}(s)=\frac{1}{s}\Delta I_{\mathrm{z}}$，则转速的稳态误差为

$$\lim_{t\to\infty}\Delta n(t)=\lim_{s\to 0}\frac{(T_{\mathrm{s}}s+1)\frac{R_{\mathrm{a}}}{C_{\mathrm{e}}}\Delta I_{\mathrm{z}}}{(T_{\mathrm{m}}s+1)(T_{\mathrm{s}}s+1)+K_{\mathrm{K}}}=\frac{\Delta I_{\mathrm{z}}R_{\mathrm{a}}}{C_{\mathrm{e}}(1+K_{\mathrm{K}})} \tag{3-45}$$

K_K 越大，则稳态误差越小，因此提高 K_K 值是这一系统减小稳态误差的主要方法。K_K 值决定于调节器的比例系数 K_c 和速度反馈系数 K_f 等参量，因此提高 K_c 或增加速度反馈强度都可以减小稳态误差。但是，K_K 值太大容易使系统不稳定。

由于这一系统在负载扰动下存在稳态误差，所以称为有差系统。

将上述调速系统中的比例调节器换成积分调节器，构成图 3-29 所示的系统。

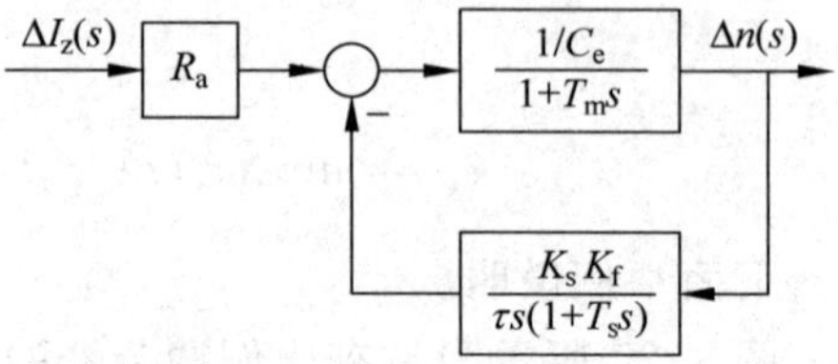

图 3-29 负载作用下系统结构图

积分调节器的传递函数为 $W_1(s)=\dfrac{1}{\tau s}$，则速度误差的拉氏变换为

$$\Delta n(s)=\frac{s(T_s s+1)\Delta I_z(s)R_a}{C_e[s(T_m s+1)(T_s s+1)+K]}$$

式中：$K=\dfrac{K_s K_f}{C_e\tau}$。

当负载电流作阶跃变化时，有

$$\lim_{t\to\infty}\Delta n(t)=\lim_{s\to 0}\frac{s(T_s s+1)\Delta I_z R_a}{C_e[s(T_s s+1)(T_m s+1)+K]}=0$$

由上式可知，具有积分调节器的速度负反馈系统，当扰动量为阶跃函数时，其稳态误差为零，为无差系统。因此，在扰动作用点之前串联积分环节，可以消除阶跃扰动的稳定误差。

3.6.2 给定稳态误差和误差系数

图 3-30(a)所示为控制系统的典型动态结构图。图中 $W_f(s)$ 为主反馈检测元件的传递函数，不包括为改善被控制对象性能的局部反馈环节在内。系统的期望值是给定信号 $X_r(s)$。

当给定信号 $X_r(s)$ 与主反馈信号 $X_f(s)$ 不相等时，一般定义其差值 $E(s)$ 为误差信号。这时，误差定义为

$$E(s)=X_r(s)-X_f(s)=X_r(s)-W_f(s)X_c(s)$$

这个误差是可以量测的，但是这个误差并不一定反映输出量的实际值与期望值之间的偏差。

另一种定义误差的方法是取系统输出量的实际值与期望值的差，但这一误差在实际系统中有时无法测量。

对于图 3-30(b)所示的单位反馈系统，上述两种误差定义是相同的。

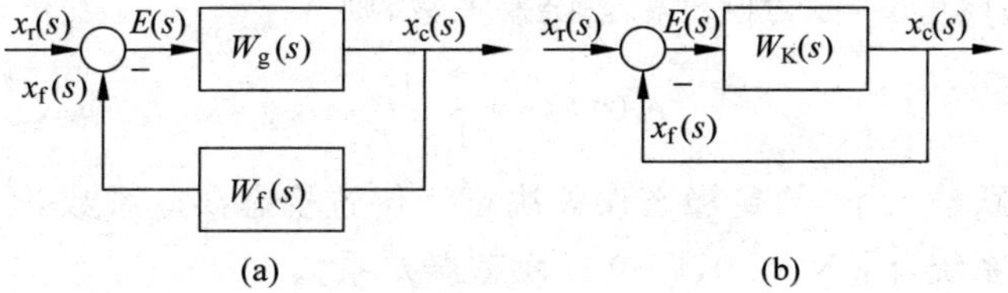

图 3-30　典型动态结构图

根据前一种误差定义方法，可得误差传递函数为

$$W_e(s)=\frac{E(s)}{X_r(s)}=1-\frac{X_f(s)}{X_r(s)}=\frac{1}{1+W_g(s)W_f(s)}=\frac{1}{1+W_K(s)}$$

式中：$W_K(s)=W_g(s)W_f(s)$。

由此得误差的拉氏变换为

$$E(s)=\frac{X_r(s)}{1+W_K(s)} \tag{3-46}$$

给定稳态误差为

$$e_{ss}=\lim_{t\to\infty}e(t)=\lim_{s\to 0}\frac{sX_r(s)}{1+W_K(s)} \tag{3-47}$$

由此可知，有两个因素决定给定稳态误差，即系统的开环传递函数 $W_K(s)$和给定量 $X_r(s)$。现在讨论这两个因素对给定稳态误差的影响。

根据开环传递函数中串联的积分环节个数，可将系统分为几种不同类型。单位反馈系统的开环传递函数可以表示为

$$W_K(s)=\frac{K_K\prod_{i=1}^{m}(T_i s+1)}{s^N\prod_{j=1}^{n-N}(T_j s+1)} \tag{3-48}$$

式中：N——开环传递函数中串联的积分环节的阶次，或称系统的无差阶数；

$\frac{1}{s^N}$——N 个串联积分环节的等效传递函数。

$N=0$ 时的系统称为 0 型系统；$N=1$ 时的系统称为Ⅰ型系统；相应地，$N=2$ 时，称为Ⅱ型系统。N 越高，系统的稳态精度越高，但系统的稳定性越差。一般采用的是 0 型、Ⅰ型和Ⅱ型系统。

1. 典型输入情况下系统的给定稳态误差分析

下面对于不同的输入函数，分析系统的稳态误差。

(1) 单位阶跃函数输入。在这种情况下，$X_r(s)=\frac{1}{s}$，故得稳态误差为

$$e_{ss}=e_p(\infty)=\lim_{s\to 0}sE(s)=\lim_{s\to 0}\frac{1}{1+W_K(s)}$$

令 $K_p=\lim\limits_{s\to 0}W_K(s)$,$K_p$ 称为位置稳态误差系数,则

$$e_p(\infty)=\frac{1}{1+K_p}$$

因此在单位阶跃输入下,给定稳态误差决定于位置稳态误差系数。

对于0型系统,因 $N=0$,则位置稳态误差系数

$$K_p=\lim_{s\to 0}\frac{K_K\prod\limits_{i=1}^{m}(T_is+1)}{\prod\limits_{j=1}^{n}(T_js+1)}=K_K$$

因此0型系统的位置稳态误差为

$$e_p(\infty)=\lim_{s\to 0}sE(s)=\frac{1}{1+K_p}=\frac{1}{1+K_K}$$

由此而知,0型系统的位置稳态误差决定于开环放大系数 K_K:K_K 越大,$e_p(\infty)$ 越小。

对于Ⅰ型或Ⅱ型系统,因 $N=1$ 或 2,则位置稳态误差系数为

$$K_p=\lim_{s\to 0}\frac{K_K\prod\limits_{i=1}^{m}(T_is+1)}{s^N\prod\limits_{j=1}^{n-N}(T_js+1)}=\infty$$

故Ⅰ型或Ⅱ型系统的位置稳态误差为

$$e_p(\infty)=\frac{1}{1+K_p}=0$$

由此而知,对于单位阶跃输入,Ⅰ型以上各型系统的位置稳态误差系数均为无穷大,稳态误差均为零。

(2) 单位斜坡函数输入。在这种情况下,输入量的拉氏变换为

$$X_r(s)=\frac{1}{s^2}$$

因此给定稳态误差为

$$e_{ss}=e_v(\infty)=\lim_{s\to 0}\frac{1}{s[1+W_K(s)]}=\lim_{s\to 0}\frac{1}{sW_K(s)}$$

令 $K_v=\lim\limits_{s\to 0}sW_K(s)$,$K_v$ 称为速度稳态误差系数。由此得各型系统在斜坡输入时的稳态误差为

对于0型系统,$K_v=0$,$e_v(\infty)=\infty$;

对于Ⅰ型系统,$K_v=K_K$,$e_v(\infty)=\dfrac{1}{K_K}$;

对于Ⅱ型系统,$K_v=\infty$,$e_v(\infty)=0$。

由此可知,在斜坡输入情况下,0型系统的稳态误差为 ∞,也就是说,被控制量不能跟随按时间变化的斜坡函数。而对Ⅰ型系统,有跟踪误差;Ⅱ型系统则能

准确地跟踪斜坡输入，稳态误差为零，如图 3-31 所示。

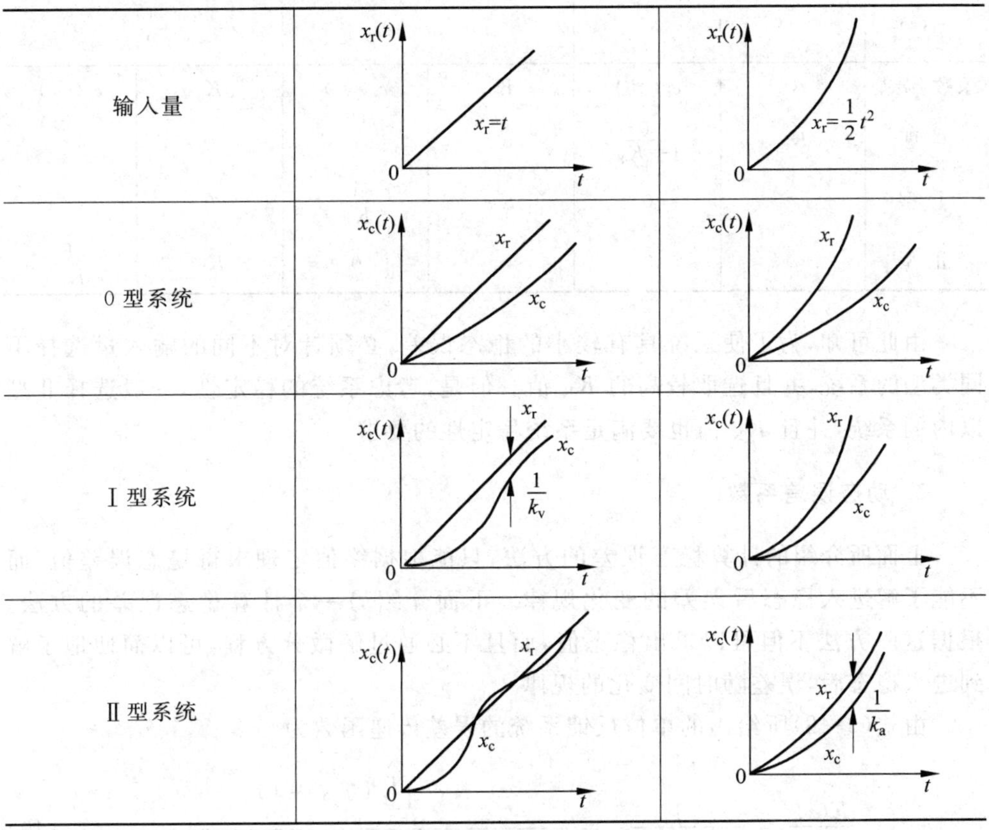

图 3-31　输出量示意图

（3）单位抛物线函数输入。这时输入量的拉氏变换为

$$X_r(s)=\frac{1}{s^3}$$

稳态误差为

$$e_{ss}=e_a(\infty)=\lim_{s\to 0}\frac{s}{1+W_K(s)}\cdot\frac{1}{s^3}=\lim_{s\to 0}\frac{1}{s^2W_K(s)}$$

令 $K_a=\lim\limits_{s\to 0}s^2W_K(s)$，$K_a$ 称为加速度稳态误差系数，则

对于 0 型和Ⅰ型系统，$K_a=0$，$e_a(\infty)=\infty$；

对于Ⅱ型系统，$K_a=K_K$，故 $e_a(\infty)=\frac{1}{K_K}$。

由此可知，0 型和Ⅰ型系统都不能跟踪抛物线输入，只有Ⅱ型系统可以跟踪抛物线输入，但是有稳态误差，如图 3-31 所示。现将各型系统在不同输入情况下的稳态误差系数和给定稳态误差汇总列于表 3-1。

表 3-1　稳态误差系数与给定稳态误差

$x_r(t)$	1		t		$\frac{1}{2}t^2$	
系数/误差	K_p	$e_p(\infty)$	K_v	$e_v(\infty)$	K_a	$e_a(\infty)$
0 型	K_K	$\frac{1}{1+K_K}$	0	∞	0	∞
Ⅰ 型	∞	0	K_K	$\frac{1}{K_K}$	0	∞
Ⅱ 型	∞	0	∞	0	K_K	$\frac{1}{K_K}$

由此可知，为了使系统具有较小的稳态误差，必须针对不同的输入量选择不同类型的系统，并且选取较高的 K_K 值。但是，考虑系统的稳定性，一般选择Ⅱ型以内的系统，并且 K_K 值也要满足系统稳定性的要求。

2. 动态误差系数

上面所介绍的计算稳态误差的方法，只能根据终值定理求得稳态误差值，而不能了解进入稳态后误差的变化规律。下面介绍另一个计算稳态误差的方法。根据这一方法不但可以求出稳态值，而且不必通过解微分方程，可以简便地了解到进入稳态后，误差随时间变化的规律。

由式(3-48)所给出的单位反馈系统的误差传递函数为

$$\frac{E(s)}{X_r(s)}=\frac{1}{1+W_K(s)}=\frac{s^N\prod_{j=1}^{n-N}(T_js+1)}{s^N\prod_{j=1}^{n-N}(T_js+1)+K_K\prod_{i=1}^{m}(T_is+1)} \tag{3-49}$$

如果将分子和分母中的幂次相同的各项合并，则可写成

$$\frac{E(s)}{X_r(s)}=\frac{\alpha_0+\alpha_1s+\alpha_2s^2+\cdots+\alpha_ns^n}{\beta_0+\beta_1s+\beta_2s^2+\cdots+\beta_ns^n} \tag{3-50}$$

用分母多项式除分子多项式，可把上式写为如下 s 的升幂级数

$$\frac{E(s)}{X_r(s)}=\frac{1}{k_0}+\frac{1}{k_1}s+\frac{1}{k_2}s^2+\cdots \tag{3-51}$$

由此可得误差的拉氏变换为

$$E(s)=\frac{1}{k_0}X_r(s)+\frac{1}{k_1}sX_r(s)+\frac{1}{k_2}s^2X_r(s)+\cdots \tag{3-52}$$

通过上式可以看出，系统的动态误差是由给定量及其各阶导数所引起。该式描述了动态过程的误差，因此 k_0,k_1,k_2 等各项系数定义为动态误差系数。为了与前面的位置稳态误差系数、速度稳态误差系数等相对应，将 k_0,k_1,k_2 分别定义为

k_0——动态位置误差系数；

k_1——动态速度误差系数；

k_2——动态加速度误差系数。

由式(3-52)可以求得稳态误差值。

$$e_{ss}=\lim_{s\to 0}sE(s)=\lim_{s\to 0}\left(\frac{s}{k_0}+\frac{s^2}{k_1}+\frac{s^3}{k_2}+\cdots\right)X_r(s) \tag{3-53}$$

由式(3-52)可知,该级数是在 $s=0$ 的邻域中收敛,相当于在时间域 $t\to\infty$ 收敛,因此对应该式的反变换是 $t\to\infty$,即系统进入稳态时稳态误差的时间函数关系式。设初始条件为零,并忽略 $t=0$ 时系统的脉冲值,则进入稳态时的系统误差为

$$\lim_{t\to\infty}e(t)=\lim_{t\to\infty}\left[\frac{1}{k_0}x_r(t)+\frac{1}{k_1}x_r'(t)+\frac{1}{k_2}x_r''(t)+\frac{1}{k_3}x_r'''(t)+\cdots\right] \tag{3-54}$$

如果已知各动态误差系数和输入量的各阶导数,即可求出 $t\to\infty$ 时误差的变化规律。

例 3-9　有一个单位反馈系统,其开环传递函数为

$$W_K(s)=\frac{K_K}{T_mT_ds^2+T_ms+1}$$

试计算输入量为 $x_r(t)=1(t)$ 和 $x_r(t)=t$ 时系统的稳态误差及其时间函数。

解　该系统为 0 型系统,系统的误差传递函数为

$$\frac{E(s)}{X_r(s)}=\frac{1+T_ms+T_mT_ds^2}{1+K_K+T_ms+T_mT_ds^2}$$

展开成 s 的升幂级数,得

$$\frac{E(s)}{X_r(s)}=\frac{1}{1+K_K}+\frac{K_KT_m}{(1+K_K)^2}s+\frac{K_KT_mT_d}{(1+K_K)^2}\left[1-\frac{T_m}{T_d(1+K_K)}\right]s^2+\cdots$$

故动态误差系数为

$$k_0=1+K_K,k_1=\frac{(1+K_K)^2}{K_KT_m},k_2=\frac{(1+K_K)^3}{K_KT_m[T_d(1+K_K)-T_m]}$$

当给定量为阶跃函数时

$$x_r(t)=1(t),\quad X_r(s)=\frac{1}{s}$$

稳态误差为

$$e_{ss}=e_p(\infty)=\lim_{s\to 0}sW_e(s)X_r(s)=\lim_{s\to 0}\left(\frac{1}{k_0}+\frac{1}{k_1}s+\frac{1}{k_2}s^2+\cdots\right)=\frac{1}{k_0}=\frac{1}{1+K_K}$$

稳态误差的时间函数为

$$e(t)=\frac{1}{k_0}x_r(t)+\frac{1}{k_1}x_r'(t)+\frac{1}{k_2}x_r''(t)$$

因为 $x_r(t)=1(t),x_r'(t)=x_r''(t)=x_r'''(t)=0$(不计时间等于零时的脉冲值),故得

$$\lim_{t\to\infty}e(t)=\frac{1}{k_0}=\frac{1}{1+K_K}$$

当给定量为单位斜坡函数时,$x_r(t)=t,x_r'(t)=1,x_r''(t)=x_r'''(t)=0$,稳态误差值为

$$e_{ss}=e_v(\infty)=\lim_{s\to 0}\left(\frac{1}{k_0s}+\frac{1}{k_1}+\frac{1}{k_2}s+\cdots\right)=\infty$$

稳态误差的时间函数为

$$e(t)=\frac{t}{k_0}+\frac{1}{k_1}$$

例 3-10 一个单位反馈系统的开环传递函数为

$$W_K(s)=\frac{10(1+5s)}{s^2(1+s)}$$

试求输入量为 $x_r(t)=g_0+g_1t+\frac{1}{2}g_2t^2$ 时,系统的稳态误差时间函数和稳态误差。

解 系统给定误差的传递函数为

$$\frac{E(s)}{X_r(s)}=\frac{s^2+s^3}{10+50s+s^2+s^3}$$

用分子多项式除以分母多项式,可得 s 的升幂级数

$$\frac{E(s)}{X_r(s)}=\frac{1}{10}s^2-\frac{2}{5}s^3+\cdots$$

故 $k_0=k_1=\infty, k_2=10, k_3=-5/2$。误差的拉氏变换为

$$E(s)=\frac{1}{10}s^2X_r(s)-\frac{2}{5}s^3X_r(s)+\cdots$$

已知给定输入量为

$$x_r(t)=g_0+g_1t+\frac{1}{2}g_2t^2$$

则

$$x'_r(t)=g_1+g_2t,\quad x''_r(t)=g_2,\quad x'''_r(t)=0$$

稳态误差的时间函数为

$$e_{ss}(t)=e(t)=\frac{1}{10}x''_r(t)-\frac{2}{5}x'''_r(t)+\cdots=\frac{g_2}{10}$$

系统稳态误差为

$$\lim_{t\to\infty}e(t)=\lim_{t\to\infty}\left(\frac{g_2}{10}\right)=\frac{g_2}{10}$$

3.6.3 减小稳态误差的方法

为了减小系统的给定或扰动稳态误差,一般经常采用的方法是提高开环传递函数中的串联积分环节的阶次 N,或增大系统的开环放大系数 K_K。但是 N 值一般不超过2,K_K 值也不能任意增大,否则系统不稳定。为了进一步减小给定和扰动误差,可以采用补偿的方法。所谓补偿是指作用于控制对象的控制信号中,除了偏差信号外,还引入与扰动或给定量有关的补偿信号,以提高系统的控制精度,减小误差。这种控制称为复合控制或前馈控制。

在图3-32所示的控制系统中,给定量 $X_r(s)$ 通过补偿校正装置 $W_c(s)$,对系

统进行开环控制。这样，引入的补偿信号 $X_b(s)$ 与偏差信号 $E(s)$ 一起，对控制对象进行复合控制。这种系统的闭环传递函数为

$$W_B(s)=\frac{X_c(s)}{X_r(s)}=\frac{[W_1(s)+W_c(s)]W_2(s)}{1+W_1(s)W_2(s)}$$

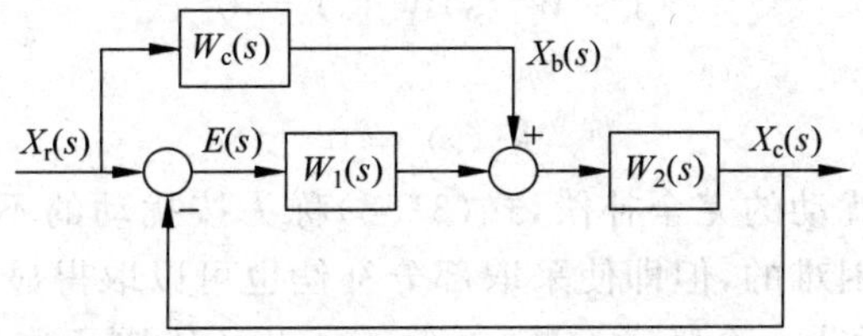

图 3-32 复合控制系统结构图之一

由此得到给定误差的拉氏变换为

$$E(s)=\frac{1-W_c(s)W_2(s)}{1+W_1(s)W_2(s)}X_r(s) \tag{3-55}$$

如果补偿校正装置的传递函数为

$$W_c(s)=\frac{1}{W_2(s)} \tag{3-56}$$

即补偿环节的传递函数为控制对象的传递函数的倒数，则系统补偿后的误差

$$E(s)=0$$

闭环传递函数为

$$W_B(s)=\frac{X_c(s)}{X_r(s)}=1$$

即

$$X_c(s)=X_r(s)$$

这时，系统的给定误差为零，输出量完全再现输入量。这种将误差完全补偿的作用称为全补偿。式(3-56)称为按给定作用的不变性条件。

又如在图 3-33 所示的结构图中，为了补偿外部扰动 $X_d(s)$ 对系统产生的作用，引入了扰动的补偿信号，补偿校正装置为 $W_c(s)$。此时，系统的扰动误差就是给定量为零时系统的输出量

$$X_c(s)=\frac{[1-W_1(s)W_c(s)]W_2(s)}{1+W_1(s)W_2(s)}X_d(s) \tag{3-57}$$

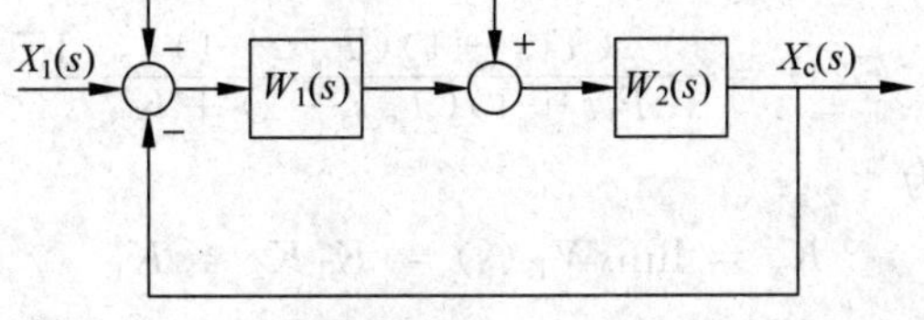

图 3-33 复合控制系统结构图之二

如果选取

$$W_c(s)=\frac{1}{W_1(s)} \tag{3-58}$$

或

$$1-W_1(s)W_c(s)=0$$

则得到

$$X_c(s)=0$$

这种作用是对外部扰动的完全补偿,式(3-58)称为按扰动的不变性条件。实际上实现完全补偿是很困难的,但即使采取部分补偿也可以取得显著的效果。

图3-34(a)所示为一个随动系统,补偿前的开环传递函数为

$$W_K(s)=\frac{K_1K_2}{s(T_1s+1)(T_ms+1)}$$

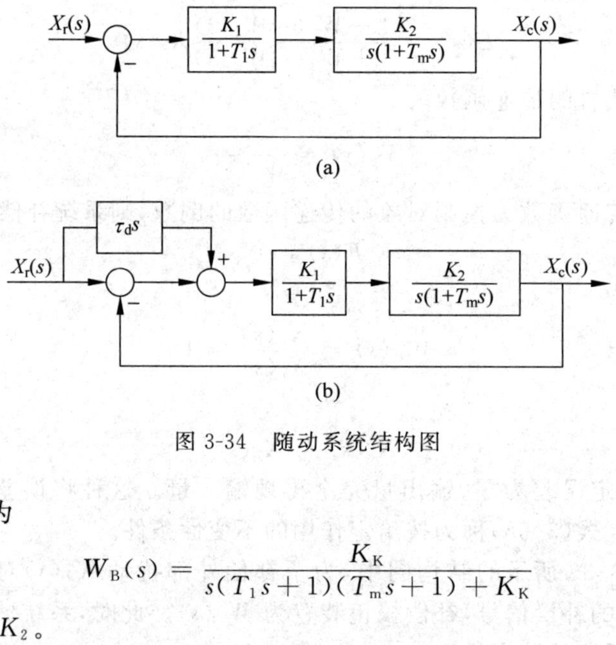

图3-34 随动系统结构图

闭环传递函数为

$$W_B(s)=\frac{K_K}{s(T_1s+1)(T_ms+1)+K_K}$$

式中:$K_K=K_1K_2$。

误差传递函数为

$$W_e(s)=\frac{s(T_1s+1)(T_ms+1)}{s(T_1s+1)(T_ms+1)+K_K}$$

当输入量为单位斜坡函数时,$X_r(s)=\frac{1}{s^2}$,系统的给定误差拉氏变换为

$$E(s)=\frac{s(T_1s+1)(T_ms+1)}{s(T_1s+1)(T_ms+1)+K_K}\frac{1}{s^2}$$

速度稳态误差系数为

$$K_v=\lim_{s\to 0}sW_K(s)=K_1K_2=K_K$$

系统的稳态误差为

$$e_{ss}=e_v(\infty)=\lim_{s\to 0}sE(s)=\frac{1}{K_v}=\frac{1}{K_K}$$

这时系统将产生速度稳态误差，误差的大小决定于系统的速度稳态误差系数$K_v=K_K$。

为了补偿系统的速度误差，引进了给定量的微分信号，如图 3-34(b)所示。补偿校正装置 $W_c(s)$的传递函数为

$$W_c(s)=\tau_d s$$

由此求得系统的闭环传递函数为

$$W_B(s)=\frac{[1+W_c(s)]W_K(s)}{1+W_K(s)}=\frac{K_K(1+\tau_d s)}{s(T_1 s+1)(T_m s+1)+K_K}$$

复合控制的给定误差传递函数为

$$W_e(s)=1-W_B(s)=\frac{s^2(T_1T_m s+T_1+T_m)+s(1-K_K\tau_d)}{s(T_1 s+1)(T_m s+1)+K_K}$$

今选取 $\tau_d=\frac{1}{K_K}$，则误差传递函数为

$$W_e(s)=\frac{s^2(T_1T_m s+T_1+T_m)}{s(T_1 s+1)(T_m s+1)+K_K}$$

误差的拉氏变换为

$$E(s)=\frac{s^2(T_1T_m s+T_1+T_m)}{s(T_1 s+1)(T_m s+1)+K_K}X_r(s)$$

在输入量为单位斜坡函数的情况下，$X_r(s)=\frac{1}{s^2}$，系统的给定稳态误差为

$$e_{ss}=e_v(\infty)=\lim_{s\to 0}sE(s)=\lim_{s\to 0}\frac{s(T_1T_m s+T_1+T_m)}{s(T_1 s+1)(T_m s+1)+K_K}=0$$

由此可知，当加入补偿校正装置 $W_c(s)=\frac{1}{K_K}s$（也称为前馈控制）时，可以使系统的速度稳态误差为零，将原来的Ⅰ型系统提高为Ⅱ型系统。此时其等效单位反馈系统的开环传递函数为

$$W'_K(s)=\frac{1}{W_e(s)}-1=\frac{s+K_K}{s^2(T_1T_m s+T_1+T_m)}$$

应特别指出的是，加入这一前馈控制时，系统的稳定性与未加前馈相同，因为这两个系统的特征方程式是相同的。这样，提高了稳态精度，但系统稳定性不变。

实现上述补偿是很容易的，从输入端引入一个理想的微分环节即可，该环节的微分时间常数为 $\tau=\frac{1}{K_K}$。

3.7　用 MATLAB 进行系统时域分析

利用 MATLAB 中的函数进行时域分析可以使一些复杂的问题变得相对简单，从而方便地进行控制系统的时域分析。

3.7.1 典型输入信号的 MATLAB 实现

1. 单位脉冲响应

当输入信号为单位脉冲函数时,系统的输出为单位脉冲响应,在 MATLAB 中可用 impulse()函数实现,其调用格式为

```
[y,x,t] = impulse(num,den,t)
```

或

```
impulse(num,den)
```

式中,t 为仿真时间;y 为输出响应;x 为状态响应。

例 3-11 系统传递函数为 $W(s)=\dfrac{1}{s^2+s+1}$,$t\in[0,10]$,求其单位脉冲响应。

解 输入以下 MATLAB 命令:

```
%L0301.m
t=[0: 0.1: 10];
num=[1];
den=[1,1,1];
[y,x,t]=impulse(num,den,t)
plot(t,y);
grid; %绘制网格
xlabel('t');
ylabel('y');
title('单位脉冲响应')
```

其响应结果如图 3-35 所示。

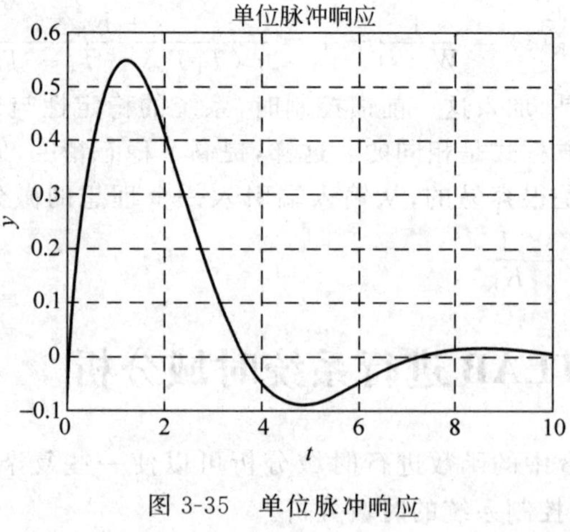

图 3-35 单位脉冲响应

2. 单位阶跃响应

当输入为单位阶跃信号时,系统的输出为单位阶跃响应,在 MATLAB 中可用 step()函数实现,其调用格式为

```
[y,x,t] = step(num,den,t)
```

或

```
step(num,den)
```

例 3-12　求系统传递函数为 $W(s)=\dfrac{1}{s^2+0.5s+1}$ 的单位阶跃响应。

解　输入以下 MATLAB 命令:

```
%L0302.m
num = [1];
den = [1,0.5,1];
t = [0: 0.1: 10];
[y,x,t] = step(num,den,t);
plot(t,y);
grid; %绘制网格
xlabel('t');
ylabel('y');
title('单位阶跃响应')
```

其响应结果如图 3-36 所示。

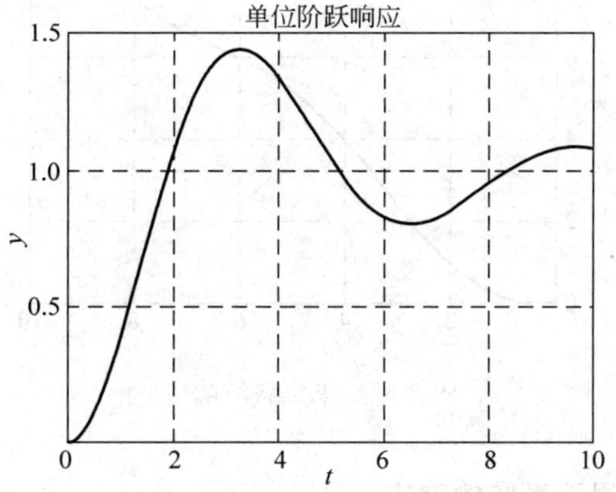

图 3-36　单位阶跃响应

3. 斜坡响应

MATLAB 中没有斜坡响应命令,因此,需要利用阶跃响应命令来求斜坡响应。因为线性系统中的单位斜坡响应可用其单位阶跃响应的积分来表示,所以当

求传递函数为 $W(s)$ 的斜坡响应时，可先用 s 除以 $W(s)$，然后利用阶跃响应命令即可求得斜坡响应。

例 3-13　已知闭环系统传递函数 $\dfrac{C(s)}{R(s)}=W(s)=\dfrac{1}{s^2+0.3s+1}$，求其单位斜坡响应。

解　对单位斜坡输入 $r(t)=t, R(s)=\dfrac{1}{s^2}$，有

$$C(s)=W(s)R(s)=\frac{W(s)}{s}sR(s)=\frac{1}{s(s^2+0.3s+1)}\cdot\frac{s}{s^2}=\frac{1}{s(s^2+0.3s+1)}\cdot\frac{1}{s}$$

输入以下 MATLAB 命令：

```
%L0303.m
num=[1];
den=[1,0.3,1,0];
t=[0: 0.1: 10];
c=step(num,den,t);
plot(t,c);
grid; %绘制网格
xlabel('t');
ylabel('y');
title('单位斜坡响应')
```

其响应结果如图 3-37 所示。

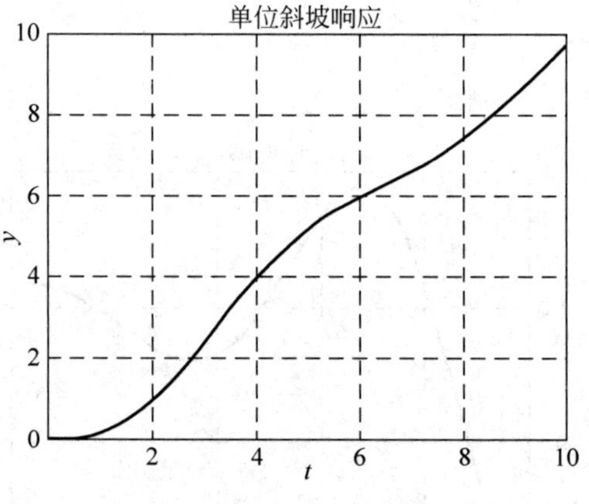

图 3-37　单位斜坡响应

4. 任意函数作用下系统的响应

在许多情况下，需要求取在任意已知函数作用下系统的响应，在 MATLAB 中可用 lsim()函数实现，其调用格式

```
[y,x]=lsim(num,den,u,t)
```

式中，y 为系统输出响应；x 为系统状态响应；u 为系统输入信号；t 为仿真时间。

注意，调用仿真函数 lsim()时，应给出与时间 t 向量相对应的输入向量。

例 3-14　反馈系统如图 3-38(a)所示，系统输入信号为如图 3-38(b)所示的三角波，求取系统输出响应。

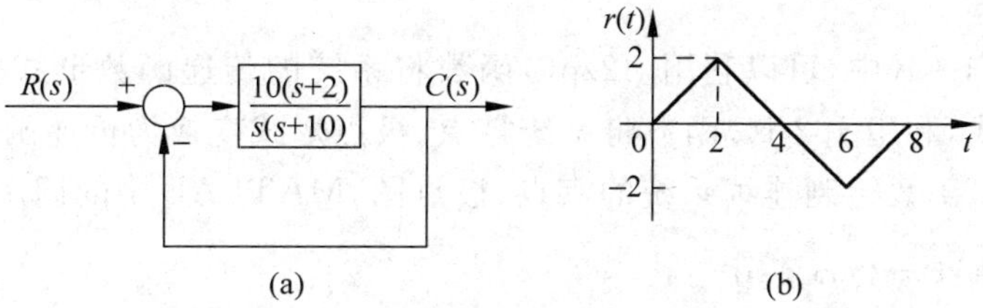

图 3-38　例 3-14 的反馈系统

解　输入以下 MATLAB 命令

```
%L0304.m
numg=[10,20];
deng=[1,10,0];
[num,den]=cloop(numg,deng,-1); %构成负反馈闭环系统
%产生三角波函数
v1=[0: 0.1: 2];
v2=[1.9: -0.1: -2];
v3=[-1.9: 0.1: 0];
t=[0: 0.1: 8];
u=[v1,v2,v3];
[y,x]=lsim(num,den,u,t);
plot(t,y,t,u);
grid; %绘制网格
xlabel('t');
ylabel('y');
title('系统在三角波函数作用下的响应')
```

其响应结果如图 3-39 所示。

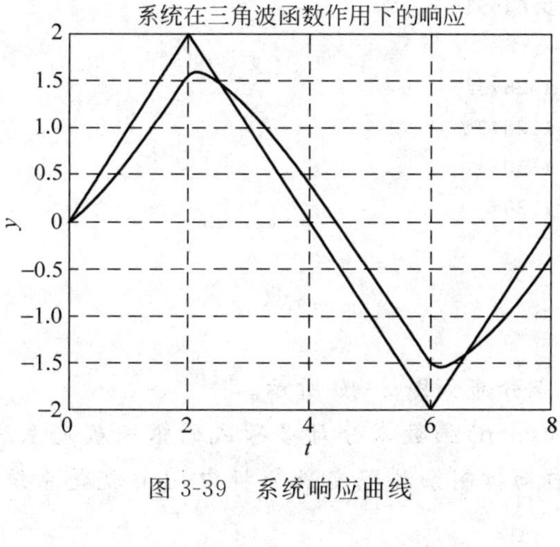

图 3-39　系统响应曲线

3.7.2 系统的稳定性分析

在MATLAB中,可以利用tf2zp()函数将系统的传递函数形式变换为零点、极点增益形式,利用zp2tf()函数将系统零点、极点形式变换为传递函数形式,还可利用pzmap()函数绘制连续系统的零点、极点图,MATLAB中的调用格式分别为

```
[z,p,k] = tf2zp(num,den)
[num,den] = zp2tf(z,p,k)
pzmap(num,den)
```

式中,z为系统的零点;p为系统的极点;k为增益。

例3-15 考虑连续系统 $W(s)=\dfrac{3s^4+2s^3+5s^2+4s+6}{s^5+3s^4+4s^3+2s^2+7s+2}$,求系统的零点、极点及增益,并绘制其零点、极点图。

解 输入以下MATLAB命令

```
%L0305.m
num = [3 2 5 4 6];
den = [1 3 4 2 7 2];
[Z,P,K] = tf2zp(num,den);
pzmap(num,den); %绘制连续系统的零点、极点图
title('系统的零极点图')
```

运行结果为

```
Z =
    0.4019 + 1.1965i
    0.4019 - 1.1965i
   -0.7352 + 0.8455i
   -0.7352 - 0.8455i
P =
   -1.7680 + 1.2673i
   -1.7680 - 1.2673i
    0.4176 + 1.1130i
    0.4176 - 1.1130i
   -0.2991
K =
    3
```

系统的零点、极点分布如图3-40所示。

还可以利用root(den)函数求分母多项式的根来确定系统的极点,从而确定系统的稳定性。在自动控制系统稳定性分析中,den就是系统闭环特征多项式降

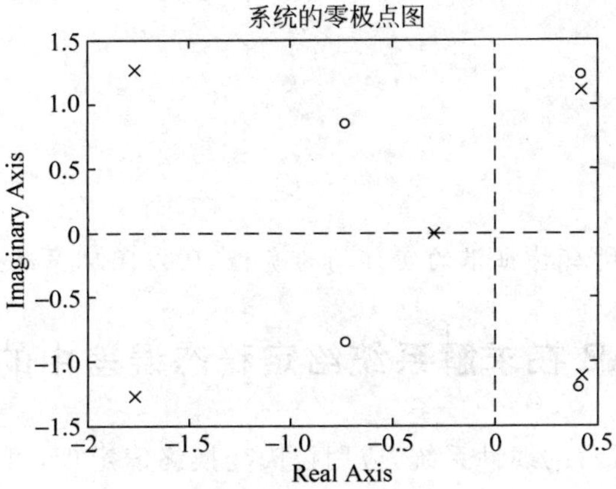

图 3-40　运行结果

幂排列的系数向量。若能够求得 den，则其根就可以求出，并进而判断所有根的实部是否小于零。若闭环系统特征方程的所有根的实部都小于零，系统闭环是稳定的，只要有一个根的实部不小于零，则系统闭环不稳定。

上例中，判断其稳定性，MATLAB 的程序如下

```
roots(den);
```

运行结果为

```
ans =
  - 1.7680 + 1.2673i
  - 1.7680 - 1.2673i
  0.4176 + 1.1130i
  0.4176 - 1.1130i
  - 0.2991
```

计算结果表明，特征根中有 2 个根的实部为正，所以闭环系统是不稳定的。

例 3-16　已知系统开环传递函数为 $W(s)=\dfrac{100(s+2)}{s(s+1)(s+20)}$，试判断闭环系统的稳定性。

解　输入以下 MATLAB 命令

```
%L0306.m
k = 100;
z = [ - 2];
p = [0, - 1, - 20];
[n1,d1] = zp2tf(z,p,k);
P = n1 + d1;
Roots(P)
```

其运行结果为

```
ans =
   -12.8990
   -5.0000
   -3.1010
```

计算数据表明所有特征根的实部均为负值,所以闭环系统是稳定的。

3.7.3 MATLAB 在求解系统给定稳态误差中的应用

对于图 3-41 所示的线性系统,应用拉氏变换终值定理,可以很容易地得出系统给定稳态误差

$$e_{ss}=\lim_{t\to\infty}e(t)=\lim_{s\to 0}sE(s)=\lim_{s\to 0}s[R(s)-C(s)]=\lim_{s\to 0}s[R(s)-W_B(s)R(s)]$$
$$=\lim_{s\to 0}sR(s)[1-W_B(s)]$$

式中,$W_B(s)=\dfrac{W(s)}{HW(s)}$。

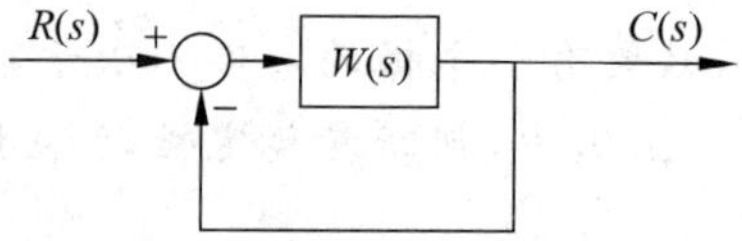

图 3-41 系统框图

在 MATLAB 中,利用函数 dcgain()可求取系统给定稳态误差。该函数的调用格式为

```
dcg = dcgain(num,den)
```

式中,dcg 为所求系统的给定稳态误差。

例 3-17 试计算如图 3-41 所示的系统分别在典型输入信号 $r(t)=1(t)$,t,$\frac{1}{2}t^2$ 下的给定稳态误差,已知 $W(s)=\dfrac{7(s+1)}{s(s+3)(s^2+4s+5)}$。

解 输入以下 MATLAB 命令,求系统的闭环传递函数。

```
%求系统的闭环传递函数
num1 = [7 7];
den1 = [conv(conv([1 0],[1 3]),[1 4 5])];
W = tf(num1,den1);
WW = feedback(W,1,-1)
```

运行结果为

```
Transfer function:
7s + 7
-------------------------------------
s^4 + 7s^3 + 17s^2 + 22s + 7
```

输入以下 MATLAB 命令,计算 $s[1-W_B(s)]$.

```
%计算 s[1 - W_B(s)]
WWW = tf(WW.den{1} - WW.num{1},WW.den{1});
```

```
num2 = [1 0];
den2 = 1;
W1 = tf(num2,den2);
WWWW = WWW * W1
```

运行结果为

```
Transfer function:
     s^5 + 7s^4 + 17s^3 + 15s^2
     ------------------------------------
     s^4 + 7s^3 + 17s^2 + 22s + 7
```

说明：WW. num{1}，WW. den{1}分别表示 WW 对象的分子、分母部分。

(1) 计算 $r(t)=1(t)$ 时的给定稳态误差 e_{ss}。

此时，$R(s)=\dfrac{1}{s}$，输入以下 MATLAB 命令，计算给定稳态误差终值。

%计算 $r(t)=1(t)$ 时的给定稳态误差 e_{ss}

```
num3 = 1;
den3 = [1 0];
R1 = tf(num3,den3);
dcg = dcgain(WWWW * R1)
```

运行结果为

```
dcg = 0
```

即给定稳态误差为 0。

(2) 计算 $r(t)=t$ 时的给定稳态误差 e_{ss}。

此时，$R(s)=\dfrac{1}{s^2}$，输入以下 MATLAB 命令，计算给定稳态误差。

%计算 $r(t)=t$ 时的给定稳态误差 e_{ss}

```
num4 = 1;
den4 = [1 0 0];
R2 = tf(num4,den4);
dcg = dcgain(WWWW * R2)
```

运行结果为

```
dcg = 2.1429
```

即给定稳态误差为 2.1429。

(3) 计算 $r(t)=\dfrac{1}{2}t^2$ 时的给定稳态误差 e_{sr}。

此时，$R(s)=\dfrac{1}{s^3}$，输入以下 MATLAB 命令，计算给定稳态误差。

```
%计算 r(t) = t^2 时的给定稳态误差终值 ess
num5 = 1;
den5 = [1 0 0 0];
R3 = tf(num5,den5);
dcg = dcgain(WWWW * R3)
```

运行结果为

```
dcg =  Inf
```

即给定稳态误差为 ∞。

小结

(1) 时域分析是通过直接求解系统在典型输入信号作用下的时域响应来分析系统的性能的。通常是以系统阶跃响应的超调量、调整时间和稳态误差等性能指标来评价系统性能的优劣。

(2) 二阶系统在欠阻尼时的响应虽有振荡,但只要阻尼比 ξ 取值适当(如 $\xi=0.707$ 左右),则系统既有响应的快速性,又有过渡过程的平稳性,因而在控制工程中常把二阶系统设计为欠阻尼。

(3) 如果高阶系统中含有一对闭环主导极点,则该系统的动态响应就可以近似地用这对主导极点所描述的二阶系统来表征。

(4) 稳定是系统能正常工作的首要条件。线性定常系统的稳定性是系统的一种固有特性,它仅取决于系统的结构和参数,与外施信号的形式和大小无关。不用求根而能直接判别系统稳定性的方法,称为代数稳定判据。代数稳定判据只回答特征方程式的根在 s 平面上的分布情况,而不能确定根的具体数值。

(5) 稳态误差是系统控制精度的度量,也是系统的一个重要性能指标。系统的稳态误差既与其结构和参数有关,也与控制信号的形式、大小和作用点有关。

(6) 系统的稳态精度与动态性能在对系统的类型和开环增益的要求上是相矛盾的。解决这一矛盾的方法,除了在系统中设置校正装置外,还可用前馈补偿的方法来提高系统的稳态精度。

思考题与习题

3-1 控制系统的时域指标如何定义?

3-2 系统的动态过程与系统的极点有什么对应关系?

3-3 系统的时间常数对其动态过程有何影响?

3-4 提高系统的阻尼比对系统有何影响?

3-5　什么是主导极点？主导极点在系统分析中起什么作用？

3-6　系统稳定的条件是什么？

3-7　系统的稳定性与什么有关？

3-8　系统的稳态误差与哪些因素有关？

3-9　如何减小系统的稳态误差？

3-10　一个单位反馈控制系统的开环传递函数为 $W_K(s)=\dfrac{1}{s(s+1)}$。

试求：(1) 系统的单位阶跃响应及性能指标 $\sigma\%$，t_r，t_s 和 μ；

(2) 输入量 $x_r(t)=t$ 时，系统的输出响应；

(3) 输入量 $x_r(t)$ 为单位脉冲函数时，系统的输出响应。

3-11　一个单位反馈控制系统的开环传递函数为 $W_K(s)=\dfrac{K_K}{s(\tau s+1)}$，其单位阶跃响应曲线如图 P3-1 所示，图中的 $x_m=1.25$，$t_m=1.5\text{s}$。试确定系统参数 K_K 及 τ 值。

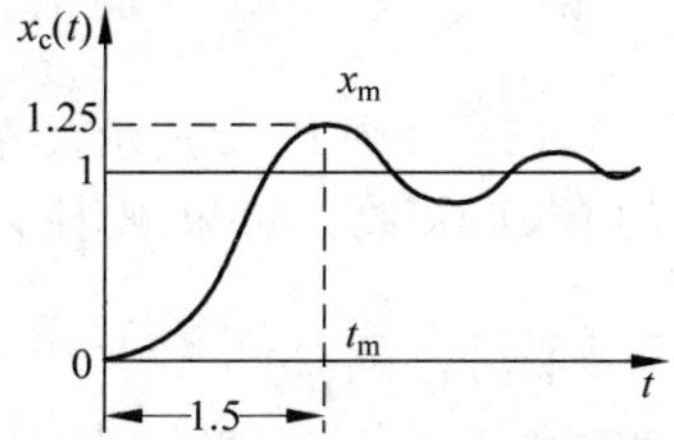

图 P3-1　题 3-11 系统的单位阶跃响应曲线

3-12　一个单位反馈控制系统的开环传递函数为 $W_K(s)=\dfrac{\omega_n^2}{s(s+2\xi\omega_n)}$。已知系统的 $x_r(t)=1(t)$，误差时间函数为 $e(t)=1.4e^{-1.07t}-0.4e^{-3.73t}$，求系统的阻尼比 ξ、自然振荡角频率 ω_n、系统的开环传递函数和闭环传递函数、系统的稳态误差。

3-13　已知单位反馈控制系统的开环传递函数为 $W_K(s)=\dfrac{K_K}{s(\tau s+1)}$，试选择 K_K 及 τ 值以满足下列指标：

(1) 当 $x_r(t)=t$ 时，系统的稳态误差 $e_v(\infty)\leqslant 0.02$；

(2) 当 $x_r(t)=1(t)$ 时，系统的 $\sigma\%\leqslant 30\%$，$t_s(5\%)\leqslant 0.3\text{s}$。

3-14　已知单位反馈控制系统的闭环传递函数为 $W_B(s)=\dfrac{\omega_n^2}{s^2+2\xi\omega_n s+\omega_n^2}$，试画出以 ω_n 为常数、ξ 为变数时，系统特征方程式的根在 s 平面上的分布轨迹。

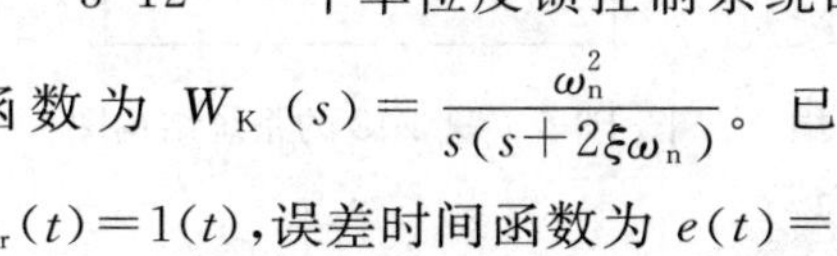

图 P3-2　题 3-15 的系统结构图

3-15　一个系统的动态结构图如图 P3-2 所示，求在不同的 K_K 值下（例如，$K_K=1$，$K_K=3$，$K_K=7$）系统的闭环极点、单位阶跃响应、动态性能指标及稳态误差。

3-16　一个闭环反馈控制系统的动态结构图如图 P3-3 所示。

(1) 试求当 $\sigma\%\leqslant 20\%$，$t_s(5\%)=1.8\text{s}$ 时，系统的参数 K_1 及 τ 值。

(2) 试求上述系统的位置稳态误差系数 K_p、速度稳态误差系数 K_v、加速度稳

态误差系数 K_a 及其相应的稳态误差。

3-17 一个系统的动态结构图如图 P3-4 所示。

试求：(1) $\tau_1=0,\tau_2=0.1$ 时，系统的 $\sigma\%$，$t_s(5\%)$；

(2) $\tau_1=0.1,\tau_2=0$ 时，系统的 $\sigma\%$，$t_s(5\%)$；

(3) 比较上述两种校正情况下的动态性能指标及稳态性能。

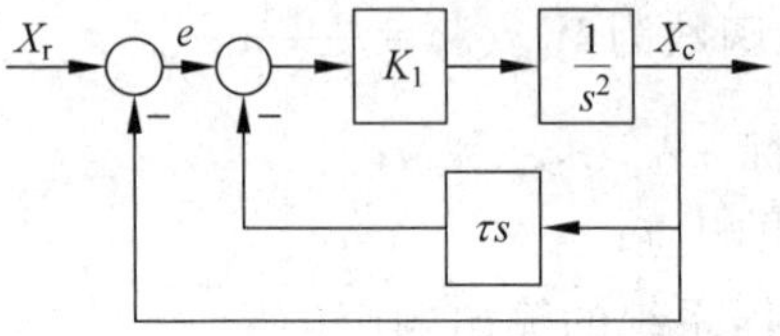

图 P3-3 题 3-16 的系统结构图

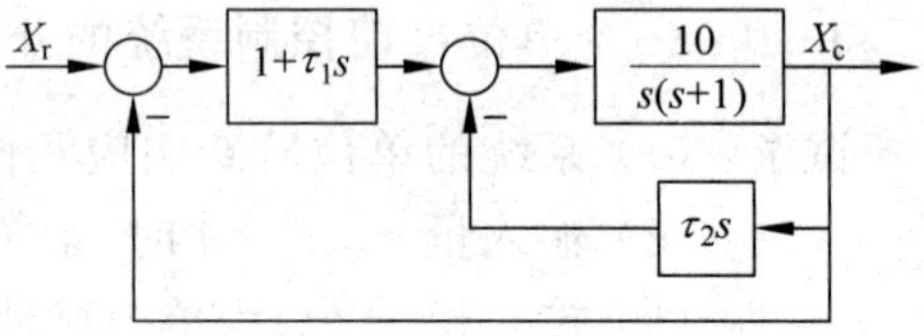

图 P3-4 题 3-17 的系统结构图

3-18 如图 P3-5 所示系统，图中的 $W_g(s)$ 为被控对象的传递函数，$W_c(s)$ 为调节器的传递函数。如果被控对象为 $W_g(s)=\dfrac{K_g}{(T_1s+1)(T_2s+1)}$，$T_1>T_2$，系统要求的指标为：位置稳态误差为零，调节时间最短，超调量 $\sigma\%\leqslant 4.3\%$，问下述三种调节器中哪一种能满足上述指标？其参数应具备什么条件？三种调节器分别为

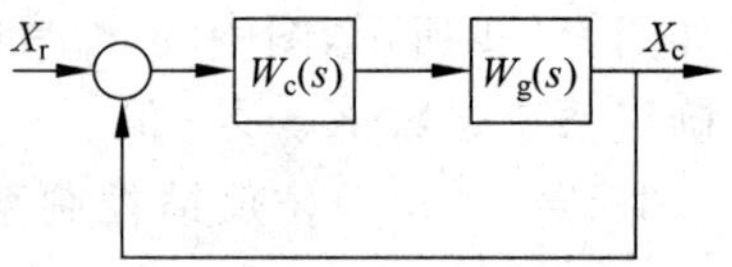

图 P3-5 题 3-18 的系统结构图

(a) $W_c(s)=K_p$； (b) $W_c(s)=K_p\dfrac{(\tau s+1)}{s}$； (c) $W_c(s)=K_p\dfrac{(\tau_1 s+1)}{(\tau_2 s+1)}$

3-19 有闭环系统的特征方程式如下，试用劳斯判据判断系统的稳定性，并说明特征根在复平面上的分布。

(1) $s^3+20s^2+4s+50=0$；

(2) $s^3+20s^2+4s+100=0$；

(3) $s^4+2s^3+6s^2+8s+8=0$；

(4) $2s^5+s^4-15s^3+25s^2+2s-7=0$；

(5) $s^6+3s^5+9s^4+18s^3+22s^2+12s+12=0$。

3-20 单位反馈系统的开环传递函数为

$$W_K(s)=\frac{K_K(0.5s+1)}{s(s+1)(0.5s^2+s+1)}$$

试确定使系统稳定的 K_K 值范围。

3-21 已知系统的结构图如图 P3-6 所示，试用劳斯判据确定使系统稳定的 K_f 值范围。

3-22 如果采用图 P3-7 所示的系统，问 τ 取何值时，系统方能稳定？

3-23 设单位反馈系统的开环传递函数为 $W_K(s)=\dfrac{K}{s(1+0.33s)(1+0.107s)}$，要求闭环特征根的实部均小于 -1，求 K 值应取的范围。

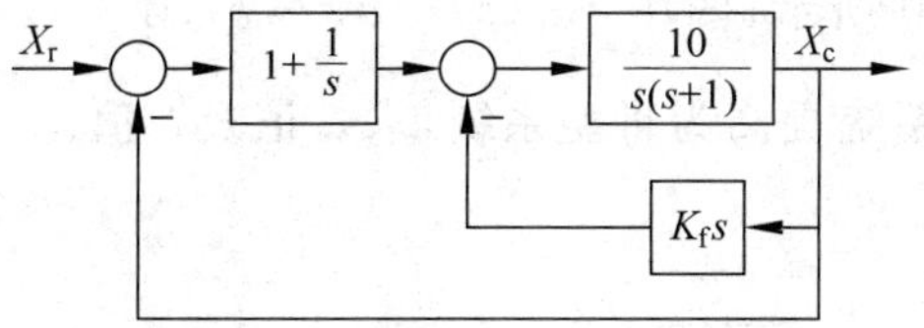

图 P3-6　题 3-21 的系统结构图

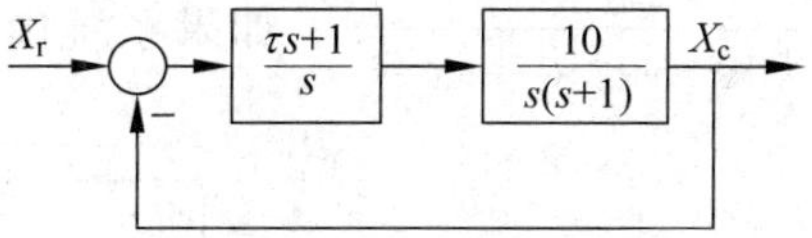

图 P3-7　题 3-22 的系统结构图

3-24　设有一个单位反馈系统，如果其开环传递函数为

(1) $W_K(s)=\dfrac{10}{s(s+4)(5s+1)}$；

(2) $W_K(s)=\dfrac{10(s+0.1)}{s^2(s+4)(5s+1)}$。

试求输入量为 $x_r(t)=t$ 和 $x_r(t)=2+4t+5t^2$ 时系统的稳态误差。

3-25　有一个单位反馈系统，系统的开环传递函数为 $W_K(s)=\dfrac{K_K}{s}$。求当输入量为 $x_r(t)=\dfrac{1}{2}t^2$ 和 $x_r(t)=\sin\omega t$ 时，控制系统的稳态误差。

3-26　有一个单位反馈系统，其开环传递函数为 $W_K(s)=\dfrac{3s+10}{s(5s-1)}$，求系统的动态误差系数；并求当输入量 $x_r(t)=1+t+\dfrac{1}{2}t^2$ 时，稳态误差的时间函数 $e(t)$。

3-27　一个系统的结构图如图 P3-8 所示，并设 $W_1(s)=\dfrac{K_1(1+T_1s)}{s}$，$W_2(s)=\dfrac{K_2}{s(1+T_2s)}$。当扰动量分别以 $\Delta X_d(s)=\dfrac{1}{s}$、$\dfrac{1}{s^2}$ 作用于系统时，求系统的扰动稳态误差。

3-28　一个复合控制系统的结构图如图 P3-9 所示，其中 $K_1=2K_3=1$，$T_2=0.25s$，$K_2=2$。

试求：(1) 输入量分别为 $x_r(t)=1$，$x_r(t)=t$，$x_r(t)=\dfrac{1}{2}t^2$ 时系统的稳态误差；

(2) 系统的单位阶跃响应，及其 $\sigma\%$，t_s。

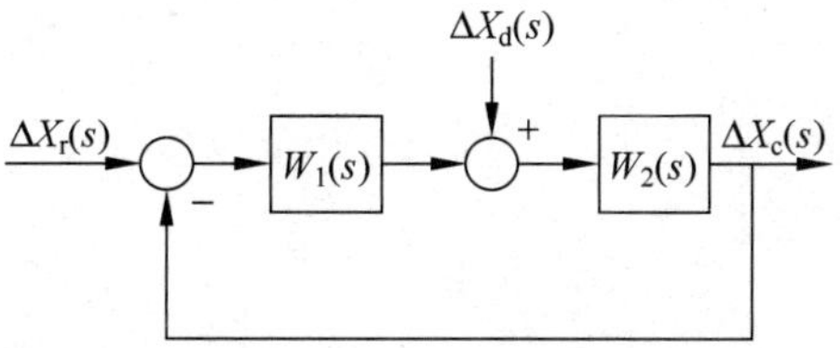

图 P3-8　题 3-27 的系统结构图

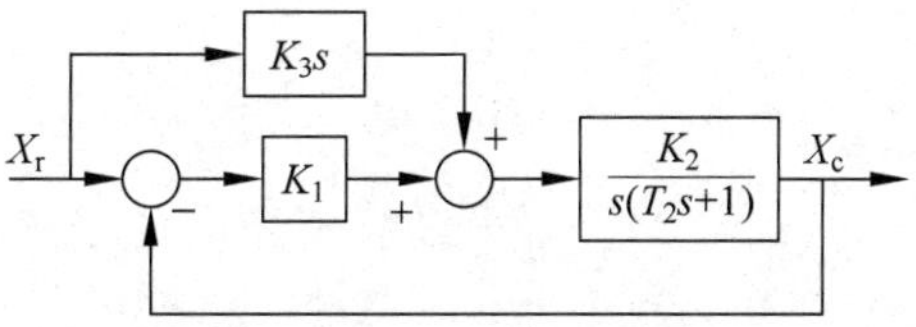

图 P3-9　题 3-28 的系统结构图

3-29 一个复合控制系统如图 P3-10 所示，图中 $W_c(s)=as^2+bs$，$W_g(s)=\frac{10}{s(1+0.1s)(1+0.2s)}$。如果系统由Ⅰ型系统提高为Ⅲ型系统，求 a 值及 b 值。

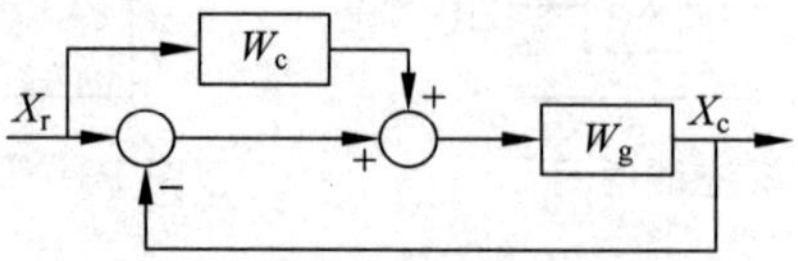

图 P3-10 题 3-29 的系统结构图

第4章 根轨迹法

上一章已讲过，线性系统的稳定性完全由它的特征根(闭环极点)所决定，系统的品质则取决于它的闭环极点和零点。由于高阶系统特征根的求解一般比较困难，因而限制了时域分析方法在二阶以上系统中的广泛应用。

1948年，伊文思(W. R. Evans)根据反馈控制系统开环和闭环传递函数之间的关系，提出了一种由开环传递函数求闭环特征根的简便方法，在工程中获得了广泛的应用。这种方法称为根轨迹法。它是一种用图解方法表示特征根与系统参数的全部数值关系的方法。

为了说明根轨迹的概念，这里讨论一个单位反馈二阶系统，其开环传递函数为

$$W_{\mathrm{K}}(s)=\frac{K}{s(0.5s+1)}=\frac{2K}{s(s+2)}$$

其闭环传递函数为

$$W_{\mathrm{B}}(s)=\frac{2K}{s^2+2s+2K}$$

则闭环系统特征方程为

$$D_{\mathrm{B}}(s)=s^2+2s+2K=0$$

闭环极点就是特征方程式的根。在本系统中为

$$s_1=-1+\sqrt{1-2K}$$
$$s_2=-1-\sqrt{1-2K}$$

下面研究开环放大系数 K 与闭环特征根的关系。当取不同 K 值时，算得闭环特征根如下：

K	s_1	s_2
0	0	-2
0.5	-1	-1
1	$-1+\mathrm{j}1$	$-1-\mathrm{j}1$
2	$-1+\mathrm{j}\sqrt{3}$	$-1-\mathrm{j}\sqrt{3}$
∞	$-1+\mathrm{j}\infty$	$-1-\mathrm{j}\infty$

K 由 $0\to\infty$变化时,闭环特征根在 s 平面上移动的轨迹如图 4-1 所示。这就是该系统的根轨迹。

根轨迹直观地表示了参数 K 变化时,闭环特征根的变化,并且还给出了参数 K 对闭环特征根在 s 平面上分布的影响。

绘制根轨迹的可变参数常用开环放大系数,但也可以用系统中的其他参数,如某个环节的时间常数等。

对于一般的反馈控制系统,其结构图如图 4-2 所示,它的开环传递函数为

$$W_K(s)=\frac{K_1K_2N_1(s)N_2(s)}{D_1(s)D_2(s)}=\frac{K_g\prod_{i=1}^{m}(s+z_i)}{\prod_{j=1}^{n}(s+p_j)}=\frac{K_gN(s)}{D(s)} \tag{4-1}$$

式中:$-z_i$——开环零点;

$-p_j$——开环极点;

K_g——根轨迹放大系数。

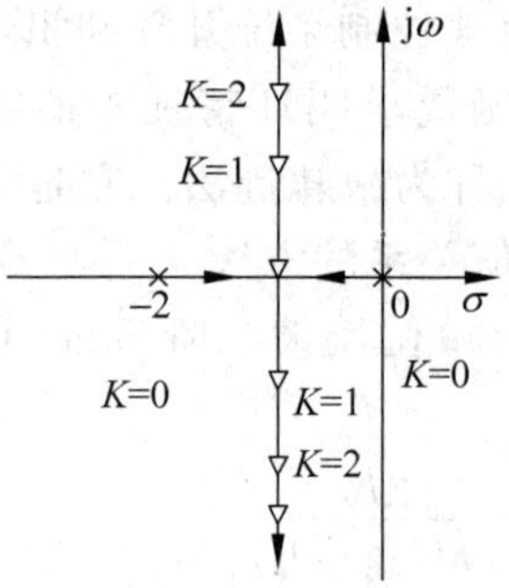

图 4-1 二阶系统根轨迹

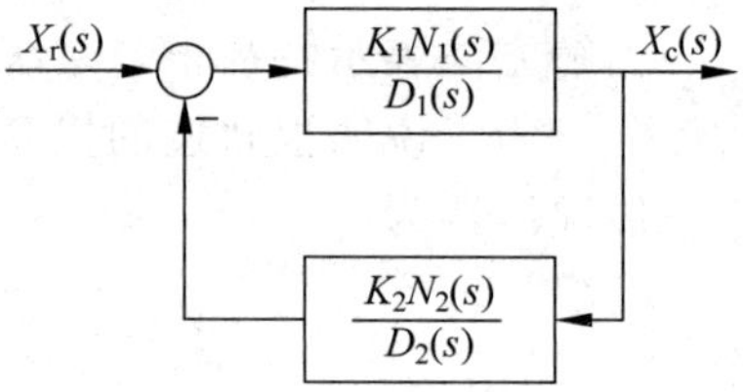

图 4-2 自动控制系统结构图

而闭环系统特征方程式为

$$1+\frac{K_gN(s)}{D(s)}=1+W_K(s)=0 \tag{4-2}$$

这个方程式表达了开环传递函数与闭环特征方程式的关系。绘制根轨迹,实质上就是当某一参数变化时,寻求闭环系统特征方程式的解的变化轨迹。

根轨迹一旦画出,那么,对应某一 K_g(或其他参数)的变化,就可以获得一组特征根(闭环极点),于是可判断系统的稳定性;再考虑到已知的闭环零点,就可以确定系统的品质,这就解决了对系统的分析问题。

当然,也可根据规定的品质指标,利用根轨迹法,去合理安排开环系统零点、极点的位置和适当调整 K_g 值。

4.1 根轨迹法的基本概念

前面已讨论,图 4-2 所示系统的闭环极点可根据特征方程式(4-2)计算,即

$$1+\frac{K_gN(s)}{D(s)}=0 \tag{4-3}$$

或写做

$$\frac{N(s)}{D(s)}=\frac{\prod_{i=1}^{m}(s+z_i)}{\prod_{j=1}^{n}(s+p_j)}=-\frac{1}{K_g} \tag{4-4}$$

令 $s=\sigma+j\omega$,代入式(4-4)可得

$$\frac{N(s)}{D(s)}=\frac{\prod_{i=1}^{m}(s+z_i)}{\prod_{j=1}^{n}(s+p_j)}=\left|\frac{N(s)}{D(s)}\right|\angle\frac{N(s)}{D(s)}=-\frac{1}{K_g} \tag{4-5}$$

上式是一个复数,它的幅值和幅角分别为

$$\left|\frac{N(s)}{D(s)}\right|=\left|\frac{\prod_{i=1}^{m}(s+z_i)}{\prod_{j=1}^{n}(s+p_j)}\right|=\frac{\prod_{i=1}^{m}l_i}{\prod_{j=1}^{n}L_j}$$

$$=\frac{\text{开环有限零点到 } s \text{ 的矢量长度之积}}{\text{开环极点到 } s \text{ 的矢量长度之积}}=\frac{1}{K_g} \tag{4-6}$$

$$\angle\frac{N(s)}{D(s)}=\angle N(s)-\angle D(s)=\sum_{i=1}^{m}\angle(s+z_i)-\sum_{j=1}^{n}\angle(s+p_j)=\sum_{i=1}^{m}\alpha_i-\sum_{j=1}^{n}\beta_j$$

$$=\pm 180^\circ(1+2\mu)\quad(\mu=0,1,2,\cdots) \tag{4-7}$$

式中：α_i——开环有限零点 $-z_i$ 到 s 的矢量幅角；

β_j——开环有限极点 $-p_j$ 到 s 的矢量幅角；在测量幅角时,规定以逆时针方向为正。

式(4-6)和式(4-7)分别称为特征方程式的幅值条件和幅角条件。满足幅值条件和幅角条件的 s 值,就是特征方程式的根,也就是闭环极点。

因为 K_g 在 $0\to\infty$范围内连续变化,总有一个 K_g 值能满足幅值条件。所以,绘制根轨迹的依据是幅角条件,即特征方程所有的根都应满足式(4-7),即幅角的和总等于$\pm180^\circ(1+2\mu)$。换句话说,在 s 平面上所有满足式(4-7)的 s 点都是系统的特征根,这些点的连线就是根轨迹。值得指出,在绘制根轨迹时,我们应令 s 平面横轴和纵轴的比例尺相同,只有这样,才能正确反映 s 平面上坐标位置与幅角的关系。

利用幅值条件计算 K_g 值比较方便,它可以作为计算 K_g 值的依据。因为开环零点、极点在 s 平面上的位置是已知的,故对于任一特征根 s_0 可在图上量得 s_0 到开环零点、极点的矢量长度,然后利用式(4-6),即可算得相应的 K_{g0} 值。

例 4-1　已知开环系统的传递函数为

$$W_K(s)=\frac{K_K(\tau_1 s+1)}{s(T_1 s+1)(T_2 s+1)}$$

求 $s=s_0$ 时的放大系数 K_{g0}。

解　先绘制根轨迹。把上式改写为

$$W_K(s)=\frac{K_g(s+z_1)}{s(s+p_1)(s+p_2)} \tag{4-8}$$

式中：$K_g=\dfrac{K_K p_1 p_2}{z_1}$——根轨迹放大系数；

K_K——开环放大系数；

$-z_1=-\dfrac{1}{\tau_1}$——开环有限零点；

$-p_1=-\dfrac{1}{T_1}$，$-p_2=-\dfrac{1}{T_2}$——开环极点。

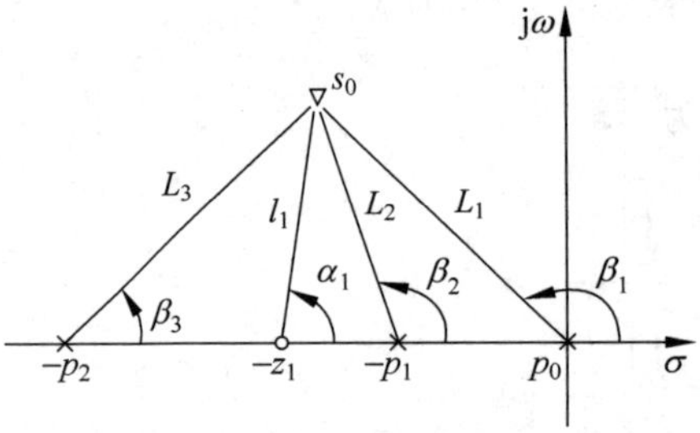

图 4-3 确定 K_{K0} 值

我们在 s 平面上以符号"×"表示开环极点，"○"表示开环零点。式(4-8)中有三个极点 $-p_0=0$、$-p_1$、$-p_2$ 和一个有限零点 $-z_1$，分别把它们画在图 4-3 上。

假设 s_0 是闭环极点，以符号"▽"画在图 4-3 上，根据幅角条件，在图上量得诸幅角一定满足

$$\alpha_1-(\beta_1+\beta_2+\beta_3)=\pm 180°(1+2\mu)$$

再按幅值条件求得 s_0 点的根轨迹放大系数

$$K_{g0}=\frac{L_1L_2L_3}{l_1}$$

由此可得 s_0 点的开环放大系数

$$K_{K0}=K_{g0}\frac{z_1}{p_1p_2}$$

4.2 根轨迹的绘制法则

在绘制根轨迹时，往往首先求出 $K_g=0$ 和 $K_g=\infty$ 时的特征根；然后根据绘制法则大致画出 $0<K_g<\infty$ 时的根轨迹草图，最后利用式(4-7)，对根轨迹的某些重要部分精确绘制。

下面首先介绍绘制根轨迹的一般法则，然后结合自动控制系统，举例说明如何利用这些法则绘制根轨迹。

4.2.1 绘制根轨迹的一般法则

1. 起点($K_g=0$)

由式(4-4)可知，若 $K_g=0$，则闭环系统的特征根由下式决定

$$D(s)=\prod_{j=1}^{n}(s+p_j)=0$$

上式即为开环系统的特征方程式。由此可知，当 $K_g=0$ 时，闭环极点也就是开环极点。绘制根轨迹时，我们往往从 $K_g=0$ 时的闭环极点画起，即从开环极点出发，故称为起点。

2. 终点($K_g=\infty$)

由式(4-4)可知，当 $K_g=\infty$，则闭环系统的特征方程式为

$$N(s)=\prod_{i=1}^{m}(s+z_i)=0$$

上式表明，当 $K_g=\infty$时，闭环极点也就是开环有限零点。今设 $N(s)$为 m 阶方程，故有 m 个开环有限零点决定了闭环极点的位置，尚有 $n-m$ 个闭环极点，随着 $K_g=\infty$，它们都趋向无限远①(无限零点)。上述闭环极点都是依据 $K_g=\infty$这一条件求得的，是根轨迹的终止端，故称终点。

3. 根轨迹分支数和它的对称性

根轨迹的分支数取决于特征方程式(4-4)中 s 的最高次项，即为 $\max(n,m)$条。因为式(4-4)中假设 $n>m$，而 n 是开环极点数，根轨迹是从开环极点出发，所以根轨迹分支数与开环极点数相同，即有 n 条。

此外，因为所研究的上述特征方程的系数都是实数，如果存在复数特征根(复极点)，则它们总是共轭的。因此，根轨迹都对称于实轴。

4. 实轴上的根轨迹

如果开环系统具有实数极点，则根轨迹自开环极点出发后，随着 K_g 增大，必须确定这些根轨迹的走向。这就产生了如何绘制实轴上根轨迹的问题。

当绘制实轴上的根轨迹时，可以不必考虑它左侧的实数零点、极点，也不必考虑复平面上的所有零点、极点。因前者到根轨迹的矢量幅角总为零；而后者是共轭的，因而它们到实轴上根轨迹的矢量幅角之和也总为零。

确定实轴上根轨迹的依据是，在实轴上根轨迹分支存在的区间的右侧，开环零点、极点数目的总和为奇数。设 N_z 为实轴上根轨迹右侧的开环有限零点数目，N_p 为实轴上根轨迹右侧的开环极点数目，则实轴上存在根轨迹的条件应满足

$$N_z+N_p=1+2\mu,\qquad \mu=0,1,2,\cdots$$

因为只有这样，才能满足幅角条件

---

① 根据代数方程可知，当 $K_g=\infty$，则特征方程式

$$N(s)+\frac{1}{K_g}D(s)=0$$

中所有 $n,n-1,\cdots,m+1$ 阶 s 的系数都趋于零，共有 $n-m$ 项，故有 $n-m$ 个特征根趋向无限远，其中 m 个特征根由 $N(s)=0$ 决定。

$$\sum_{i=1}^{m}\alpha_i-\sum_{j=1}^{n}\beta_j=N_z\pi-N_p\pi=\pm 180^\circ(1+2\mu)$$

如图4-4所示,对于根轨迹 A,$N_z+N_p=1(N_p=1,N_z=0)$;对根轨迹 B,$N_z+N_p=3$;对根轨迹 C,$N_z+N_p=5$。它们都是奇数。

5. 分离点和会合点

在图4-5上画出了两条根轨迹。它们分别从 $-p_1$ 和 $-p_2$ 出发。随着 K_g 值增大,会合于 a 点,接着从 a 点分离,进入复平面,然后自复平面回到实轴,会合于 b 点。最后,一条根轨迹终止于开环有限零点 $-z_1$,另一条趋向负无限远。

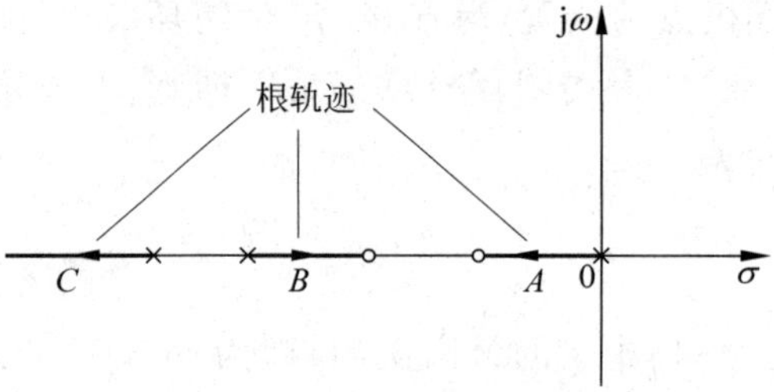

图4-4 实轴上根轨迹

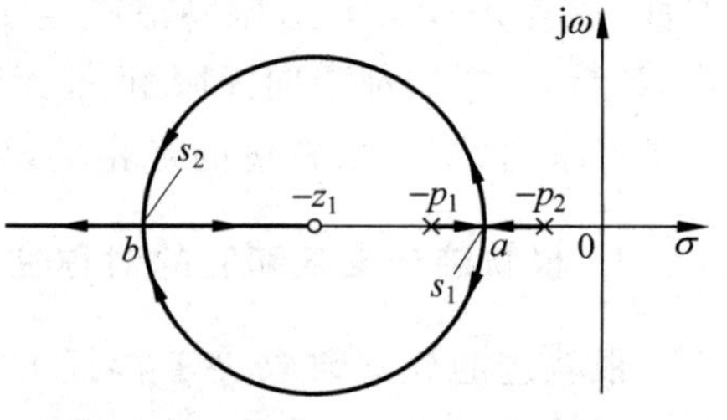

图4-5 分离点与会合点

我们把 a 点叫做分离点,b 点叫做会合点。下面讨论如何确定分离点和会合点的位置。至于根轨迹在复平面上为什么是一个圆,这在绘制图4-11所示系统的根轨迹时,将予以说明。

由图4-5可知,无论分离点或会合点,它表示当 $K_g=K_d$ 时,特征方程式会出现重根。只要找到这些重根,就可以确定分离点或会合点的位置。

假设闭环系统的特征方程为

$$D_B(s)=K_gN(s)+D(s)=0 \tag{4-9}$$

把上式作因式分解,且设当 $K_g=K_d$ 时,有 r 个重根,于是得

$$D_B(s)=(s+\sigma_1)(s+\sigma_2)\cdots(s+\sigma_{n-r})(s+\sigma_d)^r=0$$

上式对 s 求导,令其等于零,则得

$$\frac{dD_B(s)}{ds}=(s+\sigma_d)^r\frac{d}{ds}[(s+\sigma_1)(s+\sigma_2)\cdots(s+\sigma_{n-r})]$$
$$+\gamma(s+\sigma_d)^{r-1}[(s+\sigma_1)(s+\sigma_2)\cdots(s+\sigma_{n-r})]=0$$

于是得重根

$$s=-\sigma_d$$

由此可知,当 $K_g=K_d$ 时,如果特征方程式(4-9)出现重根,则这些重根可按下式计算,即

$$\frac{dD_B(s)}{ds}=K_dN'(s)+D'(s)=0 \tag{4-10}$$

式中：$N'(s)=\dfrac{dN(s)}{ds}$；$D'(s)=\dfrac{dD(s)}{ds}$。

根据式(4-10)，可求出产生重根的 K_d 值为

$$K_d=-\frac{D'(s)}{N'(s)}$$

令式(4-9)中 $K_g=K_d$，并把上式代入，即得

$$D_B(s)=D(s)-\frac{D'(s)}{N'(s)}N(s)=0$$

亦即

$$D'(s)N(s)-N'(s)D(s)=0 \tag{4-11}$$

式(4-11)是计算分离点和会合点的依据。

如果式(4-11)的阶次较高，利用它来计算重根就比较麻烦。这时可采用图解法来确定重根。

我们知道，当 $K_g=0$ 时，特征根为 $-p_1$ 和 $-p_2$；当 K_g 增加，则根轨迹从 $-p_1$ 和 $-p_2$ 出发，沿实轴相对移动，直到 $K_g=K_d$ 时，根轨迹相遇，这就是所求的重根 $s=-\sigma_d$。值得指出，对于实根而言，K_d 是最大值；如果 $K_g>K_d$，则根轨迹将离开实轴而进入复平面。根据这一概念，可用作图法计算重根，即在 $-p_1$ 和 $-p_2$ 之间的实轴上取不同的 $-\sigma$ 值，然后令式(4-9)中 $s=-\sigma$，这样可得一条 $K_g=f(-\sigma)$ 曲线，如图 4-6 所示。对应 $K_g=K_d$ 的 $-\sigma_d$，即所求分离点(重根)位置。因为 $-\sigma$ 是实数，把它代入式(4-9)去计算 K_g 值是比较容易的，因此对于高阶系统来说，采用上述图解法去确定重根显得较为简便。

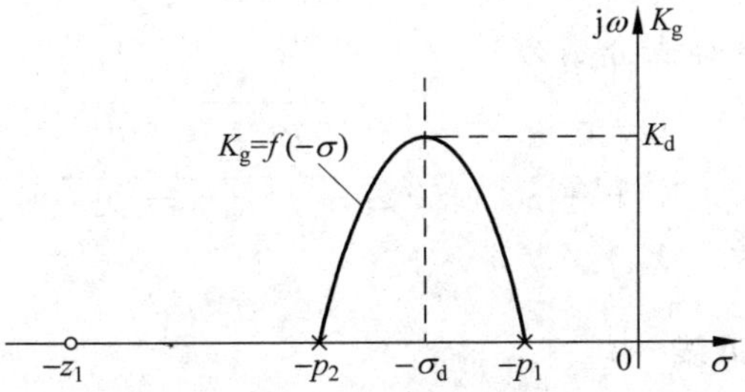

图 4-6　用图解法求重根

既然对于实数重根来说，K_d 是极大值，故可利用

$$\frac{dK_g}{ds}=0$$

来计算重根。由式(4-9)得

$$K_g=-\frac{D(s)}{N(s)}$$

故

$$\frac{dK_g}{ds}=-\frac{D'(s)N(s)-N'(s)D(s)}{N^2(s)}=0$$

亦即

$$D'(s)N(s)-N'(s)D(s)=0$$

上式和式(4-11)完全相同。

应当指出，用式(4-11)求出 $s=-\sigma_d$ 之后，需把 $-\sigma_d$ 代入式(4-9)计算 K_d。只有当与 $-\sigma_d$ 对应的 K_d 值为正值时，这些 $-\sigma_d$ 才是实际的分离点或会合点。

如果实轴上相邻开环极点之间存在根轨迹，则在此区间上必有分离点；如果实轴上相邻开环零点之间存在根轨迹，则在此区间上必有会合点；如果实轴上相邻开环极点和开环零点之间存在根轨迹，则在此区间上要么既无分离点也无会合点，要么既有分离点又有会合点。

上面讨论了实轴上的分离点和会合点。其实，分离点和会合点也可能位于复平面上。由于根轨迹的共轭对称性，故在复平面上若有分离点或会合点，则它们必对称于实轴。显然，式(4-11)也适用于计算复数分离点或会合点。

例 4-2 已知开环传递函数为

$$W_K(s)=\frac{K_g N(s)}{D(s)}=\frac{K_g(s+z_1)}{(s+p_1)(s+p_2)} \tag{4-12}$$

式中，$K_g>0$， $z_1>p_1>p_2>0$，求分离点和会合点。

解 由式(4-12)可知

$$N(s)=s+z_1$$
$$D(s)=(s+p_1)(s+p_2)$$

上式对 s 求导后代入式(4-11)，即得

$$D'(s)N(s)-N'(s)D(s)=(2s+p_1+p_2)(s+z_1)-(s+p_1)(s+p_2)=0$$

由此得到分离点和会合点分别为

$$s_1=-z_1+\sqrt{(z_1-p_1)(z_1-p_2)}$$
$$s_2=-z_1-\sqrt{(z_1-p_1)(z_1-p_2)}$$

它们被分别标于图 4-5 上。

6. 根轨迹的渐近线

当根轨迹从分离点进入复平面后，随着 K_g 值增大，可能趋向无穷远。于是需要确定根轨迹的渐近线，即研究它是按什么走向趋向无穷远的。

渐近线包括两个内容，即渐近线的倾角和渐近线的交点。

1) 渐近线的倾角

假设在无穷远处有特征根 s_k，则 s 平面上所有开环有限零点 $-z_i$ 和极点 $-p_j$ 到 s_k 的矢量幅角都相等，即

$$\alpha_i=\beta_j=\varphi$$

把上式代入幅角条件式(4-7)，即得

$$\sum_{i=1}^{m}\alpha_i-\sum_{j=1}^{n}\beta_j=m\varphi-n\varphi=\pm 180^\circ(1+2\mu)$$

由此即得渐近线倾角为

$$\varphi = \frac{\mp 180^\circ(1+2\mu)}{n-m} \quad (\mu = 0,1,2,\cdots) \tag{4-13}$$

当 $\mu=0$ 时，渐近线倾角最小；当 μ 增大时，倾角将重复出现，故独立的渐近线只有 $(n-m)$ 条。

2）渐近线交点

假设在无限远处有特征根 s_k，则 s 平面上所有开环有限零点 $-z_i$ 和极点 $-p_j$ 到 s_k 的矢量长度都相等。于是可以认为，对于无限远闭环极点 s_k 而言，所有开环零极点都汇集在一起，其位置为 $-\sigma_k$（见图 4-7），它就是所求的渐近线交点。

为了计算交点 $-\sigma_k$，把幅值条件式(4-6)改写为

$$\left|\frac{N(s)}{D(s)}\right| = \left|\frac{\prod_{i=1}^{m}(s+z_i)}{\prod_{j=1}^{n}(s+p_j)}\right| = \left|\frac{s^m + \sum_{i=1}^{m} z_i s^{m-1} + \cdots + \prod_{i=1}^{m} z_i}{s^n + \sum_{j=1}^{n} p_j s^{n-1} + \cdots + \prod_{j=1}^{n} p_j}\right| = \frac{1}{K_g}$$

当 $s=s_k=\infty$ 时，$z_i=p_j=\sigma_k$，于是上式分母能被分子除尽，即得

$$\left|\frac{1}{(s+\sigma_k)^{n-m}}\right| = \left|\frac{\prod_{i=1}^{m}(s+z_i)}{\prod_{j=1}^{n}(s+p_j)}\right|$$

$$= \left|\frac{1}{s^{n-m} + \left(\sum_{j=1}^{n} p_j - \sum_{i=1}^{m} z_i\right)s^{n-m-1} + \cdots}\right| = \frac{1}{K_g}$$

令上式中等式两边的 s^{n-m-1} 项系数相等，即

$$(n-m)\sigma_k = \sum_{j=1}^{n} p_j - \sum_{i=1}^{m} z_i$$

由此得渐近线交点为

$$-\sigma_k = -\frac{\sum_{j=1}^{n} p_j - \sum_{i=1}^{m} z_i}{n-m} = \frac{\sum_{j=1}^{n}(-p_j) - \sum_{i=1}^{m}(-z_i)}{n-m} \tag{4-14}$$

式(4-14)是计算根轨迹渐近线交点的依据。由于 $-p_j$ 和 $-z_i$ 是实数或共轭复数，故 $-\sigma_k$ 必为实数，因此渐近线交点总在实轴上。

例 4-3　设开环传递函数为

$$W_K(s) = \frac{K_g}{s(s+1)(s+4)}$$

试确定其根轨迹渐近线。

解　(1) 计算渐近线倾角。因为 $m=0, n=3$，由式(4-13)可得渐近线倾角为

$$\varphi = \frac{\mp 180^\circ(1+2\mu)}{3-0} = -60^\circ, 60^\circ, 180^\circ$$

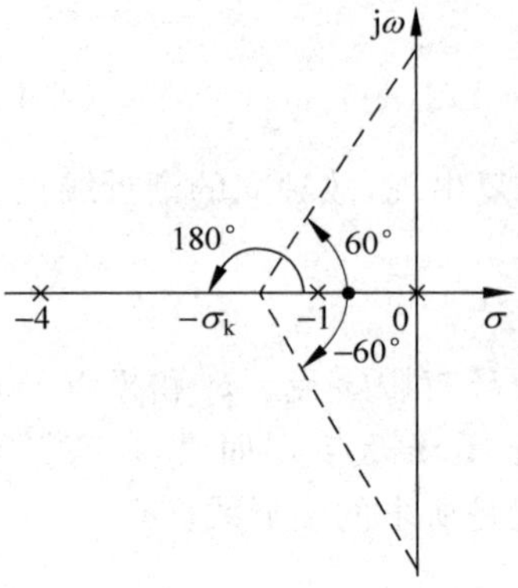

图 4-7　渐近线

(2) 计算渐近线交点。因为 $-z_i=0, -p_1=-1, -p_2=-4, -p_3=0, n=3, m=0$；由式(4-14)可得它的渐近线交点为

$$-\sigma_k = \frac{-1-4-0}{3-0} = -\frac{5}{3}$$

渐近线绘于图 4-7。

7. 根轨迹的出射角和入射角

当开环极点位于复平面时,则应根据幅角条件计算根轨迹起点的斜率,以便确定根轨迹从复数极点出发后的走向。同理,当开环有限零点位于复平面时,则应计算根轨迹终点的斜率,以便确定根轨迹是如何进入复数零点的。根轨迹离开开环复数极点处的切线与正实轴的夹角称为出射角,根轨迹进入开环复数零点处的切线与正实轴的夹角称为入射角。

下面举例说明出射角的求法。

例 4-4　已知开环传递函数为

$$W_K(s) = \frac{K_g(s+2)}{s(s+3)(s^2+2s+2)}$$

它的开环零点、极点位置如图 4-8 所示。试计算起点(−1,j1)的斜率。

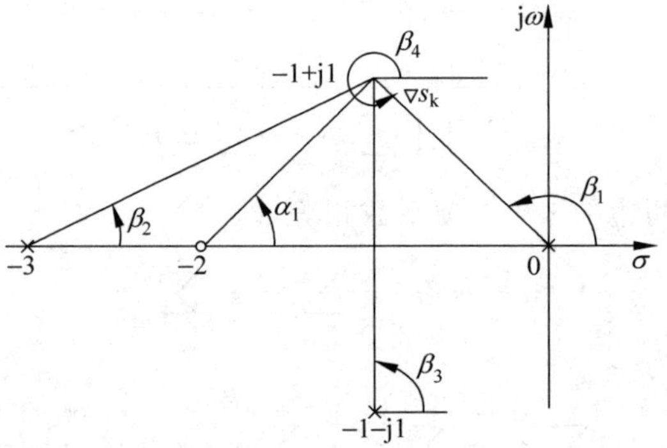

图 4-8　确定出射角

解　令 K_g 稍微增大,取在(−1,j1)点附近的特征根 s_k(图 4-8 中的"∇"处),则 s_k 应满足幅角条件,即

$$\alpha_1 - (\beta_1 + \beta_2 + \beta_3 + \beta_4) = \pm 180^\circ(1+2\mu) \tag{4-15}$$

因为 s_k 离起点很近,故可以认为上式中的 $\alpha_1, \beta_1, \beta_2$ 和 β_3 就是开环零点、极点到起点(−1,j1)的矢量幅角,即

$$\alpha_1 = 45^\circ,\quad \beta_1 = 135^\circ,\quad \beta_2 = 26.6^\circ,\quad \beta_3 = 90^\circ$$

把以上诸值代入式(4-15),即得起点(−1,j1)的出射角为

$$\beta_4 = -26.6^\circ$$

通过例 4-4,可以得到计算出射角的公式为

$$\beta_{sc} = 180° - \left(\sum_{j=1}^{n-1} \beta_j - \sum_{i=1}^{m} \alpha_i \right) \tag{4-16}$$

式中：α_i——开环有限零点到被测起点的矢量幅角；

　　β_j——除被测起点外，所有开环极点到该点的矢量幅角。

同理可得入射角的计算式为

$$\alpha_{sr} = 180° + \left(\sum_{j=1}^{n} \beta_j - \sum_{i=1}^{m-1} \alpha_i \right) \tag{4-17}$$

式中：α_i——除被测终点外，所有开环有限零点到该点矢量的幅角；

　　β_j——开环极点到被测终点矢量的幅角。

8. 根轨迹与虚轴的交点

当 K_g 增大到一定数值时，根轨迹可能越过虚轴，进入右半 s 平面，这表示出现实部为正的特征根，系统将不稳定。因此，很有必要确定根轨迹与虚轴的交点，并计算对应的临界放大系数 K_l 值。确定交点的方法较多，如利用劳斯判据、根据幅角条件图解试探、把 $s=\mathrm{j}\omega$ 代入特征方程式等。究竟采用哪一种方法，可按具体情况或随设计者的习惯而定。下面通过例子分别加以介绍。

例 4-5　设系统开环传递函数为

$$W_K(s) = \frac{K_K}{s(s+1)(0.5s+1)} = \frac{2K_K}{s(s+1)(s+2)}$$

试确定根轨迹与虚轴的交点，并计算临界放大系数 K_l。

解

方法一：根据给定的开环传递函数，可得特征方程式为

$$F(s) = s^3 + 3s^2 + 2s + 2K_K = 0 \tag{4-18}$$

假设 $K_K = K_l$ 时根轨迹与虚轴相交，于是令上式中 $s=\mathrm{j}\omega$，$K_K=K_l$，则得

$$F(\mathrm{j}\omega) = 2K_l - 3\omega^2 + \mathrm{j}(2\omega - \omega^3) = 0$$

亦即

$$2K_l - 3\omega^2 = 0 \tag{4-19a}$$

$$2\omega - \omega^3 = 0 \tag{4-19b}$$

由式(4-19b)得 $\omega=0$ 和 $\omega=\pm\sqrt{2}$。$\omega=0$ 是根轨迹的起点，代入式(4-19a)即得对应的 $K_K=0$；$\omega=\pm\sqrt{2}$ 时根轨迹与虚轴相交，代入式(4-19a)后，即得交点处的 K_K（临界放大系数）为

$$K_l = 3$$

方法二：若用劳斯判据计算交点和临界放大系数，则可按式(4-18)列出劳斯表

s^3	1	2
s^2	3	$2K_K$
s^1	$2-\frac{2K_K}{3}$	0
s^0	$2K_K$	0

在第一列中,令 s^1 行等于零,则得临界放大系数

$$K_K = K_1 = 3$$

根轨迹与虚轴的交点可根据 s^2 行的辅助方程求得,即

$$3s^2 + 2K_K = 0$$

令上式中 $K_K=3$,即得根轨迹与虚轴的交点为

$$s = \pm j\sqrt{2}$$

9. 根轨迹的走向

如果特征方程的阶次 $n-m\geqslant 2$,则一些根轨迹右行时,另一些根轨迹必左行。为了说明这一特点,可把式(4-2)改为

$$\prod_{j=1}^{n}(s+R_j) = s^n + a_1 s^{n-1} + \cdots + a_n = 0$$

式中,$a_1=\sum_{j=1}^{n}R_j$ 是一个常数,它是各特征根之和。这表明,随着 K_g 值改变,一些特征根增大时,另一些特征根必减小。这在 s 平面上就出现一些根轨迹右行时,另一些根轨迹必左行的现象。

为了便于绘制轨迹,把上面介绍的绘制法则归纳如下:

(1) 起点($K_g=0$)。开环传递函数 $W_K(s)$ 的极点即根轨迹的起点。

(2) 终点($K_g=\infty$)。根轨迹的终点即开环传递函数 $W_K(s)$ 的零点(包括无限远零点)。

(3) 根轨迹数目及对称性。根轨迹数目与开环极点数相同,根轨迹对称于实轴。

(4) 实轴上的根轨迹。实轴上根轨迹右侧的零点与极点之和应是奇数。

(5) 分离点与会合点。分离点与会合点可按式(4-11)确定,即

$$D'(s)N(s) - N'(s)D(s) = 0$$

按上式求出 $s=-\sigma_d$ 后,应把这些 $-\sigma_d$ 代入式(4-9)计算 K_d。只有与 $-\sigma_d$ 对应的 K_d 为正值时,这些 $-\sigma_d$ 才是实际的分离点或会合点。

(6) 根轨迹的渐近线。渐近线的倾角按式(4-13)计算,即

$$\varphi = \frac{\mp 180°(1+2\mu)}{n-m}, \quad \mu = 0,1,2,\cdots$$

渐近线交点总在实轴上,其位置由式(4-14)决定,即

$$-\sigma_k = \frac{\sum_{j=1}^{n}(-p_j) - \sum_{i=1}^{m}(-z_i)}{n-m}$$

(7) 根轨迹的出射角与入射角。出射角和入射角可以分别按式(4-16)和式(4-17)计算,即

$$\beta_{sc} = 180° - \left(\sum_{j=1}^{n-1}\beta_j - \sum_{i=1}^{m}\alpha_i\right)$$

$$\alpha_{sr}=180^\circ+\left(\sum_{j=1}^{n}\beta_j-\sum_{i=1}^{m-1}\alpha_i\right)$$

（8）根轨迹与虚轴交点。根轨迹与虚轴交点可利用劳斯表求出。

4.2.2　自动控制系统的根轨迹

下面以各种典型的自动控制系统为例，介绍如何画出它们的根轨迹。这样既有利于进一步熟悉根轨迹的绘制法则，也为今后分析和设计系统做好准备。

1. 二阶系统

设二阶系统的结构图如图 4-9 所示。它的开环传递函数为

$$W_K(s)=\frac{K_K}{s(1+Ts)}=\frac{K_g}{s\left(s+\frac{1}{T}\right)}$$

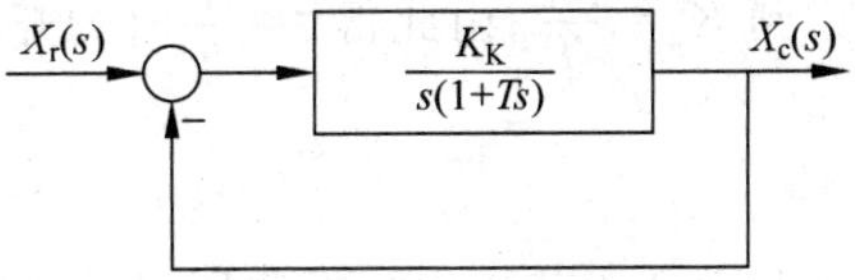

图 4-9　二阶系统的结构图

式中：$K_g=\frac{K_K}{T}$。

与典型二阶系统比较可知，这里$\frac{1}{T}=2\xi\omega_n$，$K_g=\omega_n^2$。下面绘制根轨迹。

（1）有两个开环极点（起点）：$p_0=0$，$-p_1=-\frac{1}{T}$。

（2）有两个开环无限零点（终点），故二条根轨迹都将延伸到无限远。

（3）由上节法则（4）可知，在 0 和$-\frac{1}{T}$间必有根轨迹。

（4）根轨迹的分离点可按式（4-11）计算，即

$$D'(s)N(s)-N'(s)D(s)=\left(s+\frac{1}{T}\right)+s=0$$

由此得分离点 $s=-\frac{1}{2T}$。

（5）根轨迹的渐近线倾角按式（4-13）计算，得

$$\varphi=\frac{\mp180^\circ(1+2\mu)}{n-m}=\frac{\mp180^\circ}{2}=\pm90^\circ$$

渐近线交点按式（4-14）计算，得

$$-\sigma_k=-\frac{\sum_{j=1}^{n}(-p_j)-\sum_{i=1}^{m}(-z_i)}{n-m}=-\frac{\frac{1}{T}}{2}=-\frac{1}{2T}$$

它和根轨迹的分离点重合。根据以上分析计算结果，可作二阶系统（见图 4-9）的根轨迹如图 4-10 所示。

如果要使得系统的阻尼比为

$$\xi=\frac{1}{\sqrt{2}}$$

则可以从原点作阻尼线0R,交根轨迹于R(见图4-10)。

阻尼线与负实轴的夹角应满足

$$\theta=\arccos\xi=45°$$

根据幅值条件式(4-6)可得$\xi=\frac{1}{\sqrt{2}}$时的根轨迹放大系数为

$$K_g=L_1L_2=\left(\frac{1}{2T\cos\theta}\right)^2=\frac{1}{2T^2}$$

考虑到$K_g=\frac{K_K}{T}$,由此得$\xi=\frac{1}{\sqrt{2}}$时的开环放大系数K_K应为

$$K_K=\frac{1}{2T}$$

上式和3.3.4节中用分析法所得的二阶工程最佳参数相同,可见用根轨迹法来合理选择系统的参数是比较简便的。

2. 开环具有零点的二阶系统

二阶系统增加一个零点时,系统结构图如图4-11所示。它的开环传递函数为

$$W_K(s)=\frac{K(s+a)}{0.2s(5s+1)}=\frac{K_g(s+a)}{s(s+0.2)}$$

式中:$K_g=K$,$a>0.2$。

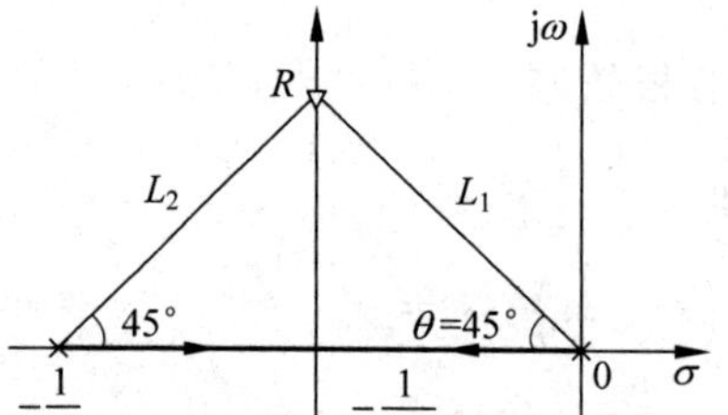

图4-10　图4-9系统的根轨迹

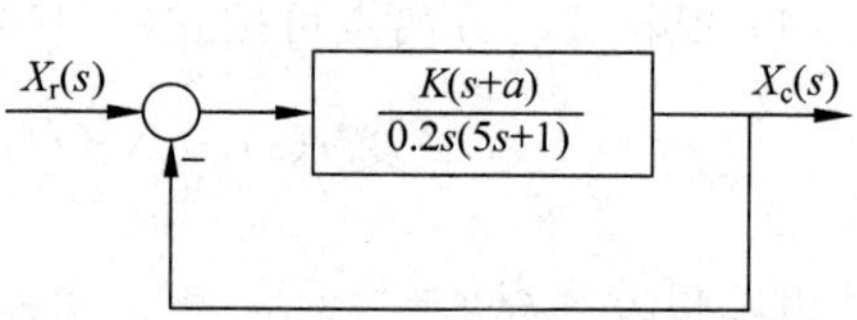

图4-11　开环具有零点的二阶系统结构图

(1) 有两个极点:$p_0=0$,$-p_1=-0.2$;一个有限零点:$-z_1=-a$。

(2) 实轴上根轨迹位于0～−0.2和$-a$～$-\infty$区间。

(3) 根轨迹上的分离点和会合点按式(4-11)算得。由

$$D'(s)N(s)-N'(s)D(s)=[(s+0.2)+s](s+a)-s(s+0.2)=0$$

故得分离点和会合点分别为

$$s_1=-a+\sqrt{a^2-0.2a}$$

$$s_2=-a-\sqrt{a^2-0.2a}$$

(4) 在复平面上的根轨迹是一个圆,证明如下。

根据幅角条件可知,根轨迹各点应满足

$$\angle(s+a)-\angle s-\angle(s+0.2)=180^\circ$$

在复平面上 $s=\sigma+\mathrm{j}\omega$,于是得

$$\angle(\sigma+\mathrm{j}\omega+a)-\angle(\sigma+\mathrm{j}\omega)-\angle(\sigma+\mathrm{j}\omega+0.2)=180^\circ$$

亦即

$$\arctan\frac{\omega}{a+\sigma}-\arctan\frac{\omega}{\sigma}=\arctan\frac{\omega}{0.2+\sigma}+180^\circ \tag{4-20}$$

利用反正切公式

$$\arctan X-\arctan Y=\arctan\frac{X-Y}{1+XY}$$

可把式(4-20)改写成

$$\arctan\frac{\dfrac{\omega}{a+\sigma}-\dfrac{\omega}{\sigma}}{1+\dfrac{\omega^2}{\sigma(a+\sigma)}}=180^\circ+\arctan\frac{\omega}{0.2+\sigma}$$

对上式的两边取正切,整理后即得圆方程式

$$(\sigma+a)^2+\omega^2=a^2-0.2a$$

它的圆心为 $\sigma=-a,\omega=0$,半径等于 $\sqrt{a^2-0.2a}$。$a=1$ 时的根轨迹如图 4-12 所示。这个圆与实轴的交点即为分离点和会合点。

上述例子说明,如果二阶开环系统没有零点,则根轨迹在复平面上是一条 $-\sigma=-0.1$ 的垂线,特征根靠近虚轴,动态品质指标较差;如果引进零点 $-z_1=-1$,则根轨迹随着 K_g 值增大,将沿圆弧向左变化,于是动态品质指标得到显著改善。由此可知,正向通道内适当引进零点,将能改善系统品质。

3. 三阶系统

二阶系统附加一个极点时,系统的结构图如图 4-13 所示。它的开环传递函数为

$$W_K(s)=\frac{K_K}{s(s+1)(Ts+1)}=\frac{K_g}{s(s+1)(s+a)}$$

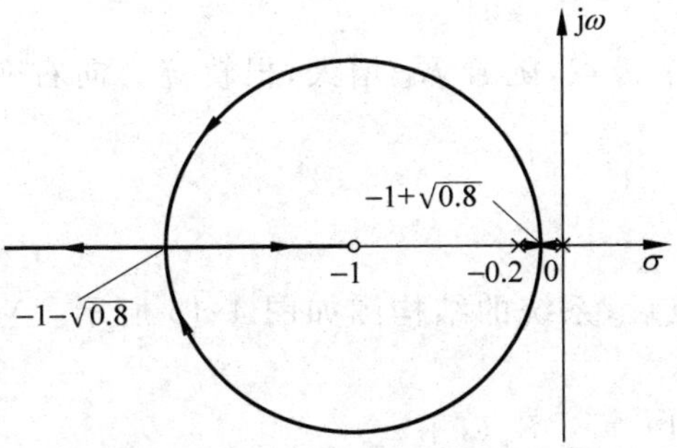

图 4-12 图 4-11 系统的根轨迹

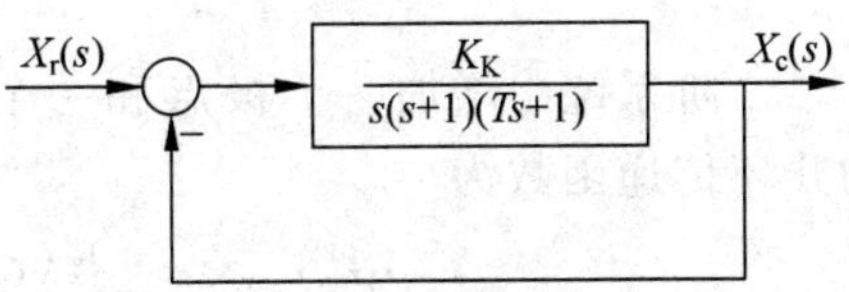

图 4-13 三阶系统结构图

式中：$K_g=aK_K$，$a=\dfrac{1}{T}$。

(1) 有三个开环极点：$p_0=0$，$-p_1=-1$，$-p_2=-a$。

(2) 在$-1\sim0$及$-a\sim-\infty$的实轴上有根轨迹。

(3) 分离点按式(4-11)计算

$$D'(s)N(s)-N'(s)D(s)=(s+1)(s+a)+s(s+a)+s(s+1)=0$$

在$a=4$时，分离点为$s_1=-0.467$和$s_2=-2.87$。因为在$-1\sim-4$之间不可能有根轨迹，故分离点应为$s_1=-0.467$。

(4) 渐近线倾角按式(4-13)算得

$$\varphi=\frac{\mp180^\circ(1+2\mu)}{3-0}=-60^\circ,60^\circ,180^\circ$$

渐近线交点按式(4-14)计算，$a=4$时

$$-\sigma_k=-\frac{\sum_{j=1}^{n}p_j-\sum_{i=1}^{m}z_i}{n-m}=-\frac{5}{3}$$

(5) 根轨迹与虚轴交点。由已知开环传递函数可得闭环系统特征方程为

$$s(s+1)(s+a)+K_g=0$$

令$s=j\omega$得

$$j\omega(j\omega+1)(j\omega+a)+K_g=0$$

亦即

$$K_g-(1+a)\omega^2=0$$

$$a\omega-\omega^3=0$$

当$a=4$时，根轨迹与虚轴交点为

$$\omega=\pm2$$

对应的根轨迹放大系数为

$$K_g=20$$

考虑到$K_g=4K_1$，于是得临界开环放大系数为

$$K_1=\frac{20}{4}=5$$

根轨迹绘于图 4-14。

这个例子说明，在二阶系统中附加一个极点，随着K_g增大，根轨迹会向右变化，并穿过虚轴，使系统趋于不稳定。

4. 开环具有零点的三阶系统

二阶系统中增加一个极点和一个零点后，系统的结构图如图 4-15 所示。它的开环传递函数为

$$W_K(s)=\frac{K(\tau_d s+1)}{\tau_d T_i s^2(Ts+1)}=\frac{K_g(s+z_1)}{s^2(s+p_1)}$$

式中：$K_g=\dfrac{K}{T_iT}, z_1=\dfrac{1}{\tau_d}, p_1=\dfrac{1}{T}$。

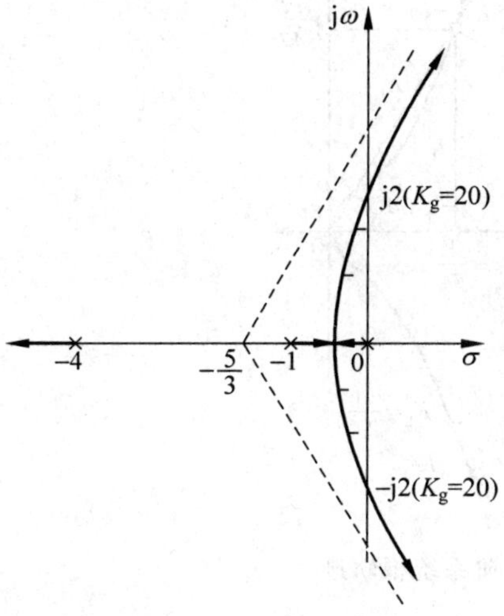

图 4-14　三阶系统的根轨迹

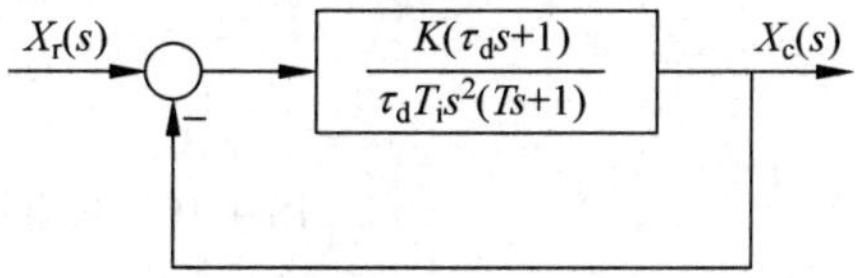

图 4-15　具有零点的三阶系统结构图

（1）三个极点：其中两个在原点，一个$-p_1=-\dfrac{1}{T}$；一个有限零点$-z_1=-\dfrac{1}{\tau_d}$。

（2）在实轴的$-\dfrac{1}{T}\sim-\dfrac{1}{\tau_d}$区间有根轨迹。

（3）渐近线倾角为$\varphi=\dfrac{\mp180^\circ}{3-1}=\pm90^\circ$

渐近线交点为　　$-\sigma_k=-\dfrac{\dfrac{1}{T}-\dfrac{1}{\tau_d}}{3-1}=-\dfrac{1}{2}\left(\dfrac{1}{T}-\dfrac{1}{\tau_d}\right)$

根轨迹如图 4-16 所示。

假设

$$\tau_d=4T$$

在图 4-16 上作$\xi=\dfrac{1}{2}$的阻尼线（ξ线）$0R_1$，它与根轨迹的交点即为所求特征根

$$-R_1=-\frac{1}{4T}+j\frac{\sqrt{3}}{4T}$$

另一个特征根为

$$-R_2=-\frac{1}{4T}-j\frac{\sqrt{3}}{4T}$$

第三个特征根可根据 s^2 项的系数求得，由给定开环传递函数可得 s^2 项的系数为 $p_1=\dfrac{1}{T}$。于是，当 $\tau_d=4T$ 时，第三个特征根可按下式计算，即

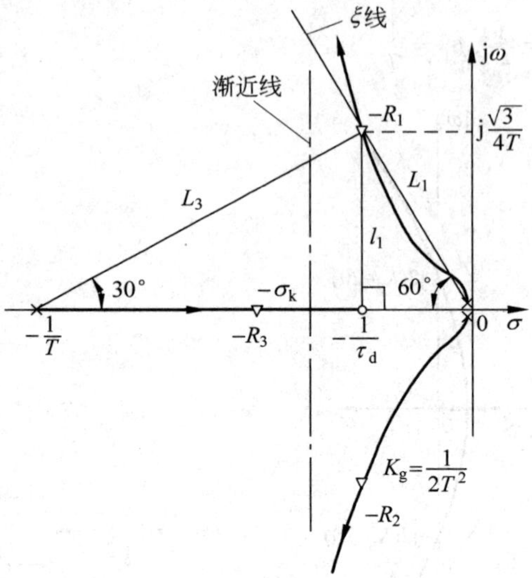

图 4-16 具有零点的三阶系统根轨迹

$$R_1+R_2+R_3=\frac{1}{4T}+\frac{1}{4T}+R_3=\frac{1}{T}$$

由此得第三个特征根为

$$-R_3=-\frac{1}{2T}$$

现在来计算对应的放大系数 K 值。在图 4-16 上量得

$$L_1=L_2=\frac{1}{2T},L_3=\frac{\sqrt{3}}{2T}$$

根据幅值条件式(4-6),可知对应的根轨迹放大系数为

$$K_g=\frac{L_1L_2L_3}{l_1}=\frac{1}{2T^2}$$

考虑到 $K_g=\frac{K}{T_iT}=\frac{4K}{\tau_dT_i}$,由此即得放大系数 K 为

$$K=\frac{\tau_dT_i}{8T^2}=\frac{T_i}{2T}$$

图 4-16 只是在 $0<z_1<p_1$ 的情况下绘制的根轨迹。当 z_1 和 p_1 的相对位置变化时,根轨迹将有不同的形状。

5. 具有复数极点的四阶系统

结构图如图 4-17 所示。它的开环传递函数为

$$W_K(s)=\frac{K_K\left(\frac{1}{2}s+1\right)}{s\left(\frac{1}{3}s+1\right)\left(\frac{1}{2}s^2+s+1\right)}=\frac{K_g(s+2)}{s(s+3)(s^2+2s+2)}$$

$$K_g=3K_K$$

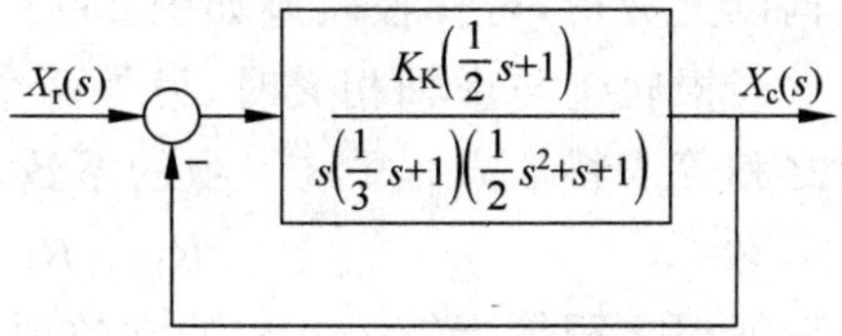

图 4-17　具有复数极点的四阶系统结构图

(1) 四个极点：0，−3，−1±j1；一个有限零点−2。

(2) 在 0～−2 和−3～−∞间的实轴上有根轨迹。

(3) 渐近线倾角为

$$\varphi = \frac{\mp 180°(1+2\mu)}{4-1} = \pm 60°, 180°$$

渐近线交点按式(4-14)计算，得

$$-\sigma_k = -\frac{3+1+j1+1-j1-2}{4-1} = -1$$

(4) 出射角在例 4-4 中已算得

$$\beta_{sc1} = -26.6°, \quad \beta_{sc2} = 26.6°$$

(5) 根轨迹与虚轴的交点可用劳斯判据计算。根据已知的开环传递函数得特征方程式

$$s^4 + 5s^3 + 8s^2 + (6+K_g)s + 2K_g = 0 \tag{4-21}$$

由此可作劳斯表如下

s^4	1	8	$2K_g$
s^3	5	$(6+K_g)$	0
s^2	$8-\frac{6+K_g}{5}$	$2K_g$	0
s^1	$(6+K_g)-\frac{10K_g}{8-\frac{1}{5}(6+K_g)}$	0	0
s^0	$2K_g$	0	0

在第一列中，令 s^1 行等于零，则得$(6+K_g)-\frac{50K_g}{40-(6+K_g)}=0$

由此算得

$$K_g \approx 7$$

按已知开环传递函数可知开环放大系数为

$$K_K = \frac{K_g}{3}$$

由此可知，临界开环放大系数为

$$K_l \approx \frac{7}{3} = 2.33$$

根轨迹与虚轴的交点可利用 s^2 行的辅助方程求得，即

$$\left[8-\frac{1}{5}(6+K_g)\right]s^2 + 2K_g = 0$$

将 $K_g \approx 7$ 代入上式，即得根轨迹与虚轴交点为

$$s = \pm j1.61$$

根据以上分析,可作根轨迹如图4-18所示。

当根轨迹与虚轴相交时,另外两个根可利用特征方程的系数计算。因为特征根之和等于特征方程中s^{n-1}项的系数,由式(4-21)得

$$R_1+R_2+R_3+R_4=5$$

而特征根之积等于特征方程的常数项,即

$$R_1R_2R_3R_4=2K_g$$

把已知值代入上述二式,解得

$$-R_3=-1.58,\ -R_4=-3.42$$

6. 具有时滞环节的系统

如果时滞环节的滞后时间τ较大,则它对系统有明显的不良影响,并且时滞系统的根轨迹绘制也有别于一般系统。

假设,时滞系统的结构如图4-19所示,其开环传递函数为

$$W_K(s)=\frac{K_gN(s)}{D(s)}e^{-\tau s}$$

式中:$e^{-\tau s}$为时滞环节的传递函数,τ为滞后时间。

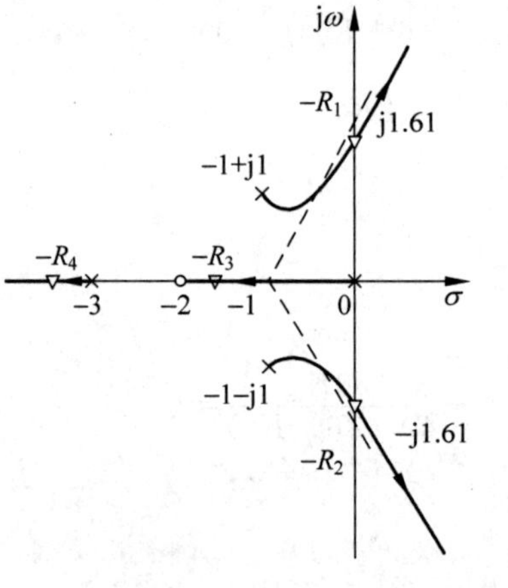

图4-18 图4-17系统的根轨迹

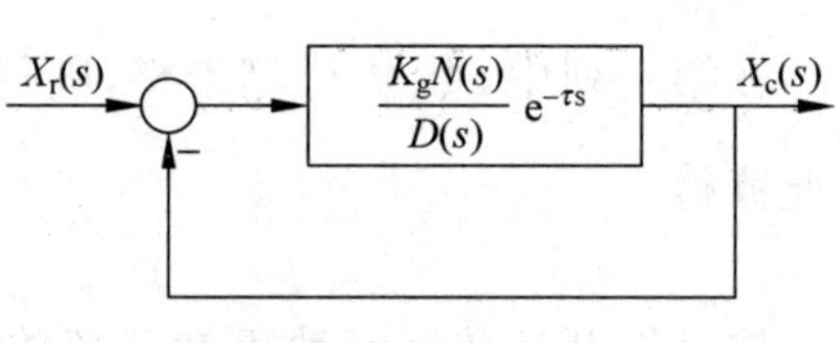

图4-19 时滞系统结构图

闭环系统的特征方程式为

$$D(s)+K_gN(s)e^{-\tau s}=\prod_{j=1}^{n}(s+p_j)+K_g\prod_{i=1}^{m}(s+z_i)e^{-\tau s}=0 \qquad (4\text{-}22a)$$

亦即

$$\frac{N(s)}{D(s)}e^{-\tau s}=\frac{\prod_{i=1}^{m}(s+z_i)}{\prod_{j=1}^{n}(s+p_j)}e^{-\tau s}=-\frac{1}{K_g} \qquad (4\text{-}22b)$$

假设特征根$s=\sigma+j\omega$,则满足特征根的幅值条件和幅角条件分别为

$$\left|e^{-\tau\sigma}\right|\left|\frac{\prod_{i=1}^{m}(s+z_i)}{\prod_{j=1}^{n}(s+p_j)}\right|=\frac{1}{K_g} \tag{4-23}$$

$$\sum_{j=1}^{n}\angle(s+p_j)-\sum_{i=1}^{m}\angle(s+z_i)=\mp(1+2\mu)\pi-\tau\omega \tag{4-24}$$

当 $\tau=0$,即没有时滞环节时,幅值条件和幅角条件与一般系统相同。此时幅角条件只要满足常数 $\mp\pi(1+2\mu)$,故对于一定 K_g 值,只有 n 个特征根。

在 $\tau\neq0$ 时,特征根 $s=\sigma+j\omega$ 的实部会影响幅值条件,而它的虚部会影响幅角条件。因此,时滞系统的幅角条件不再是常数,而是 ω 的函数。在式(4-24)中,ω 是沿虚轴的连续变化量。故对于一定的 K_g 值,不再是 n 个特征根,而是无限多个特征根,相应地存在无限多条根轨迹。这是时滞系统的特殊之处。

现在讨论时滞系统的根轨迹绘制法则。

(1) 起点($K_g=0$)。由式(4-23)可知,当 $K_g=0$ 时,除开环极点 $-p_i$ 是起点外,$\sigma=-\infty$ 也是起点。

(2) 终点($K_g=\infty$)。由式(4-23)可知,当 $K_g=\infty$ 时,除开环有限零点 $-z_i$ 是终点外,$\sigma=\infty$ 也是终点。

(3) 根轨迹数目及对称性。根轨迹有无限多条。此外,如果把式(4-22)中 $e^{-\tau s}$ 展开为无穷级数,于是特征方程又为 s 的多项式,各项系数为常数,故时滞系统的根轨迹也对称于实轴。

(4) 实轴上的根轨迹。因为实轴上根轨迹的所有特征根 $s=\pm\sigma$,即 $\omega=0$,故时滞环节不起作用。此时仍可按照前面介绍过的法则确定实轴上的根轨迹。

(5) 分离点与会合点。可按下式计算,即

$$D'(s)N(s)e^{-\tau s}-[e^{-\tau s}N(s)]'D(s)=0$$

或

$$D'(s)N(s)+[\tau N(s)-N'(s)]D(s)=0 \tag{4-25}$$

(6) 渐近线。(2)中已证明,当 $K_g=\infty$ 时,$\sigma=\infty$。这时,s 平面上所有有限开环零点 $-z_i$ 和极点 $-p_j$ 到 σ 的矢量幅角都等于 0,故由式(4-24)得渐近线为水平线,它与虚轴交点为

$$\omega=\frac{\pm\pi(1+2\mu)}{\tau}$$

此外,我们再考虑 $K_g=0$ 的根轨迹渐近线。(1)中已证明,$K_g=0$ 时,$\sigma=-\infty$。这时 s 平面上所有开环有限零点 $-z_i$ 和极点 $-p_j$ 到 σ 的矢量幅角都等于 π,故由式(4-24)得

$$\sum_{j=1}^{n}\angle(s+p_j)-\sum_{i=1}^{m}\angle(s+z_i)=(n-m)\pi=\mp\pi(1+2\mu)-\tau\omega$$

亦即

$$\omega=\frac{\pm2\mu\pi}{\tau},\quad 当\ n-m=奇数$$

$$\omega = \frac{\pm(1+2\mu)\pi}{\tau}, \quad 当\ n-m=偶数$$

由此可知，$K_g=0$ 的渐近线也为水平线，它与虚轴交点满足上式。综上所述，可得渐近线交点的一般表达式为

$$\omega = \pm\frac{N\pi}{\tau}$$

式中：N 可用表 4-1 概括。

表 4-1　N 的取值

$n-m$	$K_g=0$	$K_g=\infty$
奇数	$N=2\mu$	$N=1+2\mu$
偶数	$N=1+2\mu$	

(7) 出射角与入射角。同理，按幅角条件式(4-24)可求得出射角与入射角的计算公式分别为

$$\beta_{sc} = (\pi-\tau\omega)-\left(\sum_{j=1}^{n-1}\beta_j-\sum_{i=1}^{m}\alpha_i\right)$$

$$\alpha_{sr} = (\pi+\tau\omega)+\left(\sum_{j=1}^{n}\beta_j-\sum_{i=1}^{m-1}\alpha_i\right)$$

(8) 根轨迹与虚轴交点。由于特征方程式(4-22)不是代数方程，故不能用劳斯判据去计算根轨迹与虚轴的交点，而应按幅角条件式(4-24)计算。令 $s=j\omega$，由式(4-24)得根轨迹与虚轴的交点应满足

$$\sum_{j=1}^{n}\arctan\frac{\omega}{p_j}-\sum_{i=1}^{m}\arctan\frac{\omega}{z_i}=\mp\pi(1+2\mu)-\tau\omega \tag{4-26}$$

根轨迹与虚轴相交时的临界根轨迹放大系数，可按幅值条件式(4-23)计算。令式(4-23)中 $s=j\omega$，即 $\sigma=0$，可得

$$K_1=\left|\frac{\prod_{j=1}^{n}(j\omega+p_j)}{\prod_{i=1}^{m}(j\omega+z_i)}\right| \tag{4-27}$$

(9) 复平面上的根轨迹。可根据幅角条件式(4-24)绘制复平面上的根轨迹。现分别考虑不同 μ 值时的情况。假设 $\mu=0$，由式(4-24)得

$$\sum_{j=1}^{n}\angle(s+p_j)-\sum_{i=1}^{m}\angle(s+z_i)=0=\mp\pi-\tau\omega$$

下面以比较简单的系统说明绘制方法。假设系统的开环传递函数为

$$\frac{K_g N(s)}{D(s)}e^{-\tau s}=\frac{K_g e^{-\tau s}}{s+1}$$

由此得 $\mu=0$ 的幅角条件为

$$\angle(s+1)=\mp\pi-\tau\omega \tag{4-28}$$

假设在 s 平面左半部分有特征根 s_1，其虚部为 $j\omega_1$，今用作图法确定特征根 s_1 的位

置。首先，从-1作一条倾角为$\pi-\tau\omega_1$的斜线，再在虚轴上取点$j\omega_1$，并通过该点作水平线，它和斜线的交点s_1就是所求的特征根。因为由图 4-20 可知，对于s_1点幅角为

$$\angle(s_1+1)=\pi-\tau\omega_1$$

它正好满足式(4-28)。

同理，在$\omega>0$区间取不同ω值，可得一组特征根。由此可在横轴以上画出一条根轨迹；另一条根轨迹对称于实轴，如图 4-21 所示。

当$\mu\neq0$时，也可用上面的方法求得其余的根轨迹。但是，它们的渐近线是和$\mu=0$时不同的，这在上面已作过分析。

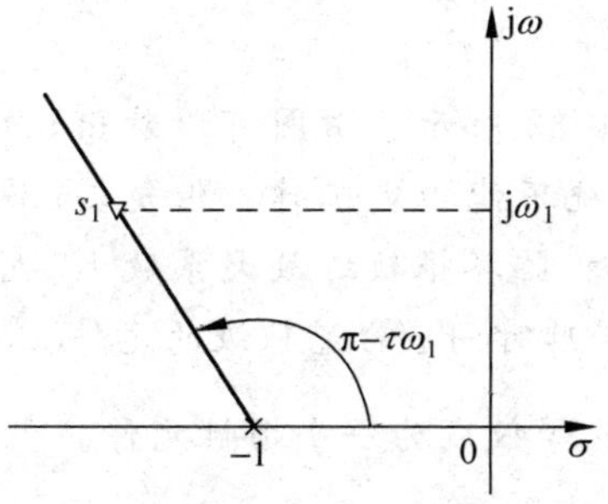

图 4-20　求复极点s_1位置

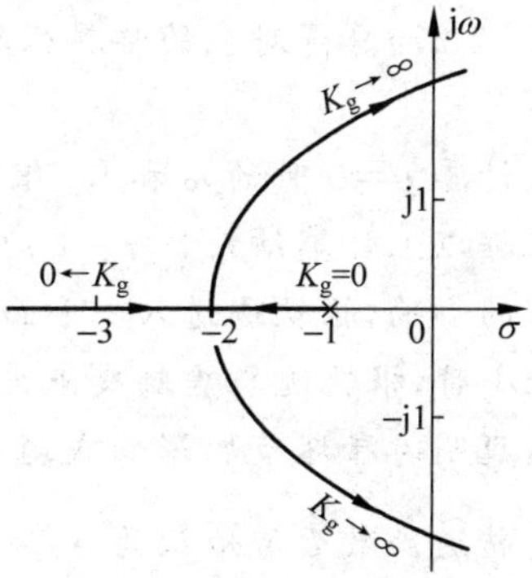

图 4-21　$\frac{K_g}{s+1}e^{-\tau s}$根轨迹($\mu=0$)

例 4-6　设系统的开环传递函数为

$$\frac{K_g N(s)}{D(s)}e^{-\tau s}=\frac{K_g e^{-\tau s}}{s(s+1)}$$

试绘制其根轨迹。

解　(1) 起点($K_g=0$)为$p_0=0,-p_1=-1$；其他起点为$\sigma=-\infty$，其渐近线由表 4-1 得

$$\omega=\frac{\pm(1+2\mu)\pi}{\tau},\quad \mu=0,1,2,\cdots$$

(2) 终点($K_g=\infty$)为$\sigma=\infty$，其渐近线由表 4-1 查得

$$\omega=\frac{\pm(1+2\mu)\pi}{\tau},\quad \mu=0,1,2,\cdots$$

(3) 在实轴的 0～-1区间有根轨迹。

(4) 分离点位置按式(4-25)计算，得

$$D'(s)N(s)+[\tau N(s)-N'(s)]D(s)=\tau s^2+(2+\tau)s+1=0$$

由此算得

$$s=\frac{1}{2\tau}[-(2+\tau)\pm\sqrt{\tau^2+4}]$$

当$\tau=1$时，得$s_1=-0.382,s_2=-2.618$。因根轨迹位于 0～-1之间，故分离点

是 $s_1=-0.382$。

(5) 根轨迹与虚轴交点。当 $\mu=0,\tau=1$，由式(4-26)得

$$\arctan\omega+\frac{\pi}{2}=\mp\pi-\omega$$

亦即

$$\omega=\arctan\left(\frac{\pi}{2}-\omega\right)$$

由此得

$$\omega=0.86$$

再按式(4-27)算得对应的临界根轨迹放大系数为

$$K_1=1.134$$

同理可计算 $\mu\neq0$ 时的 ω 和 K_1 值。

根据以上计算结果作 $\tau=1$ 的根轨迹如图 4-22 所示。由图可以看出，由于时滞环节的影响，根轨迹进入 s 平面的右半侧，系统不能稳定工作。但是，当滞后时间 τ 很小时，根轨迹与虚轴交点处的 ω 值将很大，临界根轨迹放大系数 K_1 也是很大。这说明时滞环节的影响减弱。因此，对于滞后时间 τ 为毫秒级的元件，我们常把它的传递函数近似地认为 $e^{-\tau s}\approx\frac{1}{1+\tau s}$，即把它等效成为一个惯性元件。

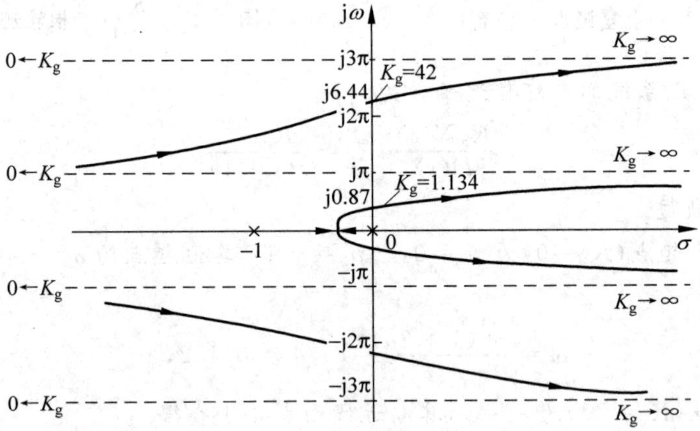

图 4-22　时滞系统的根轨迹($\tau=1$)

4.2.3　零度根轨迹

以上讨论的系统，其特征方程式必须满足 $\pm180^\circ(1+2\mu)$ 这一幅角条件。这种根轨迹有时称为 $\pm180^\circ$ 根轨迹。

在有些情况，根轨迹的幅角条件不是 $\pm180^\circ(1+2\mu)$，而是 $\pm360^\circ\mu$，这样的根轨迹称为零度根轨迹。

图 4-23 所示系统有一个零点在 s 右半平面，它的开环传递函数为

$$W_K(s)=\frac{K_K(1-T_a s)}{s(1+T_1 s)}=-\frac{K_g(s+z_1)}{s(s+p_1)} \tag{4-29}$$

式中：$K_g=\frac{K_K p_1}{z_1}$，$-z_1=\frac{1}{T_a}$，$-p_1=-\frac{1}{T_1}$。它的闭环特征方程式为

$$D(s)-K_g N(s)=s(s+p_1)-K_g(s+z_1)=0 \tag{4-30}$$

亦即

$$\frac{N(s)}{D(s)}=\frac{s+z_1}{s(s+p_1)}=\frac{1}{K_g}$$

由此可知，满足特征根的幅值条件为

$$\left|\frac{N(s)}{D(s)}\right|=\left|\frac{s+z_1}{s(s+p_1)}\right|=\frac{1}{K_g} \tag{4-31}$$

上式与式(4-6)相同。这说明，对于幅值条件来说，图 4-23 所示系统与前述系统是一样的。

至于幅角条件，则变为

$$\angle N(s)-\angle D(s)=\sum_{i=1}^{m}\angle(s+z_i)-\sum_{j=1}^{n}\angle(s+p_j)$$

$$=\sum_{i=1}^{m}\alpha_i-\sum_{j=1}^{n}\beta_j=\mu 360°,\quad \mu=0,1,2\cdots \tag{4-32}$$

由于幅角条件是偶数个 π，故名为零度根轨迹。

例 4-7　试绘制图 4-23 所示系统的根轨迹。

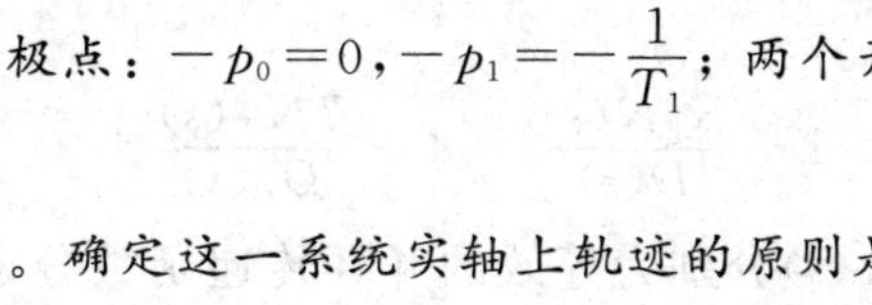

图 4-23　s 右半平面有一个零点的系统结构图

解　(1) 两个开环极点：$-p_0=0$，$-p_1=-\frac{1}{T_1}$；两个开环零点：$-z_1=\frac{1}{T_a}$和一个无限零点。

(2) 实轴上根轨迹。确定这一系统实轴上轨迹的原则是，它右侧的零点、极点数目之和应是偶数。因为只有这样，才能满足幅角条件式(4-32)。因此，在实轴的$0\sim-\frac{1}{T_1}$和$\frac{1}{T_a}\sim\infty$区间存在根轨迹。

(3) 分离点与会合点。按式(4-11)可得

$$D'(s)N(s)-N'(s)D(s)=(s+p_1+s)(s+z_1)-s(s+p_1)=0 \tag{4-33}$$

由此可得分离点与会合点分别为

$$s_1=\frac{1}{T_a}\left(1-\sqrt{1+\frac{T_a}{T_1}}\right)$$

$$s_2=\frac{1}{T_a}\left(1+\sqrt{1+\frac{T_a}{T_1}}\right)$$

不难证明,复平面上的根轨迹是一个圆,圆心为有限零点 $-z_1=\frac{1}{T_a}$,半径为 $\sqrt{1+\frac{T_a}{T_1}}$。根轨迹与虚轴交点为 $\omega=\pm\sqrt{\frac{1}{T_1T_a}}$。根轨迹于会合点相遇后,一条终止于有限零点,另一条沿实轴延伸到正无限远处。根轨迹如图 4-24 所示。

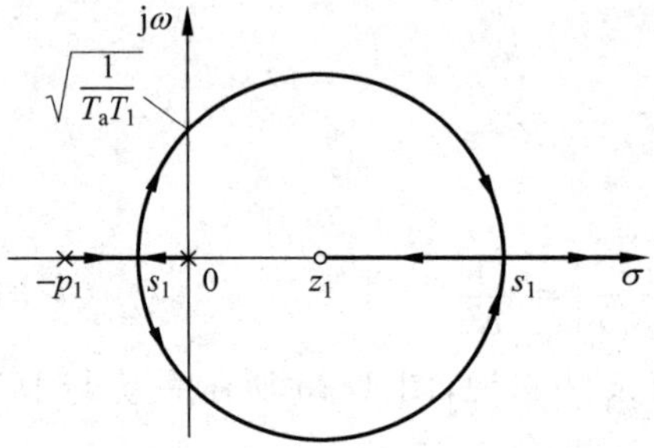

图 4-24 图 4-23 系统的根轨迹

与图 4-12 的根轨迹比较,可看出其不同之处。

4.2.4 参数根轨迹

以上研究的是以根轨迹放大系数 K_g 为变量的根轨迹,这在实际控制系统中是最常见的。我们把以 K_g 作为变量的根轨迹称为常义根轨迹。其实,当校正系统时,往往要改变某一参数,研究由此引起的根轨迹变化规律。这种以 K_g 以外的参数作为变量的根轨迹,称为参数根轨迹(或广义根轨迹)。

1. 一个参数变化的根轨迹

假设系统的可变参数是某一时间常数 T,由于它位于开环传递函数的分子或分母多项式的因式中,因而就不能简单地用绘制常义根轨迹的方法去直接绘制系统的根轨迹,而是需要把闭环特征方程式中不包含 T 的各项去除该方程,使原方程式变为

$$1+\frac{K_gN(s)}{D(s)}=1+\frac{TN_T(s)}{D_T(s)}=0 \tag{4-34}$$

式(4-34)中,$N_T(s)$、$D_T(s)$分别为等效的开环传递函数分子、分母多项式,T 的位置与原根轨迹放大系数 K_g 完全相同。经过上述处理后,就可以按照常义根轨迹的方法绘制以 T 为参数的根轨迹。下面举例说明参数根轨迹的绘制方法。

例 4-8 已知系统的结构图如图 4-25 所示,试以 τ 为变量绘制根轨迹。

解 先考虑正向通道的传递函数为

$$\frac{K_gN(s)}{D(s)}=\frac{K_g}{s(s+p)} \tag{4-35}$$

由此得闭环系统特征方程式

$$s(s+p)+K_g(1+\tau s)=0 \tag{4-36}$$

亦即

$$W_{Keq}(s)=\frac{\tau_k s}{s^2+ps+K_g} \tag{4-37}$$

式中，$\tau_k=K_g\tau$，把它作为绘制根轨迹的变量；$W_{Keq}(s)$叫做等效开环传递函数，它的极点和零点分别为根轨迹的起点和终点。下面说明如何绘制图 4-25 所示系统的根轨迹。

(1) 开环极点(起点)为$-p_1=\frac{-p+j\sqrt{4K_g-p^2}}{2}$，$-p_2=\frac{-p-j\sqrt{4K_g-p^2}}{2}$；开环有限零点就是原点，另一个零点在无限远。

(2) 会合点按式(4-11)计算

$$D'(s)N(s)-N'(s)D(s)=s(2s+p)-(s^2+ps+K_g)=0 \tag{4-38}$$

从而得根轨迹的会合点为

$$s=-\sqrt{K_g} \tag{4-39}$$

不难证明，复平面上根轨迹是一段圆弧，圆心在原点，半径为$-\sqrt{K_g}$。根轨迹自开环复极点出发后，随着τ_k增加，于$-\sqrt{K_g}$点会合，然后会分别终止于原点或延伸到负无限远(见图 4-26)。

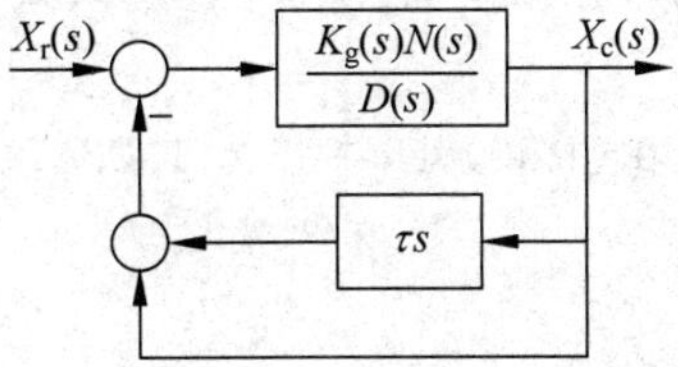

图 4-25　系统结构图

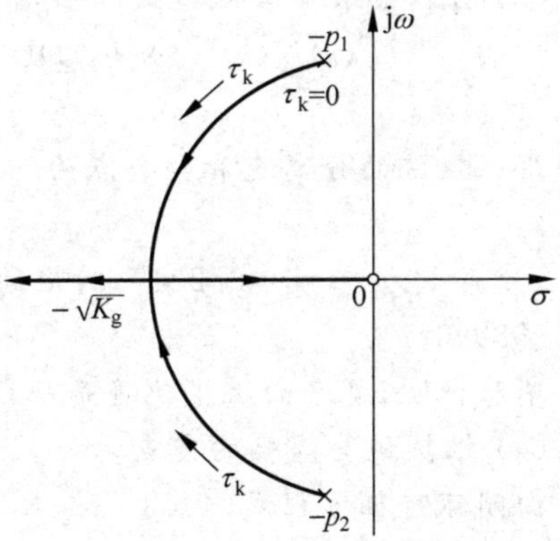

图 4-26　图 4-25 系统的根轨迹

把$s=-\sqrt{K_g}$代入特征方程式(4-36)，得

$$\tau=\frac{1}{K_g}(2\sqrt{K_g}-p) \tag{4-40}$$

上式是产生重根$-\sqrt{K_g}$的τ值。由此可见，局部反馈通路的参数τ应在以下范围内

$$0<\tau<\frac{1}{K_g}(2\sqrt{K_g}-p) \tag{4-41}$$

选取适当数值，这样才可使图 4-25 所示系统工作在合理的欠阻尼状态。

例 4-9 给定控制系统的开环传递函数为

$$W_K(s)=\frac{s+a}{s(2s-a)},a\geqslant 0 \tag{4-42}$$

试作出以 a 为参变量的根轨迹,并利用根轨迹分析 a 取何值时闭环系统稳定。

解 由式(4-42)得系统的闭环特征方程

$$2s^2-as+s+a=s(2s+1)-a(s-1)=0 \tag{4-43}$$

改写为

$$1-\frac{a(s-1)}{s(2s+1)}=0 \tag{4-44}$$

即等效的开环传递函数为

$$W_{Keq}(s)=-\frac{a(s-1)}{s(2s+1)} \tag{4-45}$$

由式(4-45)可知,该系统在绘制以 a 为参变量的根轨迹时,应遵循零度根轨迹的绘制规则。

(1) 开环极点(起点)为 $-p_1=0,-p_2=-\frac{1}{2}$;开环有限零点(终点)为 $-z_1=1$,另一个零点在无限远。

(2) 实轴上的根轨迹为 $\left[-\frac{1}{2},0\right],[1,\infty)$。

(3) 分离点和会合点按式(4-11)计算

$$\begin{aligned}D'(s)N(s)-N'(s)D(s)&=(4s^2-3s-1)-s(2s+1)\\&=2s^2-4s-1=0\end{aligned} \tag{4-46}$$

从而得根轨迹的分离点和会合点为

$$s_{d1,2}=1\pm 1.2247$$

其中,分离点为 $s_{d1}=-0.2247$,对应的 $a=0.1010$;会合点为 $s_{d2}=2.2247$,对应的 $a=9.98990$。

不难证明,复平面上根轨迹是一段圆弧,圆心在(1,j0)处,半径为1.2247。

(4) 根轨迹与虚轴的交点。

由闭环特征方程式(4-43)

$$s(2s+1)-a(s-1)=0$$

可知,当 $a=1$ 时系统处于临界稳定状态。

由此可得使闭环系统稳定的范围为 $0<a<1$。

相应的根轨迹绘于图4-27。

本例说明,尽管在许多情况下,都是绘制常规根轨迹,但是在绘制参数根轨迹、研究正反馈系统、处理非最小相位系统时,都有可能遇到绘制零度根轨迹的情形。

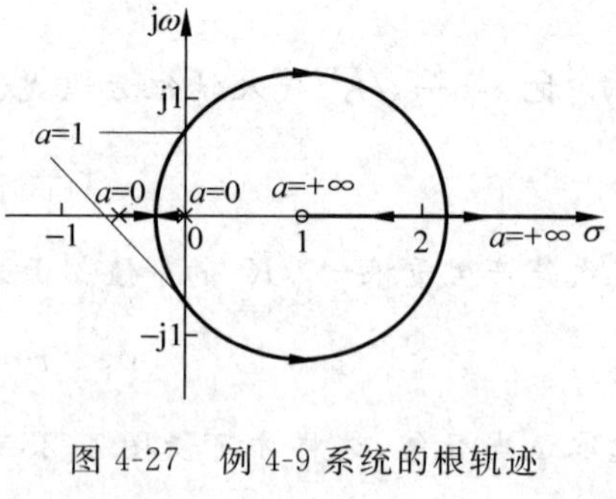

图 4-27 例 4-9 系统的根轨迹

2. 几个参数变化的根轨迹(根轨迹簇)

在某些场合,需要研究几个参数同时变化对系统性能的影响。例如在设计一个校正装置传递函数的零点、极点时,就需研究这些零点、极点取不同值时对系统性能的影响。为此,需要绘制几个参数同时变化时的根轨迹,所作出的根轨迹将是一组曲线,称为根轨迹簇。下面通过例子来说明根轨迹簇的绘制方法。

例 4-10　一个单位反馈控制系统如图 4-28 所示,试绘制以 K 和 a 为参数的根轨迹。

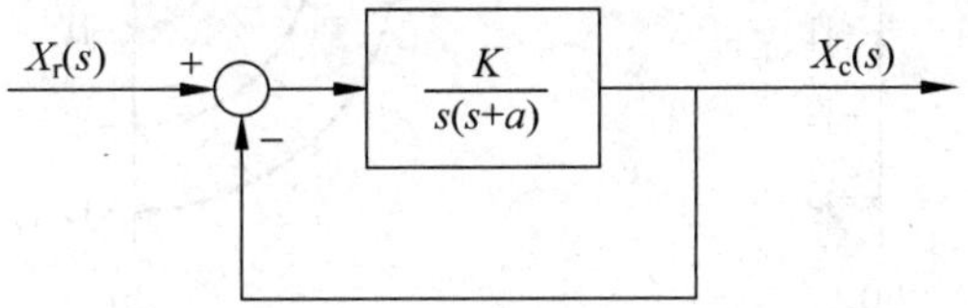

图 4-28　例 4-10 系统的结构图

解　系统的闭环特征方程为

$$s^2+as+K=0$$

先令 $a=0$,则上式变为

$$s^2+K=0$$

或写作

$$1+\frac{K}{s^2}=0$$

令

$$W_{K1}(s)=\frac{K}{s^2}$$

据此作出 $W_{K1}(s)$对应的根轨迹,如图 4-29(a)所示。这是 $a=0$ 时,以 K 为参变量的根轨迹。

其次考虑 $a\neq 0$,把闭环特征方程改写为

$$1+\frac{as}{s^2+K}=0$$

令

$$W_{K2}(s)=\frac{as}{s^2+K}$$

比较 $W_{K1}(s)$与 $W_{K2}(s)$,可知 $W_{K2}(s)$的开环极点就是 $W_{K1}(s)$对应的闭环极点,因而 $W_{K2}(s)$对应根轨迹的起点都在 $W_{K1}(s)$对应的根轨迹曲线上。为了作出 $W_{K2}(s)$对应的根轨迹,通常先令 K 为某一定值,然后根据 $W_{K2}(s)$零点、极点的分布作出参变量 a 由 $0\to\infty$时的根轨迹。例如令 $K=9$,则

$$W_{K2}(s)=\frac{as}{s^2+9}$$

它的极点为$\pm$j3,零点为 0。不难证明,对应特征方程的根轨迹为一个圆弧,其方程为

$$\sigma^2 + \omega^2 = 3^2$$

图 4-29(b)为 K 取不同值时所作的根轨迹簇。

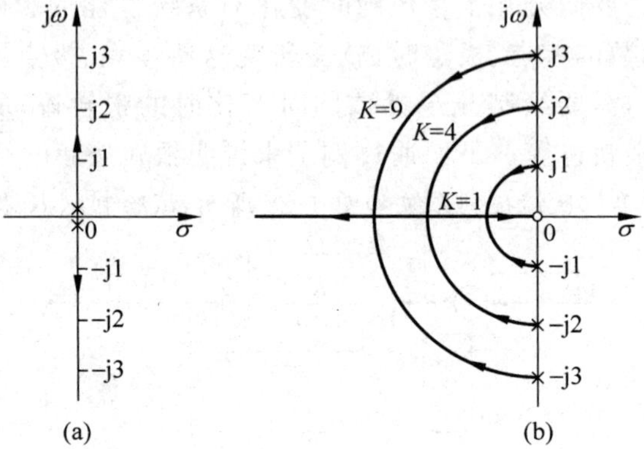

图 4-29　例 4-10 系统的根轨迹

4.3　用根轨迹法分析系统的动态特性

上面讨论了如何根据开环系统的传递函数绘制闭环系统的根轨迹。根轨迹绘出以后,对于一定的 K_g 值,即可利用幅值条件,确定相应的特征根(闭环极点)。如果闭环系统的零点是已知的,则可以根据闭环系统零点、极点的位置以及已知的输入信号,分析系统的动态特性。

4.3.1　在根轨迹上确定特征根

根据已知的 K_g 值,在根轨迹上确定特征根的位置时,可以采用试探法。即先在根轨迹上取一个试点 s_0(见图 4-30),然后画出试点 s_0 与开环零点、极点的连线,量得这些连线 l_i 与 L_j 的长度后,代入幅值条件式(4-6),求得 K_g 值;如果它和已知的 K_g 值相等,则试点 s_0 即为所求的特征根。采用这种方法往往要试探几次才有结果,比较麻烦。

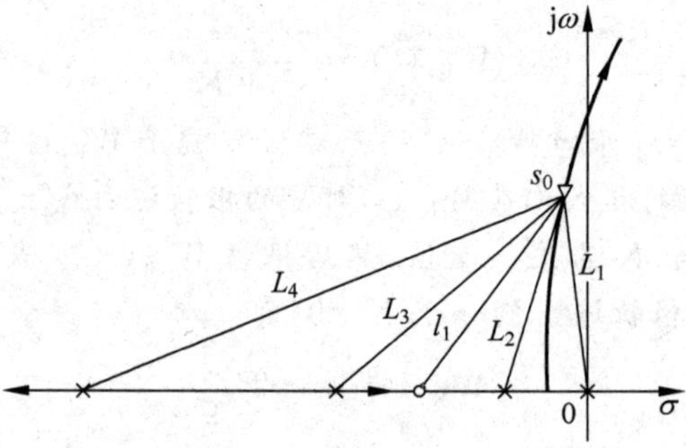

图 4-30　确定特征根

其实，对于 $n-m\leqslant 3$ 的系统，可以先在实轴上选择试点，找出实根以后，再去确定复数根，这样简便得多。下面举例说明这种方法。

例 4-11 假设系统的结构图如图 4-31 所示，它的开环传递函数为

$$\frac{K_g N(s)}{D(s)}=\frac{K_g}{s(s+1)(s+4)} \tag{4-47}$$

试确定 $K_g=10$ 的特征根。

解 根据已知的开环传递函数，可得闭环系统特征方程式

$$s(s+1)(s+4)+K_g=0 \tag{4-48}$$

首先作出根轨迹如图 4-32 所示。由图可知，在 $-\infty\sim-4$ 区间实轴上有根轨迹。于是可在 $-\infty\sim-4$ 间取不同的试点 $s=-\sigma$，代入式(4-48)后，即得一条曲线 $K_g=f(-\sigma)$，如图 4-32 所示。由此可用作图法求得 $K_g=10$ 的一个特征根为

$$-\sigma_1=-4.6 \tag{4-49}$$

求得实根之后，再求复根。根据代数方程中根与系数的关系，由式(4-48)得

$$\sigma_1+2\sigma_2=5 \tag{4-50}$$

由此可知，另外一对复根的实部为

$$-\sigma_2=-0.2$$

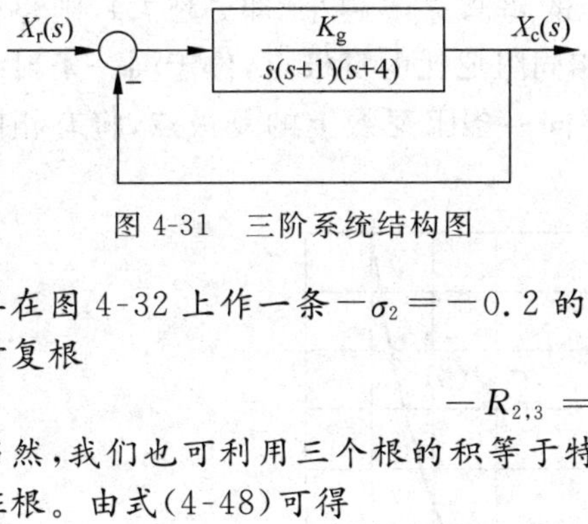

图 4-31 三阶系统结构图

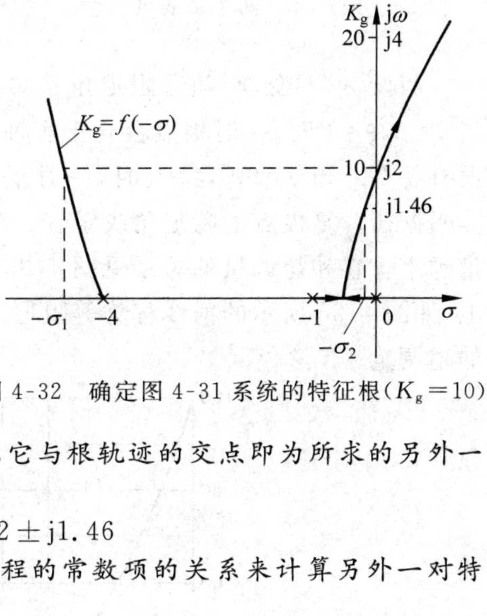

图 4-32 确定图 4-31 系统的特征根($K_g=10$)

再在图 4-32 上作一条 $-\sigma_2=-0.2$ 的垂线，它与根轨迹的交点即为所求的另外一对复根

$$-R_{2,3}=-0.2\pm \mathrm{j}1.46$$

当然，我们也可利用三个根的积等于特征方程的常数项的关系来计算另外一对特征根。由式(4-48)可得

$$4.6(0.2+\mathrm{j}\omega)(0.2-\mathrm{j}\omega)=10$$

解得

$$\omega=1.46$$

其结果与图解法相同。

4.3.2 用根轨迹法分析系统的动态特性

由根轨迹求出闭环系统极点和零点的位置后，就可以按第 3 章所介绍的方法来分析系统的动态品质。

如果闭环系统有两个负实极点 $-R_1$ 和 $-R_2$(如图4-33所示),那么单位阶跃响应是指数型的。如果两个实极点相距较远,则动态过程主要决定于离虚轴近的极点。一般当 $R_2 \geqslant 5R_1$ 时,可忽略极点 $-R_2$ 的影响。

如果闭环极点为一对复极点如图4-34所示,那么单位阶跃响应是衰减振荡型的,它由两个特征参数决定,即阻尼比 ξ(或阻尼角 $\theta = \arccos \xi$)和自然振荡角频率 ω_n。

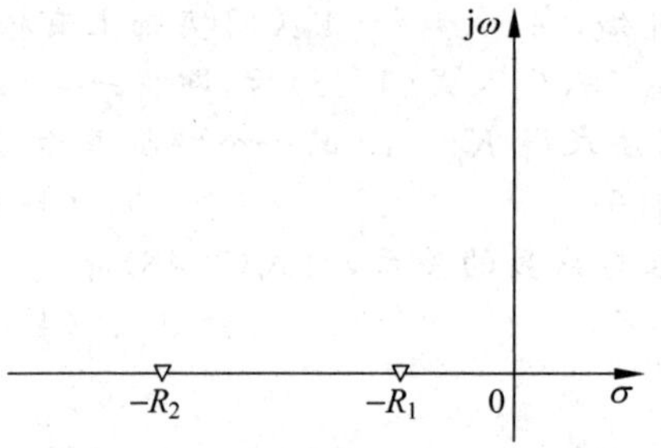

图 4-33 两个负实极点

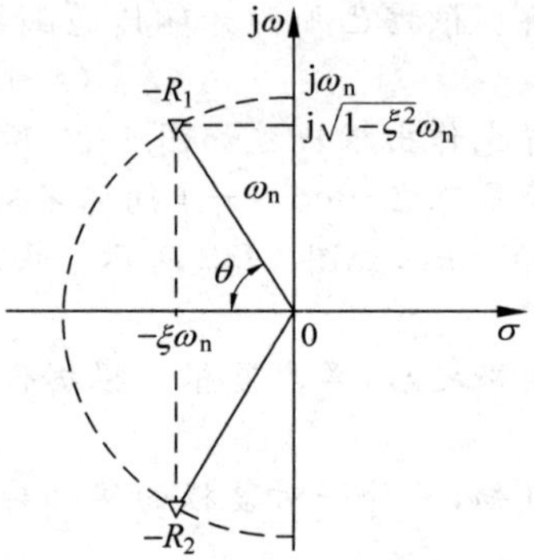

图 4-34 一对复极点

假设 ω_n 不变,则随着阻尼角 θ 的改变,极点将沿着以 ω_n 为半径的圆弧移动。当 $\theta=0, \xi=1$ 时,一对极点会合于实轴,出现实数重根,系统工作在临界阻尼状态,没有超调。当 $\theta=90°, \xi=0$ 时,一对复极点分别到达虚轴,出现共轭虚根,系统呈等幅振荡。复极点的阻尼角决定着二阶系统的超调量,θ 越小(即 ξ 越大),则超调量越小。它和超调量的关系见图4-35。有相同阻尼比的复极点,位于同一条射线上,如图4-36所示的射线称为等阻尼线。在同一条阻尼线上的复极点,将有相同的超调量。

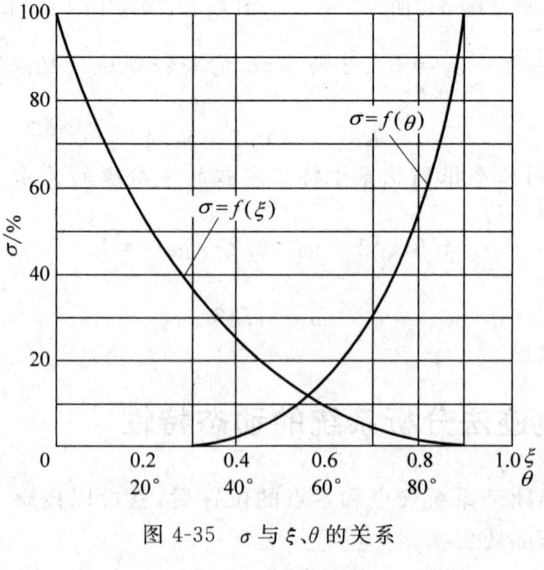

图 4-35 σ 与 ξ、θ 的关系

假设 θ 不变，则随着 ω_n 增大，极点将沿矢量方向延伸，于是它的实部 $-\xi\omega_n$ 和虚部 $\sqrt{1-\xi^2}\,\omega_n$ 都增大。增大 $\xi\omega_n$ 会加快系统的响应速度，而增大 $\sqrt{1-\xi^2}\,\omega_n$，会增大系统的阻尼振荡角频率，其结果将促使系统以较快速度到达稳定工作状态。

$\xi\omega_n$ 是表征系统指数衰减的系数，它决定系统的调节时间。有相同 $-\sigma=-\xi\omega_n$ 的系统（见图 4-37），将有相同的衰减速度和大致相同的调节时间。

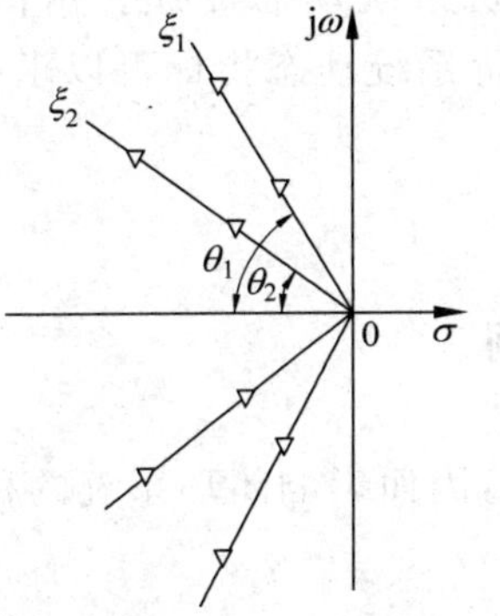

图 4-36　等阻尼线

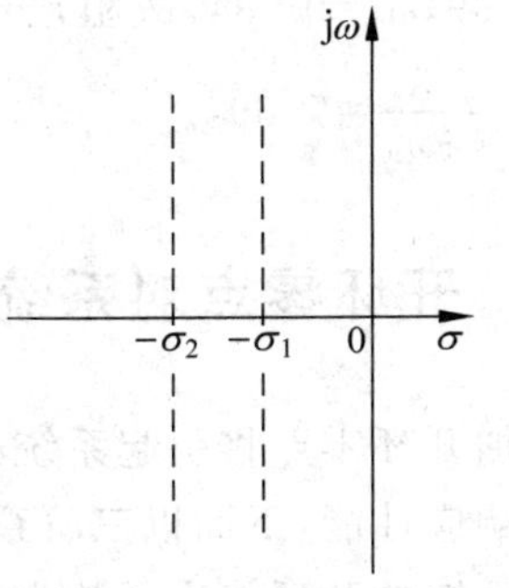

图 4-37　等衰减系数线

如果闭环系统除一对复极点外还有一个零点，如图 4-38 所示，则将增大超调量。但是，如果 $\xi=0.5$，$z_1\geqslant 4\xi\omega_n$，则可以不计零点的影响，直接用二阶系统的指标来分析系统的动态品质。

如果闭环系统除一对复极点外还有一个实极点，如图 4-39 所示，则系统超调量减小，调节时间增长。但是当实极点与虚轴的距离比复极点与虚轴的距离大 5 倍以上时，可以不考虑这一负极点的影响，直接用二阶系统的指标来分析系统的动态品质。

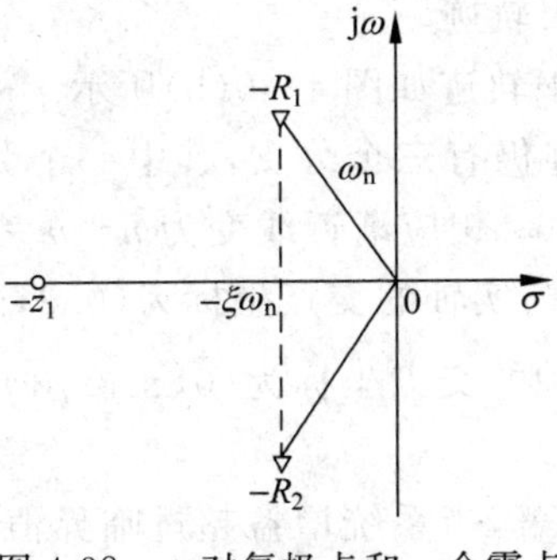

图 4-38　一对复极点和一个零点

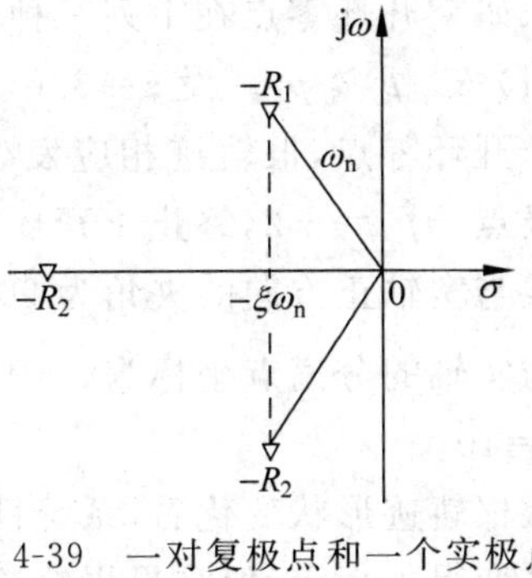

图 4-39　一对复极点和一个实极点

闭环系统中一对相距很近的实极点和零点称为偶极子，偶极子对系统动态响应的影响很小，可以忽略不计。

用根轨迹法分析系统动态品质的最大优点是可以看出开环系统放大系数（或其他参数）变化时，系统动态品质怎样变化。

以图4-14为例。当 $K_g=20(K_K=5)$时,闭环系统有一对极点位于虚轴,系统处于稳定边界。当 $K_g=0.88(K_K=0.22)$时,两个极点重合在 $-p_{1,2}=-0.467$,这时 $-p_3=-4.07$。当进一步减小 K_K,将有一个极点沿实轴向原点靠拢,动态响应越来越慢。如果给定 $K_g=3(K_K=0.75)$,这时一对复极点为 $-0.39\pm j0.745$,另一个极点为 $-p_3=-4.22$。由于 p_3 比复极点的实部大得多,完全可以忽略 $-p_3$ 的影响。这样,就可以用二阶系统的指标来分析系统动态品质。由图可量得 $\xi\omega_n=0.39$,$\omega_n=0.84$,故阻尼比 $\xi=0.46$。由二阶系统动态指标可以求得 $\sigma\%=21\%$,$t_s=\dfrac{3}{\xi\omega_n}=7.69s$。

4.3.3 开环零点对系统根轨迹的影响

增加开环零点将引起系统根轨迹形状的变化,因而影响闭环系统的稳定性及其暂态响应性能,下面以三阶系统为例来说明。

设系统的开环传递函数为

$$W_K(s)=\frac{K_K}{s(T_1s+1)(T_2s+1)}=\frac{K_g}{s(s+p_1)(s+p_2)}\qquad(p_2>p_1)$$

式中:$p_1=\dfrac{1}{T_1}$,$p_2=\dfrac{1}{T_2}$,$K_g=\dfrac{K_K}{T_1T_2}$。为分析和绘制根轨迹方便,设 $-p_1=-1$,$-p_2=-2$。该控制系统的根轨迹如图4-40(a)所示。从图中可以看出,当系统根轨迹增益 K_g 取值超过临界值 K_1(或 $K_1=6$)时,系统将变成不稳定。如果在系统中增加一个开环零点,系统的开环传递函数变为

$$W_K(s)=\frac{K_g(s+z)}{s(s+p_1)(s+p_2)}$$

下面来研究开环零点在下列三种情况下系统的根轨迹。

(1) $z>p_2>p_1$。设 $z=3.6$,则相应系统的根轨迹如图4-40(b)所示。由于增加一个开环零点,根轨迹相应发生变化。根轨迹仍有三个分支,其中一个分支将始于极点 $-p_2=-2$,终止于开环零点 $-z=-3.6$;相应渐近线变为 $n-m=2$ 条,渐近线与实轴正方向的夹角为90°、270°,渐近线与实轴的交点坐标为(0.3,j0),根轨迹与实轴的分离点坐标为(−0.46,j0);与虚轴的交点坐标为$(0,\pm j2\sqrt{3})$,相应的 $K_1=10$。

从根轨迹形状变化看,系统性能的改善不显著,当系统增益超过临界值时,系统仍将变得不稳定,但临界根轨迹增益和临界频率都有所提高。

(2) $p_2>z>p_1$。设 $z=1.6$,相应的根轨迹如图4-40(c)所示。根轨迹的一条分支始于极点 $-p_2=-2$,终止于增加的开环零点 $-z=-1.6$;其余两条分支的渐近线与实轴的交点坐标为(−0.7,j0),渐近线与实轴正方向的夹角仍为90°、270°;根轨迹与实轴的分离点坐标为(−0.54,j0)。当根轨迹离开实轴后,由于零点的作

用将向左弯曲，此时系统的开环增益取任何值时系统都将稳定。闭环系统有三个极点，如果设计得合适，系统将有两个共轭复数极点和一个实数极点，并且共轭复数极点距虚轴较近，即为共轭复数主导极点。在这种情况下，系统可近似看成一个二阶欠阻尼系统来进行分析。

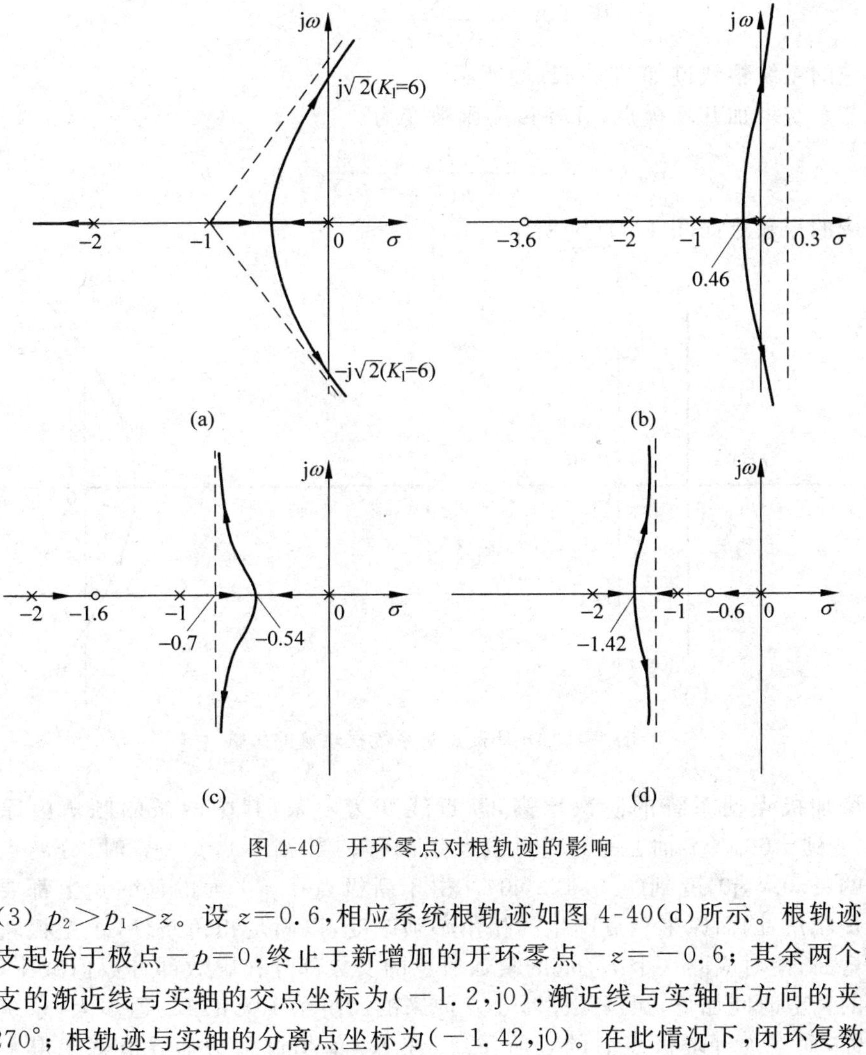

图 4-40　开环零点对根轨迹的影响

(3) $p_2>p_1>z$。设 $z=0.6$，相应系统根轨迹如图 4-40(d)所示。根轨迹的一条分支起始于极点 $-p=0$，终止于新增加的开环零点 $-z=-0.6$；其余两个根轨迹分支的渐近线与实轴的交点坐标为(-1.2,j0)，渐近线与实轴正方向的夹角为 90°、270°；根轨迹与实轴的分离点坐标为(-1.42,j0)。在此情况下，闭环复数极点距离虚轴较远，而实数极点却距离虚轴较近，这说明系统将有较低的动态响应速度。

从以上三种情况来看，一般第二种情况比较理想，这时系统具有一对共轭复数主导极点，其动态响应性能指标也比较令人满意。

可见，增加开环零点将使系统的根轨迹向左弯曲，并在趋向于附加零点的方向发生变形。如果设计得当，控制系统的稳定性和动态响应性能指标均可得到显著改善。在随动系统中串联超前网络校正，在过程控制系统中引入比例微分调节，即属于此种情况。

4.3.4 开环极点对系统根轨迹的影响

设系统的开环传递函数

$$W_K(s)=\frac{K_g}{s(s+p_1)},\quad p_1>0$$

其对应的系统根轨迹如图 4-41(a)所示。

若系统增加开环极点,开环传递函数变为

$$W_K(s)=\frac{K_g}{s(s+p_1)(s+p_2)},\quad p_2>p_1$$

其相应的根轨迹如图 4-41(b)所示。

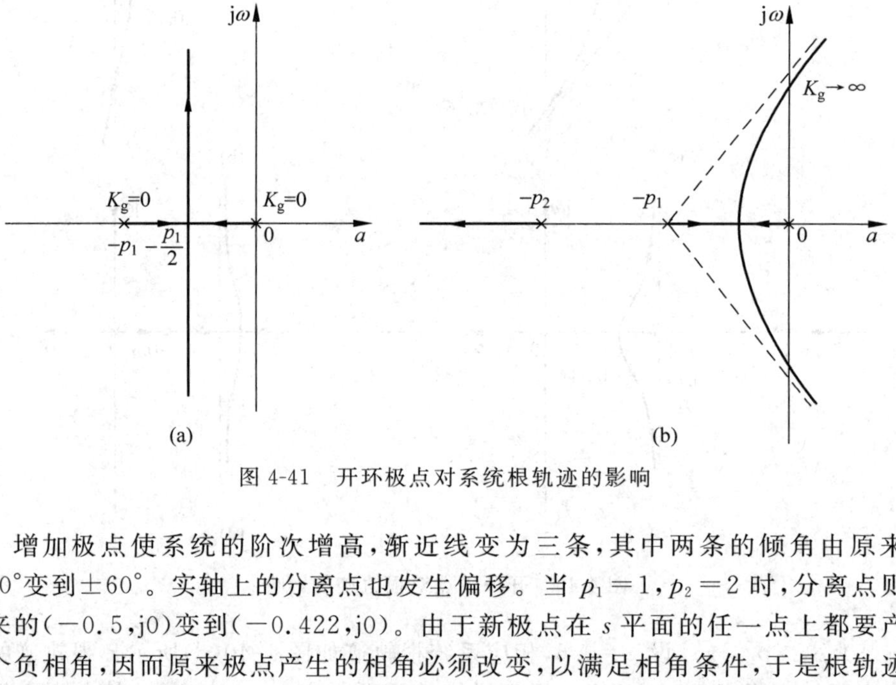

图 4-41 开环极点对系统根轨迹的影响

增加极点使系统的阶次增高,渐近线变为三条,其中两条的倾角由原来的 $\pm90°$变到$\pm60°$。实轴上的分离点也发生偏移。当 $p_1=1$,$p_2=2$ 时,分离点则从原来的(−0.5,j0)变到(−0.422,j0)。由于新极点在 s 平面的任一点上都要产生一个负相角,因而原来极点产生的相角必须改变,以满足相角条件,于是根轨迹将向右弯曲,使对应同一个 K_g 值的复数极点的实数部分和虚数部分数值减小,因而系统的调节时间加长,振荡频率减小。原来的二阶系统无论 K_g 值多大,系统都是稳定的,而增加开环极点后的三阶系统,在 K_g 值超过某一临界值就变得不稳定了。这些都是不希望的。因此,一般不单独增加开环极点。但也有例外,如极点用于限制系统的频带宽度。

4.3.5 偶极子对系统性能的影响

在系统的综合中,常在系统中附加一对非常接近坐标原点的零点、极点对来改善系统的稳态性能。这对零点、极点彼此相距很近,又非常靠近原点,且极点位于零点右边，通常称这样的零点、极点对为偶极点对或偶极子。下面来分析系统中附加偶极子后所产生的影响。

在开环系统中附加下述网络

$$\frac{Ts+1}{\beta Ts+1}=\frac{1}{\beta}\frac{s+\frac{1}{T}}{s+\frac{1}{\beta T}}$$

如果使上述网络的极点和零点彼此靠得很近，即为开环偶极子，则有

$$\frac{1}{\beta}\frac{s+\frac{1}{T}}{s+\frac{1}{\beta T}}\approx\frac{1}{\beta}\angle 0^{\circ} \tag{4-51}$$

这意味着附加开环偶极子对原来系统的根轨迹几乎没有影响，只是在 s 平面的原点附近有较大的变化。它们不会影响系统的主导极点位置，因而对系统的动态响应性能影响很小。但从式(4-51)可以看出，在不影响系统稳定性和动态响应性能指标的情况下，系统的增益却提高了约 β 倍。如果开环偶极子点距原点很近，β 值可以很大。系统开环增益增大意味着稳态误差系数的增大，也即意味着系统稳态性能的改善。

例如图 4-42(a)所示的系统，其开环传递函数为

$$W_{\mathrm{K}}(s)=\frac{1.06}{s(s+1)(s+2)}$$

相应的闭环传递函数为

$$W_{\mathrm{B}}(s)=\frac{1.06}{s(s+1)(s+2)+1.06}$$

其闭环极点为

$$s_{1,2}=-0.33\pm \mathrm{j}0.58, s_3=-2.34$$

可见 $s_{1,2}$ 为闭环主导极点，对应的阻尼比为 $\xi=0.5$，自然振荡角频率为 $\omega_{\mathrm{n}}=0.67$；系统的速度误差系数为 $K_{\mathrm{v}}=0.53$。

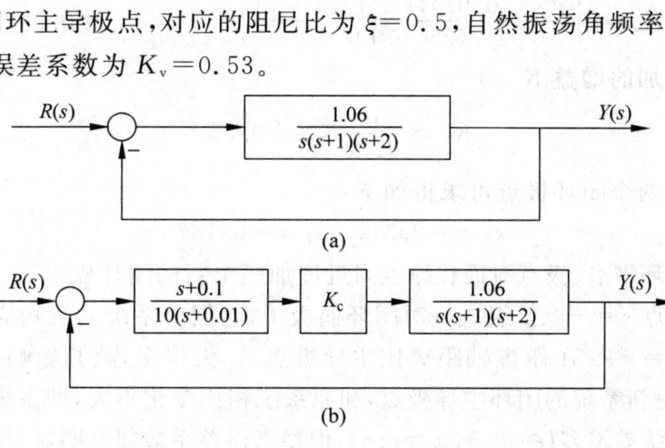

图 4-42　闭环系统方框图

如果在系统中附加开环偶极子，如图 4-42(b)所示，相应的新开环传递函数为

$$W'_K(s) = \frac{K_g(s+0.1)}{s(s+0.01)(s+1)(s+2)}$$

$$K_g = \frac{1.06K_c}{10}$$

由于附加的开环零点、极点对距原点非常近，且彼此相距又非常近，所以新系统的根轨迹除 s 平面原点附近外，与原系统根轨迹相比无明显变化，如图 4-43 所示。如果新的闭环主导极点仍保持阻尼比 $\xi=0.5$ 不变，则由新系统的根轨迹可求得新的闭环主导极点为

$$s'_{1,2} = -0.28 \pm j0.51$$

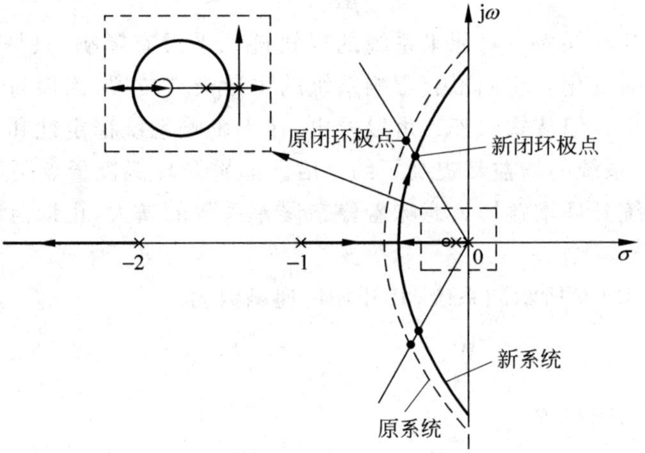

图 4-43　系统附加开环偶极子对根轨迹的影响

相应根轨迹点上的增益为

$$K_g = \left|\frac{s(s+0.01)(s+1)(s+2)}{(s+0.1)}\right|_{s=-0.28+j0.51} = 0.98$$

相应系统可增加的增益 K_c 为

$$K_c = \frac{10}{1.06}K_g = 9.25$$

新系统的另外两个闭环极点可求得如下：

$$s'_3 = -2.31,\quad s'_4 = -0.137$$

因附加开环零点、极点对而在原点附近增加一个新的闭环极点 $s'_4=-0.137$，它和附加开环零点 $s'=-0.1$ 组成一对闭环偶极子，它们对系统动态响应性能影响很小。而极点 $s'_3=-2.31$ 距虚轴距离比主导极点 $s'_{1,2}$ 大得多，故其影响也可以省略。因此 $s'_{1,2}$ 确实是新系统的闭环主导极点，和原系统相比变化不大，即系统动态响应性能指标与原系统差不多($\xi=0.5$，$\omega_n=0.6$)，但稳态误差系数却有明显增加，即

$$K'_v = \lim_{s\to 0} sW'_K(s) = 4.9$$

比原系统增加了 9.25 倍，即系统的稳态性能有明显提高。

从上面的分析中可以看出，在系统中附加开环偶极子可以在基本保持系统的稳定性和动态响应性能不变的情况下显著改善系统的稳态性能。在随动系统的滞后校正中即采用这种方法来提高系统的稳态性能指标。因此，在分析控制系统的稳态性能时，要考虑所有闭环零极点的影响，而决不能忽略像偶极子这样的零点、极点对系统的影响，尽管在分析动态性能指标时可近似认为它们的影响相互抵消。

4.4 用 MATLAB 绘制根轨迹

利用 MATLAB 绘制系统的根轨迹图是十分方便的。本节将介绍如何利用 MATLAB 方法绘制根轨迹。

4.4.1 根轨迹分析的 MATLAB 实现的函数指令格式

1. 绘制系统零极点图的函数 pzmap()

函数命令调用格式：

[p,z]=pzmap(sys)

pzmap(p,z)

输入变量 sys 是 LTI 对象。当不带输出变量引用时，pzmap()函数可在当前图形窗口中绘出系统的零点、极点图。在图中，极点用“×”表示，零点用“○”表示。当带有输出变量引用函数时，可返回系统零点、极点位置的数据，而不直接绘制零点、极点图。零点数据保存在变量 z 中，极点数据保存在变量 p 中。如果需要可以再用 pzmap(p,z)绘制零极点图。

pzmap(p,z)函数可以在复平面里绘制零点、极点图，其中行矢量 $\boldsymbol{p}$ 为极点，列矢量 $\boldsymbol{z}$ 为零点。这个函数命令用于直接绘制给定的零极点图。

2. 求系统根轨迹的函数 rlocus()

函数命令调用格式：

rlocus(num,den)

rlocus(num,den,k)

[r,k]=rlocus(num,den)

rlocus(num,den)函数命令用来绘制 SISO 的 LTI 对象的根轨迹图。给定前向通道传递函数为 $W(s)$，反馈增益向量为 $\boldsymbol{k}$ 的被控对象（$\boldsymbol{k}=0\sim\infty$），其闭环传递函数为

$$W_{\mathrm{B}}(s)=\frac{W(s)}{1+\boldsymbol{k}W(s)}$$

当不带输出变量引用时，函数可在当前图形窗口中绘出系统的根轨迹图。该

函数既适用于连续时间系统,也适用于离散时间系统。

rlocus(num,den,k)可以利用给定的向量 $\boldsymbol{k}$($\boldsymbol{k}=0\to\infty$)绘制系统的根轨迹。

[r,k]=rlocus(num,den)这种带有输出变量的引用函数,返回系统根位置的复数矩阵 $\boldsymbol{r}$ 及其相应的向量 $\boldsymbol{k}$,而不直接绘制出零极点图。

例 4-12 设一个系统开环传递函数为

$$W_K(s)=\frac{0.0001s^3+0.0218s^2+1.0436s+9.3599}{0.0006s^3+0.0268s^2+0.06365s+6.2711}$$

试绘制出该闭环系统的根轨迹图。

解 输入以下 MATLAB 命令

```
%L0401.m
n1 = [0.0001 0.0218 1.0436 9.3599];
d1 = [0.0006 0.0268 0.6365 6.2711];
sys = tf(n1,d1);
[p,z] = pzmap(sys)
rlocus(sys);
title('系统闭环根轨迹')
```

程序执行后计算出系统三个极点与三个零点的数据,同时可得该系统的根轨迹如图 4-44 所示。

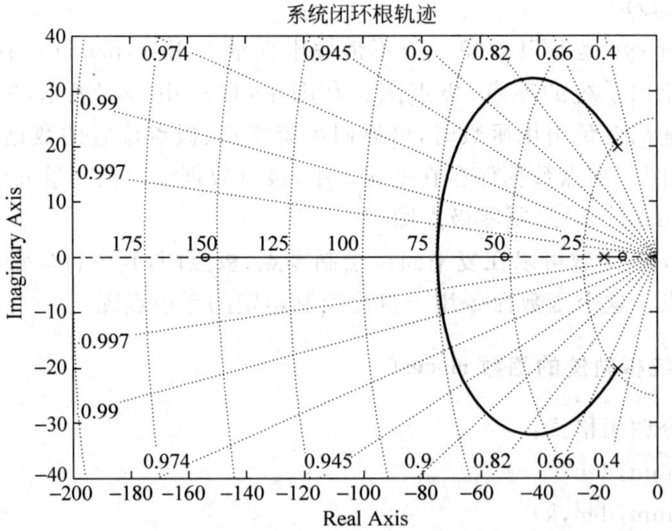

图 4-44 高阶系统的根轨迹图

运行结果如下:

```
p =
   -13.3371  +20.0754i
   -13.3371  -20.0754i
```

```
   -17.9925
z =
   -154.2949
   -52.0506
   -11.6545
```

3. 计算与根轨迹上极点相对应的根轨迹增益函数 rlocfind()

函数命令调用格式：

[k,poles]=rlocfind(num,den)

[k,poles]=rlocfind(num,den,p)

[k,poles]=rlocfind(num,den)函数输入变量 sys 可以是由函数 tf()、zpk()、ss()中任何一个建立的 LTI 对象模型。函数命令执行后，可在根轨迹图形窗口中显示十字形光标，当用户选择根轨迹上某一点时，其相应的增益由 k 记录，与增益相对应的所有极点记录在 poles 中。函数既适用于连续时间系统，也适用于离散时间系统。

[k,poles]=rlocfind(num,den,p)函数可对给定根 p 计算对应的增益 k 与极点 poles。

例 4-13　已知一个单位负反馈系统开环传递函数为

$$W(s)=\frac{k}{s(0.5s+1)(4s+1)}$$

试绘制闭环系统的根轨迹；在根轨迹图上任选一点，并计算该点的增益 k 及其所有极点的位置。

解　输入以下 MATLAB 命令

```
%L0402.m
n1=1;
d1=conv([1 0],conv([0.5 1],[4,1]));
s1=tf(n1,d1);
rlocus(s1);
[k,poles]=rlocfind(s1)
title('系统闭环根轨迹')
```

程序执行后可得单位反馈系统的根轨迹图如图 4-45 所示。同时可以计算出根轨迹在纵坐标附近某点根的增益 k 及其所对应的其他所有极点 poles 的位置。结果为：

```
>> Select a point in the graphics window
selected_point =
   -0.0758+1.8012i
k =
```

```
  17.1979
poles =
  - 3.0246
   0.3873 + 1.6410i
   0.3873 - 1.6410i
```

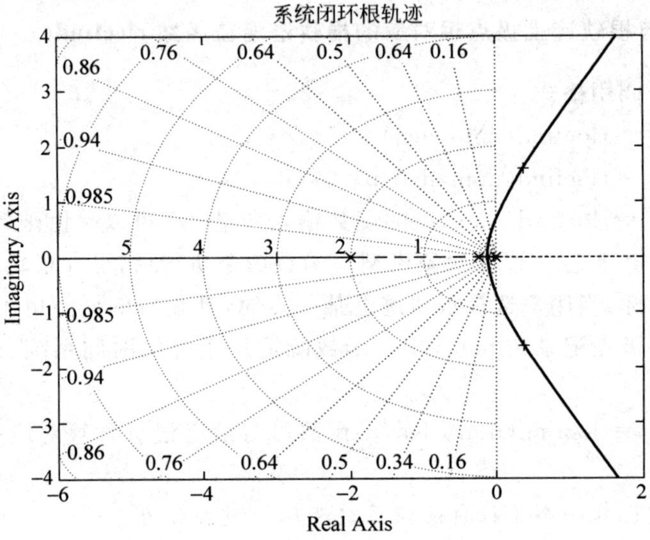

图 4-45 单位负反馈系统的根轨迹图

由程序运行结果可以得知，在复平面中纵坐标与根轨迹交点附近的某点(已偏移到复平面的右半平面)，其相应的增益为 $k=17.1979$；与该点相应的两个极点分别为：

$$p_1=(0.3873+\mathrm{j}1.6410);\ p_2=(0.3873-\mathrm{j}1.6410)$$

函数命令 rlocfind(sys,p)，可对给定根 p 计算对应的增益 k 与极点 poles。例如，在程序文件方式下执行以下程序

```
>> n1 = 1;
>> d1 = conv([1 0],conv([0.5 1],[4,1]));
>> s1 = tf(n1,d1);
>> [k,poles] = rlocfind(s1,0.3873 + 1.6410i)
```

可得指定根为(0.3873 + j1.6410)，对应的增益和所有极点为：

```
k =
  17.1972
poles =
  - 3.0246
   0.3873 + 1.6410i
   0.3873 - 1.6410i
```

4. 系统根轨迹起点和终点的绘制

例 4-14　已知控制系统的开环传递函数为

$$W(s)=\frac{s^3+s^2+4}{s^3+3s^2+7s}$$

绘制根轨迹的起点和终点。

解　输入以下 MATLAB 命令

```
% L0403.m
num = [1 1 0 4];
den = [1 3 7 0];
W = tf(num,den);
rlocus(W);
p = roots(den)
z = roots(num)
axis([-2.5,1 -3,3]);
title('系统根轨迹图')
```

程序执行后得到如图 4-46 所示的根轨迹与如下结果：

```
p = 0
   -1.5000 + 2.1794i
   -1.5000 - 2.1794i
z = -2.0000
    0.5000 + 1.3229i
    0.5000 - 1.3229i
```

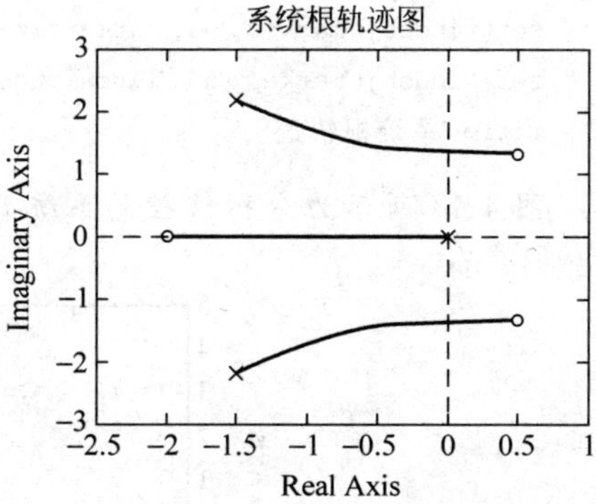

图 4-46　根轨迹的起点与终点的绘制

图 4-46 显示了该系统的根轨迹。可以看到，该系统有三个开环极点和三个开环零点，因此根轨迹有三个分支，它们的起点是开环极点 0，$-1.5+\mathrm{j}2.18$ 和 $-1.5-\mathrm{j}2.18$，终点是开环零点 -2，$0.5+\mathrm{j}1.32$ 和 $0.5-\mathrm{j}1.32$。根轨迹的一个分支从极点 0 开始，终止于零点 -2；另两条分支分别从极点 $-1.5+\mathrm{j}2.18$ 和 $-1.5-\mathrm{j}2.18$ 开始，以圆弧变化，最后分别终止于零点 $0.5+\mathrm{j}1.32$ 和 $0.5-\mathrm{j}1.32$。

例 4-15　已知单位负反馈系统的开环传递函数为

$$W(s)=\frac{K(s^2+2s+4)}{s(s+4)(s+6)(s^2+1.4s+1)},\quad K>0$$

试绘制系统的根轨迹图，并分析系统的稳定性。

解　输入以下 MATLAB 命令

```
% L0404.m
num = [1 2 4];
```

```
den1 = conv([1 0],[1 4]);
den2 = conv([1 6],[1 1.4 1]);
den = conv(den1,den2);
W = tf(num,den);
%求根轨迹与虚轴交点
W = tf(W);
num = W.num{1};
den = W.den{1};
AW = allmargin(W);
%根轨迹与虚轴交点增益
K = AW.GainMargin
%根轨迹与虚轴交点频率
Wcg = AW.GMFrequency
%绘制系统根轨迹
rlocus(W);
axis([-8 2 -5 5]);
set(findobj('marker,'x'),'markersize',8);
set(findobj('marker','x'),'linewidth',1.5);
set(findobj('marker','o'),'markersize',8);
set(findobj('marker','o'),'linewidth',1.5);
title('系统根轨迹')
```

图 4-47 所示为分析该控制系统开环传递函数所得到的根轨迹图。

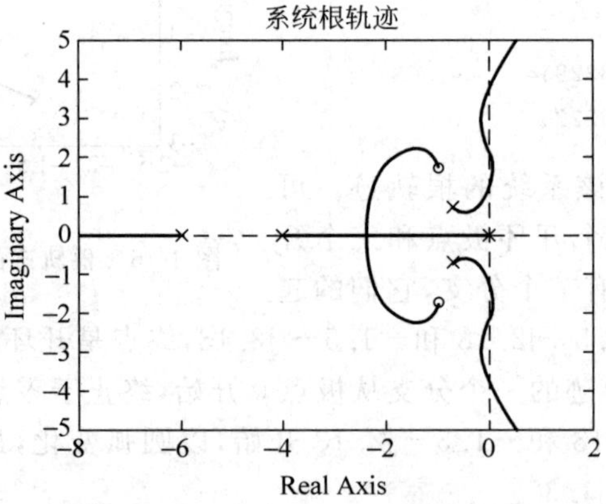

图 4-47 利用根轨迹分析系统的稳定性

根轨迹与虚轴交点的频率和增益,结果如下:

```
K =
    15.6153    67.5209    163.5431
Wcg =
    1.2132    2.1510    3.7551
```

开环系统共有 5 个极点和 2 个零点，因此，渐近线与实轴的交点为 -3.13，渐近线与实轴正方向的夹角为 $180°$和$\pm 60°$。根轨迹与虚轴的交点有 3 个，分别在频率为 1.2132rad/s、2.1510rad/s 和 3.7551rad/s 处，对应的系统增益分别为 15.6153、67.5209 和 163.5431。显然，该系统是一个条件稳定系统。

由根轨迹图可知，当 $0<K<15.6156$ 和 $67.5209<K<163.5431$ 范围时，系统才能稳定；当 K 为其他范围时，从图 4-47 可看出系统有在 s 右半平面的极点，故系统肯定是不会稳定的。

4.4.2 零度根轨迹的 MATLAB 绘制

在复杂的控制系统中，可能存在正反馈内回路，如图 4-48 所示。下面只对正反馈内回路的根轨迹（又称零度根轨迹）进行研究。

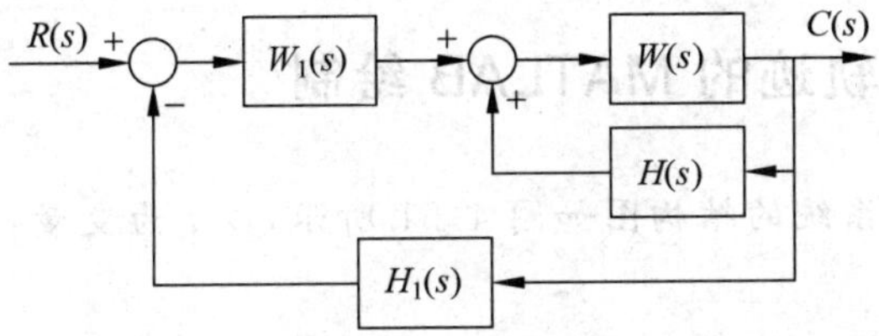

图 4-48　系统框图

内回路的传递函数为$\dfrac{W(s)}{1-W(s)H(s)}$，得到特征方程 $1-W(s)H(s)=0$，与负反馈系统特征方程 $1+W(s)H(s)=0$ 相比较，只相差了一个负号，所以在绘制正反馈回路的根轨迹时，仍可以使用 rlocus()，调用格式为

rlocus(− W. num{1}, W. den{1})

式中：W. num{1}表示正反馈回路开环传递函数分子多项式的系数向量；W. den{1}表示正反馈回路开环传递函数分母多项式的系数向量。

例 4-16　求图 4-49 所示的正反馈回路的根轨迹，其中开环传递函数为

$$W(s)=\frac{K(s+2)}{(s+3)(s^2+2s+2)}$$

解　输入以下 MATLAB 命令

```
% L0405.m
num = [ - 1  - 2];
den = [conv([1 3],[1 2 2])];
rlocus(num,den)
title('系统根轨迹')
```

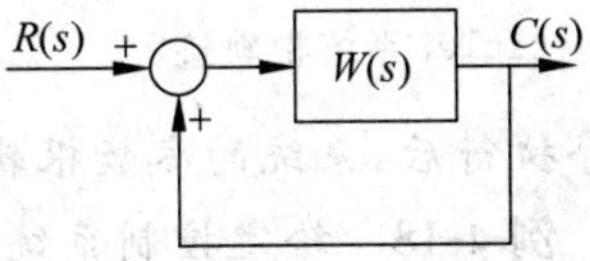

图 4-49　正反馈回路框图

程序运行结果如图 4-50 所示。

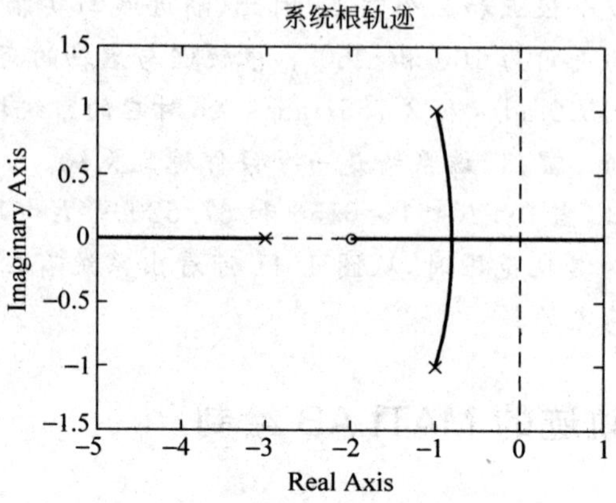

图 4-50 系统的零度根轨迹图

4.4.3 参数根轨迹的 MATLAB 绘制

例 4-17 已知系统的结构图如图 4-51 所示，以 t 为变量，绘制出系统的参数根轨迹。其中

$$W(s)=\frac{10}{s(s+5)}$$

解 先考虑正向通道的传递函数为

$$W(s)=\frac{10}{s(s+5)}$$

由此得闭环系统特征方程式 $s(s+5)+10(1+ts)=0$。即

$$W_{\mathrm{Keq}}(s)=\frac{10ts}{s^2+5s+10}$$

此时，输入以下 MATLAB 命令

```
%L0406.m
num=[10 0];
den=[1 5 10];
W=tf(num,den);
rlocus(W);
title('系统根轨迹')
```

程序执行后，系统的参数根轨迹如图 4-52 所示。

例 4-18 给定控制系统的开环传递函数为

$$W(s)=\frac{s+a}{s(2s-a)},a\geqslant 0$$

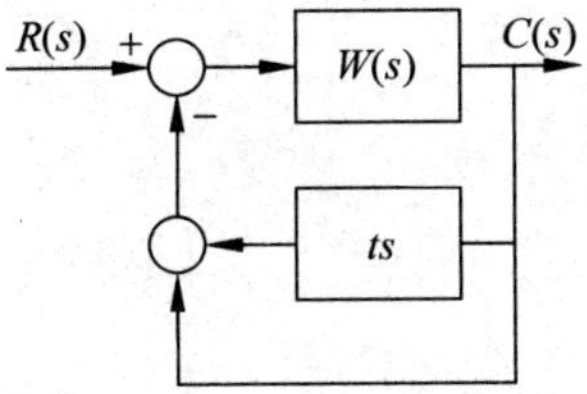

图 4-51　系统结构图

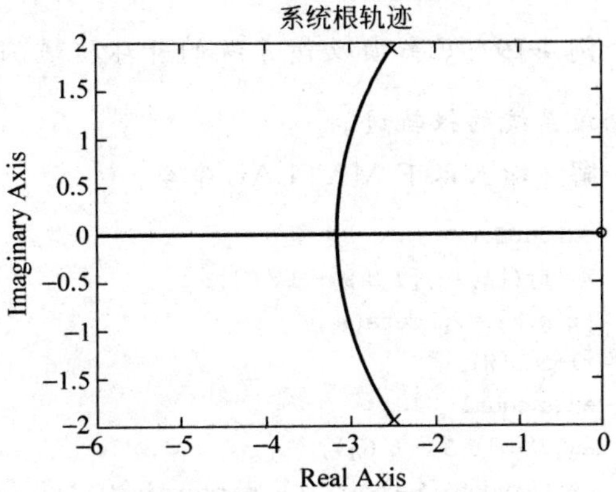

图 4-52　系统的参数根轨迹图

作出以 a 为参变量的根轨迹。

解　求系统的闭环特征方程并化成标准形式，因为可变参数 a 不是分子多项式的相乘因子，所以先求系统的闭环特征方程 $2s^2-as+s+a=0$，并改写为

$$1+\frac{-a(s-1)}{s(2s+1)}=0$$

的形式。可以看出，开环传递函数为

$$W_K(s)=\frac{-a(s-1)}{s(2s+1)}=\frac{K(s-1)}{s(2s+1)}, K=-a\leqslant 0$$

此时，可以按零度根轨迹进行处理，输入以下 MATLAB 命令

```
% L0407.m
num = [ - 1 1];
den = conv([1 0],[2 1]);
W = tf(num,den);
rlocus(W);
title('系统根轨迹')
```

程序执行后，得到如图 4-53 所示的参数根轨迹图。

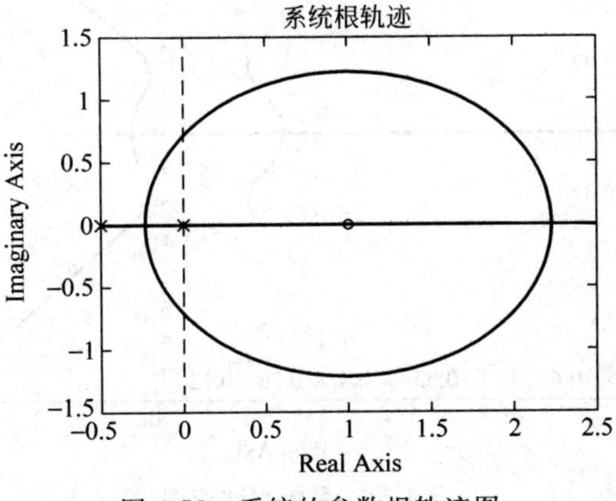

图 4-53　系统的参数根轨迹图

例 4-19 已知负反馈系统的开环传递函数为 $W_K(s)=\dfrac{K(s+1)}{s^4+3s^3+9s^2-11s}$,试绘制该系统的根轨迹。

解 输入以下 MATLAB 命令

```
%L0408.m
W=tf([1,1],[1 3 9 -11 0]);
[z,p,k]=zpkdata(W,'v')
rlocus(W);
axis equal;
axis([-6 3 -6 6]);
set(findobj('marker','x'),'markersize',12);
set(findobj('marker','o'),'markersize',12);
sgrid
title('系统根轨迹')
```

运行后,开环零点、极点如下所示:

```
z =
    -1
p =
        0
  -1.9423 + 2.9434i
  -1.9423 - 2.9434i
   0.8845
k =
        1
```

图 4-54 给出了该系统的根轨迹图。

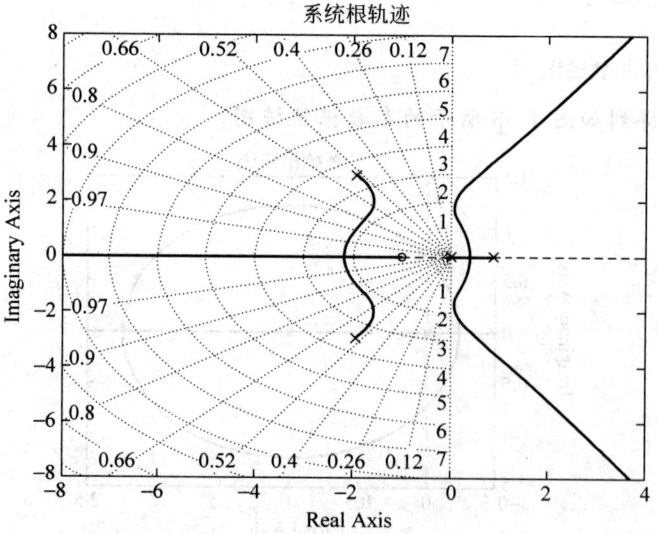

图 4-54 系统根轨迹图

小结

闭环系统特征方程的根决定着闭环系统的稳定性及主要动态性能。对于高阶系统而言,其特征根是很难直接求解出来的。根轨迹法是一种图解方法。它不用求解高次代数方程也能把系统闭环特征方程的根解出来。因而是分析系统闭环特性的一种有效方法。

根轨迹是以开环传递函数中的某个参数(一般是根轨迹增益)为参变量而画出的闭环特征方程式的根轨迹图。它根据基本绘制法则,利用系统的开环零点、极点的分布,绘出系统闭环极点的运动轨迹,形象且直观地反映出系统参数的变化对根的分布位置的影响,并在此基础上对系统的性能进行进一步的分析。

根轨迹有几种类型划分:常规根轨迹、广义根轨迹(或称参数根轨迹)、180°根轨迹、0°根轨迹等。这些不同类型的根轨迹,是由系统的不同结构(正反馈或负反馈)、不同性质(最小相位或非最小相位)所形成的特征方程的形式决定的。特征方程的形式又归结为

$$\frac{\prod_{i=1}^{m}(s+z_i)}{\prod_{j=1}^{n}(s+p_j)}=\pm\frac{1}{K^*},(K^*>0)$$

上式等号右端的符号就可确定相应的根轨迹类型——“+”对应 0°根轨迹,“-”对应 180°根轨迹;K^* 为系统的根轨迹放大系数 K_g 时对应常规根轨迹,K^* 为系统其他参数 T 时对应广义根轨迹;$-z_i$ 和 $-p_j$ 分别为等效的系统开环零点和开环极点。

0°根轨迹和 180°根轨迹的绘制规则仅在幅角条件上有所不同,幅值条件是一样的。

根轨迹图不仅使我们能直观地看到参数的变化对系统性能的影响,而且还可以用它求出指定参变量或指定阻尼比 ξ 相对应的闭环极点。根据确定的闭环极点和已知的闭环零点,就能计算出系统的输出响应及其性能指标,从而避免了求解高阶微分方程的麻烦。

思考题与习题

4-1 根轨迹法适用于哪类系统的分析?

4-2 为什么可以利用系统开环零点和开环极点绘制闭环系统的根轨迹?

4-3 绘制根轨迹的依据是什么?

4-4 为什么说幅角条件是绘制根轨迹的充分必要条件?

4-5 系统开环零点、极点对根轨迹形状有什么影响?

4-6 求下列各开环传递函数所对应的负反馈系统的根轨迹。

(1) $W_K(s)=\dfrac{K_g(s+3)}{(s+1)(s+2)}$

(2) $W_K(s)=\dfrac{K_g(s+5)}{s(s+3)(s+2)}$

(3) $W_K(s)=\dfrac{K_g(s+3)}{(s+1)(s+5)(s+10)}$

4-7 已知负反馈控制系统开环零点、极点分布如图P4-1所示,试写出相应的开环传递函数并绘制概略根轨迹图。

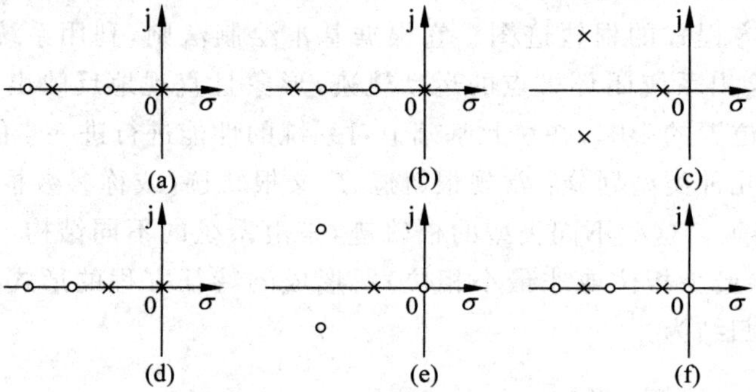

图 P4-1 题4-7的系统开环零点、极点分布

4-8 求下列各开环传递函数所对应的负反馈系统根轨迹。

(1) $W_K(s)=\dfrac{K_g(s+2)}{s^2+2s+3}$

(2) $W_K(s)=\dfrac{K_g}{s(s+2)(s^2+2s+2)}$

(3) $W_K(s)=\dfrac{K_g(s+2)}{s(s+3)(s^2+2s+2)}$

(4) $W_K(s)=\dfrac{K_g(s+1)}{s(s-1)(s^2+4s+16)}$

(5) $W_K(s)=\dfrac{K(0.1s+1)}{s(s+1)(0.25s+1)^2}$

4-9 负反馈控制系统的开环传递函数如下,绘制概略根轨迹,并求产生纯虚根的开环增益K_K。

$$W_K(s)=\frac{K_g}{s(s+1)(s+10)}$$

4-10 已知单位负反馈系统的开环传递函数为

$$W_K(s)=\frac{K}{s(Ts+1)(s^2+2s+2)}$$

求当$K=4$时,以T为参变量的根轨迹。

4-11 已知单位负反馈系统的开环传递函数为

$$W_K(s)=\frac{K(s+a)}{s^2(s+1)}$$

求当 $K=\frac{1}{4}$ 时，以 a 为参变量的根轨迹。

4-12　设系统结构图如图 P4-2 所示。为使闭环极点位于

$$s=-1\pm j\sqrt{3}$$

试确定增益 K 和反馈系数 K_h 的值，并以计算得到的 K 值为基准，绘出以 K_h 为变量的根轨迹。

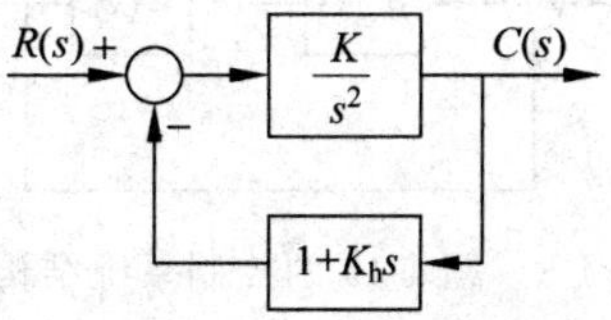

图 P4-2　题 4-12 的控制系统结构图

4-13　已知单位负反馈系统的开环传递函数为

$$W_K(s)=\frac{K_g}{(s+16)(s^2+2s+2)}$$

试用根轨迹法确定使闭环主导极点的阻尼比 $\xi=0.5$ 和自然振荡角频率 $\omega_n=2$ 时的 K_g 值。

4-14　已知单位正反馈系统的开环传递函数为

$$W_K(s)=\frac{K_g}{(s+1)(s-1)(s+4)^2}$$

试绘制其根轨迹。

4-15　已知系统开环传递函数为

$$W_K(s)=\frac{K_g(s+1)}{s^2(s+2)(s+4)}$$

试绘制系统在负反馈与正反馈两种情况下的根轨迹。

4-16　某单位反馈系统的开环传递函数为

$$W_k(s)=\frac{K_g}{s(s+2)(s+4)}$$

(1) 绘制 K_g 由 $0\to\infty$ 变化的根轨迹。

(2) 求系统产生持续等幅振荡时的 K_g 值和振荡频率。

(3) 确定系统呈阻尼振荡动态响应的 K_g 值范围。

(4) 求主导复数极点具有阻尼比为 0.5 时的 K_g 值。

4-17　已知单位反馈系统的开环传递函数为

$$W_k(s)=\frac{K_g(1-s)}{s(s+2)}$$

(1) 绘制 K_g 由 $0\to\infty$ 变化的根轨迹。

(2) 求产生重根和纯虚根时的 K_g 值。

4-18　设一个单位反馈系统的开环传递函数为 $W_k(s)=\frac{K_g}{s^2(s+2)}$

(1) 由所绘制的根轨迹图，说明对所有的 K_g 值 $(0<K_g<\infty)$ 该系统总是不稳

定的。

(2) 在 $s=-a(0<a<2)$ 处加一个零点，由所作出的根轨迹，说明加零点后的系统是稳定的。

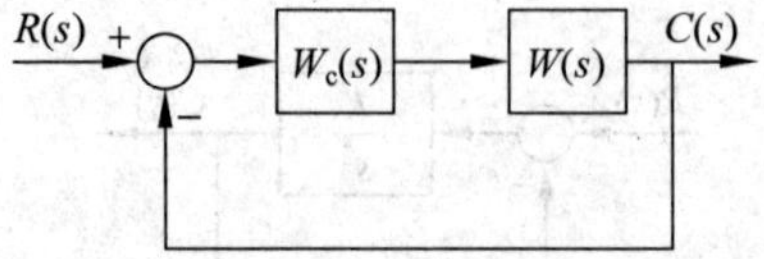

图 P4-3 题 4-19 的控制系统结构图

4-19 一个控制系统如图 P4-3 所示。其中 $W(s)=\dfrac{1}{s(s-1)}$。

(1) 当 $W_c(s)=K_g$，由所绘制的根轨迹证明系统总是不稳定的。

(2) 当 $W_c(s)=\dfrac{K_g(s+2)}{(s+20)}$ 时，绘制系统的根轨迹，并确定使系统稳定的 K_g 值范围。

4-20 已知一个单位反馈系统的开环传递函数为

$$W_K(s)=\frac{K_g(s+16/17)}{(s+20)(s^2+2s+2)}$$

(1) 作系统的根轨迹图，并确定临界阻尼时的 K_g 值。

(2) 求使系统稳定的 K_g 值范围。

第 5 章 频率法

利用微分方程式求解系统动态过程，可以比较直观地看出输出量随时间的变化。但是用微分方程式求解系统的动态过程比较麻烦，系统越复杂，微分方程的阶次越高，求解微分方程的计算工作量越大。

在第 3 章中，我们导出了二阶和三阶系统特征参数与动态过程的关系。但对于高阶系统，很难看出某个环节和参数对整个系统的动态过程有怎样的影响；当系统的动态特性不能满足生产工艺要求时，很难确定应该采用什么样的措施才能改进系统的动态特性。如需要改变某些参数或加进某些环节来改进系统动态特性时，就需要重新进行计算，很不方便。

在工程实践中，通常不希望进行大量繁复的计算，而要求能够比较简单地分析出系统各参数对动态特性的影响，以及加进某些环节以后对系统的动态特性又有怎样的改进。此外，在实际上往往并不需要把系统动态变化过程全部准确地计算出来，而希望有一种简便的判断动态过程的品质（如超调量 $\sigma\%$、调节时间 t_s）和稳态误差的方法。

5.1 频率特性的基本概念

频率法是研究控制系统的一种常用工程方法，根据系统的频率特性能间接地揭示系统的动态特性和稳态特性，可以简单迅速地判断某些环节或者参数对系统的动态特性和稳态特性的影响，并能指明改进系统的方向。除此以外，频率特性可以由实验确定，这在难以写出系统动态模型时，更为有用。

我们用一个简单的电路讨论频率特性的基本概念。图 5-1 所示的 RL 串联电路是前面已讨论过的惯性环节。如果在这一线性电路上加入正弦交流电压 $u=U\sin\omega t$，那么，在稳态

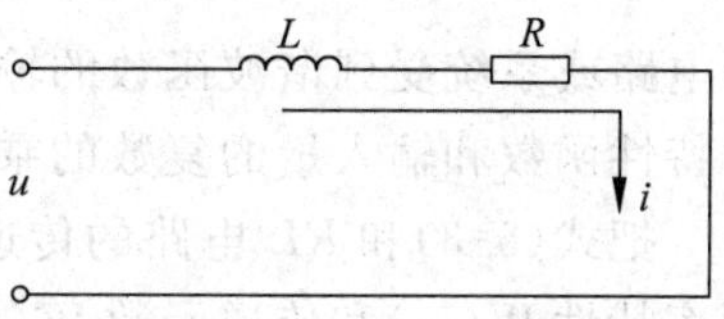

图 5-1　RL 串联电路

时,电路中的电流 i 也必定与电压 u 按同一频率变化。把正弦量用极坐标表示,并取 u 为参考向量,可写成

$$\dot{U}=U\mathrm{e}^{\mathrm{j}\omega t} \tag{5-1}$$

电路的复数阻抗为

$$Z=R+\mathrm{j}\omega L$$

求得电路中的电流为

$$\dot{I}=\frac{\dot{U}}{Z}=\frac{\dot{U}}{R+\mathrm{j}\omega L}=\frac{\dot{U}}{\sqrt{R^2+(\omega L)^2}}\mathrm{e}^{\mathrm{j}\varphi}=\frac{U}{\sqrt{R^2+(\omega L)^2}}\mathrm{e}^{\mathrm{j}(\omega t+\varphi)}$$

式中:$\varphi=-\arctan\dfrac{\omega L}{R}$。

如果把 $\dot{U}$ 作为输入量,$\dot{I}$ 作为输出量,那么

$$\frac{\dot{I}}{\dot{U}}=\frac{1}{R+\mathrm{j}\omega L}=\frac{1}{\sqrt{R^2+(\omega L)^2}}\mathrm{e}^{\mathrm{j}\varphi} \tag{5-2}$$

式(5-2)表示把一个频率为 ω 的正弦信号加在一个线性环节(或系统)时,在稳定状态下,环节(或系统)的输出量和输入量的比。这个比值是复数量,它是随频率而变化的,频率不同,这个比值的幅度大小和相位都不同。这个比值给出了在不同频率下电路传递正弦信号的性能。我们把这个比值叫做电路(或系统)的频率特性,或频率响应,常用 $W(\mathrm{j}\omega)$ 表示,可以写成

$$\begin{aligned}W(\mathrm{j}\omega)&=\frac{\dot{I}}{\dot{U}}=\frac{1}{R+\mathrm{j}\omega L}=\frac{1/R}{1+T\mathrm{j}\omega}\\&=\frac{1/R}{\sqrt{1+(T\omega)^2}}\mathrm{e}^{-\mathrm{j}\arctan T\omega}=A(\omega)\mathrm{e}^{\mathrm{j}\varphi(\omega)}\end{aligned} \tag{5-3}$$

式中:$A(\omega)=\dfrac{1/R}{\sqrt{1+(T\omega)^2}}$,$T=L/R$;$\varphi(\omega)=-\arctan\dfrac{\omega L}{R}=-\arctan T\omega$。

$A(\omega)$是输出量和输入量的幅值比,它随频率变化,称为幅频特性。$\varphi(\omega)$是输出量和输入量的相位差,它也是随频率变化的,称为相频特性。

这样,电路或系统在受到谐波函数输入作用后,它的输出量的稳态值为

$$\dot{I}=W(\mathrm{j}\omega)\dot{U}$$

写成瞬时值形式为

$$i=A(\omega)U\sin(\omega t+\varphi)$$

即电路或系统受到谐波函数的输入作用后,输出量的稳态值等于电路或系统的频率特性函数和输入量的复数的乘积。

把式(5-3)和 RL 电路的传递函数式(2-63)作一比较,就会发现,这个电路的频率特性 $W(\mathrm{j}\omega)$和传递函数 $W(s)$的表达式的形式是相同的。只要用 $\mathrm{j}\omega$ 代替传递函数 $W(s)$中的算子 s,就可以得到频率特性 $W(\mathrm{j}\omega)$。

在一般情况下，系统的传递函数可写成

$$W(s)=\frac{X_c(s)}{X_r(s)}=\frac{K\prod_{i=1}^{m}(s+z_i)}{\prod_{j=1}^{n}(s+p_j)} \tag{5-4}$$

设输入正弦信号 $x_r(t)=X_r\sin\omega t$，则输出的拉氏变换为

$$X_c(s)=W(s)\frac{\omega X_r}{s^2+\omega^2} \tag{5-5}$$

设所讨论的系统是稳定的，这时，式(5-4)中的 $-p_j$ 均有负实部。

如果式(5-4)的全部极点均不相同，则式(5-5)的部分展开式为

$$X_c(s)=\frac{A_{01}}{s+\mathrm{j}\omega}+\frac{A_{02}}{s-\mathrm{j}\omega}+\frac{A_1}{s+p_1}+\cdots+\frac{A_n}{s+p_n} \tag{5-6}$$

式中，A_{01}、A_{02}、A_1、…、A_n 均为待定系数。

式(5-6)两边分别求拉氏反变换，得到

$$x_c(t)=A_{01}\mathrm{e}^{-\mathrm{j}\omega t}+A_{02}\mathrm{e}^{\mathrm{j}\omega t}+A_1\mathrm{e}^{-p_1 t}+\cdots+A_n\mathrm{e}^{-p_n t} \tag{5-7}$$

对于稳定的系统，由于 $-p_j(j=1,\cdots,n)$ 具有负实部，因此，当 t 趋于无穷大时，各指数项 $\mathrm{e}^{-p_j t}(j=1,\cdots,n)$ 均衰减到零。也就是说，达到稳态时，输出信号 $x_c(t)$ 中的动态分量将消失，其稳态分量仅由式(5-7)的第一项和第二项决定，即

$$x_{cw}(t)=A_{01}\mathrm{e}^{-\mathrm{j}\omega t}+A_{02}\mathrm{e}^{\mathrm{j}\omega t} \tag{5-8}$$

如果式(5-4)包含 h 重极点 $-s_j$，则 $x_c(t)$ 中包含 $t^i\mathrm{e}^{-s_j t}(i=1,2,\cdots,h-1)$ 这样一些项。对于稳定的系统，由于 $-s_j$ 具有负实部，所以在 t 趋于无穷大时，$t^i\mathrm{e}^{-s_j t}$ 各项都趋于零，仍得到式(5-8)的结果。

式(5-8)的系数如下确定

$$A_{01}=W(s)\frac{\omega X_r}{s^2+\omega^2}(s+\mathrm{j}\omega)\Big|_{s=-\mathrm{j}\omega}=-\frac{X_r W(-\mathrm{j}\omega)}{2\mathrm{j}} \tag{5-9}$$

和

$$A_{02}=W(s)\frac{\omega X_r}{s^2+\omega^2}(s-\mathrm{j}\omega)\Big|_{s=\mathrm{j}\omega}=\frac{X_r W(\mathrm{j}\omega)}{2\mathrm{j}} \tag{5-10}$$

式中，$W(\mathrm{j}\omega)$ 是一个复数量，可以用其模 $|W(\mathrm{j}\omega)|=A(\omega)$ 和幅角 $\angle W(\mathrm{j}\omega)=\varphi(\omega)$ 来表示。即

$$W(\mathrm{j}\omega)=|W(\mathrm{j}\omega)|\mathrm{e}^{\mathrm{j}\varphi(\omega)}=A(\omega)\mathrm{e}^{\mathrm{j}\varphi(\omega)} \tag{5-11}$$

其中

$$\varphi(\omega)=\angle W(\mathrm{j}\omega)=\arctan\left[\frac{W(\mathrm{j}\omega)\text{ 的虚部}}{W(\mathrm{j}\omega)\text{ 的实部}}\right] \tag{5-12}$$

同样，$W(-\mathrm{j}\omega)$ 可表示为

$$W(-\mathrm{j}\omega)=|W(-\mathrm{j}\omega)|\mathrm{e}^{-\mathrm{j}\varphi(\omega)}=A(\omega)\mathrm{e}^{-\mathrm{j}\varphi(\omega)} \tag{5-13}$$

将式(5-9)、式(5-10)、式(5-11)和式(5-13)代入式(5-8)，得

$$
\begin{aligned}
X_{cw}(t) &= A(\omega)\,\frac{e^{j(\omega t+\varphi(\omega))}-e^{-j(\omega t+\varphi(\omega))}}{2j}X_r \\
&= A(\omega)X_r\sin(\omega t+\varphi(\omega)) \\
&= X_c\sin(\omega t+\varphi(\omega))
\end{aligned}
\tag{5-14}
$$

式中,$X_c=A(\omega)X_r$ 为输出信号稳态分量的振幅,是角频率的函数。

定义 $A(\omega)=\dfrac{X_c}{X_r}=|W(j\omega)|$ 为系统的幅频特性,它描述系统对于不同频率的正弦输入信号在稳态情况下的衰减(或放大)特性。

定义 $\varphi(\omega)=\angle W(j\omega)$ 为系统的相频特性,它描述系统的稳态输出对于不同频率的正弦输入信号的相位滞后($\varphi<0$)或超前($\varphi>0$)的特性。

式(5-11)表示的就是系统的频率特性

$$
W(j\omega)=\frac{X_c(j\omega)}{X_r(j\omega)}=A(\omega)e^{j\varphi(\omega)}
$$

从上述定义可以看出,系统的频率特性可以由该系统的传递函数,以 $j\omega$ 代替 s 求得,即

$$
W(j\omega)=W(s)\,|_{s=j\omega}
\tag{5-15}
$$

5.2 非周期函数的频谱分析

周期函数可以通过傅氏变换分解成一系列不同频率和不同幅值的谐波函数,通过这些谐波函数的叠加可以逼近原周期函数。非周期函数也可以分解为无穷多个谐波函数。在时域分析中,典型输入信号主要有脉冲函数、阶跃函数等;而在频域分析中的主要输入信号是正弦信号,通过线性系统的齐次性与可加性分析其性能指标,这里的变量是频率 ω。虽然脉冲函数和阶跃函数都可表示成无穷多个谐波函数之和,但在具体做法上并不是将各个频率的正弦函数分别作为输入信号输入到系统中,再将这些输出信号进行叠加,求出实际的输出信号,如果输出信号没有达到期望的值,再去改变控制算法或控制器的参数;而是通过 ω 从 $-\infty$ 到 $+\infty$ 的变化求出系统动态的几个特征值和稳态时的稳态误差等。

5.2.1 周期函数的傅氏级数分解

设周期函数 $f(t)$,其傅氏级数表达式为

$$
f(t)=\frac{a_0}{2}+\sum_{n=1}^{\infty}(a_n\cos n\omega_0 t+b_n\sin n\omega_0 t)
\tag{5-16}
$$

式中:$\omega_0=\dfrac{2\pi}{T}$,T 为周期;

$$
a_0=\frac{2}{T}\int_{-\frac{T}{2}}^{\frac{T}{2}}f(t)\,dt;
$$

$$a_n = \frac{2}{T}\int_{-\frac{T}{2}}^{\frac{T}{2}} f(t)\cos n\omega_0 t\mathrm{d}t;$$

$$b_n = \frac{2}{T}\int_{-\frac{T}{2}}^{\frac{T}{2}} f(t)\sin n\omega_0 t\mathrm{d}t, n = 1,2,3,\cdots。$$

将 a_n、b_n 表示为模和幅角之间的关系，则有模为 $A_n = \sqrt{a_n^{\ 2} + b_n^{\ 2}}$，幅角为 $\varphi_n = \arctan\frac{a_n}{b_n}$。经变换可以将式(5-16)写成

$$a_n\cos n\omega_0 t + b_n\sin n\omega_0 t = A_n\sin\varphi_n\cos n\omega_0 t + A_n\cos\varphi_n\sin n\omega_0 t = A_n\sin(n\omega_0 t + \varphi_n)$$

即

$$f(t) = \frac{a_0}{2} + \sum_{n=1}^{\infty} A_n\sin(n\omega_0 t + \varphi_n) \tag{5-17}$$

由式(5-17)可看出：n 为不同值时，有不同的 A_n 和 φ_n；同时也可以看出，周期函数等于诸多正弦函数之和，这些正弦函数具有不同的频率和相角。

为了更直接地说明问题，现将傅氏级数写成复数形式，即

$$\begin{aligned} f(t) &= \frac{a_0}{2} + \sum_{n=1}^{\infty}(a_n\cos n\omega_0 t + b_n\sin n\omega_0 t) \\ &= \frac{a_0}{2} + \sum_{n=1}^{\infty}\left[\frac{a_n}{2}(\mathrm{e}^{\mathrm{j}n\omega_0 t} + \mathrm{e}^{-\mathrm{j}n\omega_0 t}) - \frac{\mathrm{j}b_n}{2}(\mathrm{e}^{\mathrm{j}n\omega_0 t} - \mathrm{e}^{-\mathrm{j}n\omega_0 t})\right] \\ &= \frac{a_0}{2} + \sum_{n=1}^{\infty}\left[\frac{a_n - \mathrm{j}b_n}{2}\mathrm{e}^{\mathrm{j}n\omega_0 t} + \frac{a_n + \mathrm{j}b_n}{2}\mathrm{e}^{-\mathrm{j}n\omega_0 t}\right] \end{aligned}$$

令 $\frac{a_0}{2} = c_0, c_n = \frac{a_n - \mathrm{j}b_n}{2}, c_{-n} = \frac{a_n + \mathrm{j}b_n}{2}, n = 1,2,3,\cdots$，则

$$\begin{aligned} c_n &= \frac{1}{2}\left[\frac{2}{T}\int_{-\frac{T}{2}}^{\frac{T}{2}} f(t)\cos n\omega_0 t\mathrm{d}t - \mathrm{j}\frac{2}{T}\int_{-\frac{T}{2}}^{\frac{T}{2}} f(t)\sin n\omega_0 t\mathrm{d}t\right] \\ &= \frac{1}{T}\int_{-\frac{T}{2}}^{\frac{T}{2}} f(t)\mathrm{e}^{-\mathrm{j}n\omega_0 t}\mathrm{d}t \end{aligned}$$

同理，可求出

$$c_{-n} = \frac{1}{T}\int_{-\frac{T}{2}}^{\frac{T}{2}} f(t)\mathrm{e}^{\mathrm{j}n\omega_0 t}\mathrm{d}t$$

$$c_0 = \frac{a_0}{2} = \frac{1}{T}\int_{-\frac{T}{2}}^{\frac{T}{2}} f(t)\mathrm{d}t$$

将 c_0、c_n 和 c_{-n} 合写在一起，得 $c_n = \frac{1}{T}\int_{-\frac{T}{2}}^{\frac{T}{2}} f(t)\mathrm{e}^{-\mathrm{j}n\omega_0 t}\mathrm{d}t$，式中 $n = 0, \pm 1, \pm 2, \cdots$。

所以

$$\begin{aligned} f(t) &= \sum_{n=0} c_n\mathrm{e}^{\mathrm{j}n\omega_0 t} + \sum_{n=1}^{\infty} c_n\mathrm{e}^{\mathrm{j}n\omega_0 t} + \sum_{n=-\infty}^{-1} c_n\mathrm{e}^{\mathrm{j}n\omega_0 t} \\ &= \sum_{n=-\infty}^{n=\infty} c_n\mathrm{e}^{\mathrm{j}n\omega_0 t} \end{aligned} \tag{5-18}$$

式中：$c_n=\frac{1}{T}\int_{-\frac{T}{2}}^{\frac{T}{2}}f(t)\mathrm{e}^{-\mathrm{j}n\omega_0 t}\mathrm{d}t$，$n=0,\pm1,\pm2,\cdots$。

又因为 $A_n=\sqrt{a_n^{\ 2}+b_n^{\ 2}}$，可得

$$|c_n|=|c_{-n}|=\left|\frac{1}{2}(a_n+\mathrm{j}b_n)\right|=\frac{1}{2}\sqrt{a_n^{\ 2}+b_n^{\ 2}}=\frac{1}{2}A_n$$

由式(5-18)进一步看出：周期函数可以用傅氏级数的无穷多次谐波分量之和表示。将周期函数展成复数形式的傅氏级数，然后对它的振幅和频率进行分析，称为频谱分析。

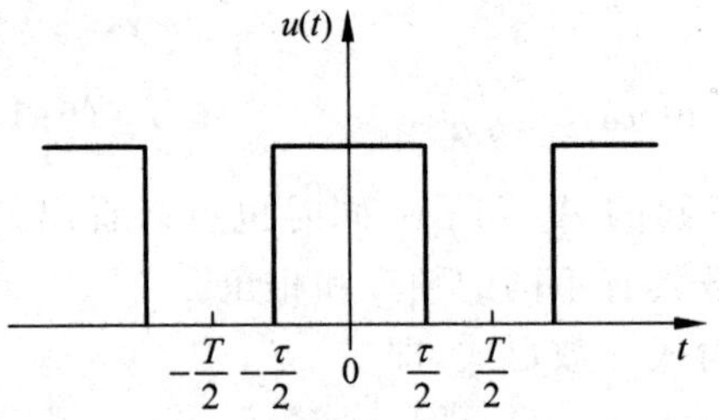

图 5-2 矩形脉冲

例 5-1 把宽为 τ，高为 h，周期为 T(如图 5-2)的矩形脉冲波展开为傅氏级数。

解 在 $\left[-\frac{T}{2},\frac{T}{2}\right]$ 区间内矩形波的函数表达式为

$$u(t)=\begin{cases}0 & -\frac{T}{2}<t<-\frac{\tau}{2}\\ h & -\frac{\tau}{2}\leqslant t\leqslant\frac{\tau}{2}\\ 0 & \frac{\tau}{2}<t\leqslant\frac{T}{2}\end{cases}$$

求得各项系数为

$$c_0=\frac{1}{T}\int_{-\frac{\tau}{2}}^{\frac{\tau}{2}}u(t)\mathrm{d}t=\frac{1}{T}\int_{-\frac{\tau}{2}}^{\frac{\tau}{2}}h\mathrm{d}t=\frac{h\tau}{T}$$

$$\begin{aligned}c_n&=\frac{1}{T}\int_{-\frac{\tau}{2}}^{\frac{\tau}{2}}u(t)\mathrm{e}^{-\mathrm{j}n\omega_0 t}\mathrm{d}t=\frac{1}{T}\int_{-\frac{\tau}{2}}^{\frac{\tau}{2}}h\mathrm{e}^{-\mathrm{j}n\omega_0 t}\mathrm{d}t\\&=-\frac{h}{T}\cdot\frac{1}{\mathrm{j}n\omega_0}\mathrm{e}^{\mathrm{j}n\omega_0 t}\Big|_{-\frac{\tau}{2}}^{\frac{\tau}{2}}=-\frac{h}{T}\cdot\frac{1}{\mathrm{j}n\omega_0}(\mathrm{e}^{-\mathrm{j}n\omega_0\frac{\tau}{2}}-\mathrm{e}^{\mathrm{j}n\omega_0\frac{\tau}{2}})\\&=\frac{h}{n\pi}\frac{\mathrm{e}^{\mathrm{j}n\omega_0\frac{\tau}{2}}-\mathrm{e}^{-\mathrm{j}n\omega_0\frac{\tau}{2}}}{2\mathrm{j}}\\&=\frac{h}{n\pi}\sin\frac{n\pi\tau}{T}\qquad(n=\pm1,\pm2,\cdots)\end{aligned}$$

由此得复数形式的傅氏积分为

$$u(t)=\frac{h\tau}{T}+\sum_{\substack{n=-\infty\\n\neq0}}^{\infty}\frac{h}{n\pi}\sin\frac{n\pi\tau}{T}\mathrm{e}^{\mathrm{j}n\omega_0 t}$$

$u(t)$的 n 次谐波振幅 A_n 和频率 ω_n 分别是

$$A_n=2|c_n|=\frac{2h}{n\pi}\left|\sin\frac{n\pi\tau}{T}\right|,\quad \omega_n=n\omega_0=\frac{n2\pi}{T}$$

$$A_0=|c_0|=\frac{h\tau}{T}\quad(n=1,2,3,\cdots)$$

下面按 $T=4\tau$ 和 $T=8\tau$ 作矩形波的频谱图。当 $T=4\tau$ 时，有 $A_n=\frac{2h}{n\pi}\left|\sin\frac{n\pi}{4}\right|$，$\omega_n=\frac{n\pi}{2\tau}$，$A_0=\frac{h}{4}$，作出下列数据图表。

n	0	1	2	3	4	5	6	7	8	…
ω_n	0	ω_0	$2\omega_0$	$3\omega_0$	$4\omega_0$	$5\omega_0$	$6\omega_0$	$7\omega_0$	$8\omega_0$	…
A_n	$\frac{h}{4}$	$\frac{\sqrt{2}h}{\pi}$	$\frac{h}{\pi}$	$\frac{\sqrt{2}h}{3\pi}$	0	$\frac{\sqrt{2}h}{5\pi}$	$\frac{h}{3\pi}$	$\frac{\sqrt{2}h}{7\pi}$	0	…

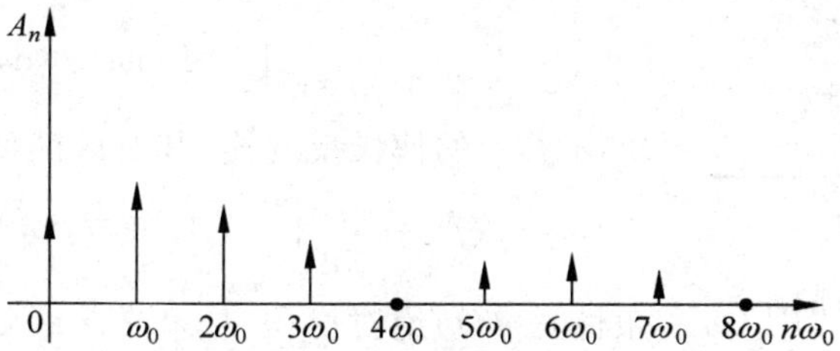

当 $T=8\tau$ 时，$A_n=\frac{2h}{n\pi}\left|\sin\frac{n\pi}{8}\right|$，$\omega_n=n\omega_0=\frac{n\pi}{4\tau}$，$A_0=\frac{h}{8}$，作出下列数据表。

n	0	1	2	3	4
ω_n	0	ω_0	$2\omega_0$	$3\omega_0$	$4\omega_0$
A_n	$\frac{h}{8}$	$0.76\frac{h}{\pi}$	$0.7\frac{h}{\pi}$	$0.6\frac{h}{\pi}$	$0.5\frac{h}{\pi}$

由此例看出，周期函数频谱为离散频谱。

5.2.2　非周期函数的频谱

任何一个非周期函数 $f(t)$都可以等效于周期函数中周期 T 趋于无穷大时的周期函数 $f_{\mathrm{T}}(t)$。先将周期函数 $f_{\mathrm{T}}(t)$频谱求出后，再令 $T\to\infty$，便可得到非周期函数 $f(t)$的频谱函数 $F(\mathrm{j}\omega)$。

如周期函数 $f_{\mathrm{T}}(t)$写成

$$f_{\mathrm{T}}(t)=\sum_{n=-\infty}^{\infty}c_n\mathrm{e}^{\mathrm{j}n\omega_0 t},c_n=\frac{1}{T}\int_{-\frac{T}{2}}^{\frac{T}{2}}f_{\mathrm{T}}(t)\mathrm{e}^{-\mathrm{j}n\omega_0 t}\mathrm{d}t \tag{5-19}$$

则对应的非周期函数 $f(t)$可以展成

$$f(t)=\lim_{T\to\infty}\frac{1}{T}\sum_{n=-\infty}^{\infty}\left[\int_{-\frac{T}{2}}^{\frac{T}{2}}f_{\mathrm{T}}(t)\mathrm{e}^{-\mathrm{j}n\omega_0 t}\mathrm{d}t\right]\mathrm{e}^{\mathrm{j}n\omega_0 t} \tag{5-20}$$

第$(n+1)$次谐波与第 n 次谐波频率之差等于$(n+1)\omega_0-n\omega_0=\omega_0=\frac{2\pi}{T}=\Delta\omega$。

当 $T\to\infty$ 时，$\omega_0\to 0$，$\Delta\omega\to 0$，所以有

$$f(t)=\lim_{\Delta\omega\to 0}\frac{1}{2\pi}\sum_{n=-\infty}^{\infty}\left[\int_{-\frac{T}{2}}^{\frac{T}{2}}f_T(t)e^{-jn\omega_0 t}dt\right]e^{jn\omega_0 t}\Delta\omega$$

当 $T\to\infty$ 时，频谱函数可以写为

$$\int_{-\frac{T}{2}}^{\frac{T}{2}}f_T(t)e^{-jn\omega_0 t}dt=\int_{-\infty}^{\infty}f(t)e^{-j\omega t}dt=F(j\omega)$$

由此式得出频谱函数与傅氏变换是相等的。另一方面，从

$$f(t)=\lim_{\Delta\omega\to 0}\frac{1}{2\pi}\sum_{n=-\infty}^{\infty}[F(\omega)]e^{jn\omega_0 t}\Delta\omega$$

$$=\frac{1}{2\pi}\int_{-\infty}^{\infty}F(j\omega)e^{j\omega t}d\omega$$

求出 $f(t)$ 的傅氏反变换，其对应的傅氏积分为

$$f(t)=\frac{1}{2\pi}\int_{-\infty}^{\infty}\left[\int_{-\infty}^{\infty}f(t)e^{-j\omega t}dt\right]e^{j\omega t}d\omega$$

条件是 $f(t)$ 绝对可积。

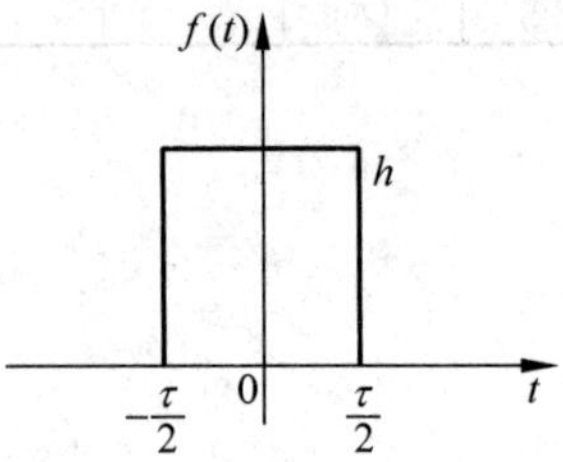

图 5-3 矩形脉冲

例 5-2 求图 5-3 所示单个矩形脉冲的频谱。

$f(t)$ 数学表达式为
$$f(t)=\begin{cases}0 & -\infty<t<-\dfrac{\tau}{2}\\ h & \dfrac{\tau}{2}\leqslant t\leqslant-\dfrac{\tau}{2}\\ 0 & \dfrac{\tau}{2}<t<\infty\end{cases}$$

解

$$F(j\omega)=\int_{-\infty}^{\infty}f(t)e^{-j\omega t}dt$$

$$=\int_{-\frac{\tau}{2}}^{\frac{\tau}{2}}he^{-j\omega t}dt=-\frac{h}{j\omega}\left[e^{-j\omega t}\right]\Big|_{-\frac{\tau}{2}}^{\frac{\tau}{2}}$$

$$=\frac{2h}{\omega}\frac{e^{j\omega\frac{\tau}{2}}-e^{-j\omega\frac{\tau}{2}}}{2j}=\frac{2h}{\omega}\sin\frac{\omega\tau}{2}$$

$$|F(j\omega)|=2h\left|\frac{\sin\dfrac{\omega\tau}{2}}{\omega}\right|$$

当 ω 很小时，$\sin\frac{\omega\tau}{2}=\frac{\omega\tau}{2}$，画成曲线如图 5-4 所示。

由上面推导可以看出，因为 $\omega_0=\frac{2\pi}{T}$，当 $T\to\infty$ 时，$\omega_0\to 0$，所以非周期函数频谱是连续的。

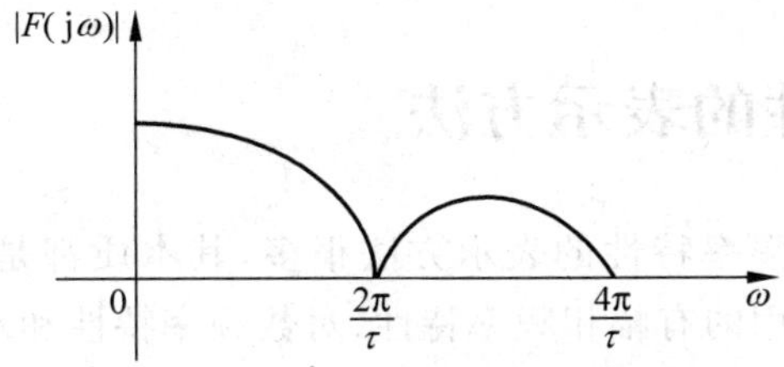

图 5-4　矩形脉冲的频谱

当把非周期函数输入到系统或环节时，其输出量可写成

$$x_c(t) = \frac{1}{2\pi}\int_{-\infty}^{\infty} F(\omega)W(j\omega)e^{j\omega t}d\omega$$

或写成

$$x_c(t) = \frac{1}{2\pi}\int_{-\infty}^{\infty} X_c(j\omega)e^{j\omega t}d\omega$$

式中，$X_c(j\omega)$是输出量的傅氏变换，其值等于输入量傅氏变换与系统频率特性之积。

单位脉冲函数 $\delta(t)$具有均匀的频谱，频谱函数等于 1。具体推导如下：

$$F_\varepsilon(j\omega) = \int_{-\infty}^{\infty} \delta(t)e^{-j\omega t}dt = \int_0^{\varepsilon} \frac{1}{\varepsilon}e^{-j\omega t}dt$$

$$= j\frac{1}{\omega\varepsilon}[e^{-j\omega t}]_0^{\varepsilon} = j\frac{1}{\omega\varepsilon}[e^{-j\omega\varepsilon} - 1] = j\frac{1}{\omega\varepsilon}(\cos\omega\varepsilon - j\sin\omega\varepsilon - 1)$$

由于 $\varepsilon \to 0$，$\cos\omega\varepsilon = 1$，所以 $F_\varepsilon(\omega) = \frac{\sin\omega\varepsilon}{\omega\varepsilon}$，故有

$$F(j\omega) = \lim_{\omega\varepsilon \to 0} \frac{\sin\omega\varepsilon}{\omega\varepsilon} = 1$$

频率特性函数的定义：当输入信号与输出信号为非周期函数时，频率特性函数是输出信号的傅氏变换像函数与输入信号的傅氏变换像函数之比，即

$$W(j\omega) = \frac{X_c(j\omega)}{X_r(j\omega)} = A(\omega)e^{j\varphi(\omega)}$$

这个定义比 5.1 节给出的定义应用范围更宽。在控制理论中，它也更为重要。

这样就证明了传递函数是输出信号与输入信号的拉氏变换像函数之比，而拉氏变换与傅氏变换在形式上的唯一差别也就是 s 和 $j\omega$ 的不同。因此传递函数与频率特性函数之间的差别仅仅在于 s 与 $j\omega$ 的不同，所以把传递函数中的 s 用 $j\omega$ 代替，就得出相应环节或系统的频率特性。

通过周期函数与非周期函数的频谱分析说明，分析系统既可以用时间函数，也可以用频率特性。把不同频率的正弦量作为系统或环节的输入量，并求出其相应的输出量，然后进行相加，以求出具体的输出量函数曲线，这种做法，一方面很难；另一方面也不必要。重要的是设法判定系统是否稳定、稳态误差和动态特性等主要特征。如果系统的输出量不能满足期望值，如何通过加校正环节或改变控制器参数，达到所要求的性能指标？通过下面几节的介绍就可以给出相应的答案。

5.3 频率特性的表示方法

系统(或环节)的频率特性的表示方法很多,其本质都是一样的,只是表示的形式不同而已。最常用的有幅相频率特性、对数频率特性和对数幅相频率特性。

5.3.1 幅相频率特性

幅相频率特性可以表示成代数形式或极坐标形式。

设系统或环节的传递函数为

$$W(s)=\frac{b_0 s^m+b_1 s^{m-1}+\cdots+b_m}{a_0 s^n+a_1 s^{n-1}+\cdots+a_n}$$

令 $s=\mathrm{j}\omega$,可得系统或环节的频率特性

$$W(\mathrm{j}\omega)=\frac{b_0(\mathrm{j}\omega)^m+b_1(\mathrm{j}\omega)^{m-1}+\cdots+b_m}{a_0(\mathrm{j}\omega)^n+a_1(\mathrm{j}\omega)^{n-1}+\cdots+a_n}=P(\omega)+\mathrm{j}Q(\omega) \tag{5-21}$$

这就是系统频率特性的代数形式,其中 $P(\omega)$是频率特性的实部,称为实频特性,$Q(\omega)$为频率特性的虚部,称为虚频特性。

式(5-21)也可以表示成指数形式

$$W(\mathrm{j}\omega)=\sqrt{P^2(\omega)+Q^2(\omega)}\,\mathrm{e}^{\mathrm{j}\varphi(\omega)}=A(\omega)\mathrm{e}^{\mathrm{j}\varphi(\omega)} \tag{5-22}$$

式中:$A(\omega)$——频率特性的模,即幅频特性,$A(\omega)=\sqrt{P^2(\omega)+Q^2(\omega)}$;

$\varphi(\omega)$——频率特性的幅角或相位移,即相频特性,$\varphi(\omega)=\arctan\dfrac{Q(\omega)}{P(\omega)}$。

频率特性的指数形式,可以在极坐标中以一个矢量表示,如图5-5(a)所示。矢量的长度等于模 $A(\omega_i)$,而相对于极坐标的转角等于相位移 $\varphi(\omega_i)$。

通常将极坐标重合在直角坐标中,如图5-5(b)所示。取极点为直角坐标的原点,取极坐标轴为直角坐标轴的实轴。

由于 $A(\omega)$和 $\varphi(\omega)$是频率 ω 的函数,故随着频率 ω 的变化,$W(\mathrm{j}\omega)$的矢量长度和相位移也改变,如图5-5(c)所示。当 ω 由0变到∞时,$W(\mathrm{j}\omega)$的矢量的终端将绘出一条曲线。这曲线称为系统(或环节)的幅相频率特性,或奈氏图(Nyquist Plot)。

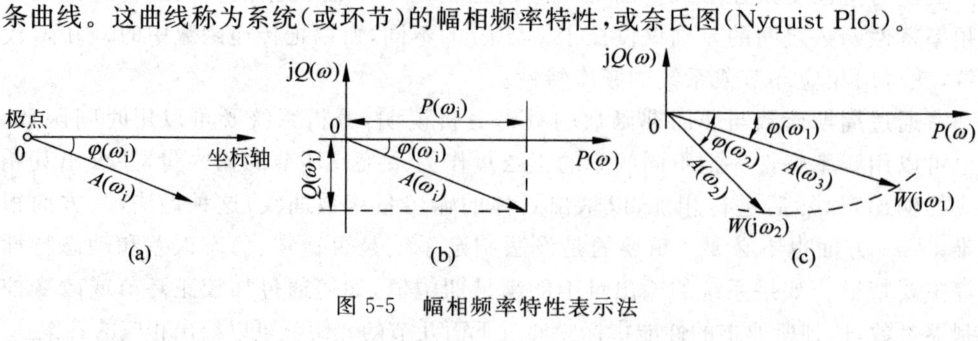

图5-5 幅相频率特性表示法

5.3.2　对数频率特性

对数频率特性是将频率特性表示在对数坐标中。

对式(5-22)两边取对数，得

$$\lg W(\mathrm{j}\omega)=\lg[A(\omega)\mathrm{e}^{\mathrm{j}\varphi(\omega)}]=\lg A(\omega)+\mathrm{j}\varphi(\omega)\lg\mathrm{e}=\lg A(\omega)+\mathrm{j}0.434\varphi(\omega)$$

这就是对数频率特性的表达式。习惯上，一般不考虑 0.434 这个系数，而只用相角位移本身。

通常将对数幅频特性绘在以 10 为底的半对数坐标中。频率特性幅值的对数值常用分贝(dB)表示，其关系式为

$$L(\omega)=20\lg A(\omega)\mathrm{dB} \tag{5-23}$$

例如 $A(\omega)=10$，则 $L(\omega)=20\mathrm{dB}$。

这样，对数幅频特性的坐标如图 5-6 所示。图中横坐标为角频率 ω，采用对数比例尺(或称对数标度)。ω 每变化 10 倍，横坐标就变化一个单位长度。这个单位长度代表 10 倍频的距离，故称为“十倍频”或“十倍频程”。图中纵坐标 $L(\omega)=20\lg A(\omega)$，称为增益。$A(\omega)$每变化十倍，$L(\omega)$变化 20dB。将 $\lg A(\omega)$变换成 $L(\omega)$以后，纵坐标可用普通比例尺标注。

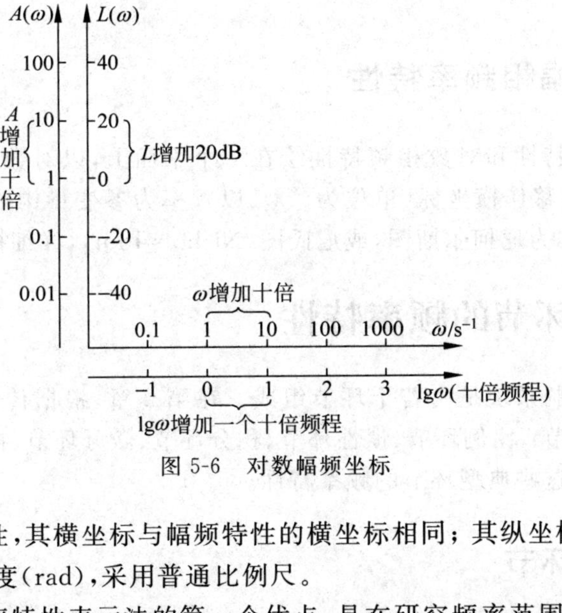

图 5-6　对数幅频坐标

至于相频特性，其横坐标与幅频特性的横坐标相同；其纵坐标表示相角位移，单位为度(°)或弧度(rad)，采用普通比例尺。

使用对数频率特性表示法的第一个优点，是在研究频率范围很宽的频率特性时，缩小了比例尺，在一张图上，既画出了频率特性的中、高频率段，又能清楚地画出其低频段；在分析和设计系统时，低频段特性也是很重要的。

对数频率特性表示法的第二个优点，是可以大大简化绘制系统频率特性的工作。因为开环系统往往是由许多环节串联构成，设各环节的频率特性为

$$W_1(j\omega) = A_1(\omega)e^{j\varphi_1(\omega)}$$
$$W_2(j\omega) = A_2(\omega)e^{j\varphi_2(\omega)}$$
$$\vdots$$
$$W_n(j\omega) = A_n(\omega)e^{j\varphi_n(\omega)}$$

则串联后的开环系统频率特性为

$$W_K(j\omega) = A_1(\omega)e^{j\varphi_1(\omega)}A_2(\omega)e^{j\varphi_2(\omega)}\cdots A_n(\omega)e^{j\varphi_n(\omega)} = A(\omega)e^{j\varphi(\omega)} \tag{5-24}$$

式中：$A(\omega)=A_1(\omega)A_2(\omega)\cdots A_n(\omega)$；

$\varphi(\omega)=\varphi_1(\omega)+\varphi_2(\omega)+\cdots+\varphi_n(\omega)$。

在极坐标中绘制幅相频率特性，要花较多时间。绘制对数幅频特性时，由于

$$L(\omega) = 20\lg A_1 + 20\lg A_2 + \cdots + 20\lg A_n \tag{5-25}$$

将乘除运算变成了加减运算，这样，如果绘出各环节的对数幅频特性，然后进行加减，就能得到串联各环节所组成系统的对数频率特性。

以后将会看到，我们可以用分段的直线(渐近线)来代替典型环节的准确的对数幅频特性。这时，只要使用铅笔、三角板，再加上简单的辅助计算，就可以在半对数坐标上绘制和修改系统的近似频率特性；如果需要精确的曲线，也很容易进行适当的修正，这给分析和设计控制系统带来很多方便。

分别由对数幅频特性和相频特性组成的对数频率特性图，常称为伯德图(Bode Plot)。

5.3.3 对数幅相频率特性

将对数幅频特性和对数相频特性绘在一个平面上，以对数幅值作纵坐标(单位为dB)、以相位移作横坐标(单位为(°))、以频率为参变量构成的图称为对数幅相频率特性，也称为尼柯尔斯图，或尼氏图(Nichols Plot)，详细描述见后面章节。

5.4 典型环节的频率特性

一个自动控制系统是由若干环节组成。在第2章，根据传递函数的特性，归纳为六种典型环节：比例环节、惯性环节、积分环节、微分环节、振荡环节和时滞环节。这一节讨论这些典型环节的频率特性。

5.4.1 比例环节

1. 比例环节的传递函数

前面已给出比例环节的传递函数为

$$W(s) = \frac{X_c(s)}{X_r(s)} = K$$

2. 比例环节的幅相频率特性

用 $\mathrm{j}\omega$ 替换 s 即得其频率特性

$$W(\mathrm{j}\omega)=K \tag{5-26}$$

表示在直角坐标中，为

$$W(\mathrm{j}\omega)=P(\omega)+\mathrm{j}Q(\omega)=K+\mathrm{j}0$$

或写成

$$W(\mathrm{j}\omega)=|A(\omega)|\mathrm{e}^{\mathrm{j}\varphi(\omega)}$$

式中：幅值 $|A(\omega)|=K$，相角 $\varphi(\omega)=0$，如图5-7所示。

可以看出，比例环节的幅频特性、相频特性均与频率 ω 无关。所以 ω 由0变到∞，$W(\mathrm{j}\omega)$ 在图中为实轴上一点。$\varphi(\omega)=0$，表示输出与输入同相位。

3. 比例环节的对数频率特性

比例环节的对数幅频特性为

$$L(\omega)=20\lg|A(\omega)|=20\lg K$$

如果 $K=100$，则 $L(\omega)=20\lg100=40\mathrm{dB}$。这在对数频率特性上表现为平行于横轴的一条直线，如图5-8所示。

比例环节的相频特性为 $\varphi(\omega)=0°$，即相当于相频特性图的横轴，如图5-8所示。

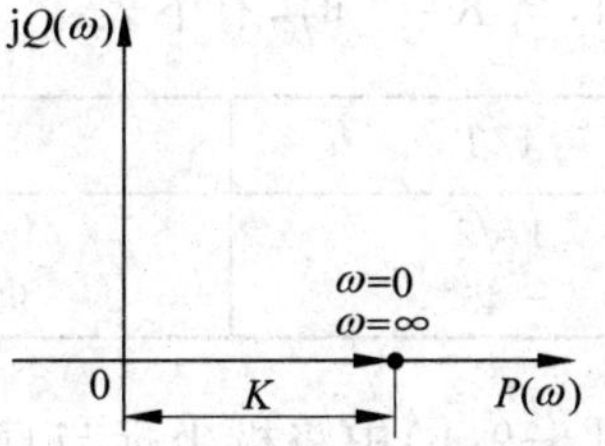

图5-7　比例环节的幅相频率特性

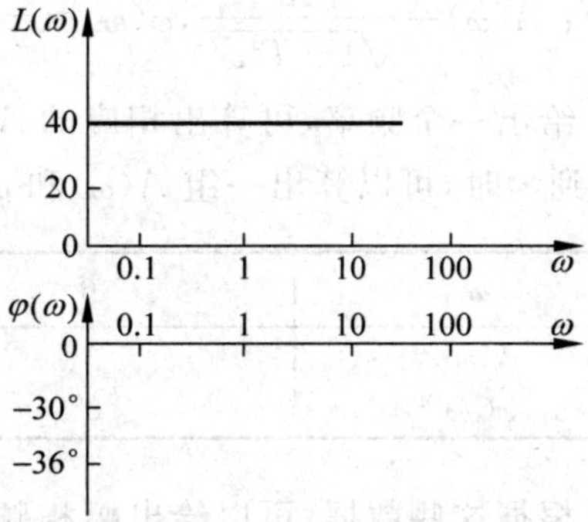

图5-8　比例环节的对数幅频特性

5.4.2 惯性环节

1. 传递函数

惯性环节的传递函数为

$$W(s)=\frac{X_c(s)}{X_r(s)}=\frac{K}{1+Ts}$$

式中：T 为环节的时间常数。

2. 幅相频率特性

以代数形式表示时，为

$$W(\mathrm{j}\omega)=\frac{K}{1+\mathrm{j}T\omega}=P(\omega)+\mathrm{j}Q(\omega) \tag{5-27}$$

式中：$P(\omega)=\dfrac{K}{1+T^2\omega^2}$，$Q(\omega)=\dfrac{-KT\omega}{1+T^2\omega^2}$。

给出一个频率，可以算出相应的 $P(\omega)$ 和 $Q(\omega)$，这就是直角坐标中的一点。当 ω 从 0 变到∞时，可以算出一组 $P(\omega)$ 和 $Q(\omega)$ 值。例如，取 $K=1$，有下表

ω	0	$1/T$	∞
$P(\omega)$	1	1/2	0
$Q(\omega)$	0	−1/2	0

根据表中数据，可以绘出幅相频率特性，如图 5-9(a) 所示。这是一个圆，圆心为(1/2,0)，直径为 1。

以指数形式表示时，为

$$W(\mathrm{j}\omega)=\frac{K}{\sqrt{1+T^2\omega^2}}\mathrm{e}^{+\mathrm{j}\varphi(\omega)}=A(\omega)\mathrm{e}^{\mathrm{j}\varphi(\omega)}$$

式中：$A(\omega)=\dfrac{K}{\sqrt{1+T^2\omega^2}}$，$\varphi(\omega)=-\arctan T\omega$。

给出一个频率，可算出相应的 $A(\omega)$ 和 $\varphi(\omega)$，这就是极坐标中的一点。当 ω 由 0 变到∞时，可以算出一组 $A(\omega)$ 和 $\varphi(\omega)$ 值。例如，当 $K=1$ 时，有下表

ω	0	$1/T$	∞
$A(\omega)$	1	$1/\sqrt{2}$	0
$\varphi(\omega)$	0°	−45°	−90°

根据这些数据，可以绘出幅相频率特性，在图 5-9(b) 中将极坐标与直角坐标重合在一起表示出幅相频率特性。

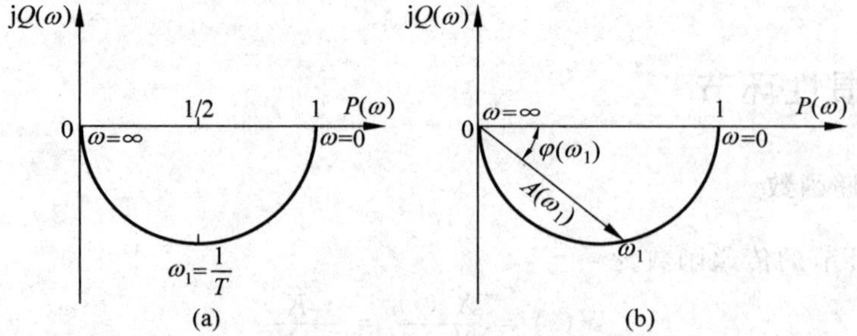

图 5-9 惯性环节幅相频率特性

3. 对数频率特性

因为惯性环节的幅频特性为

$$A(\omega)=\frac{K}{\sqrt{1+T^2\omega^2}}$$

故

$$L(\omega)=20\lg A(\omega)=20\lg\frac{K}{\sqrt{1+T^2\omega^2}}=20\lg K-20\lg\sqrt{1+T^2\omega^2}$$

可以分段来讨论。

(1) 低频段。在 $T\omega\ll 1\left(\text{或 }\omega\ll\frac{1}{T}\right)$的区段，可以近似地认为 $T\omega\approx 0$，从而得

$$L(\omega)\approx 20\lg K$$

故在频率很低时，对数幅频特性可以近似用零分贝线表示。这称为低频渐近线，如图 5-10①段所示。

(2) 高频段。在 $T\omega\gg 1\left(\text{或 }\omega\gg\frac{1}{T}\right)$的区段，可以近似地认为

$$L(\omega)\approx 20\lg K-20\lg T\omega$$

这是一条斜线，它与低频渐近线的交点为 $\omega=\frac{1}{T}$。这条斜线的斜率可以这样计算：把角频率 ω 提高 10 倍，求出 $L(\omega)$变化的分贝数，即可得到斜率的大小。为简便计，仍取 $K=1$。当 $\omega=10$ 时，$L(10)=-20\lg 10T$；当 $\omega=100$ 时，$L(100)=-20\times\lg 100T=-20\lg 10T-20\text{dB}$。所以，$L(100)-L(10)=-20\text{dB}$。也就是说，当频率增加十倍频时，$L(\omega)$变化$-20$dB；即斜率为$-20$dB/dec，如图 5-10②线段所示，这称为高频渐近线。

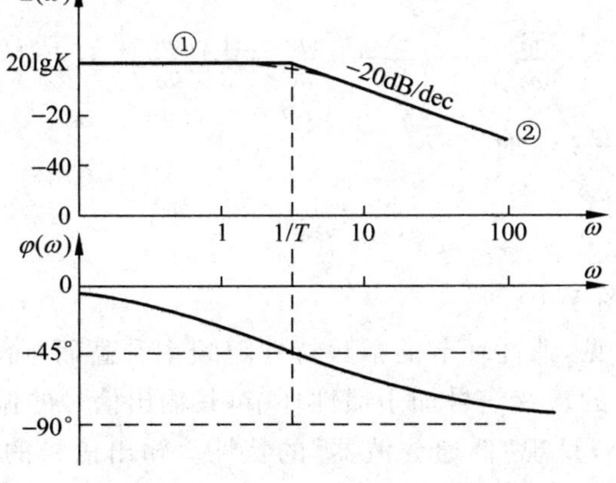

图 5-10　惯性环节对数频率特性

高频渐近线和低频渐近线的交点频率 $\omega=\frac{1}{T}$,称为交接频率或转折频率。在绘制惯性环节的对数频率特性时,交接频率是一个重要参数。

渐近特性和准确特性相比,存在误差:越靠近交接频率,误差越大;在交接频率这一点,误差最大。这时

$$L(\omega=1/T)=-20\lg\sqrt{2}=-3\text{dB}$$

这说明,在交接频率点,用渐近线绘制的幅频特性的误差为3dB。

对数相频特性为

$$\varphi(\omega)=-\arctan T\omega=-\arctan\frac{\omega}{\omega_1} \tag{5-28}$$

式中:$\omega_1=1/T$。

为了近似绘制相频特性,确定以下几个点就可以了。

ω/ω_1	0	1/2	1	2	∞
$\varphi(\omega)$	0	$-26.6°$	$-45°$	$-63.4°$	$-90°$

为计算简便,也可以考虑用如下近似式:

(1) 在低频区。$\frac{\omega}{\omega_1}<1$ 时,将式(5-28)展开成级数

$$\varphi(\omega)=-\arctan\frac{\omega}{\omega_1}=-\left[\frac{\omega}{\omega_1}-\frac{1}{3}\left(\frac{\omega}{\omega_1}\right)^3+\frac{1}{5}\left(\frac{\omega}{\omega_1}\right)^5-\cdots\right]$$

当$\frac{\omega}{\omega_1}\ll 1$ 时,$\varphi(\omega)\approx-\frac{\omega}{\omega_1}$。

(2) 在高频区。$\frac{\omega}{\omega_1}>1$ 时,将式(5-28)改写成

$$\varphi(\omega)=-\arctan\frac{\omega}{\omega_1}=-\left(\frac{\pi}{2}-\arctan\frac{\omega_1}{\omega}\right)$$

展开成级数

$$\varphi(\omega)=-\arctan\frac{\omega}{\omega_1}=-\left\{\frac{\pi}{2}-\left[\frac{\omega_1}{\omega}-\frac{1}{3}\left(\frac{\omega_1}{\omega}\right)^3+\frac{1}{5}\left(\frac{\omega_1}{\omega}\right)^5-\cdots\right]\right\}$$

当$\frac{\omega_1}{\omega}\ll 1$ 时,亦即当$\frac{\omega}{\omega_1}\gg 1$ 时,

$$\varphi(\omega)\approx\frac{\omega_1}{\omega}-\frac{\pi}{2}$$

相频特性绘于图5-10。

分析图5-10可见,惯性环节的幅频特性随频率升高而下降。因此,如果以同样振幅,但不同频率的正弦信号加于惯性环节,其输出信号的振幅必不相同;频率越高,输出振幅越小,呈现"低通滤波器"的特性。输出信号的相位总是滞后于输入信号:当频率等于交接频率,即 $\omega=\omega_1=\frac{1}{T}$时,相位迟后 45°;频率越高,相位滞

后越多；极限为 90°。

5.4.3　积分环节

1. 传递函数

积分环节的传递函数为

$$W(s)=\frac{X_c(s)}{X_r(s)}=\frac{K}{s}$$

2. 幅相频率特性

积分环节的幅相频率特性为

$$W(\mathrm{j}\omega)=\frac{K}{\mathrm{j}\omega}=-\mathrm{j}\,\frac{K}{\omega}$$

以代数形式表示时，为

$$W(\mathrm{j}\omega)=0-\mathrm{j}\,\frac{K}{\omega},\quad P(\omega)=0,\quad Q(\omega)=-\frac{K}{\omega}$$

以指数形式表示时，为

$$W(\mathrm{j}\omega)=\frac{K}{\omega}\mathrm{e}^{-\mathrm{j}\frac{\pi}{2}} \tag{5-29}$$

幅频特性为

$$A(\omega)=\frac{K}{\omega}$$

相频特性为

$$\varphi(\omega)=-\frac{\pi}{2}$$

积分环节的幅相频率特性如图 5-11 所示。在 $0\leqslant\omega\leqslant\infty$，幅频特性为负虚轴。

3. 对数频率特性

积分环节的对数幅频特性为

$$L(\omega)=20\lg A(\omega)=20\lg\frac{K}{\omega}=20\lg K-20\lg\omega$$

研究几个点就可以看出怎样绘出这一特性，为简单计，取 $K=1$。

当 $\omega=0.1$ 时，$L(\omega=0.1)=+20\mathrm{dB}$；

当 $\omega=1$ 时，$L(\omega=1)=0\mathrm{dB}$；

当 $\omega=10$ 时，$L(\omega=10)=-20\mathrm{dB}$。

故积分环节的对数幅频特性是一条斜率为 $-20\mathrm{dB/dec}$ 的直线，如图 5-12 所示。应注意到，它在 $\omega=K$ 这一点穿过零分贝线。

如果传递函数中有 N 个串联积分环节，这时对数幅频特性为

$$L(\omega) = 20\lg\frac{K}{\omega^N} = 20\lg K - N\times 20\lg\omega$$

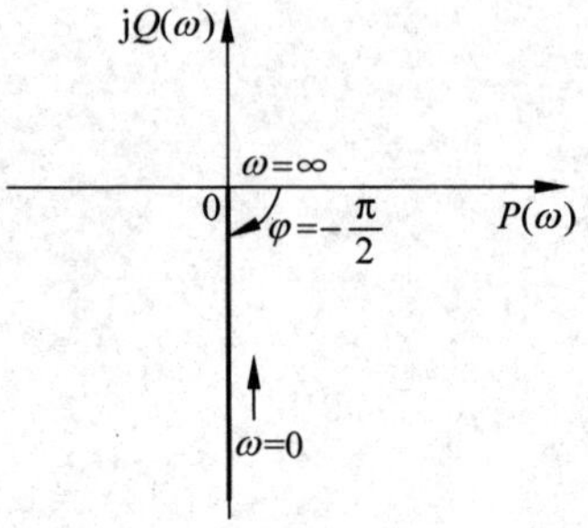

图 5-11 积分环节的幅相频率特性

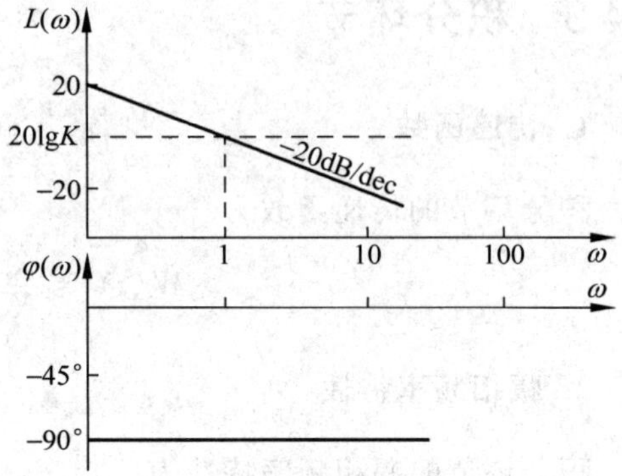

图 5-12 积分环节的对数频率特性

这是一条斜率为$-20N$dB/dec 的斜线,且在 $\omega=\sqrt[N]{K}$ 处穿过零分贝线。

积分环节的对数相频特性为

$$\varphi(\omega) = -90^\circ$$

它与频率无关,在 $0\leqslant\omega\leqslant\infty$ 处,为平行于横轴的一条直线,如图 5-12 所示。

当传递函数中有 N 个串联积分环节时,对数相频特性为

$$\varphi(\omega) = -N\times 90^\circ$$

5.4.4 微分环节

先介绍理想微分环节的频率特性。

1. 传递函数

理想微分环节的传递函数为

$$W(s) = Ks$$

2. 幅相频率特性

理想微分环节的幅相频率特性为

$$W(\mathrm{j}\omega) = \mathrm{j}K\omega = K\omega\mathrm{e}^{+\mathrm{j}\frac{\pi}{2}}$$

其幅频特性为 $A(\omega)=K\omega$; 相频特性为 $\varphi(\omega)=\frac{\pi}{2}$。所以在 $0\leqslant\omega\leqslant\infty$,幅相特性是正虚轴,如图 5-13 所示。

3. 对数频率特性

理想微分环节的对数幅频特性为

$$L(\omega) = 20\lg A(\omega) = 20\lg K + 20\lg\omega$$

研究几个点，为简单计，取 $K=1$。

在 $\omega=0.1$ 时，$L(\omega=0.1)=-20\text{dB}$；

在 $\omega=1$ 时，$L(\omega=1)=0\text{dB}$；

在 $\omega=10$ 时，$L(\omega=10)=+20\text{dB}$。

可见，理想微分环节的对数幅频特性为一条斜率为 $+20\text{dB/dec}$ 的直线，它在 $\omega=1/K$ 处穿过零分贝线，如图 5-14 所示。

理想微分环节的相频特性为

$$\varphi(\omega)=90^\circ$$

在 $0\leqslant\omega\leqslant\infty$ 处，它是平行于横轴的一条直线，如图 5-14 所示。

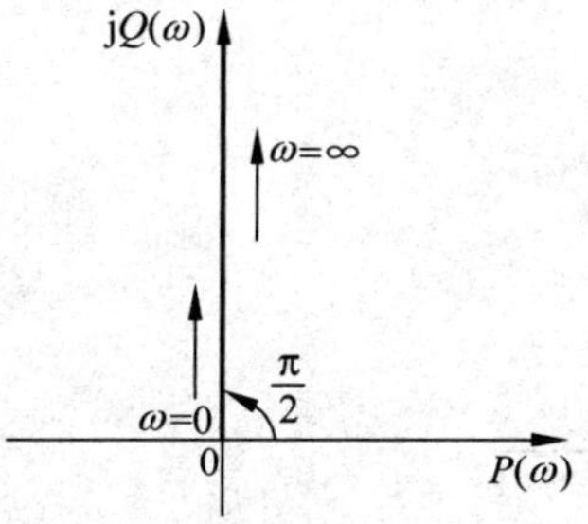

图 5-13　理想微分环节的幅相频率特性

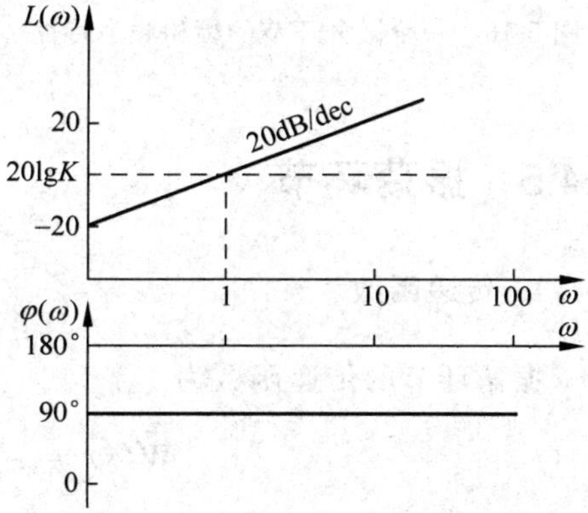

图 5-14　理想微分环节的对数频率特性

下面再来看一阶微分环节。

1）传递函数为

$$W(s)=K(\tau s+1)$$

2）幅相频率特性为

$$W(\mathrm{j}\omega)=K(\mathrm{j}\tau\omega+1)=K\sqrt{1+(\tau\omega)^2}\,\mathrm{e}^{\mathrm{j}\varphi(\omega)}$$

其幅频特性为 $A(\omega)=K\sqrt{1+(\tau\omega)^2}$，相频特性为 $\varphi(\omega)=\arctan(\tau\omega)$。

一阶微分环节的幅相频率特性绘于图 5-15。取 $K=1$。

3）对数频率特性。对数幅频特性为

$$L(\omega)=20\lg A(\omega)=20\lg K+20\lg\sqrt{1+(\tau\omega)^2}$$

对数相频特性为

$$\varphi(\omega)=\arctan(\tau\omega)$$

按照与惯性环节相似的作图方法，可以得到图 5-16 所示对数频率特性（取 $K=1$）。

由比较可知，一阶微分环节的对数幅频特性和相频特性与惯性环节的相应特性互以横轴为镜像。

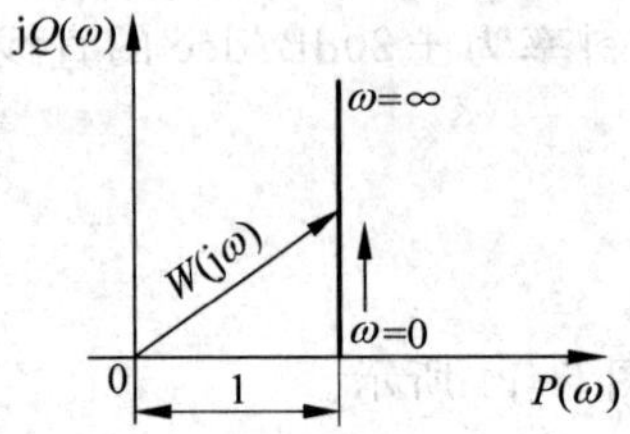

图 5-15 一阶微分环节的幅相频率特性

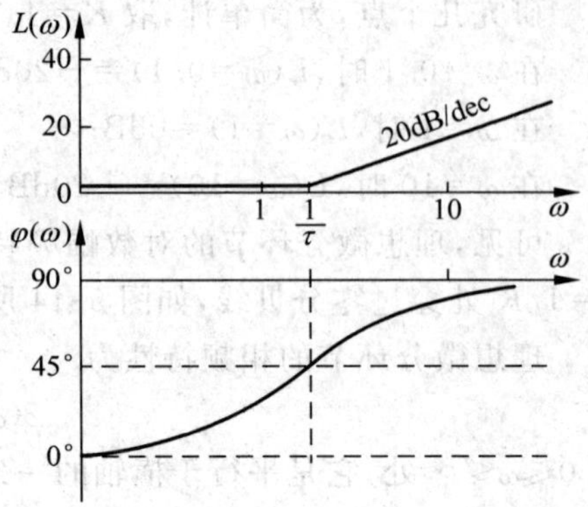

图 5-16 一阶微分环节的对数频率特性

5.4.5 振荡环节

1. 传递函数

振荡环节的传递函数为

$$W(s)=\frac{K}{T^2s^2+2\xi Ts+1}$$

式中：T——时间常数；

ξ——阻尼比，$0\leqslant\xi\leqslant1$。

2. 幅相频率特性

幅相频率特性为

$$W(\mathrm{j}\omega)=\frac{K}{1+2\xi T\mathrm{j}\omega-T^2\omega^2}=\frac{K}{\sqrt{(1-T^2\omega^2)^2+(2\xi T\omega)^2}}\mathrm{e}^{-\arctan\left(\frac{2\xi T\omega}{1-T^2\omega^2}\right)}$$

幅频特性为

$$A(\omega)=\frac{K}{\sqrt{(1-T^2\omega^2)^2+(2\xi T\omega)^2}}$$

相频特性为

$$\varphi(\omega)=-\arctan\left(\frac{2\xi T\omega}{1-T^2\omega^2}\right)$$

以ξ为参变量，计算不同频率ω时的幅值和相角，并在极坐标上画出ω由0变到∞时的矢量端点的轨迹，即可得到振荡环节的幅相频率特性，如图5-17所示(取$K=1$)。其中几个特征点如下表所示。

ω	0	$1/T$	∞
$A(\omega)$	1	$\frac{1}{2\xi}$	0
$\varphi(\omega)$	0	$-\frac{\pi}{2}$	$-\pi$

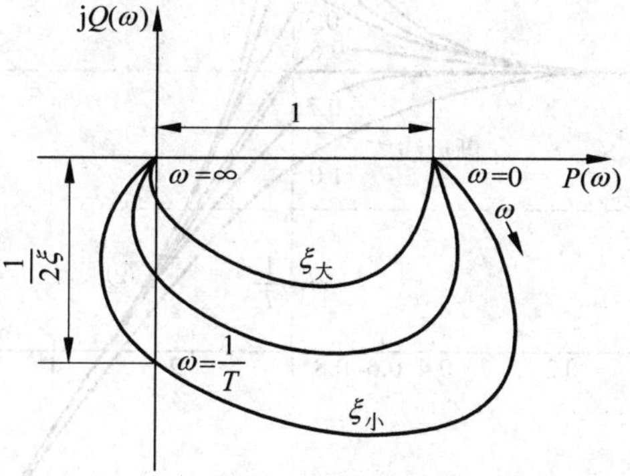

图 5-17 振荡环节的幅相频率特性

3. 对数频率特性

对数幅频特性为(取 $K=1$)

$$L(\omega)=20\lg A(\omega)=20\lg 1-20\lg\sqrt{(1-T^2\omega^2)^2+(2\xi T\omega)^2}$$

对数相频特性为

$$\varphi(\omega)=-\arctan\left(\frac{2\xi T\omega}{1-T^2\omega^2}\right)$$

(1) 低频段。$T\omega\ll 1\left(\text{或 }\omega\ll\frac{1}{T}\right)$时,$A(\omega)\approx 1$,$L_1(\omega)\approx 20\lg 1=0$。这是 $L_1(\omega)=0$ 的一条直线,这条直线与横坐标重合,如图 5-18①段所示。

(2) 高频段。$T\omega\gg 1\left(\text{或 }\omega\gg\frac{1}{T}\right)$时,$A(\omega)\approx\frac{1}{\sqrt{T^2\omega^2(T^2\omega^2+4\xi^2)}}\approx\frac{1}{T^2\omega^2}$,$L_2(\omega)\approx -20\lg(T\omega)^2=-40\lg(T\omega)$。

当频率增加 10 倍时

$$L_2(\omega)\approx -40\lg T(10\omega)=-40\lg T\omega-40\text{dB}$$

$$L_2(10\omega)-L_2(\omega)=-40\text{dB}$$

这说明高频段是一条斜率为-40dB/dec 的直线,如图 5-18②段所示。这是一条高频渐近线。

$\omega_1=\frac{1}{T}$时,$L_2(\omega)=20\lg 1$,$L_2(\omega)$与 $L_1(\omega)$相接,所以称 $\omega_1=\frac{1}{T}$为交接频率。在绘制振荡环节对数频率特性时,这个频率是一个重要的参数。

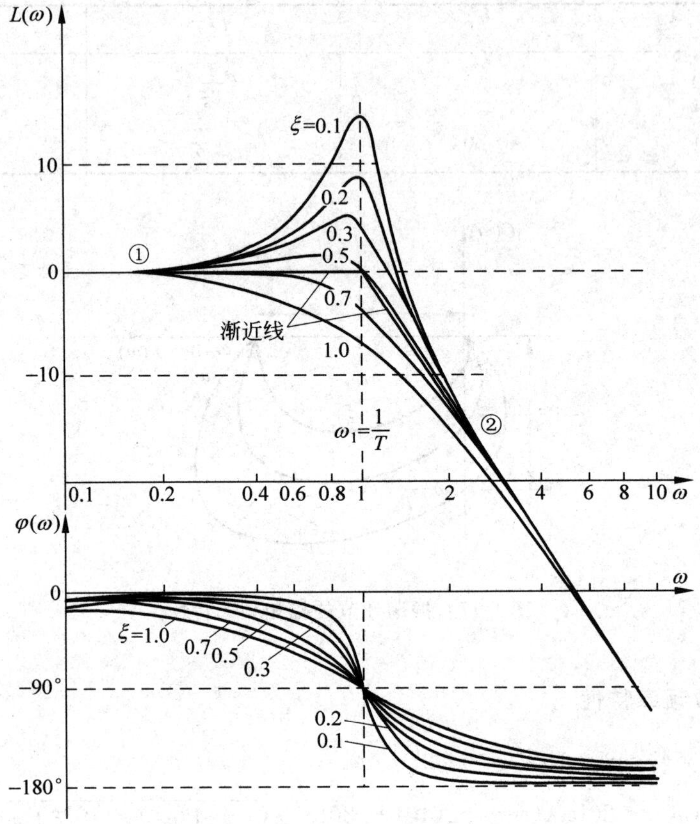

图 5-18 振荡环节对数频率特性

在 $\omega_1=\frac{1}{T}$ 附近,用渐近线得到的对数幅频特性存在较大的误差。$\omega_1=\frac{1}{T}$ 时,用渐近线得到

$$L\left(\omega_1=\frac{1}{T}\right)=20\lg 1=0 \tag{5-30}$$

而用准确特性时,得到

$$L\left(\omega_1=\frac{1}{T}\right)=20\lg\frac{1}{2\xi} \tag{5-31}$$

只在 $\xi=0.5$ 时,二者相等。在 ξ 不同时,精确曲线如图 5-18 所示。所以,对于振荡环节,以渐近线代替实际幅相特性时,要特别加以注意。如果 ξ 在 0.4～0.7 范围内,误差不大,而当 ξ 很小时,要考虑它有一个尖峰。

相频特性为

$$\varphi(\omega)=-\arctan\left(\frac{2\xi T\omega}{1-T^2\omega^2}\right)=-\arctan\left(\frac{2\xi\frac{\omega}{\omega_1}}{1-\frac{\omega^2}{\omega_1^2}}\right)$$

下列几个点容易求出:

$$\omega = 0 \text{ 时}, \varphi = 0°$$

$$\omega = \frac{1}{T} \text{ 时}, \varphi = -90°$$

$$\omega = \infty \text{ 时}, \varphi = -180°$$

这个特性如图 5-18 所示。

在 $\omega_1 = \frac{1}{T}$ 附近，对数幅频特性将出现谐振峰值 M_p，其大小与阻尼比有关。

由幅频特性 $A(\omega)$ 对频率 ω 求导数，并令其等于零，可求得谐振频率 ω_p 和谐振峰值 M_p。即由

$$\frac{d}{d\omega}A(\omega) = -\frac{[4T^4\omega^3 + 2(4\xi^2T^2 - 2T^2)\omega]}{2\sqrt{[(1 - T^2\omega^2)^2 + 4\xi^2T^2\omega^2]^2}} = 0$$

可得振荡环节的谐振频率

$$\omega_p = \frac{1}{T}\sqrt{1 - 2\xi^2} \quad (0 \leqslant \xi \leqslant 0.707) \tag{5-32}$$

将式(5-32)代入式(5-31)，可得谐振峰值为

$$M_p = A(\omega_p) = \frac{1}{2\xi\sqrt{1 - \xi^2}} \quad (0 \leqslant \xi \leqslant 0.707) \tag{5-33}$$

当 $\xi > 0.707$ 时，不产生谐振峰值；当 $\xi \to 0$ 时，$M_p \to \infty$。M_p 与 ξ 之间的关系见图 5-19。

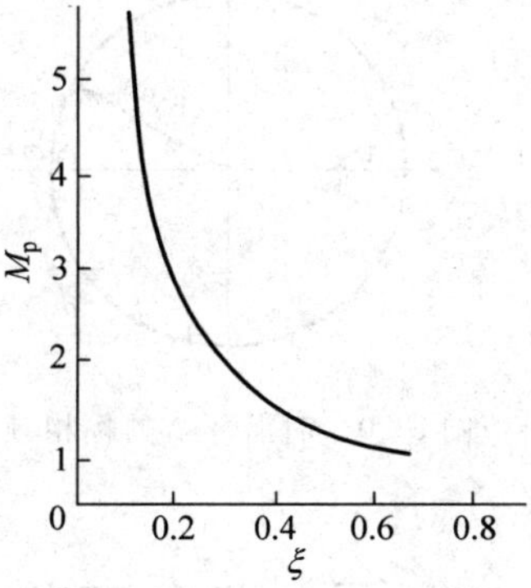

图 5-19　M_p 与 ξ 的关系

5.4.6 时滞环节

1. 传递函数

时滞环节的传递函数为

$$W(s) = e^{-\tau s}$$

2. 幅相频率特性

用 $j\omega$ 代替 s，得

$$W(j\omega) = e^{-j\tau\omega}$$

幅频特性为 $A(\omega) = 1$，相频特性为 $\varphi(\omega) = -\tau\omega$。故幅相频率特性是一个以原点为圆心，半径为 1 的圆，如图 5-20 所示。

3. 对数频率特性

时滞环节的对数幅频特性为

$$L(\omega) = 20\lg A(\omega) = 0\text{dB}$$

对数相频特性为

$$\varphi(\omega) = -\tau\omega$$

时滞环节的对数频率特性见图5-21。

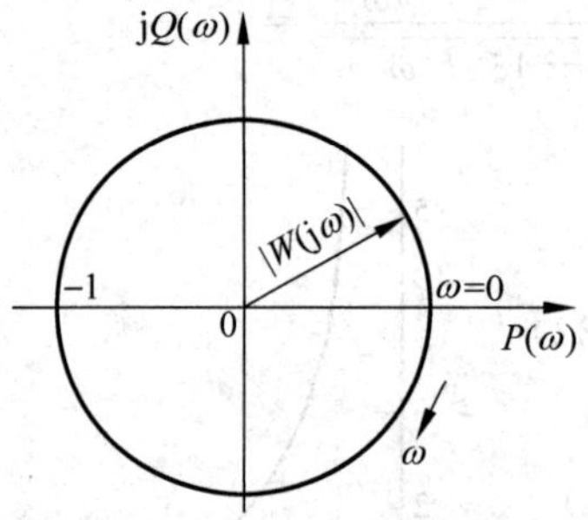

图5-20　时滞环节的幅相频率特性

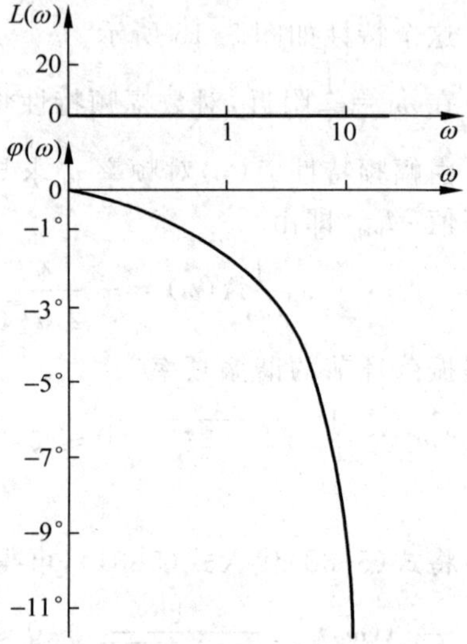

图5-21　时滞环节的对数频率特性

5.4.7　最小相位环节

凡在 s 右半平面上有零点或极点的系统,称为非最小相位系统。

“最小相位”这一概念来源于网络。它是指具有相同幅频特性的一些环节,其中相角位移有最小可能值的,称为最小相位环节;反之,其中相角位移大于最小可能值的环节称为非最小相位环节;后者常在传递函数中包含 s 右半平面的零点或极点。

例如,有两个环节,其传递函数各为

$$W_1(s) = \frac{1 - Ts}{1 + 10Ts},\quad W_2(s) = \frac{1 + Ts}{1 + 10Ts}$$

绘出这两个传递函数的对数频率特性,如图5-22所示。

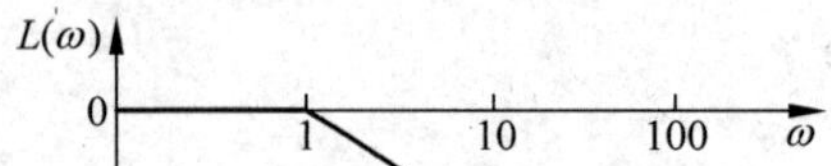

图5-22　最小相位环节的对数频率特性

我们注意到,两者的对数幅频特性是相同的,因为

$$A_1(\omega) = A_2(\omega) = \frac{\sqrt{1 + (T\omega)^2}}{\sqrt{1 + (10T\omega)^2}}$$

对于 $W_1(s)$,相频特性为

$$\varphi_1(\omega) = -\arctan 10T\omega - \arctan T\omega$$

而对于 $W_2(s)$,有

$$\varphi_2(\omega) = -\arctan 10T\omega + \arctan T\omega$$

从传递函数看，这二者均有相同的储能元件数，但是，$W_2(s)$具有小的相位移，称为最小相位环节，而$W_1(s)$称为非最小相位环节。

由于$W_1(s)$的零点在s右半平面，它产生附加的滞后位移。因而$W_2(s)$的滞后相位移小。

从伯德图上看，一个对数幅频特性所代表的环节，能给出最小可能相位移的，称为最小相位环节，不给出最小相位移的，称为非最小相位环节。

根据这一定义可知，时滞环节也是非最小相位环节，因为时滞环节的对数幅频特性是一条水平线，不给出最小相位移，所以是非最小相位环节。

最小相位环节或系统有一个重要特征，这就是：当给出了环节（或系统）的幅频特性时，也就确定了相频特性；或者，给定了环节（或系统）的相频特性，也就确定了幅频特性。

5.5 系统开环频率特性的绘制

绘制开环系统频率特性也和绘制环节频率特性一样，可以在复平面上或对数坐标上进行。

在复平面上绘制幅相频率特性时，可以写成代数形式

$$W_K(j\omega) = P(\omega) + jQ(\omega)$$

给出不同的ω，计算相应的$P(\omega)$和$Q(\omega)$，在直角坐标中得出相应的点。当ω由0变到$+\infty$时，就得到系统开环幅相频率特性。

幅相频率特性写成指数形式时

$$W_K(j\omega) = A(\omega)e^{j\varphi(\omega)}$$

给出不同的ω，计算相应的$A(\omega)$和$\varphi(\omega)$，在极坐标中得出相应的点。当ω由0变到$+\infty$时，也可以得到系统开环幅相频率特性。

在对数坐标中绘制频率特性时，先绘制各环节的频率特性，然后相加，就可以得到开环系统的频率特性。

5.5.1 系统的开环幅相频率特性

1. 0 型系统的开环幅相频率特性

0 型系统的开环传递函数为

$$W_K(s) = \frac{K_K\prod_{i=1}^{m}(T_i s + 1)}{\prod_{j=1}^{n}(T_j s + 1)}, \quad n > m$$

所以其频率特性为

$$W_K(j\omega)=\frac{K_K\prod_{i=1}^{m}(j\omega T_i+1)}{\prod_{j=1}^{n}(j\omega T_j+1)},\quad n>m$$

下面研究这一类型系统的幅相频率特性的特点。

在 $\omega=0$ 时，$A(0)=|W_K(0)|=K_K$，$\varphi(0)=0°$，故幅相频率特性由实轴上一点 $(K_K,j0)$ 开始。

在 $\omega=\infty$ 时，由于 $n>m$，故 $A(\infty)=0$，为坐标原点。为了确定特性以什么角度进入坐标原点，需要求出 $\omega\to\infty$ 时的相角。注意到当 $\omega\to\infty$ 时，分母中每一个因子 $(j\omega T_j+1)$ 的角位移为 $\varphi_j(\infty)=-90°$，而分子中每个因子 $(j\omega T_i+1)$ 的角位移为 $\varphi_i(\infty)=90°$，故总的相位移为

$$\varphi(\infty)=-n\times90°+m\times90°=-(n-m)\times90°$$

例如 $(n-m)=3$，则 $\varphi(\infty)=-270°$，即幅相特性从 $-270°$ 进入坐标原点。

在 $0<\omega<\infty$ 的区段，频率特性的形状与环节及其参数有关。

例如，开环系统传递函数的形式为

$$W_K(j\omega)=\frac{K_K}{(j\omega T_1+1)(j\omega T_2+1)(j\omega T_3+1)}$$

时，相位移 $\varphi(\omega)$ 随 ω 增加以一个方向连续减小，由 0 减到 $-270°$。幅相频率特性的形状如图 5-23 所示。

但是，在分子中存在因子 $(j\omega T_i+1)$ 时，当 ω 由 0 变到 ∞，每一个因子使相位移由 0 变到 $90°$。这样 $\varphi(\omega)$ 可能不按一个方向连续变化。例如，开环传递函数的形式为

$$W_K(j\omega)=\frac{K_K(j\omega T_1+1)^2}{(j\omega T_2+1)(j\omega T_3+1)(j\omega T_4+1)},T_2>T_1,T_3>T_1,T_1>T_4$$

其幅相频率特性如图 5-24 所示。如果 $T_1<T_4$，则其幅相频率特性将为图 5-23 所示形状。

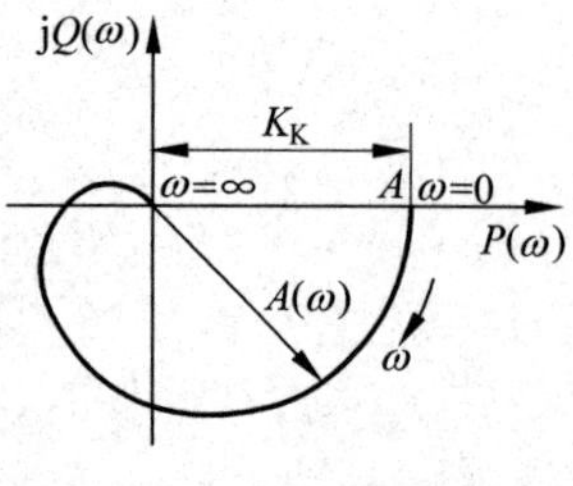

图 5-23　0 型系统幅相频率特性之一

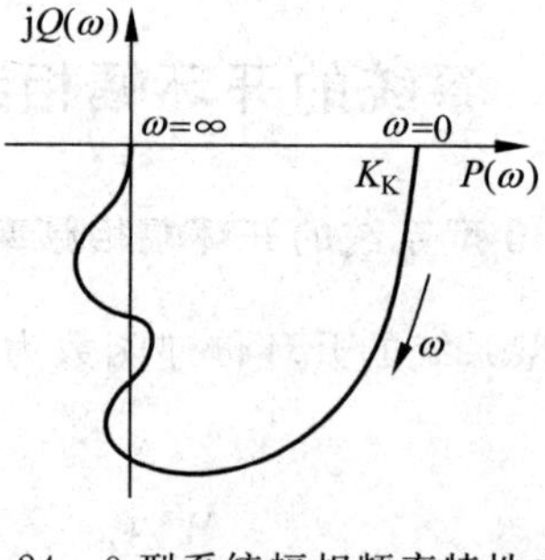

图 5-24　0 型系统幅相频率特性之二

2. Ⅰ型系统的幅相频率特性

Ⅰ型系统的开环传递函数为

$$W_K(s)=\frac{K_K\prod_{i=1}^{m}(T_is+1)}{s\prod_{j=1}^{n-1}(T_js+1)},\quad n>m$$

其开环频率特性为

$$W_K(j\omega)=\frac{K_K\prod_{i=1}^{m}(j\omega T_i+1)}{j\omega\prod_{j=1}^{n-1}(j\omega T_j+1)},\quad n>m$$

当 $\omega\to0^+$ 时，有

$$W(j\omega)=\frac{K_K}{j\omega}=\frac{K_K}{\omega}e^{-j\frac{\pi}{2}}$$

即幅值趋于∞，而相角位移为$-\frac{\pi}{2}$，如图 5-25(a) 所示。

在 $\omega\to0^+$ 时，$A(\omega)$趋于无穷大的物理意义可以这样理解：在 $\omega=0$ 时，相当于对系统输入加一个恒值信号；由于系统有积分环节，所以开环系统输出量将无限增长。

在 $\omega=0$ 时，输出量与输入量之间的相角位移没有意义。在这种情况下，可以认为开环系统频率特性由实轴上无穷远一点开始，在极小的频率范围内按无穷大半径变化，如图 5-25(a)虚线所示。

在 $\omega\to\infty$时，$A(\infty)=0$，$\varphi(\infty)=-(n-m)\times90°$。例如，$(n-m)=4$，则 $\varphi(\omega)=-360°$，所以，特性按顺时针方向经过 4 个象限，然后进入原点。

3. Ⅱ型系统的幅相频率特性

图 5-25(b)给出Ⅱ型系统幅相频率特性的例子。对于Ⅱ型系统，当 $\omega\to0^+$ 时

$$W_K(j\omega)=\frac{K_K}{(j\omega)^2}=\frac{K_K}{\omega^2}e^{-j\pi}$$

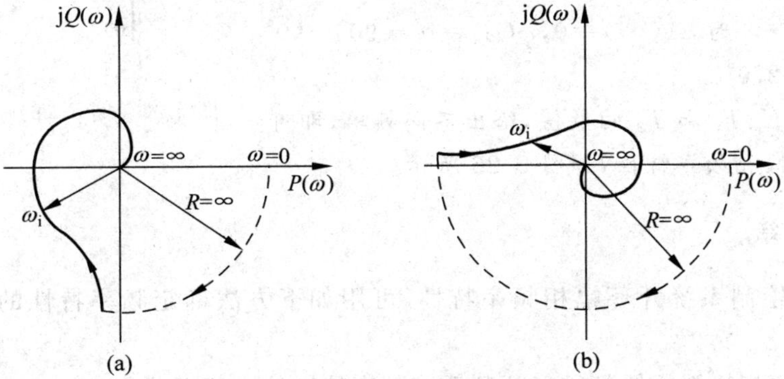

图 5-25　Ⅰ型和Ⅱ型系统的幅相频率特性

即幅值趋于无穷大,而相角位移为$-\pi$。

在$\omega\to\infty$时,$A(\infty)=0,\varphi(\infty)=-(n-m)\times 90°$。

例 5-3 绘制开环系统幅相频率特性,其开环传递函数为

$$W_{\mathrm{K}}(s)=\frac{K}{s(T_1 s+1)(T_2 s+1)},\quad T_1>T_2$$

画出开环幅相频率特性。

解 令$s=\mathrm{j}\omega$,得开环系统频率特性

$$W_{\mathrm{K}}(\mathrm{j}\omega)=\frac{K}{\mathrm{j}\omega(\mathrm{j}\omega T_1+1)(\mathrm{j}\omega T_2+1)}=K\frac{1}{\mathrm{j}\omega}\times\frac{1}{\mathrm{j}T_1\omega+1}\times\frac{1}{\mathrm{j}T_2\omega+1}$$

我们可以把这个系统看做是由4个典型环节组成:比例环节、积分环节和两个惯性环节。

$$\begin{aligned}W_{\mathrm{K}}(\mathrm{j}\omega)&=A_1(\omega)\mathrm{e}^{\mathrm{j}\varphi_1(\omega)}A_2(\omega)\mathrm{e}^{\mathrm{j}\varphi_2(\omega)}A_3(\omega)\mathrm{e}^{\mathrm{j}\varphi_3(\omega)}A_4(\omega)\mathrm{e}^{\mathrm{j}\varphi_4(\omega)}\\&=A(\omega)\mathrm{e}^{\mathrm{j}\varphi(\omega)}\end{aligned}\tag{5-34}$$

式中:

$$\begin{aligned}A(\omega)&=A_1(\omega)A_2(\omega)A_3(\omega)A_4(\omega)\\&=K\frac{1}{\omega}\frac{1}{\sqrt{(T_1\omega)^2+1}}\frac{1}{\sqrt{(T_2\omega)^2+1}}\end{aligned}\tag{5-35a}$$

$$\begin{aligned}\varphi(\omega)&=\varphi_1(\omega)+\varphi_2(\omega)+\varphi_3(\omega)+\varphi_4(\omega)\\&=0°+(-90°)-\arctan(T_1\omega)-\arctan(T_2\omega)\end{aligned}\tag{5-35b}$$

画图时,先找出起始点$\omega=0$和终点$\omega\to\infty$,再代入不同的频率,计算几个点,就可近似画出幅相频率特性。

当$\omega=0$时,$A(\omega)=\infty,\varphi(\omega)=0°-90°-0°-0°=-90°$。故在$\omega\to 0$时$W_{\mathrm{K}}(\mathrm{j}\omega)$趋于无穷远,其渐近线平行于虚轴。这一渐近线的横坐标按下式确定:

$$\begin{aligned}\sigma_{\mathrm{x}}&=\lim_{\omega\to 0^+}\mathrm{Re}[W_{\mathrm{K}}(\mathrm{j}\omega)]=\lim_{\omega\to 0^+}P(\omega)\\&=-K(T_1+T_2)\end{aligned}$$

故这一渐近线在原点的左侧。

当$\omega\to\infty$时,$A(\infty)=0,\varphi(\omega)=0°-90°-90°-90°=-270°$。

知道K、T_1和T_2的数值,给出不同频率,即可画出开环幅相频率特性,如图5-26所示。

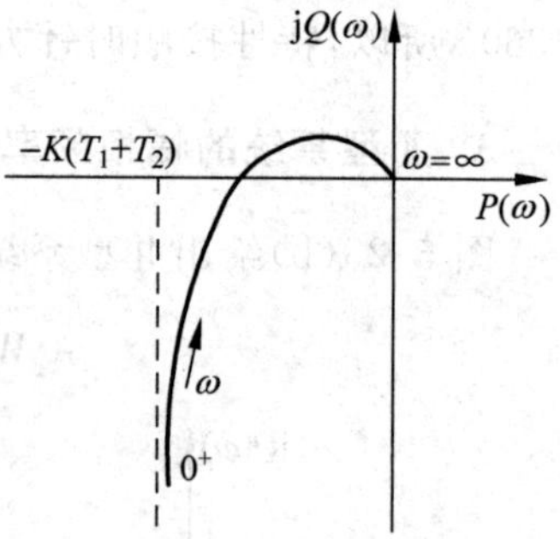

图 5-26 例 5-1 的幅相特性

4. 总结

为了绘制系统开环幅相频率特性,可用如下方法确定频率特性的几个关键部分。

(1) 幅相特性的低频段。开环系统频率特性的一般形式为

$$W_K(j\omega)=\frac{K_K\prod_{i=1}^{m}(jT_i\omega+1)}{(j\omega)^N\prod_{j=1}^{n-N}(jT_j\omega+1)}$$

当 $\omega\to 0$ 时，可以确定特性的低频部分，其特点由系统的类型近似确定，如图 5-27(a)所示。

$\omega=0$ 时的相位角为 $-N(90°)$。

对于 0 型系统，当 $\omega=0$ 时，特性达到一点$(K_K, j0)$。对于 Ⅰ 型系统，特性趋于一条与虚轴平行的渐近线，这一渐近线可以由下式确定：

$$\sigma_x=\lim_{\omega\to 0^+}\mathrm{Re}[W_K(j\omega)]=\lim_{\omega\to 0^+}P(\omega)$$

(2) 幅相特性的高频部分。一般有 $n>m$，故当 $\omega\to\infty$ 时，有

$$\lim_{\omega\to\infty}W_K(j\omega)=0\angle(m-n)\,90° \tag{5-36}$$

即特性总是以顺时针方向趋于 $\omega=\infty$ 点，并按式(5-36)的角度终止于原点，如图 5-27(b)所示。

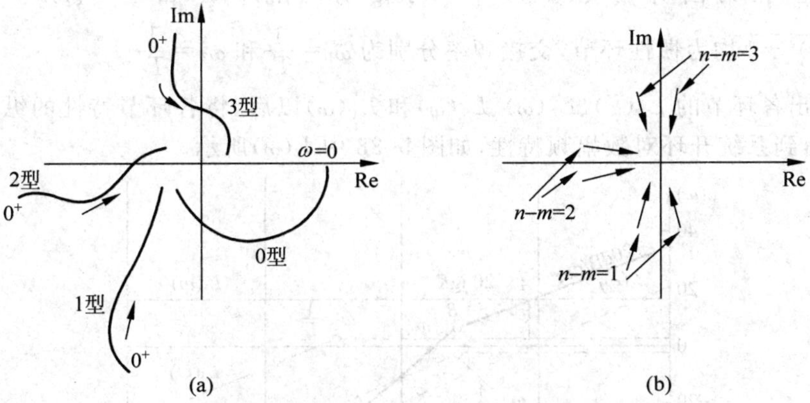

图 5-27　不同类型系统的幅相频率特性

(3) 幅相特性与负实轴和虚轴的交点。特性与负实轴的交点的频率由下式求出：

$$\mathrm{Im}[W_K(j\omega)]=Q(\omega)=0$$

特性与虚轴的交点的频率由下式求出：

$$\mathrm{Re}[W_K(j\omega)]=P(\omega)=0$$

(4) 如果在传递函数的分子中没有时间常数，则当 ω 由 0 增大到∞过程中，特性的相位角连续减小，特性平滑地变化。如果在分子中有时间常数，则视这些时间常数的数值大小不同，特性的相位角可能不是以同一方向连续地变化，这时，特性可能出现凹部。

5.5.2 系统的开环对数频率特性

1. 对数幅频特性

以例5-3说明系统开环对数频率特性的画法。

由式(5-35a)得对数幅频特性

$$L(\omega)=20\lg A(\omega)=20\lg K-20\lg\omega-20\lg\sqrt{(T_1\omega)^2+1}-20\lg\sqrt{(T_2\omega)^2+1} \tag{5-37}$$

先绘出式(5-37)中环节的对数幅频特性分量,然后将各环节的特性分量的纵坐标相加,就可以得到系统开环对数幅频特性。

第一个分量 $L_1(\omega)=20\lg K$ 是比例环节,为平行于横轴的一条直线,如图5-28所示。

第二个分量 $L_2(\omega)=-20\lg\omega$ 是积分环节,为 -20dB/dec 的一条直线,在 $\omega=1$ 时通过0dB线。

第三和第四分量 $L_3(\omega)=-20\lg\sqrt{(T_1\omega)^2+1}$ 和 $L_4(\omega)=-20\lg\sqrt{(T_2\omega)^2+1}$ 均为惯性环节,交接频率分别为 $\omega_1=\dfrac{1}{T_1}$ 和 $\omega_2=\dfrac{1}{T_2}$。

绘出各环节的 $L_1(\omega)$、$L_2(\omega)$、$L_3(\omega)$ 和 $L_4(\omega)$ 以后,将各环节特性的纵坐标相加,就得到系统开环对数幅频特性,如图5-28中 $L(\omega)$ 所示。

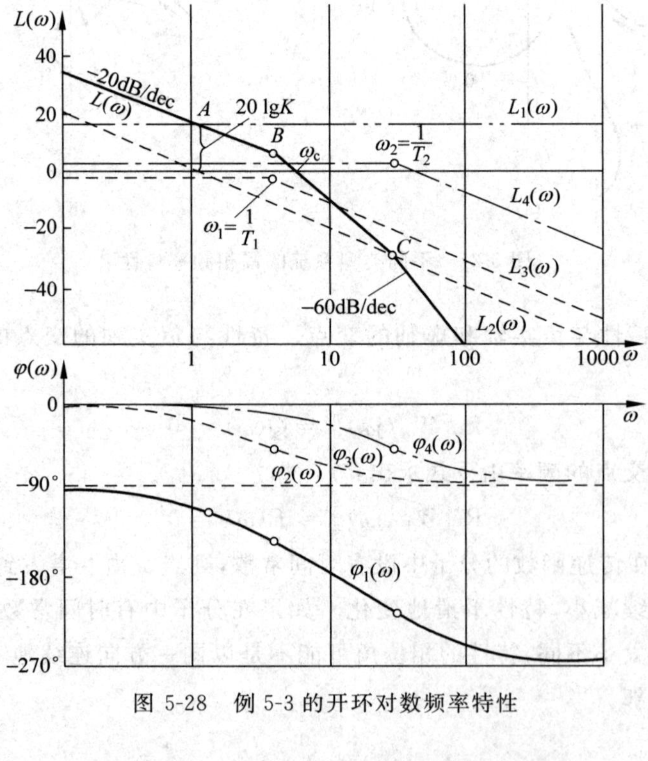

图5-28 例5-3的开环对数频率特性

实际上，绘制系统开环对数幅频特性时，可以不用将各环节的特性单独绘出，再进行叠加，而可以按如下步骤进行。

(1) 确定交接频率 $\omega_1, \omega_2, \cdots$ $\left(在例 5-3 中, \omega_1=\frac{1}{T_1}, \omega_2=\frac{1}{T_2}\right)$，标在角频率轴 ω 上。

(2) 在 $\omega=1$ 处，量出幅值 $20\lg K$，其中 K 为系统开环放大系数。(见图 5-28 的 A 点)

(3) 通过 A 点作一条 $-20N$dB/dec 的直线，其中 N 为系统的无差阶数(对于例 5-3，$N=1$)，直到第一个交接频率 $\omega_1=\frac{1}{T_1}$(见图中 B 点)。如果 $\omega_1<1$，则低频渐近线的延长线经过 A 点。

(4) 以后每遇到一个交接频率，就改变一次渐近线斜率。每当遇到 $\frac{1}{\mathrm{j}T_j\omega+1}$ 环节的交接频率时，渐近线斜率增加 -20dB/dec；每当遇到 $(\mathrm{j}T_i\omega+1)$ 环节的交接频率时，斜率增加 $+20$dB/dec；每当遇到 $\frac{\omega_n^2}{(\mathrm{j}\omega)^2+2\xi\omega_n\mathrm{j}\omega+\omega_n^2}$ 环节的交接频率时，斜率增加 -40dB/dec。

(5) 绘出用渐近线表示的对数幅频特性以后，如果需要，就可以进行修正。通常只需计算出在交接频率处以及交接频率的 2 倍频和 1/2 倍频处的幅值就可以了。对于一阶项，在交接频率处的修正值为 ±3dB；在交接频率的二倍频和 1/2 倍频处的修正值为 ±1dB。对于二阶项，其幅值见图 5-18，它们是阻尼比的函数，在交接频率处的修正值可以由式(5-31)求出。

系统开环对数幅频特性 $L(\omega)$ 通过 0 分贝线，即

$$L(\omega_c)=0 \quad 或 \quad A(\omega_c)=1$$

时的频率 ω_c 称为穿越频率。穿越频率 ω_c 是开环对数频率特性的一个很重要的参量。

2. 对数相频特性

绘制开环系统对数相频特性时，可按式(5-35b)先绘出各分量的对数相频特性，然后将各分量的纵坐标相加，就可以得到系统的开环对数相频特性，如图 5-28 所示。

在实际工作中，也常常用分析法进行计算。

开环系统对数相频特性有如下特点：

(1) 在低频区，对数相频特性由 $-N(90^\circ)$ 开始。

(2) 在高频段，$\omega\to\infty$，相频特性趋于 $-(n-m)\times90^\circ$。

由图 5-28 看出，如果在某一频率范围内，对数幅频特性 $L(\omega)$ 的斜率保持不变，则在此范围内，相位也几乎不变。例如，在低频区的渐近线斜率为 -20dB/dec，相位约保持为 -90°；当幅频特性接近第一个交接频率 $\omega_1=\frac{1}{T_1}$ 时，由于对数幅频特性

即将转入$-40\mathrm{dB/dec}$,相频特性也开始迅速变化,并趋向$-180°$;当幅频特性接近第二个交接频率$\omega_2=\dfrac{1}{T_2}$时,由于对数幅频特性即将转入$-60\mathrm{dB/dec}$,相频特性又变为趋向$-270°$。

3. 系统类型与开环对数频率特性

不同类型的系统,低频段的对数幅频特性显著不同,现分述如下。

1) 0型系统

0型系统的开环频率特性有如下形式

$$W_K(j\omega)=\frac{K_K\prod\limits_{i=1}^{m}(j\omega T_i+1)}{\prod\limits_{j=1}^{n}(j\omega T_j+1)}$$

其对数幅频特性的低频部分如图5-29所示。这一特性有如下特点:(1)在低频段,斜率为0dB/dec;(2)低频段的幅值为$20\lg K_K$,由此可以确定稳态位置误差系数。

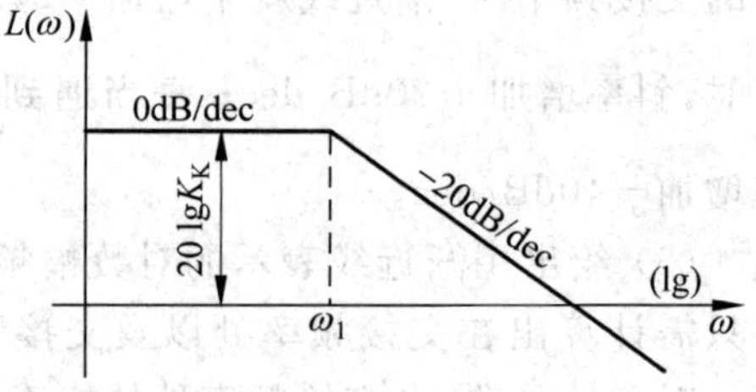

图5-29　0型系统对数幅频特性的低频段

2) Ⅰ型系统

Ⅰ型系统的开环频率特性有如下形式

$$W_K(j\omega)=\frac{K_K\prod\limits_{i=1}^{m}(j\omega T_i+1)}{j\omega\prod\limits_{j=1}^{n-1}(j\omega T_j+1)}$$

其对数幅频特性的低频部分如图5-30所示。其低频渐近线是斜率为$-20\mathrm{dB/dec}$的直线,其位置由下式确定

$$L(\omega)=20\lg K_K-20\lg\omega$$

在$\omega=1$时,$L(1)=20\lg K_K$;在$L(\omega_c)=0$时,有$\omega_c=K_K$。

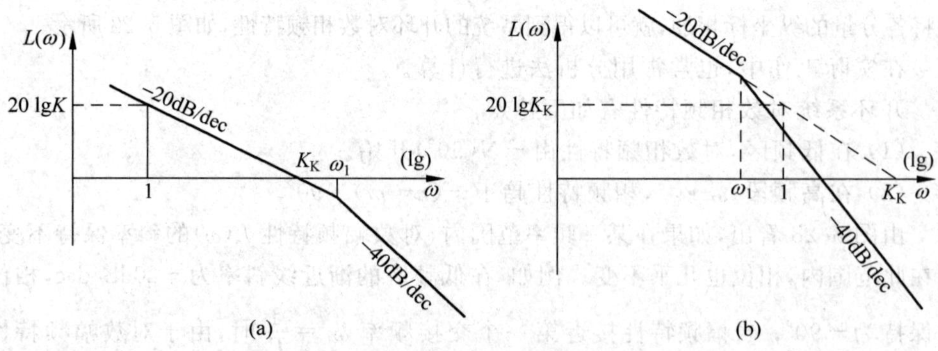

图5-30　Ⅰ型系统对数幅频特性的低频段

在绘图时，可以经过 $\omega=1$ 时纵坐标为 $20\lg K_K$ 这一点，或者经过 0 分贝线上 $\omega_c=K_K$ 这一点，绘制一条斜率为 -20dB/dec 的直线，这就是低频渐近线。

Ⅰ型系统在低频段的特性有如下特点：(1)在低频段的渐近线斜率为 -20dB/dec；(2)低频渐近线(或其延长线)与 0 分贝的交点为 $\omega_c=K_K$，由它可以确定系统的稳态速度误差系数 $K_v=K_K$；(3)低频渐近线(或其延长线)在 $\omega=1$ 时的幅值为 $20\lg K_K$dB。

3) Ⅱ型系统

Ⅱ型系统的频率特性有如下形式

$$W_K(j\omega)=\frac{K_K\prod_{i=1}^{m}(j\omega T_i+1)}{(j\omega)^2\prod_{j=1}^{n-2}(j\omega T_j+1)}$$

其对数幅频特性如图 5-31 所示。其低频渐近线为 -40dB/dec 的直线，其位置由下式确定

$$L(\omega)=20\lg K_K-20\lg\omega^2$$

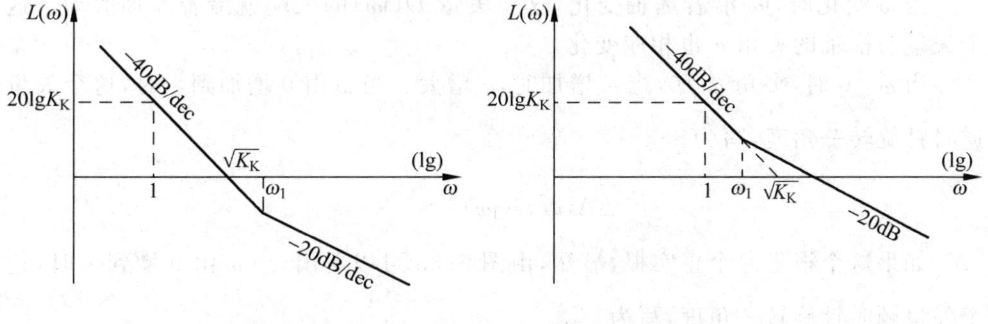

图 5-31　Ⅱ型系统对数幅频特性的低频段

在 $\omega=1$ 时，$L(1)=20\lg K_K$；在 $L(\omega_c)=0$ 时，有 $\omega_c=\sqrt{K_K}$。

在绘图时，可以经过 $\omega=1$ 时纵坐标为 $20\lg K_K$dB 这一点，或者经过 0 分贝线 $\omega_c=\sqrt{K_K}$ 这一点绘制一条斜率为 -40dB/dec 的直线，这就是低频渐近线。

Ⅱ型系统在低频的特性有如下特点：(1)低频渐近线的斜率为 -40dB/dec；(2)低频渐近线(或其延长线)与 0 分贝的交点为 $\omega_c=\sqrt{K_K}$，由它可以确定加速度误差系数 $K_a=K_K$；(3)低频渐近线(或其延长线)在 $\omega=1$ 时的幅值为 $20\lg K_K$dB。

5.6　用频率法分析控制系统的稳定性

5.6.1　控制系统的稳定判据

在第 3 章我们已经得到了一个重要结论，即如果一个闭环系统能稳定工作，

它的特征方程式的根必须在复数平面的左半平面。但是要找出这个方程式的根是否都在复数平面的左半平面,就要解这个方程式。在高阶情况下,解这个方程式是很困难的。下面讨论用频率法如何判断闭环系统的稳定性。

1. 一阶系统

为简单起见,我们先分析一个一阶系统,它的特征方程式为

$$D(s)=s+p$$

这个特征方程式的根为

$$s=-p$$

如果 p 为正数,那么这个根在复数平面左半平面,系统是稳定的;如果 p 为负数,那么这个根在复数平面的右半平面,系统是不稳定的。

假设这个根是一个负实根,如图5-32所示,令式5-35中 $s=\mathrm{j}\omega$,那么在某一个 ω,例如 $\omega=\omega_1$ 时,$s=\mathrm{j}\omega_1$ 在复平面的虚轴上。

$$D(\mathrm{j}\omega)=\mathrm{j}\omega+p$$

可以看作是由 $-p$ 为起点到 $\mathrm{j}\omega$ 为终点的一个矢量。

当 ω 变化时,$\mathrm{j}\omega$ 沿着虚轴变化,这个矢量 $D(\mathrm{j}\omega)$ 的矢端就沿着虚轴滑动。这个矢量与横轴的夹角 φ 也相应变化。

当 $\omega=0$ 时,夹角 $\varphi=0$,当 ω 增加时,φ 增大。当 ω 由0增加到 ∞ 时,这个矢量逆时针旋转 $\frac{\pi}{2}$ 角度,写为

$$\Delta\mathrm{Arg}[D(\mathrm{j}\omega)]=\frac{\pi}{2}$$

如果这个根是一个正实根,显然,由图5-33可以看出,当 ω 由0增到 ∞ 时,这个矢量顺时针旋转 $\frac{\pi}{2}$ 角度,写为

$$\Delta\mathrm{Arg}[D(\mathrm{j}\omega)]=-\frac{\pi}{2}$$

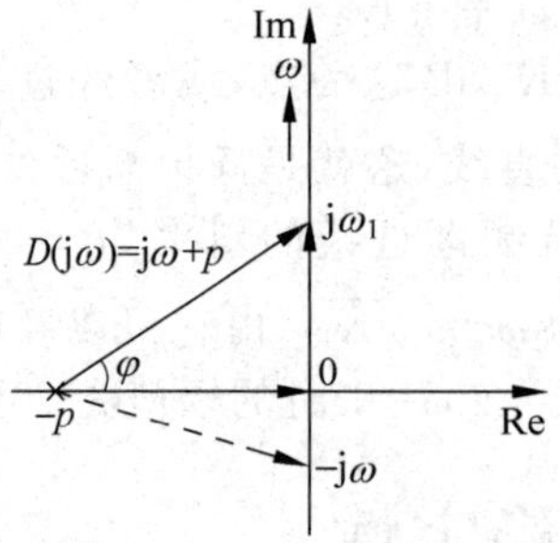

图5-32 一个负实根

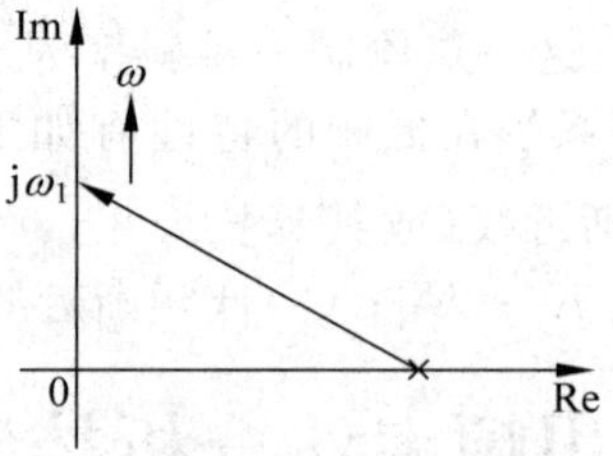

图5-33 一个正实根

从这里可以得出结论:对于一阶系统,如果系统是稳定的,那么,ω 由 $0\to\infty$ 时,$D(\mathrm{j}\omega)$ 矢量将逆时针方向旋转 $\frac{\pi}{2}$。

2. 二阶系统

一个二阶系统，它的特征方程式为

$$D(s)=s^2+as+b=s^2+2\xi\omega_n s+\omega_n^2=(s+p_1)(s+p_2)$$

如果有一对共轭复数根

$$-p_{1,2}=-\xi\omega_n\pm j\sqrt{1-\xi^2}\,\omega_n$$

在 $\xi\omega_n$ 为正值时，这一对根在复平面的左半平面，如图 5-34 所示。如果 $\xi\omega_n$ 为负值，则这一对根在复平面的右半平面，如图 5-35 所示。

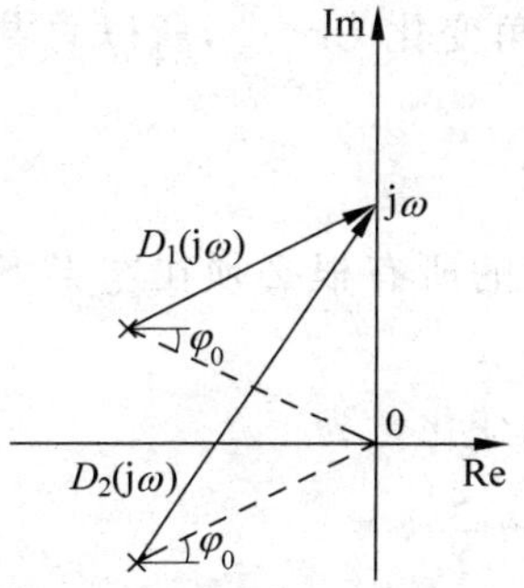

图 5-34　一对共轭复根在左半平面

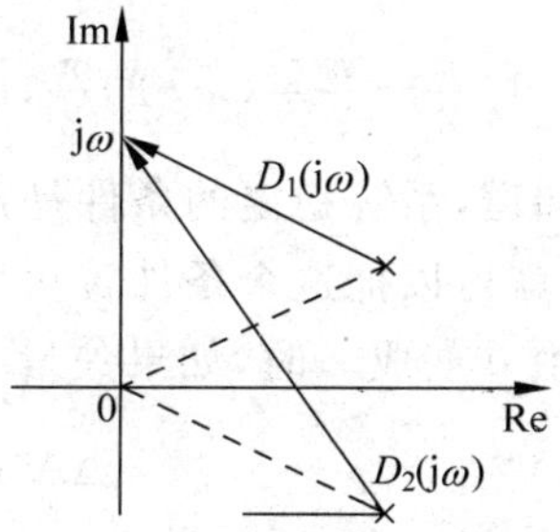

图 5-35　一对共轭复根在右半平面

可写为

$$\begin{aligned}D(j\omega)&=(s+p_1)(s+p_2)\Big|_{s=j\omega}\\&=[j\omega+(\xi\omega_n-j\sqrt{1-\xi\omega_n})][j\omega+(\xi\omega_n+j\sqrt{1-\xi^2}\,\omega_n)]\\&=D_1(j\omega)D_2(j\omega)\end{aligned}$$

如果根在左半平面，则由图 5-34 可以看出，当 ω 由 $0\to\infty$ 时，矢量 $D_1(j\omega)=j\omega+(\xi\omega_n-j\sqrt{1-\xi^2}\,\omega_n)$ 逆时针旋转 $\varphi_1=\frac{\pi}{2}+\varphi_0$，而矢量 $D_2(j\omega)=j\omega+(\xi\omega_n+j\sqrt{1-\xi^2}\,\omega_n)$ 逆时针旋转 $\varphi_2=\frac{\pi}{2}-\varphi_0$。故 $D(j\omega)=D_1(j\omega)D_1(j\omega)$ 的相角变化量总共为

$$\varphi=\varphi_1+\varphi_2=2\,\frac{\pi}{2}$$

我们写为

$$\Delta\mathrm{Arg}[D(j\omega)]=2\,\frac{\pi}{2}$$

如果共轭复数根在右半平面，如图 5-35 所示，显然，当 ω 由 $0\to\infty$ 时，$D(j\omega)$ 顺时针旋转 $2\,\frac{\pi}{2}$ 角度。

3. *n* 阶系统

对一个 n 阶系统，它的特征方程式为

$$D(s)=s^n+a_1s^{n-1}+\cdots+a_{n-1}s+a_n$$

它有 n 个根,如果所有的根都在复平面的左半平面,那么当 ω 由 $0\to\infty$ 时

$$D(j\omega)=(j\omega+p_1)(j\omega+p_2)\cdots(j\omega+p_n)$$

逆时针方向相角变化应为

$$\Delta\text{Arg}[D(j\omega)]=n\frac{\pi}{2},\quad 0\leqslant\omega\leqslant\infty$$

如果 n 个根中有一个不在左半平面,而在右半平面,那么由于只有 $n-1$ 个根在左半平面,这时,ω 由 $0\to\infty$ 时,$n-1$ 个左半平面的矢量所引起的相角变化为 $(n-1)\frac{\pi}{2}$。一个在右半平面的矢量所引起的相角变化为 $-\frac{\pi}{2}$,所以总共的相角变化量为 $(n-1)\frac{\pi}{2}-\frac{\pi}{2}=(n-2)\frac{\pi}{2}$,而不是 $n\frac{\pi}{2}$。

我们知道,系统稳定的条件是:特征方程式的所有根必须在左半 S 平面。在这里,我们就可以把这个条件转化为下面的条件。

当 ω 由 0 变成 ∞ 时,如果矢量 $D(j\omega)$ 的相角变化量为

$$\Delta\text{Arg}[D(j\omega)]=n\frac{\pi}{2}$$

那么系统是稳定的;否则,系统是不稳定的。不难证明,当 ω 由 $-\infty$ 变到 $+\infty$ 时,如果矢量 $D(j\omega)$ 的相角变化量为 $\Delta\text{Arg}[D(j\omega)]=n\pi$,那么系统是稳定的;否则,系统是不稳定的。

5.6.2　奈氏稳定判据的基本原理

一个闭环系统如图 5-36 所示,它的开环传递函数为 $W_K(s)=W(s)H(s)$,闭环传递函数为 $W_B(s)=\frac{W(s)}{1+W_K(s)}$,闭环系统的特征方程为 $1+W_K(s)=0$。

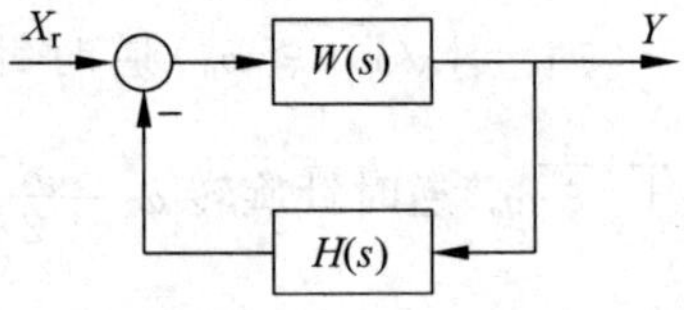

图 5-36　系统结构图

根据前几章的结论:系统稳定的充分必要条件是闭环传递函数的极点均在 s 左半平面。为找出开环频率特性与闭环极点之间的关系,引入辅助函数 $F(s)$,并令 $F(s)=1+W_K(s)$。设 $W_K(s)=\frac{N(s)}{D(s)}$,则有

$$F(s)=1+\frac{N(s)}{D(s)}=\frac{N(s)+D(s)}{D(s)}\tag{5-38}$$

辅助函数 $F(s)$ 可写成如下形式

$$F(s)=\frac{K(s+z_1)(s+z_2)\cdots(s+z_n)}{(s+p_1)(s+p_2)\cdots(s+p_n)}=|F(s)|e^{j\angle F(s)}$$

式中:$-z_i$,$-p_i$——辅助函数的零点和极点。

通常情况下，一个实际系统总有 $D(s)$ 的阶数高于 $N(s)$ 的阶数。所以从式(5-38)可以得出：

$F(s)$ 的极点等于开环传递函数的极点，这些极点数用 P 表示；$F(s)$ 的零点就是闭环传递函数的极点，其个数通常用 Z 表示。

通过上述的推导，可以得出如下结论：系统稳定条件已经转化为 $F(s)$ 的零点数 Z 在 s 右半平面为零，即 $Z=0$ 时闭环系统稳定。

5.6.3 映射定理

引入映射定理的目的是找出 s 平面和 $F(s)$ 平面之间的关系。

令

$$F(s)=1+W_{\mathrm{K}}(s)=\frac{K\prod_{i=1}^{n}(s+z_i)}{\prod_{j=1}^{n}(s+p_j)}$$

则 $F(s)$ 的相角变化为

$$\Delta \mathrm{Arg}F(s)=\sum_{i=1}^{n}\Delta \mathrm{Arg}(s+z_i)-\sum_{j=1}^{n}\Delta \mathrm{Arg}(s+p_j) \tag{5-39}$$

因为 $F(s)$ 为单值、连续的正则函数，根据复变函数的理论，对于 s 平面上的每一点，在 $F(s)$ 平面上必有唯一的一个映射点与之对应。同理，在 s 平面上的任意一条闭合曲线，在 $F(s)$ 平面必有一条唯一的闭合曲线与之对应。

在 s 平面上设一个闭合路径包围 $F(s)$ 的一个零点 $-z_i$，如图 5-37 所示，当 s 在此路径上顺时针旋转一周时，则 $\Delta \mathrm{Arg}F(s)$ 为 -2π，这表明在 $F(s)$ 平面上有一条闭合路径绕原点顺时针旋转一周。

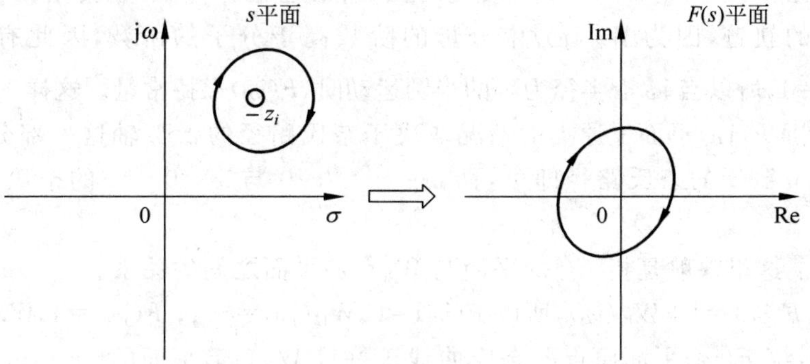

图　5-37

如果在 s 平面上一个闭合路径包围 $F(s)$ 的一个极点 $-p_j$，如图 5-38 所示，当 s 在此路径上顺时针旋转一周时，根据式(5-39)，则有 $\Delta \mathrm{Arg}F(s)=2\pi$，这表明在

$F(s)$平面上有一条闭合路径围绕原点逆时针旋转一周。

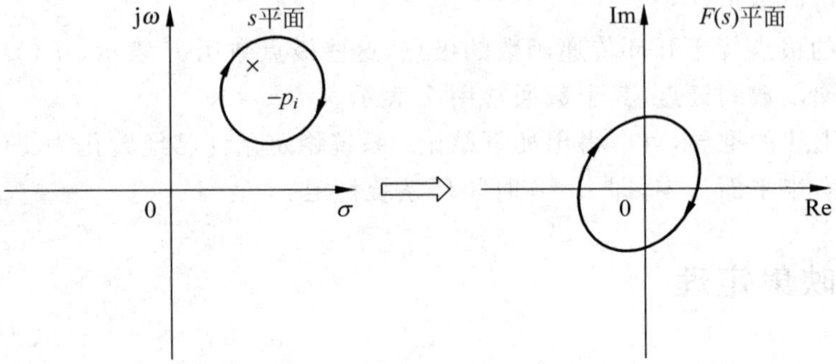

图 5-38

映射定理：在 s 平面上如闭合路径包围 $F(s)$的 P 个极点、Z 个零点，则在 $F(s)$平面上对应有一条闭合路径围绕原点逆时针旋转的圈数为 N，则有

$$N=P-Z$$

式中：P——在 s 平面上顺时针闭合路径包围 $F(s)$的极点数；

Z——在 s 平面上顺时针包围 $F(s)$的零点数。

5.6.4 奈氏路径及其映射

为了判别系统的稳定性，即检验 $F(s)$是否有零点在 s 的右半平面上，因此在 s 平面上所取的闭合曲线应包含 s 的整个右半平面。这样，如果 $F(s)$有零点、极点在 s 的右半平面上，则它们必被此曲线所包围，这一条闭合曲线称为奈氏路径，如图 5-39 所示。

应该指出的是，当 ω 从 0 到∞变化时在 s 平面上的，$W_K(j\omega)$就会在 $F(j\omega)$平面上画出相应的轨迹，因为 $W_K(j\omega)$中分母的阶数高于分子的阶数，因此有 $\lim\limits_{j\omega\to\infty}[1+W_K(j\omega)]=1$，所以当 $j\omega$ 沿半径为∞的半圆运动时，$F(j\omega)$保持常量。这样 $1+W_K(j\omega)$的轨迹包围 $F(j\omega)$平面上原点的情况取决于奈氏路径的$\pm j\omega$ 轴这一部分，且只要画出 ω 从 0 到∞的奈氏路径即可，而 $\omega=-\infty\sim0$ 与 $\omega=0\sim\infty$的奈氏路径是对称的。

映射：这里映射是指 $F(j\omega)$平面与 $W_K(j\omega)$平面之间的关系。

因为 $F(j\omega)=1+W_K(j\omega)$，所以 $F(j\omega)=0$，$W_K(j\omega)=-1$；$F(j\omega)=1$，$W_K(j\omega)=0$。

这样，绕 $F(j\omega)$平面原点的奈氏曲线正好绕 $W_K(j\omega)$平面的$(-1,j0)$点，即 N 在 $F(j\omega)$平面上是绕原点旋转，而在 $W_K(j\omega)$平面上则是围绕$(-1,j0)$点旋转。

$F(j\omega)$平面和 $W_K(j\omega)$平面的关系如图 5-40 所示，图中所绘的曲线不包围$(-1,j0)$点。

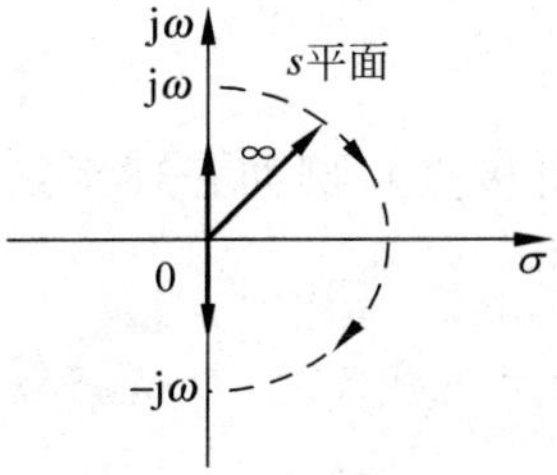

图 5-39　奈氏路径

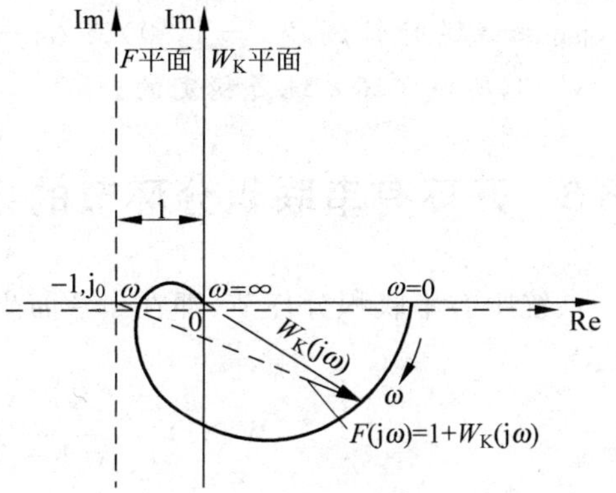

图 5-40　$W_K(j\omega)$曲线

5.6.5　奈氏稳定判据

定理：当 ω 从 $-\infty$ 到 ∞ 变化时，在 $W_K(j\omega)$ 平面上奈氏曲线绕 $(-1,j0)$ 点逆时针旋转的周数为 N，则有

$$Z = P - N$$

如果开环系统是稳定的，即 $P=0$，则其闭环系统稳定的充分必要条件是 $W_K(j\omega)$ 曲线不包围 $(-1,j0)$ 点；如果开环系统不稳定，且已知有 P 个开环极点在 s 右半平面，则其闭环系统稳定的充要条件是 $W_K(j\omega)$ 曲线按逆时针方向围绕 $(-1,j0)$ 点旋转 P 周。该定理又称为奈氏稳定判据。

显然，用奈氏稳定判据判定闭环系统稳定性时，首先要知道 P 是多少，画出 $W_K(j\omega)$ 曲线，找出其围绕 $(-1,j0)$ 点逆时针旋转多少圈，求出 N；然后根据奈氏稳定判据求出 Z 是否为零，Z 为零时系统稳定，Z 不为零时系统不稳定。

例 5-4　设单位负反馈系统开环传递函数为

$$W_K(s) = \frac{K}{Ts-1} \quad (K>1)$$

试用奈氏稳定判据判定其对应的闭环系统的稳定性。

解　开环传递函数的特征方程为 $(s+p)=(Ts-1)=0$，$-p=\frac{1}{T}$。这是一个开环不稳定系统，开环特征方程式在 s 右半面有一个根，即 $P=1$。闭环传递函数为

$$W_B(s) = \frac{K}{Ts-1+K}$$

由于 $K>1$，闭环特征方程的根在 s 左半面，所以闭环是稳定的。

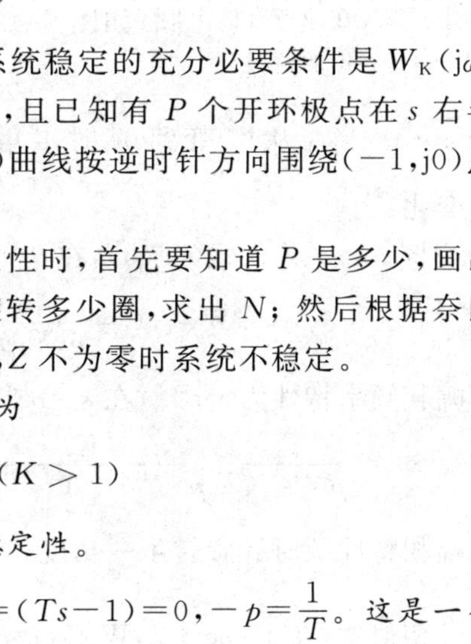

图 5-41　例 5-4 的 $W_K(j\omega)$曲线

现在研究开环频率特性的轨迹。由图 5-41 可以看出，当 ω 从 $-\infty$ 到 ∞ 变化时，

$W_K(j\omega)$曲线逆时针围绕$(-1,j0)$点转一圈，即$N=1$。由奈氏稳定判据，$Z=P-N=0$，所以闭环系统是稳定的。

5.6.6 开环有串联积分环节的系统

系统中有串联积分环节(即在s平面坐标原点上有极点)，例如开环系统传递函数为

$$W_K(s)=\frac{K}{s(1+T_1s)(1+T_2s)} \tag{5-40}$$

频率特性为

$$W_K(j\omega)=\frac{K}{j\omega(1+T_1j\omega)(1+T_2j\omega)}$$

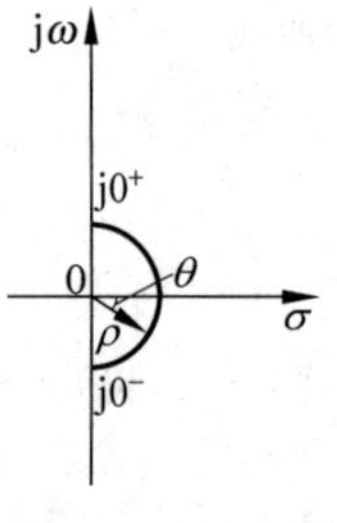

图 5-42 在原点有极点的情况

开环特性在$\omega=0$处，$W_K(j\omega)\to\infty$，轨迹不连续，如图5-39中的实线所示，难以说明是否包围$(-1,j0)$这一点。在这种情况下，可作如下处理。把沿$j\omega$轴变化的路线在原点处作一修改，以$\omega=0$为圆心，ρ为半径，在右半平面作很小的半圆，如图5-42所示。小半圆的表达式为

$$s=\rho e^{j\theta}$$

令$\rho\to0$。当ω从0^-变到0^+时，θ角变化为$-\frac{\pi}{2}\sim\frac{\pi}{2}$，研究此时幅相频率特性将怎样变化。

将$s=\rho e^{j\theta}$代入式(5-40)，在$\theta=0°$时得

$$W_K(s)=\frac{K}{\rho(T_1\rho+1)(T_2\rho+1)}\approx\frac{K}{\rho}\approx\infty$$

即幅相频率特性为∞e^{j0^+}，在$s=\rho e^{j(\pi/4)}$时，得

$$W_K(s)=\frac{K}{\rho e^{j(\pi/4)}(T_1\rho e^{j(\pi/4)}+1)(T_2\rho e^{j(\pi/4)}+1)}\approx\frac{K}{\rho e^{j(\pi/4)}}=\frac{K}{\rho}e^{-j(\pi/4)}\approx\infty e^{-j(\pi/4)}$$

即幅相特性顺时针旋转了$\frac{\pi}{4}$角度。

相似地，在$s=\rho e^{j(\pi/2)}$，$W_K(s)\approx\infty e^{-j(\pi/2)}$，即幅相特性顺时针旋转了$\frac{\pi}{2}$角度。所以在$\omega=0$附近，幅相特性以$\infty$为半径，相角由0度旋转到$-\frac{\pi}{2}$，如图5-39(a)所示。

如$W_K(s)$在原点处有重根，则$W_K(s)=\frac{K}{s^N}$，N为重根数目。由$W_K(s)=\frac{K}{\rho^N}e^{-jN\theta}$可知，在$\omega=0$附近，幅相特性以$\infty$为半径，转过$N\theta=-N\frac{\pi}{2}$，得到了连续变化的轨迹，如图5-43虚线所示。用奈氏稳定判据很容易判断出图5-43(a)、(b)、(c)中的轨

迹都不包围(−1,j0)点,所以是稳定的。

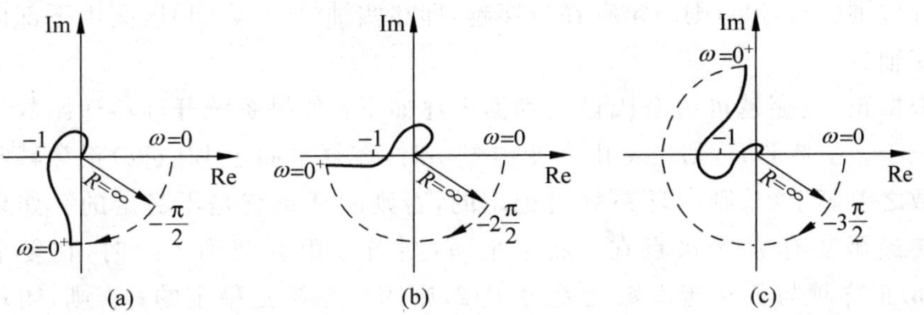

图 5-43　有积分环节的幅相频率特性

(a) $W_K(s)$有一个零极点;(b) $W_K(s)$有两个零极点;(c) $W_K(s)$有三个零极点

5.6.7　用系统开环对数频率特性判断闭环系统稳定性

在复平面上绘制开环频率特性 $W_K(j\omega)$来判断闭环系统的稳定性还是比较麻烦的,采用对数频率特性,可使绘制特性的工作大为简化。

下面讨论怎样用开环对数频率特性来判断闭环系统的稳定性。

图 5-44 绘出一个幅相频率特性及其对应的对数频率特性。由图可知,当 ω 由 0 变到 $+\infty$时,开环幅相特性不包围(−1,j0)这一点,即 $N=0$。这一结论也可以根据 ω 由 0 变到 $+\infty$时,幅相特性在负实轴区间$(-\infty,-1)$自下向上和自上向下穿越的次数来进行判断。

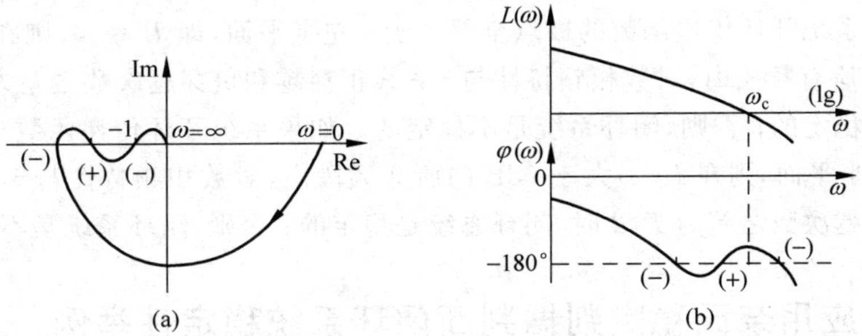

图 5-44　用对数频率特性判断系统稳定性

(a) 幅相特性;(b) 对应的对数特性

开环幅相频率特性在负实轴区间$(-\infty,-1)$由上部穿越负实轴到下部,称为正穿越,以(+)表示。反之,在$(-\infty,-1)$区间由下部穿越负实轴到上部,称为负穿越,以(−)表示。显然,在正穿越时,$W_K(j\omega)$的相角位移将有正的增量,而在负穿越时,$W_K(j\omega)$的相角位移将有负的增量。

应当注意到,如果开环幅相频率特性 $W_K(j\omega)$逆时针方向包围(−1,j0),则一定存在正穿越,即在实轴$(-\infty,-1)$区间由上部向下穿越负实轴。如果$W_K(j\omega)$顺时针包围$(-1,j0)$,则一定存在负穿越,即在实轴$(-\infty,-1)$区间由下部向上穿越负实轴。

根据正、负穿越可将奈氏稳定判据表述如下:如果系统开环传递函数的极点全部位于s左半平面,则当ω由0变到$+\infty$时,在复平面上$W_K(j\omega)$正穿越和负穿越次数之差等于零,则闭环系统是稳定的,否则闭环系统是不稳定的。如果系统开环传递函数有P个极点在s右半平面,则当ω由0变到$+\infty$时,在复平面上$W_K(j\omega)$正穿越与负穿越次数之差为$P/2$,则闭环系统是稳定的;否则,闭环系统是不稳定的。

下面将这一结论用于对数频率特性。

开环系统幅相频率特性与对数频率特性之间存在如下对应关系:在$W_K(j\omega)$平面上,$|W_K(j\omega)|=1$的单位圆,对应于对数幅频特性的0分贝线;$W_K(j\omega)$平面上单位圆外的区域,如$(-\infty,-1)$区段,对应于对数幅频特性0分贝线以上的区域。所以,幅相频率特性$W_K(j\omega)$位于$(-\infty,-1)$范围内,对应于其对数特性$L(\omega)$位于0分贝线以上的区域中。

从对数相频特性来看,$W_K(j\omega)$平面上的负实轴,对应于对数相频特性上的$\varphi(\omega)=-\pi$。当幅相特性正穿越时,产生正的相位移,这时对数相频特性应由下部向上穿越$-\pi$线,这称为正穿越。当幅相特性负穿越时,产生负的位移,这时对数相频特性应由上部向下穿越$-\pi$线,这称为负穿越(见图5-44)。

根据上述对应关系,利用对数频率特性判断闭环系统稳定性的奈氏稳定判据可表述如下:

如果系统开环传递函数的极点全部位于s左半平面,即$P=0$,则在$L(\omega)$大于0dB的所有频段内,对数相频特性与$-\pi$线正穿越和负穿越次数之差为0时,闭环系统是稳定的;否则,闭环系统是不稳定的。如果系统开环传递函数有P个极点在s右半平面,则在$L(\omega)$大于0dB的所有频段内,对数相频特性与$-\pi$线正穿越和负穿越次数之差为$P/2$时,闭环系统是稳定的;否则,闭环系统是不稳定的。

5.6.8 应用奈氏稳定判据判断闭环系统稳定性举例

下面举例说明应用奈氏稳定判据判断闭环系统稳定性的方法。为使用奈氏稳定判据,先要绘出系统开环幅相频率特性。这个特性可以用计算几个关键频率下的值近似绘出,或用计算机绘出。

例5-5 系统开环传递函数为

$$W_K(s)=\frac{K}{(T_1s+1)(T_2s+1)},\quad K>0$$

试判断闭环系统的稳定性。

解　系统开环传递函数的极点全部位于 s 左半平面，$P=0$。

根据几个关键的 ω 值，可近似绘制出其开环幅相频率特性，如图 5-45 所示。由于 $W_K(j\omega)$ 不包围$(-1,j0)$这一点，即 $N=0$，$Z=P-N=0$，所以不论 K 值多大，闭环系统均是稳定的。

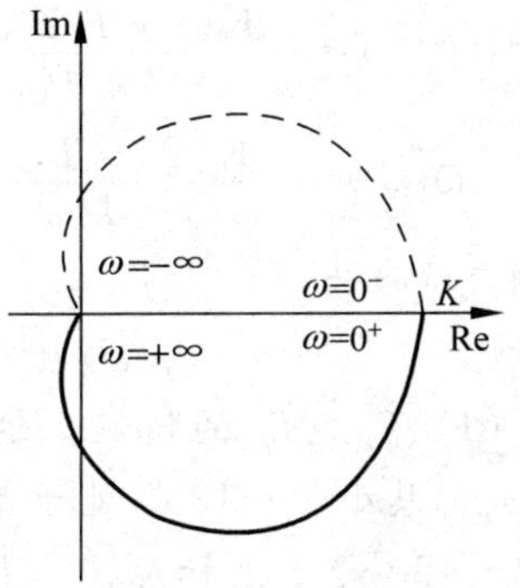

图 5-45　0 型系统开环幅相特性

例 5-6　系统开环传递函数为

$$W_K(s)=\frac{K}{s(T_1s+1)(T_2s+1)}\quad (K>0)$$

试判断闭环系统的稳定性。

解　系统开环传递函数没有极点位于 s 右半平面，$P=0$。

将其写成代数形式，有

$$W_K(j\omega)=P(\omega)+jQ(\omega)$$

式中：$P(\omega)=\dfrac{-K(T_1+T_2)}{1+\omega^2(T_1^2+T_2^2)+\omega^4T_1^2T_2^2}$；

$$Q(\omega)=-\frac{K(1-\omega^2T_1T_2)}{\omega[1+\omega^2(T_1^2+T_2^2)+\omega^4T_1^2T_2^2]}$$

在 $\omega=0$ 时，$P(0)=-K(T_1+T_2)$，$Q(0)=-\infty$；

在 $\omega=\dfrac{1}{\sqrt{T_1T_2}}$ 时，$P(\omega)=-\dfrac{KT_1T_2}{T_1+T_2}$，$Q(\omega)=0$。

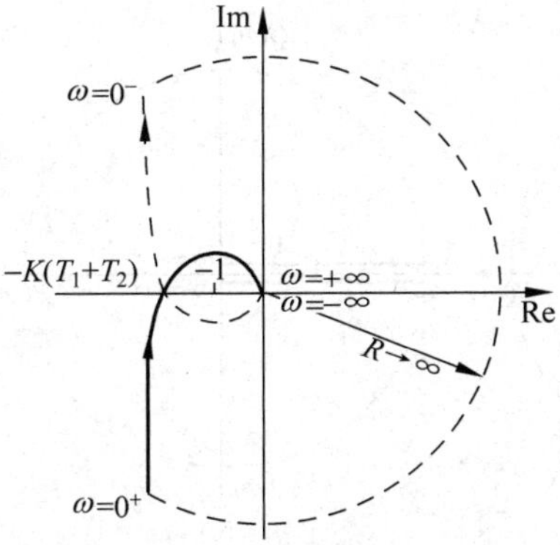

图 5-46　例 5-6 的稳定性判定

在 K 值较大时，开环幅相频率特性绘于图 5-46。由图看出，当 ω 由 $-\infty$ 变到 $+\infty$ 时，$W_K(j\omega)$ 顺时针包围$(-1,j0)$两圈，$N=-2$。故得 $Z=P-N=2$，这时闭环系统在 s 平面右侧有两个极点，系统是不稳定的。

如果减小 K 值，则当 $P(\omega)=-1$ 时，达到稳定边界，这时

$$K=\frac{T_1+T_2}{T_1T_2}$$

当 $K<\dfrac{T_1+T_2}{T_1T_2}$ 时，$N=0$，$Z=P-N=0$，闭环系统是稳定的。

例 5-7　系统开环传递函数为

$$W_K(s)=\frac{K(T_2s+1)}{s^2(T_1s+1)}$$

没有极点位于 s 右半平面，$P=0$。试分析 $T_1>T_2$，$T_1<T_2$ 和 $T_1=T_2$ 三种情况下系统的稳定性。

解　开环系统频率特性为

$$W_K(j\omega) = P(\omega) + jQ(\omega)$$

其中：$P(\omega) = -\dfrac{K(1+T_1T_2\omega^2)}{\omega^2(1+T_1^2\omega^2)}$；

$Q(\omega) = -\dfrac{K(T_2-T_1)}{\omega(1+T_1^2\omega^2)}$。

而相频特性为

$$\varphi(\omega) = -180° - \arctan T_1\omega + \arctan T_2\omega$$

(1) $T_1 > T_2$ 的情况。这时，由于 $\arctan T_1\omega > \arctan T_2\omega$，故当 ω 由 0^+ 增加时，$\varphi(\omega)$ 总小于 $-180°$，处于第二象限；当 $\omega \to +\infty$ 时，相角位移为 $-180°$，幅相特性以 $-180°$ 趋于坐标原点。得到幅相频率特性如图 5-47(a)所示。由图可以看出，ω 由 $-\infty$ 变到 $+\infty$ 时，特性顺时针包围$(-1,j0)$两圈，$N=-2$。故 $Z=P-N=2$，即闭环传递函数有两个极点位于 s 右半平面，闭环系统是不稳定的。

(2) $T_1 < T_2$ 的情况。这时，由于 $\arctan T_1\omega < \arctan T_2\omega$，故当 ω 由 0^+ 增加时，$\varphi(\omega)$ 总大于 $-180°$，处于第三象限，如图 5-47(b)所示。由图可以看出，特性不包围$(-1,j0)$，$N=0$。故 $Z=P-N=0$，闭环系统是稳定的。

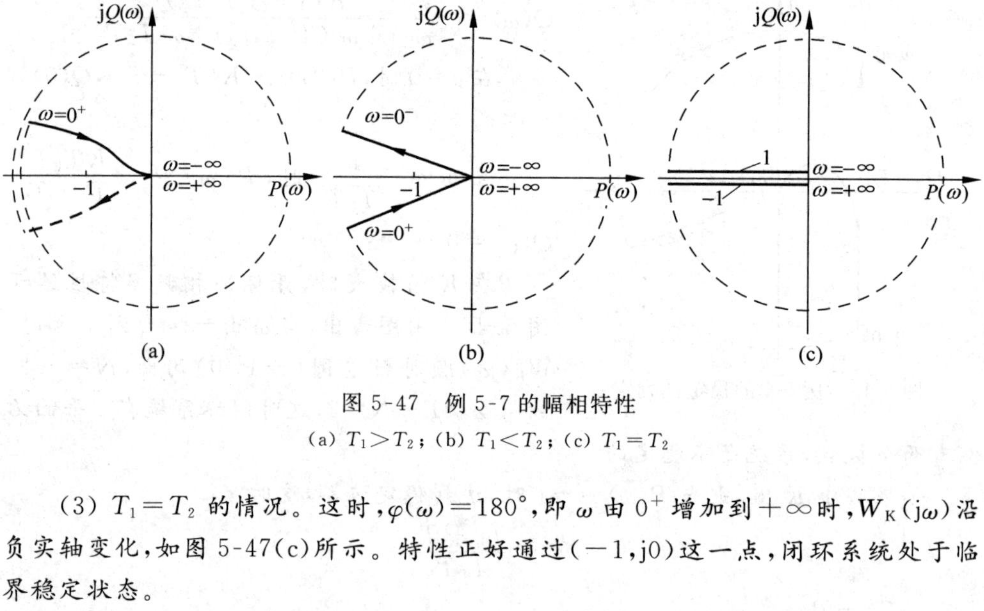

图 5-47 例 5-7 的幅相特性

(a) $T_1>T_2$；(b) $T_1<T_2$；(c) $T_1=T_2$

(3) $T_1=T_2$ 的情况。这时，$\varphi(\omega)=180°$，即 ω 由 0^+ 增加到 $+\infty$ 时，$W_K(j\omega)$ 沿负实轴变化，如图 5-47(c)所示。特性正好通过$(-1,j0)$这一点，闭环系统处于临界稳定状态。

例 5-8 系统开环传递函数为

$$W_K(s) = \frac{K(T_2s+1)}{s(T_1s-1)}$$

试用奈氏判据判断闭环系统的稳定性。

解 系统开环传递函数在 s 右半平面有一个极点，$P=1$。

其开环频率特性为

$$W_K(j\omega) = P(\omega) + jQ(\omega)$$

式中：$P(\omega)=-\dfrac{K(T_1+T_2)}{T_1^2\omega^2+1}$；

$$Q(\omega)=-\frac{K(T_1T_2\omega^2-1)}{\omega(T_1^2\omega^2+1)}。$$

而相频特性为

$$\varphi(\omega)=-90^\circ+(-180^\circ+\arctan T_1\omega)+\arctan T_2\omega$$

可见，当 $\omega=0^+$ 时，$\varphi(0)=-270^\circ$，$P(0)=-K(T_1+T_2)$，$Q(0)=+\infty$；

当 $\omega\to+\infty$ 时，$\varphi(\infty)=-90^\circ$；

当 $\omega=\dfrac{1}{\sqrt{T_1T_2}}$ 时，$P(\omega)=-KT_2$，$Q(\omega)=0$。

对于某一特定的 K，其幅相特性绘于图 5-48。可以看出，当 $KT_2>1$ 时，轨迹逆时针包围$(-1,\mathrm{j}0)$一圈，$N=1$，这时 $Z=P-N=0$，闭环系统是稳定的；当 $KT_2<1$ 时，轨迹顺时针包围$(-1,\mathrm{j}0)$一圈，$N=-1$，这时 $Z=P-N=2$，闭环系统是不稳定的。

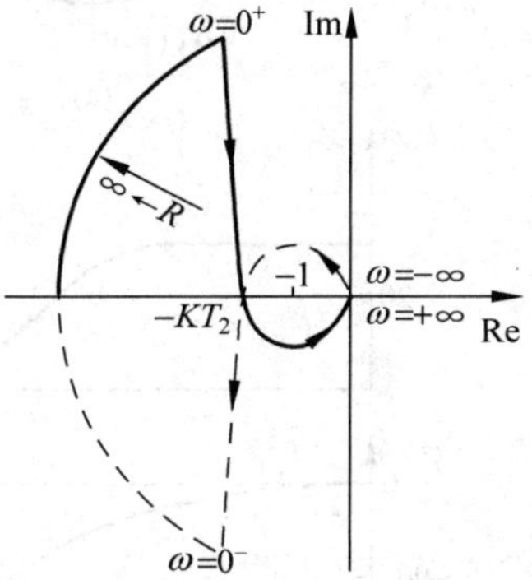

图 5-48　例 5-8 的幅相特性

5.6.9　系统的稳定裕度

在第 3 章已经介绍过相对稳定性和稳定裕度的概念。在频率域中，通常用相位裕度和增益裕度这两个量来表示系统的相对稳定性。

1. 相位裕度

如果开环系统传递函数没有极点位于右半 s 平面，那么，闭环系统稳定的充要条件是：开环系统幅相频率特性不包围$(-1,\mathrm{j}0)$这一点，即在开环幅相特性的幅值$|W_K(\mathrm{j}\omega_c)|=1$时，相角位移 $\varphi(\omega_c)$应大于-180°，如图 5-49(a)、(b)所示。

一般，以$|W_K(\mathrm{j}\omega_c)|=1$ 或 $L(\omega_c)=20\log A(\omega_c)=0\mathrm{dB}$ 时，相位移 $\varphi(\omega_c)$距离-180°的角度值来衡量系统的相对稳定性，并以 $\gamma(\omega_c)$或 PM 来表示这个角度，称为相位裕度。

相角位移 $\varphi(\omega)$是从正实轴算起，顺时针方向取为负。而相位裕度 $\gamma(\omega_c)$是从负实轴算起，规定逆时针方向为正，顺时针方向为负。这样相位裕度 $\gamma(\omega_c)$和相角位移有如下关系

$$\gamma(\omega_c)=180^\circ+\varphi(\omega_c)$$

如果 $\gamma(\omega_c)>0$，则相位裕度为正值，如图 5-49(a)、(b)所示。反之，如果 $\gamma(\omega_c)<0$，则相位裕度为负值，如图 5-49(c)、(d)所示。为了使最小相位系统是稳定的，$\gamma(\omega_c)$必须为正值。

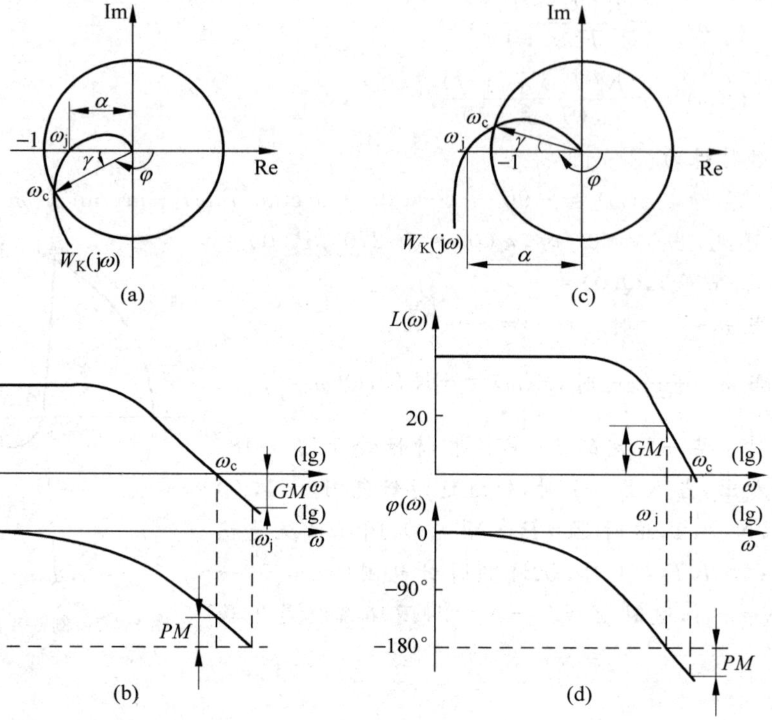

图 5-49 稳定裕度

相位裕度是设计控制系统时的一个重要依据。后面将会看到,它和系统动态特性的等效阻尼比有密切的联系。

2. 增益裕度

在相角位移 $\varphi(\omega)=-180°$时的频率 ω_j 称为相位截止频率;在 $\omega=\omega_j$ 时,幅相频率特性的幅值 $|W_K(j\omega_j)|$ 的倒数称为系统的增益裕度(或称幅值裕度),记为 GM(见图 5-49)。

$$GM=\frac{1}{|W_K(j\omega_j)|}=\frac{1}{a}$$

如果以分贝表示增益裕度,则有

$$GM=20\lg\frac{1}{a}=-20\lg a\,\mathrm{dB}$$

当 $a<1$ 时,增益裕度的分贝数为正值;当 $a>1$ 时,增益裕度的分贝数为负值。对于最小相位系统,增益裕度的分贝数为正表示闭环系统是稳定的,分贝数为负表示系统是不稳定的。

对于稳定的最小相位系统,增益裕度指出了在相位移等于$-180°$的频率 ω_j 点处,使闭环系统达到稳定边界,允许幅值增加的倍数;对于不稳定的最小相位系统，增益裕度指出了使闭环系统达到稳定边界，幅值应减小的倍数。

适当的相位裕度和增益裕度，可以防止系统中元件的参数和特性在工作过程中发生变化对系统稳定性产生不良的影响。一般情况下，为使系统有满意的性能，相位裕度应在30°～60°之间，而增益裕度应大于 6dB。

对于最小相位系统，开环对数幅频特性和相频特性之间有确定的对应关系。要求相位裕度在30°～60°之间，意味着开环对数幅频特性在穿越频率 ω_c 上的斜率应大于－40dB /dec，且具有一定的宽度。在大多数实际情况中，为了保证系统稳定，要求在 ω_c 上的斜率为－20dB/dec。

5.7　系统动态特性和开环频率特性的关系

5.7.1　开环对数频率特性的基本性质

应用伯德图来分析和设计系统，是以伯德的两个定理为基础的。这两个定理适用于最小相位系统，其要点可以归纳如下：

(1) 伯德第一定理指出，对数幅频特性渐近线的斜率与相角位移有对应关系。例如对数幅频特性斜率为－20N dB/dec，对应于相角位移－(90N)°。在某一频率 ω_k 时的相角位移，当然是由整个频率范围内的对数幅频特性斜率来确定的，但是，在这一频率 ω_k 时的对数幅频特性斜率，对确定 ω_k 时的相角位移，起的作用最大。离这一频率 ω_k 越远的幅频特性斜率，起的作用越小。

(2) 伯德第二定理指出，对于一个线性最小相位系统，幅频特性和相频特性之间的关系是唯一的。当给定了某一频率范围的对数幅频特性时，在这一频率范围的相频特性也就确定了。反过来说，给定了某一频率范围的相角位移，那么，这一频率范围的对数幅频特性也就确定了。可以分别给定某一个频率范围的对数幅频特性和其余频率范围的相频特性，这时，这一频率范围的相角位移和其余频率范围的对数幅频特性也就确定了。

下面我们进一步加以说明。

1. 开环对数幅频特性的斜率和相频特性的关系

开环对数幅频特性的斜率与相频特性的关系，可用图 5-50 中三种图形说明。

系统开环对数幅频特性和横轴相交于 ω_c。根据伯德定理，穿过 ω_c 的对数幅频特性的斜率对系统相位裕度影响最大，而远离 ω_c 的特性斜率影响较小。因此，通常希望中频段特性有－20dB/dec 的斜率，以保证系统有足够的相位裕度。但实际的系统，并不是在 ω 从 0 到∞的整个频率范围内，对数幅频特性的斜率都是不变的，所以在 ω_c 时的相角位移不仅决定于 ω_c 这一点的特性的斜率，还受邻近范围内对数幅频特性斜率的影响。下面我们分析低频、高频段特性斜率变化以及开环放大系数改变对相位裕度的影响。了解这些特点,对于分析系统品质、确定系统动态参数都是很有用的。

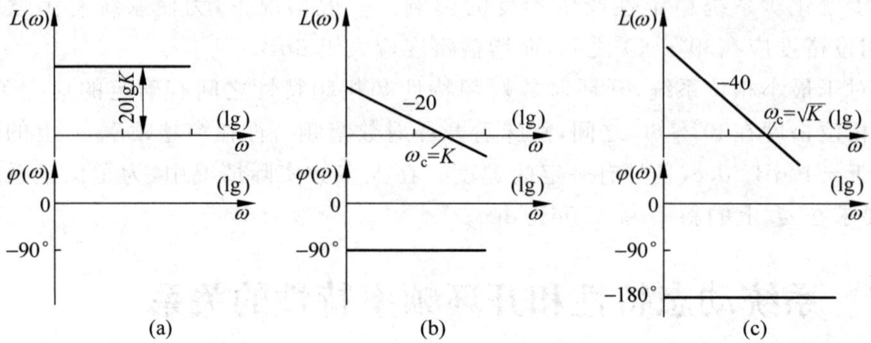

图 5-50 对数幅频特性斜率与相频特性的关系

2. 低频段和高频段特性斜率的影响

(1) 低频段特性。在低频段有斜率为-40dB/dec 的线段时,使相位裕度减小。如图 5-51 所示,对于虚线所示特性曲线,其对数幅频特性为

$$L(\omega)=20\lg\frac{K}{\omega}$$

相位裕度为$\frac{\pi}{2}$。

对于实线所示的曲线,频率特性表达式为

$$W_K(j\omega)=\frac{K_1(jT_1\omega+1)}{(j\omega)^2}$$

这时,在穿越频率$\omega=\omega_c$时的相角位移为

$$\varphi(\omega_c)=-180^\circ+\arctan T_1\omega_c=-180^\circ+\arctan\frac{\omega_c}{\omega_1}$$

相位裕度为

$$\gamma(\omega_c)=\arctan\frac{\omega_c}{\omega_1}$$

因此,在低频段有更大斜率的线段时,稳定裕度减小,减小的程度和$\frac{\omega_c}{\omega_1}$的值有关。

(2) 高频段特性。在高频段有斜率为-40dB/dec 的线段时,也使相位裕度减小。实际的系统中,开环对数幅频特性$L(\omega)$一般都是随着ω的增大而下降的,也就是有"低通"滤波器的特性。在频率大于ω_c时,一般都有斜率更大的渐近线,如图 5-52 实线所示。其频率特性的表达式为

$$W_K(j\omega)=\frac{K_1}{j\omega}\frac{1}{jT_2\omega+1}$$

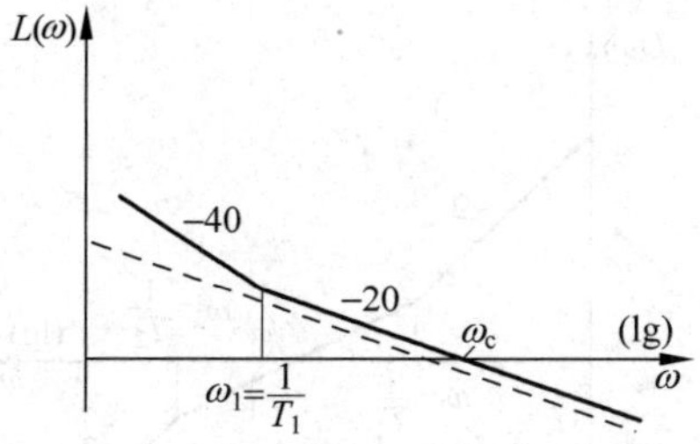

图 5-51 低频段有－40dB/dec 渐近线

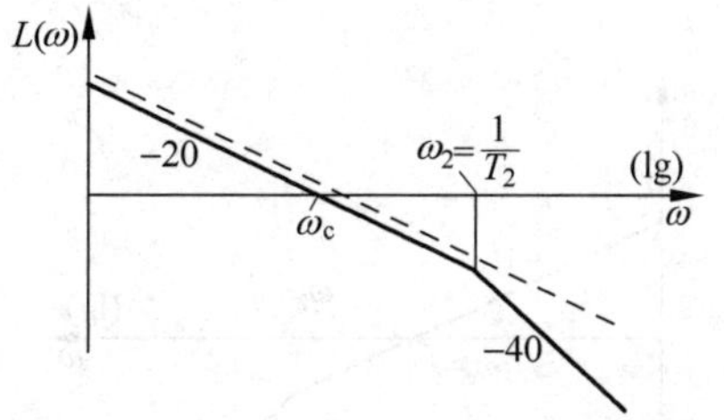

图 5-52 高频段有－40dB/dec 渐近线

这相当于串联了一个惯性环节。在这种情况下，当 $\omega=\omega_c$ 时，相角位移为

$$\varphi(\omega_c)=-\frac{\pi}{2}-\arctan T_2\omega_c=-\frac{\pi}{2}-\arctan\frac{\omega_c}{\omega_2}$$

以后为讲解方便起见，我们把渐近线表示的对数幅频特性中各斜率线段标记如下：

0dB/dec 渐近线	0	－40dB/dec 渐近线	－2
＋20dB/dec 渐近线	＋1	－60dB/dec 渐近线	－3
－20dB/dec 渐近线	－1		

这样，图 5-54 所示特性简称为－2/－1/－2 特性。

3. 放大系数的变化对相位裕度的影响

系统开环放大系数的变化，对相位裕度有怎样的影响，是我们比较关心的问题。下面对三种不同的开环对数幅频特性分别讨论。

图 5-53 所示开环频率特性（－1/－2 特性）表达式为

$$W_K(j\omega)=\frac{K}{j\omega}\frac{1}{jT_2\omega+1}$$

今讨论 T_2 不变时，增大 K 的影响。因为在 $\omega=\omega_c$ 时，$A(\omega_c)=1$，由此得到

$$A(\omega_c)=\frac{K}{\omega_c}\frac{1}{\sqrt{1+(T_2\omega_c)^2}}=1$$

或 $\frac{K}{\omega_c}\approx1$，$\omega_c\approx K$。可见，增加 K，穿越频率 ω_c 增加。$\omega=\omega_c$ 时的相角位移为

$$\varphi(\omega_c)=-\frac{\pi}{2}-\arctan T_2\omega_c$$

显然，K 增大时，ω_c 增大$\left(\frac{\omega_2}{\omega_c}\text{减小}\right)$，－40dB/dec 的斜率线更靠近 ω_c，所以相位移增大，相位裕度减小。

图 5-54 所示开环频率特性（－2/－1/－2 特性）的表达式为

$$W_K(j\omega)=\frac{K_1(1+jT_1\omega)}{(j\omega)^2(1+jT_2\omega)}$$

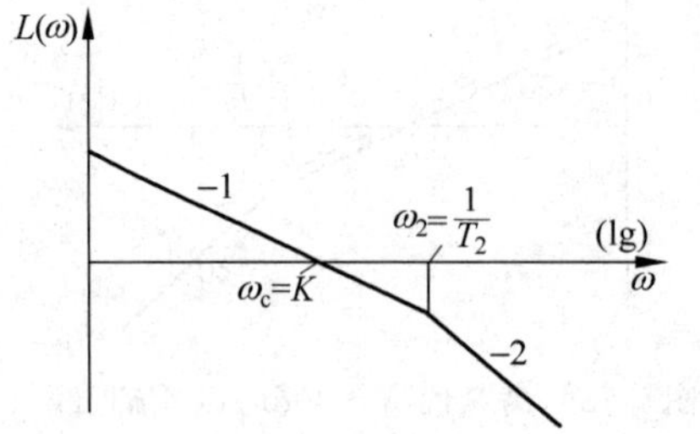

图 5-53 增大放大系数的影响之一

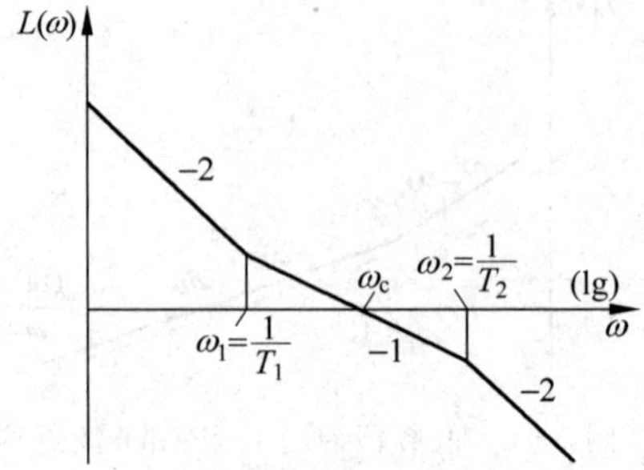

图 5-54 增大放大系数的影响之二

在 $\omega=\omega_c$ 时，$A(\omega_c)=1$，由此求得

$$A(\omega_c)=\frac{K_1\sqrt{1+\left(\frac{\omega_c}{\omega_1}\right)^2}}{\omega_c^2\sqrt{1+\left(\frac{\omega_c}{\omega_2}\right)^2}}=1$$

或

$$\frac{K_1\frac{\omega_c}{\omega_1}}{\omega_c^2}\approx 1,\quad \omega_c\approx\frac{K_1}{\omega_1}=K_1T_1$$

在 $\omega=\omega_c$ 时，相角位移为

$$\varphi(\omega_c)=-180°-\arctan\frac{\omega_c}{\omega_2}+\arctan\frac{\omega_c}{\omega_1}$$

如果 T_1,T_2(或 ω_1,ω_2)都是固定不变的，令 $\omega_2=n\omega_1$，则

$$\varphi(\omega_c)=-180°-\arctan\frac{\omega_c}{n\omega_1}+\arctan\frac{\omega_c}{\omega_1}$$

相位裕度为

$$\gamma(\omega_c)=\arctan\frac{\omega_c}{\omega_1}-\arctan\frac{\omega_c}{n\omega_1}\tag{5-41}$$

特性上移时，ω_c 增大，高频段 −2 斜率渐近线对 $\gamma(\omega_c)$ 的影响增大；特性下移时，ω_c 减小，低频段 −2 斜率渐近线对 $\gamma(\omega_c)$ 的影响增大。我们以 n 为参变量，绘出 $\gamma(\omega_c)$ 与 $\frac{\omega_c}{\omega_1}$ 之间的关系如图 5-55 所示。从图中可以看出：

(1) ω_c(或 K)为某一值时，相位裕度有最大值，这个值由式(5-41)可以准确求出。由式(5-41)求导，并令其等于零，即

$$\frac{d[\gamma(\omega_c)]}{d\left(\frac{\omega_c}{\omega_1}\right)}=\frac{1}{1+\left(\frac{\omega_c}{\omega_1}\right)^2}-\frac{1/n}{1+\left(\frac{\omega_c}{n\omega_1}\right)^2}=0$$

得到

$$\left(\frac{\omega_c}{\omega_1}\right)^2 = n \quad 或 \quad \frac{\omega_2}{\omega_c} = \frac{\omega_c}{\omega_1} = \sqrt{n} \quad 或 \quad \omega_c = \sqrt{\omega_1\omega_2} \tag{5-42}$$

即选择 K 使$\frac{\omega_c}{\omega_1}=\sqrt{n}$时，相位裕度有最大值。放大系数 K 偏离这个值，均使相位裕度下降。对式(5-42)两边取对数，得

$$\lg\omega_2 - \lg\omega_c = \lg\omega_c - \lg\omega_1 \tag{5-43}$$

即 ω_c 在对数频率特性中频段的几何中点，或中频段对称于 ω_c。

(2) 最大相位裕度与中频段线段长度有关，n 越大，中频段线段越长，最大相位裕度越大。具有图 5-54 所示的−2/−1/−2 特性，按式(5-43)确定穿越频率的系统，常称为对称最佳系统。而当 $n=4$ 时，常称为三阶工程最佳系统。

当开环频率特性如图 5-56 所示时，其开环频率特性(−2/−1/−3 特性)表达式为

$$W_K(j\omega) = \frac{K_1(1+jT_1\omega)}{(j\omega)^2(1+jT_2\omega)^2} = \frac{K_1\left(1+j\frac{\omega}{\omega_1}\right)}{(j\omega)^2\left(1+j\frac{\omega}{\omega_2}\right)^2}$$

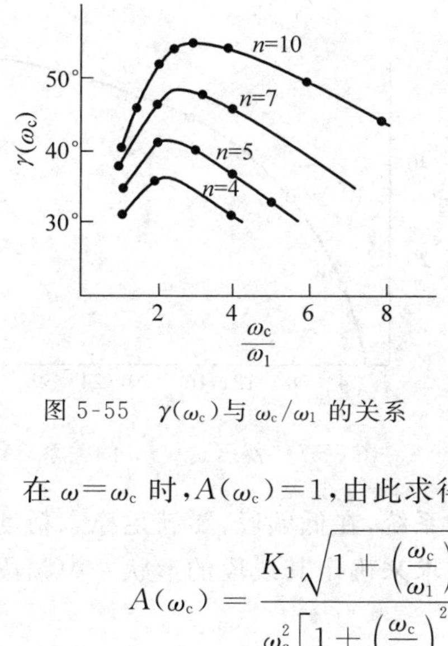

图 5-55　$\gamma(\omega_c)$与 ω_c/ω_1 的关系

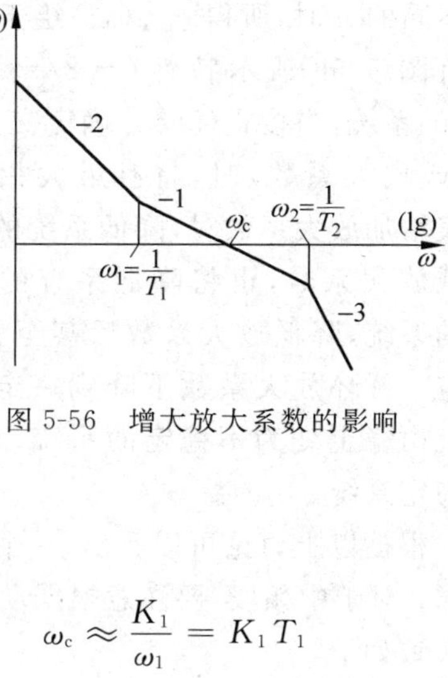

图 5-56　增大放大系数的影响

在 $\omega=\omega_c$ 时，$A(\omega_c)=1$，由此求得

$$A(\omega_c) = \frac{K_1\sqrt{1+\left(\frac{\omega_c}{\omega_1}\right)^2}}{\omega_c^2\left[1+\left(\frac{\omega_c}{\omega_2}\right)^2\right]} = 1 \quad 或 \quad \omega_c \approx \frac{K_1}{\omega_1} = K_1T_1$$

在 ω_c 时的相角位移为

$$\varphi(\omega_c) = -180° - 2\arctan\frac{\omega_c}{\omega_2} + \arctan\frac{\omega_c}{\omega_1}$$

如果 T_1，T_2(或 ω_1，ω_2)都是固定不变的，令 $\omega_2=n\omega_1$，则

$$\varphi(\omega_c) = -180° - 2\arctan\frac{\omega_c}{n\omega_1} + \arctan\frac{\omega_c}{\omega_1}$$

相位裕度为

$$\gamma(\omega_c) = \arctan\frac{\omega_c}{\omega_1} - 2\arctan\frac{\omega_c}{n\omega_1} \tag{5-44}$$

当 ω_c(或 K_1)为某一值时,$\gamma(\omega_c)$有最大值,这个值可由式(5-44)求出。由式(5-44)对$\frac{\omega_c}{\omega_1}$求导,并令其等于零,得

$$\frac{d[\gamma(\omega_c)]}{d\left(\frac{\omega_c}{\omega_1}\right)} = \frac{1}{1+\left(\frac{\omega_c}{\omega_1}\right)^2} - \frac{2/n}{1+\left(\frac{\omega_c}{n\omega_1}\right)^2} = 0$$

解之,得

$$\frac{\omega_c}{\omega_1} = \sqrt{\frac{(n-2)n}{2n-1}} \quad 或 \quad \omega_c = \sqrt{\frac{(\omega_2 - 2\omega_1)\omega_1\omega_2}{2\omega_2 - \omega_1}}$$

如果 $\omega_2 \gg \omega_1$,在作近似计算时,可以认为

$$\omega_c \approx \sqrt{\frac{1}{2}\omega_1\omega_2} \tag{5-45}$$

代入式(5-44),可得最大相位裕度为

$$\gamma_{\max}(\omega_c) = \arctan\sqrt{\frac{n}{2}} - 2\arctan\sqrt{\frac{1}{2n}} \tag{5-46}$$

取不同的 n 时,所得 $\gamma_{\max}(\omega_c)$绘于图 5-57。具有图 5-56 所示特性(−2/−1/−3 特性)的系统,当按式(5-45)确定交接频率和 ω_c(或放大系数)时,将有最大相位裕度。不仅增加放大系数时,降低系统的稳定性;降低放大系数,也将降低系统的稳定性。有的系统,降低放大系数后甚至会造成不稳定。开环放大系数下降到一定程度时,系统由稳定变为不稳定的系统,常称为条件稳定系统。

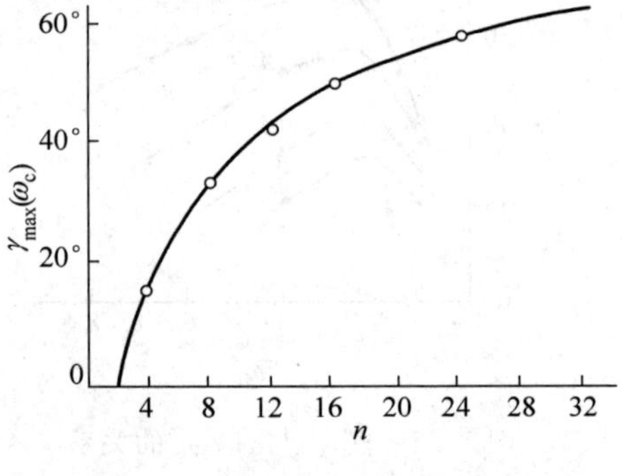

图 5-57 $\gamma_{\max}(\omega_c)$与 n 的关系

根据以上讨论可以看出,一个设计合理的系统,在低频段,要满足稳态精度的要求;对于中频段,要注意根据动态特性的要求来确定其线段的形状。中频段形状大致如下。

(1) 穿过 ω_c 的幅频特性斜率以 −20dB/dec 为宜,一般最大不超过 −30dB/dec。

(2) 低频段和高频段可以有更大的斜率。低频段有斜率更大的线段可以提高系统的稳态指标;高频段有斜率更大的线段可以更好地排除高频干扰。

(3) 中频段的穿越频率 ω_c 的选择,决定于系统动态响应速度的要求。

(4) 中频段的长度对相位裕度有很大影响,中频段越长,相位裕度越大。

5.7.2　系统动态特性和开环频率特性的关系

系统动态性能指标的最主要的特性，可以用超调量 $\sigma\%$ 和过渡过程时间 t_s 来描述。在第 3 章中已给出了二阶系统的特征参数和动态性能指标之间的定量关系。

由开环频率特性来研究系统的动态性能，一般是用对数幅频特性的穿越频率 ω_c 和相位裕度 $\gamma(\omega_c)$ 这两个特征量。为了用频率特性来评价系统的动态性能，就必须找出频率特性的特征量和系统动态性能指标之间的关系。

1. 相位裕度 $\boldsymbol{\gamma(\omega_c)}$ 和超调量 $\boldsymbol{\sigma\%}$ 之间的关系

我们以二阶系统为例，这种系统比较简单，而且具有典型意义。

二阶系统闭环传递函数的标准形式为

$$W_B(s)=\frac{\omega_n^2}{s^2+2\xi\omega_n s+\omega_n^2}$$

由此可求得二阶系统的开环传递函数为

$$W_K(s)=\frac{\omega_n^2}{s(s+2\xi\omega_n)}=\frac{\omega_n}{2\xi s\left(\dfrac{1}{2\xi\omega_n}s+1\right)}$$

开环频率特性为

$$W_K(j\omega)=\frac{\omega_n}{2\xi(j\omega)\left(\dfrac{1}{2\xi\omega_n}j\omega+1\right)}$$

ξ 取不同值时的开环对数频率特性见图 5-58。

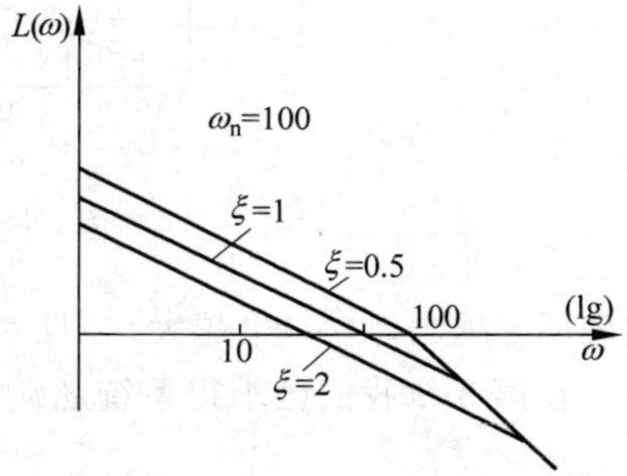

图 5-58　二阶系统开环对数幅频特性

今求穿越频率 ω_c 和 ξ 之间的关系。

由 $\omega=\omega_c$ 时 $A(\omega_c)=1$ 这一条件得

$$A(\omega_c)=\frac{\omega_n^2}{\omega_c\sqrt{\omega_c^2+(2\xi\omega_n)^2}}=1$$

即

$$\omega_c^4+4\xi^2\omega_n^2\omega_c^2=\omega_n^4$$

求解得到

$$\omega_c=\sqrt{-2\xi^2+\sqrt{4\xi^4+1}}\,\omega_n \tag{5-47}$$

有了 ω_c 和 ξ 的关系，就可以求得相位裕度 $\gamma(\omega_c)$ 和 ξ 的关系。在 $\omega=\omega_c$ 时的相角位移为

$$\varphi(\omega_c)=-\frac{\pi}{2}-\arctan\frac{\omega_c}{2\xi\omega_n}$$

相位裕度为

$$\gamma(\omega_c)=\frac{\pi}{2}-\arctan\frac{\omega_c}{2\xi\omega_n}=\arctan\frac{2\xi\omega_n}{\omega_c} \tag{5-48}$$

将式(5-47)代入式(5-48)得

$$\gamma(\omega_c)=\arctan\frac{2\xi}{\sqrt{-2\xi^2+\sqrt{4\xi^4+1}}} \tag{5-49}$$

这就是相位裕度$\gamma(\omega_c)$这一频率特性指标和阻尼比ξ这一系统特征参数之间的关系。

这个关系可绘成曲线,如图5-59实线所示。为了应用方便,这个曲线在一定范围内可以近似认为是直线,如图中虚线所示。这个直线可以表示为

$$\gamma(\omega_c)=100\xi$$

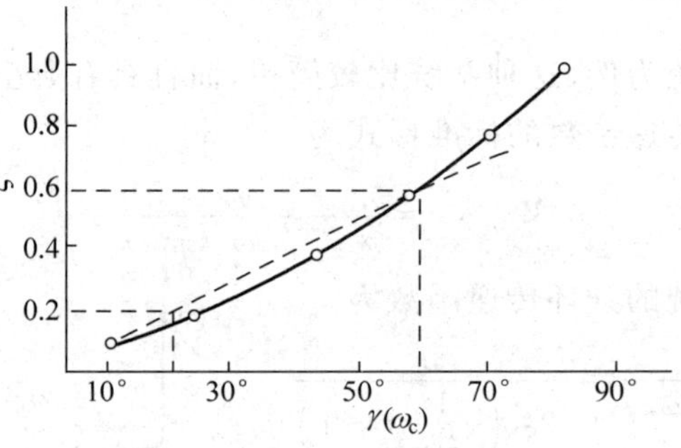

图5-59 $\gamma(\omega_c)$与ξ的关系

这表明ξ越大,$\gamma(\omega_c)$也越大,并且ξ每增加0.1,则$\gamma(\omega_c)$增加10°。

在第3章我们已求得系统超调量$\sigma\%$和系统阻尼比ξ之间的关系为

$$\sigma\%=e^{-\frac{\pi\xi}{\sqrt{1-\xi^2}}}\times 100\% \tag{5-50}$$

将式(5-49)和式(5-50)绘于同一图上,得图5-60。根据给定的相位裕度$\gamma(\omega_c)$,可以由曲线直接查得动态特性的最大超调量$\sigma\%$。

2. 相位裕度$\gamma(\omega_c)$和调节时间t_s之间的关系

我们还是以二阶系统为例。对于二阶系统,已经求得相位裕度$\gamma(\omega_c)$和阻尼比ξ之间的关系(见式(5-49))

$$\gamma(\omega_c)=\arctan\frac{2\xi}{\sqrt{-2\xi^2+\sqrt{4\xi^4+1}}}$$

在第3章中已经求得调节时间t_s的近似表达式

$$t_s\approx\frac{3}{\xi\omega_n}\quad \xi<0.9$$

将式(5-47)代入,得

$$t_s\omega_c=\frac{3}{\xi}\sqrt{-2\xi^2+\sqrt{4\xi^4+1}} \tag{5-51}$$

由式(5-49)和式(5-51)可以得到

$$t_s\omega_c = \frac{6}{\tan\gamma(\omega_c)} \tag{5-52}$$

这是二阶系统 $t_s\omega_c$ 与 $\gamma(\omega_c)$之间的关系，这个关系绘成曲线，见图5-61。

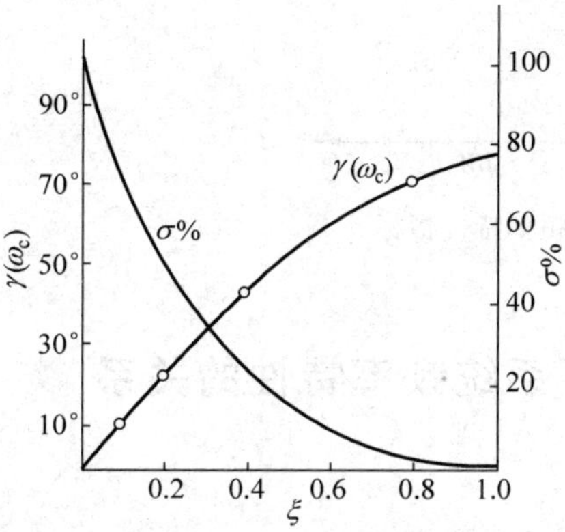

图5-60 $\gamma(\omega_c)$与$\sigma\%$的关系

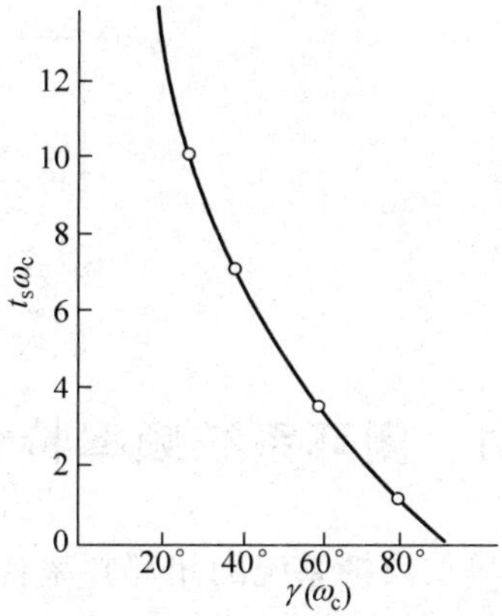

图5-61 $t_s\omega_c$ 与 $\gamma(\omega_c)$的关系

由二阶系统看出，调节时间 t_s 与相位裕度 $\gamma(\omega_c)$有关。如果有两个系统，其$\gamma(\omega_c)$相同，那么它们的超调量大致是相同的，但它们的动态过程时间与 ω_c 成反比。穿越频率 ω_c 越大的系统，调节时间 t_s 越短。所以 ω_c 在对数频率特性中是一个重要的参数，它不仅影响系统的相位裕度，也影响系统的动态过程时间。

5.8 闭环系统频率特性

用开环对数频率特性来分析和设计系统，是一种很方便的方法。但是，用开环对数频率特性的相位裕度和增益裕度作为分析和设计系统的根据，只是一种近似的方法。在进一步的分析和设计系统时，常要用闭环系统频率特性。

用闭环频率特性来评价系统的性能，通常用以下指标。

(1) 谐振峰值 M_p。谐振峰值 M_p 是闭环系统幅频特性的最大值。通常，M_p 越大，系统单位阶跃响应的超调量 $\sigma\%$也越大。

(2) 谐振频率 ω_p。谐振频率 ω_p 是闭环系统幅频特性出现谐振峰值时的频率。

(3) 频带宽 BW。闭环系统频率特性幅值，由其初始值 $M(0)$减小到 $0.707M(0)$时的频率(或由 $\omega=0$ 的增益减低3分贝时的频率)，称为频带宽。频带越宽，上升时间越短，但对于高频干扰的过滤能力越差。

(4) 剪切速度。剪切速度是指在高频时频率特性衰减的快慢。在高频区衰减越快，对于信号和干扰两者的分辨能力越强。但是往往是剪切速度越快，谐振峰值越大。

闭环系统频率特性的这些参数见图 5-62。

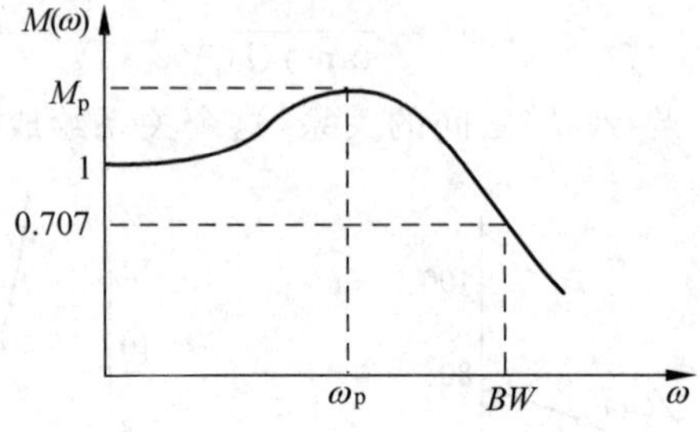

图 5-62 闭环系统频率特性指标

5.8.1 闭环系统频率特性与开环系统频率特性的关系

单位反馈系统的闭环频率特性为

$$W_B(j\omega)=\frac{W_K(j\omega)}{1+W_K(j\omega)}=\left|\frac{W_K(j\omega)}{1+W_K(j\omega)}\right|e^{j\theta(\omega)}=M(\omega)e^{j\theta(\omega)} \tag{5-53}$$

式中：$M(\omega)$——闭环频率特性的幅值；

$\theta(\omega)$——闭环频率特性的相角。

在开环幅相频率特性上(如图 5-63(a))可以看出，$W_K(j\omega)$矢量的模为图中的 $0A$，$1+W_K(j\omega)$矢量的模为 PA。$0A$ 与 PA 的比即闭环频率特性的幅值 $M(\omega)$。

$$M(\omega)=\frac{0A}{PA}=\left|\frac{W_K(j\omega)}{1+W_K(j\omega)}\right|$$

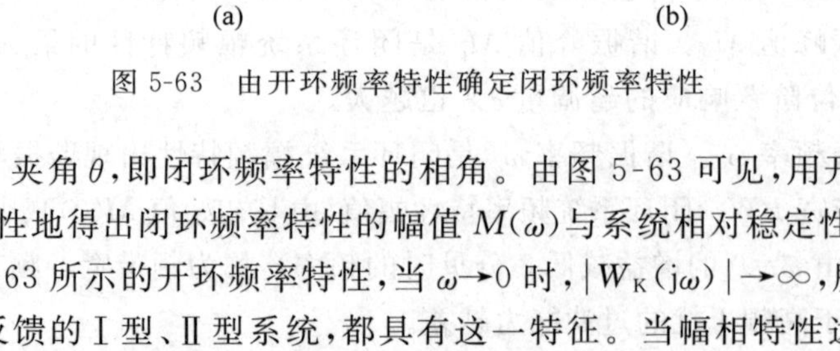

图 5-63 由开环频率特性确定闭环频率特性

$0A$ 与 PA 夹角 θ，即闭环频率特性的相角。由图 5-63 可见，用开环幅相频率特性图能够定性地得出闭环频率特性的幅值 $M(\omega)$与系统相对稳定性的关系。

对于图 5-63 所示的开环频率特性，当 $\omega\to 0$ 时，$|W_K(j\omega)|\to\infty$，所以 $M(\omega)\to 1$。具有单位反馈的Ⅰ型、Ⅱ型系统，都具有这一特征。当幅相特性达到$(-1,j0)$点的邻近区域时，对于图 5-63(a)那样的系统，随着 ω 的增加，$|1+W_K(j\omega)|$减小得比$|W_K(j\omega)|$快。所以，在某一频率 ω 上，M 值将有一个峰值。这个频率就是谐振角频率 ω_p，这个峰值就是谐振峰值 M_p。对于图 5-63(b)那样的系统，

$|1+W_K(j\omega)|$减小得比$|W_K(j\omega)|$慢，这时将不出现谐振峰值。在开环频率特性图上，取不同的 ω 值，求出对应的 $M(\omega)=\frac{0A}{PA}$，绘成曲线，即为闭环幅频特性曲线，如图 5-64 所示。

常用 M_p 和 ω_p 作为分析和设计闭环系统的根据。根据大量的经验数据，一般建议 M_p 取值在 1.3～1.7 的范围内；在某些情况下，当要求控制系统有很好的阻尼比时，取 $M_P=1.1$～1.3，甚至 $M_p=1$；M_p 超过 1.7～1.8 时，系统的振荡趋势将剧烈增大，很少采用。

在许多实际系统中，M_p 和相位裕度 $\gamma(\omega_c)$有密切关系。由于相位裕度容易由伯德图求取，所以在对系统进行初步分析和设计时，常常用 $\gamma(\omega_c)$来近似估计 M_p 的大小。

$\gamma(\omega_c)$和 M_p 的近似关系可由图 5-65 看出。假设 M_p 发生在 $\gamma(\omega_c)$附近，并且 $\gamma(\omega_c)$较小，那么可近似认为 $AB\approx|1+W_K(j\omega)|$，于是有

$$M_p=\frac{|W_K(j\omega_c)|}{|1+W_K(j\omega_c)|}\approx\frac{|W_K(j\omega_c)|}{AB}=\frac{|W_K(j\omega_c)|}{|W_K(j\omega_c)\sin\gamma(\omega_c)|}=\frac{1}{\sin\gamma(\omega_c)} \tag{5-54}$$

在用这一近似估算方法时，要注意它的适用范围，那就是 $\gamma(\omega_c)$应较小。一般 $\gamma(\omega_c)<45°$时，才不致产生过大的误差。

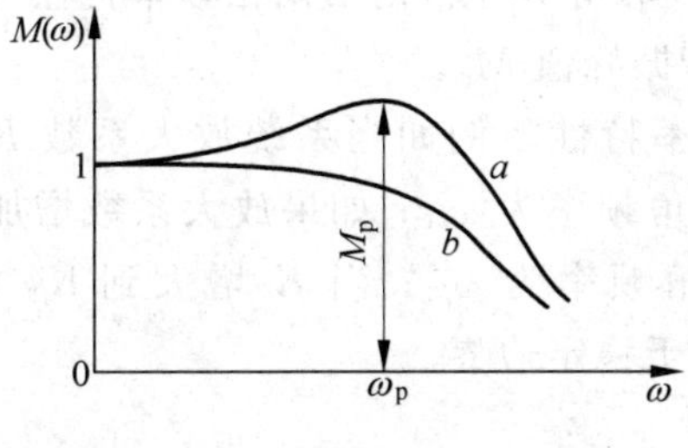

图 5-64　闭环系统幅频特性

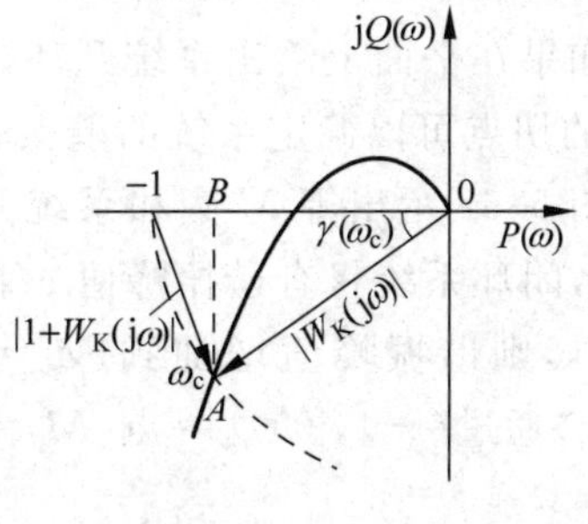

图 5-65　求取 $\gamma(\omega_c)$和 M_p 的近似关系

5.8.2　闭环系统等 M 圆、等 θ 圆及尼氏图

为了便于用闭环频率特性的指标 M_p 和 ω_p 来分析和设计系统，常采用直角坐标的等 M 圆和对数坐标的等 M 圆。

1. 闭环系统等幅值 M 的轨迹（等 M 圆）

设

$$W_K(j\omega)=P(\omega)+jQ(\omega)$$

则闭环频率特性的幅值可写成

$$M(\omega)=\left|\frac{W_K(j\omega)}{1+W_K(j\omega)}\right|=\left|\frac{P+jQ}{1+P+jQ}\right|=\sqrt{\frac{P^2+Q^2}{(1+P)^2+Q^2}}$$

两边平方得

$$M^2(\omega)=\frac{P^2+Q^2}{(1+P)^2+Q^2}$$

或

$$(M^2-1)P^2+2M^2P+M^2+Q^2(M^2-1)=0 \tag{5-55}$$

如果 $M=1$,则式(5-55)变为

$$2P+1=0 \tag{5-56}$$

这是平行于虚轴的直线,通过$\left(-\frac{1}{2},j0\right)$这一点。

如果 $M\neq1$,则式(5-55)可写成

$$\left(P+\frac{M^2}{M^2-1}\right)^2+Q^2=\frac{M^2}{(M^2-1)^2} \tag{5-57}$$

对于一个给定的 M 值,式(5-57)在 $W_K(j\omega)$ 平面上描述出一个圆,这就是等 M 圆,如图5-66所示。

应注意到,当 M 变为无穷大时,圆缩小为$(-1,j0)$的一点。这说明,当 M_p 为无穷大时,系统处于不稳定的边缘。M 大于1的圆位于 $M=1$ 线的左侧,而 M 小于1的圆位于 $M=1$ 线的右侧。

如果在平面上绘出系统开环幅相频率特性和等 M 圆,则由幅相频率特性与等 M 圆的切点可以确定系统的谐振频率 ω_p 和谐振峰值 M_p。

图5-67示出等 M 圆和系统开环幅相频率特性。例如当系统放大系数 $K=K_1$ 时,闭环系统将有谐振峰值 $M_p=M_1$,谐振角频率为 ω_{p1};如果放大系数增加到 $K=K_2$,则谐振峰值增加到 $M_p=M_2$,谐振角频率为 ω_{p2};当 K 增大到 K_3 时,$W_K(j\omega)$通过$(-1,j0)$这一点,$M_p=\infty$,系统处于稳定边界。

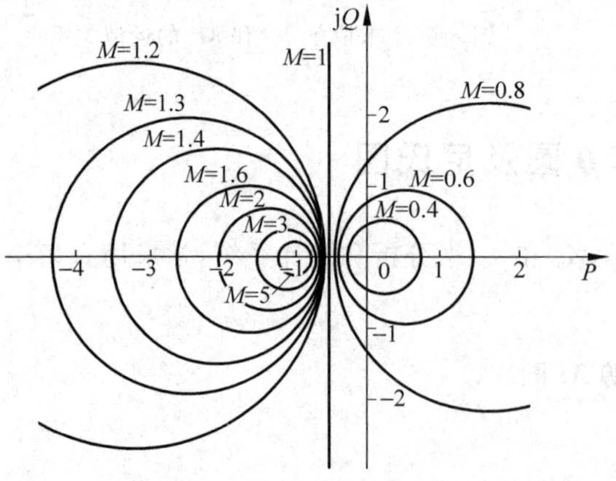

图5-66 等 M 圆

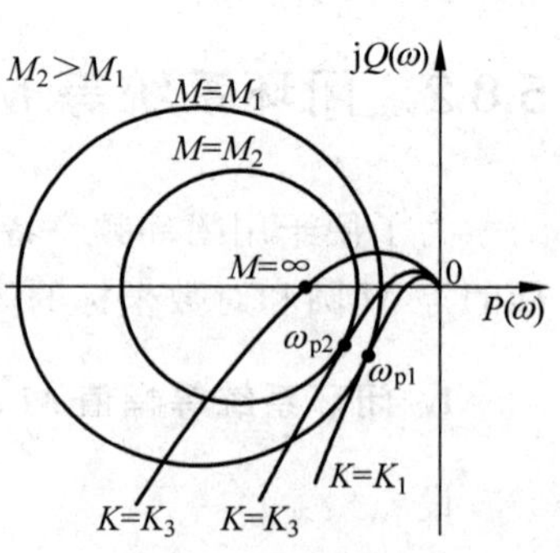

图5-67 确定 ω_p 和 M_p

2. 闭环系统等相角轨迹（等 θ 圆）

闭环系统的相角为

$$\theta(\omega)=\angle W_{\mathrm{B}}(\mathrm{j}\omega)=\arctan\frac{Q}{P}-\arctan\frac{Q}{1+P}$$

两边取正切，得

$$\tan\theta(\omega)=\frac{\dfrac{Q}{P}-\dfrac{Q}{1+P}}{1+\dfrac{Q}{P}\dfrac{Q}{1+P}}=\frac{Q}{P^2+P+Q^2}$$

为书写简便，令 $N=\tan\theta(\omega)$，得 $P^2+P+Q^2-\dfrac{Q}{N}=0$。两边加$\dfrac{1}{4}+\dfrac{1}{4N^2}$，并整理得

$$\left(P+\frac{1}{2}\right)^2+\left(Q-\frac{1}{2N}\right)^2=\frac{1}{4}+\frac{1}{4N^2} \tag{5-58}$$

当 N 为给定值时，式(5-58)代表一簇圆，圆心为$\left(-\dfrac{1}{2},\mathrm{j}\dfrac{1}{2N}\right)$，半径为$\sqrt{\dfrac{1}{4}+\dfrac{1}{4N^2}}$，这就是等 θ 圆（或等 N 圆），如图5-68所示。

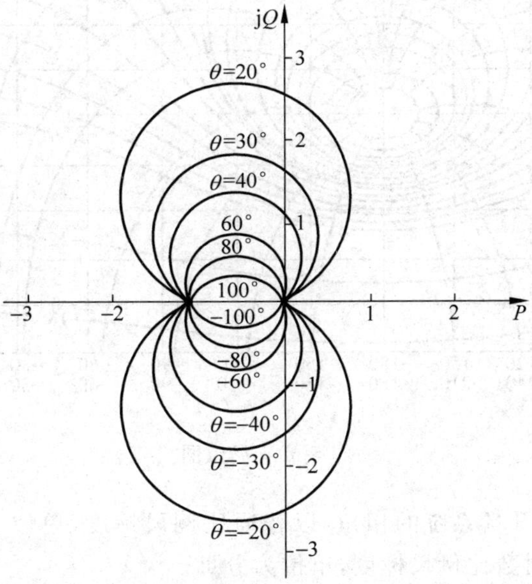

图5-68　等 θ 圆

将开环频率特性 $W_{\mathrm{K}}(\mathrm{j}\omega)$ 和等 θ 圆图绘于同一个图中，就可以利用开环频率特性求出闭环系统相角 θ 与角频率 ω 之间的关系。

3. 尼柯尔斯图(Nichols Plot)

由于绘制开环对数频率特性比绘制幅相频率特性要简单得多；另外，当改变开环系统放大系数时，幅相频率特性的形状发生变化，必须重新进行计算和绘制。而用伯德图时，改变开环放大系数，幅频特性只有上下移动，形状则不变。所以，如能用对数频率特性求取闭环频率特性的指标，将比用幅相频率特性求取闭环频率特性指标方便得多。

将等 M 圆和等 θ 圆绘于对数幅相坐标中，可以提供这一方便条件。在对数幅相平面上，由等 M 轨迹和等 θ 轨迹构成的曲线簇称为尼柯尔斯图(简称尼氏图)，如图 5-69 所示。

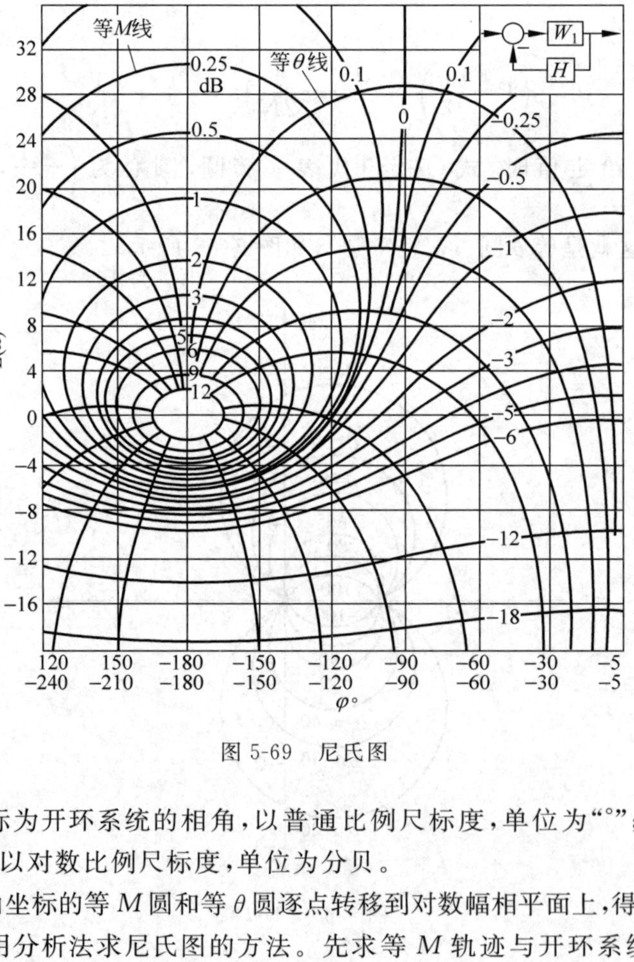

图 5-69　尼氏图

图中横坐标为开环系统的相角，以普通比例尺标度，单位为“°”；纵坐标为开环系统的幅值，以对数比例尺标度，单位为分贝。

可以将直角坐标的等 M 圆和等 θ 圆逐点转移到对数幅相平面上，得到尼氏图。

下面介绍用分析法求尼氏图的方法。先求等 M 轨迹与开环系统对数频率特性的关系。

为了由直角坐标变换到幅相坐标，考虑到

$$P = A\cos\varphi, \quad Q = A\sin\varphi \tag{5-59}$$

代入式(5-57)，则得开环频率特性幅值 A 和相角 φ 之间的关系

$$\left(A\cos\varphi+\frac{M^2}{M^2-1}\right)^2+A^2\sin^2\varphi=\frac{M^2}{(M^2-1)^2}$$

整理得

$$A^2+2A\frac{M^2}{M^2-1}\cos\varphi+\frac{M^2}{M^2-1}=0$$

对 A 求解，得

$$A_{1,2}=-\frac{M^2}{M^2-1}\cos\varphi\pm\sqrt{\left(\frac{M^2}{M^2-1}\right)^2\cos^2\varphi-\frac{M^2}{M^2-1}} \tag{5-60}$$

这就是以 M 为参变量时，$A=f_1(\varphi)$ 的函数。

将 A 以分贝表示，则写成

$$L(\omega)=20\lg A_{1,2}=20\lg\left[-\frac{M^2}{M^2-1}\cos\varphi\pm\sqrt{\left(\frac{M^2}{M^2-1}\right)^2\cos^2\varphi-\frac{M^2}{M^2-1}}\right] \tag{5-61}$$

以 M 为参变量，由 0 到 $-180°$ 改变 φ 角，计算相应的 $L(\omega)$ 值，绘出的曲线簇即为等 M 轨迹。

再求等 θ 轨迹与开环对数频率特性的关系。将式(5-59)代入式(5-58)得到开环频率特性幅值 A 与相角 φ 之间的关系

$$A^2\cos^2\varphi+A\cos\varphi+A^2\sin^2\varphi-\frac{A\sin\varphi}{\tan\theta}=0$$

整理后，得

$$A=\frac{\sin(\varphi-\theta)}{\sin\theta} \tag{5-62}$$

这就是以 θ 为参变量时，$A=f_2(\varphi)$ 的函数。

将 A 以分贝表示，则写成

$$L(\omega)=20\lg A=20\lg\frac{\sin(\varphi-\theta)}{\sin\theta} \tag{5-63}$$

以 θ 为参变量，由 0 到 $-180°$ 改变 φ 角，计算相应的 $L(\omega)$ 值，绘出的曲线簇即为等 θ 轨迹。

尼氏图对于分析和设计系统是很有用的。在分析系统时，我们由伯德图绘出开环系统对数频率特性，将其重叠在尼氏图上。那么，开环对数幅相频率特性与等 M 和等 θ 轨迹的交点就给出了每一频率上闭环系统频率特性的幅值 M 和相角 θ。如果对数幅频特性与等 M 轨迹相切，则切点就是闭环频率响应的谐振峰值 M_p，切点的频率就是谐振频率 ω_p。

例 5-9　系统开环传递函数为

$$W_K(s)=\frac{29}{s(1+0.00216s)(1+0.0268s)}$$

求其闭环频率特性的谐振峰值 M_p 和谐振频率 ω_p。

解 先画出开环对数频率特性 $L(\omega)$ 及 $\varphi(\omega)$，如图 5-70 所示。然后，对于每个频率 ω，所对应的 $L(\omega)$ 和 $\varphi(\omega)$ 值，相应地在尼氏图上可以得到一点。连接不同频率 ω 时的各点，就得到尼氏图上的开环对数幅相图，如图 5-71 中的虚线所示。

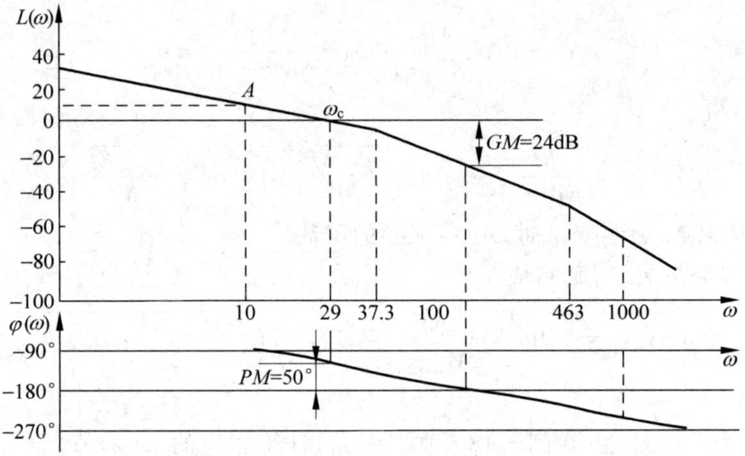

图 5-70 例 5-7 的对数频率特性

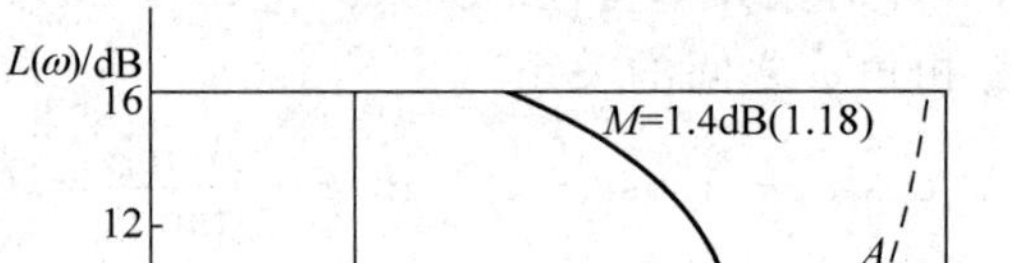

图 5-71 例 5-9 的尼氏图

在图 5-71 中，$W_K(j\omega)$ 在 $\omega=35$ 时与 $M=1.4\text{dB}$ 的轨迹相切，所以闭环系统的谐振峰值为 $M_p=1.4\text{dB}=1.18$，谐振频率为 $\omega_p=35$，而 $W_K(j\omega)$ 在 $\omega=50$ 时与 $M=$

-3dB 的轨迹相交，故频带宽 $\omega_b=50$。

由图还可以看出，在改变开环系统放大系数时，开环系统的相角不变，而只改变其幅值，所以在对数幅相特性上，$W_K(j\omega)$的曲线只有上下移动。这样就能很方便地看出改变开环系统放大系数对闭环系统谐振峰值、谐振频率、频带宽的影响。

5.8.3　非单位反馈系统的闭环频率特性

对于非单位反馈系统，其闭环频率特性为

$$W_B(j\omega)=\frac{W_1(j\omega)}{1+W_1(j\omega)H(j\omega)}$$

式中：$W_1(j\omega)$和 $H(j\omega)$各为正向通道和反向通道的频率特性。这样，闭环频率特性又可写成

$$W_B(j\omega)=\frac{1}{H(j\omega)}\frac{W_1(j\omega)H(j\omega)}{1+W_1(j\omega)H(j\omega)}=\frac{1}{H(j\omega)}\frac{W_K(j\omega)}{1+W_K(j\omega)}$$

式中：$W_K(j\omega)=W_1(j\omega)H(j\omega)$。

在尼氏图上画出 $W_K(j\omega)$轨迹，并在不同频率点处读取 M 和 θ 值，可以求得 $\dfrac{W_K(j\omega)}{1+W_K(j\omega)}$的幅值和相角。将所得幅值和相角与 ω 的关系重绘于伯德图中，并与 $H(j\omega)$的对数幅频特性和相频特性相减，就可以求得闭环频率特性。

5.9　系统动态特性和闭环频率特性的关系

下面研究二阶系统闭环频率特性特征参数和动态性能指标之间的关系。

二阶系统闭环传递函数的典型表达式为

$$W_B(s)=\frac{\omega_n^2}{s^2+2\xi\omega_n s+\omega_n^2}$$

因此，闭环系统的幅频特性为

$$M(\omega)=\frac{1}{\left[\left(1-\dfrac{\omega^2}{\omega_n^2}\right)^2+4\xi^2\dfrac{\omega^2}{\omega_n^2}\right]^{1/2}} \tag{5-64}$$

5.9.1　谐振峰值 M_p 和超调量 $\sigma\%$ 之间的关系

在本章 5.4 节已经求出二阶系统谐振频率 ω_p 和谐振峰值 $M_p(\omega_p)$与系统特征量 ξ 之间的关系为

$$\omega_p=\omega_n\sqrt{1-2\xi^2}$$

$$M_p=\frac{1}{2\xi\sqrt{1-\xi^2}} \tag{5-65}$$

这一关系曾绘于图 5-19。由图 5-19 可以看出,在 $\xi<0.4$ 时,M_p 迅速增加,系统动态过程将有大的超调和振荡。因此,$\xi<0.4$ 的系统是不合乎要求的。

为了把 M_p 和时域指标联系起来,我们利用二阶系统单位阶跃响应的超调量的公式

$$\sigma\% = e^{\frac{\pi\xi}{\sqrt{1-\xi^2}}} \times 100\%, \quad \xi \leqslant 0.707 \tag{5-66}$$

将式(5-65)和式(5-66)同时绘于图 5-68,给定 M_p,由曲线可以直接查得最大超调量 $\sigma\%$。

5.9.2 谐振峰值 M_p 和调节时间 t_s 的关系

将系统特征参量和动态过程时间的近似表达式

$$t_s \approx \frac{3}{\xi\omega_n}, \quad \xi \leqslant 0.9$$

绘于同一个图中,如图 5-72 所示。给定 M_p,由曲线可以直接查得 $\omega_n t_s$。

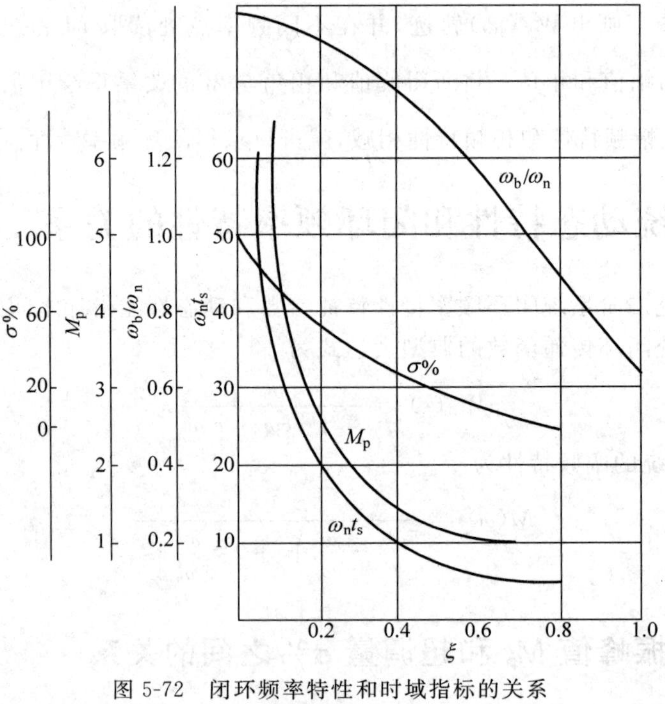

图 5-72 闭环频率特性和时域指标的关系

5.9.3 频带宽 BW 和 ξ 之间的关系

根据频带宽 BW 的定义,由式(5-64),令 $M(\omega)=0.707$,则可求得带宽 ω_b。由

$$\frac{1}{\left[\left(1-\frac{\omega_b^2}{\omega_n^2}\right)^2+4\xi^2\frac{\omega_b^2}{\omega_n^2}\right]^{1/2}}=0.707$$

解之得

$$\frac{\omega_b}{\omega_n}=\sqrt{(1-2\xi^2)+\sqrt{2-4\xi^2+4\xi^4}}$$

$\frac{\omega_b}{\omega_n}$与 ξ 的关系也绘于图 5-72 中。

以上分析了二阶系统阶跃动态响应与频率特性之间的关系。从中可以看出，对于二阶系统，可以用分析法求出频率特性指标和动态响应指标之间的关系。

对于高阶系统，它们之间的关系是很复杂的。如果在高阶系统中存在一对共轭复数主导极点，那么可以将二阶系统动态响应与频率特性的关系推广应用于估计高阶系统。这样，高阶系统的分析和设计工作就可以大大简化。

为了估计高阶系统频域指标和时域指标的关系，有时可以采用如下近似经验公式

$$\sigma=0.16+0.4(M_p-1),\quad 1\leqslant M_p\leqslant 1.8 \tag{5-67}$$

和

$$t_s=\frac{K\pi}{\omega_c} \tag{5-68}$$

式中：$K=2+1.5(M_p-1)+2.5(M_p-1)^2, 1\leqslant M_p\leqslant 1.8$。

5.10　用 MATLAB 绘制系统开环频率特性

利用 MATLAB 的相关函数，可以绘制系统的开环频率特性。

5.10.1　用 MATLAB 绘制系统开环对数频率特性（伯德图）

在 MATLAB 中，可以使用函数 bode()来绘制给定线性系统的伯德图，其调用格式为

```
bode(num, den)
bode(num, den,w)
[mag, phase, w] = bode(num, den,w)
```

bode 函数可以绘制出连续时间系统的开环对数幅频和相频特性曲线（即伯德图）。当输出变量缺省时，bode 函数在当前图形窗口中直接绘制出系统的伯德图。当包含左端变量时，bode 函数把系统的频率特性转变成 mag、phase 和 w 三个矩阵，在屏幕上不产生图形。矩阵 mag 和 phase 包含系统频率特性的幅值和相角，这些幅值和相角值是在用户指定的频率点数 w 上计算得到的。这时的相角以角

度来表示。利用下列表达式可以把幅值转变成分贝

```
magdB = 20 * log10(mag)
```

然后使用半对数坐标图命令

```
semilogx(w, magdB)
semilogx(w, phase)
```

绘制系统的伯德图。

采用命令 logspace(d1, d2)或 logspace(d1, d2, n)可以指明频率范围。

logspace(d1, d2)在两个十进制数10^{d1}和10^{d2}之间产生一个由 50 个点组成的矢量,这 50 个点彼此在对数上有相等的距离。例如输入下列命令

```
w = logspace( - 1, 2)
```

则表明在 0.1rad/s(10^{-1})与 100rad/s(10^{2})之间将产生 50 个点。

logspace(d1, d2, n)在两个十进制数10^{d1}和10^{d2}之间产生一个由 n 个点组成的矢量,这 n 个点彼此在对数上有相等的距离。如果输入下列命令

```
w = logspace(0, 3, 100)
```

则表明在 1rad/s 与 1000rad/s 之间将产生 100 个点。

当绘制伯德图时,为了将这些频率包含进去,应采用命令 bode(num, den,w)。

例 5-10 已知系统开环传递函数 $W(s)=\dfrac{100}{(s+5)(s+2)(s^2+4s+3)}$,试绘制该系统的伯德图。

解 输入以下 MATLAB 命令

```
%L0501.m
num = 100;
den = [conv(conv([1 5],[1 2]),[1 4 3])];
w = logspace( - 1,2,47);
[mag,pha] = bode(num,den,w);
magdB = 20 * log10(mag);            %把幅值转变成分贝
subplot(211);
semilogx(w,magdB);
grid on;                            %绘制网格
title('Bode Diagram');
xlabel('Frequency(rad/sec)');
ylabel('Gain dB');
subplot(212);
semilogx(w,pha);
grid on;
xlabel('Frequency(rad/sec)');
```

```
ylabel('phase deg')
```

运行结果如图 5-73 所示。

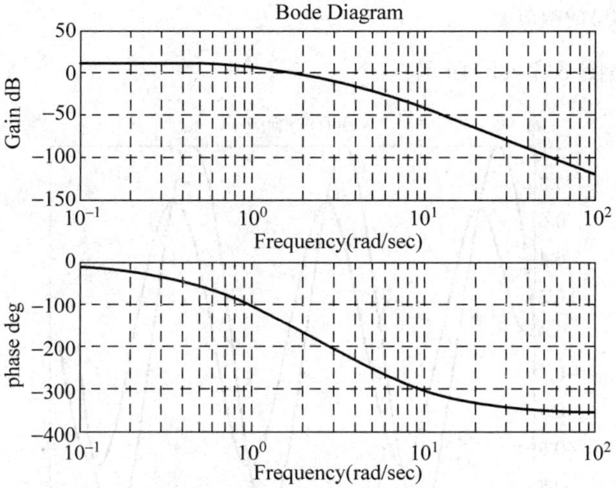

图 5-73　例 5-10 系统伯德图

说明：subplot(m n p)函数的作用是将图形窗口分成 m 行 n 列个区域，并将图形绘制在第 p 个区域。

例 5-11　已知系统传递函数 $W(s)=\dfrac{2}{s^2+2s+3}$，试在输入信号 $r(t)=\sin t$ 和 $\sin 3t$ 作用下求出系统的输出信号。

解　输入下列 MATLAB 命令

```
%L05021.m
num = 2;
den = [1 2 3];
G = tf(num,den);
t = 0: 0.1: 6 * pi;
U = sin(t);
y = lsim(G,U,t); %进行线性仿真%
plot(t,U,t,y)
title('sin(t)的响应')
```

运行结果如图 5-74(a)所示。

```
%L05022.m
num = 2;
den = [1 2 3];
G = tf(num,den);
t = 0: 0.1: 6 * pi;
```

```
U=sin(3*t);
y=lsim(G,U,t); %进行线性仿真%
plot(t,U,t,y)
title('sin(3t)的响应')
```

运行结果如图 5-74(b)所示。

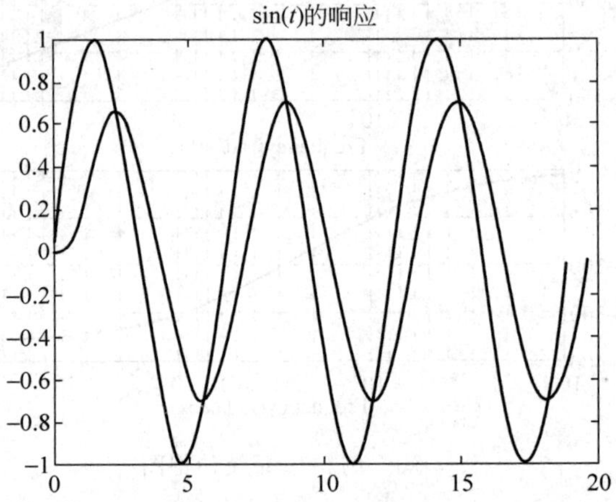

(a) sin(t)的响应

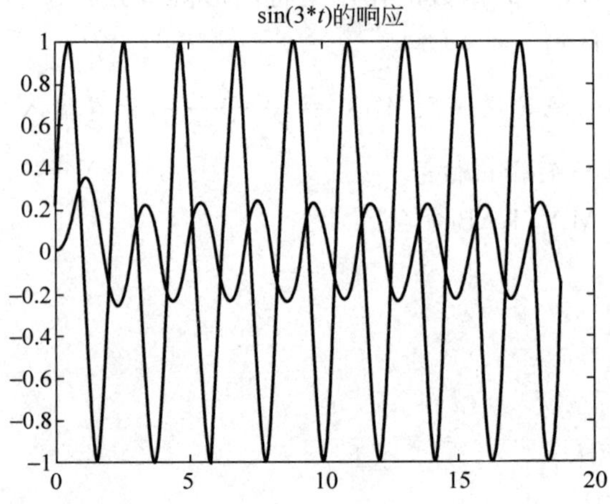

(b) sin(3t)的响应

图 5-74 例 5-11 系统正弦响应曲线

例 5-12 已知典型二阶系统

$$W(s)=\frac{\omega_n^2}{s^2+2\xi\omega_n s+\omega_n^2}$$

试绘制 ξ 取不同值时的伯德图。

解 取 $\omega_n=6$,ξ 为[0.1:0.1:1.0]时二阶系统伯德图可直接采用 bode 函数得到。输入下列 MATLAB 命令

```
%L0503.m
wn = 6;
kosi = [0.1: 0.1: 1.0];
w = logspace( - 1,1,100);
figure(1)
num = [wn * wn];
for kos = kosi
      den = [1 2 * kos * wn wn * wn];
     [mag,pha,wl] = bode(num,den,w);
      subplot(211);
      hold on;
      semilogx(wl,mag);          %半对数曲线%
      subplot(212);
      hold on;                   %保留图像继续在同一个坐标上画图%
      semilogx(wl,pha);
end
subplot(211);
grid on;
title('Bode plot');
xlabel('Frequency(rad/sec)');
ylabel('Gain dB');
subplot(212);
grid on;
xlabel('Frequency(rad/sec)');
ylabel('phase deg');
hold off                         %不再保留坐标%
```

命令函数 logspace(−1，1，100)是产生由10^{-1}到10^{1}对数分度的 100 值的矢量。而命令函数 semilogx 则是绘制横坐标是对数分度、纵坐标是线性分度的半对数坐标曲线。

执行上述程序，可以得到如图 5-75 所示的伯德图。

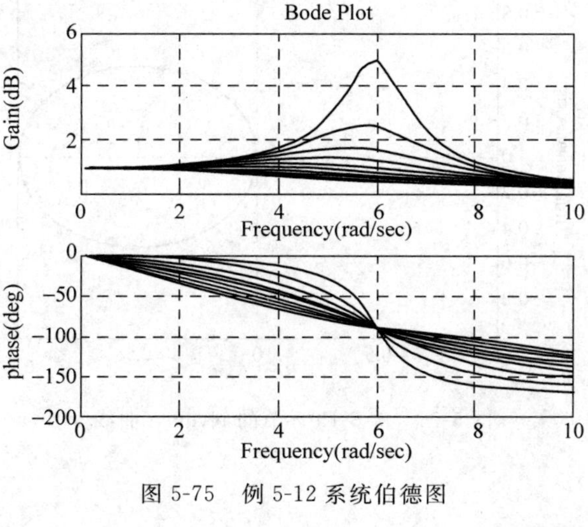

图 5-75　例 5-12 系统伯德图

5.10.2 用MATLAB绘制系统开环幅相频率特性(奈氏曲线)

在MATLAB中,可以使用函数nyquist()来绘制给定线性系统的奈氏曲线,其调用格式为

```
nyquist (num, den)
[re, im, w] = nyquist (num, den)
[re, im, w] = nyquist (num, den, w)
```

nyquist函数可以计算连续时间系统的Nyquist曲线。当输出变量缺省时,nyquist函数在当前图形窗口中直接绘制出系统的Nyquist曲线。当命令中包含了左端变量时,nyquist函数将把系统的频率响应表示成矩阵re、im和w三个矩阵,在屏幕上不产生图形。矩阵re和im包含系统的频率特性的实部和虚部,它们都是在矢量w中指定的频率点上计算得到的。应当指出,矩阵re和im包含的列数与输出量的数目相同,而w中的每一个元素与re和im中的一行相对应。

例5-13 试绘制惯性环节 $W(s)=\dfrac{1}{Ts+1}$,当 $T=1s$ 时的Nyquist曲线。

解 输入如下MATLAB命令

```
%L0504.m
num = 1;
den = [1 1];
s = tf(num,den);
nyquist(s)
```

运行结果如图5-76所示。

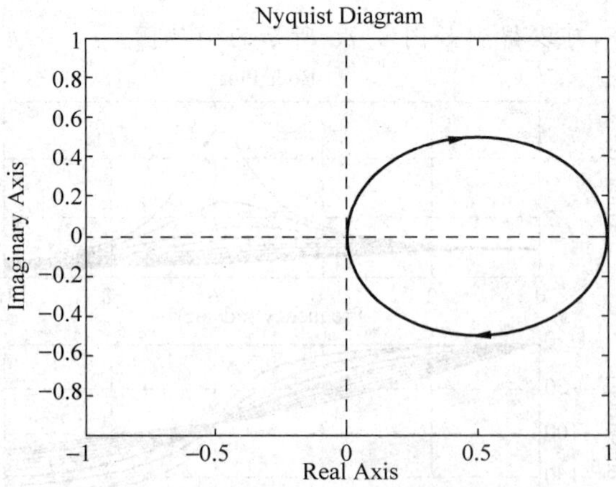

图5-76 例5-13环节的Nyquist曲线

说明：一般情况下我们只绘制 ω 从 0 变化至 $+\infty$ 的幅相特性曲线，所以惯性环节的 Nyquist 曲线是第四象限的一个半圆。而 MATLAB 函数命令 nyquist（ ）运行后，则绘制出 ω 从 $-\infty$ 变化至 $+\infty$ 的特性曲线，该曲线是关于实轴而对称的，即为图 5-72 所示的一个圆。

例 5-14　考虑图 5-77 所示系统开环传递函数为 $W_K(s)=\dfrac{5}{s^3+2s^2+3s+2}$，试绘制系统的奈氏曲线。

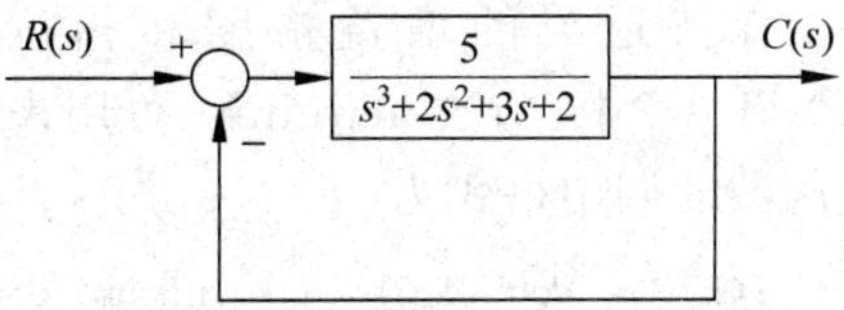

图 5-77　例 5-14 的系统框图

解　输入以下 MATLAB 命令

```
%L0505.m
num = 5; den = [1 2 3 2];
nyquist(num,den);
title('Nyquist Plot')
```

运行结果如图 5-78 所示。

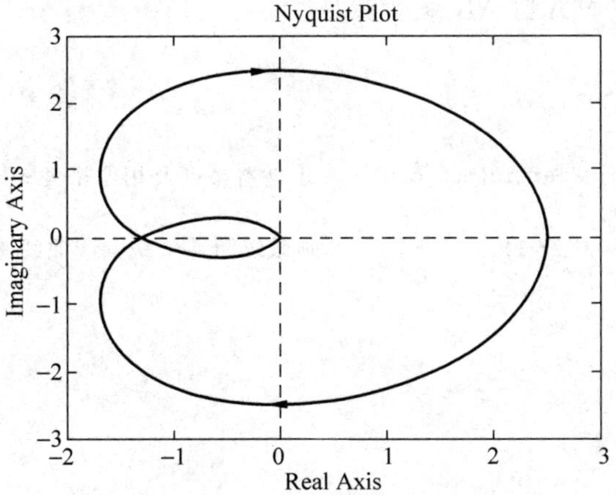

图 5-78　例 5-14 系统奈氏曲线

由图 5-78 可以看出，系统开环传递函数的奈氏曲线顺时针包围点（-1,j0）两次。而开环传递函数的极点为

```
>>roots(den)   %求开环传递函数的极点%
ans =
        - 0.5000 + 1.3229i
        - 0.5000 - 1.3229i
        - 1.0000
```

全部位于 s 平面的左半部(即无不稳定极点)，所以闭环系统不稳定。

5.10.3 稳定裕度求解

在自动控制理论中,增益裕度和相位裕度两个指标用来反映系统的相对稳定性。保持适当的增益裕度和相位裕度,可以得到较满意的系统响应。在MATLAB中,函数margin( )可用来求取给定线性系统的增益裕度和相位裕度,该函数的调用格式为

```
[Gm, Pm, Wcg, Wcp] = margin(num, den)
```

返回的变量对(Gm, Wcg)为系统的增益裕度的值和与之相对应的频率,而变量对(Pm,Wcp)则为相位裕度值和与其相对应的频率。若得到的裕度为无穷大,则值表示为Inf,此时相应的频率值表示为NaN。

例 5-15 已知单位负反馈系统的开环传递函数 $W(s)=\dfrac{80\,(s+5)^2}{(s+1)(s^2+s+9)}$,求系统的增益裕度和相位裕度。

解 输入以下MATLAB命令

```
%L0506.m
num = [80 800 2000];
den = [conv([1 1],[1 1 9])];
[Gm,Pm,Wcg,Wcp] = margin(num,den)   %求增益裕度及相位裕度%
G = tf(num,den);
G_c = feedback(G,1,-1);             %画系统闭环阶跃响应曲线%
step(G_c)
```

运行结果为

```
Gm =
   Inf
Pm =
   84.3097
Wcg =
   NaN
Wcp =
   80.4094
```

可以看出,该系统有无穷大的增益裕度,且相位裕度高达84.3096°,所以闭环系统稳定,而且系统的闭环响应也会较理想,这可从图5-79所示的系统闭环阶跃响应曲线中看出。

例 5-16 某系统开环传递函数为 $W_K(s)=\dfrac{50}{(s+5)(s-2)}$,试绘制奈氏曲线,并判断闭环系统的稳定性,最后求出闭环系统的单位脉冲响应。

解 利用函数nyquist可绘制奈氏曲线,并根据奈氏判据判断闭环系统的稳定性,最后利用函数cloop构成闭环系统,并利用impulse函数求出脉冲响应。

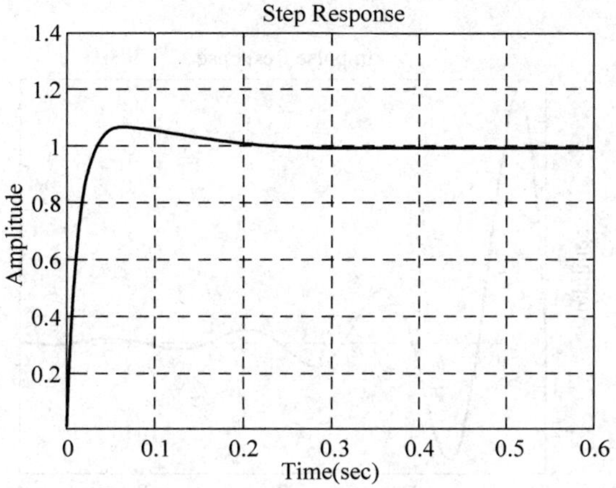

图 5-79 例 5-15 系统的单位阶跃响应曲线

输入以下 MATLAB 命令

```
%L0507.m
k=50;
z=[];
p=[-5 2];
[num,den]=zp2tf(z,p,k);
figure(1);                          %建立画图对象%
nyquist(num,den);
title('Nyquist Plot')
figure(2);
[num1,den1]=cloop(num,den);
impulse(num1,den1);                 %绘制闭环单位脉冲响应%
title('Impulse Response')
```

可以得到如图 5-80 所示的奈氏曲线和如图 5-81 所示的闭环系统的单位脉冲响应曲线。

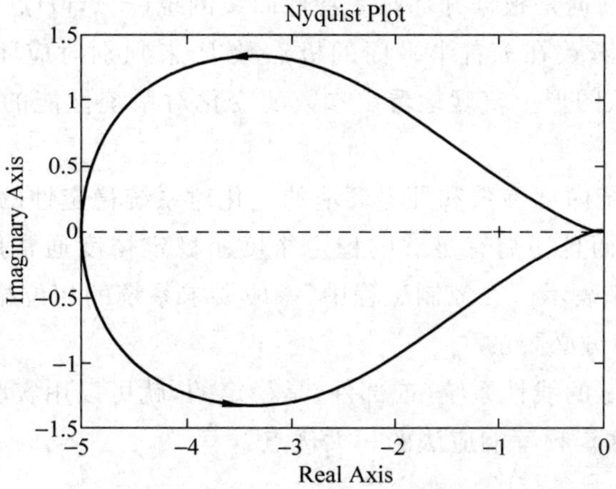

图 5-80 例 5-16 系统奈氏曲线

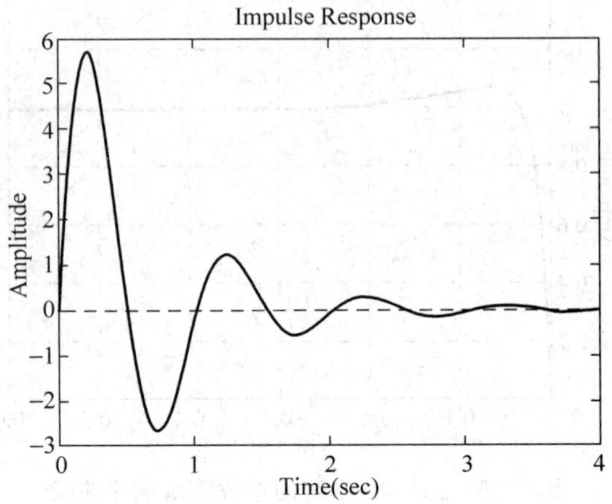

图 5-81 例 5-16 系统单位脉冲响应

由图 5-80 可知,奈氏曲线逆时针包围(—1,j0)点一圈,而开环系统 s 右半平面有一个极点,故系统稳定,这可从图 5-81 中得到验证。

小结

1. 频率特性是线性系统(或部件)在正弦输入信号作用下的稳态输出和输入之比。它和传递函数、微分方程一样能反映系统的动态性能,因而它是线性系统(或部件)的又一形式的数学模型。

2. 传递函数的极点和零点均在 s 左半平面的系统称为最小相位系统。由于这类系统的幅频特性和相频特性之间有着唯一的对应关系,因而只要根据它的对数幅频特性曲线就能写出对应系统的传递函数。

3. 奈氏稳定判据是根据开环频率特性曲线围绕(—1,j0)点的情况(即 N 等于多少)和开环传递函数在 s 右半平面的极点数 P 来判别对应闭环系统的稳定性的。这种判据能从图形上直观地看出参数的变化对系统性能的影响,并提示改善系统性能的信息。

4. 考虑到系统内部参数和外界环境的变化对系统稳定性的影响,要求系统不仅能稳定地工作,而且还需有足够的稳定裕度。稳定裕度通常用相位裕度 $\gamma(\omega_c)$ 和增益裕度 GM 来表示。在控制工程中,一般要求系统的相位裕度 $\gamma(\omega_c)$ 在 30°～60°范围内,这是十分必要的。

5. 只要被测试的线性系统(或部件)是稳定的,就可以用实验的方法来估计它们的数学模型。这是频率响应法的一大优点。

思考题与习题

5-1 用时域法与频域法分析和设计系统的主要区别是什么？

5-2 用频域法分析和设计系统的主要优点是什么？

5-3 奈氏稳定判据的本质是什么？

5-4 何谓幅值裕度与相位裕度，并举例说明。

5-5 试述二阶系统闭环频率特性与时域中阶跃响应之间的关系。

5-6 试定性叙述伯德图各段与时域指标之间的对应关系。

5-7 已知单位反馈系统的开环传递函数为

$$W_K(s) = \frac{10}{s+1}$$

当系统的给定信号为

(1) $x_{r1}(t)=\sin(t+30°)$

(2) $x_{r2}(t)=2\cos(2t-45°)$

(3) $x_{r3}(t)=\sin(t+30°)-2\cos(2t-45°)$

时，求系统的稳态输出。

5-8 绘出下列各传递函数对应的幅相频率特性。

(1) $W(s)=Ks^{-N}$ $(K=10,N=1,2)$

(2) $W(s)=\dfrac{10}{0.1s\pm 1}$

(3) $W(s)=Ks^{N}$ $(K=10,N=1,2)$

(4) $W(s)=10(0.1s\pm 1)$

(5) $W(s)=\dfrac{4}{s(s+2)}$

(6) $W(s)=\dfrac{4}{(s+1)(s+2)}$

(7) $W(s)=\dfrac{s+3}{s+20}$

(8) $W(s)=\dfrac{s+0.2}{s(s+0.02)}$

(9) $W(s)=T^2s^2+2\xi Ts+1$ $(\xi=0.707)$

(10) $W(s)=\dfrac{25(0.2s+1)}{s^2+2s+1}$

5-9 绘出习题 5-8 各传递函数对应的对数频率特性。

5-10 绘出下列系统的开环传递函数的幅相频率特性和对数频率特性。

(1) $W_K(s)=\dfrac{K(T_3s+1)}{s(T_1s+1)(T_2s+1)}$ $(1>T_1>T_2>T_3>0)$

(2) $W_K(s)=\dfrac{500}{s(s^2+s+100)}$

(3) $W_K(s)=\dfrac{e^{-0.2s}}{s+1}$

5-11 用奈氏稳定判据判断下列反馈系统的稳定性,各系统开环传递函数如下:

(1) $W_K(s)=\dfrac{K(T_3s+1)}{s(T_1s+1)(T_2s+1)}\quad (T_3>T_1+T_2)$

(2) $W_K(s)=\dfrac{10}{s(s-1)(0.2s+1)}$

(3) $W_K(s)=\dfrac{100(0.01s+1)}{s(s-1)}$

5-12 设系统的开环幅相频率特性如图 P5-1 所示,写出开环传递函数的形式,判断闭环系统是否稳定。图中 P 为开环传递函数右半平面的极点数。

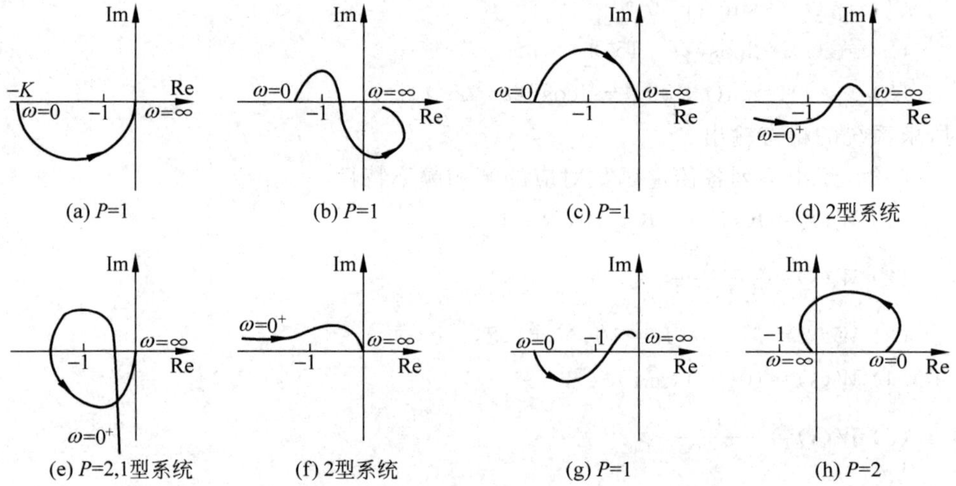

图 P5-1

5-13 已知最小相位系统开环对数幅频特性如图 P5-2 所示。

(1) 写出其传递函数。

(2) 绘出近似的对数相频特性。

5-14 已知系统开环传递函数分别为:

(1) $W_K(s)=\dfrac{6}{s(0.25s+1)(0.06s+1)}$

(2) $W_K(s)=\dfrac{75(0.2s+1)}{s^2(0.025s+1)(0.006s+1)}$

试绘制伯德图,求相位裕度及增益裕度,并判断闭环系统的稳定性。

5-15 设单位反馈系统的开环传递函数为

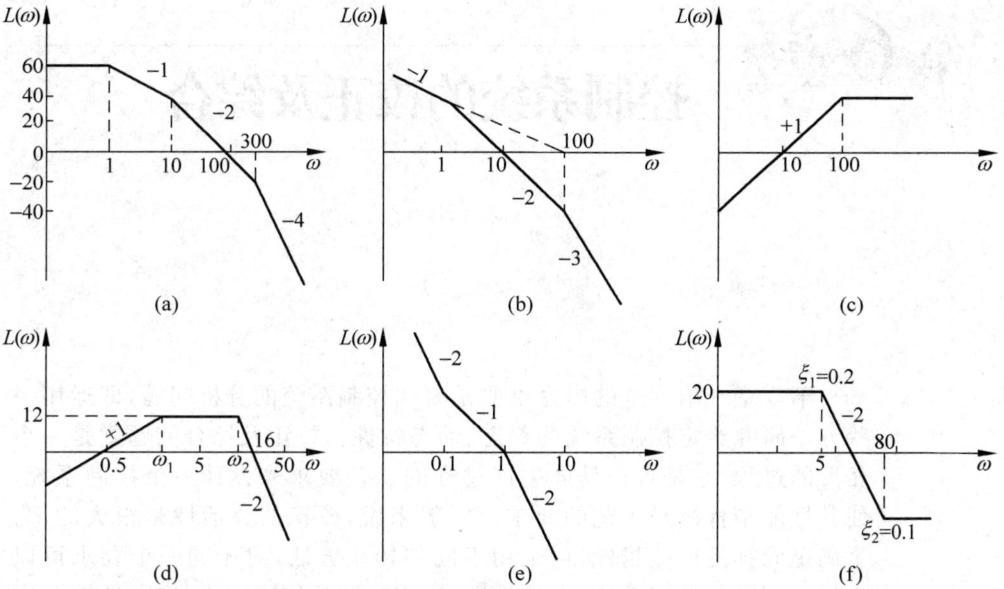

图　P5-2

$$W_K(s)=\frac{2}{s(0.1s+1)(0.5s+1)}$$

当输入信号 $x_r(t)$ 为 5rad/s 的正弦信号时，求系统稳态误差。

5-16　已知单位反馈系统的开环传递函数，试绘制系统的闭环频率特性，计算系统的谐振频率及谐振峰值。

(1) $W_K(s)=\dfrac{16}{s(s+2)}$

(2) $W_K(s)=\dfrac{60(0.5s+1)}{s(5s+1)}$

5-17　单位反馈系统的开环传递函数为

$$W_K(s)=\frac{7}{s(0.087s+1)}$$

试用频域和时域关系求系统的超调量 $\sigma\%$ 及调节时间 t_s。

5-18　已知单位反馈系统的开环传递函数为

$$W_K(s)=\frac{10}{s(0.1s+1)(0.01s+1)}$$

作尼氏图，并求出谐振峰值和稳定裕度。

5-19　如图 P5-3 所示为 0 型单位反馈系统的开环幅相频率特性，求该系统的阻尼比 ξ 和自然振荡角频率 ω_n。

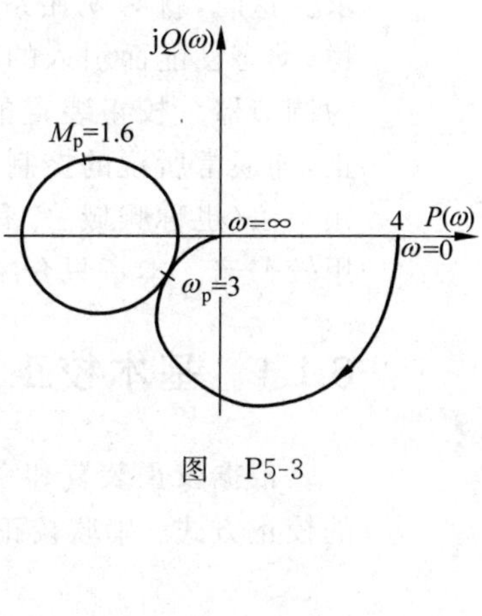

图　P5-3

第6章 控制系统的校正及综合

第3章～第5章的内容主要是研究控制系统的分析问题，即运用一些方法研究给定控制系统的稳态、动态特性。校正及综合问题则是一个相反的过程，它是根据具体生产过程的工艺要求来设计一个控制系统，使其性能指标满足工艺的要求。一般来说，校正的灵活性是很大的，为了满足同样的性能指标，可采用不同的校正方法，对于同一个要求可以设计出不同的控制系统，也就是说，校正问题的解不是唯一的，这在一定程度上取决于设计者的习惯和经验。在对待控制系统校正问题时，应仔细分析系统要求达到的性能指标及原始系统的具体情况，以便设计出简单有效的校正装置，满足设计要求。本章主要讨论用频率法对线性定常、单输入、单输出系统进行校正的基本步骤和方法。

6.1 控制系统校正的一般概念

控制系统通常是由被控对象、控制器和检测环节三个部分组成，它们分别对应于图6-1中的$W_p(s)$、$W_c(s)$和$H(s)$。被控对象$W_p(s)$是根据系统所应完成的具体任务而选定的，它包括的装置是系统的基本部分，这些装置的结构和参数是固定不变的。一般情况下，仅仅依靠$W_p(s)$本身的特性不可能同时满足对系统所提出的各项性能指标的要求。这时，就必须在系统中引入一些附加装置。这种为了改善系统的稳、动态性能而引入的装置，称为校正装置，即控制器$W_c(s)$，$W_c(s)$也称为调节器。校正装置的选择及其参数整定的过程，称为控制系统的校正，即通常所说的控制系统的综合问题。研究该问题的方法有时域法、频率法（也称频域法）和根轨迹法，这三种方法互为补充，且以频率法应用较普遍。本章只介绍频率法，其他方法可参考有关的文献资料。

6.1.1 基本校正方法

根据校正装置和系统不可变部分的连接方式，通常可分成三种基本的校正方式：串联校正、反馈校正（也称并联校正）和前馈校正。下面分别予以介绍。

1. 串联校正

校正装置与系统不可变部分成串联连接的方式称串联校正，如图 6-1 所示。串联校正从设计到具体实现均比较简单，是设计中最常使用的。为了减少校正装置的输出功率，以降低成本和功耗，通常将串联校正装置安置在正向通道的前端，因为前部信号的功率较小。串联校正的主要问题是对参数变化的敏感性较强。

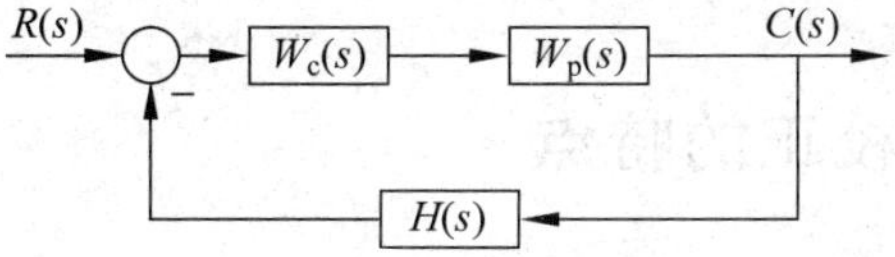

图 6-1　串联校正

2. 反馈校正

校正装置与系统不可变部分或不可变部分中的一部分按反馈方式连接，称为反馈校正，如图 6-2 所示。反馈校正的信号是从高功率点传向低功率点，一般不需要附加放大器。适当地选择反馈校正回路的增益，可以使校正后的性能主要决定于校正装置，而与被反馈校正装置所包围的系统固有部分特性无关。因此，反馈校正的一个显著的优点，是可以抑制系统的参数波动及非线性因素对系统性能的影响。反馈校正的设计相对较为复杂。

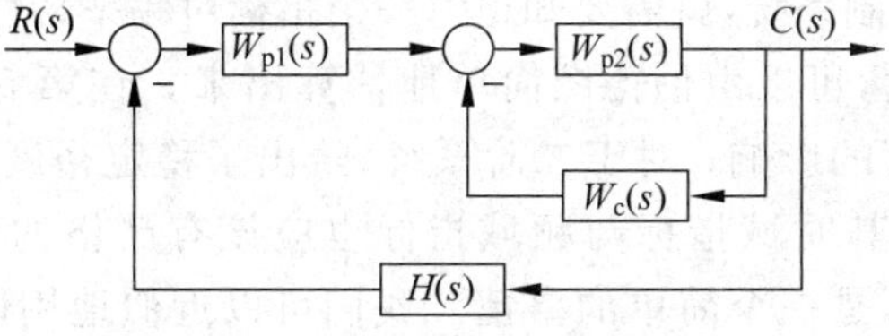

图 6-2　反馈校正

3. 前馈校正

前馈校正如图 6-3 所示。前馈校正的信号取自闭环外的系统输入信号，由输入直接去校正系统，故称为前馈校正。按其所取的输入性质的不同，可以分成按给定的前馈校正，如图 6-3(a)所示，以及按扰动的前馈校正，如图 6-3(b)所示。前馈校正由于其输入取自闭环外，所以不影响系统的闭环特征方程式。前馈校正是基于开环补偿的办法来提高系统的精度，所以前馈校正一般不单独使用，总是和其他校正方式结合应用而构成复合控制系统，以满足某些性能要求较高的系统的需要。

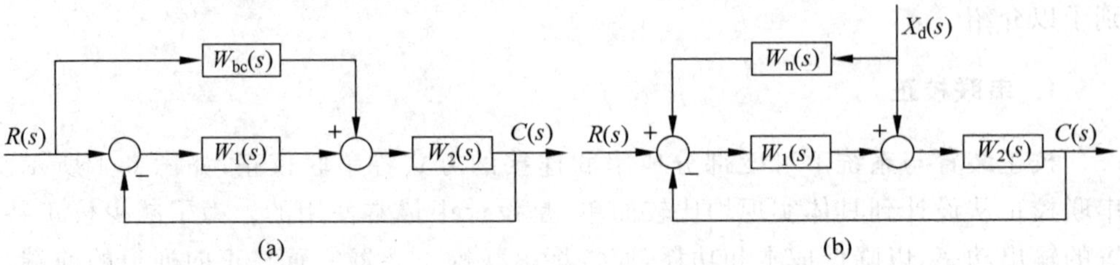

图 6-3 前馈校正

6.1.2 用频率法校正的特点

用频率法校正控制系统,主要是改变频率特性形状,使之具有合适的高频、中频、低频特性和稳定裕度,以得到满意的闭环品质。在用频率法进行校正时,直接采用幅相频率特性校正和设计控制系统是不方便的。因为除了改变放大系数的影响可以从图上直接看出以外,改变其他参数时就要重新绘制幅相频率特性。在许多情况下幅相频率特性的一般特征可以足够准确地由伯德图的形状看出,所以,在初步设计时,常常采用伯德图来校正系统。

用频率法校正控制系统时,通常是以频域指标如相位裕度 $\gamma(\omega_c)$、增益裕度 GM、谐振峰值 M_p 和频带宽度 ω_b 来衡量和调整控制系统动态响应性能,而不是按时域指标如超调量 $\sigma\%$、调节时间 t_s 和稳态误差 e_{ss} 等来进行。所以,频率法是一种间接的方法,按这一方法所校正的系统只能满足按频域所提出的性能指标。为了在频率特性图上校正控制系统,就需要知道每一个指标对频率特性有什么样的影响。

频域的稳定裕度,可以由伯德图简单地估算出来。在第5章里给出了伯德图各段形状对稳定裕度的影响;对于二阶系统,给出了稳定裕度和时域指标的关系;对于高阶系统,虽然其时域指标与频域指标也应该有严格的定量关系,但找到一个准确的函数关系不是一个简单的事情。我们可以近似地用以下经验公式估算:

$$\sigma\% = 0.16 + 0.4(M_p - 1), \quad 1 \leqslant M_p \leqslant 1.8 \tag{6-1}$$

$$t_s = \frac{k\pi}{\omega_c} \tag{6-2}$$

$$k = 2 + 1.5(M_p - 1) + 2.5(M_p - 1)^2, \quad 1 \leqslant M_p \leqslant 1.8 \tag{6-3}$$

$$M_p = \frac{1}{\sin\gamma(\omega_c)}, \quad 30^\circ \leqslant \gamma(\omega_c) \leqslant 45^\circ \tag{6-4}$$

式中:ω_c 为开环系统的穿越频率。

系统的误差系数也是系统设计中的一个重要指标,因为它关系到系统的稳态误差。在应用频率法时,常以相位裕度 $\gamma(\omega_c)$ 和速度误差系数 K_v 作为指标,通过伯德图来校正系统。如果开环系统是稳定的(这是一般情况),则 $\gamma(\omega_c)$ 可给出系统离开稳定边界的程度。由于单位斜坡响应的稳态误差为 $\frac{1}{K_v}$,所以 K_v 规定了闭环系统跟随斜坡输入信号的能力。在许多情况下，根据这两个指标可以很容易地用伯德图来校正控制系统。

在本章中所讨论的系统校正的概念，实际上就是采用校正装置来改善伯德图上频率特性的形状，以满足控制系统所要求的性能指标。

第 5 章讨论对数频率特性的基本性质时曾指出，对数频率特性的低频段影响系统的稳态误差，在要求系统的输出量应以某一精度跟随输入量时，需要系统在低频段具有相应的增益。在中频段，为保证系统有足够的相位裕度 $\gamma(\omega_c)$，其特性斜率应为 −20dB/dec，一般最大不超过 −30dB/dec，而且在穿越频率附近要有一定的延伸段。在高频段，为了减小高频干扰的影响，常常希望有尽快衰减的特性。这样，从开环对数频率特性来看，需要进行校正的情况通常可分为如下几种基本类型：

(1) 如果一个系统是稳定的，而且具有满意的动态响应，但稳态误差过大时，必须增加低频段增益以减小稳态误差，如图 6-4(a)中虚线所示，同时尽可能保持中频段和高频段特性不变。

(2) 如果一个系统是稳定的，且具有满意的稳态误差，但其动态响应较差时，则应改变特性的中频段和高频段，如图 6-4(b)中虚线所示，以改变穿越频率或相位裕度。

(3) 如果一个系统无论其稳态还是其动态响应都不满意，就是说整个特性都需要加以改善，则必须通过增加低频增益并改变中频段和高频段的特性，如图 6-4(c)中虚线所示。这样系统就可以满足稳态和动态性能指标的要求。

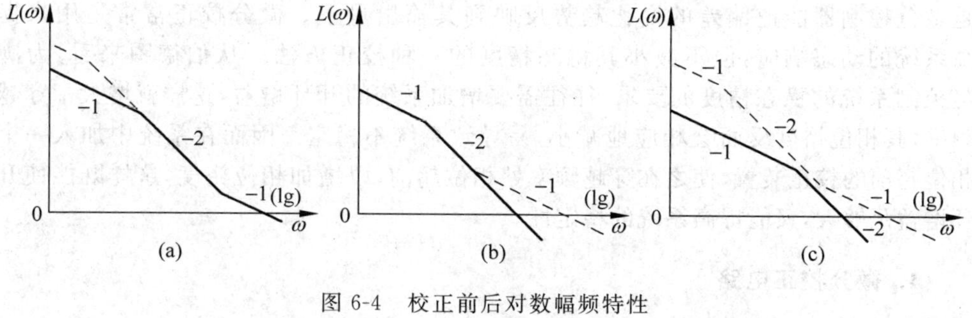

图 6-4　校正前后对数幅频特性

(a) 增加低频增益；(b) 改善中频段特性；(c) 兼有前两种补偿

总之，校正后的控制系统应具有足够的稳定裕度，有满意的动态响应，并有足够的增益以使稳态误差达到规定的要求。但是，当难以使所有指标均达到较高的要求时，则只能折中地加以解决。

6.2　串联校正

串联校正是最常用的校正方式。按校正装置的特点来分，串联校正又分为串联超前(微分)校正、串联滞后(积分)校正和串联滞后-超前(积分-微分)校正。超前校正是用来提高系统的动态性能，而又不影响系统稳态精度的一种校正方法。

它是在系统中加入一个相位超前的校正装置，使之在穿越频率处相位超前，以增加相位裕度，这样既能使开环增益足够大，又能提高系统的稳定性。滞后校正是在系统动态品质满意的情况下，为了改善系统稳态性能的一种校正方法。从这种方法的频率特性上来看，就是在低频段提高其增益，而在穿越频率附近，保持其相位移的大小几乎不变。超前校正会使带宽增加，加快系统的动态响应速度，滞后校正可改善系统的稳态特性，减少稳态误差。如果需要同时改善系统的动态品质和稳态精度，则可采用串联滞后-超前校正。总之，每种方法的运用可根据系统的具体情况而定。

6.2.1　串联超前(微分)校正

具有微分控制作用的控制器称为微分控制器，其传递函数 $W_c(s)=\tau s$。若控制器的连接方式如图 6-5 所示，显然其输入与输出的关系为

$$m(t)=\tau\frac{\mathrm{d}}{\mathrm{d}t}e(t) \tag{6-5}$$

式中：τ 为微分时间常数；$e(t)=r(t)-c(t)$，$e(t)$、$r(t)$ 和 $c(t)$ 分别是 $E(s)$、$R(s)$ 和 $C(s)$ 的时域形式。

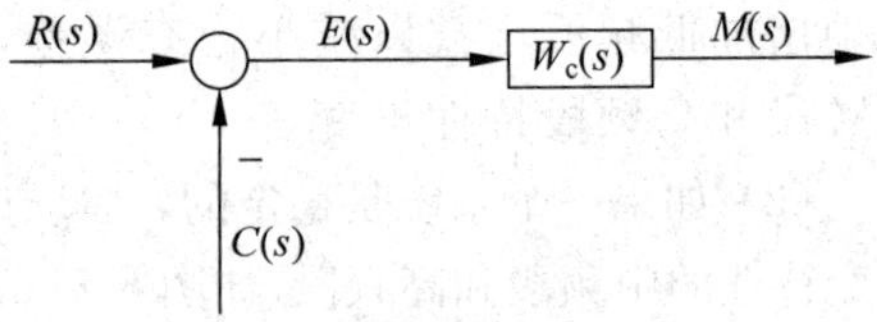

图 6-5　控制器的连接方式

从式(6-5)中可以看出，微分规律作用下输出信号与偏差变化率成正比，也就是微分控制器能把偏差的变化趋势反映到其输出量上。微分校正常常是用来提高系统的动态响应，但不减小其稳态精度的一种校正方法。从伯德图来看，为满足控制系统的稳态精度的要求，往往需要增加系统的开环增益，这样就增大了穿越频率，其相位裕度反而会相应地减小，易导致系统不稳定。因而在系统中加入一个相位超前的校正装置，使之在穿越频率处相位超前，以增加相位裕度，这样既能使开环增益足够大，又能提高系统的稳定性。

1. 微分校正电路

超前校正可用图 6-6 所示的无源阻容电路来实现，其传递函数为

$$W_c(s)=\frac{1}{\gamma_d}\frac{R_2Cs+1}{\dfrac{R_2C}{\gamma_d}s+1}=\frac{s+z_d}{s+p_d} \tag{6-6}$$

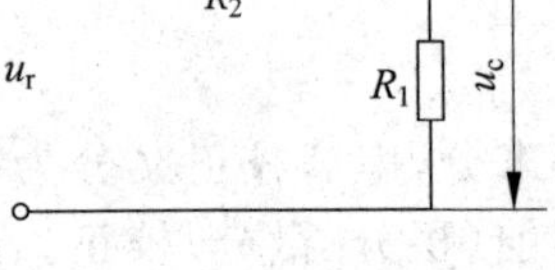

图 6-6　RC 微分电路

式中：$z_d=\dfrac{1}{R_2C}$，$p_d=\gamma_d z_d$，$\gamma_d=\dfrac{R_1+R_2}{R_1}>1$。

这个电路称为无源微分校正电路。如果 γ_d 特别大，则近似认为

$$\begin{aligned}W_c(s)&\approx\frac{1}{\gamma_d}(R_2Cs+1)=\frac{1}{\gamma_d z_d}(s+z_d)\\&=\frac{1}{p_d}(s+z_d)\end{aligned} \tag{6-7}$$

称为理想一阶微分校正装置。

实际上，用这种电路时 γ_d 不能太大，否则衰减将十分严重。一般取 $\gamma_d \leqslant 20$。其频率特性为

$$W_c(j\omega) = \frac{1}{\gamma_d} \frac{j\omega T + 1}{\dfrac{j\omega T}{\gamma_d} + 1} \tag{6-8}$$

图 6-7 是 γ_d 为不同值时，微分(超前)校正电路的伯德图。交接频率分别为 $\omega_1 = \dfrac{1}{T}$ 和 $\omega_2 = \dfrac{\gamma_d}{T}$，为 0/+1/0 特性，相角位移为

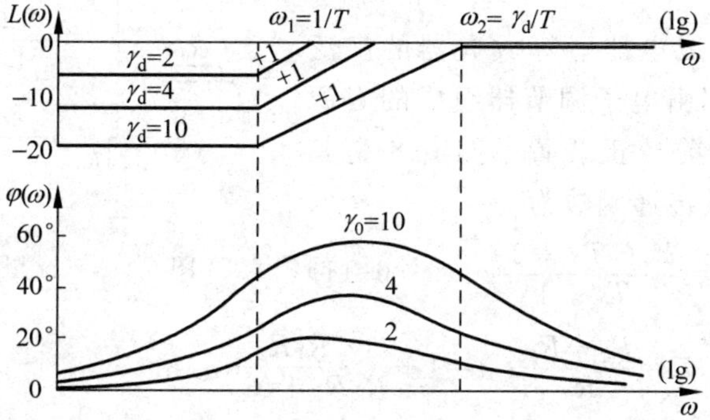

图 6-7 微分校正装置伯德图

$$\varphi(\omega T) = \arctan\omega T - \arctan\frac{\omega T}{\gamma_d} \tag{6-9}$$

相角位移最大时的频率 ω_{max} 可以如下求出：

令

$$\frac{d}{d(\omega T)}\varphi(\omega T) = \frac{(\gamma_d - 1)(\gamma_d - \omega^2 T^2)}{(1 + \omega^2 T^2)(\gamma_d^2 + \omega^2 T^2)} = 0$$

得

$$\omega_{max} = \frac{\sqrt{\gamma_d}}{T} = \sqrt{\omega_1 \omega_2}$$

而

$$\frac{\omega_{max}}{\omega_1} = \sqrt{\gamma_d}, \quad \frac{\omega_2}{\omega_{max}} = \sqrt{\gamma_d}$$

即 ω_{max} 是在 ω_1 和 ω_2 两交接频率的几何中点。在对数坐标中，则有

$$\lg\omega_{max} - \lg\omega_1 = \lg\omega_2 - \lg\omega_{max}$$

说明 $\lg\omega_{max}$ 是 $\lg\omega_1$ 和 $\lg\omega_2$ 的几何中点。

最大相角位移为

$$\varphi_{max} = \arcsin\frac{\gamma_d - 1}{\gamma_d + 1} \tag{6-10}$$

可见 φ_{max} 与 γ_d 有关,这一关系对于系统的设计是很有用的。将此关系列于表6-1。

表6-1　φ_{max} 与 γ_d 的关系

γ_d	2	4	8	10	20
φ_{max}	+19.4°	+36.9°	+51°	+55°	+64.8°

在采用微分(超前)校正电路时,需要确定 γ_d 和 T 两个参数。

通常 $\gamma_d=4\sim20$,如选定了 γ_d,T 就容易确定了。

由于线性集成电路运算放大器的广泛应用,目前常采用由电子调节器组成的有源微分电路作为超前校正装置。图6-8是其中的一种电路,其传递函数为

$$W_c=\frac{K_c(\alpha Ts+1)}{Ts+1}\qquad(6\text{-}11)$$

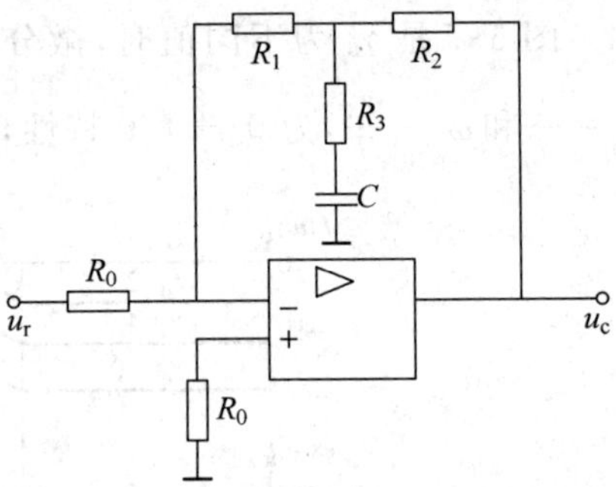

图6-8　有源超前校正装置

式中:$T=R_3C$;$K_c=\dfrac{R_1+R_2}{R_0}$;$\alpha=1+\dfrac{1}{R_3}\dfrac{R_1R_2}{R_1+R_2}$,$\alpha>1$。

2. 比例微分校正

为了改善动态响应,也常采用比例微分校正。

理想微分校正装置的传递函数为

$$W_c(s)=K_ds$$

其频率特性为

$$W_c(j\omega)=j\omega K_d$$

其伯德图如图6-9(a)所示。

从控制作用来看,这种微分校正虽然能够反映误差变化趋势,但它不能反映稳态误差。所以微分校正一般不单独应用,而与比例或比例积分相结合,组成比例-微分(PD)或比例-积分-微分(PID)形式。

具有一阶比例微分校正作用的校正装置的传递函数为

$$W_c(s)=K_c(1+T_ds)$$

其频率特性为

$$W_c(j\omega)=K_c(1+j\omega T_d)=K_c\left(1+j\omega\frac{1}{\omega_1}\right)$$

式中:$\omega_1=\dfrac{1}{T_d}$为交接频率。

这种校正装置的伯德图如图6-9(b)所示。可见在高频时有相当大的增益,这对于抑制高频的干扰信号是不利的。因此,在实际中采用的比例-微分校正装置

的特性，常如图 6-9(c)所示。

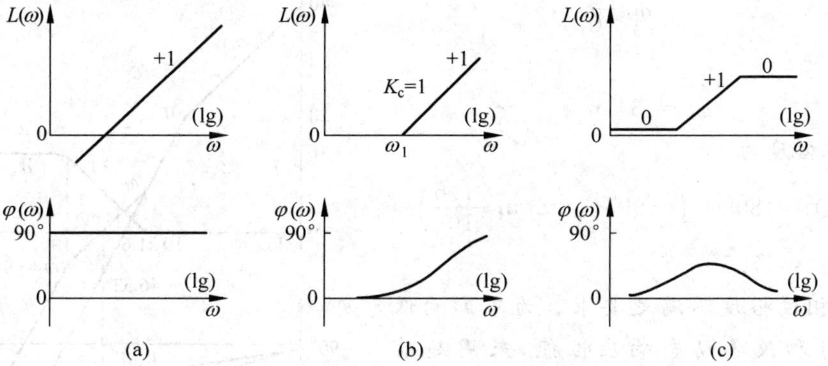

图 6-9　比例-微分校正装置伯德图

3. 超前校正举例

采用超前校正的一般步骤如下：

(1) 根据稳态误差的要求确定系统开环放大系数，并绘制出未校正系统的伯德图，由伯德图确定未校正系统的相位裕度和增益裕度。

(2) 根据给定相位裕度，估计需要附加的相角位移。

(3) 根据要求的附加相角位移，计算校正装置的 γ_d 值。

(4) γ_d 确定后，要确定校正装置的交接频率$\frac{1}{T}$和$\frac{\gamma_d}{T}$。这时应使校正后特性中频段(穿过零分贝线)斜率为-20dB/dec，并且使校正装置的最大移相角 φ_{max} 出现在穿越频率 ω_c 的位置上。

(5) 计算校正后频率特性的相位裕度是否满足给定要求，如果不满足必须重新计算。

(6) 计算校正装置参数。

例 6-1　一个控制系统的传递函数为

$$W(s)=\frac{K}{s\left(\frac{s}{10}+1\right)}$$

要求校正后的系统稳态速度误差系数 $K_v\geqslant 100$，相位裕度 $\gamma(\omega_c)\geqslant 50°$，试确定串联超前校正装置传递函数。

解　(1) 由稳态指标的要求，可计算出放大系数 $K=100$。其传递函数为

$$W(s)=\frac{100}{s\left(\frac{s}{10}+1\right)}$$

其伯德图如图 6-10 所示。按下式可计算出其穿越频率 ω_c，如认为$\frac{\omega_c}{10}\gg 1$，得

$$A(\omega_c) \approx \frac{100}{\omega_c \frac{\omega_c}{10}} = 1$$

故得

$$\omega_c = 31.6$$

其相位裕度为

$$\gamma(\omega_c) = 180° + \left(-90° - \arctan\frac{31.6}{10}\right)$$
$$= 17.5°$$

可见,相位裕度不满足要求。为不影响低频特性和改善动态响应性能,采用超前校正。

(2) 根据系统相位裕度 $\gamma(\omega_c) \geqslant 50°$ 的要求,微分校正电路最大相角位移应为

$$\varphi_{max} \geqslant 50° - 17.5° = 32.5°$$

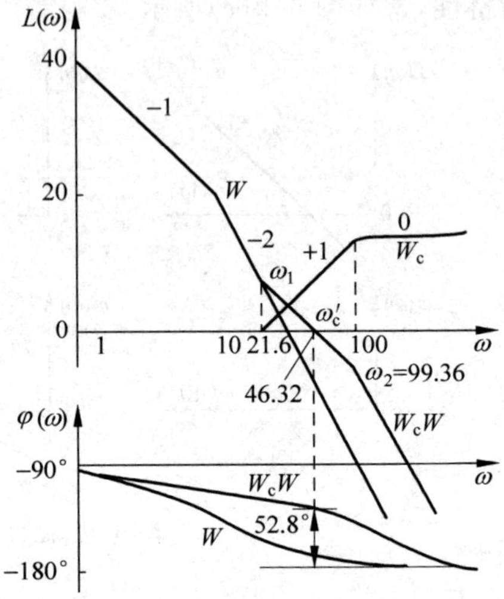

图 6-10 系统校正前后校正装置伯德图

(3) 考虑 $\omega'_c > \omega_c$,原系统相角位移将向负方向增加,故 φ_{max} 应相应地加大。取 $\varphi_{max} = 40°$,则

$$\varphi_{max} = \arcsin\frac{\gamma_d - 1}{\gamma_d + 1} = 40°$$

即

$$\sin 40° = \frac{\gamma_d - 1}{\gamma_d + 1} = 0.64$$

解得 $\gamma_d = 4.6$

(4) 设系统校正后的穿越频率 ω'_c 为校正装置(0/+1/0 特性)两交接频率 ω_1 和 ω_2 的几何中点(考虑到最大超前相位移 φ_{max} 是在两交接频率 ω_1 和 ω_2 的几何中点),即

$$\omega'_c = \sqrt{\omega_1 \omega_2} = \omega_1 \sqrt{\gamma_d}$$

因为在 $\omega = \omega'_c$ 时 $A(\omega'_c) = 1$,如果认为 $\frac{\omega'_c}{\omega_1} \gg 1$,$\frac{\omega'_c}{\omega_2} \ll 1$,则得

$$A(\omega'_c) \approx \frac{100\frac{\omega'_c}{\omega_1}}{\omega'_c \frac{\omega'_c}{10}} = 1$$

解得 $\omega_1 = 21.6$,$\omega_2 = 99.36$,$\omega'_c = 46.32$。

(5) 校正后系统的对数频率特性如图 6-10 所示,其传递函数为

$$W_c(s)W(s) = \frac{100\left(\frac{s}{21.6} + 1\right)}{s\left(\frac{s}{10} + 1\right)\left(\frac{s}{99.36} + 1\right)}$$

(6) 校验校正后相位裕度

$$\gamma(\omega'_c) = 180° + \left(-90° - \arctan\frac{46.32}{10} + \arctan\frac{46.32}{21.6} - \arctan\frac{46.32}{99.36}\right) = 52.8°$$

所得结果满足系统的要求。否则,可重新估计最大相角位移,再进行计算。

(7) 串联校正装置传递函数为

$$W_c(s) = \frac{\frac{s}{21.6}+1}{\frac{s}{99.36}+1}$$

可以用相位超前校正电路和放大器来实现。放大器的放大系数等于

$$\gamma_d = 4.6$$

通过前面的分析可知,超前校正具有如下优点:

① 超前校正使系统的闭环频带宽度 BW 增加,从而使动态响应加快;

② 低频段对斜坡输入的稳态误差性能没有下降;

③ 超前校正装置所要求的时间常数是容易满足的。

其缺点是:

① 由于 BW 加宽,为抑制高频干扰,对放大器或电路的其他组成部分提出更高要求;

② 常常需要增大幅值;

③ 因 ω_c 被增大,导致高频段斜率的增大,使 ω_c 处引起的相位滞后更加严重,往往更难于满足所要求的相位裕度 $\gamma(\omega_c)$。

6.2.2 串联滞后(积分)校正

具有积分作用的控制器称为积分控制器,其传递函数为

$$W_c(s) = \frac{1}{T_i s}$$

若控制器的连接方式如图 6-5 所示,显然其输入、输出关系为

$$m(t) = \frac{1}{T_i}\int_0^t e(t)\mathrm{d}t$$

式中: T_i——积分时间常数。

引入积分控制的主要目的,是为了提高系统的无差度,以消除或减少稳态误差,从而使系统的稳态性能得以提高。需要指出的是,积分控制的引入往往会降低系统的稳定性。一般来说,如果一个反馈控制系统的动态性能是满意的,为了改善其稳态性能,而又不致影响其动态性能,可以采用滞后校正。在这里,对频率特性来说,就要求在低频段提高其增益,而在穿越频率附近仍保持其相位移大小几乎不变;反之,如果稳态性能满足要求,而其动态性能未满足要求,并希望降低频带宽度 BW 时,可用积分校正来降低其穿越频率,以满足其动态性能指标。

1. 滞后校正电路

滞后校正可用图 6-11 所示无源阻容电路来实现。其传递函数为

$$W_c(s)=\frac{R_2Cs+1}{\gamma_i R_2Cs+1}=\frac{\frac{1}{z_i}s+1}{\frac{\gamma_i}{z_i}s+1}=\frac{1}{\gamma_i}\frac{s+z_i}{s+p_i} \tag{6-12}$$

式中：$z_i=\frac{1}{R_2C}$，$p_i=\frac{1}{(R_1+R_2)C}=\frac{z_i}{\gamma_i}$，$\gamma_i=\frac{R_1+R_2}{R_2}>1$，或表示为

$$W_c(s)=\frac{R_2Cs+1}{(R_1+R_2)Cs+1}$$

令 $R_2C=T$，$\frac{R_1+R_2}{R_2}=\gamma_i>1$，则传递函数为

$$W_c(s)=\frac{Ts+1}{\gamma_i Ts+1}=\frac{1}{\gamma_i}\left(\frac{s+\frac{1}{T}}{s+\frac{1}{\gamma_i T}}\right)$$

其频率特性为

$$W_c(j\omega)=\frac{1}{\gamma_i}\left(\frac{j\omega+\frac{1}{T}}{j\omega+\frac{1}{\gamma_i T}}\right)$$

图 6-12 是 γ_i 为不同值时，滞后校正电路的伯德图，其交接频率分别为 $\omega_2=\frac{1}{T}$ 和 $\omega_1=\frac{1}{\gamma_i T}$，为 0/−1/0 特性。从伯德图可以看到，这一电路对整个频率范围都产生相位滞后，其相角位移为

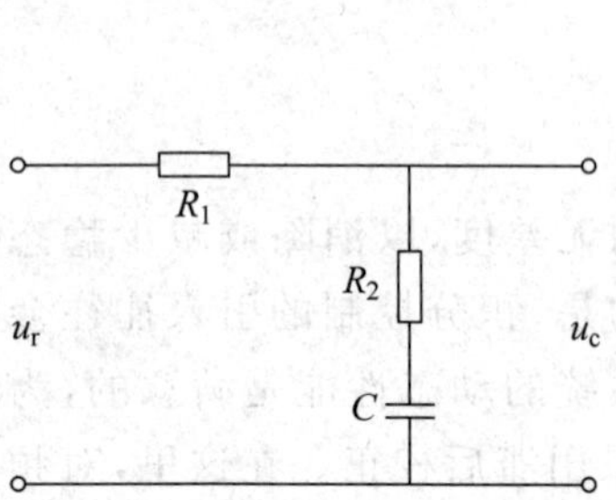

图 6-11　滞后校正无源阻容电路

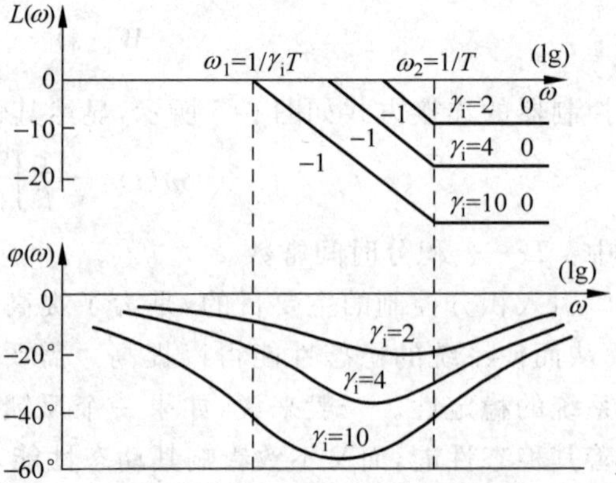

图 6-12　γ_i 为不同值时，滞后校正电路的伯德图

$$\varphi(\omega T)=\arctan \omega T-\arctan\gamma_i\omega T$$

相角位移最大时的频率 ω_{max} 可以如下求出。令

$$\frac{d\varphi(\omega T)}{d(\omega T)}=\frac{(1-\gamma_i)(1-\gamma_i\omega^2T^2)}{(1+\omega^2T^2)(1+\gamma_i^2\omega^2T^2)}=0$$

得

$$\omega_{max}=\frac{1}{\sqrt{\gamma_i}\,T}=\sqrt{\omega_1\omega_2}$$

而

$$\frac{\omega_{max}}{\omega_1}=\sqrt{\gamma_i},\quad \frac{\omega_2}{\omega_{max}}=\sqrt{\gamma_i}$$

在对数坐标中

$$\lg\omega_{max}-\lg\omega_1=\lg\omega_2-\lg\omega_{max}$$

说明 $\lg\omega_{max}$ 是 $\lg\omega_1$ 和 $\lg\omega_2$ 的几何中点。其最大相位移为

$$\varphi_{max}=\arcsin\frac{1-\gamma_i}{1+\gamma_i}$$

可见 φ_{max} 与 γ_i 有关。这一点对于系统的设计是很有用的，我们将这种关系列于表 6-2。

表 6-2　φ_{max} 与 γ_i 的关系

γ_i	2	4	8	10	20
φ_{max}	$-19.4°$	$-36.9°$	$-51°$	$-55°$	$-64.8°$

以上的分析表明，当频率 $\omega>\omega_2=\frac{1}{T}$ 时，校正电路的对数幅频特性的增益将等于 $-20\lg\gamma_i$dB，并保持不变；当 γ_i 值增大时，最大相角位移 φ_{max} 也增大，而且 φ_{max} 是出现在特性的 -20dB/dec 线段的几何中点。在校正时，如果选择交接频率 $\frac{1}{T}$ 远小于系统要求的穿越频率 ω_c，则这一滞后校正将对穿越频率 ω_c 附近的相角位移无太大影响。因此，为了改善稳态特性，尽可能使 γ_i 和 T 取得大一些，以利于提高低频段的增益。在实际中，这种校正电路受到具体条件的限制，γ_i 和 T 总是难以选得过大。通常，选 $\gamma_i=10$，$3s<T<5s$，根据系统的具体要求而定。

如图 6-13 所示，利用这一校正电路进行滞后校正时，将需要校正的系统的对数幅频特性和所选定的校正装置的对数幅频特性，绘制在同一个伯德图上，进行代数相加，即可得到校正后系统的开环对数幅频特性。从特性形状可看出，校正后特性的穿越频率 ω_c 减小，相位裕度增大，而且对数幅频特性的幅值在高频段有较大的衰减。这样校正的结果，可以增加系统的相对稳定性，有利于提高系统放大系数以满足稳态精度的要求。由于高频段的衰减，系统的抗干扰能力也增强了。但是，由于频带宽度变窄，动态响应将变慢。

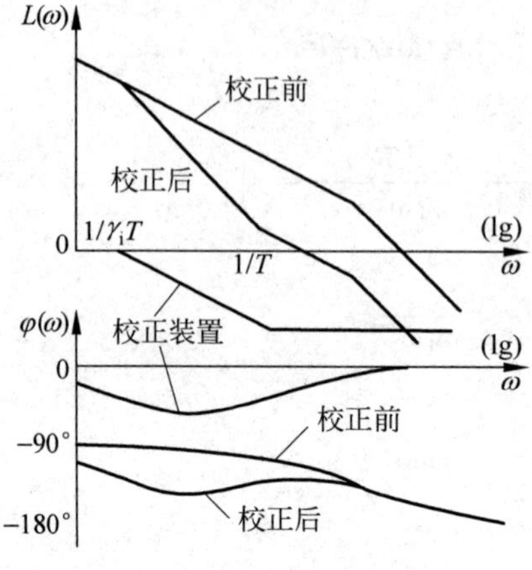

图 6-13　校正前后伯德图之一

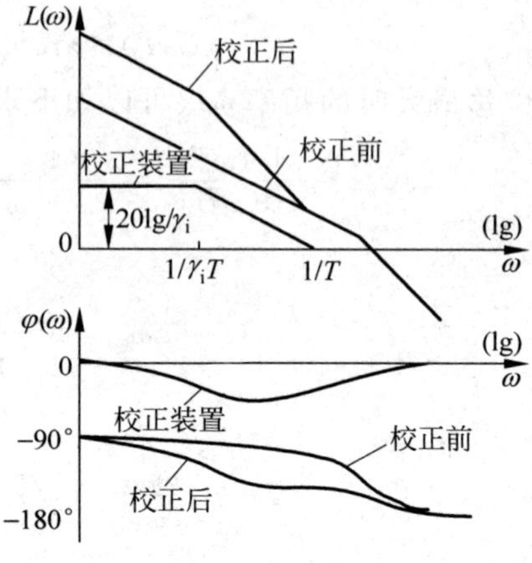

图 6-14　校正前后伯德图之二

如果原系统有足够的相位裕度,而只需减小稳态误差以提高稳态精度时,可采用具有如图 6-14 所示的校正装置特性。在这里只是把校正装置特性的增益提高 $20\lg\gamma_i$ 即可。从校正后的特性可看出,除低频段提高了增益外,其余频率段所受影响很小,可满足系统所提出的校正要求。γ_i 的大小应根据低频段所需要的增益来选择,而在确定 T 时,则以不影响原系统的穿越频率及中频段特性为前提。

图 6-15 是一个由运算放大器构成的有源滞后校正装置,其传递函数为

$$W_c(s)=\frac{K_c(\alpha Ts+1)}{Ts+1}$$

式中:$K_c=\dfrac{R_2}{R_0}$,$T=(R_1+R_2)C$,　$\alpha=\dfrac{R_1}{R_1+R_2}<1$。

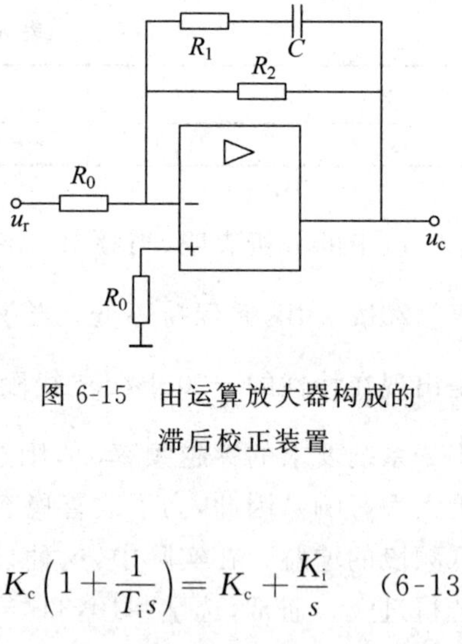

图 6-15　由运算放大器构成的滞后校正装置

2. 比例-积分校正

这是工程上常用的另一种实现滞后校正的方法。

在图 6-15 中去掉电阻 R_2,即为比例-积分调节器,其传递函数如下

$$W_c(s)=\frac{R_1}{R_0}\frac{R_1C_1s+1}{R_1C_1s}=K_c\frac{T_is+1}{T_is}=K_c\left(1+\frac{1}{T_is}\right)=K_c+\frac{K_i}{s}\tag{6-13}$$

式中:$K_c=\dfrac{R_1}{R_0}$,$T_i=R_1C_1$,$K_i=\dfrac{K_c}{T_i}$。

式(6-13)中的 K_c 具有比例放大作用,第二项$\dfrac{K_i}{s}$相当于以 K_i 为积分增益系数的积分作用,二者合成为比例-积分控制。其控制系统结构如图 6-16 所示。

比例-积分调节器的频率特性为

$$W_c(j\omega)=K_c\frac{j\omega T_i+1}{j\omega T_i}=K_i\frac{j\omega T_i+1}{j\omega}$$

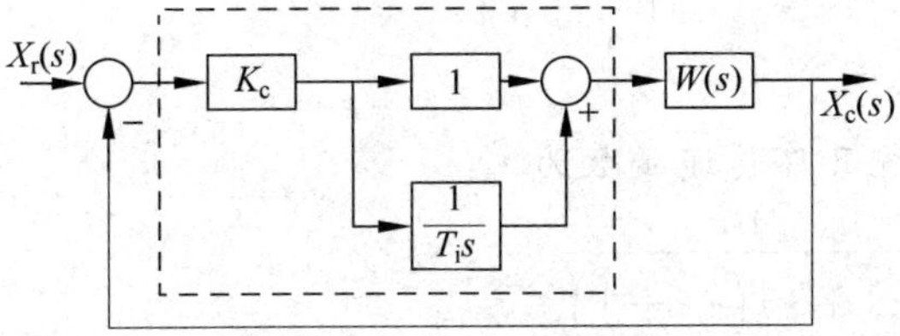

图 6-16　比例-积分调节器系统结构图

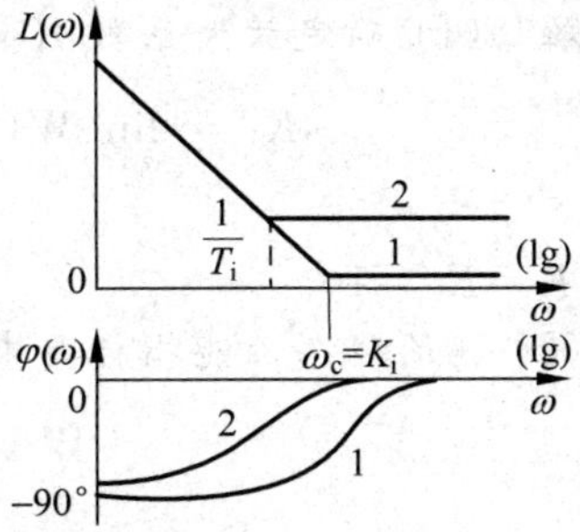

图 6-17　比例-积分校正装置伯德图

其对数频率特性绘于图 6-17，为−1/0 特性，其交接频率为

$$\omega_1 = \frac{1}{T_i}$$

3. 滞后(积分)校正举例

通过前面的分析可知，根据滞后校正装置参数的不同，积分校正可用来提高稳态精度或者是用来改善动态性能。从伯德图来看，前者是提高低频段增益，后者是降低穿越频率并衰减高频段。但是，就滞后校正本身而言，其主要作用是在高频段造成衰减，以使系统获得充分的相位裕度。

积分校正的步骤如下：

(1) 根据稳态误差的要求确定系统开环放大系数，再用这一放大系数绘制原系统的伯德图。由伯德图确定未校正系统的相位裕度和增益裕度。

(2) 根据给定的相位裕度，找出伯德图上符合这一相位裕度的频率。在这一频率的基础上，再考虑到校正装置特性所引起的滞后影响，适当增加(5°～15°)的补偿裕度，以符合此要求的频率作为校正后系统的开环对数幅频特性的穿越频率 ω_c'。

(3) 确定出原系统频率特性在 $\omega=\omega_c'$ 处幅值下降到零分贝时所必需的衰减量。使这一衰减量等于 $-20\lg\gamma_i$，从而确定 γ_i 的值。

(4) 选择交接频率 $\omega_2=1/T$ 低于 ω_c' 一倍到十倍频程，则另一交接频率可以由 $\omega_1=1/(\gamma_i T)$，从而确定 γ_i 的值。

(5) 校验相位裕度和其余性能指标。

(6) 确定校正装置的传递函数。

这里介绍的只是一般常用的校正步骤，按具体情况还不限于此。现举例加以说明。

例 6-2　系统的原有开环传递函数为

$$W(s) = \frac{K}{s(s+1)\left(\frac{s}{4}+1\right)}$$

要求系统校正后，稳态速度误差系数 $K_v=10$，相位裕度 $\gamma(\omega_c)\geqslant 30°$。

解 (1) 确定放大系数 K。因为

$$K_v = \lim_{s\to 0} sW(s) = \lim_{s\to 0}\frac{sK}{s(s+1)\left(\frac{s}{4}+1\right)} = K$$

所以 $K=K_v=10$。

(2) 满足稳态性能指标要求的系统开环传递函数为

$$W(s) = \frac{10}{s(s+1)\left(\frac{s}{4}+1\right)}$$

其伯德图绘于图 6-18,可见当对数幅频特性增益为零分贝时,相角位移为$-210°$,所以系统是不稳定的。

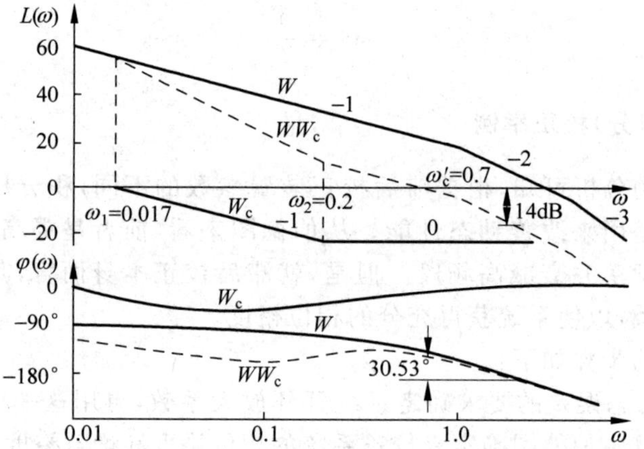

图 6-18 系统校正前后和校正装置伯德图

(3) 按相位裕度 $\gamma(\omega_c)=30°$的要求,并考虑校正装置在穿越频率附近造成的相位滞后的影响,再增加 15°的补偿裕量,故预选 $\gamma(\omega_c)\approx 45°$,取与 $\gamma(\omega_c)=45°$对应的频率 $\omega'_c=0.7$ 为校正后的穿越频率。

(4) 从伯德图上查得对应穿越频率 ω'_c 的对数幅频特性增益为 21.4dB,则得

$$20\lg\gamma_i = 21.4\text{dB},\quad \gamma_i = 11.75$$

(5) 预选交接频率 $\omega_2=\frac{1}{T}=\frac{\omega'_c}{3.5}$,即

$$\omega_2 = \frac{\omega'_c}{3.5} = \frac{0.7}{3.5} = 0.2$$

另一交接频率为

$$\omega_1 = \frac{1}{\gamma_i T} = \frac{0.2}{11.75} = 0.017$$

则校正装置的传递函数为

$$W_c(s) = \frac{Ts+1}{\gamma_i Ts+1} = \frac{\left(\frac{s}{0.2}+1\right)}{\left(\frac{s}{0.017}+1\right)}$$

(6) 将校正装置的对数频率特性绘制在同一个伯德图上，并与原系统的对数频率特性代数相加，即得出校正后系统开环对数幅频特性曲线和相频特性曲线，如标有 WW_c 符号的特性所示。

(7) 校正后的系统开环传递函数为

$$W(s)W_c(s)=\frac{10}{s(s+1)\left(\frac{s}{4}+1\right)}\frac{\left(\frac{s}{0.2}+1\right)}{\left(\frac{s}{0.017}+1\right)}$$

相位裕度

$$\gamma(\omega_c')=180°+\left(-90°-\arctan\frac{\omega_c'}{0.017}+\arctan\frac{\omega_c'}{0.2}-\arctan\omega_c'-\arctan\frac{\omega_c'}{4}\right)$$

当 $\omega_c'=0.7$ 时

$$\gamma(\omega_c')=30.53°$$

满足系统所提出的要求。

从伯德图查得其增益裕度为14dB。

(8) 校正装置选择为如图6-11所示的无源阻容电路，则

$$T=R_2C=5\text{s}$$

如果选 $R_2=250\text{k}\Omega$，则 $C=20\mu\text{F}$，$R_1=3\text{M}\Omega$。

由本例可以看出，校正步骤是先根据要求的相位裕度确定幅频特性衰减量，再由要求的衰减量确定校正装置的交接频率比 γ_i。

由前述可知，滞后校正装置实质上是一种低通滤波器。由于滞后校正的衰减作用，使穿越频率移到较低的频段上，而且是在斜率为 −20dB/dec 的特性区段之内，从而满足相位裕度 $\gamma(\omega_c)$ 的要求。另一方面，也正是由于它的衰减作用使系统的频带宽减小，导致系统动态响应时间增长。

为比较相位滞后校正和相位超前校正，现将二者的优缺点和适用范围列于表6-3。

表6-3 滞后校正和超前校正的比较

项目	滞后校正	超前校正
效果	1. 在相对稳定性不变情况下，增大速度误差系数，提高稳态精度 2. 降低开环穿越频率 ω_c，而且闭环频带也减小 3. 对于给定开环放大系数，由于在 ω_c 附近幅值衰减使相位裕度、增益裕度及谐振峰值均得到改善	1. 在 ω_c 附近使对数幅频特性斜率减小，增大系统相位裕度和增益裕度 2. 频带宽增加 3. 由于稳定裕度增加，单位阶跃响应的超调量减小 4. 不影响稳态误差
缺点	1. 频带宽减小，使动态响应时间增长 2. 需要大的 RC 元件	1. 由于频带加宽，对高频干扰较敏感 2. 用无源网络时，必须增加放大系数
适用范围	1. 在 ω_c 附近，随 ω 增大，系统相位滞后急剧增加，以致难于采用超前校正的情况 2. 宜于减小 BW 和减慢动态响应的情况 3. 高频干扰为主要问题的情况	1. 靠近 ω_c，随 ω 变化，相位滞后缓慢增加的情况 2. 要求有大的 BW 和快的动态响应 3. 高频干扰不是主要问题的情况

续表

项目	滞后校正	超前校正
不适用情况	1. 在低频区找不到所要求的相位裕度区段 2. 当动态响应、BW 或稳态误差等指标过于严格的情况	1. 在 ω_c 附近,相位滞后随 ω 迅速增大的情况 2. 相位超前要求过大 3. 因高频干扰指标所限,不能增大高频增益的情况

6.2.3 串联滞后-超前(积分-微分)校正

实际系统中常用比例-积分-微分(简称 PID)调节器,来实现类似滞后-超前校正的作用。

比例-积分-微分控制器的传递函数为

$$W_c(s) = K_p\left(1 + \frac{1}{T_i s} + T_d s\right) \tag{6-14}$$

若控制器的连接如图 6-5 所示,则其输入输出关系为

$$m(t) = K_p e(t) + \frac{K_p}{T_i}\int_0^t e(t)\mathrm{d}t + K_p T_d \frac{\mathrm{d}}{\mathrm{d}t}e(t) \tag{6-15}$$

从上式可见,比例项为基本控制作用;超前(微分)校正会使带宽增加,加快系统的动态响应;滞后(积分)校正可改善系统稳态特性,减小稳态误差。三种控制规律各负其责、灵活组态,以满足不同的要求,这正是 PID 控制得到广泛应用的主要原因。

1. 滞后-超前电路的频率特性

滞后-超前校正电路可用如图 6-19 所示无源阻容电路来实现,这一电路的传递函数为

$$W(s) = \frac{(T_d s + 1)(T_i s + 1)}{\left(\frac{T_d}{\gamma}s + 1\right)(\gamma T_i s + 1)} \tag{6-16}$$

式中:$T_i = 1/\omega_1 = R_1C_1$;$T_d = 1/\omega_2 = R_2C_2$;

$$\gamma = \frac{(T_d + T_i + R_1C_2) + \sqrt{(T_d + T_i + R_1C_2)^2 - 4T_dT_i}}{2T_i} > 1。$$

其频率特性为

$$W_c(\mathrm{j}\omega) = \left(\frac{\mathrm{j}\omega T_d + 1}{\mathrm{j}\omega\dfrac{T_d}{\gamma} + 1}\right)\left(\frac{\mathrm{j}\omega T_i + 1}{\mathrm{j}\omega\gamma T_i + 1}\right)$$

伯德图绘于图 6-20。应指出,在低频段上和高频段上,其幅频特性曲线均为零分贝。

从滞后-超前电路的伯德图可看出,幅频特性的低频段是相位滞后部分,由于具有使增益衰减的作用,所以容许在低频段提高增益,以改善系统的稳态特性。

幅频特性的高频段是相位超前部分,因增加了相位超前角度,使相位裕度增大,从而改善了系统的动态响应。

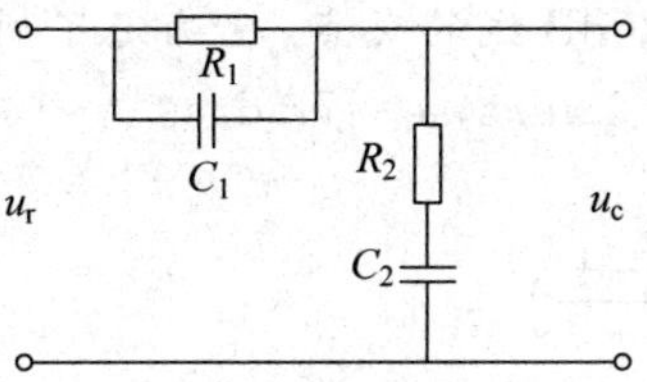

图 6-19　无源阻容滞后-超前校正电路

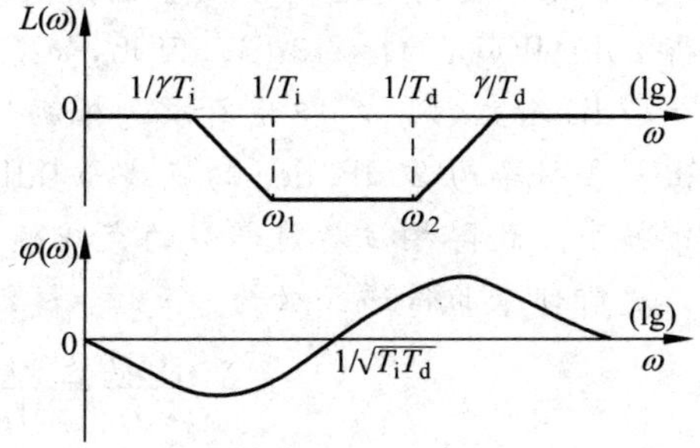

图 6-20　滞后-超前校正电路伯德图

2. 滞后-超前校正举例

例 6-3　设有一个单位反馈系统,其开环传递函数为

$$W(s)=\frac{K}{s(s+1)(s+2)}$$

试确定滞后-超前校正装置,使系统满足下列指标:稳态速度误差系数 $K_v=10s^{-1}$,相位裕度 $\gamma(\omega_c)=50°$,增益裕度 $GM\geqslant 10dB$。

解

(1) 根据稳态速度误差系数的要求,可得

$$K_v=\lim_{s\to 0}sW(s)=\lim_{s\to 0}\frac{sK}{s(s+1)(s+2)}=\frac{K}{2}=10$$

所以

$$K=20$$

(2) 绘制开环传递函数的伯德图。开环传递函数为

$$W(s)=\frac{10}{s(s+1)\left(\frac{s}{2}+1\right)}$$

其伯德图绘于图 6-21。由图可见,未校正系统的相位裕度为 $-32°$,说明系统是不稳定的。

(3) 选择新的穿越频率 ω'_c。从 $W(j\omega)$ 的相频特性曲线可以发现,当 $\omega=1.5rad/s$ 时,相位移为 $-180°$。这样,选择 $\omega'_c=1.5rad/s$ 易于实现,其所需的相位超前角约为 50°,可采用滞后-超前校正电路进行校正。

(4) 确定滞后-超前校正电路相位滞后部分。设交接频率 $\omega_1=1/T_i$,选在穿越频率 ω'_c 的十分之一处,即 $\omega_1=0.15rad/s$,并且选择 $\gamma=10$,则交接频率 $\omega_0=1/\gamma T_i=0.015rad/s$。

滞后-超前校正电路相位滞后部分的传递函数可写成

$$\left(\frac{s+0.15}{s+0.015}\right)=10\left(\frac{6.67s+1}{66.7s+1}\right)$$

(5) 相位超前部分的确定。因新的穿越频率$\omega'_c=1.5\text{rad/s}$，所以从图6-21可求得$20\lg|W(j\omega'_c)|=13\text{dB}$。因此，如果滞后-超前校正电路在$\omega=1.5\text{rad/s}$处产生$-13\text{dB}$增益，则$\omega'_c$即为所求。根据这一要求，通过点$(-13\text{dB},1.5\text{rad/s})$可以画出一条斜率为20dB/dec的直线与0dB线及-20dB线的交点，就确定了所求的交接频率。故得相位超前部分的交接频率$\omega_2=0.7\text{rad/s}$，$\omega_3=7\text{rad/s}$。

超前部分的传递函数为

$$\frac{s+0.7}{s+7}=\frac{1}{10}\left(\frac{1.43s+1}{0.143s+1}\right)$$

(6) 滞后-超前校正装置的传递函数为

$$W_c(s)=\left(\frac{s+0.7}{s+7}\right)\left(\frac{s+0.15}{s+0.015}\right)=\left(\frac{1.43s+1}{0.143s+1}\right)\left(\frac{6.67s+1}{66.7s+1}\right)$$

校正装置及校正后系统的开环特性曲线，见图6-21。

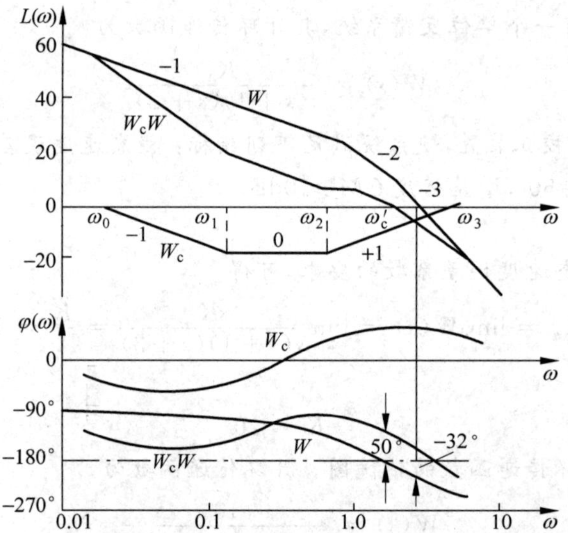

图6-21 未校正系统、校正装置和校正后系统的伯德图

W—未校正系统；W_c—校正装置；W_cW—校正后系统

(7) 校正后系统的开环传递函数为

$$W_c(s)W(s)=\frac{(s+0.7)(s+0.15)20}{s(s+7)(s+0.015)(s+1)(s+2)}$$

$$=\frac{10(1.43s+1)(6.67s+1)}{s(0.143s+1)(66.7s+1)(s+1)(0.5s+1)}$$

校正后系统的相位裕度等于50°，增益裕度等于16dB，而稳态速度误差系数等于10s^{-1}，满足所提出的要求。

常用无源校正网络和有源校正网络的电路图、传递函数和对数幅频渐近特性或频率特性分别列于表6-4和表6-5。

表 6-4　常用无源校正网络

序号	电路图	传递函数	对数幅频渐进特性
1	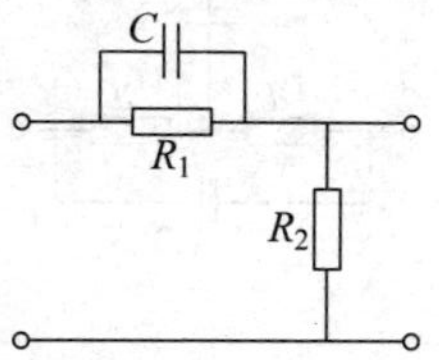	$W(s)=K\dfrac{T_1s+1}{T_2s+1}$ $K=R_2/(R_1+R_2)$ $T_1=R_1C$ $T_2=\dfrac{R_1R_2}{R_1+R_2}C$	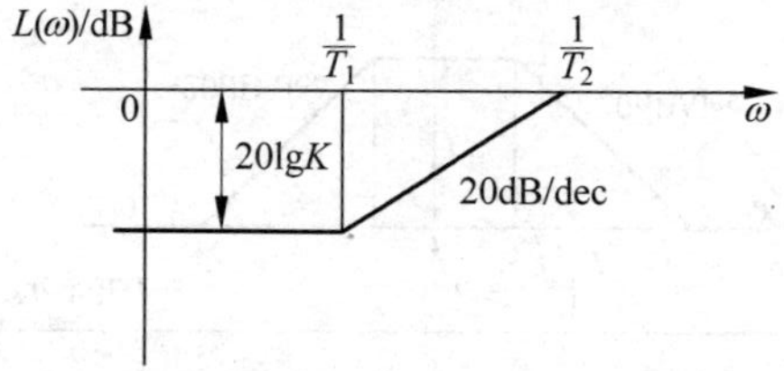
2	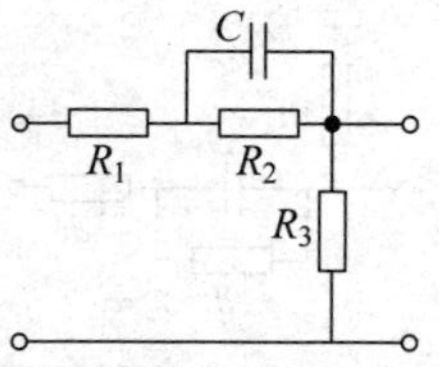	$W(s)=K\dfrac{T_1s+1}{T_2s+1}$ $K=R_3/(R_1+R_2+R_3)$ $T_1=R_2C$ $T_2=\dfrac{(R_1+R_2)R_3}{R_1+R_2+R_3}C$	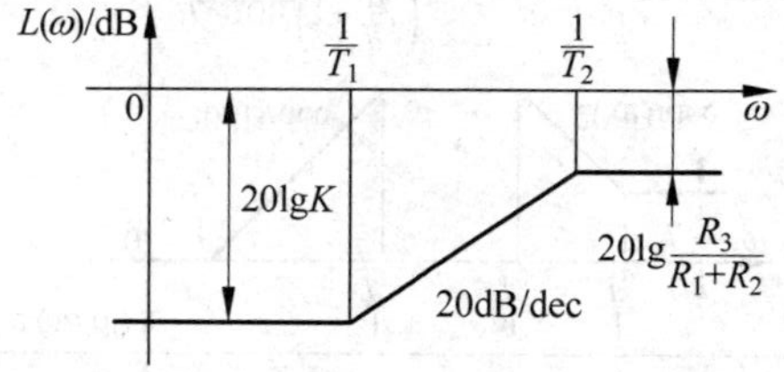
3	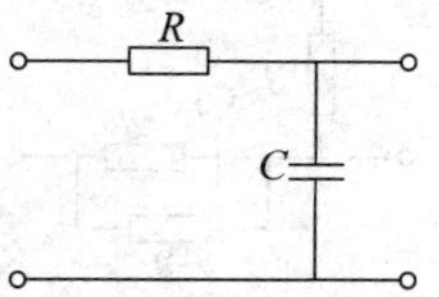	$W(s)=\dfrac{1}{Ts+1}$ $T=RC$	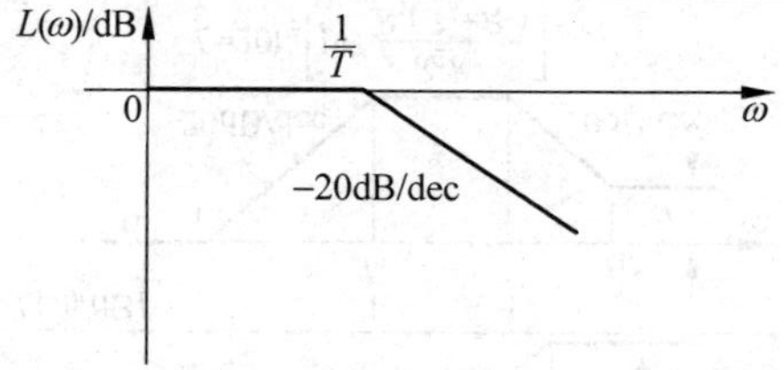
4	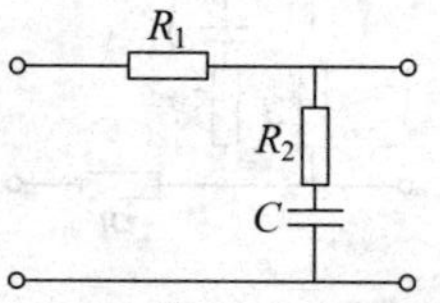	$W(s)=K\dfrac{T_2s+1}{T_1s+1}$ $T_1=(R_1+R_2)C$ $T_2=R_2C$	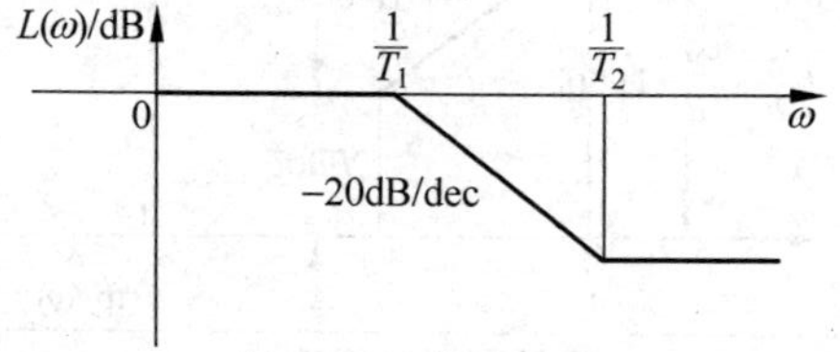

续表

序号	电路图	传递函数	对数幅频渐进特性
5	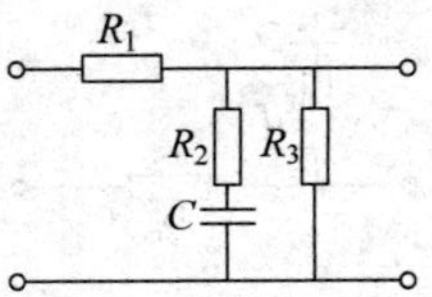	$W(s)=K\dfrac{T_2s+1}{T_1s+1}$ $K=R_2/(R_1+R_3)$ $T_1=\left(R_2+\dfrac{R_1R_3}{R_1+R_3}\right)C$ $T_2=R_2C$	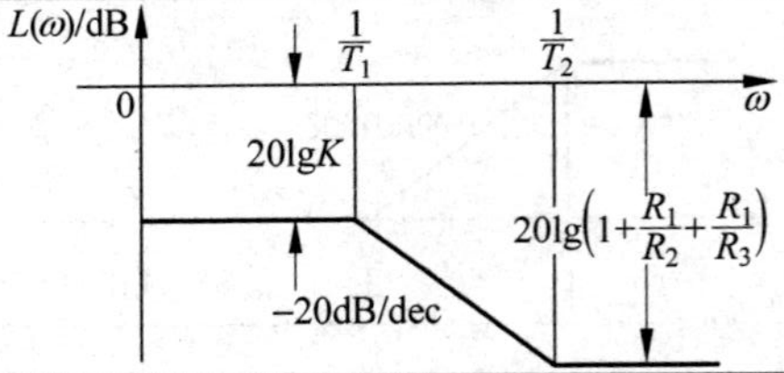
6	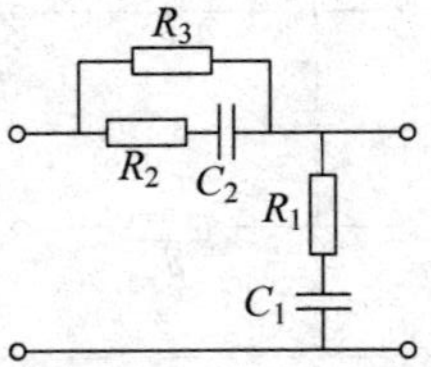	$W(s)=$ $\dfrac{(T_1s+1)(T_2s+1)}{T_1T_2\left[1+\dfrac{R_2R_3}{R_1(R_2+R_3)}\right]s^2+\left[T_1\left(1+\dfrac{R_3}{R_1}\right)+T_2\right]s+1}$ $T_1=R_1C_1$ $T_2=(R_2+R_3)C_2$	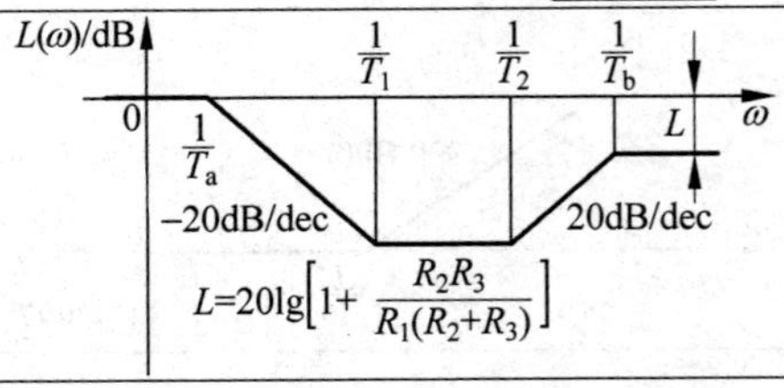
7	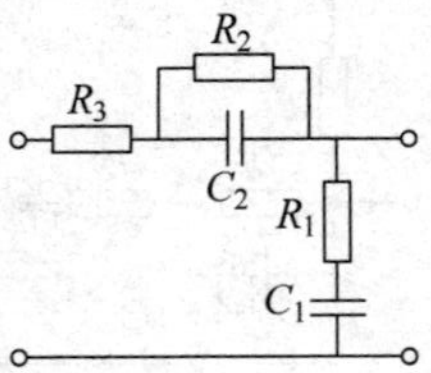	$W(s)=$ $\dfrac{(T_1s+1)(T_2s+1)}{T_1T_2\left(1+\dfrac{R_3}{R_1}\right)s^2+\left[T_2+T_1\left(1+\dfrac{R_2}{R_1}+\dfrac{R_3}{R_1}\right)\right]s+1}$ $T_1=R_1C_1$ $T_2=R_2C_2$	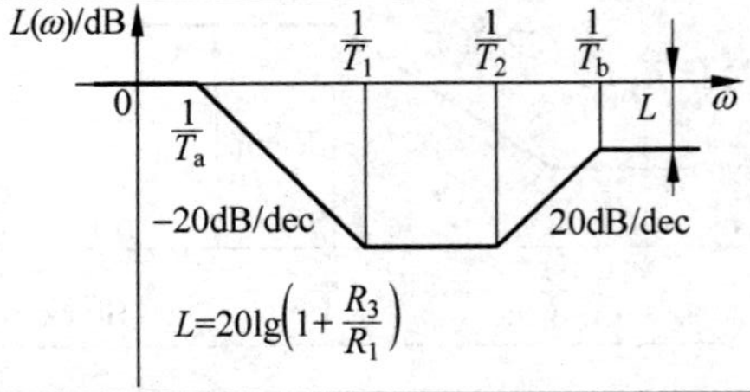
8	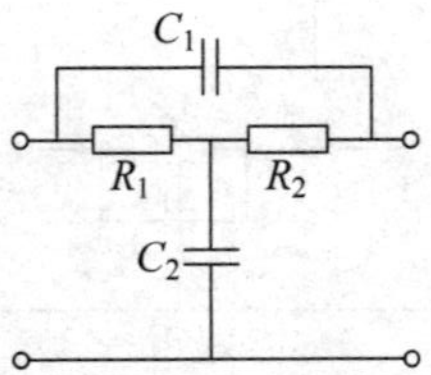	$W(s)=$ $\dfrac{T_1T_2s^2+T_2s+1}{T_1T_2s^2+\left[T_1\left(1+\dfrac{R_1}{R_2}\right)+T_2\right]s+1}$ $T_1=\dfrac{R_1R_2}{R_1+R_2}C_2$ $T_2=(R_1+R_2)C_1$	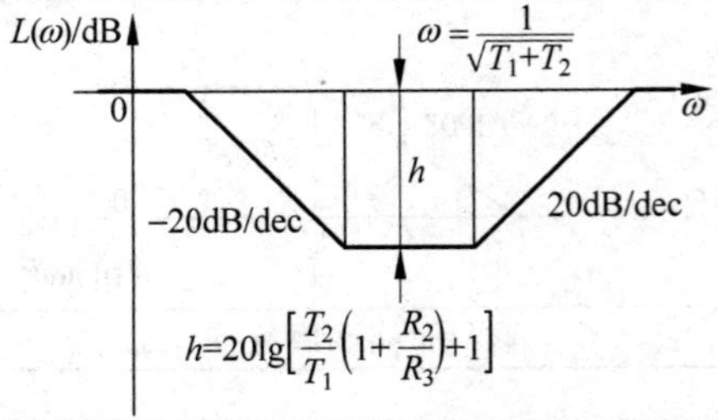

续表

序号	电路图	传递函数	对数幅频渐进特性
9	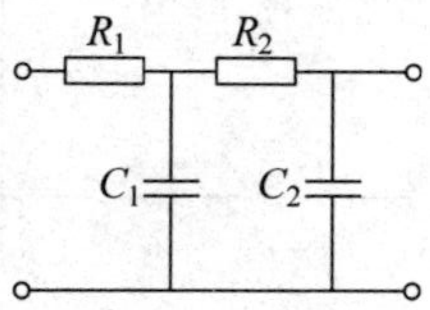	$W(s)=$ $\dfrac{1}{T_1T_2s^2+\left[T_2\left(1+\dfrac{R_1}{R_2}\right)+T_1\right]s+1}$ $T_1=R_1C_1$ $T_2=R_2C_2$	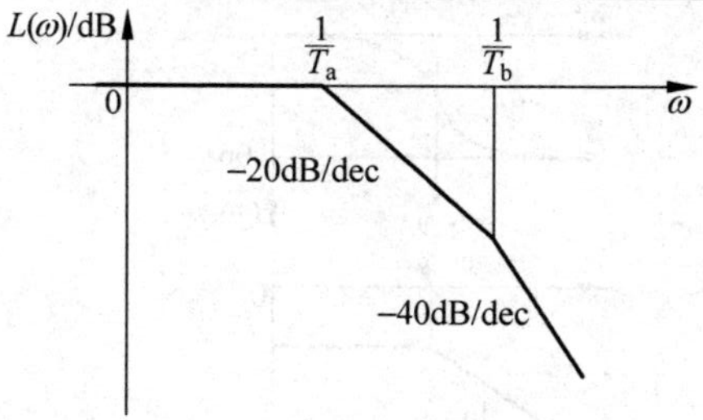
10	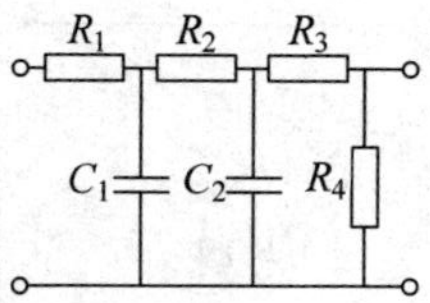	$W(s)=$ $\dfrac{1}{T_1T_2s^2+\left[T_2\left(1+\dfrac{R_1}{R_2}\right)+T_1\ \dfrac{R_1+R_2+R_3}{R_4}\right]s+K'}$ $T_1=R_1C_1$ $T_2=\dfrac{R_3+R_4}{R_4}R_2C_2$ $K'=\dfrac{R_1+R_2+R_3+R_4}{R_4}$	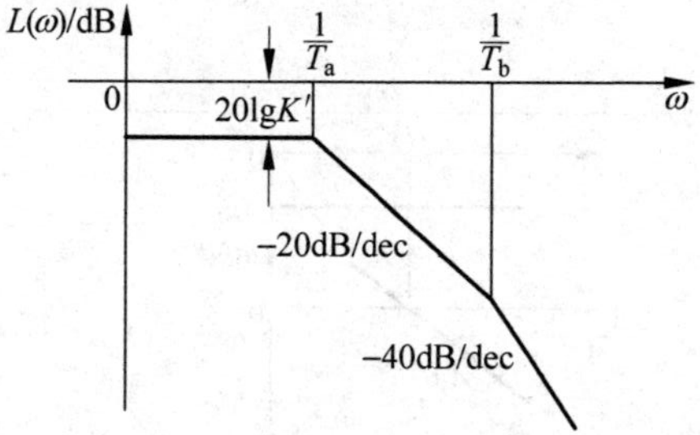
11	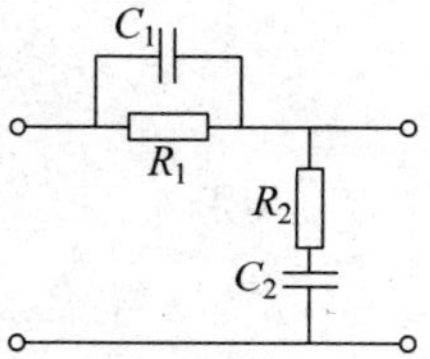	$W(s)=$ $\dfrac{T_1T_2s^2+(T_1+T_2)s+1}{T_1T_2s^2+\left[T_1\left(1+\dfrac{R_1}{R_2}\right)+T_2\right]s+1}$ $T_1=R_1C_1$ $T_2=R_2C_2$	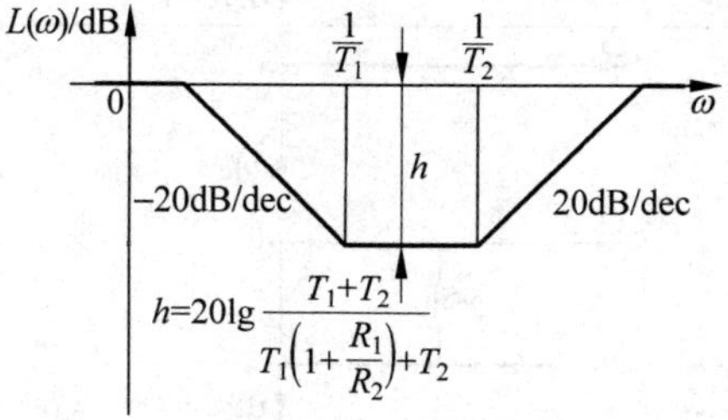

表 6-5 常用有源校正网络

序号	类型	原理图	传递函数	频率特性
1	比例	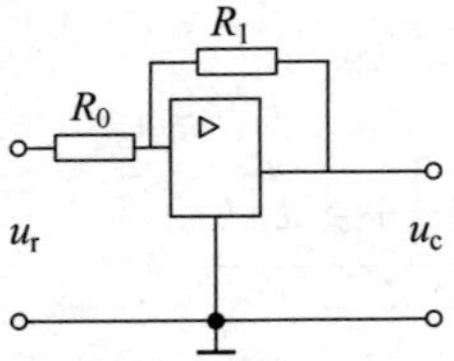	$W(s)=\frac{R_1}{R_0}$	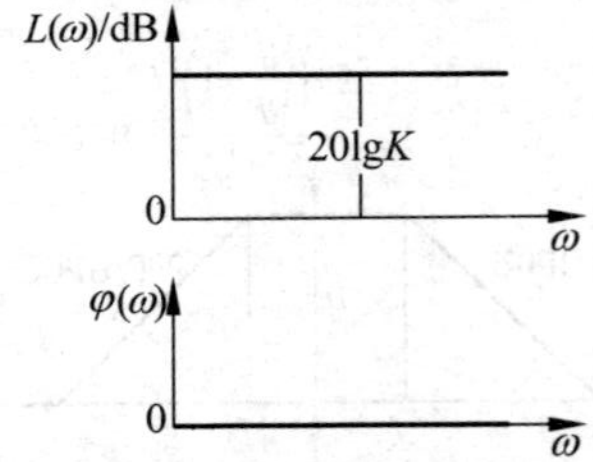
2	微分	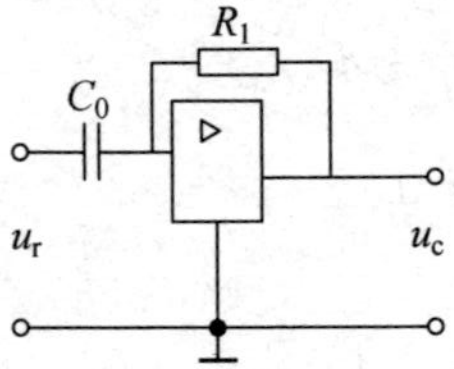	$W(s)=\tau s$ $\tau=R_1C_0$	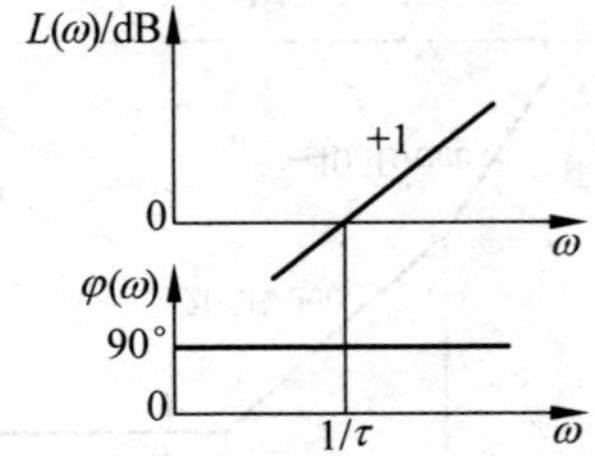
3	比例-微分	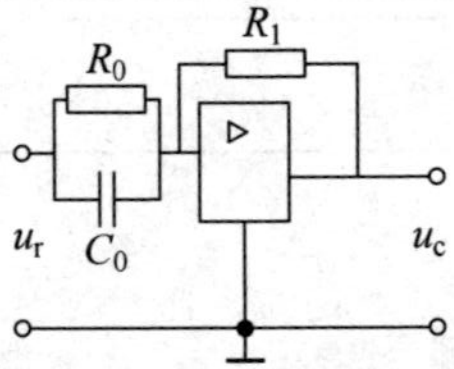	$W(s)=K(1+\tau s)$ $\tau=R_0C_0$ $K=\frac{R_1}{R_0}$	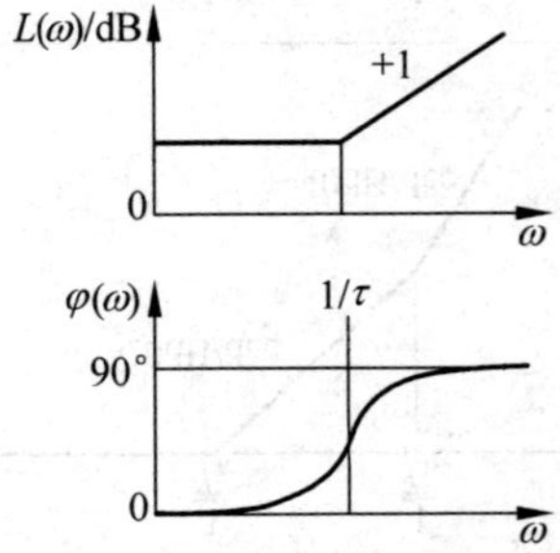
4	比例-微分	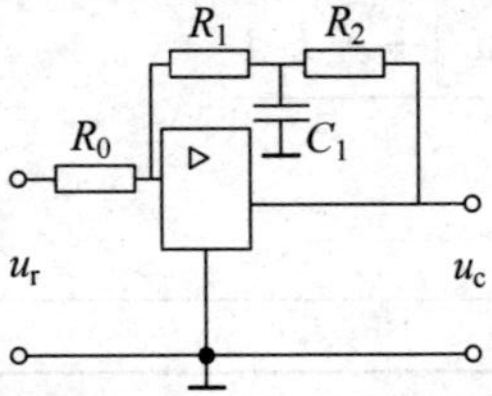	$W(s)=K(1+\tau s)$ $\tau=\frac{R_1R_2}{R_1+R_2}C_1$ $K=\frac{R_1+R_2}{R_0}$	

续表

序号	类型	原理图	传递函数	频率特性
5	积分	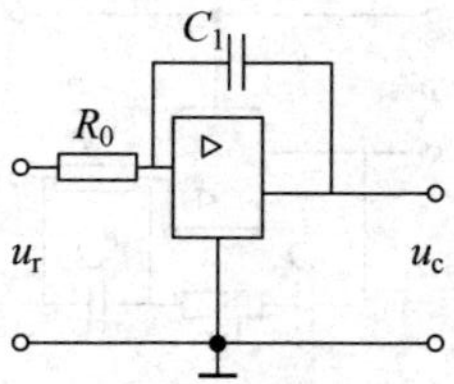	$W(s)=\frac{1}{\tau s}$ $\tau=R_0C_1$	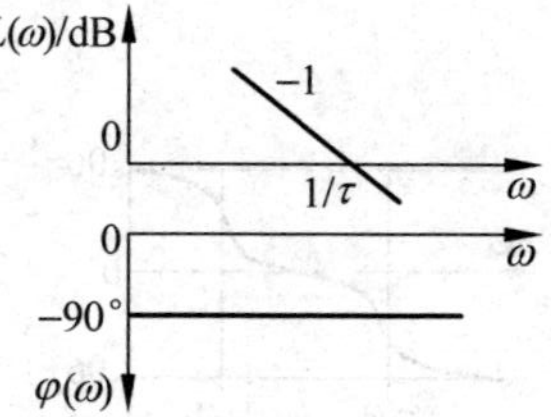
6	比例-积分	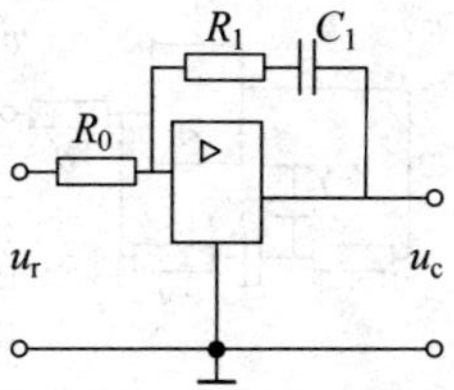	$W(s)=\frac{K(1+\tau s)}{\tau s}$ $\tau=R_1C_1$ $K=\frac{R_1}{R_0}$	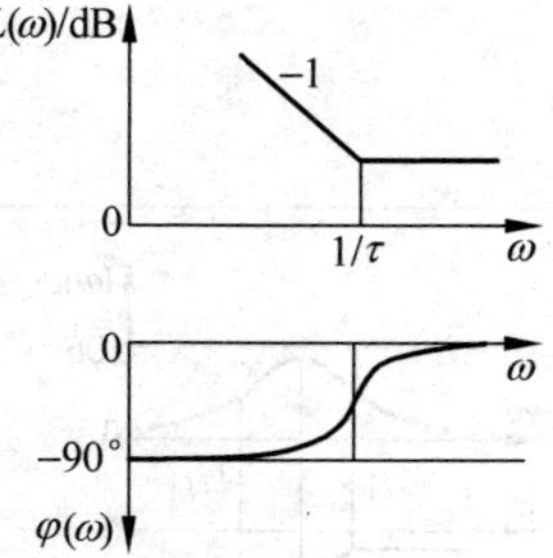
7	比例-积分	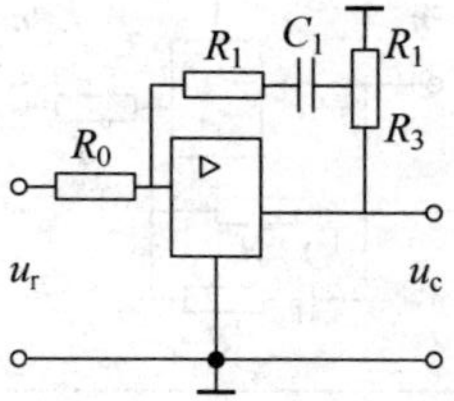	$W(s)=K(1+\alpha)\frac{(1+\tau s)}{\tau s}$ $\tau=R_1C_1$ $K=\frac{R_1}{R_0}$ $\alpha=\frac{R_3}{R_2}[R_1\gg(R_2+R_3)]$	

续表

序号	类型	原理图	传递函数	频率特性
8	滞后	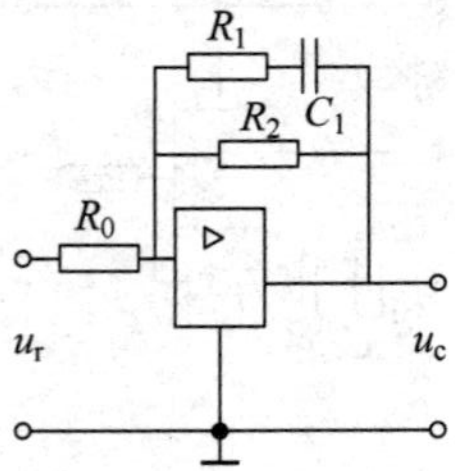	$W(s)=K\frac{1+\tau_1 s}{1+\tau_2 s}$ $\tau_1=R_1C_1$ $\tau_2=(R_1+R_2)C_1$ $K=\frac{R_2}{R_0}$	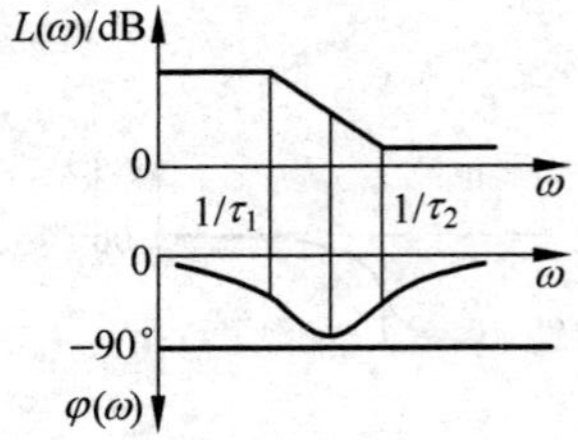
9	比例-积分-微分	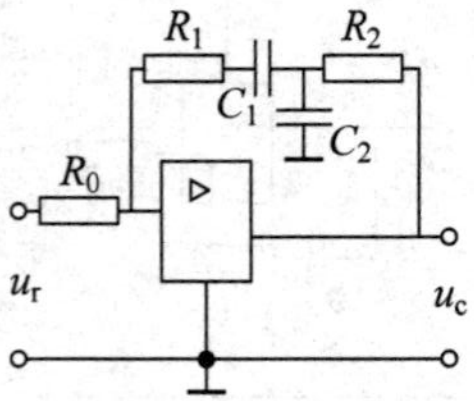	$W(s)=K\frac{(1+\tau_1 s)(1+\tau_2 s)}{\tau_1 s}$ $\tau_1=R_1C_1$ $\tau_2=R_2C_2$ $K=\frac{R_1}{R_0}[C_2\gg C_1, R_1\gg R_2]$	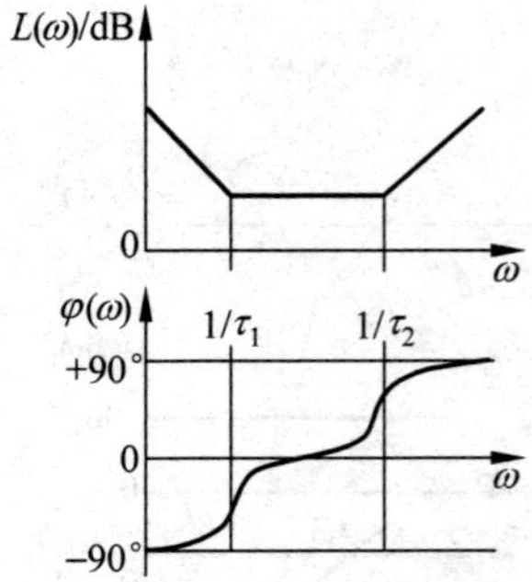
10	比例-积分-微分	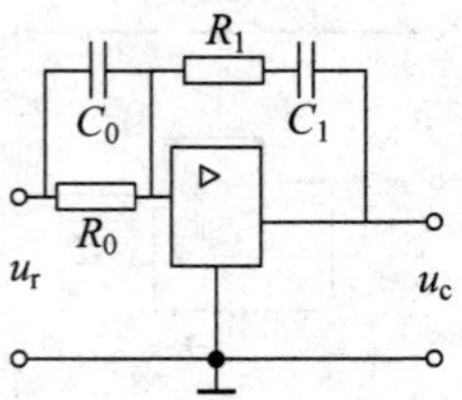	$W(s)=K\frac{(1+\tau_1 s)(1+\tau_2 s)}{\tau_1 s}$ $\tau_1=R_1C_1$ $\tau_2=R_2C_2$ $K=\frac{R_1}{R_0}$	(同上，与序号 9 共用)

续表

序号	类型	原理图	传递函数	频率特性
11	惯性	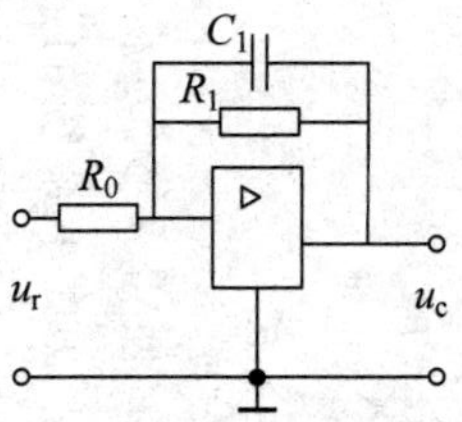	$W(s)=K\dfrac{1}{1+\tau s}$ $\tau=R_1C_1$ $K=\dfrac{R_1}{R_0}$[$C_1R_1\gg1$ 时为积分]	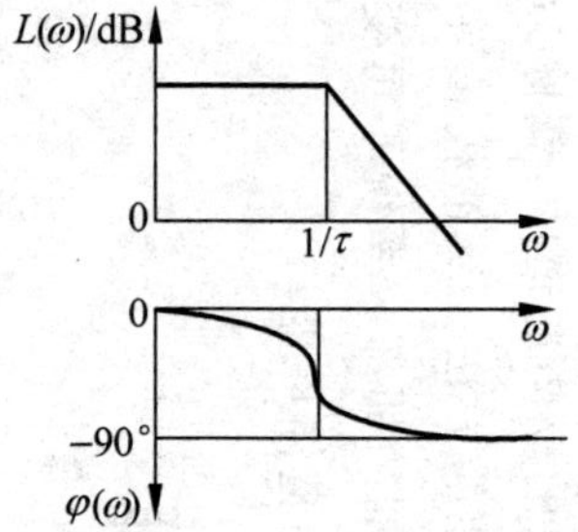
12	惯性	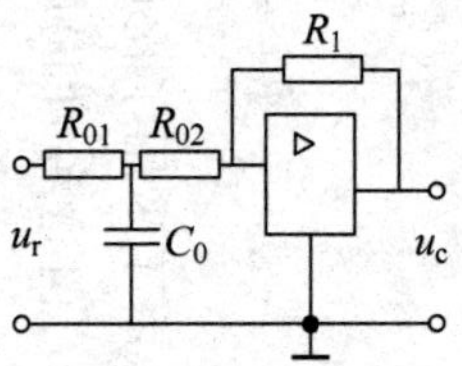	$W(s)=K\dfrac{1}{1+\tau s}$ $\tau=\dfrac{R_{01}R_{02}}{R_{01}+R_{02}}C_0$ $K=\dfrac{R}{R_{01}+R_{02}}$	

6.3 反馈校正

校正装置处在被校正对象的反向通道中,就称为反馈校正。本节将介绍用反馈校正来改变系统的频率特性的方法。反馈校正除获得与串联校正相似的效果外,还能消除被反馈校正所包围的那部分系统不可变部分的参数波动对系统控制功能的影响。从而提高系统的整体性能。

6.3.1 反馈校正的功能

1. 比例负反馈

比例负反馈可以减弱为其包围的环节的惯性,从而将扩展该环节的带宽,提高系统的响应速度。

例如,某系统开环传递函数为

$$W_K(s)=\frac{K}{Ts+1}$$

采用比例系数为 K_h 的比例负反馈,如图 6-22 所示。下面来分析该系统的性能。

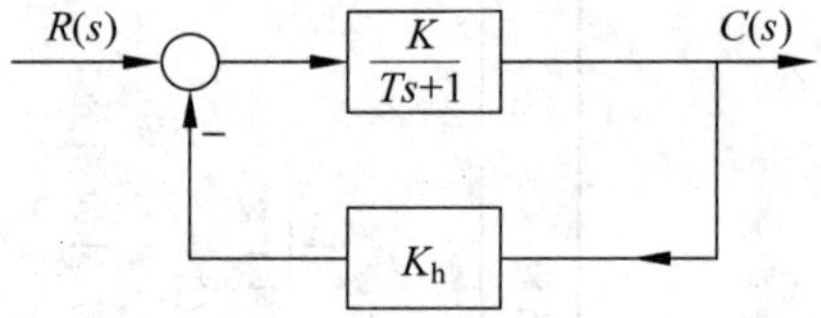

图 6-22 具有比例负反馈环节系统的框图

系统加入反馈后的传递函数为

$$\frac{C(s)}{R(s)}=\frac{K}{Ts+1+KK_h}=\frac{K'}{T's+1} \tag{6-17}$$

式中:

$$T'=\frac{1}{1+KK_h}T \tag{6-18}$$

$$K'=\frac{1}{1+KK_h}K \tag{6-19}$$

从式(6-18)看到,由于采用了比例负反馈,使得 T' 大为减小,因而由惯性影响的动态性能得到改善。但这种性能的改善是以减小系统的放大倍数为前提的。从式(6-19)可以明显看出 K' 也减小了。要想保持或增大放大倍数,可以通过提高串接在系统正向通道中的放大环节的增益来补偿,以确保系统的稳态性能指标。

闭环系统频率特性的幅值由其初始值 $M(0)$ 减小到 0.707 $M(0)$ 时的频率(或由 $\omega=0$ 时的幅频增益降低 3dB 时的频率)称为闭环系统的带宽频率 ω_b。在如图 6-23 所示的伯德图中,称频率范围 $0\leqslant\omega\leqslant\omega_b$ 为系统的频带宽(简称带宽,简记为 BW)。从系统的频率特性来看,比例负反馈可使闭环系统的带宽得到扩展。反馈前的带宽频率 ω_b 可以用下式解得

$$\left|\frac{K}{1+jT\omega_b}\right|=\frac{K}{\sqrt{2}}$$

所以

$$\omega_b = \frac{1}{T} \tag{6-20}$$

反馈后的带宽用同样的方法可以得到

$$\omega'_b = (1 + KK_h)\frac{1}{T} \tag{6-21}$$

比较式(6-20)和式(6-21)可知，具有比例负反馈的带宽将扩展($1+KK_h$)倍，基本上与反馈系数成正比。这个结论从图 6-23 中可以看得很清楚(在图 6-23 中，反馈后系统的放大倍数已经得到了补偿)。由于带宽得到扩展，因而系统的响应速度就加快；这对改善系统的动态性能是有利的。这是在反馈校正中常用的一种方法。

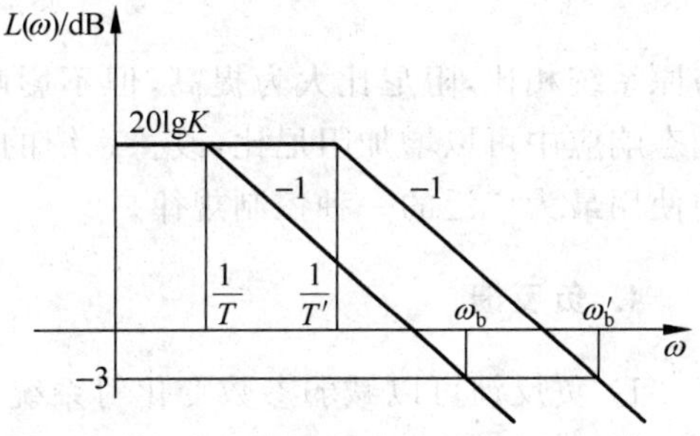

图 6-23　惯性环节的对数幅频特性

2. 正反馈

正反馈可以提高放大环节的放大倍数。

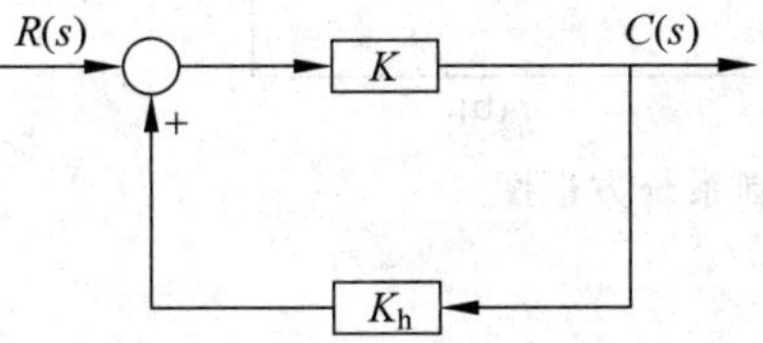

图 6-24　正反馈系统方框图

如图 6-24 所示，反馈后的传递函数为

$$\frac{C(s)}{R(s)} = \frac{K}{1-KK_h} \tag{6-22}$$

从上式看出，当 KK_h 趋于 1 时，上述放大环节的放大倍数将远大于原来的 K 值。这正是正反馈所独具的特点之一。

3. 微分负反馈

微分负反馈将增加系统的阻尼比。

图 6-25 是一个带微分负反馈的二阶系统。原系统的传递函数是

$$W_B(s) = \frac{\omega_n^2}{s^2 + 2\xi\omega_n s + \omega_n^2}$$

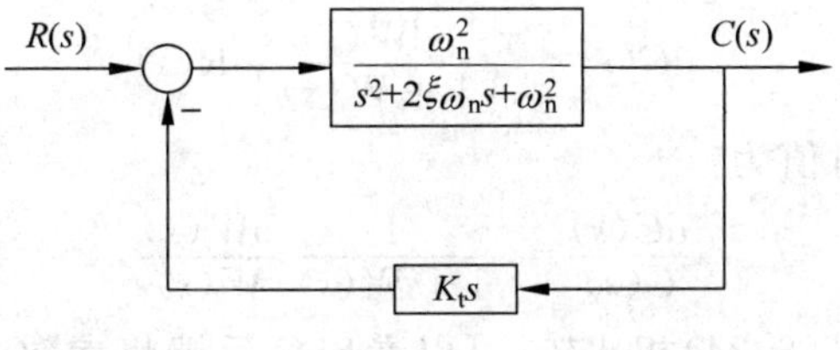

图 6-25　微分负反馈系统方框图

其阻尼比为 ξ，无阻尼自然角频率为 ω_n。

在加入微分负反馈以后，系统的传递函数为

$$\frac{C(s)}{R(s)}=\frac{\omega_n^2}{s^2+(2\xi\omega_n+K_t\omega_n^2)s+\omega_n^2}$$

显然，微分反馈后的阻尼比为

$$\xi_t=\xi+\frac{1}{2}K_t\omega_n \tag{6-23}$$

与原系统相比，阻尼比大为提高，但不影响无阻尼自然角频率 ω_n。微分负反馈在动态响应中可以增加阻尼比，改善系统的相对稳定性能。微分负反馈是反馈校正中使用最为广泛的一种控制规律。

4. 负反馈

1）负反馈可以减弱参数变化对系统性能的影响。

图6-26给出了一个带反馈校正的控制系统方块图。在图6-26(a)中，可以用微分表示由于 $W(s)$ 参数发生变化而引起的输出变化，即

$$dC(s)=R(s)dW(s)$$

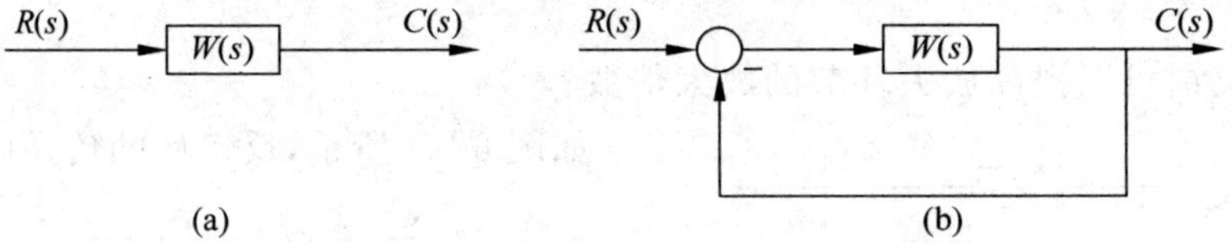

图6-26　带反馈校正的控制系统方框图

其相对值为

$$\frac{dC(s)}{C(s)}=\frac{dW(s)}{W(s)} \tag{6-24}$$

式(6-24)表示对象特性的相对变化与输出的相对变化成比例。

在图6-26(b)中，如果 $W(s)$ 发生了同样的变化而引起的输出变化可以这样求：

由于

$$C(s)=\frac{W(s)}{1+W(s)}R(s)$$

所以

$$dC(s)=\frac{dW(s)}{[1+W(s)]^2}R(s)$$

两式相除可得其相对值为

$$\frac{dC(s)}{C(s)}=\frac{1}{1+W(s)}\frac{dW(s)}{W(s)} \tag{6-25}$$

将式(6-25)与式(6-24)相比较，可以看出负反馈将参数变化对输出的影响大大地减少了，减小到原来的 $\frac{1}{1+W(s)}$。

2）负反馈还可以消除系统不可变部分中的不希望有的特性。

如图 6-27 所示，原系统中 $W_2(s)$是不希望有的特性。这种特性有可能含有严重的非线性，也有可能参数会发生较大的变化，也有可能其特性对系统不利。现在用局部反馈 $W_c(s)$来校正，下面分析校正后的局部闭环的特性。

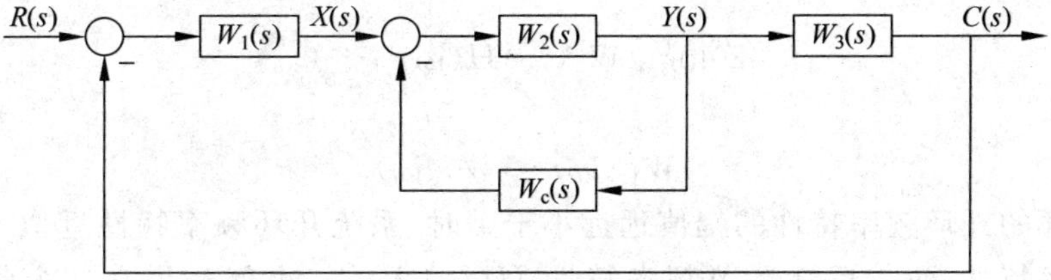

图 6-27　局部反馈校正系统方框图

因为

$$\frac{Y(s)}{X(s)}=\frac{W_2(s)}{1+W_2(s)W_c(s)}$$

其频率特性为

$$\frac{Y(j\omega)}{X(j\omega)}=\frac{W_2(j\omega)}{1+W_2(j\omega)W_c(j\omega)}$$

如果在决定系统动态响应性能的中频区范围内能满足下列条件，即

$$|W_2(j\omega)W_c(j\omega)|\gg 1$$

则频率特性可以表示为

$$\frac{Y(j\omega)}{X(j\omega)}\approx\frac{1}{W_c(j\omega)}\tag{6-26}$$

式(6-26)表明，在一定的参数配合条件下，局部小闭环的特性几乎与原系统的 $W_2(s)$部分无关。这一方面表明了反馈校正可以消除某些不希望的特性的影响，另一方面，利用反馈校正还可以构成期望的系统特性。

6.3.2　反馈校正装置的设计

1. 用频率法分析反馈校正系统

如图 6-28 所示的系统结构图，图中 $W_1(s)$为被控对象的传递函数，$H(s)$为局部反馈环节的传递函数。

首先就图 6-28 所示系统的开环传递函数写出其频率特性

$$\frac{X_c(j\omega)}{E(j\omega)}=W_K(j\omega)=\frac{W_1(j\omega)}{1+W_1(j\omega)H(j\omega)}$$

图 6-28　反馈校正系统结构图

则闭环系统的稳定性将决定于 $W_K(j\omega)$的特

性。为了得到近似的 $W_K(j\omega)$ 特性，为使校正的计算简便起见，我们考虑做如下近似。

(1) 当

$$|W_1(j\omega)H(j\omega)| \ll 1 \tag{6-27}$$

或

$$20\log|W_1(j\omega)H(j\omega)| \ll 0$$

取

$$W_K(j\omega) \approx W_1(j\omega) \tag{6-28}$$

即当内环的开环频率特性的幅值远远小于1时，系统开环频率特性近似等于被控对象频率特性，而与反馈环节频率特性 $H(j\omega)$ 无关。也就是说在这个频率范围内，认为反馈已经不起作用了。

(2) 当

$$|W_1(j\omega)H(j\omega)| \gg 1 \tag{6-29}$$

或

$$20\log|W_1(j\omega)H(j\omega)| \gg 0$$

则

$$W_K(j\omega) \approx \frac{W_1(j\omega)}{W_1(j\omega)H(j\omega)} = \frac{1}{H(j\omega)} \tag{6-30}$$

即当内环的开环频率特性的幅值远远大于1时，可以认为系统开环频率特性近似等于反馈校正装置的频率特性 $H(j\omega)$ 的倒数，而与对象的频率特性 $W_1(j\omega)$ 无关。

但在 $|W_1(j\omega)H(j\omega)|=1$ 附近，上述近似将产生较大的误差。然而，在一般情况下，在 $W_K(j\omega)$ 的穿越频率 ω_c 附近，$W_1(j\omega)H(j\omega)$ 的幅值将远远大于1，因此可以得到较为满意的结果。这是因为 ω_c 附近的伯德图形状对于系统的稳定性和动态指标影响最大。只要在 ω_c 附近 $|W_1(j\omega)H(j\omega)|>5$，这一近似方法就足以给出满意的结果。

例 6-4　对象传递函数

$$W_1(s) = \frac{K_1}{s(1+T_1 s)(1+T_2 s)}$$

式中：$T_1=0.25$，$T_2=0.0625$，$K_1=100$。

采用反馈校正装置，其传递函数为

$$H(s) = \frac{K_H s^2}{1+Ts}$$

式中：$K_H=0.25$，$T=1.25$。

试分析反馈校正装置的作用，绘出校正后系统的等效开环对数频率特性，并求出其等效开环传递函数。

解　系统开环传递函数为

$$W_K(s) = \frac{W_1(s)}{1+W_1(s)H(s)}$$

（1）绘出 $W_1(\mathrm{j}\omega)$的伯德图，见图 6-29(a)。可以看出，其穿越频率 $\omega_c \approx 19$，并可得到 $\gamma(\omega_c)=-38°$，故系统是不稳定的。

（2）绘出 $H(\mathrm{j}\omega)$，如图 6-29(b)。可以看到，$H(\mathrm{j}\omega)$特性是以 20dB/dec 的斜率穿过零分贝线。$\dfrac{1}{H(\mathrm{j}\omega)}$的对数幅频特性与 $H(\mathrm{j}\omega)$对称于零分贝线。

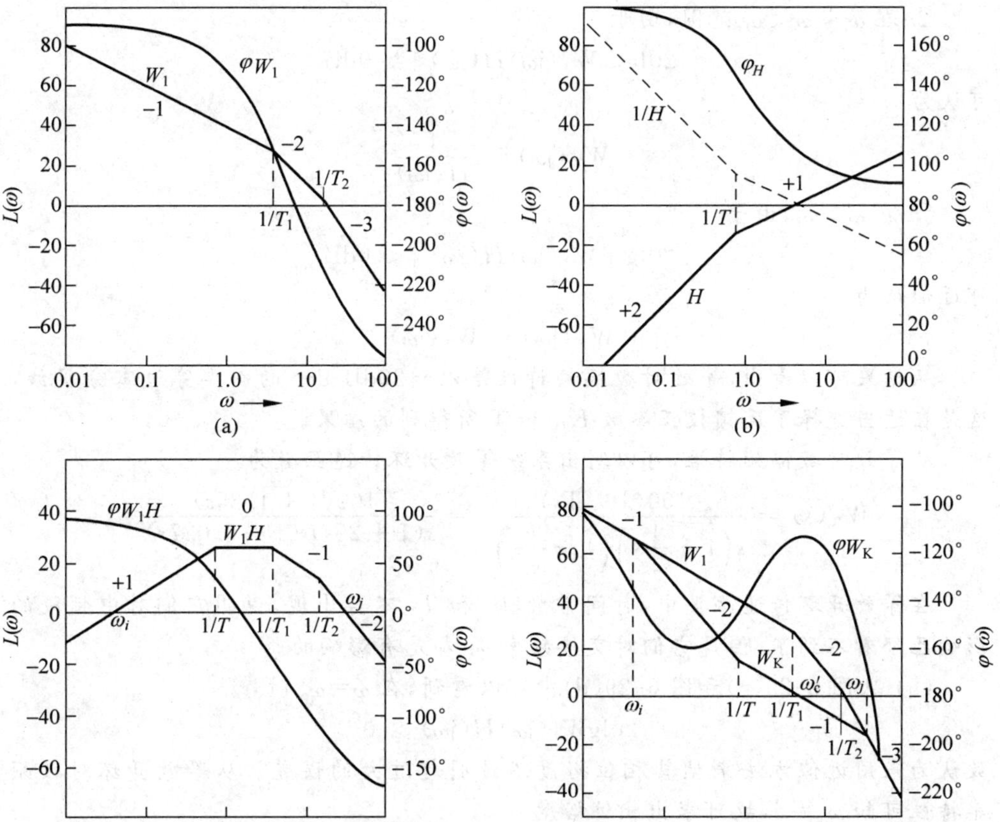

图 6-29　例 6-4 的伯德图

(a)$W_1(s)$；(b)$H(s)$，$\dfrac{1}{H(s)}$；(c)$W_1(s)H(s)$；(d)$W_K(s)$

W_1—对数幅频特性；φW_1—对数相频特性

（3）绘出 $W_1(s)H(s)$对数幅频特性，如图 6-29(c)所示。可以看出，在 ω_i 和 ω_j 时，$20\lg|W_1(\mathrm{j}\omega)H(\mathrm{j}\omega)|=0$。这时，$W_1(\mathrm{j}\omega)$的对数增益等于 $H(\mathrm{j}\omega)$对数增益的负值。在 $\omega<\omega_i$ 和 $\omega>\omega_j$ 的频率范围内，$20\lg|W_1(\mathrm{j}\omega)H(\mathrm{j}\omega)|<0\mathrm{dB}$，这表明局部反馈到输入端的信号比输入信号小许多，可以不计。

在 $\omega_i<\omega<\omega_j$ 之间，$20\lg|W_1(\mathrm{j}\omega)H(\mathrm{j}\omega)|>0$，反馈起作用，这时可以近似认为

$$W_K(\mathrm{j}\omega)=\frac{1}{H(\mathrm{j}\omega)}$$

(4) 绘出等效对数频率特性,如图 6-29(d)所示。绘制方法如下:

① 在 $\omega<\omega_i$ 时,由于

$$20\lg|W_1(j\omega)H(j\omega)|<0\text{dB}$$

可认为

$$W_K(j\omega)=W_1(j\omega)$$

② 在 $\omega_i<\omega<\omega_j$ 范围,由于

$$20\lg|W_1(j\omega)H(j\omega)|>0\text{dB}$$

可认为

$$W_K(j\omega)=\frac{1}{H(j\omega)}$$

③ 在 $\omega>\omega_j$,由于

$$20\lg|W_1(j\omega)H(j\omega)|<0\text{dB}$$

可近似认为

$$W_K(j\omega)=W_1(j\omega)$$

从结果可以看出,等效对数幅频特性是以 -20dB/dec 的斜率穿过零分贝线,这是在适当选择了反馈校正参数 K_H 和 T 所得到的结果。

从等效对数幅频特性,可以写出系统等效开环传递函数为

$$W_K(s)=\frac{100(1+\mathrm{T}s)}{s\left(1+\dfrac{1}{\omega_i}s\right)\left(1+\dfrac{1}{\omega_j}s\right)^2}=\frac{100(1+1.25s)}{s(1+25s)(1+0.027s)^2}$$

在等效开环传递函数中,时间常数 T_1 和 T_2 不再出现,说明它们对中频段的影响已经看不到了,但是它们对交接频率 ω_j 却是有影响的。

(5) 从图 6-29(c)和图 6-29(d)中可以看到,在 $\omega=\omega_c$ 时,

$$20\lg W_1(j\omega)H(j\omega)\gg 0$$

故认为采用近似方法来估算相位裕度不致引起过大的误差。从等效开环对数频率特性可知 $\omega'_c=5$,故可求出相位裕度

$$\begin{aligned}\gamma(\omega'_c)&=180°+\left(-90°+\arctan \mathrm{T}\omega'_c-\arctan\frac{\omega'_c}{\omega_i}-2\arctan\frac{\omega'_c}{\omega_j}\right)\\&=180°+[-90°+\arctan(1.25\times5)-\arctan(25\times5)-2\arctan(0.027\times5)]\\&=66.8°\end{aligned}$$

应该指出的是,用这种方法要考虑小闭环的稳定问题。对于小闭环 $W_1(s)H(s)$,其对数频率特性如图 6-29(c)。由于这是一个闭环,所以有可能出现小闭环不稳定问题。对于一个稳定性好的系统,在 $\omega=\omega_i$ 和 $\omega=\omega_j$ 时的相位移应不到 $-180°$。

2. 用频率法设计反馈校正装置

上面介绍的式(6-27)～式(6-30)是设计反馈校正装置的根据。如果利用这一近似,则设计反馈校正装置的步骤就和设计串联校正装置的步骤完全一样。

例 6-5 设系统结构图如图 6-30 所示,要求选择 $W_c(s)$ 使系统达到如下指标:

稳态位置误差等于零，稳态速度误差系数 $K_v=200s^{-1}$，相位裕度 $\gamma(\omega_c)\geqslant45°$。

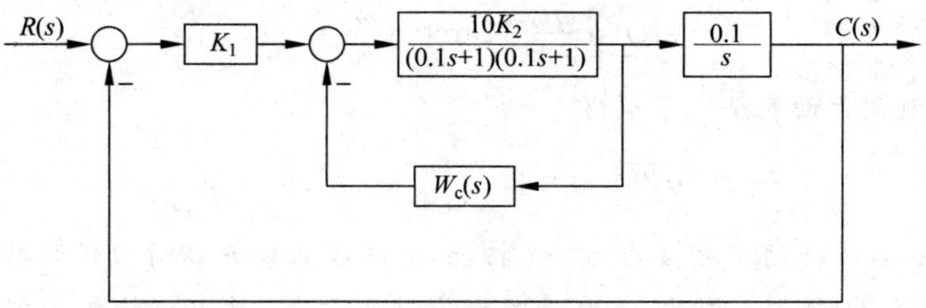

图 6-30　例 6-5 的系统结构图

解　(1) 根据系统稳态误差要求，选 $K_1K_2=200$。没有局部反馈校正时，系统开环传递函数为

$$W(s)=\frac{200}{s(0.1s+1)(0.01s+1)}$$

其中局部闭环部分的原系统传递函数为

$$W_2(s)=\frac{10K_2}{(0.1s+1)(0.2s+1)}$$

由 $W(s)$ 绘制的伯德图如图 6-31 中 W 所示，可见 W 以 -40dB/dec 过零，显然不能满足相位裕度 $\gamma(\omega_c)\geqslant45°$ 的要求。

(2) 期望特性的设计。绘制校正后系统开环对数幅频特性，确定等效开环传递函数 $W_K(s)$。像串联校正一样，我们使高频增益衰减，降低穿越频率使中频段以 -20dB/dec 过零分贝线。这样，校正后幅频特性将如图 6-31 中 W_K 所示，其特性曲线绘制如下。

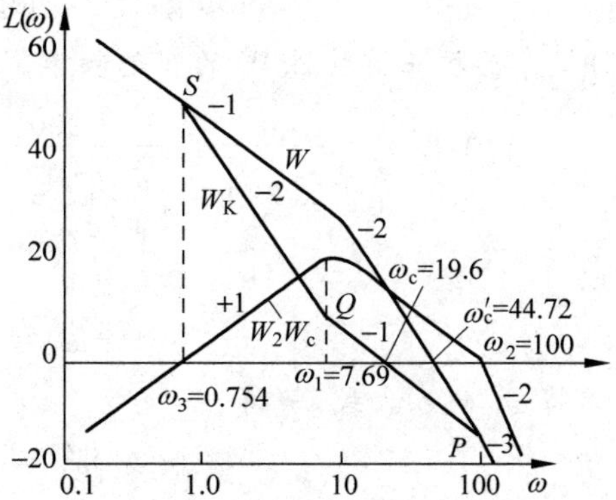

图 6-31　例 6-5 的伯德图

我们可以近似认为特性曲线 W_K 是 $-2/-1/-3$ 特性。

取

$$\omega_c=\sqrt{\frac{1}{2}\omega_1\omega_2},\quad \omega_2=n\omega_1$$

或

$$\omega_c=\sqrt{\frac{n}{2}}\omega_1,\quad \omega_2=\sqrt{2n}\omega_c$$

则

$$\gamma(\omega_c)=\pi+\left(-\pi+\arctan\frac{\omega_c}{\omega_1}-2\arctan\frac{\omega_c}{\omega_2}\right)=\frac{\pi}{4}$$

即

$$\arctan\frac{\omega_c}{\omega_1}-2\arctan\frac{\omega_c}{\omega_2}=\frac{\pi}{4}$$

取 $n\approx13$,利用上面几个式子解得

$$\frac{\omega_2}{\omega_c}=\sqrt{26}\approx5.1,\quad \frac{\omega_c}{\omega_1}=\sqrt{6.5}\approx2.55$$

因校正后特性的中频段应为-1特性,它与校正前开环对数幅频特性相交于 P 点,如图 6-31 所示。因此,只要确定出 P 点的位置,就可以绘制出校正后的等效开环对数幅频特性。

根据相位裕度 $\gamma(\omega_c)\geqslant45^\circ$ 的要求,由 $\frac{\omega_2}{\omega_c}\approx5.1$ 可写出

$$20\log\omega_c-20\log\omega_2=-20\log5.1=-14.15\text{dB}$$

于是,做-14.15dB 线与校正前特性曲线 W 相交,其交点即为 P 点。相交的频率即为 ω_2。计算 ω_2 的方法如下。

从图 6-31 可以看出,P 点可能位于校正前特性 W 的-2特性或-3特性的线段上。如设 P 点是在-2特性线段上,则可写出

$$40\log\omega'_c-40\log\omega_2=-14.15\text{dB}$$

其中,ω'_c 为校正前特性 W 的穿越频率。ω'_c 可按近似法求得,令

$$A(\omega'_c)=\frac{200}{\omega'_c\sqrt{1+\left(\frac{\omega'_c}{10}\right)^2}\times\sqrt{1+\left(\frac{\omega'_c}{100}\right)^2}}\approx\frac{200}{\omega'_c\frac{\omega'_c}{10}\times1}=1$$

所以

$$\omega'_c=44.72$$

将 ω'_c 代入上式,解得

$$\omega'_2=100.63$$

可见 P 点是在-3特性线段上。

为使校正装置简单,取 $\omega_2=100$,则

$$\omega_1=\frac{\omega_2}{n}=\frac{100}{13}=7.69$$

由

$$20\log\omega_c-20\log\omega_2=40\log\omega'_c-40\log\omega_2$$

解得

$$\omega_c=19.6$$

根据上面的计算结果,于是可由 P 点做-20dB/dec 斜率的中频段渐近线,直到 $\omega=\omega_1$ 的 Q 点,然后由 Q 点再做斜率为-40dB/dec 的线交校正前开环对数幅频特性 W 于 S 点(频率为 $\omega_3=0.754$),就可以得到等效的开环传递函数 $W_K(s)$。

$$W_K(s)=\frac{200\left(\frac{s}{\omega_1}+1\right)}{s\left(\frac{s}{\omega_3}+1\right)\left(\frac{s}{\omega_2}+1\right)^2}=\frac{200\left(\frac{s}{7.69}+1\right)}{s\left(\frac{s}{0.754}+1\right)\left(\frac{s}{100}+1\right)^2}$$

(3) 检验。求局部的闭环传递函数 $W_2(s)W_c(s)$。根据等效的开环传递函数 $W_K(s)$可知，$W_2(s)W_c(s)$必须以 20dB/dec 线通过 $\omega_3=0.754$。

在 $\omega>\omega_3$ 范围内，

$$20\log|W_2(j\omega)W_c(j\omega)|=20\log|W(j\omega)|-20\log|W_K(j\omega)|$$

在 $\omega=\omega_2$ 时，应以斜率为－40dB/dec 的线穿越零分贝线。由此得到

$$W_2(s)W_c(s)=\frac{1.3s}{\left(1+\frac{s}{7.69}\right)\left(1+\frac{s}{10}\right)\left(1+\frac{s}{100}\right)}$$

在穿越频率 ω_c 时，特性幅值为

$$20\log|W_2(j\omega)W_c(j\omega)|_{\omega=\omega_c}=14\text{dB}$$

在 $\omega_2=100$ 时，小闭环开环频率特性相角位移为

$$\varphi W_2W_c(\omega_2)=90°-\arctan\frac{100}{7.59}-\arctan\frac{100}{10}-\arctan 1=-125°$$

所以小闭环相位裕度为55°，小闭环是稳定的。

校正后系统的相位裕度

$$\begin{aligned}\gamma(\omega_c)&=180°+\left(-90°-\arctan\frac{\omega_c}{\omega_3}+\arctan\frac{\omega_c}{\omega_1}-2\arctan\frac{\omega_c}{\omega_2}\right)\\&=90°-\arctan\frac{19.6}{0.754}+\arctan\frac{19.6}{7.69}-2\arctan\frac{19.6}{100}\\&=48.6°\end{aligned}$$

满足 $\gamma(\omega_c)\geqslant 45°$的要求。

(4) 校正装置的求取。由

$$W_2(s)W_c(s)=\frac{10K_2W_c(s)}{\left(1+\frac{s}{10}\right)\left(1+\frac{s}{100}\right)}=\frac{1.3s}{\left(1+\frac{s}{7.69}\right)\left(1+\frac{s}{10}\right)\left(1+\frac{s}{100}\right)}$$

得

$$W_c(s)=\frac{1.3s}{10K_2\left(1+\frac{s}{7.69}\right)}$$

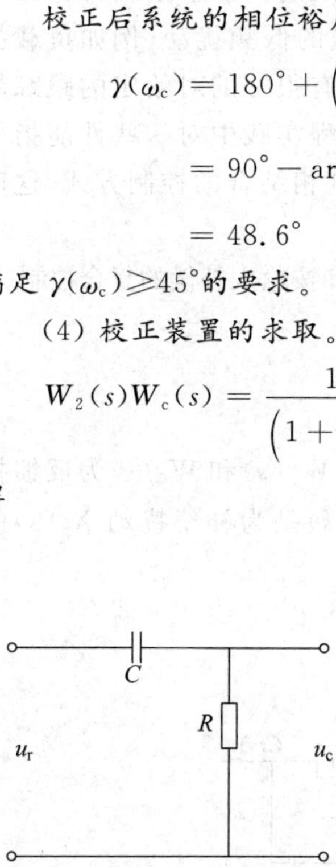

图 6-32 RC 校正网络

如果选取图 6-32 所示的 RC 网络来实现 $W_c(s)$，则由于 $W_c(s)=\frac{U_c}{U_r}=\frac{RCs}{RCs+1}$，所以令

$$RC=\frac{1}{7.69}$$

得

$$\frac{1.3}{10K_2}=\frac{1}{7.69}, \quad K_2\approx 1$$

从而得到 $K_1=200$。

本例中小闭环的穿越频率比系统的穿越频率高4倍，所以小闭环的响应比大闭环快得多。这就是说小闭环动态过程如出现较大的超调，也不会对系统运行带来严重的影响。所以小闭环的稳定裕度不一定要像大闭环一样大，但稳定性还是能保证的，且小闭环也不应有很大的谐振峰值 M_p，否则将在系统对数频率特性的高频段产生尖峰突起，有时可能突破零分贝线，从而对系统的稳定性造成较大的影响。

考虑到小闭环的稳定性，所以一般被反馈校正所包围部分的阶次最好不超过二阶，以免小闭环产生不稳定。

6.4 复合校正

前述的校正方式无论是串联校正还是反馈校正，其校正装置均是接在闭环控制回路以内，通过系统的反馈控制来起作用。但是一般情况下，这类校正方式在对扰动的抑制和对给定的跟踪两方面的综合能力是有限的。如果系统对稳态精度和响应速度方面的要求都很高，或者系统中存在有强的低频扰动(例如负载扰动)，要求系统对这种扰动有很好的抑制能力，而同时又有很好的对给定的跟踪能力时，一般的反馈控制系统将难以满足要求。目前在工程实践中对一些性能指标要求较高的系统，广泛采用一种把前馈校正和反馈控制相结合的控制方式，这就是所谓的复合控制。

复合控制通常分成两大类，即按扰动补偿的复合控制和按输入补偿的复合控制。

6.4.1 按扰动补偿的复合控制

按扰动补偿的复合控制系统如图6-33所示。图中 $W_1(s)$ 和 $W_2(s)$ 为反馈控制系统中的正向通道传递函数，$X_d(s)$ 为系统扰动，$W_c(s)$ 是为补偿扰动 $X_d(s)$ 的影响而引入的前馈装置传递函数。

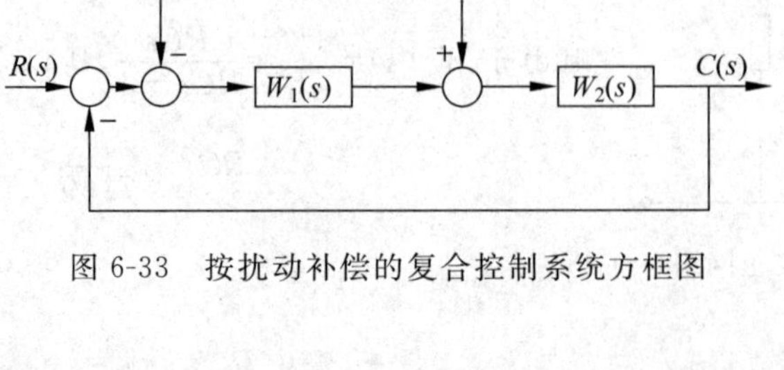

图6-33 按扰动补偿的复合控制系统方框图

按扰动补偿的复合控制系统，它所希望达到的理想要求是通过 $W_c(s)$ 的补偿使扰动 $X_d(s)$ 不影响系统的输出 $C(s)$。从传递函数上考虑，就是使扰动时输出的传递函数为零，故有

$$\frac{C(s)}{X_d(s)} = \frac{W_2(s) - W_c(s)W_1(s)W_2(s)}{1 + W_1(s)W_2(s)} = 0$$

即

$$W_2(s) - W_c(s)W_1(s)W_2(s) = 0$$

从而得到

$$W_c(s) = \frac{1}{W_1(s)} \tag{6-31}$$

式(6-31)称为按扰动作用的完全补偿条件。

其实，式(6-31)完全可以用一种双通道控制的思想从图 6-33 中直接得到。扰动对系统中的作用通过两条通道，一条是原有的，另一条是补偿通道。要求完全补偿，则双通道互相抵消。从图 6-33 中扰动加入点而言，应有

$$1 - W_c(s)W_1(s) = 0$$

即

$$W_c(s) = \frac{1}{W_1(s)}$$

按扰动完全补偿的结果在理论上是很好的，但是在实际上存在三个困难：

(1) 要求扰动是可测的，仅此而言就大大地限制了其应用。

(2) 要求系统原有部分的数学模型 $W_1(s)$ 能准确获得，并且在运行过程中不发生变化。对于大多数实际工业控制对象而言，这也是很难实现的。

(3) $W_c(s)$ 的具体实现上也会发生困难。因为一般实际元件(装置)总是或多或少具有某种惯性，且所能提供的能量总是有限的，所以其传递函数分母阶次总是不低于分子阶次。但由于要求 $W_c(s)$ 是 $W_1(s)$ 的倒数，则 $W_c(s)$ 的分子阶次将可能高于分母，从而在具体实现时遇到困难。在许多情况下很难找到一个具体的物理元件具有所要求的 $W_c(s)$ 的传递函数。幸好，基本的反馈控制系统部分对扰动也有抑制能力，所以实际上在复合控制中对扰动的抑制也是两者配合的：从一个方面来说，由于前馈补偿的不准确而遗留下来的扰动影响会在反馈控制中得到纠正，这就是说，反馈控制弥补了前馈控制的不足；从另一方面来说，由于前馈补偿已基本上抵消了扰动的影响，从而减轻反馈调节的负担而提高了其调节质量。

6.4.2　按输入补偿的复合控制

按输入补偿的复合控制系统的简化方块图见图 6-34。其设计的主导思想是，通过对输入补偿的前馈校正装置 $W_c(s)$ 的设计，使得输出能更好地跟踪输入的变化。众所周知，这种开环的补偿方式不影响闭环的特征方程，所以不会影响系统

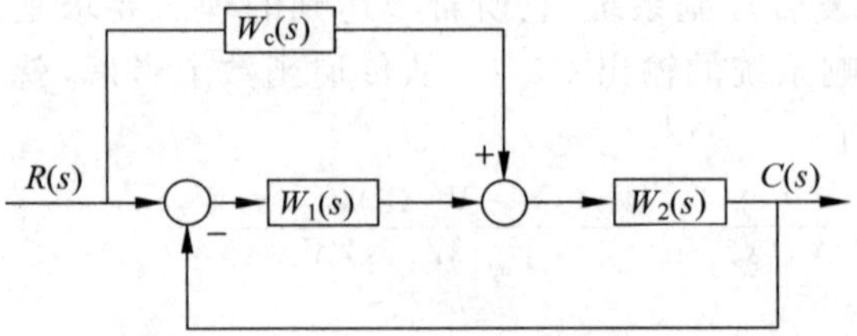

图 6-34 按输入补偿的复合控制系统

的稳定性。

下面来引出其完全补偿条件。在完全补偿条件下,系统的输出将完全复现输入的变化,即

$$W_B(s)=\frac{C(s)}{R(s)}=\frac{W_1(s)W_2(s)+W_c(s)W_2(s)}{1+W_1(s)W_2(s)}=1$$

$$W_1(s)W_2(s)+W_c(s)W_2(s)=1+W_1(s)W_2(s)$$

$$W_c(s)=\frac{1}{W_2(s)} \tag{6-32}$$

式(6-32)在实现上仍然有前述按扰动补偿装置相同的困难,所以具体设计时往往采用某种近似补偿的方式。

另外,从式(6-32)还可以看出,为使 $W_c(s)$ 具有较为简单的形式,可以将前馈信号加在尽可能靠近输出端的部位上。但实际上这种方法是不可行的。因为这将要求前馈控制信号有较大的功率。这样,前馈控制装置非但不能简化,反而变得更为复杂和昂贵。所以,从前馈控制信号需具有的功率大小角度来考虑,一般前馈控制信号加在系统前部综合放大器的输入端。而为了使 $W_c(s)$ 的结构简单,在绝大多数情况下不需要完全补偿,只要通过部分补偿将系统的误差减少到允许的程度即可。

目前,在按输入补偿的复合控制中,有两种方式得到了较为广泛的应用。一种是设定值滤波控制,将图 6-34 中的补偿信号加入点向输入端移动,且一直移动到闭环外,就得到图 6-35 所示的设定值滤波控制(更一般地,也可以称为设定值变换控制)。这种控制方式主要用于解决系统对扰动的响应和对输入设定值的响应之间的矛盾。众所周知,系统对扰动响应的要求和对设定值响应的要求是不同的。前者要求抑制,后者要求跟踪。往往在系统设计时出现这种现象:从按对设定值响应最好的角度设计出的系统,对扰动的响应不令人满意;相反,从扰动抑制的观点设计的系统,其输入的响应却不理想。两者不容易兼顾,同时也给调试工作带来了困难。设定值滤波控制,其思想是按扰动和按输入控制的设计分两步进行。先按扰动响应的要求来设计基本的闭环控制系统,然后用调整设定值滤波控制器的传递函数 $W_r(s)$ 来满足对输入跟踪控制的要求。另外一种是从减少稳态误差提高系统无差度的观点出发来设计前馈补偿器 $W_c(s)$。

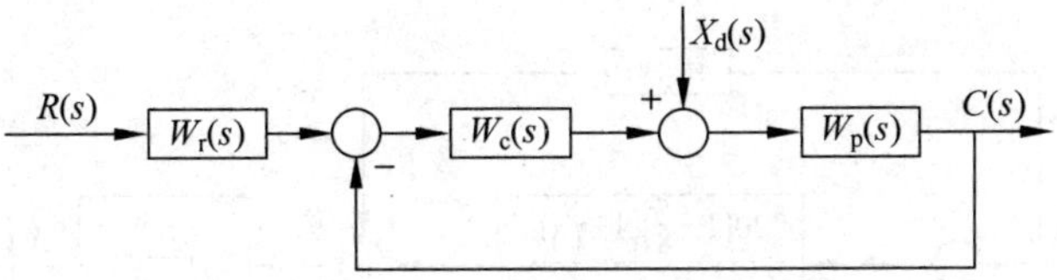

图 6-35　设定值滤波控制

例 6-6　在图 6-34 中系统的反馈控制器传递函数 $W_1(s)$，控制对象的传递函数 $W_2(s)$ 分别为

$$W_1(s)=\frac{20\left(1+\frac{s}{8}\right)\left(1+\frac{s}{10}\right)}{\left(1+\frac{s}{1.6}\right)\left(1+\frac{s}{50}\right)},\quad W_2(s)=\frac{5}{s\left(1+\frac{s}{10}\right)}$$

试设计校正装置，要求满足下列指标：

(1) $K_v=100$；

(2) 当 $\omega<\omega_c$ 时，系统开环对数幅频特性不应有斜率超过 -40dB/dec 的线段；

(3) 在 $\omega\leqslant 5$ 的频率范围内，稳态误差小于 2%；

(4) $\gamma(\omega_c)\geqslant 45°$；

(5) 如需要前馈校正时，要接在控制对象的输入端。

解　(1) 在没有附加装置的情况下，确定一校正装置使之尽量满足除稳态误差外的所有其余指标。本系统采用了串联校正，校正过的系统伯德图见图 6-36。

(2) 确定前馈校正装置的传递函数 $W_c(s)$。从上面初步校正的结果可知，在没有前馈校正时，在 $\omega=5$ 的误差将近 15%，故系统要加前馈校正，其结构图如图 6-37 所示。按稳态误差为零的要求，则

$$W_c(s)=\frac{1}{W_2(s)}=\frac{s\left(1+\frac{s}{10}\right)}{5}$$

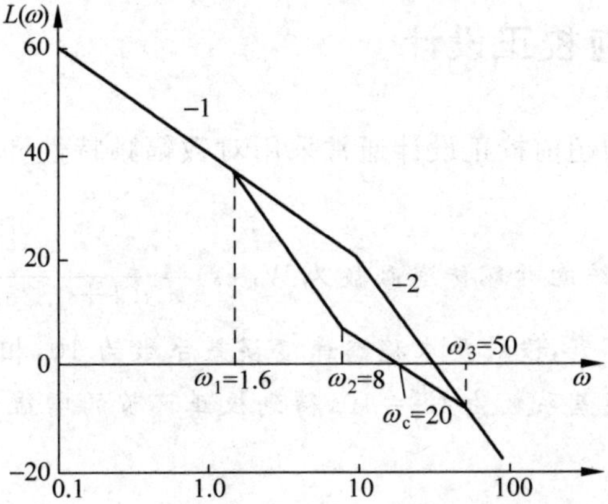

图 6-36　例 6-6 的伯德图

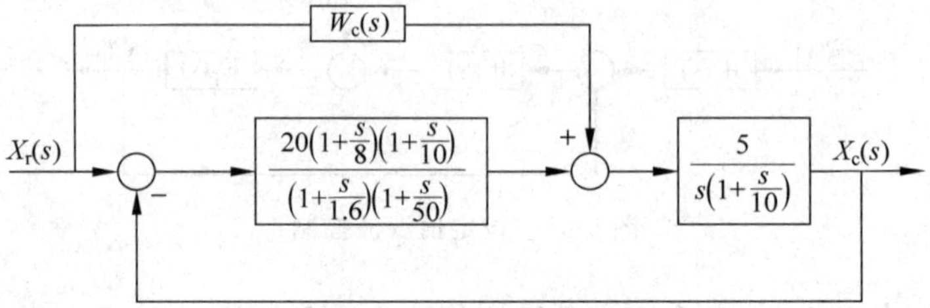

图 6-37 例 6-6 系统的结构图

在实践上,具有这一传递函数的装置是不易实现的。但是,只要在 $\omega\leqslant5$ 内能近似地满足要求即可。所以我们取

$$W_c(s)=\frac{s\left(1+\frac{s}{10}\right)}{5\left(1+\frac{s}{100}\right)^2}$$

(3) 验算稳态误差。验算 $\omega=5$ 时的误差,按式 $E(s)=X_r(s)\left[\frac{1-W_2(s)W_c(s)}{1+W_1(s)W_2(s)}\right]$ 可得出

$$|1+W_1(j\omega)W_2(j\omega)|_{\omega=5}=7$$

$$|1-W_2(j\omega)W_c(j\omega)|_{\omega=5}=0.1$$

$$E(j\omega)=X_r(j\omega)\frac{0.1}{7}\approx0.014X_r(j\omega)$$

故在 $\omega=5$ 的稳态误差近似为 1.4%,满足指标要求。

6.5 应用 MATLAB 进行系统校正

本节将应用前面所介绍的 MATLAB 函数,进行系统的校正设计。

6.5.1 串联超前校正设计

基于频率响应的超前校正设计通常采用对数幅频特性和对数相频特性,即用伯德图进行设计。

例 6-7 已知系统的开环传递函数为 $W_K(s)=\frac{2}{s(1+0.25s)(1+0.1s)}$,试用频率法设计超前校正环节,设计要求稳态速度误差系数为 10,相位裕度为 45°。

解 根据稳态误差系数为 $K_v=10$,得到校正环节的增益为 $K_c=5$。输入如下 MATLAB 命令

```
%L0601.m
```

```
num = 2;
den = conv([1 0],conv([0.25 1],[0.1 1])); % 分母多项式展开
W = tf(num,den);                 % 开环传递函数
kc = 5;                          % 稳态误差系数扩大 5 倍
yPm = 45 + 10;                   % 增加量取 10deg
W = tf(W);                       % 超前校正环节
[mag,pha,w] = bode(W * kc);      % 扩大系数后的开环频率特性的幅值和相位值
Mag = 20 * log10(mag);           % 幅值的对数值
[Gm,Pm,Wcg,Wcp] = margin(W * kc);
                     % 幅值稳定裕度 Gm,相位稳定裕度 Pm 和相应的交接频率 Wcg 和 Wcp
phi = (yPm - getfield(Pm,'Wcg')) * pi/180; % 确定 ϕm 值
alpha = (1 + sin(phi))/(1 - sin(phi));     % 确定 α 的值
Mn = - 10 * log10(alpha);                  % α 的对数值
Wcgn = spline(Mag,w,Mn);                   % 确定最大相角位移频率
T = 1/Wcgn/sqrt(alpha);                    % 求 T 值
Tz = alpha * T;
Wc = tf([Tz 1],[T 1])                      % 超前校正环节的传递函数
Wy_c = feedback(W * kc,1)                  % 校正前开环系统传递函数
Wx_c = feedback(W * kc * Wc,1)             % 校正后开环系统传递函数
figure(1);
step(Wy_c,'r',5);                          % 开环单位阶跃响应曲线
hold on;
step(Wx_c,'b',5);                          % 闭环单位阶跃响应曲线
figure(2);
bode(W * kc,'r');                          % 校正前开环系统伯德图
hold on;
bode(W * kc * Wc,'b');                     % 校正后开环系统伯德图
figure(3);
nyquist(W * kc,'r');                       % 校正前开环系统奈奎斯特图
hold on;
nyquist(W * kc * Wc,'b');                  % 校正后开环系统奈奎斯特图
```

运行结果如下：

校正环节传递函数:

```
Transfer function:
0.2987 s + 1
-------------
0.04877 s + 1
```

校正前系统闭环传递函数:

```
Transfer function:
```

```
                    10
------------------------------
0.025 s^3 + 0.35 s^2 + s + 10
```

校正后系统闭环传递函数:

```
Transfer function:
                     2.987 s + 10
--------------------------------------------------------
0.001219 s^4 + 0.04207 s^3 + 0.3988 s^2 + 3.987 s + 10
```

运行结果如图 6-38～图 6-40 所示。

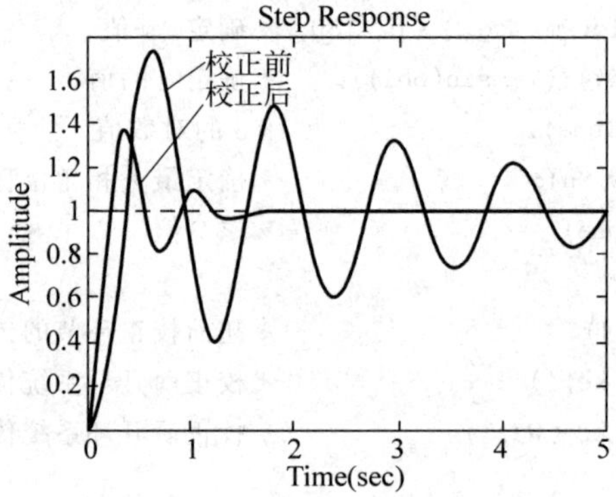

图 6-38 校正前后闭环系统的单位阶跃响应曲线

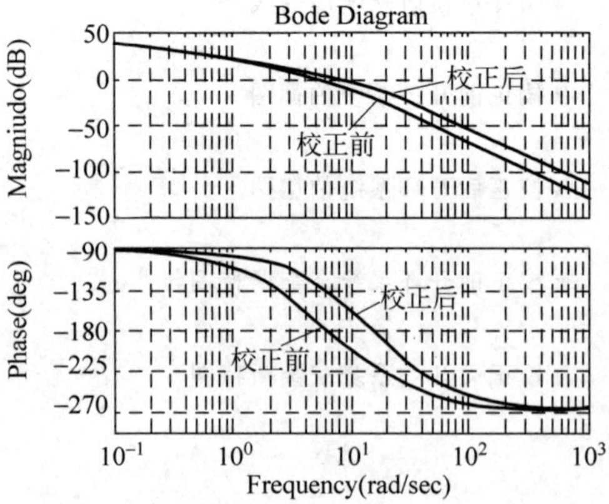

图 6-39 校正前后开环系统的伯德图

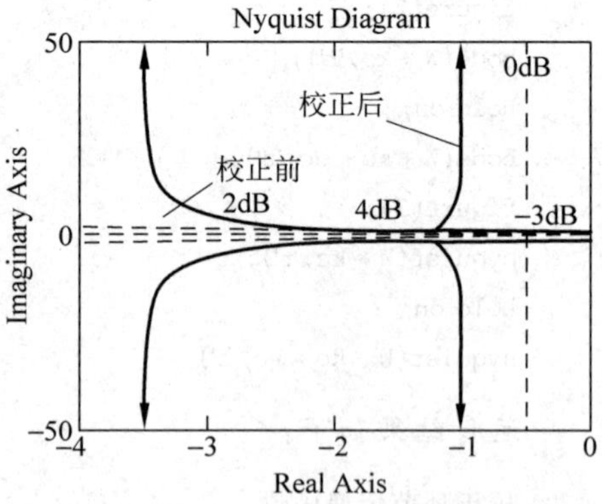

图 6-40 校正前后开环系统的奈奎斯特图

由运行结果显示可知,超前环节传递函数为 $W_c(s)=\dfrac{0.2987s+1}{0.04877s+1}$。由运行图示可知,引入超前校正环节后,系统的带宽增大,速度稳态误差系数增大。

6.5.2 串联滞后校正设计

采用频率法设计滞后校正环节时，通常采用伯德图设计法。

例 6-8　已知系统的开环传递函数为 $W_K(s)=\dfrac{4}{s(s+3)}$，试设计滞后校正环节。要求阻尼比为 $\xi=0.4$，自然频率 $\omega_n=1.5\text{rad/s}$。

解　设 $K_c=10$。输入如下 MATLAB 命令

```
%L0602.m
num = 4;
den = [1 3 0];
W = tf(num,den);                              %构建开环传递函数
zeta = input('请输入阻尼比 \zeta = ');
Pm = 2 * sin(zeta) * 180/pi;                  %求相位裕度
dPm = Pm + 5;
kc = 10;
%滞后环节传递函数
W = tf(W);
num = W.num{1};                               %将分子写成多项式系数形式
den = W.den{1};                               %将分母写成多项式系数形式
[mag,phase,w] = bode(W * kc);                 %扩大系数后的开环频率曲线幅值和相位值
wcg = spline(phase(1,: ),w',dPm - 180);       %相位裕度在 dPm - 180 时相角的插值
magdb = 20 * log10(mag);                      %相位对数
Wr = - spline(w',magdb(1,: ),wcg);            %相角在 wcg 时频率的值
alpha = 10^(Wr/20);                           %求滞后系数 α
T = 10/(alpha * wcg);
Wc = tf([alpha * T 1],[T 1])                  %滞后校正传递函数
Wy_c = feedback(W * kc,1)                     %校正前系统闭环传递函数
Wx_c = feedback(W * kc * Gc,1)                %校正后系统闭环传递函数
figure(1);
step(Wx_c,'b',6);                             %校正后系统阶跃曲线
hold on;
step(Wy_c,'r',6);                             %校正前系统阶跃曲线
figure(2);
bode(W * kc * Wc,'b');                        %校正后系统伯德图
hold on;
bode(W * kc,'r');                             %校正前系统伯德图
figure(3);
nyquist(Wx_c,'b');                            %校正后系统奈奎斯特图
hold on;
nyquist(Wy_c,'r');                            %校正前系统奈奎斯特图
```

运行上述程序,在命令窗口中将会要求输入设计参数数据:

```
请输入阻尼比 zeta = 0.4
```

得到运行结果如下:

```
滞后环节传递函数:
Transfer function:
3.92 s + 1
-----------
15.61 s + 1
校正前闭环传递函数:
Transfer function:
        40
--------------
s^2 + 3 s + 40
校正后闭环传递函数:
Transfer function:
                  156.8 s + 40
-------------------------------------
15.61 s^3 + 47.83 s^2 + 159.8 s + 40
```

仿真曲线如图 6-41～图 6-43 所示。

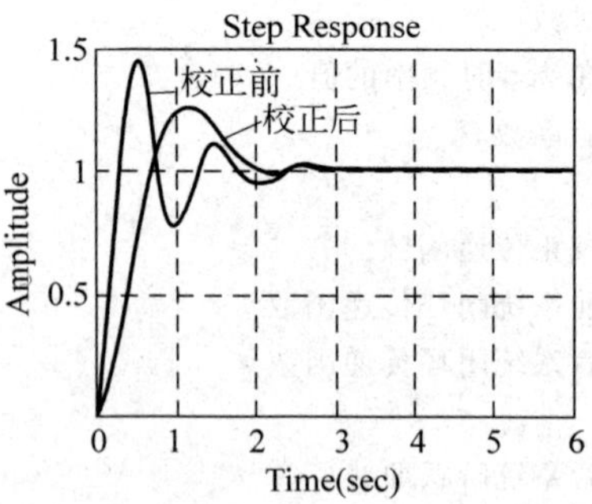

图 6-41 校正前后闭环系统的单位阶跃响应曲线

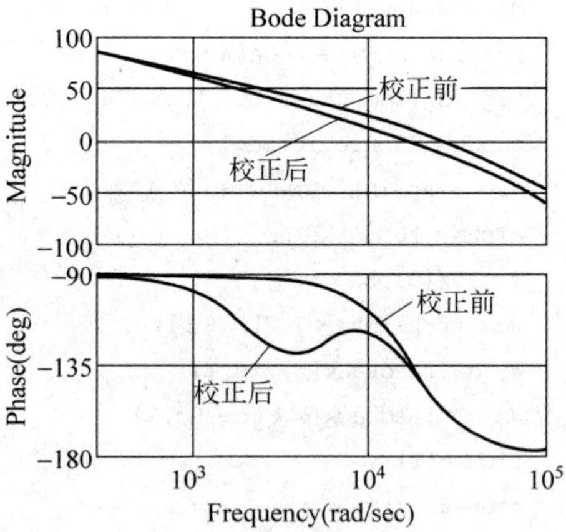

图 6-42 校正前后开环系统的伯德图

由运行结果显示可知,滞后环节传递函数为 $W_c(s)=\dfrac{3.92s+1}{15.61s+1}$。由运行图示可知,校正前系统的超调量为 $\sigma\%=46.4\%$,上升时间 $t_r=0.295\text{s}$,调节时间 $t_s=1.72\text{s}$,系统稳定幅值为 1。校正后系统的超调量为 $\sigma\%=26.2\%$,上升时间 $t_r=0.7\text{s}$,调节时间 $t_s=1.84\text{s}$,系统稳定幅值为 1。由以上性能参数数据可知,经过滞后校正后的系统,性能明显提高。由开环系统伯德图可知,在低频段相位被滞后;同时,经滞后校正环节的校正作用,系统的增益裕度减少。

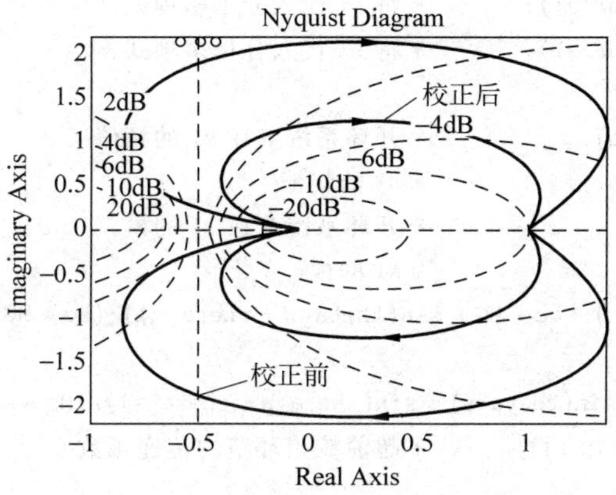

图 6-43 校正前后闭环系统的奈奎斯特图

6.5.3 串联滞后-超前校正设计

超前校正和滞后校正各有优点和缺点。当需要同时改善系统的动态性能和稳态性能,即大幅度增大增益和带宽时,常采用滞后-超前校正环节。

例 6-9 已知系统的开环传递函数为 $W_K(s)=\dfrac{4}{s(s+0.5)}$,试设计滞后-超前校正环节。要求使其校正后系统稳态速度误差系数小于 5,闭环主导极点满足阻尼比为 $\xi=0.5$ 和自然频率 $\omega_n=5\text{rad/s}$,相位裕度为 50°。

解 由设计要求可知,取校正环节增益 $K_c=1$。输入如下 MATLAB 命令

```
%L0603.m
z=[];
p=[0 -0.5];
k=4;
Wz=zpk(z,p,k);                    %开环系统以零极点的形式表示
W=tf(Wz);
zeta=0.5;                         %阻尼比
wn=5;                             %自然频率
kc=1;                             %校正环节增益
dPm=50+5;                         %求相位裕度
ng=W.num{1};                      %将分子写成多项式系数形式
dg=W.den{1};                      %将分母写成多项式系数形式
[num,den]=ord2(wn,zeta);          %建立二阶系统分子和分母项
s=roots(den);                     %求分母的根
s1=s(1);                          %分母的一个根 s1
numW=W.num{1};                    %将分子写成多项式系数形式
denW=W.den{1};                    %将分母写成多项式系数形式
```

```
ngv = polyval(numW,s1);           % 将 s1 代入分子多项式
dgv = polyval(denW,s1);           % 将 s1 代入分母多项式
g = ngv/dgv;
theta_W = angle(g);               % 开环系统 W 在 s1 的幅值
theta_s = angle(s1);              % s1 的幅值
MG = abs(g);                      % 开环系统 W 在 s1 的模
Ms = abs(s1);                     % s1 的模
Tz = (sin(theta_s) - kc * MG * sin(theta_W - theta_s))/(kc * MG * Ms * sin(theta_W));
%求 Tl
Tp = - (kc * MG * sin(theta_s) + sin(theta_W + theta_s))/(Ms * sin(theta_W)); %求 Tp
Wc1 = tf([Tz 1],[Tp 1])           % 超前校正环节的传递函数
W1 = W * Wc1 * kc;
W1 = tf(W1);
num = W1.num{1};                  % 将分子写成多项式系数形式
den = W1.den{1};                  % 将分母写成多项式系数形式
[mag,phase,w] = bode(W1 * kc); % 扩大系数后的开环频率特性的幅值和相位值
wcg = spline(phase(1,:),w',dPm - 180);    % 相位裕度在 dPm - 180 时相角的插值
magdb = 20 * log10(mag);                  % 相位对数
Wr = - spline(w',magdb(1,:),wcg);         % 相角在 wcg 时频率的值
alpha = 10^(Wr/20);                       % 求滞后系数 α
T = 10/(alpha * wcg);
Wc2 = tf([alpha * T 1],[T 1])             % 滞后校正传递函数
WWc = W1 * Wc2 * kc;
W_c1 = feedback(WWc,1)                    % 系统闭环传递函数
figure(1)
step(W_c1,10,'b');                        % 校正后系统闭环阶跃响应
hold on;
step(feedback(W * kc,1),10,'r');          % 原系统闭环阶跃响应
step(feedback(W * Wc1,1),10,'c');         % 超前校正后闭环阶跃响应
figure(2);
impulse(W_c1,5,'b');                      % 校正后系统闭环脉冲响应
hold on;
impulse(feedback(W * kc,1),10,'r');       % 原系统闭环脉冲响应
impulse(feedback(W * Wc1,1),10,'c');      % 超前校正后闭环脉冲响应
figure(3);
rlocus(W);                                % 绘制原系统根轨迹
hold on;
rlocus(W1);                               % 超前校正后根轨迹
rlocus(WWc);                              % 校正后系统根轨迹
sgrid(zeta,wn);                           % 绘制阻尼比 = 0.5 的曲线
axis([-5.5 0 -6 6]);                      % 设置坐标范围
set(gca,'xtick',[-5:1:0]);                % 设置坐标刻度
```

```
set(findobj('marker','x'),'markersize',8);  %图形画面的设置
set(findobj('marker','x'),'linewidth',1.5);
set(findobj('marker','o'),'markersize',8);
set(findobj('marker','o'),'linewidth',1.5);
```

运行结果如下：

```
超前校正传递函数:
Transfer function:
1.242 s + 1
------------
0.1867 s + 1
滞后校正传递函数:
Transfer function:
3.301 s + 1
-----------
4.811 s + 1
校正后系统闭环传递函数:
Transfer function:
                 16.4 s^2 + 18.17 s + 4
---------------------------------------------------
0.898 s^4 + 5.447 s^3 + 19.9 s^2 + 18.67 s + 4
```

运行结果如图 6-44～图 6-46 所示。

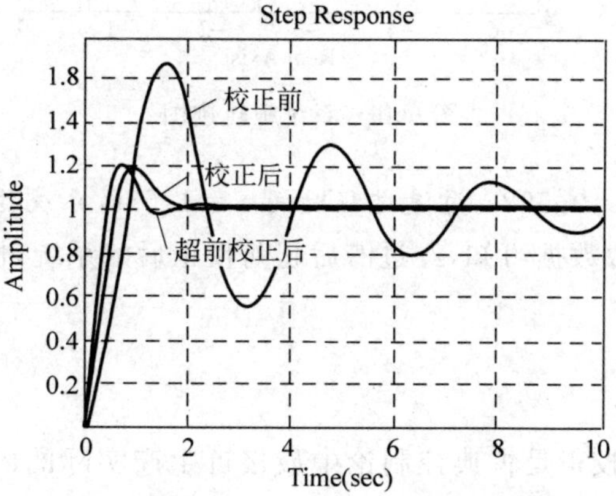

图 6-44　校正前后闭环系统的单位阶跃响应曲线

由运行结果显示可知，最终将得到的滞后-超前校正环节传递函数为

$$W_c(s)=\frac{1.242s+1}{0.1867s+1}\times\frac{3.301s+1}{4.811s+1}$$

由运行图示可知，校正前闭环系统的超调量为 $\sigma\%=67.3\%$，上升时间 $t_r=0.855s$，过渡过程时间 $t_s>10s$，系统稳定幅值为 1。校正后系统的超调量为 $\sigma\%=$

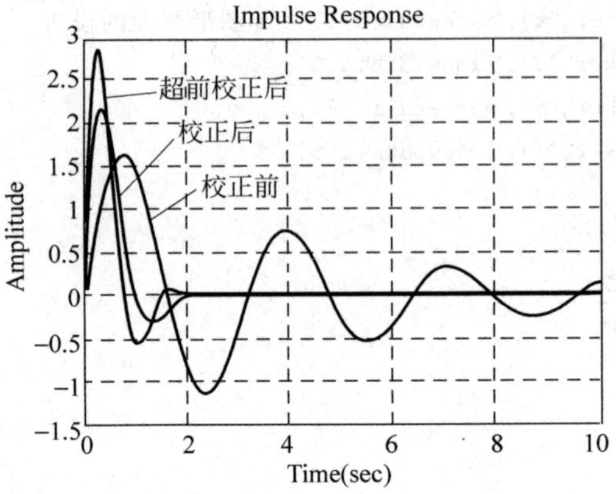

图 6-45 校正前后闭环系统的单位脉冲响应曲线

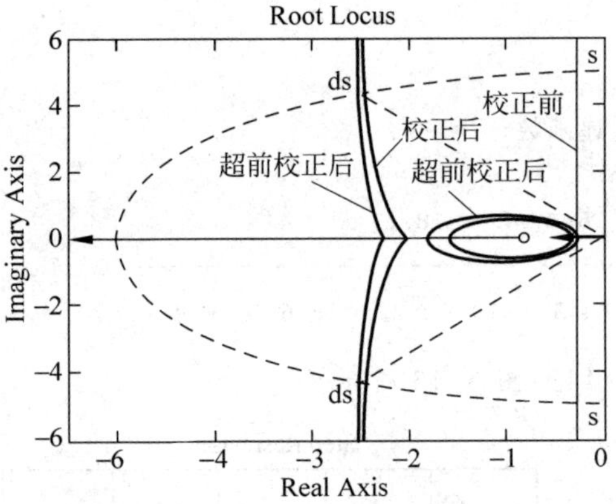

图 6-46 系统根轨迹图

18.5%,上升时间 $t_r=0.592\text{s}$,过渡过程时间 $t_s=1.63\text{s}$,系统稳定幅值为 1。

由以上性能参数数据可知,经过滞后超前校正后的系统,性能明显提高。

小结

1. 控制系统的校正是古典控制论中最接近生产实际的内容之一。需校正的控制系统往往来源于实际生产的各个领域,校正问题是关系到生产过程能否达到所要求的性能指标的关键。掌握好必要的理论方法,积累更多的经验,将有助于知识在生产实践中的转化。

2. 串联校正是应用最为广泛的校正方法,它是在闭环系统的正向通道上加入合适的校正装置,并按频域指标改善伯德图的形状,达到并满足控制系统对性能指标的要求。

3. 反馈校正是另外一种常用的校正方法,它除了可获得与串联校正相似的效果外，还可改变被其包围的被控对象的特性，特别是在一定程度上抵消了参数波动对系统的影响。但一般它要比串联校正略显复杂。

4. 前馈校正是一种利用扰动或输入进行补偿的办法来提高系统的性能的校正方式。尤其重要的是将其与反馈控制结合，组成复合控制，将进一步改善系统的性能。

总之，控制系统的校正及综合是具有一定创造性的工作，对校正方法和校正装置的选择，不应局限于课本中的知识，要在实践中不断积累和创新。

思考题与习题

6-1　什么是系统的校正？系统校正有哪些方法？

6-2　试说明超前网络和滞后网络的频率特征，它们各自有哪些特点？

6-3　试说明频率法超前校正和滞后校正的使用条件。

6-4　相位滞后网络的相位角是滞后的，为什么可以用来改善系统的相位裕度？

6-5　反馈校正所依据的基本原理是什么？

6-6　试说明系统局部反馈对系统产生哪些主要影响。

6-7　在校正网络中，为何很少使用纯微分环节？

6-8　试说明复合校正中补偿法的基本原理是。

6-9　选择填空。在用频率法设计校正装置时，采用串联超前网络是利用它的(　　)，采用串联滞后校正网络是利用它的(　　)。

(A) 相位超前特性　　(B) 相位滞后特性

(C) 低频衰减特性　　(D) 高频衰减特性

6-10　选择填空。闭环控制系统因为有了负反馈，能有效地抑制(　　)中参数变化对系统性能的影响。

(A) 正向通道　　(B) 反向通道　　(C) 前馈通道

6-11　设一个单位反馈系统其开环传递函数为

$$W_K(s)=\frac{4K}{s\,(s+2)}$$

若使系统的稳态速度误差系数 $K_v=20\text{s}^{-1}$，相位裕度不小于 50°，增益裕量不小于 10dB，试确定系统的串联校正装置。

6-12　设一个单位反馈系统，其开环传递函数为

$$W_K(s)=\frac{K}{s^2\,(0.2s+1)}$$

试求系统的稳态加速度误差系数 $K_a=10\text{s}^{-2}$ 和相位裕度不小于 35°时的串联校正装置。

6-13　设一个单位反馈系统，其开环传递函数为

$$W_K(s)=\frac{1}{s^2}$$

要求校正后的开环频率特性曲线与 $M=4\text{dB}$ 的等 M 圆相切,切点频率 $\omega_p=3$,并且在高频段 $\omega>200$ 具有锐截止-3 特性,试确定校正装置。

6-14 设一个单位反馈系统,其开环传递函数为

$$W_K(s)=\frac{10}{s(0.2s+1)(0.5s+1)}$$

要求具有相位裕度等于 45°及增益裕量等于 6dB 的性能指标,试分别采用串联超前校正和串联滞后校正两种方法确定校正装置。

6-15 设一个随动系统,其开环传递函数为

$$W_K(s)=\frac{K}{s(0.5s+1)}$$

如要求系统的速度稳态误差为 10%,$M_p\leqslant 1.5$,试确定串联校正装置的参数。

6-16 设一个单位反馈系统,其开环传递函数为

$$W_K(s)=\frac{126}{s(0.1s+1)(0.00166s+1)}$$

要求校正后系统的相位裕度 $\gamma(\omega_c)=40°\pm 2°$,增益裕量等于 10dB,穿越频率 $\omega_c\geqslant 1\text{rad/s}$,且开环增益保持不变,试确定串联滞后校正装置。

6-17 采用反馈校正后的系统结构如图 P6-1 所示,其中 $H(s)$为校正装置,

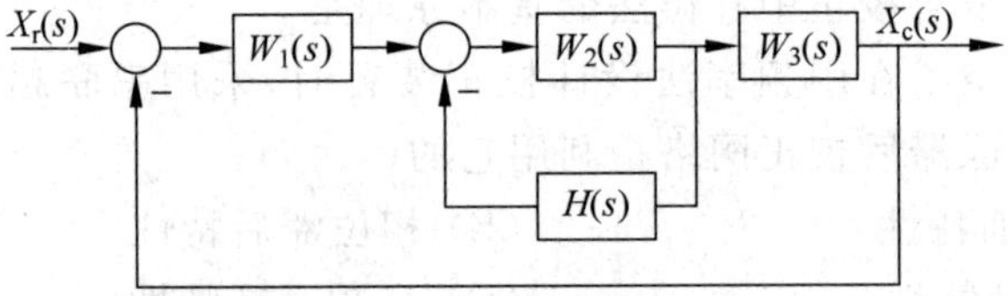

图 P6-1 习题 6-17 的系统框图

$W_2(s)$为校正对象。要求系统满足下列指标:位置稳态误差 $e_p(\infty)=0$;速度稳态误差 $e_v(\infty)=0.5\%$;$\gamma(\omega_c)\geqslant 45°$。试确定反馈校正装置的参数,并求等效开环传递函数。图中

$$W_1(s)=200$$

$$W_2(s)=\frac{10}{(0.01s+1)(0.1s+1)}$$

$$W_3(s)=\frac{0.1}{s}$$

6-18 对于题 6-17 的系统,要求系统的速度稳态误差系数 $K_v=200$,超调量 $\sigma\%<20\%$,调节时间 $t_s\leqslant 2\text{s}$。试确定反馈校正装置的参数,并绘制校正前、后的伯德图,写出校正后的等效开环传递函数。

6-19 有源校正网络如图 P6-2 所示。试写出其传递函数,并说明可以起到

何种校正作用。

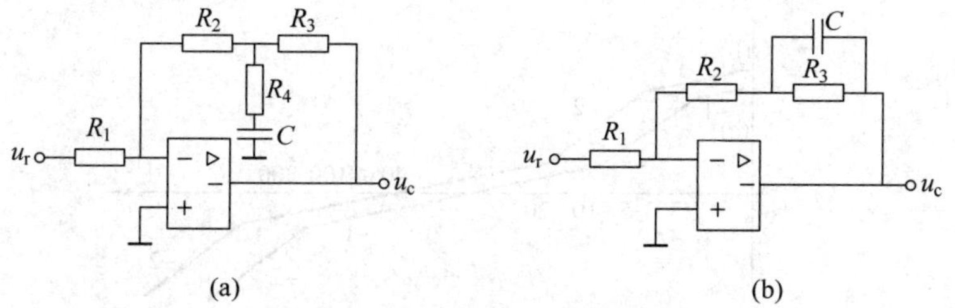

图 P6-2　习题 6-19 的系统框图

6-20　一个有源串联滞后校正装置的对数幅频特性如图 P6-3(a)所示，其电路图如图 P6-3(b)所示。已知 $C=1\mu F$，求 R_1，R_2 和 R_3 的阻值。

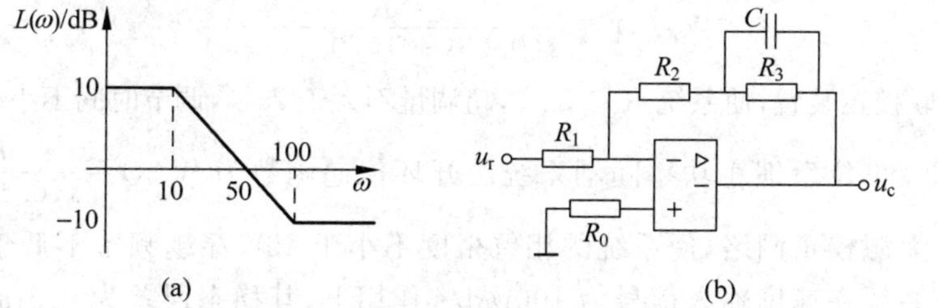

图 P6-3　习题 6-20 的系统框图

6-21　一个控制系统采用串联超前校正，校正装置的传递函数为 $W_c(s)=\dfrac{K_c(T_c s+1)}{s+1}$，要求穿越频率为 1，超前网络提供 25°的相位补偿，且补偿后系统穿越频率不变，试确定 K_c 和 T_c 之间的关系。

6-22　控制系统的开环传递函数为

$$W_K(s)=\frac{10}{s(0.5s+1)(0.1s+1)}$$

(1) 绘制系统的伯德图，并求相位裕度；

(2) 如采用传递函数为 $W_c(s)=\dfrac{0.37s+1}{0.049s+1}$ 的串联超前校正装置，试绘制校正后系统的伯德图，并求此时的相位裕度。同时讨论校正后系统的性能有何改进。

6-23　已知两系统(a)和(b)的开环对数幅频特性如图 P6-4 所示。试问在系统(a)中加入什么样的串联校正环节可以达到系统(b)。

6-24　已知伺服系统开环传递函数为

$$W_K(s)=\frac{2500K}{s(s+25)}$$

设计一个滞后校正装置，满足如下性能指标：

(1) 系统的相位裕度 $\gamma\geqslant 45°$；

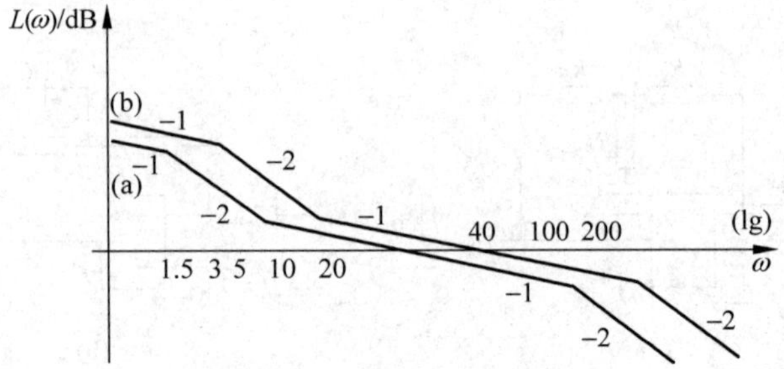

图 P6-4 习题 6-23 系统框图

(2) 单位斜坡输入时,系统稳态误差小于或等于 0.01。

6-25 已知单位负反馈系统开环传递函数为

$$W_{K}(s)=\frac{K}{s(0.05s+1)(0.2s+1)}$$

试设计串联校正装置,使系统 $K_v \geqslant 5s^{-1}$,超调量不大于 25%,调节时间不小于 1s。

6-26 单位反馈小功率随动系统的开环传递函数为 $W(s)=\frac{K}{s(0.1s+1)}$。试设计一个无源校正网络,使系统的相位裕度不小于 45°,穿越频率不低于 50rad/s,并要求该系统在速度输入信号为 100rad/s 作用下,其稳态误差为 0.5rad/s。

6-27 设有如图 P6-5 所示控制系统

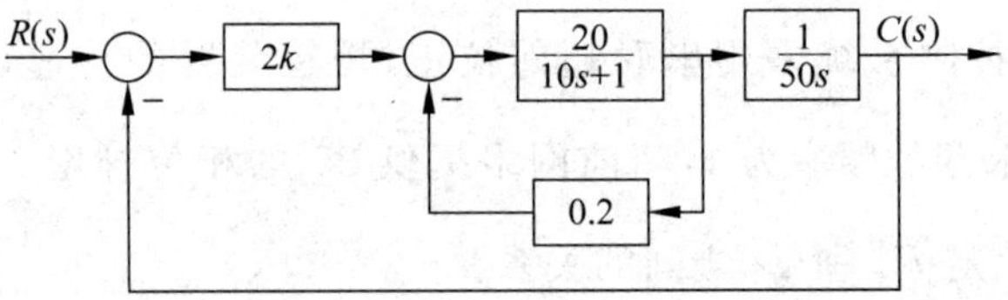

图 P6-5 习题 6-27 的系统框图

(1) 根据系统的谐振峰值 $M_p=1.3$ 确定前置放大器的增益 k;

(2) 根据对 $M_p=1.3$ 及速度稳态误差系数 $K_v \geqslant 4s^{-1}$ 要求,确定串联滞后校正环节的参数。

6-28 已知某控制系统的方框图如图 P6-6 所示,欲使系统在反馈校正后满足如下要求:

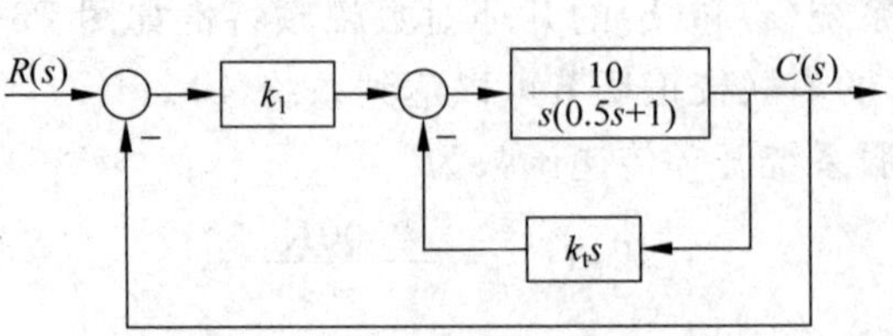

图 P6-6 习题 6-28 系统框图

（1）速度稳态误差系数 $K_v \geqslant 5s^{-1}$；

（2）闭环系统阻尼比 $\xi = 0.5$；

（3）调节时间 $t_s(5\%) \leqslant 2s$。

试确定前置放大器增益 k_1，及测速反馈系数 k_t（k_t 要求在 0～1 间选取）。

6-29　设复合控制系统的方框图如图 P6-7 所示，其中 $W_1(s) = K_1$，$W_2(s) = \frac{1}{s^2}$。试确定 $W_c(s)$、$W_f(s)$ 及 K_1，使系统的输出完全不受扰动的影响，且单位阶跃响应的超调量 $\sigma\% = 25\%$，调节时间 $t_s = 4s$。

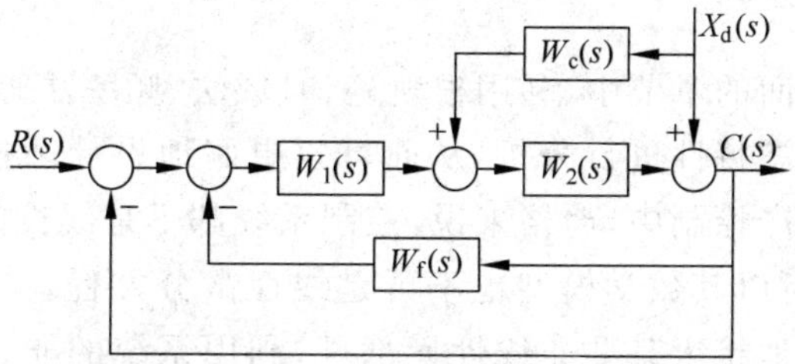

图 P6-7　习题 6-29 的系统框图

6-30　设复合控制系统的方框图如图 P6-8 所示，其中前馈补偿装置的传递函数为 $W_c(s) = \frac{\lambda_2 s^2 + \lambda_1 s}{Ts + 1}$。式中，$T$ 为已知常数，$W_1(s) = 100$，$W_2(s) = \frac{1}{s(s+1)}$。试确定使系统等效为Ⅲ型系统时的 λ_1 和 λ_2 的数值。

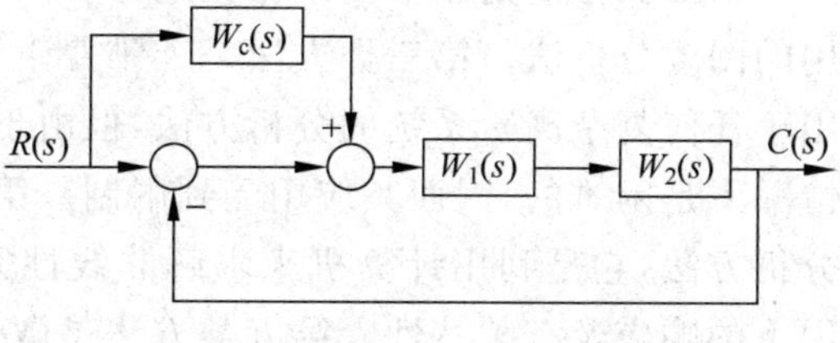

图 P6-8　习题 6-30 的系统框图

第7章 非线性系统分析

在前面的章节中，利用根轨迹、时域法、频率法等方法对线性系统的动态和稳态特性进行分析，从而可以更好地设计和控制系统。但是，在实际的生产控制中，严格来说，控制系统都不是线性的，总会有一些非线性因素，所以其数学模型也不再是线性微分方程。另一方面，有时在系统中恰当地接入某些非线性元部件，利用系统的非线性特性，更好地改善系统的控制性能。因此，深入分析和研究非线性系统是很有必要的。

对于非线性系统的分析和设计，通常有五类方法。第一类方法是等效线性化法，这是一种工程的近似分析方法，主要通过泰勒线性化法、谐波线性化法、小参数法或统计线性化法等方法将非线性特性线性化处理后，近似当作线性系统来研究，这在很大一类控制系统的设计、计算中是行之有效的。第二类方法是相平面或相轨迹分析法，这是一种仅限于二阶系统应用的图解分析法。第三类方法是李雅普诺夫稳定性分析法，这是一种适用于任何复杂高阶系统的分析方法，但由于构造李雅普诺夫函数在许多情况下是困难的，因而其应用受到限制。第四类方法是计算机数值计算分析方法，它是利用计算机来求解非线性方程，得出系统在一定输入作用下的响应及有关特性。第五类方法是微分几何方法，这是近十多年来发展起来的一种处理非线性系统的方法，值得给予充分的重视。

由于非线性系统的建模比较复杂，因此本章不对非线性系统的建模加以研究，仅对非线性系统的两种分析方法——描述函数法和相平面法加以介绍。

7.1 非线性系统动态过程的特点

实际系统中的非线性因素是多种多样的。如铁芯线圈的电流与磁链的磁化关系，以及晶体管放大器小信号不敏感、大信号饱和的输入输出曲线都如图 7-1(a)所示；电动机的电枢电压与转速的静特性，也具有同样形式。机械传动中的齿轮减速器，由于齿轮之间存在间隙，当主动轮反转时，必须转过间隙的空行程后才能带动从动轮转动，两轴转角的关系可表示为图 7-1(b)所示的环状特性。

一些简单控制系统，常用继电器及接触器作为放大元件，其控制绕组中的电流与触点吸合后所输出的电压，有如图 7-1(c)所示的非线性特性。当吸合电流与释放电流相差不大时，也可用图 7-1(d)表示继电器特性。

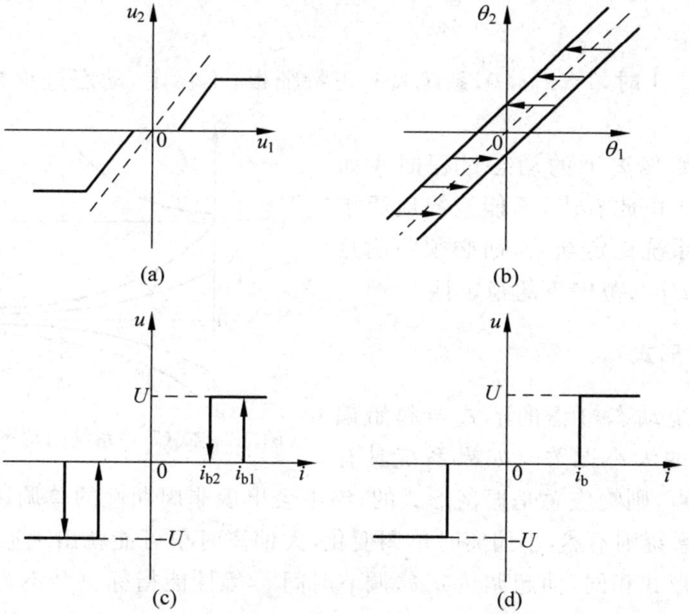

图 7-1　几种典型的非线性特性

可见非线性环节在实际系统中是普遍存在的。含有非线性特性的系统，称为非线性系统。

图 7-1 所示几种典型的非线性特性，原则上不能用小扰动法进行线性化处理。图 7-1(a)和(b)两类曲线，当不灵敏区很小、线性段较宽以及间隙不大时，有时也忽略这些非线性因素，近似用直线代替。但在一般情况下，当输入信号较小或较大，元部件均明显地工作在非线性范围时，就必须考虑非线性影响。至于图 7-1(c)和(d)继电特性，则根本无法应用小扰动法进行线性化处理。

非线性系统中由于非线性因素的存在，出现了许多线性系统所没有的动态特点。

1. 稳定性

线性系统的稳定性，只决定于系统的结构和参数，而与起始状态无关。

非线性系统的稳定性，除了与系统的结构、参数有关外，很重要的一点是与系统起始偏离的大小密切相联。起始偏离小，系统可能稳定；起始偏离大，很可能就

不稳定。例如由非线性方程

$$\dot{x}+(1-x)x=0 \tag{7-1}$$

所描述的系统,方程中 x 项的系数是$(1-x)$,与变量 x 有关。

当起始偏离 $x_0<1$ 时,$1-x_0>0$,式(7-1)具有负的特征根,系统稳定,动态过程按指数规律衰减。

当 $x_0=1$ 时,$1-x_0=0$,式(7-1)为

$$\dot{x}=0 \tag{7-2}$$

系统保持常值。

而当 $x_0>1$ 时,$1-x_0<0$,系统具有正特征根,不稳定,动态过程指数发散,偏离愈来愈大。

不同起始偏离下的动态过程曲线如图 7-2 所示。由此看出,不能笼统地泛指某个非线性系统稳定与否,而必须明确是在什么条件、什么范围下的稳定性。

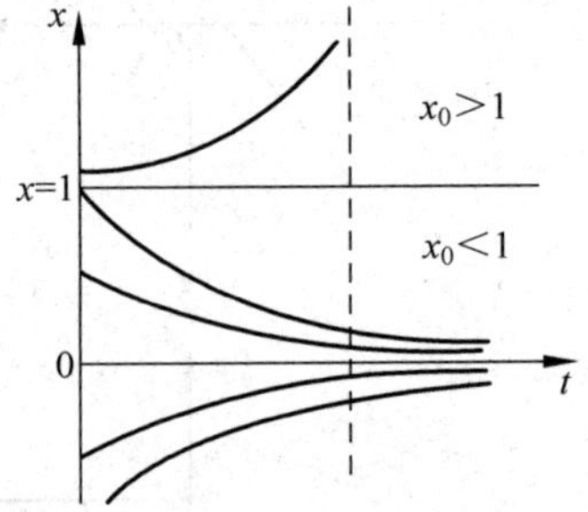

图 7-2 式(7-1)系统的动态过程曲线

2. 运动形式

线性系统动态过程的形式与起始偏差或外作用的大小无关。如果系统具有复数主导极点,则响应总是振荡形式的,绝不会出现非周期性的单调过程。

非线性系统则不然,小偏离时单调变化,大偏离时很可能就出现振荡,如图 7-3 所示。即使形式相同,而超调量 $\sigma\%$、调节时间 t_s 等性能指标也会不等。非线性系统的动态响应不服从叠加原理。

3. 自振

非线性系统有可能发生自激振荡,又简称自振。自振是由系统内部产生的一种稳定的周期运动,如图 7-4 所示。在以系统的运动速度为纵坐标,以位移为横坐标的相平面图上,该振荡的相轨迹最终稳定在连续包围原点的一个圆圈上,因此自振又称为极限环。相平面及相轨迹的概念在第 7.6 节中加以介绍。

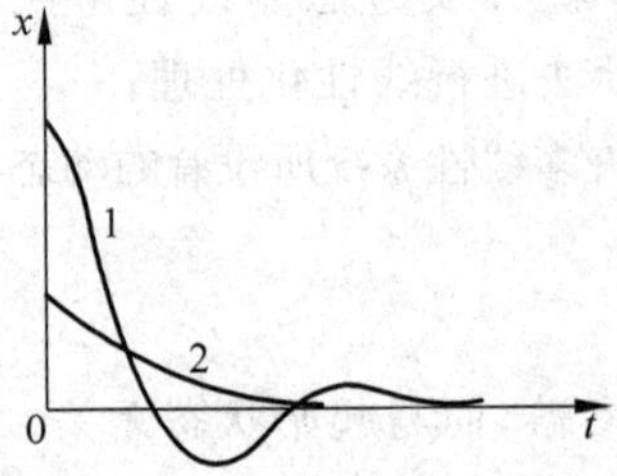

图 7-3 不同起始偏离下非线性系统的动态过程曲线

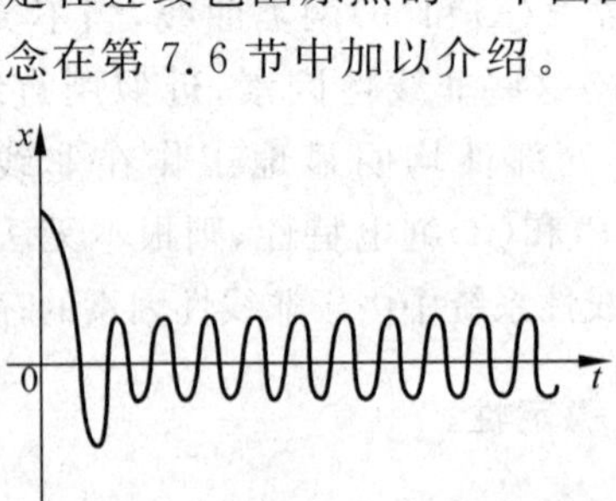

图 7-4 非线性系统的自振

非线性系统中的自振不同于线性系统中临界稳定时的等幅振荡状态。线性系统中的临界稳定只发生在结构参数的某种配合下，参数稍有变化，等幅振荡便不复存在，亦即线性系统的临界稳定状态是很难观察到的，很不容易保持。而非线性系统的自振却在一定范围内能够长期存在，不会由于参数的一些变化而消失。另外，线性系统中临界振荡的幅值随起始偏离的大小而变化，服从叠加原理。而非线性系统自振的振幅在起始偏离变化范围很大时仍能维持恒定。

在很多情况下，不希望系统自振，激烈的振荡有着极大的破坏作用。但是有时又可以利用自振来改善系统的性能，如用高频小振幅的颤振克服摩擦、间隙等的影响。这一切，都要求对自振发生的条件、自振频率和振幅的确定、自振的抑止与建立等问题进行深入探讨。

自振的分析研究是非线性系统理论的重要课题。

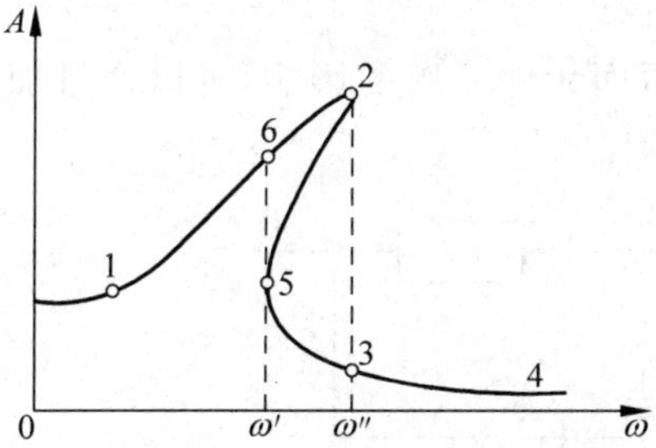

图 7-5　跳跃谐振和多值响应

非线性系统在正弦信号作用下的响应也很复杂。不像线性系统，输出是同频率的正弦量，非线性系统常有倍频、分频等谐波分量；有些系统当输入信号的频率由小到大和由大到小变化时，其幅频的数值不完全相同，并有突跳式的不连续现象，即所谓跳跃谐振和多值响应，如图 7-5 所示。

非线性还有许多奇特现象，此不赘述。

7.2　非线性特性及其对系统性能的影响

实际系统中常见的非线性特性有不灵敏区、饱和、摩擦、间隙和继电特性等。本节借用线性理论的一些概念，仅对上述非线性特性对系统的影响进行定性分析和简要说明。虽然不很严格，但所得结论在总的方向上是正确的，对工程实践具有一定的参考价值。

7.2.1　不灵敏区(死区)

存在不灵敏区的元件，在输入信号很小时是没有输出的。一些测量、变换部件和各种放大器，在零位附近常有不灵敏区；作为执行元件的电动机，由于轴上有静摩擦，故加给电枢的电压必须到达某一数值，即所谓空载启动电压，电机才能开始转动，这个空载启动电压就是电动机的不灵敏区范围。不灵敏区特性如图 7-6 所示。x_1 表示输入，x_2 表示输出，Δ 表

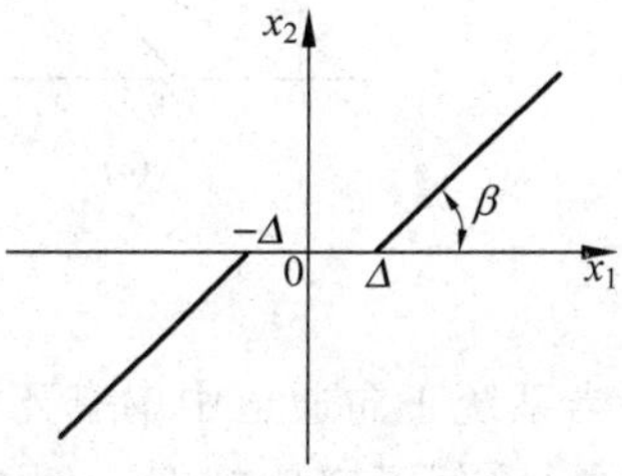

图 7-6　不灵敏区特性曲线

示不灵敏区,也常称死区。

一个系统可能有几个元部件都存在死区,系统总的死区可以进行折算。如图7-7所示的系统,三个元件的死区分别为$\Delta_1,\Delta_2,\Delta_3$,各自的增益为$K_1,K_2,K_3$,则折算到测量元件输入端总的死区$\Delta$应为

$$\Delta=\Delta_1+\frac{\Delta_2}{K_1}+\frac{\Delta_3}{K_1K_2} \tag{7-3}$$

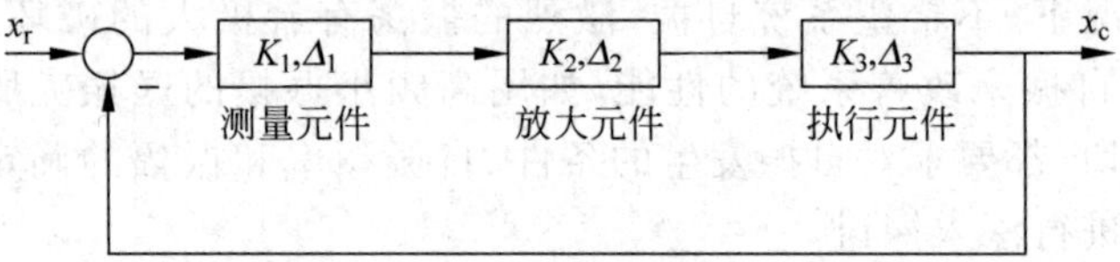

图7-7　包含死区的非线性系统

可见,**正向通道**中前面元件的死区影响最大,后面元件死区的影响,可以通过加大前级增益来减小。折算后的系统如图7-8所示。

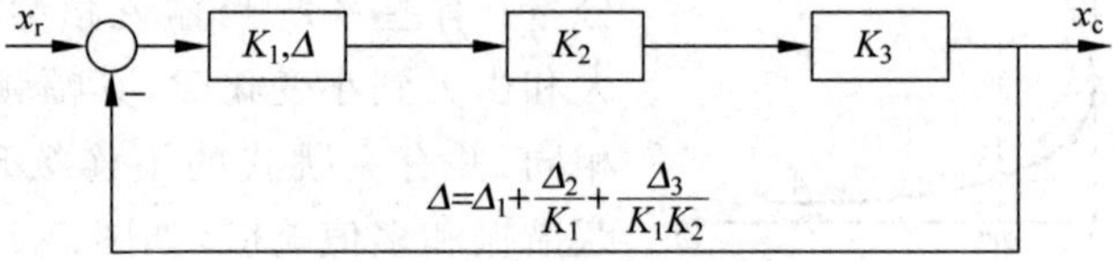

图7-8　图7-7系统的等效形式

死区特性等效于在系统中加入了一个变增益元件。当信号处于死区范围内,系统没有输出;当信号$x_1=x_1'>\Delta$,死区特性的输出量$x_2=x_2'=K_1(x_1'-\Delta)=Kx_1'$,其中$K=K_1(x_1-\Delta)/x_1$称为等效增益,死区特性的等效增益曲线如图7-9(b)所示。由图可见,等效增益K小于原特性直线段的斜率K_1。在$0\sim\Delta$范围内,等效增益为零。

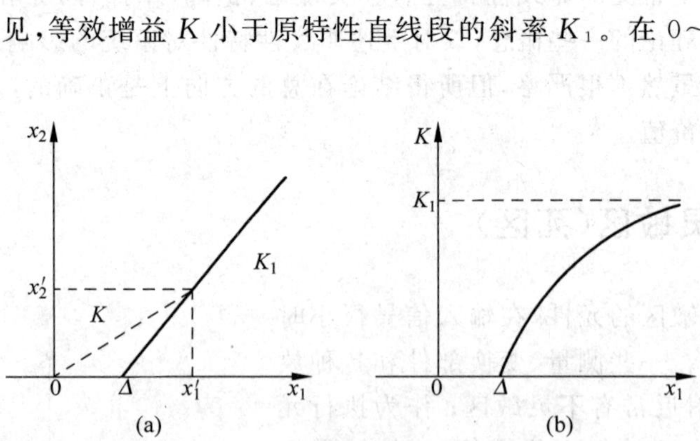

图7-9　死区特性的等效增益曲线

当系统正向通道中串有死区特性的元件时,最主要的影响是增大了系统的稳态误差,降低了定位精度。例如图7-10所示的系统,在阶跃输入下的稳态误差,

可以是死区范围内的任何值。而在斜坡信号作用下，系统除去原有的稳态误差之外，还应附加上由于死区所引起的输出在时间上的滞后量，从而使跟踪精度降低。

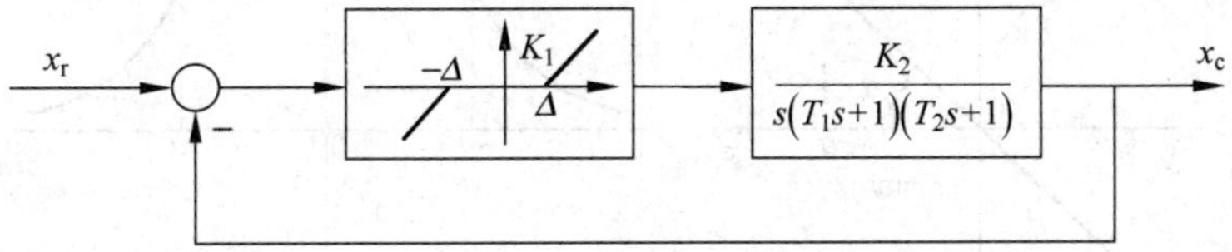

图 7-10　具有死区特性的系统

另外，死区特性的存在，减小了系统的开环增益，故可提高系统的平稳性，减弱动态响应的振荡倾向。

由于死区特性在小信号时的等效增益很低，故具有死区特性的系统，一般在小起始偏离时总是稳定的。

7.2.2　饱和

许多元件都具有饱和特性，例如晶体管放大器在大信号时即进入饱和，如图 7-11(a)所示。而电机的转速和控制电压的关系也具有饱和特征，如图 7-11(b)所示。在分析这种特性的影响时，常取理想饱和特性，如图 7-12(a)所示，其等效增益曲线则如图 7-12(b)所示。曲线表明，$|x_1|\leqslant a$，等效增益为常值，即线性段斜率；而$|x_1|>a$，输出饱和，等效增益随输入信号的加大逐渐减小。因此，饱和特性的存在，将使系统开环增益有所下降，故对动态响应的平稳性是有利的。

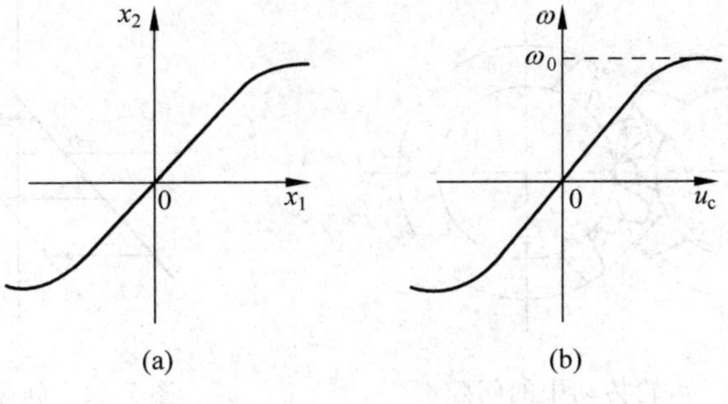

图 7-11　实际饱和特性

另外，由于饱和特性在大信号时的等效增益很低，故具有饱和特性的控制系统，一般在大起始偏离下总是具有收敛的性质，系统最终可能稳定，最坏的情况就是自振，而不会造成愈偏愈大的不稳定状态。

当然，如果饱和点过低，则在提高系统平稳性的同时，将使系统的快速性和稳态跟踪精度有所下降。

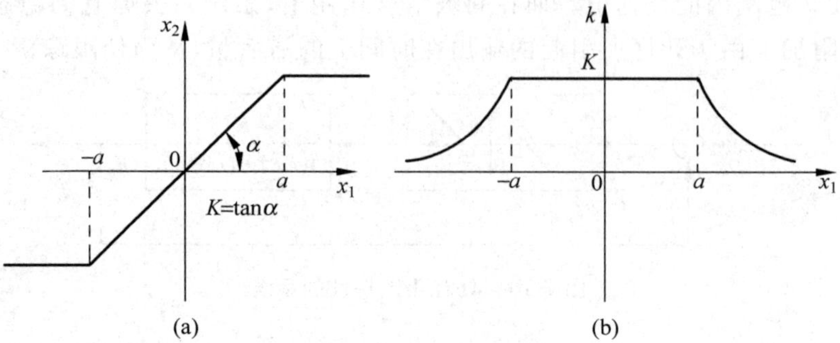

图 7-12　理想饱和特性及等效增益曲线

在实际系统中,有时也采取主动设置饱和特性的办法,来限制执行元件和系统被控量的最大加速度和最大速度,以保证机械结构的安全运转。

7.2.3　间隙

在机械传动中,由于加工精度的限制以及运动件相互配合的需要,总会有一些间隙存在。例如图 7-13 所示的齿轮传动,为保证转动灵活不发生卡死现象,齿轮之间是允许且必须有少量间隙的,但间隙量 $2b$ 不应过大。

由于间隙的存在,当机构做反向运动时,主动齿轮总要转过 $2b$ 的空行程后才能推动从动齿轮反向。二者不能同步转动,形成如图 7-14 所示的环状间隙特性。

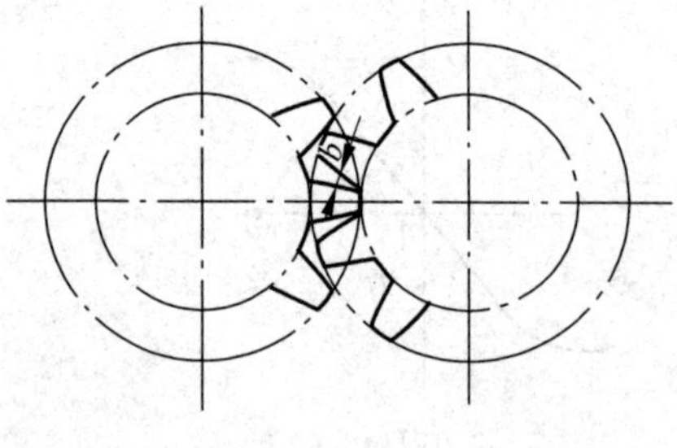

图 7-13　齿轮传动中的间隙

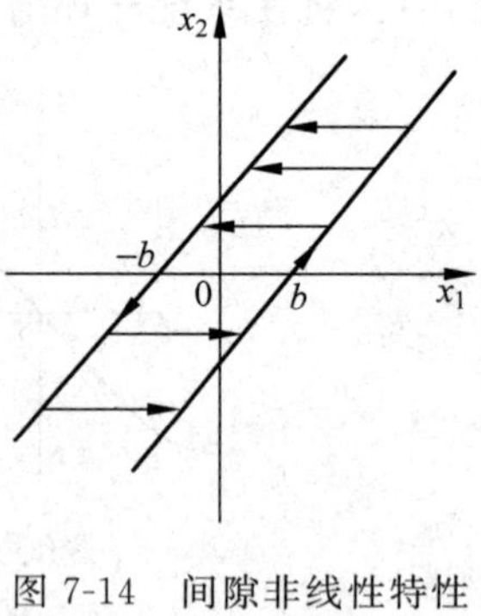

图 7-14　间隙非线性特性

系统中包含间隙特性,其主要影响有二:一是降低了定位精度,增大了系统的稳态误差;二是使系统动态响应的振荡加剧,稳定性变坏。关于后一点,可以从如图 7-15 所示的间隙特性在正弦输入下的响应波形来看。显然,输出在相位上落后于输入 φ 角,这相当于给系统开环引入了一个负的相移,从而使系统的相位裕度减小,增大了系统的振荡倾向。

这个问题也可以从能量的观点来分析。图 7-16 是一个具有间隙特性的二阶系统结构图。设 θ_r 为一个常值。当间隙特性的输入量 θ_1 从 A 点开始反转(即减

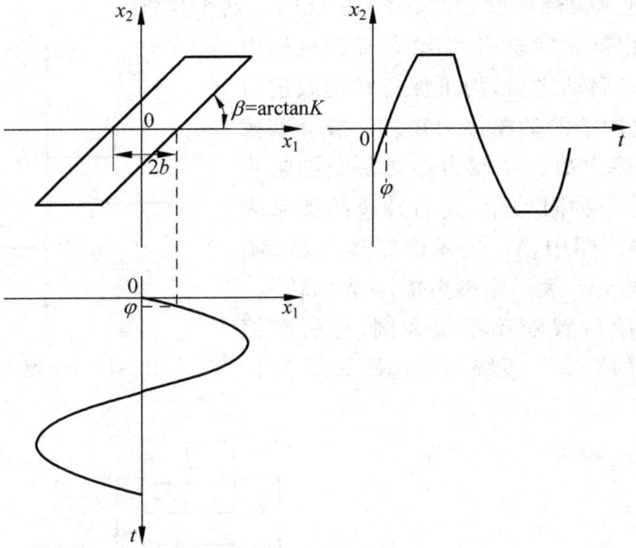

图 7-15　间隙特性在正弦输入下的响应

小)时,首先走过一段空行程,在这段时间,系统的执行元件不带动负载,因而不消耗能量,与没有间隙特性的系统相比,相当于蓄能增多。同时在空行程区段内,输出量 θ_c 的位置不变,即反馈信号不变(这时的 $\theta_c > \theta_r$,否则 θ_1 不会减小),因而在空行程时间内,误差 θ_e 也保持常数而不会减小,故使系统的执行元件又多积蓄了一些从外部能源供给的能量。主动能量的增加,将导致运动的加速度和速度加大,从而使系统的振荡加剧。间隙过大,蓄能过多,将会造成系统自振。

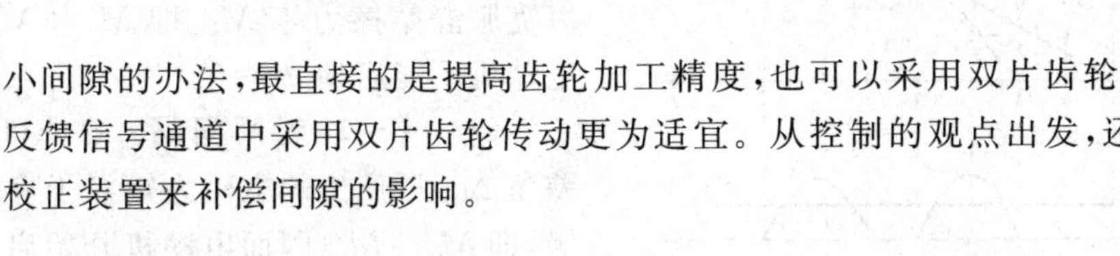

图 7-16　含有间隙特性的二阶系统

减小间隙的办法,最直接的是提高齿轮加工精度,也可以采用双片齿轮传动,尤其在反馈信号通道中采用双片齿轮传动更为适宜。从控制的观点出发,还可采用各种校正装置来补偿间隙的影响。

7.2.4　摩擦

在机械传动机构中,摩擦是必然存在的物理因素。其对系统的影响,依系统的具体情况而定。对随动系统而言,摩擦会降低跟踪精度;在复现缓慢变化的低速指令时,会造成爬行现象,大大影响系统的低速平稳性。

执行机构由静止状态启动,必须克服机构中的静摩擦力矩。启动之后,为了保持转速或进行加速,要克服机构中的动摩擦力矩。一般静摩擦力矩大于动摩擦力矩。摩擦力矩总是企图阻止机构的运动,是一种阻力矩,其与转速的关系表示在图7-17中。图中,M_1 表示静摩擦力矩,M_2 表示动摩擦力矩,M_f 表示摩擦力矩,ω 表示转速。

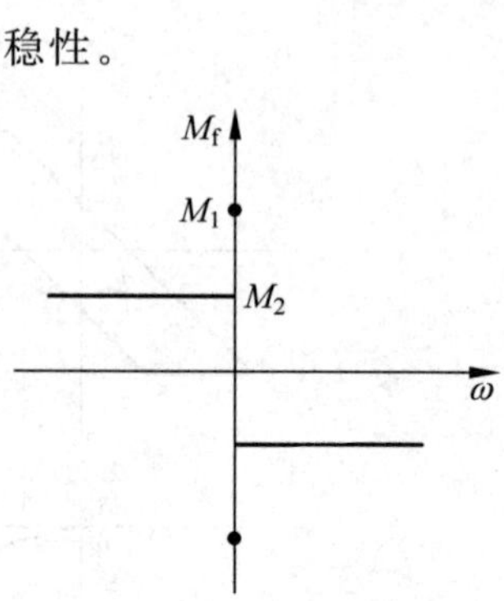

图 7-17 摩擦力矩示意图

下面以二阶位置随动系统为例,分析摩擦对低速平稳性的影响。系统的结构图如图7-18所示。

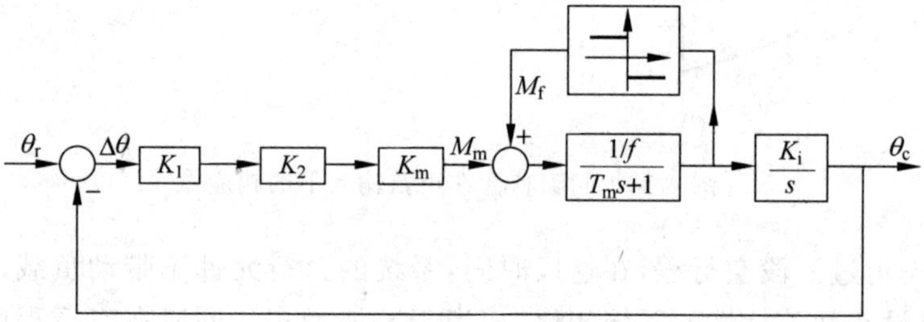

图 7-18 随动系统结构图

图中 M_m 代表电磁力矩;M_f 为折算至电动机轴上的摩擦力矩,在电动机刚启动时为 M_1,在电动机运转时为 M_2。当输入为等速信号时,即

$$\theta_r = \omega_r t \tag{7-4}$$

式中 ω_r 为常值,系统响应如图7-19所示。如果没有摩擦,则输出量在动态过程消失后,应以一定的精度跟随输入信号 θ_r 作等速运动。但是由于摩擦的影响,结果使输出转角 θ_c 出现低速爬行现象。对此过程特作如下说明:

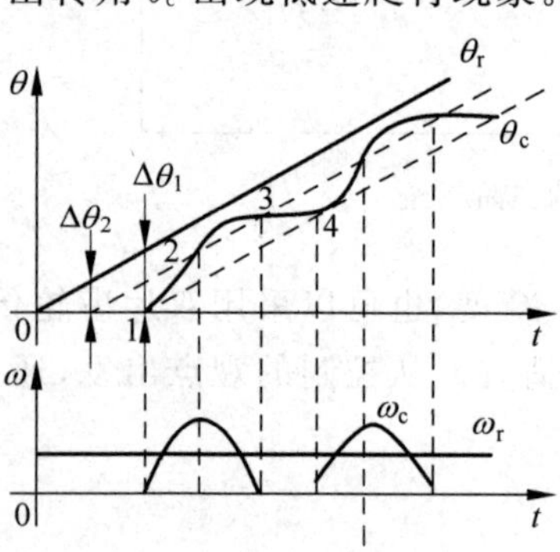

图 7-19 低速爬行曲线

(1) **(0~1)时间间隔**。在该间隔内,由于误差角 $\Delta\theta(=\theta_r-\theta_c)$ 较小,通过 K_1,K_2,K_m 放大后产生的电磁转矩 M_m 不足以克服静摩擦力矩 M_1,即 $M_m<M_1$,因此电动机不能启动,$\theta_c=0$。

(2) **(1~2)时间间隔**。在点1处,误差角 $\Delta\theta_1$ 所产生的电磁力矩等于静摩擦力矩,即 $M_m=M_1$,因而电动机开始启动。电动机一旦转动,则阻力矩变为动摩擦力矩 M_2。由于 $M_2<M_1$,故这时电磁转矩大于阻力矩,电动机在 $\Delta M(=M_m-M_2=M_1-M_2)$ 作用下加速。系统输出角 θ_c 与 θ_r 之间误差逐渐减小,至点2时,误差角为 $\Delta\theta_2$。由 $\Delta\theta_2$ 产生的电磁转矩恰为动摩擦

力矩 M_2，即

$$M_m = K_1 K_2 K_m^{'} \Delta\theta_2 = M_2 \tag{7-5}$$

及

$$\Delta M = M_m - M_2 = 0 \tag{7-6}$$

电机保持原速转动。

(3) **(2～3)时间间隔**。前一段加速运动的结果，至点 2 虽然 $\Delta M=0$，系统不再加速，但所获得的速度 ω_c 已大于输入信号的速度 ω_r。因此，电动机输出轴仍以比 ω_r 大的速度继续转动。如此，误差角 $\Delta\theta$ 将进一步减小，$\Delta\theta<\Delta\theta_2$，随之电磁转矩也将小于动摩擦力矩。$M_m<M_2$，则主动力矩小于阻力矩，电动机将减速，直至 $\omega_c=0$，电动机停止，输出量 θ_c 保持常值。但是输入信号 θ_r 一直在变化，故至点 3 时，误差角 $\Delta\theta$ 又等于 $\Delta\theta_2$，电磁转矩又等于动摩擦力矩 M_2。但这时 $\omega_c=0$，要电动机重新启动，电磁转矩 M_m 必须等于 M_1，故系统仍处于静止状态。

(4) **(3～4)时间间隔**。输入信号继续增加，当至点 4 时，误差角 $\Delta\theta$ 又等于 $\Delta\theta_1$，电动机重新启动。之后又重复加速、减速、停止、启动的过程，致使系统出现转速脉动，输出量 ω_c 呈爬行跟踪状态，低速平稳性很差。

从以上分析可知，产生爬行的主要原因是存在摩擦，尤其是存在着静摩擦力矩与动摩擦力矩的差值，造成电动机过大地加速和减速，使输出量的转速及转角波动很大。

为改善系统跟踪过程的平稳性，可采取如下一些措施。

(1) 良好的润滑或外加高频颤振信号的办法(见 7.5 节)，以减小静摩擦力矩、动摩擦力矩的差值。

(2) 按干扰补偿的办法，通过引入非线性校正来抵消摩擦力矩的影响。

(3) 增加系统阻尼比的办法，以减小转速脉动，提高平稳性。

7.2.5 继电器特性

继电器特性的常见形式如图 7-20 所示。其中图 7-20(a)为理想继电器特性，继电器的吸合与释放电流都很小时，则可视为这种特性。图 7-20(b)表示吸合与释放电流较大且二者数值很接近的死区继电器特性。图 7-20(c)则为一般的继电器特性，其中 $0<m<1$。

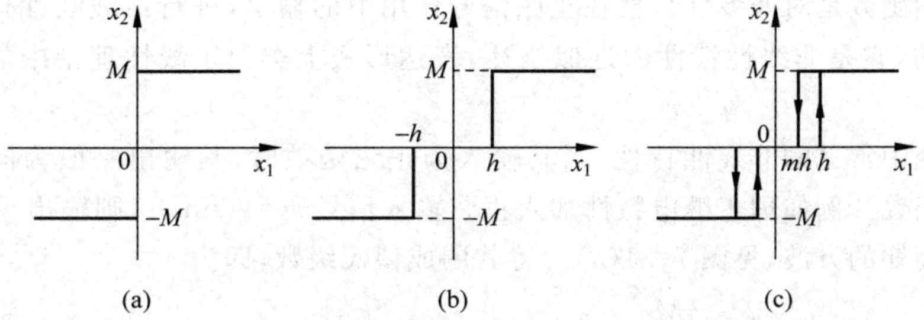

图 7-20 理想继电器特性示意图

理想继电器在输入信号 x_1 很小时就动作,触点吸合,输出量 x_2 突变,故原点附近的等效增益很大,趋于∞;之后输入信号 x_1 再增加,输出量 x_2 保持常值 M,故随 x_1 增加其等效增益逐渐减小。所以理想继电器特性串入系统,在小起始偏离时开环增益大,系统运动状态一般呈发散性质;而在大起始偏离时开环增益很小,系统具有收敛性质。故理想继电器控制系统最终多半处于自振工作状态。

但是对于低阶(一阶、二阶)系统,其稳定性,理论上说是与增益无关的,采用理想继电器控制后尚能稳定工作。

继电器特性能够使被控制的执行电机始终在额定或最大电压下工作,可以充分发挥其调节的能力,故有可能利用继电器控制实现快速跟踪。

至于带死区的继电器特性,将会增加系统的定位误差,而对其他动态性能的影响,类似于死区、饱和非线性特性的综合效果。

以上只是对系统正向通道中包含某个典型非线性因素的情况进行了直观的讨论,所得结论在其他条件下不一定适用,要具体问题具体分析。

7.3 非线性特性的描述函数

常用的分析非线性系统的工程方法有两种,即相平面法和描述函数法。

相平面法适用于一阶、二阶非线性系统的分析,方法的重点是将二阶非线性微分方程改写为以输出量及输出量导数为变量的两个一阶微分方程。然后依据这一对方程,设法求出其在上述两变量构成的相平面中的轨线,并由此对系统的时间响应进行判别,所得结果比较精确和全面。但是对于高于二阶的系统,需要讨论变量空间中的曲面结构,从而大大增加了工程使用的困难。描述函数法是一种近似方法,相当于线性理论中频率法的推广。方法不受系统阶次的限制,且所得结果也比较符合实际,故得到了广泛应用。下面首先重点介绍描述函数法。

7.3.1 谐波线性化

描述函数是对非线性特性在正弦信号作用下的输出,进行谐波线性化处理之后得到的,它是非线性特性的近似描述,表达形式上类似于线性理论中的幅相频率特性。

系统中常见的非线性特性,当其输入为正弦函数时,其输出一般为同周期的非正弦函数。例如理想继电特性加入正弦输入信号 $x=A\sin\omega t$,则输出 $y(t)$ 为与输入同周期的方波,见图 7-21(a)。将其展成傅氏级数,即为

$$y(t)=\frac{4M}{\pi}\left(\sin\omega t+\frac{1}{3}\sin 3\omega t+\frac{1}{5}\sin 5\omega t+\cdots\right)$$

$$= \frac{4M}{\pi}\sum_{n=0}^{\infty}\frac{\sin(2n+1)\omega t}{2n+1} \tag{7-7}$$

式(7-7)表明,方波函数 $y(t)$可以看作无数个正弦分量的叠加。这些分量中,有一个与输入信号频率相同的分量,称为基波分量;而其他分量的频率均为输入信号频率的奇数倍,统称为高次谐波。另外,每个分量的振幅也各不相同,频率愈高的分量,振幅愈小,该方波的频谱,如图 7-21(b)所示。

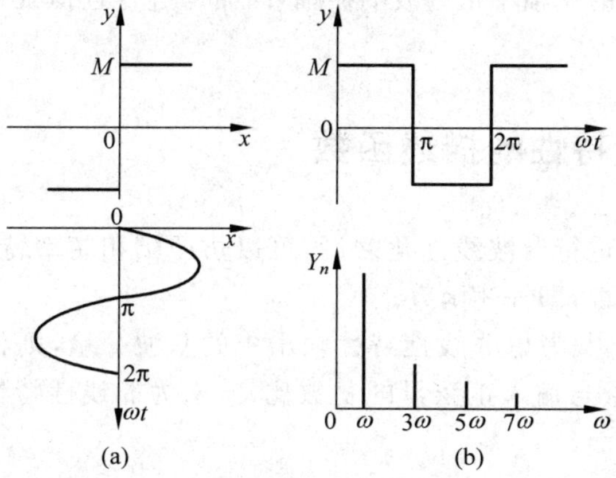

图 7-21　理想继电特性在正弦输入下的输出波形的振幅频谱

将上述描述推广至任意一个非线性特性。设输入 $x=A\sin\omega t$,输出波形为 $y(t)$,则可以将 $y(t)$表示为傅氏级数形式

$$\begin{aligned} y(t) &= Y_0 + \sum_{n=1}^{\infty}(B_n\sin n\omega t + C_n\cos n\omega t) \\ &= Y_0 + \sum_{n=1}^{\infty}Y_n\sin(n\omega t + \varphi_n) \end{aligned} \tag{7-8}$$

式中:

$$Y_0 = \frac{1}{2\pi}\int_0^{2\pi}y(t)\,\mathrm{d}\omega t \tag{7-9}$$

$$B_n = \frac{1}{\pi}\int_0^{2\pi}y(t)\sin n\omega t\,\mathrm{d}\omega t \tag{7-10}$$

$$C_n = \frac{1}{\pi}\int_0^{2\pi}y(t)\cos n\omega t\,\mathrm{d}\omega t \tag{7-11}$$

$$Y_n = \sqrt{B_n^2 + C_n^2}$$

$$\varphi_n = \arctan\frac{C_n}{B_n}$$

本章中所讨论的几种典型非线性特性,均属奇对称函数,因而 $Y_0=0$。

谐波线性化的处理方法是以输出 $y(t)$的基波分量近似地代替整个输出,亦即略去输出的高次谐波,将输出表示为

$$y(t)=B_1\sin\omega t+C_1\cos\omega t=Y_1\sin(\omega t+\varphi_1) \tag{7-12}$$

式中：$Y_1=\sqrt{B_1^2+C_1^2}$，$\varphi_1=\arctan\dfrac{C_1}{B_1}$。

这意味着一个非线性元件在正弦输入下，其输出也是一个同频率的正弦量，只是振幅和相位发生了变化。这与线性元件在正弦信号作用下的输出具有形式上的相似性，故称上述近似处理为谐波线性化。

一般高次谐波的振幅小于基波的振幅，因而为进行近似处理提供了可靠的物理基础。

7.3.2 非线性特性的描述函数

非线性特性在进行谐波线性化之后，可以仿照幅相频率特性的定义，建立非线性的等效幅相特性，即描述函数。

根据式(7-12)，只考虑非线性特性输出中的基波分量，则将输入为正弦函数时，输出的基波分量与输入正弦量的复数比，定义为非线性特性的描述函数。其数学表达式为

$$N(A)=\frac{Y_1}{A}\angle\varphi_1=\frac{\sqrt{B_1^2+C_1^2}}{A}\angle\arctan\frac{C_1}{B_1} \tag{7-13}$$

故只要计算出输出函数 $y(t)$ 的傅氏级数基波项系数 B_1 和 C_1，即可求得描述函数 $N(A)$。下面示例说明 $N(A)$ 的含义。设非线性放大器输入输出特性

$$y=\frac{1}{2}x+\frac{1}{4}x^3=\left(\frac{1}{2}+\frac{1}{4}x^2\right)x \tag{7-14}$$

曲线见图 7-22。当输入为正弦函数，即 $x=A\sin\omega t$ 时，输出 $y(t)$ 显然不是正弦函数，今取其基波分量，因为特性曲线单值奇对称，故 $Y_0=0$，$C_1=0$，$\varphi_1=0$，并有

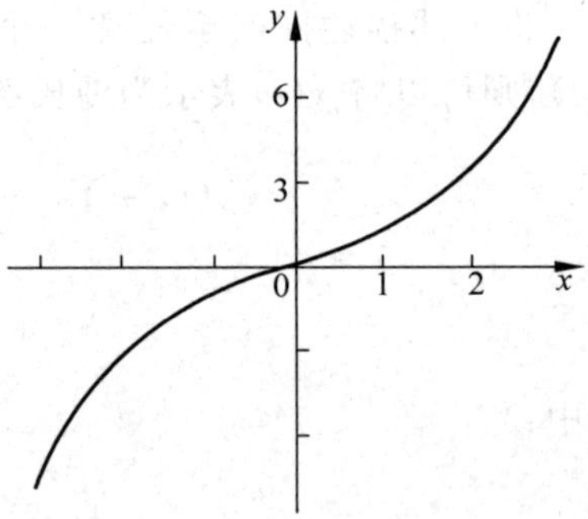

图 7-22 式(7-14)的曲线

$$B_1=\frac{1}{\pi}\int_0^{2\pi}\left(\frac{1}{2}x+\frac{1}{4}x^3\right)\sin\omega t\,\mathrm{d}\omega t$$

将 $x=A\sin\omega t$ 代入，得

$$\begin{aligned}B_1&=\frac{1}{\pi}\int_0^{2\pi}\left(\frac{1}{2}A\sin\omega t+\frac{1}{4}A^3\sin^3\omega t\right)\sin\omega t\,\mathrm{d}\omega t\\&=\frac{1}{\pi}\int_0^{2\pi}\left(\frac{A}{2}\sin^2\omega t+\frac{A^3}{4}\sin^4\omega t\right)\mathrm{d}\omega t\end{aligned}$$

$$= \frac{2}{\pi}\left(\frac{A}{2}\int_0^{\pi}\sin^2\omega t\,d\omega t + \frac{A^3}{4}\int_0^{\pi}\sin^4\omega t\,d\omega t\right)$$

$$= \frac{1}{2}A + \frac{3}{16}A^3$$

代入式(7-12)，得输出的近似式

$$y(t) \approx B_1\sin\omega t = \left(\frac{1}{2}A + \frac{3}{16}A^3\right)\sin\omega t$$

$$= \left(\frac{1}{2} + \frac{0.75}{4}A^2\right)A\sin\omega t = \left(\frac{1}{2} + \frac{0.75}{4}A^2\right)x$$

而代入式(7-13)，则得描述函数

$$N(A) = \frac{B_1}{A} = \frac{1}{2} + \frac{3}{16}A^2$$

$$= \frac{1}{2} + \frac{0.75}{4}A^2 \tag{7-15}$$

对照以上二式，可以看出，描述函数 N 相当于非线性放大器对正弦输入而言的、等效的增益，而且该增益是输入正弦信号振幅的函数。$N(A)$基本上反映了式(7-14)所示原放大器的非线性增益。故尽管描述函数是非线性特性经过谐波线性化处理之后得到的，但本质上不同于小干扰线性化，不同于线性部件。线性部件的频率特性与输入正弦信号的振幅是绝不相关的。因此描述函数的建立只是形式上借用了线性的频率响应，其实质还是保留了非线性的基本特征，是非线性理论中的一个概念。

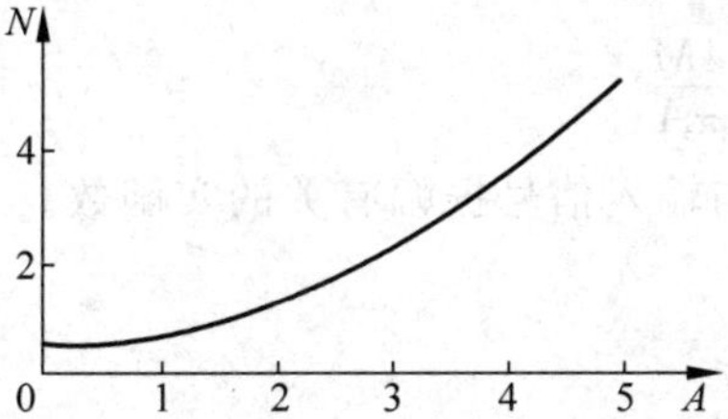

图 7-23　式(7-15)非线性放大器的描述函数曲线

式(7-15)的描述函数曲线如图 7-23 所示。

7.3.3　典型非线性特性的描述函数

1. 理想继电特性的描述函数

图 7-24 表示了理想继电特性及在正弦信号作用下的输出波形。

因 $y(t)$ 为单值奇对称，故 $Y_0 = 0, C_1 = 0$。描述函数 $N = \dfrac{B_1}{A}$，其中 $B_1 = \dfrac{1}{\pi}\int_0^{2\pi} y(t)\sin\omega t\,d\omega t$。由于 $y(t)$ 是周期为 2π 的方波，且对 π 点奇对称，B_1 可改写为

$$B_1 = \frac{4}{\pi}\int_0^{\pi/2} M\sin\omega t\,d\omega t = -\frac{4M}{\pi}\int_0^{\pi/2} d(\cos\omega t)$$

$$= -\frac{4M}{\pi}\cos\omega t\Big|_0^{\pi/2} = \frac{4M}{\pi}$$

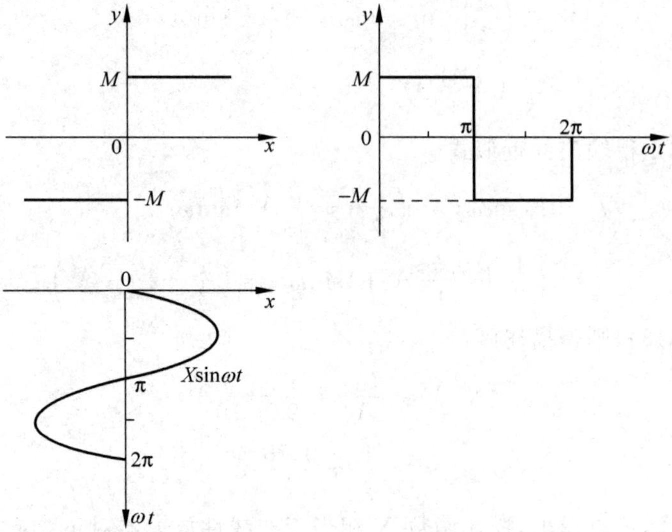

图 7-24 理想继电特性及输入输出波形

故描述函数

$$N(A)=\frac{B_1}{A}=\frac{4M}{\pi A} \tag{7-16}$$

上式表明,理想继电特性的描述函数是一个只与输入信号振幅有关的实函数。

2. 死区特性的描述函数

图 7-25 表示了死区特性及其输入输出波形。

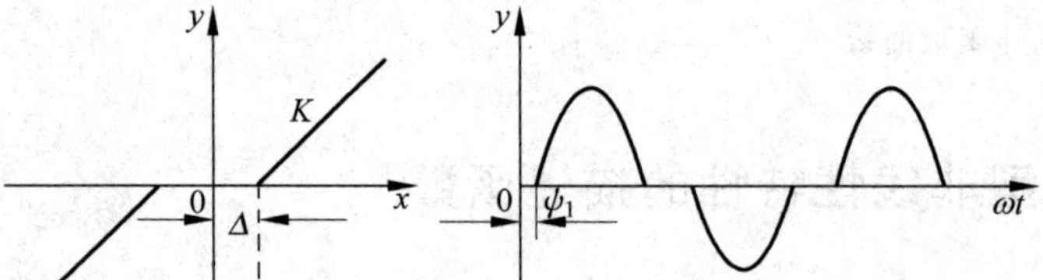

图 7-25 死区特性及输入输出波形

当正弦输入信号的振幅 $A<\Delta$ 时，输出为零。只有 $A>\Delta$，才有输出，且为一些不连续不完整的正弦波形。由于死区特性为单值奇对称函数，故 $Y_0=0, C_1=0, \varphi_1=0$。而

$$B_1=\frac{1}{\pi}\int_0^{2\pi} y(t)\sin\omega t\,\mathrm{d}\omega t$$
$$=\frac{1}{\pi}\int_0^{2\pi} K(A\sin\omega t-\Delta)\sin\omega t\,\mathrm{d}\omega t$$

$y(t)$在一个周期中波形对称，上式只需计算 $0\sim\pi/2$ 的积分。又在 $0\sim\psi_1$ 角范围内，$y(t)=0$，故 B_1 可写为

$$B_1=\frac{4}{\pi}\int_{\psi_1}^{\pi/2} K(A\sin\omega t-\Delta)\sin\omega t\,\mathrm{d}\omega t$$
$$=\frac{4KA}{\pi}\int_{\psi_1}^{\pi/2}\sin^2\omega t\,\mathrm{d}\omega t-\frac{4K\Delta}{\pi}\int_{\psi_1}^{\pi/2}\sin\omega t\,\mathrm{d}\omega t$$
$$=\frac{4KA}{\pi}\int_{\psi_1}^{\pi/2}\frac{1}{2}(1-\cos2\omega t)\mathrm{d}\omega t-\frac{4K\Delta}{\pi}\int_{\psi_1}^{\pi/2}\sin\omega t\,\mathrm{d}\omega t$$
$$=\frac{4KA}{\pi}\left(\frac{\omega t}{2}-\frac{1}{4}\sin2\omega t+\frac{\Delta}{A}\cos\omega t\right)\Bigg|_{\psi_1}^{\pi/2}$$

从图 7-25 可得 $A\sin\psi_1=\Delta$，则 $\psi_1=\arcsin\dfrac{\Delta}{A}$，将 ψ_1 代入上式，得

$$B_1=\frac{4KA}{\pi}\left[\frac{\pi}{4}-\frac{1}{2}\arcsin\frac{\Delta}{A}+\frac{1}{2}\frac{\Delta}{A}\cos\left(\arcsin\frac{\Delta}{A}\right)-\frac{\Delta}{A}\cos\left(\arcsin\frac{\Delta}{A}\right)\right]$$
$$=\frac{2KA}{\pi}\left[\frac{\pi}{2}-\arcsin\frac{\Delta}{A}-\frac{\Delta}{A}\sqrt{1-\left(\frac{\Delta}{A}\right)^2}\right],\quad A\geqslant\Delta \tag{7-17}$$

因而死区特性的描述函数

$$N(A)=\frac{B_1}{A}=\frac{2K}{\pi}\left[\frac{\pi}{2}-\arcsin\frac{\Delta}{A}-\frac{\Delta}{A}\sqrt{1-\left(\frac{\Delta}{A}\right)^2}\right],\quad A\geqslant\Delta \tag{7-18}$$

由上式可见，该描述函数也是一个与输入信号振幅有关的实函数。

当死区 Δ 很小，或输入的振幅 A 很大时，$\dfrac{\Delta}{A}\approx0$，$N(A)\approx K$，即可认为描述函数为线性段的斜率，死区的影响可忽略不计。

3. 饱和特性的描述函数

图 7-26 表示出饱和特性及其输入输出波形图。当正弦输入信号的振幅 $A<a$ 时，工作在线性段，没有非线性影响。只有在 $A\geqslant a$，才进入非线性区。因此饱和特性的描述函数，在 $A\geqslant a$ 的情况下才有意义。

对饱和特性，同样有 $Y_0=0, C_1=0, \varphi_1=0$，其输出波形为削顶的正弦波，由于 $A\sin\psi_1=a$，故 $\psi_1=\arcsin\dfrac{a}{A}$。为计算 B_1，先写出 $y(t)$的数学表达式，$y(t)$是对称

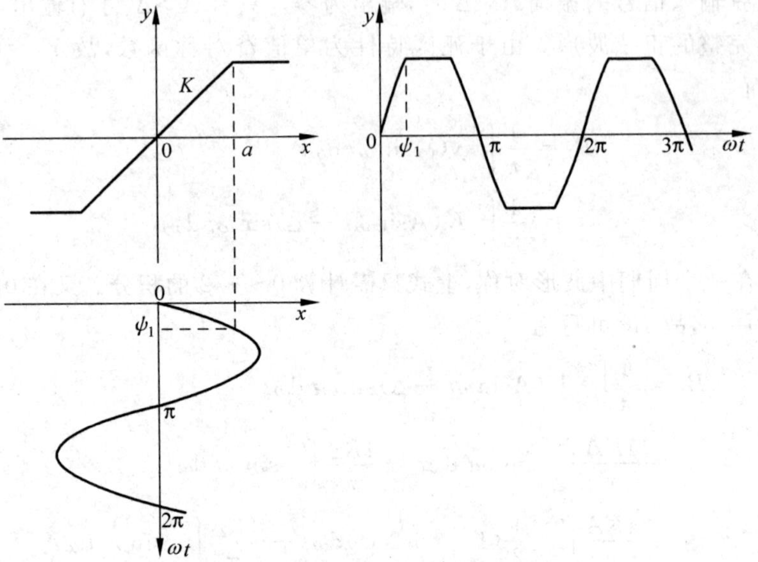

图 7-26 饱和特性及其输入输出波形

波形,可只写出 $0\sim\pi/2$ 区段的关系式,为

$$y(t)=\begin{cases}KA\sin\omega t, & 0\leqslant\omega t\leqslant\psi_1\\ Ka, & \psi_1\leqslant\omega t\leqslant\pi/2\end{cases}\tag{7-19}$$

将式(7-19)代入 B_1 公式,得

$$\begin{aligned}B_1&=\frac{4}{\pi}\left(\int_0^{\psi_1}KA\sin^2\omega t\,\mathrm{d}\omega t+\int_{\psi_1}^{\pi/2}Ka\sin\omega t\,\mathrm{d}\omega t\right)\\&=\frac{4KA}{\pi}\left\{\left(\frac{1}{2}\omega t-\frac{1}{4}\sin2\omega t\right)_0^{\psi_1}+\left[\frac{a}{A}(-\cos\omega t)\right]_{\psi_1}^{\pi/2}\right\}\\&=\frac{2KA}{\pi}\left(\arcsin\frac{a}{A}+\frac{a}{A}\sqrt{1-\left(\frac{a}{A}\right)^2}\right),\quad A\geqslant a\end{aligned}\tag{7-20}$$

因此,饱和特性的描述函数

$$N(A)=\frac{B_1}{A}=\frac{2K}{\pi}\left(\arcsin\frac{a}{A}+\frac{a}{A}\sqrt{1-\left(\frac{a}{A}\right)^2}\right),\quad X\geqslant a\tag{7-21}$$

同样也是输入信号振幅的实函数。

4. 间隙特性的描述函数

图 7-27 表示出间隙特性及其输入输出波形。由图可见,在正弦信号作用下,$y(t)$为有时间滞后且削顶的正弦波。输入信号在 $0\sim\pi/2$ 区段内,输出按斜率为 K 的线性关系变化;输入在 $\pi/2\sim\psi_1$ 区段内,输出保持常值;输入由 ψ_1 至 π,输出则按另一条线性关系变化。以后的半个周期,只是符号相反,规律相同。故 $y(t)$半周期的数学表达式为

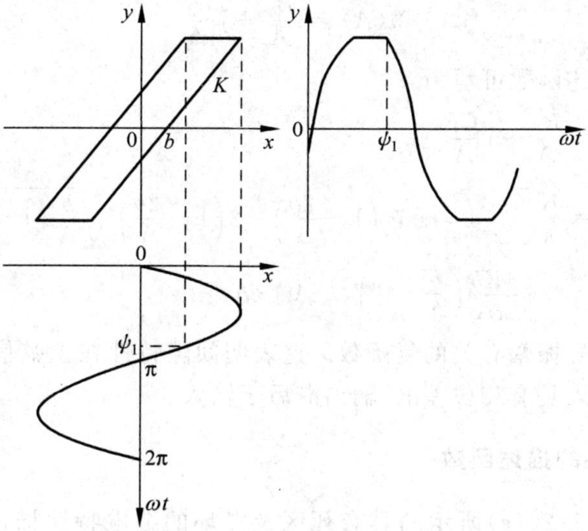

图 7-27　间隙特性及输入输出波形

$$y(t)=\begin{cases}K(A\sin\omega t-b), & 0\leqslant\omega t\leqslant\pi/2\\ K(A-b), & \pi/2\leqslant\omega t\leqslant\psi_1\\ K(A\sin\omega t+b), & \psi_1\leqslant\omega t<\pi\end{cases}$$

显然，$A\sin(\pi-\psi_1)=A-2b$，$\pi-\psi_1=\arcsin\dfrac{A-2b}{A}$，则 $\psi_1=\pi-\arcsin\left(1-\dfrac{2b}{A}\right)$。又输出波形对 ωt 轴上下对称，故 $Y_0=0$。但间隙特性是非单值函数，B_1 和 C_1 均不为零，代入计算公式可得

$$\begin{aligned}B_1&=\frac{2}{\pi}\left[\int_0^{\pi/2}K(A\sin\omega t-b)\sin\omega t\,\mathrm{d}\omega t+\int_{\pi/2}^{\psi_1}K(A-b)\sin\omega t\,\mathrm{d}\omega t\right.\\&\quad\left.+\int_{\psi_1}^{\pi}K(A\sin\omega t+b)\sin\omega t\,\mathrm{d}\omega t\right]\\&=\frac{KA}{\pi}\left[\frac{\pi}{2}+\arcsin\left(1-\frac{2b}{A}\right)+2\left(1-\frac{2b}{A}\right)\sqrt{\frac{b}{A}\left(1-\frac{b}{A}\right)}\right],\quad A\geqslant b\end{aligned}$$

$$\begin{aligned}C_1&=\frac{2}{\pi}\left[\int_0^{\pi/2}K(A\sin\omega t-b)\cos\omega t\,\mathrm{d}\omega t+\int_{\pi/2}^{\psi_1}K(A-b)\cos\omega t\,\mathrm{d}\omega t\right.\\&\quad\left.+\int_{\psi_1}^{\pi}K(A\sin\omega t+b)\cos\omega t\,\mathrm{d}\omega t\right]\\&=\frac{4Kb}{\pi}\left(\frac{b}{A}-1\right),\quad A\geqslant b\end{aligned}$$

由式(7-13)可知，描述函数可用模和幅角的形式表示，即

$$N(A)=\frac{Y_1}{A}\angle\varphi_1=\frac{\sqrt{B_1^2+C_1^2}}{A}\angle\arctan\frac{C_1}{B_1}$$

但也可用实部、虚部表示为

$$N(A)=\frac{B_1}{A}+\mathrm{j}\,\frac{C_1}{A}$$

故间隙特性的描述函数可写为

$$\begin{aligned}N(A)&=\frac{B_1}{A}+\mathrm{j}\,\frac{C_1}{A}\\&=\frac{K}{\pi}\left[\frac{\pi}{2}+\arcsin\left(1-\frac{2b}{A}\right)+2\left(1-\frac{2b}{A}\right)\sqrt{\frac{b}{A}\left(1-\frac{b}{A}\right)}\right]\\&\quad+\mathrm{j}\,\frac{4Kb}{\pi A}\left(\frac{b}{A}-1\right),\quad A\geqslant b\end{aligned}\tag{7-22}$$

上式是与输入信号振幅有关的复函数。这表明间隙特性在正弦信号作用下,输出的基波分量对输入是有相位差的,输出滞后于输入。

5. 继电特性的描述函数

下面推导图7-20(c)所示的具有死区及滞环的继电特性描述函数。图7-28表示了该非线性特性及其输入输出波形。这种继电特性为多值函数,B_1,C_1均不为零;又输出波形关于ωt轴上下对称,故$Y_0=0$。$y(t)$的各起始角和截止角ψ_1,ψ_2,ψ_3,ψ_4可由波形图求出,结果为

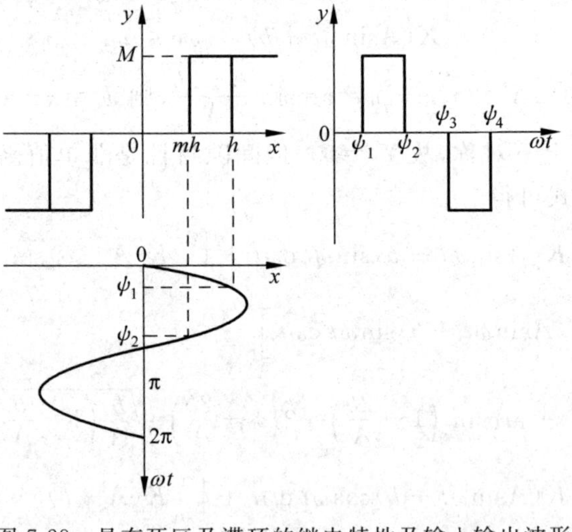

图7-28 具有死区及滞环的继电特性及输入输出波形

$$\psi_1=\arcsin\frac{h}{A}$$

$$\psi_2=\pi-\arcsin\frac{mh}{A}$$

$$\psi_3=\pi+\arcsin\frac{h}{A}$$

$$\psi_4 = 2\pi - \arcsin\frac{mh}{A}$$

输出 $y(t)$ 的数学表达式为

$$y(t) = \begin{cases} M, & \psi_1 \leqslant \omega t \leqslant \psi_2 \\ 0, & 0 \leqslant \omega t < \psi_1, \psi_2 < \omega t < \psi_3, \psi_4 < \omega t \leqslant 2\pi \\ -M, & \psi_3 \leqslant \omega t \leqslant \psi_4 \end{cases}$$

计算 B_1, C_1 得

$$\begin{aligned} B_1 &= \frac{1}{\pi}\left(\int_{\psi_1}^{\psi_2} M\sin\omega t\,\mathrm{d}\omega t - \int_{\psi_3}^{\psi_4} M\sin\omega t\,\mathrm{d}\omega t\right) \\ &= \frac{2M}{\pi}\left(\sqrt{1-\left(\frac{mh}{A}\right)^2} + \sqrt{1-\left(\frac{h}{A}\right)^2}\right), \quad A \geqslant h \\ C_1 &= \frac{1}{\pi}\left(\int_{\psi_1}^{\psi_2} M\cos\omega t\,\mathrm{d}\omega t - \int_{\psi_3}^{\psi_4} M\cos\omega t\,\mathrm{d}\omega t\right) \\ &= \frac{2Mh}{\pi A}(m-1), \quad A \geqslant h \end{aligned}$$

故描述函数

$$\begin{aligned} N(A) = &\frac{2M}{\pi A}\left(\sqrt{1-\left(\frac{mh}{A}\right)^2} + \sqrt{1-\left(\frac{h}{A}\right)^2}\right) \\ &+ \mathrm{j}\,\frac{2Mh}{\pi A^2}(m-1), \quad A \geqslant h \end{aligned} \tag{7-23}$$

这是输入信号振幅的复函数。输出的基波分量在相位上将滞后于输入。

从式(7-23)可以直接推求其他几种继电特性的描述函数,结果如下:

当 $h=0$ 时

$$N(A) = \frac{4M}{\pi A}$$

这就是理想继电特性的描述函数。

当 $m=1$ 时

$$N(A) = \frac{4M}{\pi A}\sqrt{1-\left(\frac{h}{A}\right)^2}, \quad A \geqslant h \tag{7-24}$$

这相当于图 7-20(b)所示带死区的继电特性的描述函数。

当 $m=-1$ 时,继电特性的形状如图 7-29 所示,称为具有滞环的两位置继电器,其描述函数由式(7-23)得

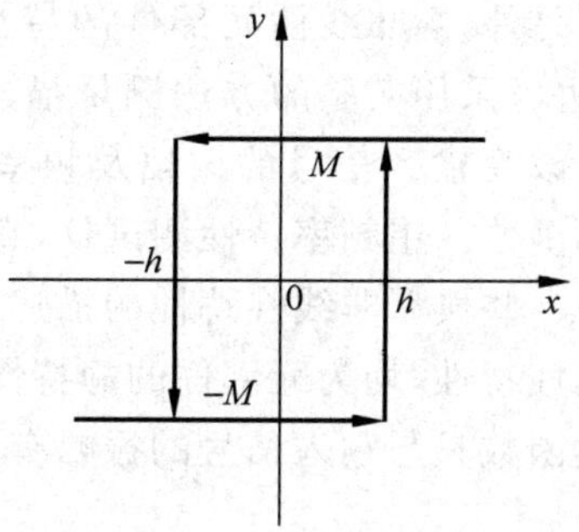

图 7-29　具有滞环的两位置继电特性

$$N(A)=\frac{4M}{\pi A}\sqrt{1-\left(\frac{h}{A}\right)^2}-\mathrm{j}\,\frac{4Mh}{\pi A^2},\quad A\geqslant h \tag{7-25}$$

6. 组合非线性特性的描述函数

有些系统存在着两个或多个非线性元件并联的结构,或者一个复杂的非线性特性可以分解为几个简单特性的叠加。图 7-30 所示为两个非线性特性并联。

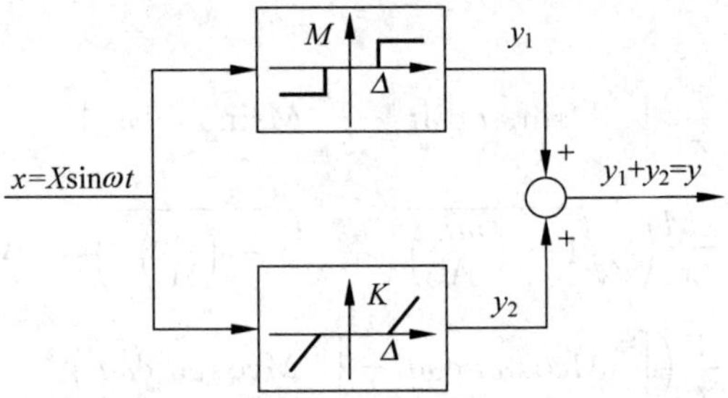

图 7-30 两个非线性特性的并联

对于上述并联结构,总描述函数等于各部分描述函数之和。故知道了简单特性的描述函数,总体的描述函数可以立即得到。与图 7-30 等效的非线性特性如图 7-31 所示,其描述函数

$$N(A)=K-\frac{2K}{\pi}\arcsin\frac{\Delta}{A}+\frac{4M-2K\Delta}{\pi A}\sqrt{1-\left(\frac{\Delta}{A}\right)^2}$$

这恰为死区继电特性与死区特性二者描述函数之和。

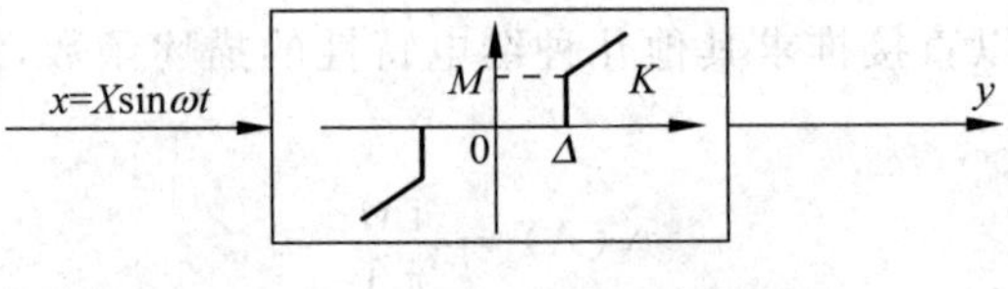

图 7-31 图 7-30 的等效非线性特性

另外,当非线性元部件的特性很复杂,不便于用解析形式来表达时,条件允许,也可采用实验的方法测量描述函数。即给非线性元部件输入一个正弦信号,逐步改变输入信号的振幅及频率,测出输出量中基波的振幅与相位,则可换算出描述函数。用频率特性测试仪,直接可以给出 $N(A)$的数字结果。

一些典型非线性特性的描述函数表达式列于表 7-1 中,以供查阅。表中所列非线性特性,均为元部件的静特性,相当于一些无惯性的非线性放大器特性,故其描述函数只与输入信号的振幅有关,而与信号频率没有关系。

表 7-1　非线性特性及其描述函数对照表

非线性特性	描述函数
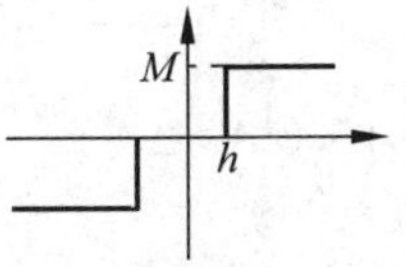	$\frac{4M}{\pi A}\sqrt{1-\left(\frac{h}{A}\right)^2}$，$A\geqslant h$
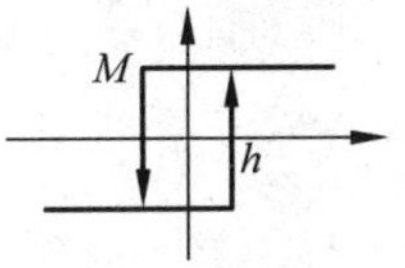	$\frac{4M}{\pi A}\sqrt{1-\left(\frac{h}{A}\right)^2}-\mathrm{j}\,\frac{4Mh}{\pi A^2}$，$A\geqslant h$
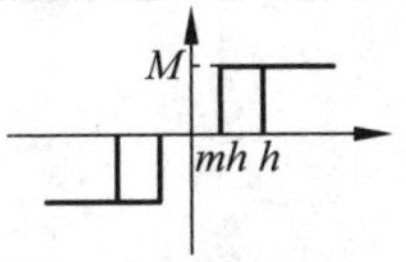	$\frac{2M}{\pi A}\left[\sqrt{1-\left(\frac{mh}{A}\right)^2}+\sqrt{1-\left(\frac{h}{A}\right)^2}\right]+\mathrm{j}\,\frac{2Mh}{\pi A^2}(m-1)$，$A\geqslant h$
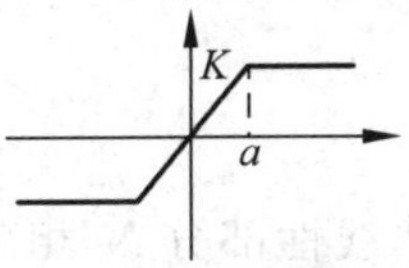	$\frac{2K}{\pi}\left[\arcsin\frac{a}{A}+\frac{a}{A}\sqrt{1-\left(\frac{a}{A}\right)^2}\right]$，$A\geqslant a$
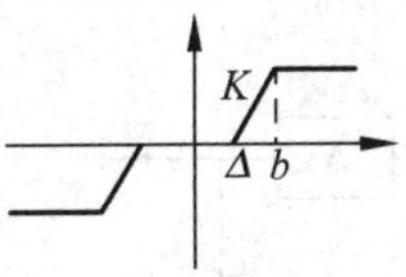	$\frac{2K}{\pi}\left[\arcsin\frac{b}{A}-\arcsin\frac{\Delta}{A}+\frac{b}{A}\sqrt{1-\left(\frac{b}{A}\right)^2}-\frac{\Delta}{A}\sqrt{1-\left(\frac{\Delta}{A}\right)^2}\right]$，$A\geqslant b$
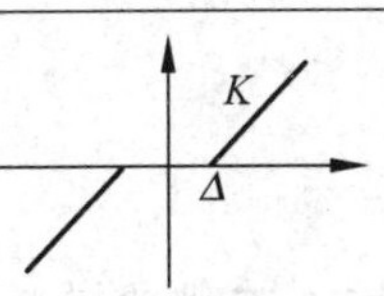	$\frac{2K}{\pi}\left[\frac{\pi}{2}-\arcsin\frac{\Delta}{A}-\frac{\Delta}{A}\sqrt{1-\left(\frac{\Delta}{A}\right)^2}\right]$，$A\geqslant\Delta$
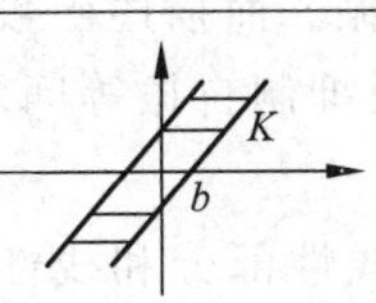	$\frac{K}{\pi}\left[\frac{\pi}{2}+\arcsin\left(1-\frac{2b}{A}\right)+2\left(1-\frac{2b}{A}\right)\sqrt{\frac{b}{A}\left(1-\frac{b}{A}\right)}\right]$ $+\mathrm{j}\,\frac{4Kb}{\pi A}\left(\frac{b}{A}-1\right)$，$A\geqslant b$
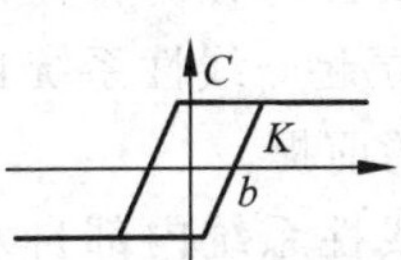	$\frac{K}{\pi}\left[\arcsin\frac{C+Kb}{KA}+\arcsin\frac{C-Kb}{KA}\right.$ $\left.+\frac{C+Kb}{KA}\sqrt{1-\left(\frac{C+Kb}{KA}\right)^2}+\frac{C-Kb}{KA}\sqrt{1-\left(\frac{C-Kb}{KA}\right)^2}\right]$ $-\mathrm{j}\,\frac{4bC}{\pi A^2}$，$A\geqslant\frac{C+Kb}{K}$
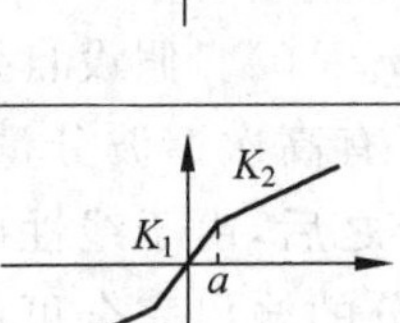	$K_2+\frac{2(K_1-K_2)}{\pi}\left[\arcsin\frac{a}{A}+\frac{a}{A}\sqrt{1-\left(\frac{a}{A}\right)^2}\right]$，$A\geqslant a$

续表

非线性特性	描述函数
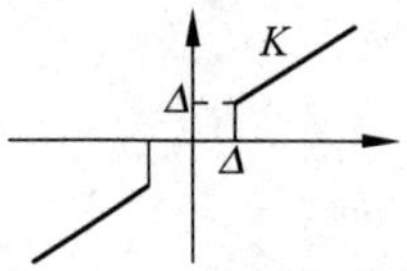	$K-\frac{2K}{\pi}\arcsin\frac{\Delta}{A}+\frac{(4-2K)\Delta}{\pi A}\sqrt{1-\left(\frac{\Delta}{A}\right)^{2}},\quad A>\Delta$
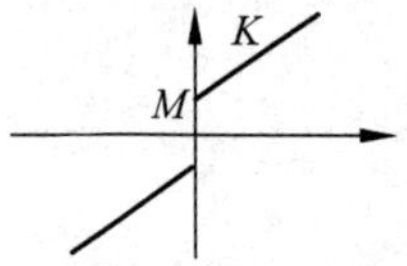	$K+\frac{4M}{\pi A}$

7.4 非线性系统的描述函数法

7.4.1 非线性系统的典型结构及基本条件

设非线性系统经过变换和归化,可表示为线性部分 W 与非线性部分 N 相串联的典型结构,如图 7-32 所示。

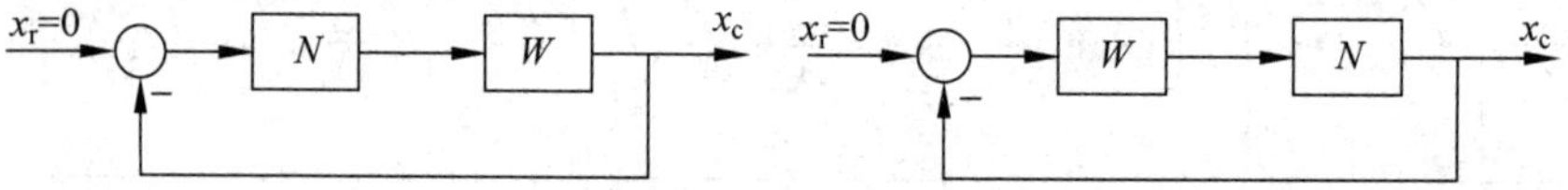

(a) (b)

图 7-32 非线性系统的典型结构

对非线性系统进行分析,首先考虑和关心的是稳定性和自振。而描述函数法对系统的稳定性、产生自振的条件、自振振幅和频率的确定以及抑制自振等问题,都能够给出比较符合实际的解答。

描述函数是基于这样的假设,即系统处于自振状态时,非线性部分和线性部分的输入、输出均为同频率的正弦变化量。在这种条件下,非线性部分的特性可用描述函数表示,线性部分的特性可用频率特性表示,从而建立起非线性系统自振的理论模型,这是描述函数法分析系统稳定性及自振时必要的前提。

关于正弦量假设的合理性,说明如下。首先,自振是由非线性系统内部自发的持续振荡,与加于系统的指令、干扰等外作用无关(即 $x_r=0, x_d=0$)。假设自振时非线性部分的输入端为正弦信号,则其输出除基波正弦外,还有高次谐波分量。但是,一般高次谐波的振幅较基波振幅小,而且在经过线性部分之后,由于线性部分的低通滤波效应,使高次谐波分量进一步衰减,致使线性部分的输出完全可认为只是基波正弦的响应。因此,系统自振时各部分的输入、输出只是基波频率的正弦量在起作用。实际系统的自振表现也证明了这一点。

综上所述，描述函数法对系统的基本假设是：

(1) 可归化为图 7-32 所示的典型结构。

(2) 非线性部分输出中的高次谐波振幅小于基波振幅。

(3) 线性部分的低通滤波效应较好。

7.4.2 非线性系统的稳定性分析

依据上述假设，非线性特性可用其描述函数代替，图 7-32(a)可表示为图 7-33。

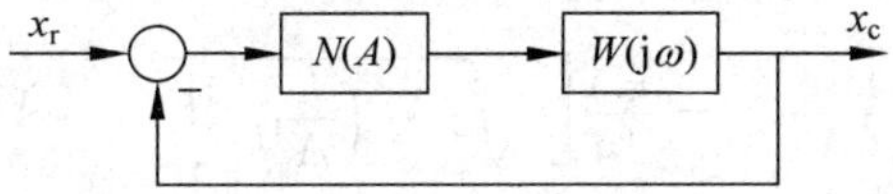

图 7-33　用描述函数表示非线性特性的系统的结构图

描述函数法是研究非线性系统稳定性的工程近似方法，它是在只考虑基波的条件下，将线性系统理论中的奈氏判据推广应用于非线性系统。根据奈氏判据，如果闭环系统处于临界稳定的等幅振荡状态，则其开环幅相特性曲线应过(−1，j0)点，即在这一点上开环幅相特性等于−1。仿此条件，得非线性系统具有等幅振荡的周期运动的条件为等效的开环幅相特性

$$N(A)W(j\omega)=-1 \tag{7-26}$$

亦即

$$W(j\omega)=-\frac{1}{N(A)} \tag{7-27}$$

$-\dfrac{1}{N(A)}$称为非线性特性的负倒描述函数。与线性系统相比，$-\dfrac{1}{N(A)}$相当于线性系统中开环幅相平面的(−1，j0)点。

对线性系统而言，开环(指最小相位系统)幅相特性曲线包围(−1，j0)点，闭环系统不稳定。推广至非线性系统，则为当系统线性部分的幅相特性曲线 $W(j\omega)$包围非线性部分的负倒描述函数曲线$-\dfrac{1}{N(A)}$，非线性系统不稳定。同理可得，如果 $W(j\omega)$曲线不包围$-\dfrac{1}{N(A)}$，则非线性系统稳定。故判别非线性系统的稳定性，需要分别作出 $W(j\omega)$曲线和$-\dfrac{1}{N(A)}$曲线。

实际运用中，常取基准描述函数和基准负倒描述函数。亦即将描述函数中的部分非线性参数分离出来乘到线性部分中，所剩部分中非线性参数都是以相对值形式出现的。下面举例说明。

带死区的继电特性，其描述函数

$$N(A) = \frac{4M}{\pi A}\sqrt{1-\left(\frac{h}{A}\right)^2},\quad A \geqslant h$$

将其改写为

$$N(A) = K_0 N_0(A) = \frac{M}{h}\cdot\frac{4h}{\pi A}\sqrt{1-\left(\frac{h}{A}\right)^2}$$

其中，$K_0=\dfrac{M}{h}$，$N_0(A)=\dfrac{4h}{\pi A}\sqrt{1-\left(\dfrac{h}{A}\right)^2}$。$N_0(A)$即为基准描述函数，而$K_0$称为非线性特性的尺度系数。

基准负倒描述函数则为$-\dfrac{1}{N_0(A)}$，本例中

$$-\frac{1}{N_0(A)} = -\frac{\pi A}{4h}\left[\sqrt{1-\left(\frac{h}{A}\right)^2}\right]^{-1},\quad A \geqslant h$$

引入基准描述函数及基准负倒描述函数后，其中变量$\dfrac{A}{h}$为相对值，变化范围是$1\sim+\infty$。而基准函数与M及h的数值无关，如此可使非线性特性的$N_0(A)$及$-\dfrac{1}{N_0(A)}$曲线标准化，不会因M，h值的不同而改变。

采取基准化之后，式(7-26)改写为

$$K_0 W(\mathrm{j}\omega) N_0(A) = -1 \tag{7-28}$$

式(7-27)则改写为

$$K_0 W(\mathrm{j}\omega) = -\frac{1}{N_0(A)} \tag{7-29}$$

而非线性系统稳定性的判别方法将表述为：$-\dfrac{1}{N_0(A)}$不被$K_0W(\mathrm{j}\omega)$曲线包围，系统稳定；$-\dfrac{1}{N_0(A)}$被$K_0W(\mathrm{j}\omega)$曲线包围，系统不稳定。

图7-34(a)表示系统稳定时$-\dfrac{1}{N_0(A)}$与$K_0W(\mathrm{j}\omega)$的相互关系；图7-34(b)则为不稳定时的情况。

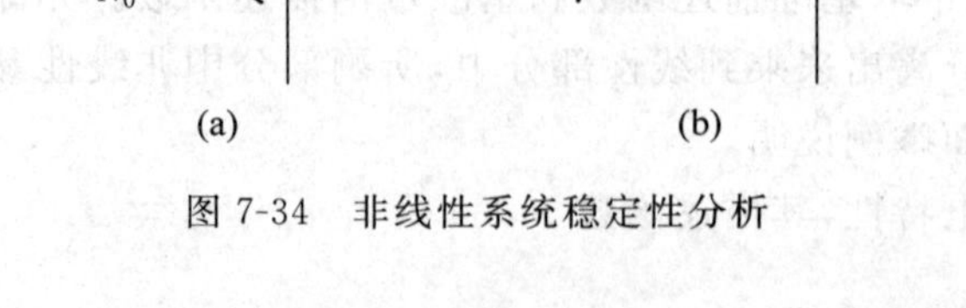

图7-34 非线性系统稳定性分析

7.4.3　自振分析

在非线性系统中，如果存在一组参数 (A,ω)，满足式(7-27)或式(7-29)，则系统处于等幅振荡状态，称为在一次近似下的周期运动。如果不止一组参数满足式(7-27)或式(7-29)，则表明系统存在几个周期运动。用图解法定量地确定这些参数 (A,ω) 值是比较方便的，只要在同一个复平面上作出 $K_0W(\mathrm{j}\omega)$ 及 $-\dfrac{1}{N_0(A)}$ 曲线，二曲线相交，即式(7-29)成立，系统存在周期运动。而参数 A(振幅)及 ω(频率)即为交点处 $K_0W(\mathrm{j}\omega)$ 及 $-\dfrac{1}{N_0(A)}$ 的自变量。如图 7-35 所示，$K_0W(\mathrm{j}\omega)$ 及 $-\dfrac{1}{N_0(A)}$ 有两个交点 M_1 及 M_2，则系统存在两个周期运动状态。这两个状态不仅参数 (A,ω) 不相同，而且性质上也是不同的。

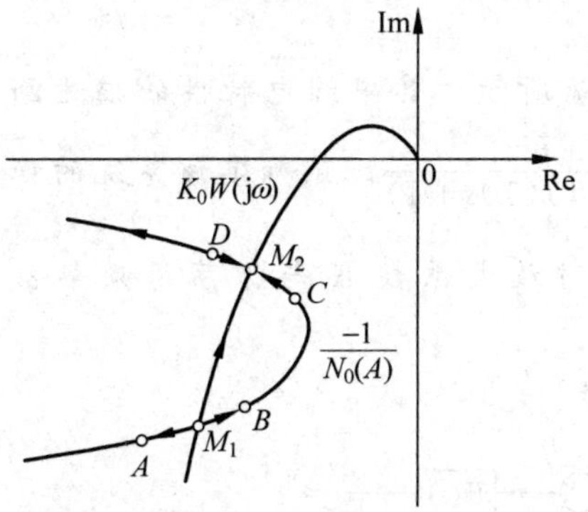

图 7-35　确定系统自振的原理图

M_1，M_2 两点所对应的周期运动是否都能维持不变？亦即当系统周期运动的振幅稍有变化后，系统本身是否有能力使振幅重新恢复原值？如果能够恢复，则称系统的周期运动是具有稳定性的，否则，称周期运动不具有稳定性。只有稳定的周期运动，才称之为自振。而不稳定的周期运动，实际上不可能长时间存在，一经扰动，就将转变为其他运动状态，或收敛，或发散，或者转移到另一个稳定的周期运动即自振状态。

在图 7-35 中，观察点 M_1 的周期运动，若由于某种原因使振幅有所减小，降到了 A 点所对应的数值，则运用前述稳定性判据可知，A 点位于 $K_0W(\mathrm{j}\omega)$ 曲线之外，即此点的 $-\dfrac{1}{N_0(A)}$ 不被 $K_0W(\mathrm{j}\omega)$ 线包围，则系统处于稳定的运动状态，振幅将进一步减小，直至衰减为零；若 M_1 点的状态受扰，使振幅增大到 B 点对应的数值，则由于 B 点被 $K_0W(\mathrm{j}\omega)$ 所包围，运动状态不稳定，振幅将逐步增大，工作点偏离 M_1 点愈来愈远。由此可见，M_1 点对应的周期运动是不稳的，振幅稍有变化，状态即被破坏，它不构成系统的自振。若系统开始处于 M_2 点所对应的周期运动，如振幅偏高，至非线性特性的工作点 D，则闭环系统稳定，振幅下降；相反，如振幅偏低，至工作点 C，则闭环系统不稳定，振幅回升。故 M_2 点对应的周期运动是稳定的，振幅稍有变化，仍能恢复，M_2 点即系统的自振点。而 M_1 点是系统真正能稳定工作的边界点，起始振幅小于 M_1 点对应的振幅，则系统运动过程收敛。

非线性系统的运动状态和初始条件是密切相关的。图 7-36 表示了各种运动状态的特点,图 7-36(a)为 M_1 点附近的运动状态,图 7-36(b)为 M_2 点附近的运动状态。

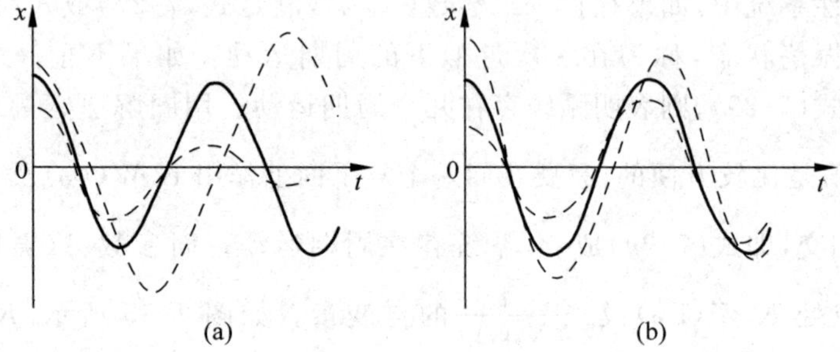

图 7-36 图 7-35 系统的运动状态

7.4.4 应用描述函数法分析非线性系统

例 7-1 某非线性系统方块图如图 7-37 所示。其中继电特性的描述函数为:$\frac{4}{\pi A}$,线性部分传递函数:$W(s)=\frac{K}{s(5s+1)(10s+1)}$。试确定该系统的稳定性,并求出当极限环振荡的幅值为 $A=\frac{1}{\pi}$ 时放大系数 K 与振荡角频率 ω 的数值。

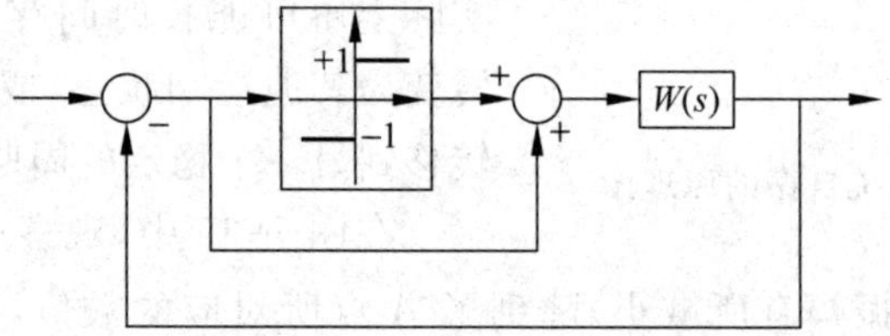

图 7-37 例 7-1 非线性系统结构图

解 该系统的非线性部分实际上是由一个放大系数为 1 的线性环节和一个继电特性并联而成,因此其描述函数为 $N(A)=1+\frac{4}{\pi A}$,描述函数的负倒数为 $-\frac{1}{N(A)}=-\frac{\pi A}{\pi A+4}$。因此,当 A 由 0 变化到 ∞ 时,$-\frac{1}{N(A)}$ 曲线在复平面是由原点指向$(-1,\mathrm{j}0)$点的一条直线。

分两种情况来讨论本系统的稳定性。当 $W(s)$ 中的放大系数 K 很大时,$W(\mathrm{j}\omega)$ 曲线将包围 $-\frac{1}{N(A)}$ 曲线,如图 7-38(a)所示,这时,控制系统将是不稳定的；当 $W(s)$ 中的 K 较小时，$W(\mathrm{j}\omega)$ 曲线将与 $-\dfrac{1}{N(A)}$ 相交，如图7-38(b)所示。这时将会产生极限环振荡。由图可见，随 A 的增加方向，$-\dfrac{1}{N(A)}$ 曲线是由不稳定区(被 $W(\mathrm{j}\omega)$ 包围)进入稳定区(不被 $W(\mathrm{j}\omega)$ 曲线包围)的。因此，这时的极限环振荡是稳定的。

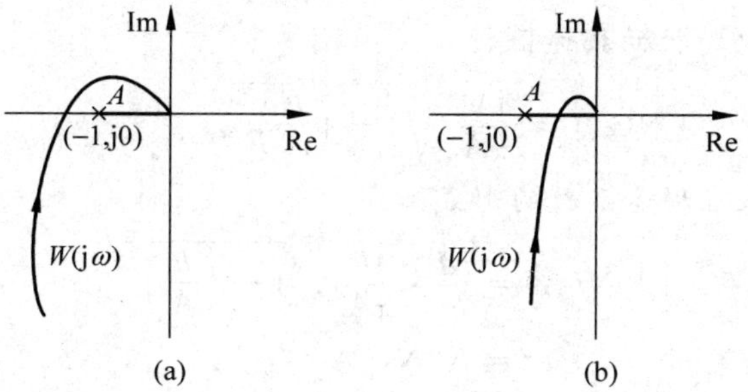

图7-38　稳定性判断

若已知极限环振荡的幅值 $A=\dfrac{1}{\pi}$，则有

$$-\frac{1}{N(A)}=-\frac{\pi A}{\pi A+4}=-\frac{1}{5}$$

因此 $W(\mathrm{j}\omega)$ 曲线与 $-\dfrac{1}{N(A)}$ 曲线交于 $(-1/5,0)$ 点，为了求得这时的放大系数 K 和振荡角频率 ω，先将 $W(\mathrm{j}\omega)$ 化简为实部和虚部形式：

$$W(\mathrm{j}\omega)=\frac{K}{\mathrm{j}\omega(\mathrm{j}5\omega+1)(\mathrm{j}10\omega+1)}=\frac{K}{-\mathrm{j}50\omega^3-15\omega^2+\mathrm{j}\omega}$$

$$=\frac{-K}{15\omega^2+\mathrm{j}(50\omega^3-\omega)}=\frac{-15\omega^2K+\mathrm{j}K(50\omega^3-\omega)}{(15\omega^2)^2+(50\omega^3-\omega)^2}$$

令 $W(\mathrm{j}\omega)$ 的虚部为0，则有

$$K(50\omega^3-\omega)=0,\quad 50\omega^2=1,\quad \omega=0.14$$

令 $W(\mathrm{j}\omega)$ 的实部为 $-1/5$，则有

$$\frac{-15\omega^2K}{(15\omega^2)^2+(50\omega^3-\omega)^2}=-\frac{1}{5}$$

$$K=\frac{(15\omega^2)^2+(50\omega^3-\omega)^2}{75\omega^2}=\frac{(15\omega)^2}{75}=0.06$$

因此可以确定，当 $W(\mathrm{j}\omega)$ 中的 $K=0.06$ 时，该非线性系统将产生振荡幅值为 $\dfrac{1}{\pi}$，振荡角频率为 0.14rad/s 的稳定的极限环振荡。

例7-2　图7-39为一个非线性系统，其中死区继电特性的参数 $M=1.7,h=0.7$。试分析该系统是否存在自振，若有自振，求出自振的振幅和角频率。

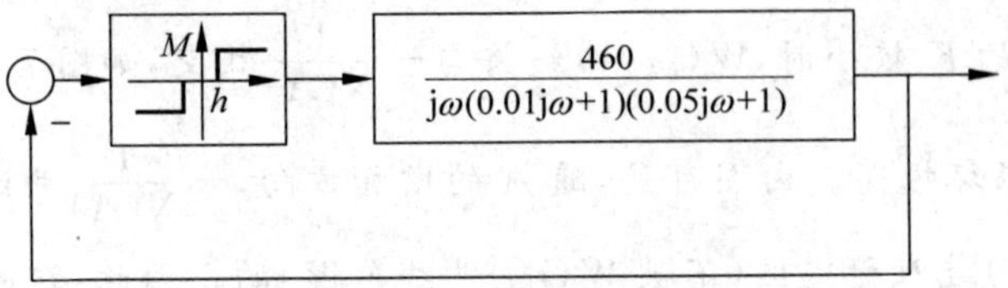

图 7-39 例 7-2 系统结构图

解 死区继电特性的描述函数

$$N(A)=\frac{4M}{\pi A}\sqrt{1-\left(\frac{h}{A}\right)^2},\quad A\geqslant h$$

将 $N(A)$ 表示成基准描述函数的形式

$$N(A)=\frac{M}{h}\cdot\frac{4h}{\pi A}\sqrt{1-\left(\frac{h}{A}\right)^2}$$
$$=K_0N_0(A)$$

则

$$K_0=\frac{M}{h}=\frac{1.7}{0.7}=2.43$$

$$N_0(A)=\frac{4h}{\pi A}\sqrt{1-\left(\frac{h}{A}\right)^2},\quad A\geqslant h$$

基准负倒描述函数

$$-\frac{1}{N_0(A)}=-\frac{\pi}{4}\cdot\frac{A}{h}\cdot\frac{1}{\sqrt{1-\left(\frac{h}{A}\right)^2}}$$

$$=-\frac{\pi}{4}\cdot\frac{\left(\frac{A}{h}\right)^2}{\sqrt{\left(\frac{A}{h}\right)^2-1}},\quad A\geqslant h$$

下一步应在复平面上分别作出 $-\frac{1}{N_0(A)}$ 及 $K_0W(j\omega)$ 曲线。给 A、ω 一系列数值,可算出 $-\frac{1}{N_0(A)}$ 及 $K_0W(j\omega)$ 值如下:

h/A	0.1	0.2	0.3	0.4	0.5	0.6	$1/\sqrt{2}$	0.8	0.9	0.95	1
$-\frac{1}{N_0(A)}$	−7.89	−4.18	−2.74	−2.14	−1.81	−1.64	−1.57	−1.64	−2	−2.65	−∞

$\omega/(\text{rad/s})$	120	150	180	200	250	300	400
$\lvert W(j\omega)\rvert$	2.35	1.6	1.13	0.9	0.6	0.4	0.2
$\angle W(j\omega)$	−155°	−165.5°	−173.7°	−180°	−189°	−196°	−209°
$K_0\lvert W(j\omega)\rvert$	5.7	3.9	2.75	2.23	1.40	0.94	0.49

依据该数据作出曲线如图 7-40 所示。

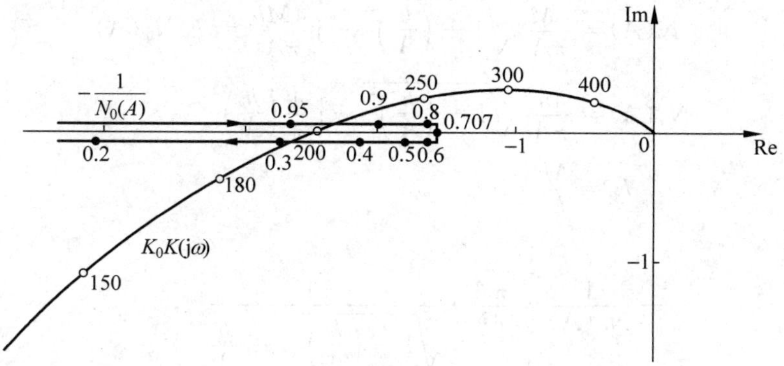

图 7-40　图 7-39 系统的 K_0W，$-1/N_0$ 曲线

$-\dfrac{1}{N_0(A)}$曲线在$\dfrac{h}{A}=\dfrac{1}{\sqrt{2}}$时取最大值$\left(\text{这一点可由}-\dfrac{1}{N_0(A)}\text{对 }A/h\text{ 求导来计算}\right)$。而$\dfrac{h}{A}\neq\dfrac{1}{\sqrt{2}}$时，曲线在负实轴上完全重合，只是重合点对应的振幅不同。为清楚起见，图 7-40 中画成两条直线，对应于$\dfrac{h}{A}$由 1 至$\dfrac{1}{\sqrt{2}}$及由$\dfrac{1}{\sqrt{2}}$至 0。

由图可见，$K_0W(j\omega)$与$-\dfrac{1}{N_0(A)}$曲线有两个交点，从 $K_0W(j\omega)$ 曲线看，交点角频率 ω 为 200rad/s；从$-\dfrac{1}{N_0(A)}$曲线看，交点对应 h/A 为 0.92 及 0.38，振幅 A 则为 0.76 及 1.84。这说明系统存在两个振幅不同的周期运动，但振荡频率相同。根据判别周期运动稳定性的方法即可判定：振幅为 0.76 的周期运动是不稳定的，振幅稍有衰减，则逐渐收敛到死区内，最终系统保持静止状态；振幅稍有增加，则逐渐发散到大振幅(1.84)的周期运动状态。而大振幅的周期运动是稳定的，即系统的自振状态。因此，该系统存在自振，自振角频率 ω 为 200rad/s，自振振幅 A 为 1.84。

例 7-3　系统结构图见图 7-41。已知 $M=10$，$h=1$，试判断系统是否存在自振，若有自振，求出自振振幅及角频率。

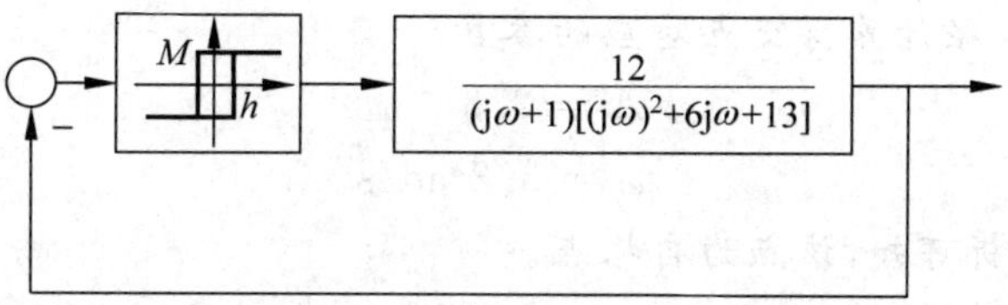

图 7-41　具有滞环继电特性的非线性系统

解　具有滞环的继电特性,其描述函数

$$N(A)=\frac{4M}{\pi A}\sqrt{1-\left(\frac{h}{A}\right)^2}-\mathrm{j}\,\frac{4Mh}{\pi A^2}=k_0N_0(A)$$

$$N_0(A)=\frac{4h}{\pi A}\sqrt{1-\left(\frac{h}{A}\right)^2}-\mathrm{j}\,\frac{4}{\pi}\left(\frac{h}{A}\right)^2$$

$$k_0=\frac{M}{h}$$

则

$$-\frac{1}{N_0(A)}=\frac{\pi A}{4h}\cdot\frac{-1}{\sqrt{1-\left(\frac{h}{A}\right)^2}-\mathrm{j}\,\frac{h}{A}}$$

$$=-\frac{\pi A}{4h}\cdot\frac{\sqrt{1-\left(\frac{h}{A}\right)^2}+\mathrm{j}\,\frac{h}{A}}{1-\left(\frac{h}{A}\right)^2+\left(\frac{h}{A}\right)^2}$$

$$=-\frac{\pi}{4}\cdot\frac{A}{h}\left[\sqrt{1-\left(\frac{h}{A}\right)^2}+\mathrm{j}\,\frac{h}{A}\right]$$

可见其虚部为一个常数$-\frac{\pi}{4}$。再以$\frac{A}{h}$为自变量,从$\frac{A}{h}=1$开始,算出$-\frac{1}{N_0(A)}$的一系列数值,同时也对线性部分$K_0W(\mathrm{j}\omega)$计算出实部$U(\omega)$及虚部$V(\omega)$,得各计算值如下:

$\frac{A}{h}$	1	$\sqrt{2}$	2	2.3	2.5	3	4	5	6
$\mathrm{Re}\left[-\frac{1}{N_0(A)}\right]$	0	−0.785	−1.36	−1.63	−1.78	−2.22	−3.04	−3.85	−4.65

ω/(rad/s)	0	0.2	0.6	1	1.25	2	2.5	3	4	5
$U(\omega)$	9.23	8.66	5.36	2	0	−1.6	−1.8	−1.76	−1.2	−0.7
$V(\omega)$	0	−2.58	−5.71	−6	−5.13	−3.2	−1.9	−1.06	−0.14	0.1

依此在复平面上作出$-\frac{1}{N_0(A)}$与$K_0W(\mathrm{j}\omega)$曲线,如图7-42所示。从图可见,二者有一个交点,经计算得交点对应的参数

$$A=2.3$$

$$\omega=3.2\mathrm{rad/s}$$

并且由稳定性分析可知,该点为自振点。

例7-4　系统结构图如图7-43所示。有一间隙非线性特性串联,各部分参数分别为$T_\mathrm{m}=0.1\mathrm{s}$,$T=0.8\mathrm{s}$,$K_\mathrm{m}=10$,$K=1$,$b=0.5$。试分析系统是否有自振存在,若有自振,求出自振参数。

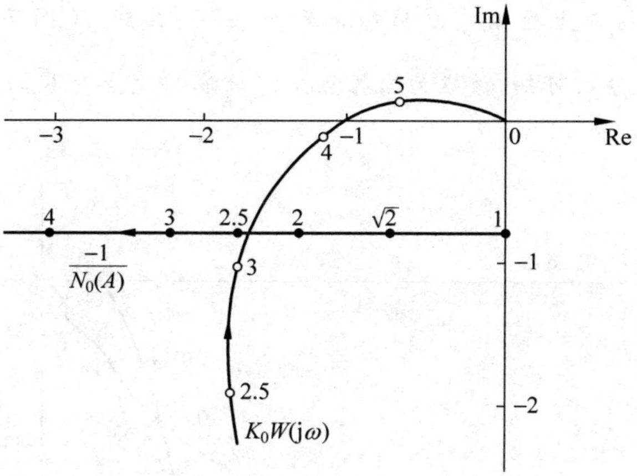

图 7-42　例 7-3 的 K_0W 和 $-1/N_0$ 曲线

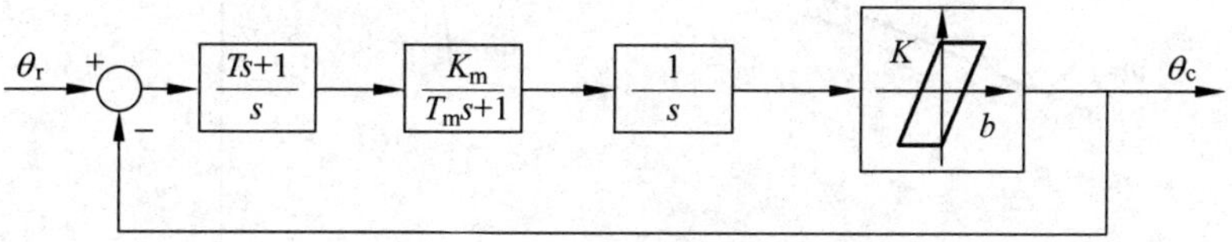

图 7-43　含有间隙的随动系统结构图

解　间隙特性的描述函数

$$N(A)=\frac{K}{\pi}\left[\frac{\pi}{2}+\arcsin\left(1-\frac{2b}{A}\right)+2\left(1-\frac{2b}{A}\right)\sqrt{\frac{b}{A}\left(1-\frac{b}{A}\right)}\right]+\mathrm{j}\,\frac{4Kb}{\pi A}\left(\frac{b}{A}-1\right)$$

则 $-\dfrac{1}{N(A)}$ 的计算值如下：

A	0.625	0.83	1.25	2.5
$\left\|-\dfrac{1}{N(A)}\right\|$	4.03	2.08	1.44	1.13
$\angle-\dfrac{1}{N(A)}$	$-125°$	$-140°$	$-154°$	$-166°$

系统的线性部分由三个部分串联组成，总传递函数

$$W(s)=\frac{K_m(Ts+1)}{s^2(T_ms+1)}=\frac{10(0.8s+1)}{s^2(0.1s+1)}$$

则 $W(\mathrm{j}\omega)$ 实部、虚部计算值如下：

ω/(rad/s)	1	2	3	4	5	6	10
Re[$W(\mathrm{j}\omega)$]	−10.7	−3.18	−1.75	−1.24	−0.96	−0.59	−0.45
Im[$W(\mathrm{j}\omega)$]	−7	−3.36	−2.13	−1.5	−1.1	−0.86	−0.35

在复平面上按以上数据作出 $W(j\omega)$ 和 $-\dfrac{1}{N(A)}$ 曲线,见图 7-44。二曲线有一个交点,由稳定性分析可知,该点为自振点。经计算得交点对应的参数为 $A=0.67$,$\omega=2.63\text{rad/s}$。

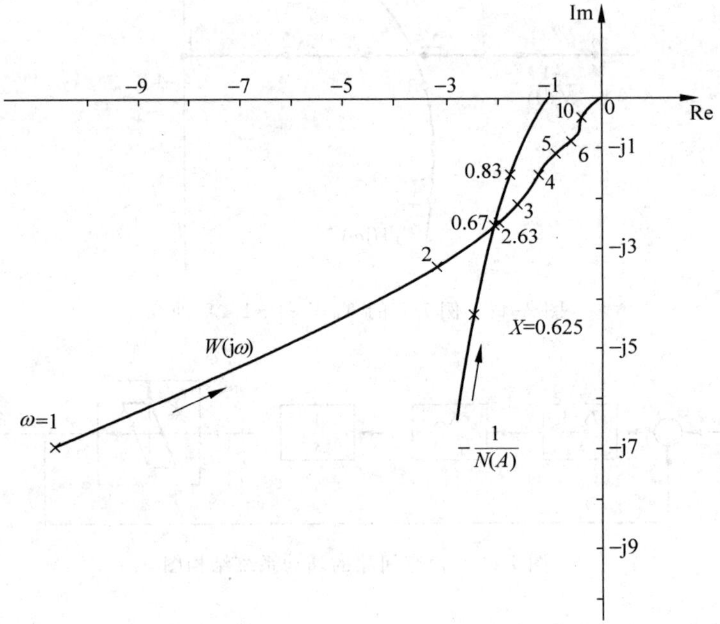

图 7-44 例 7-4 系统的 W 和 $-1/N$ 曲线

7.4.5 非线性系统结构图的简化

以上讨论的非线性系统,在其结构组成上均属一个非线性部分与一个线性部分串联。然而实际系统作出的原始结构图,并非完全符合上述形式。为了应用描述函数法分析系统的自振及稳定性,需要将各种结构形式归化为典型结构。

在讨论自振及稳定性时,只研究由系统内部造成的周期运动,并不考虑外作用。因此,在将结构图进行归化变换时,可以认为所有外作用均为零,只考虑系统的封闭回路。

下面示例说明归化的一般方法。

图 7-45 所示为非线性系统,由两个并联的非线性部件和线性部分串联而成。

在结构归化时,可以将两个非线性特性进行叠加,对叠加后的特性求其描述函数 $N(A)$。也可以先求各非线性特性的描述函数,之后叠加得总描述函数 $N(A)$。二者完全相同。

当两个非线性环节串联时,可先将两个环节的特性等效为一个特性,然后求

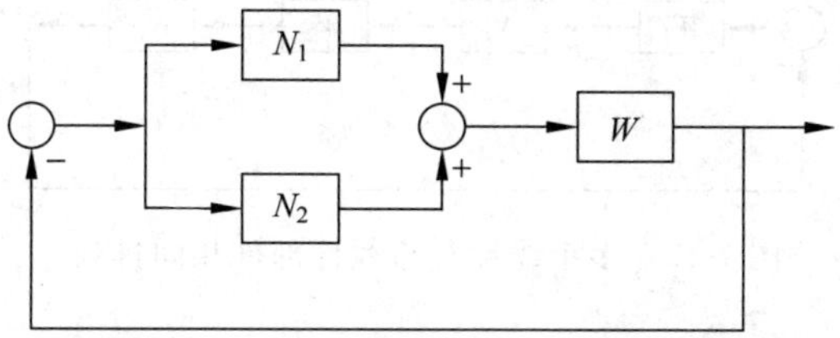

图 7-45 两个非线性部件并联的系统

总描述函数 $N(A)$。图 7-46 表示了死区特性与带死区的继电特性相串联的等效非线性图形。

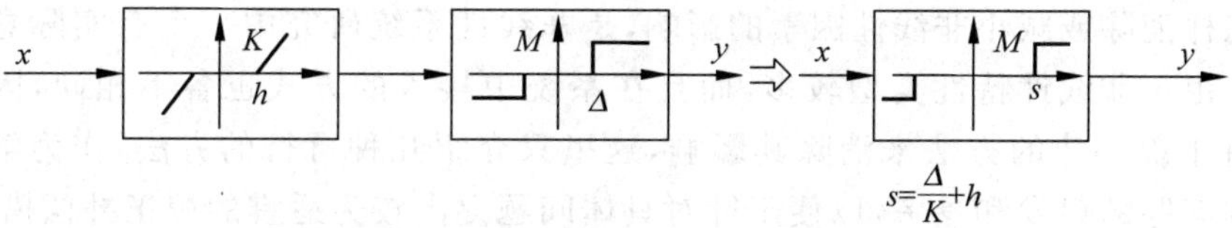

图 7-46 非线性环节串联及其等效特性

应当注意，调换串联的前后次序，等效特性将会不同。因此不能随便更动位置，这一点是与线性环节串联有所区别的。

图 7-47 给出了非线性系统的另一种结构，其中非线性部分被线性局部反馈所包围。对这种结构，可视 W_1，W_2 为并联连接，合并为一个线性部分，则系统就归化为典型结构形式。

也可能非线性部分处于局部反馈通道中，如图 7-48 所示，这时仍可通过适当变换，归化为一个线性部分与一个非线性部分的串联。

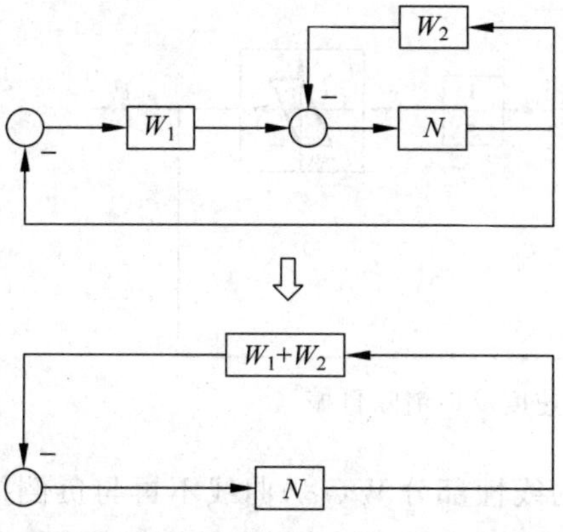

图 7-47 线性局部反馈包围非线性部分

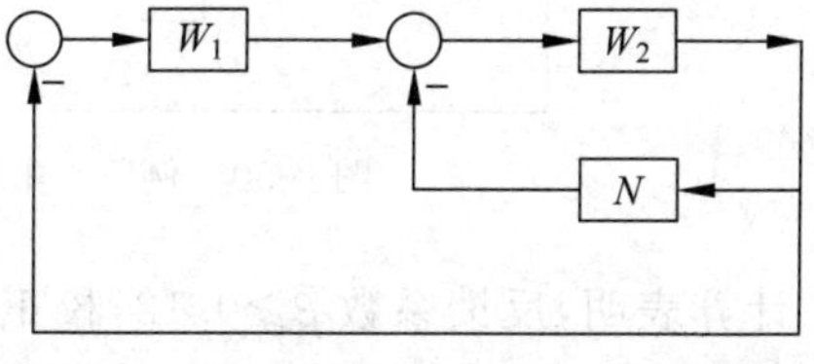

图 7-48 非线性局部反馈包围线性部分

至于图 7-49 所示的系统，多个线性部件和非线性部件相间排列，一般难于甚至无法归化为前述典型结构。用描述函数法对此类系统进行分析比较麻烦，在此不赘述。

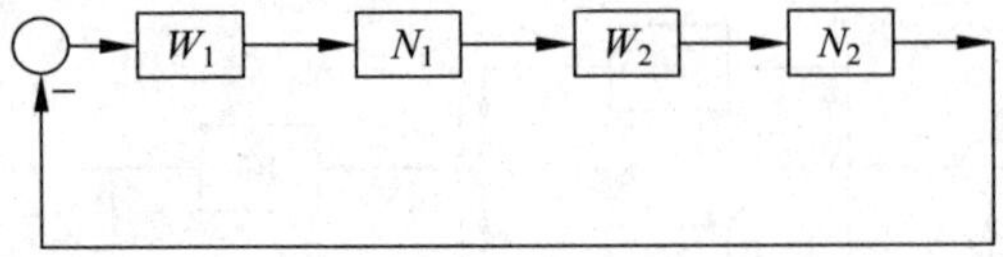

图 7-49 多个线性与非线性部件相间排列

7.5 改善非线性系统性能的措施及非线性特性的利用

非线性因素的存在,往往给系统带来不利的影响,如稳态误差增大、响应迟钝或发生自振等。尤其是低频自振,零点几赫到几十赫,对一般系统来说是不允许的。

怎样消除或减小非线性因素的影响,是非线性系统研究中一个有实际意义的课题。由于非线性特性类型较多,而且在系统中接入的方式也各不相同,因而不可能有千篇一律的方法来消除其影响,这里只介绍几种可行的方法,作为解决实际工程问题的启发和参考,以便于针对具体问题提出较为适宜的校正补偿措施。

7.5.1 改变线性部分的参数或对线性部分进行校正

这是一种比较简单的方法。如例 7-2 中,减小线性部分的增益,$K_0W(j\omega)$曲线向右缩小,致使与$-\dfrac{1}{N_0(A)}$线不再相交,则自振消失。由于$K_0W(j\omega)$曲线不再包围$-\dfrac{1}{N_0(A)}$线,闭环系统能够稳定工作。

又如例 7-4 系统也存在自振。为了消除它,可在线性部分加入局部反馈,如图 7-50 所示。

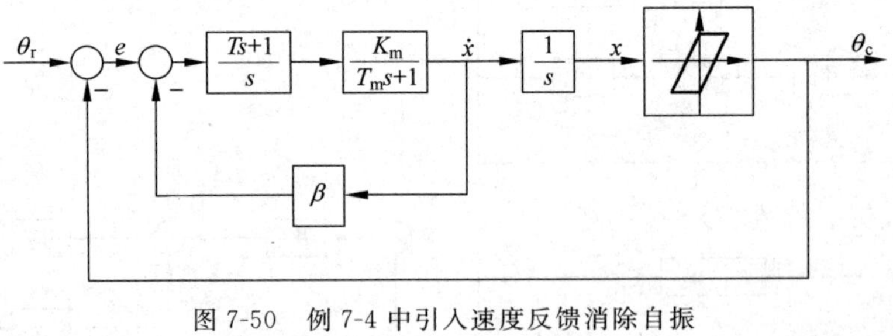

图 7-50 例 7-4 中引入速度反馈消除自振

计算表明,反馈系数$\beta\geqslant 0.12$,校正后的线性部分$W(j\omega)$曲线不再与负倒描述函数曲线相交,故自振不复存在。速度反馈的超前信号补偿了间隙特性的相角滞后,从而保证了系统的稳定性。

加入局部反馈后,线性部分传递函数

$$W(s)=\frac{K_m(Ts+1)}{s[s(T_m s+1)+\beta K_m(Ts+1)]}$$

系统由原来的Ⅱ型变为Ⅰ型，将给复现斜坡指令带来稳态误差，这是不利的一面。当然还可以设法减小误差，这里不再介绍。

7.5.2　改变非线性特性

系统中部件固有的非线性特性，一般是不易改变的，要消除或减小其对系统的影响，可以引入新的非线性特性。

图 7-51(a)为一个非线性系统，N_1 表示非线性特性。为了消除 N_1 的影响，可以采用图 7-51(b)的结构，给 N_1 并联另一个非线性部件 N_2。使 N_1，N_2 叠加为线性特性，则非线性 N_1 的影响即可被 N_2 补偿，整个系统就相当于线性系统了。

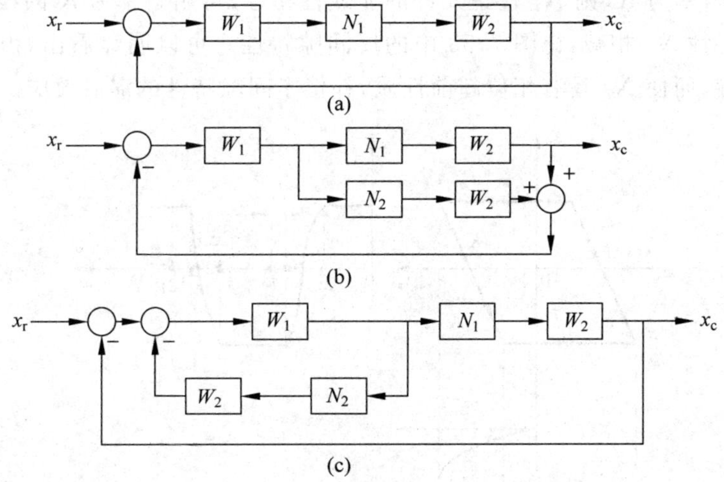

图 7-51　并联非线性校正

实际实现时，可采用图 7-51(c)的形式，这样校正元件更便于接入。

作为一个例子，设 N_1 为饱和特性，若选择 N_2 为死区特性，并使死区范围 Δ 等于饱和特性的线性段范围，且保持二者线性段斜率相同，则并联后总的输入输出特性为线性特性。图 7-52 表示了这一并联的结果。

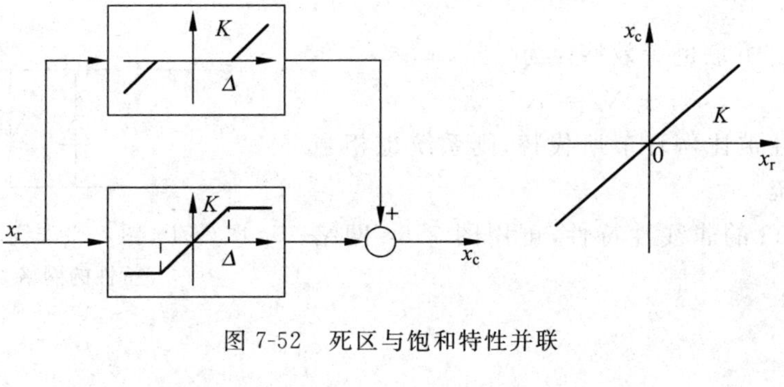

图 7-52　死区与饱和特性并联

由描述函数也可证明：

$$N_1(A)=\frac{2K}{\pi}\left[\arcsin\frac{\Delta}{A}+\frac{\Delta}{A}\sqrt{1-\left(\frac{\Delta}{A}\right)^2}\right]$$

$$N_2(A)=\frac{2K}{\pi}\left[\frac{\pi}{2}-\arcsin\frac{\Delta}{A}-\frac{\Delta}{A}\sqrt{1-\left(\frac{\Delta}{A}\right)^2}\right]$$

故

$$N_1(A)+N_2(A)=K$$

对于含有间隙特性的非线性系统，也可用上述原理，引入一个适当的非线性反馈，以消除间隙的影响，其方块图如图7-51(c)所示。设 N_1 为间隙特性，间隙为 $2b$，线性段斜率为 K，则 N_2 校正元件的非线性特性，可用斜率为 K 的线性特性直接与间隙特性 N_1 相减，得图7-53中的反间隙特性。可以明显看出，由于输入输出走向右旋，而使 N_2 具有相位超前性质，补偿了间隙特性的滞后效应。

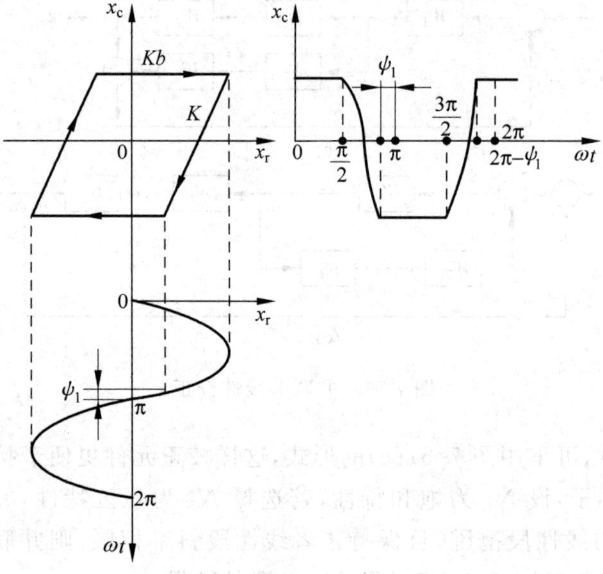

图7-53　间隙特性的并联校正特性

N_1，N_2 并联的等效特性为

$$N_1+N_2=K$$

非线性特性被比例环节所代替，则系统也相当于线性系统。

图7-53的非线性特性，可用图7-54网络近似实现。

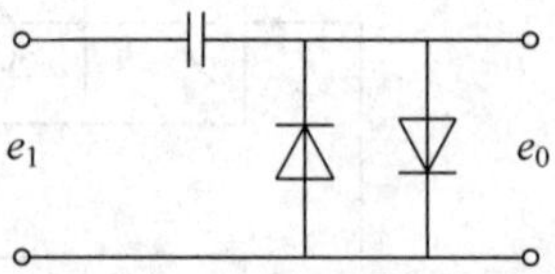

图7-54　图7-53非线性校正特性的网络

7.5.3　非线性特性的应用

非线性特性可以给系统的控制性能带来许多不利影响，如果运用得当，也有可能得到线性系统所无法比拟的良好效果。利用非线性特性改善系统性能，已有许多实际应用，这是一个广阔的领域，下面仅作一些原理性介绍。

1. 非线性阻尼控制

图 7-55 所示为非线性阻尼控制的结构图。在线性控制中，常采用速度反馈来增加系统的阻尼，改善动态响应的平稳性。但是这种校正，在减小超调量的同时，往往降低了上升速度，增长了调节时间，使得快速性不如校正以前的系统。采用非线性校正，在速度反馈通道中串入一个死区特性部件。当系统输出量较小，小于死区 ε_0 时，没有速度反馈，系统处于弱阻尼状态，上升速度较快；当输出量增大，超过了死区 ε_0，速度反馈被接入，系统阻尼增大，从而抑止了超调量，使输出快速、平稳地跟踪输入指令。图 7-56 中曲线 1，2，3 所示为系统无速度反馈、采用线性速度反馈和采用非线性速度反馈三种情况下的阶跃响应曲线。由图可见，采用非线性速度反馈时，系统的动态过程 3 既快又稳，具有良好的控制性能。

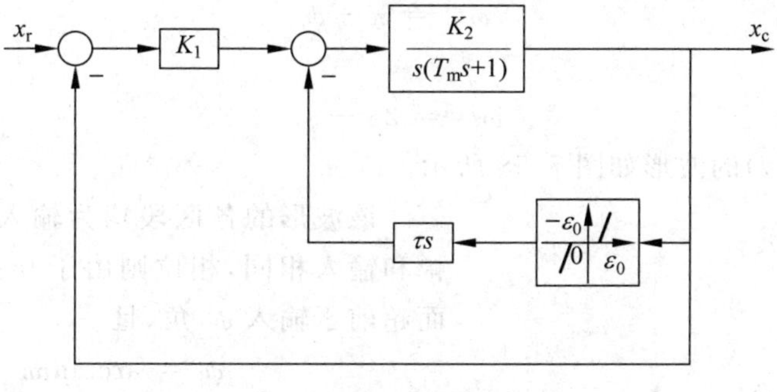

图 7-55　非线性阻尼控制

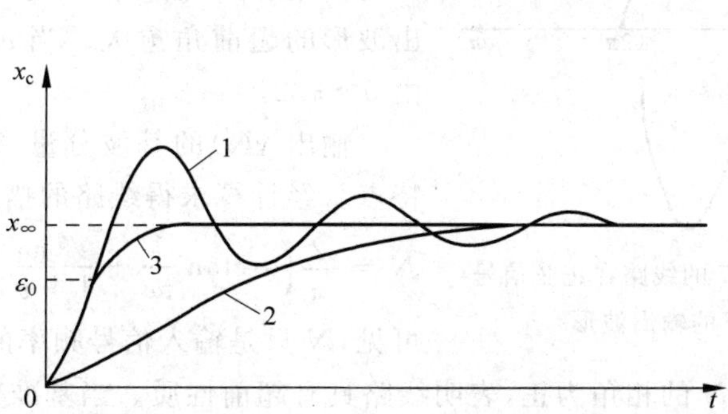

图 7-56　非线性阻尼下的阶跃响应

2. 非线性相角超前线路

图 7-57 所示的非线性线路包括两个通道。上面通道产生 x 的绝对值,下面通道由比例、微分器和理想开关组成,用于控制输出信号 y 的极性。

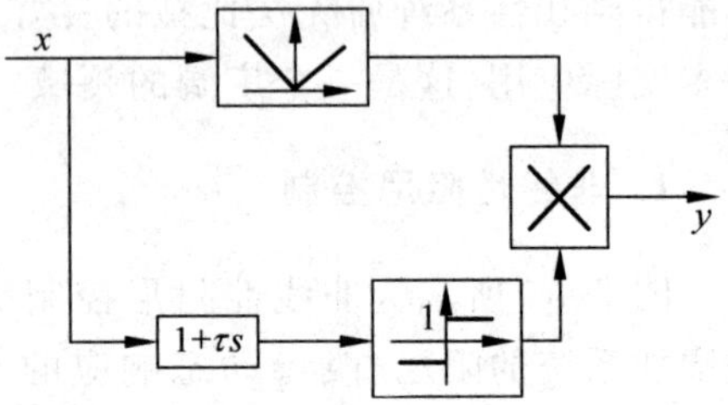

图 7-57 非线性相角超前线路

理想开关转换的边界条件是

$$x + \tau\dot{x} = 0$$

该线路输出信号的数学表达式则为

$$y = \begin{cases} |A|, & x + \tau\dot{x} > 0 \\ -|A|, & x + \tau\dot{x} < 0 \end{cases}$$

当输入为正弦信号,即

$$x = A\sin\omega t$$

理想开关转换的边界条件为

$$A\sin\omega t + \tau A\omega\cos\omega t = 0$$

即

$$\tan\omega t = -\tau\omega$$

故在正弦信号的一个周期内,将有两次开关动作,转换时刻所对应的相角应为

$$\omega t_1 = \pi - \psi_1$$

及

$$\omega t_2 = 2\pi - \psi_1$$

则线路输出 $y(t)$ 的波形如图 7-58 所示。

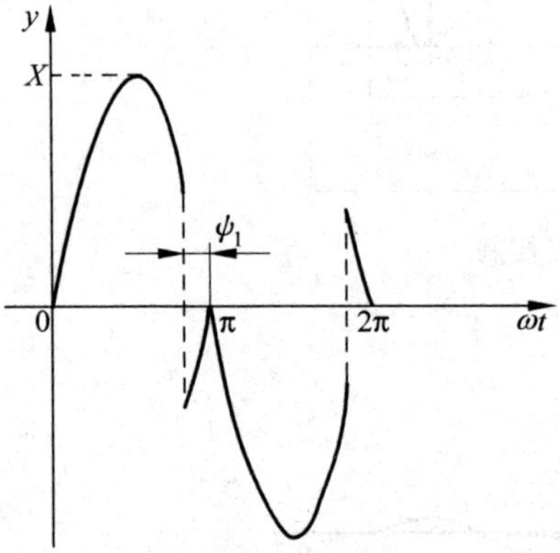

图 7-58 图 7-57 的线路在正弦信号作用下的输出波形

该波形的各区段均为输入的一部分,振幅和输入相同,相位则由于开关的提前换向而超前于输入 ψ_1 角,且

$$\psi_1 = \arctan\tau\omega$$

只与频率有关,输入信号的频率愈高,线路输出波形的超前角愈大。当 ω 由 $0\to\infty$ 时,ψ_1 由 $0\to\pi/2$。

输出 $y(t)$ 的基波分量,基本上具有上述特点。经计算求得线路的描述函数

$$N = \frac{2}{\pi}\left(\arctan\frac{1}{\tau\omega} + \frac{\tau\omega}{1+\tau^2\omega^2} + \mathrm{j}\,\frac{\tau^2\omega^2}{1+\tau^2\omega^2}\right)$$

可见,N 只是输入信号频率的函数,与输入信号的振幅无关。N 的相角为正,表明线路具有超前性质。当基准变量 $\tau\omega$ 由 $0\to\infty$ 变化时,描述函数曲线如图 7-59 所示。可以明显看出,相角超前,但幅值基本不变。只改变相频、不改变幅频,这种超前校正线路的采用,将给系统带来新的特色。

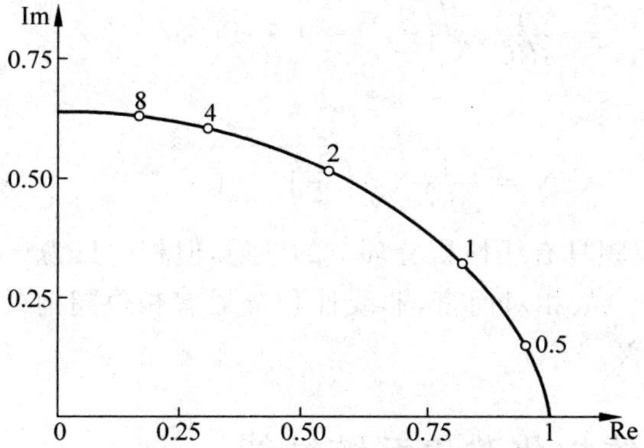

图 7-59　图 7-57 线路的描述函数曲线

3. 非线性积分器

图 7-60 为一种非线性积分器线路，它实际上由上下两个积分器组成，上面积分正信号，下面积分负信号。

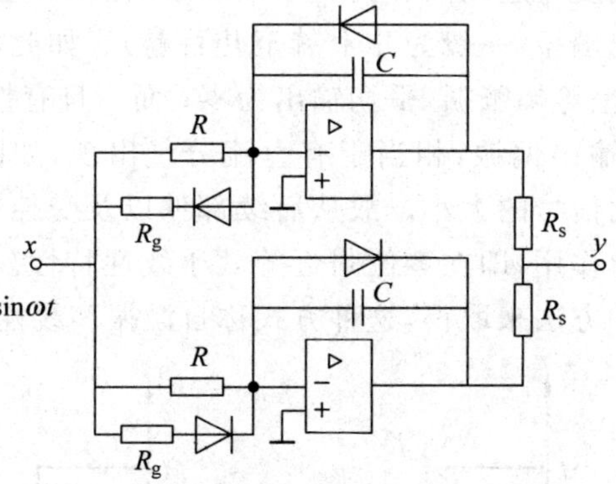

图 7-60　非线性积分器线路图

当输入正弦信号 $A\sin\omega t$ 时，其输出

$$y(t)=\begin{cases}\dfrac{A}{\omega RC}(1-\cos\omega t), & 0\leqslant\omega t\leqslant\pi\\ -\dfrac{A}{\omega RC}(1-\cos\omega t), & \pi\leqslant\omega t\leqslant 2\pi\end{cases}$$

将 $y(t)$ 展成傅氏级数，取其基波，则得

$$\begin{aligned}y_1(t)&=\frac{4}{\pi}\cdot\frac{A}{\omega RC}\sin\omega t-\frac{A}{\omega RC}\cos\omega t\\&=\frac{A}{\omega RC}\sqrt{\left(\frac{4}{\pi}\right)^2+1}\cdot\sin\left(\omega t-\arctan\frac{\pi}{4}\right)\end{aligned}$$

$$= \frac{A}{\omega RC}\sqrt{\left(\frac{4}{\pi}\right)^2+1}\cdot\sin(\omega t-38^\circ)$$

而描述函数

$$N = \frac{1}{\omega RC}\sqrt{\left(\frac{4}{\pi}\right)^2+1}\cdot e^{j(-38^\circ)}$$

可见,此积分器的幅频具有线性积分环节的性质,但相位只为-38°,而不是线性积分的滞后角(-90°)。故相对而言,非线性积分器有相位超前的作用,这将有利于系统动态性能的改善。

7.5.4 用振荡线性化改善系统性能

死区、摩擦、间隙以及继电特性等非线性因素,常常会造成系统的自振或降低零位精度。为了消除其不利影响,希望非线性部件在零位附近具有线性特性。采用振荡线性化的方法可以等效地起到这种作用,即在系统的信号综合输入端,外加一个高频小振幅的振荡信号,使各部件处于颤振状态。振幅的选择应使非线性部件输入端的颤振幅度超过死区、间隙、摩擦等限制范围;频率的选择应使系统输出量基本上反映不出颤振(一般为几十赫至几百赫)。如此,在没有控制信号输入时,非线性部件输出呈等幅颤振,平均输出为零;而一旦有控制信号 x_0 输入(相对来说是慢变信号)则输出偏振,相当于有直流分量出现,如图 7-61 所示。直流分量的强度反映了控制信号的大小。故从后续部件以及受控对象来看,非线性部件相当于直流分量在起作用,即在零位附近等效于线性特性。颤振也可以用在系统内部组成自激振荡的方法来取得,这种方式称自激振荡线性化。

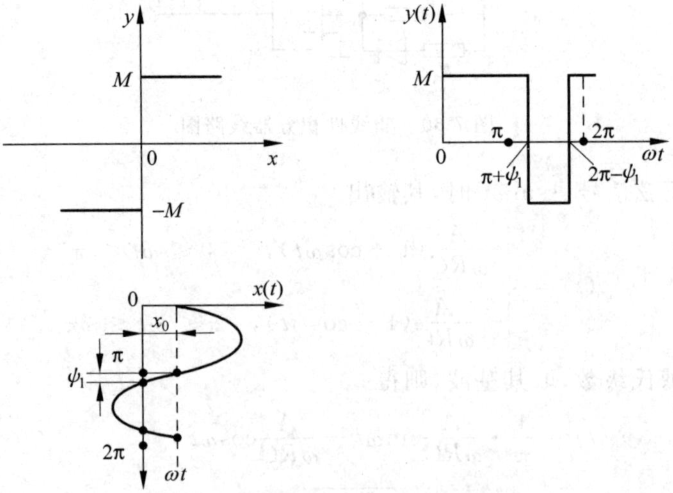

图 7-61 继电特性的颤振工作状态

7.6　相平面法

任一动态系统，对应某一瞬间，系统处于一定状态时，可用几个状态变量来表示。如果是二阶系统，则可用两个变量来描述相应的状态（相），在平面上可定出一个点，这个点称为描述点（或相点）。若时间变化，则状态相应变化，这样便形成一条轨迹，名为相轨迹。轨迹所在平面为相平面，整个图形称为相平面图，简称相图。由此可见，如果已知某一瞬间 t_1 的表示点 M_1（见图 7-62），则此时系统的状态便是确定的。若已知 t_1 到 t_2 整个过程的相轨迹则系统在这段时间内的状态变化过程也就知道了。所以，相平面法是在几何平面上研究系统的动态过程。这种方法，计算简单，概念清楚，特别适用于二阶系统。下面就相轨迹的特征，相轨迹画法和相平面法的应用分别加以介绍。

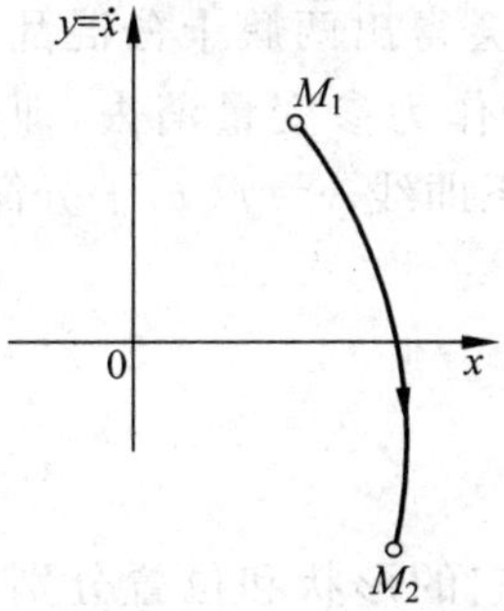

图 7-62　相轨迹图

7.6.1　相轨迹的特征

我们以二阶线性系统为例，来介绍相轨迹的画法，并讨论其特征，然后研究非线性系统。

假设线性系统的结构图如图 7-63 所示，该闭环系统的微分方程可以写成如下形式：

$$T_1T_2\ddot{x}_c+T_2\dot{x}_c+K_Kx_c=x_rK_K$$

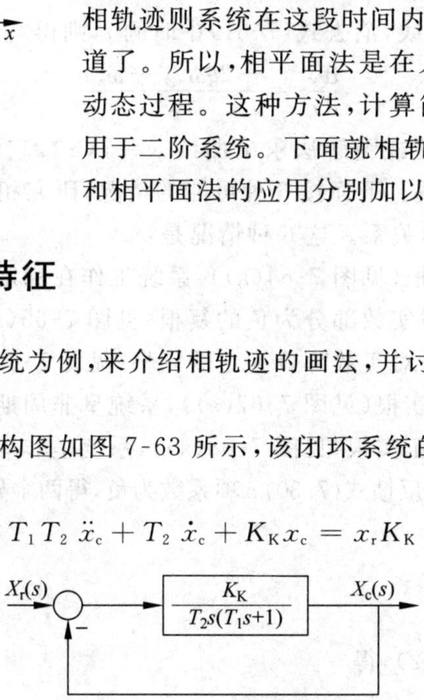

图 7-63　二阶线性系统结构图

我们只研究系统的动态解，故只需研究它的齐次方程式

$$T_1T_2\ddot{x}_c+T_2\dot{x}_c+K_Kx_c=0$$

令

$$x_c=x$$

$$\omega_n=\sqrt{\frac{K_K}{T_1T_2}}$$

$$\xi=\frac{1}{2}\sqrt{\frac{T_2}{K_KT_1}}$$

则得

$$\ddot{x}+2\xi\omega_n\dot{x}+\omega_n^2x=0 \tag{7-30}$$

把上式化为两个一阶方程式

$$\left.\begin{aligned}f_1(x,y)&=\dot{x}=y\\f_2(x,y)&=\dot{y}=-2\xi\omega_n y-\omega_n^2x\end{aligned}\right\} \tag{7-31}$$

当然,我们不难对上式分别积分,便可得出系统的动态解 $x(t)$ 和 $y(t)$。但是,对应不同的初始条件,解 $x(t)$ 和 $y(t)$ 便不同。这样,将会得出两簇十分混乱的曲线,对研究问题没有帮助。我们把式(7-31)中的时间 t 作为参变量消去,即研究 $x(t)$ 和 $\dot{x}(t)=y(t)$ 之间的关系曲线。下面将会发现,关系曲线 $y=f(x)$ 十分简单,容易绘制,并且它同曲线 $x(t)$ 和 $y(t)$ 有着密切联系。

为求得 $y=f(x)$ 曲线,消去式(7-31)中时间 t,则得

$$\frac{dy}{dx}=\frac{-2\xi\omega_n y-\omega_n^2x}{y} \tag{7-32}$$

根据上式,不难用解析法或图解法求出曲线 $y=f(x)$,它的形状和位置分别与参数 ξ,ω_n 及初始条件有关。下面按6种可能的情况,研究相轨迹 $y=f(x)$ 的特征以及它和时间函数 $x(t)$ 的关系。这6种情况是:

(1) $\xi=0$ 一对虚根(见图7-64(a)),系统工作在稳定边界。

(2) $0<\xi<1$ 一对实数部分为负的复根(见图7-65(a)),系统呈减幅振荡。

(3) $-1<\xi<0$ 一对实数部分为正的复根(见图7-66(a)),系统呈增幅振荡。

(4) $\xi>1$ 两个负实根(见图7-67(a)),系统呈非周期稳定。

(5) $\xi<-1$ 两个正实根(见图7-68(a)),系统呈非周期不稳定。

(6) 图7-63中取正反馈式(7-30) x 项系数为负,得两个异号实根(见图7-69(a)),系统呈非周期不稳定。

1. $\xi=0$

把此值代入式(7-32),得

$$\frac{dy}{dx}=-\omega_n^2\frac{x}{y}$$

亦即

$$2ydy=-2\omega_n^2xdx$$

积分后,得

$$\frac{x^2}{A^2}+\frac{y^2}{(\omega_nA)^2}=1$$

这是一个椭圆方程,式中

$$A=\sqrt{\frac{y_0^2}{\omega_n^2}+x_0^2}$$

是由初始条件 x_0,y_0 决定的常数。它的相轨迹如图7-64(b)所示,相应的 $x(t)$ 曲

线画于图 7-64(c),这表示系统工作在稳定边界。初始条件不同,A 不同,会产生不同的极限环,即出现不同幅度的持续简谐振荡。当然,实际上线性系统的极点,一般情况下不可能在虚轴上,所以是不可能产生这种工作状态的,$x(t)$不是随着时间衰减,便是增大。

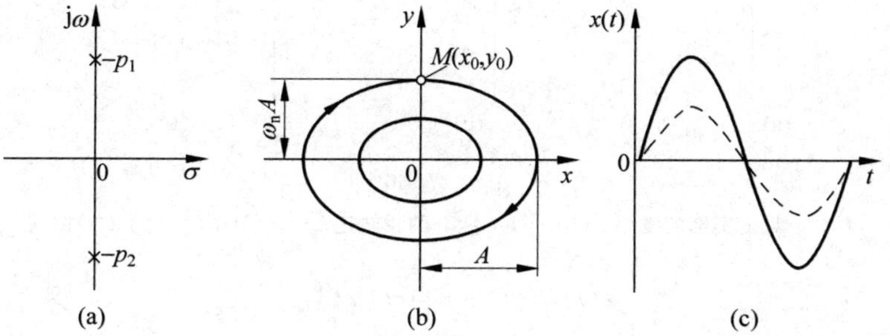

图　7-64

(a) 一对虚根;(b) $\xi=0$ 的相轨迹;(c) $\xi=0$ 的 $x(t)$曲线

2. $0<\xi<1$

由式(7-30)解得

$$x(t)=A\mathrm{e}^{-\xi\omega_n t}\sin\left(\sqrt{1-\xi^2}\,\omega_n t+\theta\right)$$

式中:A,θ——由初始条件决定的常数。动态响应 $x(t)$曲线如图 7-65(c)所示,呈减幅振荡。

同理,可算得相轨迹方程 $y=f(x)$,其相轨迹画于图 7-65(b),是向心螺旋线。

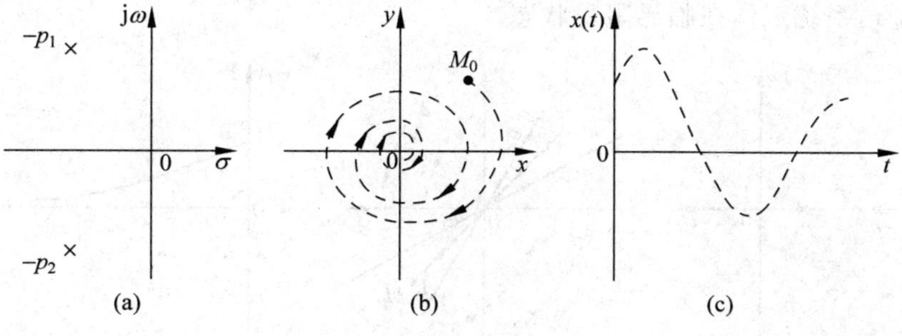

图　7-65

(a) 一对负实部的复根;(b) $0<\xi<1$ 的相轨迹;(c) $0<\xi<1$ 的 $x(t)$曲线

3. $-1<\xi<0$

这种情况和上一种情况相似,但共轭复根的实数部分为正,故系统呈增幅振荡。它的 $y=f(x)$和 $x(t)$曲线分别如图 7-66(b)和(c)所示。

4. $\xi>1$

两个负实根,其解为

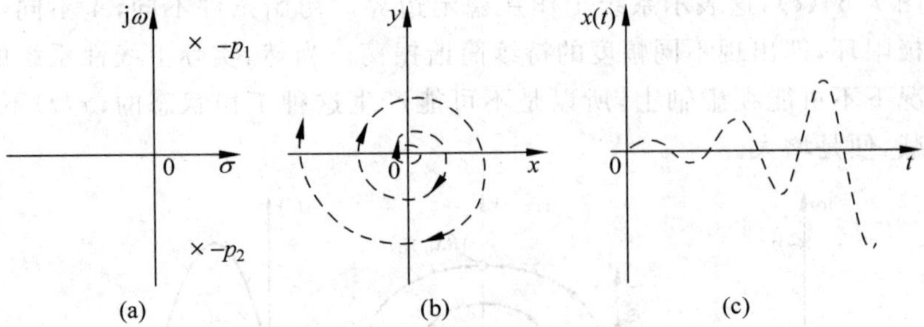

图 7-66

(a) 一对正实部的复根；(b) $-1<\xi<0$ 的相轨迹；(c) $-1<\xi<0$ 的 $x(t)$ 曲线

$$x(t)=C_1\mathrm{e}^{a_1 t}+C_2\mathrm{e}^{a_2 t} \tag{7-33a}$$

$$y(t)=a_1 C_1\mathrm{e}^{a_1 t}+a_2 C_2\mathrm{e}^{a_2 t} \tag{7-33b}$$

式中：

$$a_1=-\xi\omega_{\mathrm{n}}+\sqrt{\xi^2-1}\,\omega_{\mathrm{n}}$$

$$a_2=-\xi\omega_{\mathrm{n}}-\sqrt{\xi^2-1}\,\omega_{\mathrm{n}}$$

根据式(7-33)可作相轨迹 $y=f(x)$ 及时间函数曲线如图 7-67(b)和(c)所示。由图可知，当初始条件不同，会出现两簇相轨迹 1 和 2。相轨迹 1 对应的 $x(t)$ 和 $y(t)$ 不会变号，而相轨迹 2 对应的 $y(t)$ 必变号一次，至于 $x(t)$ 也可能变号一次。两簇相轨迹的分界线是 $y=a_1x$ 和 $y=a_2x$。前者相当于初始条件为 $y_0=a_1x_0$，$C_2=0$；后者的初始条件为 $y_0=a_2x_0$，$C_1=0$。当 $\xi=1$ 时，相轨迹簇 1 蜕化为一条直线：$y=-\omega_{\mathrm{n}}x$，系统工作在临界阻尼状态。

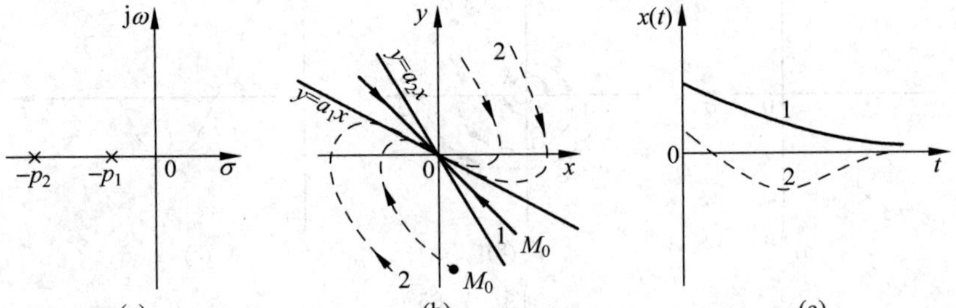

图 7-67

(a) 两个负实根；(b) $\xi>1$ 的相轨迹；(c) $\xi>1$ 的 $x(t)$ 曲线

5. $\xi<-1$

两个正实根，$x(t)$ 随时间增加，系统工作在非周期不稳定状态，相轨迹及时间函数曲线如图 7-68(b)和(c)所示。

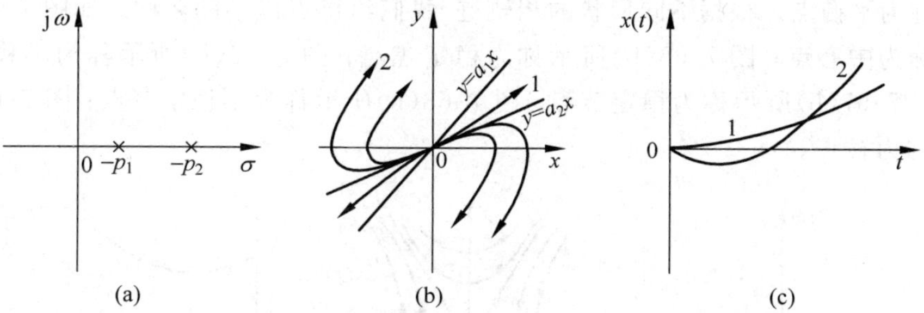

图 7-68

(a) 两个正实根；(b) $\xi<-1$ 的相轨迹；(c) $\xi<-1$ 的 $x(t)$ 曲线

6. 在图 7-63 中取正反馈

系统的微分方程为

$$\ddot{x}+2\xi\omega_{\mathrm{n}}\dot{x}-\omega_{\mathrm{n}}^{2}x=0$$

由此可得

$$\frac{\mathrm{d}y}{\mathrm{d}x}=\frac{\omega_{\mathrm{n}}^{2}x-2\xi\omega_{\mathrm{n}}y}{y}$$

如果 $\xi=0$，对上式积分后，得

$$\frac{y^{2}}{(A\omega_{\mathrm{n}})^{2}}-\frac{x^{2}}{A^{2}}=1 \tag{7-34}$$

式中的 A 为积分常数，由初始条件决定。系统的相轨迹及 $x(t)$ 曲线如图 7-69(b)和(c)所示。图中直线 ab 和 cd 是两特殊初始条件下的相轨迹。当初始条件为 $y_0=-\omega_{\mathrm{n}}x_0$，得 $y=-\omega_{\mathrm{n}}x$ 即 ab 线，相当于正实根被抵消；当初始条件为 $y_0=\omega_{\mathrm{n}}x_0$，得 $y=\omega_{\mathrm{n}}x$ 即 cd 线，相当于负实根被抵消。当表征初始条件的描述点 M_0 在 ab 线上时，系统将趋于稳定。但是，实际上系统的参数总会变化，故这种理想的工作状态是不存在的，被调量 $x(t)$ 必然随时间不断增加，系统不稳定。直线 ab 和 cd 把相平面划分成 4 个运动状态不同的区域，故称为分隔线。如果 $\xi\neq0$，则相轨迹的形状相仿，系统的性质也相同。

从这个例子我们可以知道，相轨迹有如下特征：

(1) 相轨迹不相交。对于零输入条件的线性系统，除坐标原点以外，相轨迹不会相交。这一特征不难证明。由式(7-32)可知，对应一定的 $\bar{x}$ 和 $\bar{y}$ 值，$\frac{\mathrm{d}y}{\mathrm{d}x}$ 的数值只有一个。这表示除坐标原点外，相轨迹只有一条切线，即相轨迹不会相交。

(2) 奇点。由相图可知，在坐标原点，相轨迹是相交的，这在数学上的解释是，在坐标原点，$\frac{\mathrm{d}y}{\mathrm{d}x}=\frac{0}{0}$，其值不定，即可能有无限多条切线，相轨迹会在该点相交，我们把这种点称为奇点。在该点 $\dot{x}=0$，$\dot{y}=0$，这表示系统不再运行，处于平衡状态，故奇点亦称为平衡点。根据不同形状的相轨迹,我们给奇点以不同名称。如图 7-64(b)所示称为中心点;图 7-65(b)所示称为稳定焦点;图 7-66(b)所示称为不稳定焦点;图 7-67(b)所示称为稳定节点;图 7-68(b)所示称为不稳定节点;图 7-69(b)所示称为鞍点。

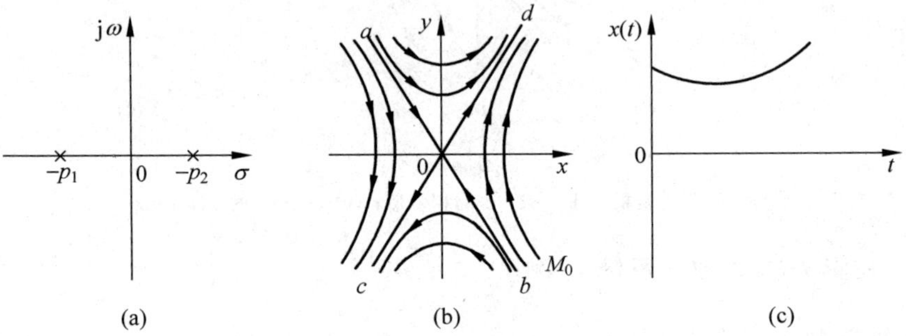

图 7-69

(a) 两个异号实根;(b) 正反馈时的相轨迹;(c) 正反馈时的 $x(t)$ 曲线

对大部分线性系统来说,奇点只有一个;对于零输入条件,则奇点即坐标原点。证明如下:在奇点处,$\dot{x}=0$,$\dot{y}=0$,而对于零输入的线性系统来说,由式(7-31)可知,$\dot{x}=0$ 是横轴,$\dot{y}=0$ 是一条过原点的直线方程式,它们只会相交于原点,故只有一个坐标原点是它的奇点(见图 7-70)。但是,对非线性系统来说,虽然 $\dot{x}=0$,仍是横轴,但 $\dot{y}=0$ 往往不是直线方程式,故两线不仅相交于原点,如图 7-71 所示。它的奇点有三个,即 0,m,n,这表示系统具有三种可能的平衡工作状态。

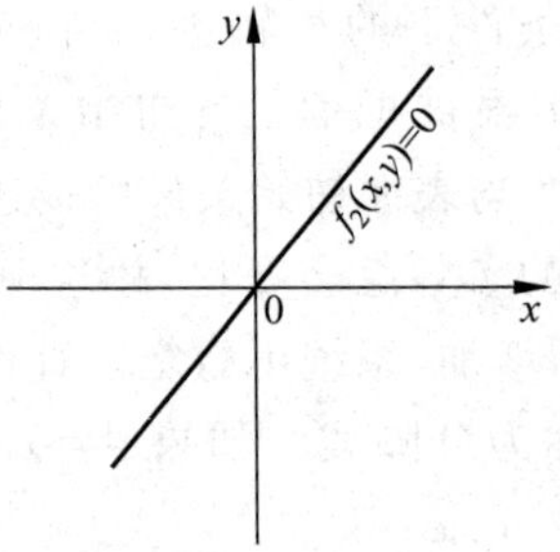

图 7-70 求线性系统奇点

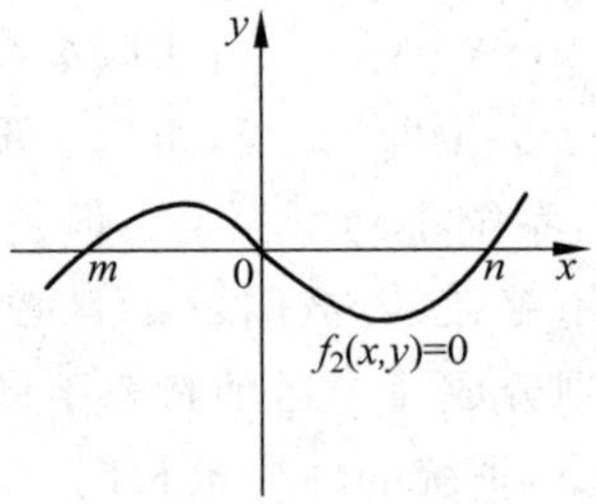

图 7-71 求非线性系统奇点

我们总是利用已知的系统方程式来确定奇点的位置,再在它附近作相轨迹,根据相轨迹相对奇点的运动规律,即可判断系统的工作状态。

(3) 特征区。除图 7-64(b)外,所有描述点不是沿相轨迹趋近奇点(吸引),便是沿相轨迹离开奇点(发散)。这说明在奇点周围,相轨迹有共性。它们形成一个特征区——吸引区或发散区。反过来说,在奇点周围的同一个特征区内,相轨迹具有相同的运行特性。

利用这一特征可以判断系统的品质。首先在奇点周围求出特征区,然后,只要在特征区内画出一条相轨迹，便可知道特征区内所有其他起始条件的系统运行情况。对线性系统来说，奇点只有一个，特征区即整个相平面，故只要按某一起始条件，画出一条相轨迹，便可知道任意起始条件的系统运行情况。而对非线性系统来说，往往有几个奇点，相应地有几个特征区，它们完全决定整个相平面上描述点的状态，这在下面将加以讨论。

(4) 系统从状态 a 过渡到 b 所经历的时间（调节时间），也可利用相轨迹求得。由 $y=\dot{x}$ 可知，系统的调节时间为

$$t_{\mathrm{s}}=\int_{x_{\mathrm{a}}}^{x_{\mathrm{b}}}\frac{1}{y}\mathrm{d}x \tag{7-35}$$

上式可用图解法计算。设相轨迹如图 7-72(a)，则 $1/y$ 曲线所包括的面积 S 即为 t_{s}（见图 7-72(b)）。

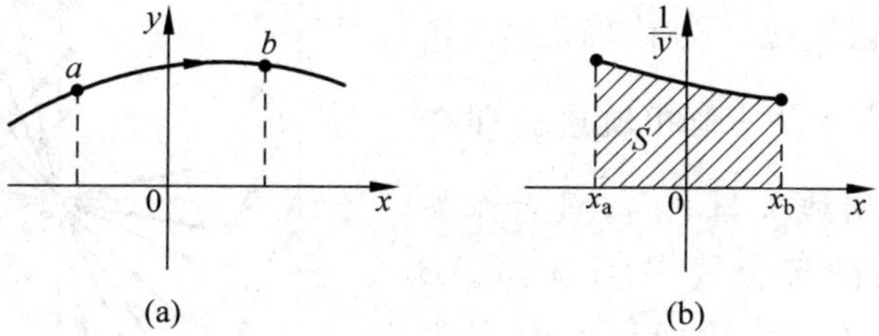

图　7-72

(a) 相轨迹；(b) 按 $1/y$ 求 t_{s}

7.6.2　相轨迹的绘制方法

上面是以解析法绘制相轨迹。但是，对于非线性系统，往往用图解法为宜。常用的图解法有两种：等斜线法和 δ 法。下面介绍等斜线法。

我们仍以线性系统为例。假设系统的微分方程如式(7-30)所示，它的相轨迹斜率方程为式(7-32)，即

$$\frac{\mathrm{d}y}{\mathrm{d}x}=\frac{-2\xi\omega_{\mathrm{n}}y-\omega_{\mathrm{n}}^{2}x}{y}$$

设相轨迹斜率为常数 c，即 $\frac{\mathrm{d}y}{\mathrm{d}x}=c$，则由上式可得斜率为 c 的等斜线方程式

$$y=\frac{-\omega_{\mathrm{n}}^{2}}{2\xi\omega_{\mathrm{n}}+c}x \tag{7-36}$$

这是一个直线方程，并且这些等斜线都通过相平面原点。令 $\omega_{\mathrm{n}}=1,\xi=0.5$，由上式可作等斜线如图 7-73 所示。按图说明如下：

(1) 等斜线是相轨迹斜率 c 相同的各点的连线，如图 7-73(b)所示直线。

(2) 等斜线上所绘矢量表示相轨迹在该点斜率的方向，该方向的斜率值由 c 决定。为了使 c 值与该点相轨迹几何斜率相同，x 轴和 y 轴应取相同比例尺。

(3) 等斜线上所绘的矢量均平行，并等于给定斜率 c。它们不一定与等斜线相

垂直,而且矢量长度是无意义的。

(4) 等斜线本身有自己的斜率。如前例,由式(7-36)可知,等斜线为直线,其斜率为$\frac{-\omega_n^2}{2\xi\omega_n+c}$,它与$c$有关,但并非$c$。当然,等斜线不一定是直线,它的形状由系统决定。

取c为不同值,在相平面上可作一簇等斜线。等斜线画出以后,绘制相轨迹的步骤如下(如图7-73)。

(1) 按初始条件确定描述点位置A。

(2) 按A点所在等斜线c_i,即知A点的相轨迹斜率为c_i。于是可自A点延伸矢量c_i,与等斜线c_{i+1}相交于B'点,线段AB'即所求一段相轨迹。为精确起见,我们可用平均斜率$\frac{c_i+c_{i+1}}{2}$画相轨迹。即在A点再画一条等斜线矢量c_{i+1},然后作矢量c_i和c_{i+1}夹角的等分线AB,延伸AB交c_{i+1}等斜线于B。线段AB的斜率为$\frac{c_i+c_{i+1}}{2}$,用它来表示相轨迹,比线段AB'来得精确,以此类推,可自B点继续绘制。

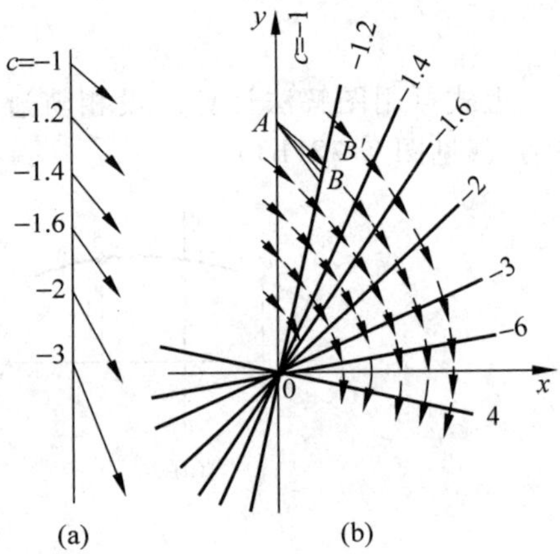

图7-73 等斜线法绘制相轨迹

(3) 为使图形清晰起见,诸矢量c可画在相轨迹以外(如图7-73(a)所示)。作图时,根据需要,把有关的矢量一一平移到等斜线上。

7.6.3 用相平面法分析非线性系统

用相平面法分析非线性系统时,通常先求奇点,然后再用作图法或解析法绘制相轨迹。因为奇点应满足$\dot{x}=y=0$和$\dot{y}=0$,并且相平面又以x和$y=\dot{x}$作为坐标轴,故奇点总在x轴上。对于由线性段组成的非线性特性,则可把它分解,然后把非线性系统当作若干个线性子系统来研究。对应一个子系统,存在一个叶相图和一个奇点。每一相图上相轨迹的运行规律通常是不同的,我们关心的是它们的变化规律和从这一相图到另一相图的过渡。弄清这些以后,也就掌握了整个非线性系统的运行规律。以下将通过例子加以介绍。

1. 摩擦特性非线性系统

设有随动系统如图7-74所示。图中小回路的特性线表示负载力矩T_f的性质。T_f包括两部分:干摩擦力矩T_c和黏性摩擦力矩T_η。T_c与速度的大小无关,但它总是和速度的方向相反;T_η正比于速度,亦即$T_\eta=\eta\dot{x}_c$。由此得负载力矩的

表达式

$$T_f = \eta \dot{x}_c + T_c \text{sgn}\, \dot{x}_c \tag{7-37}$$

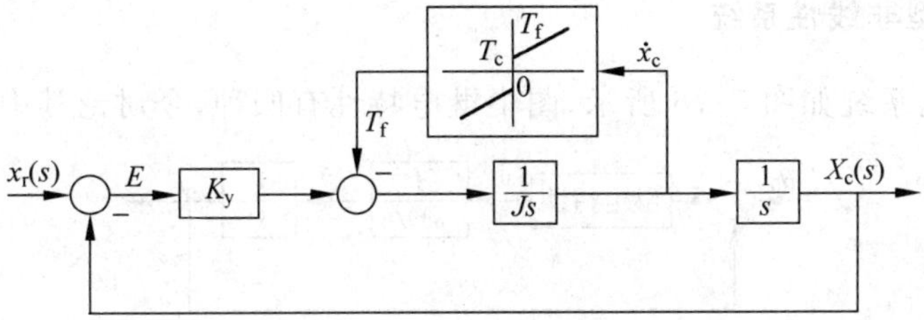

图 7-74　随动系统结构图

式中：$\text{sgn}\,\dot{x}_c=1, \dot{x}_c>0$；$\text{sgn}\,\dot{x}_c=-1, \dot{x}_c<0$；$\eta$ 为阻尼系数。

考虑式(7-37)，则由图 7-48 可得系统的微分方程为

$$J\ddot{e} + \eta\dot{e} + K_y e + T_c \text{sgn}\,\dot{e} = \eta\dot{x}_r + J\ddot{x}_r$$

设 $x_r(t)$ 为阶跃函数，当 $t>0$ 时，$\ddot{x}_r=\dot{x}_r=0$。令 $e=x$，则可把上式改写为

$$J\ddot{x} + \eta\dot{x} + K_y x + T_c \text{sgn}\,\dot{x} = 0$$

设

$$\frac{dx}{dt} = y \tag{7-38a}$$

则

$$\frac{dy}{dt} = -\frac{1}{J}(K_y x + \eta y + T_c \text{sgn} y) \tag{7-38b}$$

由此得相轨迹斜率方程式为

$$\frac{dy}{dx} = -\frac{K_y x + \eta y + T_c \text{sgn} y}{Jy}$$

设 $\frac{dy}{dx}=c$，则由上式得等斜线方程式

$$y = -\frac{K_y x + T_c}{Jc + \eta}, \quad y > 0 \tag{7-39a}$$

$$y = -\frac{K_y x - T_c}{Jc + \eta}, \quad y < 0 \tag{7-39b}$$

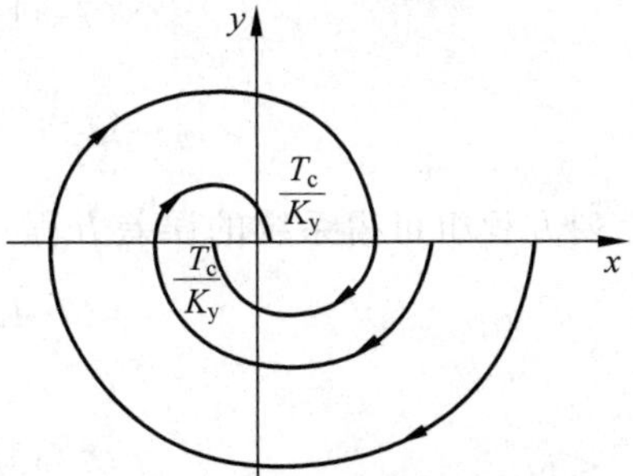

图 7-75　随动系统相轨迹

式(7-39a)适用于 $y>0$，可用来绘制 x 轴以上的等斜线；式(7-39b)用来绘制 x 轴以下的等斜线。画出等斜线以后，即可绘制相轨迹如图 7-75 所示。由图可知，相轨迹最终趋近于奇线，而不是奇点。这表示系统在奇线区域内都会平衡。奇线由式(7-38)算得。当平衡时，$\dot{y}=y=0$，由式(7-38b)得 $x=\pm\frac{T_c}{K_y}$。由此得奇线如图 7-75 所示。奇线的

宽度与系统的稳态误差有关，它正比于 T_c，而和 K_y 成反比。为了减少稳态误差，可适当增大 K_y。

2. 继电型非线性系统

设有继电系统如图 7-76 所示，图中继电特性有四种，今讨论其中一种。

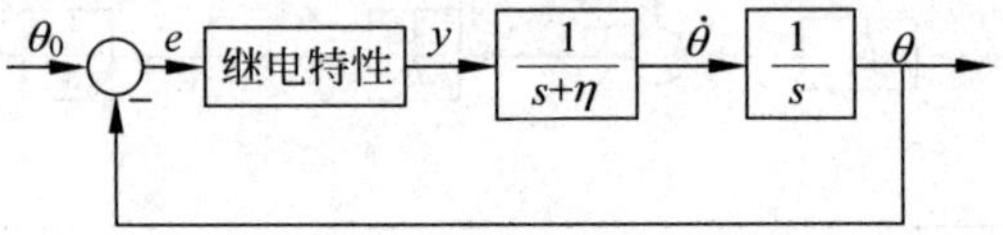

图 7-76　继电系统结构图

继电特性如图 7-77(a)所示。由图可得继电特性输出方程

$$y=\begin{cases}0, & |e|<a & (7\text{-}40a)\\ E, & e\geqslant a & (7\text{-}40b)\\ -E, & e\leqslant -a & (7\text{-}40c)\end{cases}$$

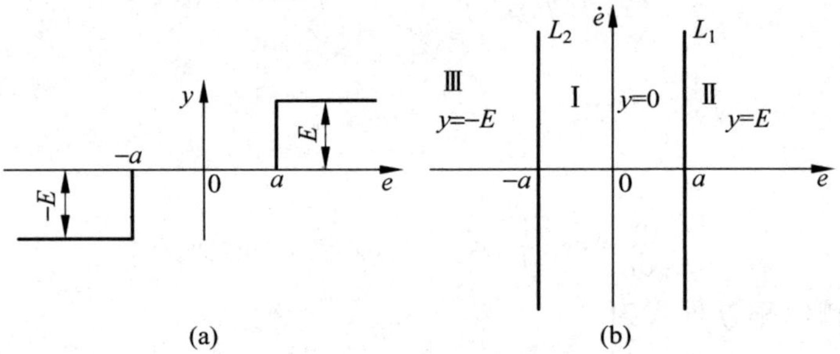

图 7-77　继电特性及相平面

由图 7-76 得系统的方程组

$$\theta_0-\theta=e \tag{7-41a}$$

$$\ddot{\theta}+\eta\dot{\theta}=y \tag{7-41b}$$

设 θ_0 为阶跃函数，当 $t>0$ 时，$\ddot{\theta}_0=\dot{\theta}_0=0$，则由上列方程组可得系统的误差方程式

$$\ddot{e}+\eta\dot{e}=-y \tag{7-42}$$

把式(7-40)代入式(7-42)，得三个线性方程式

$$\ddot{e}+\eta\dot{e}=0,\quad |e|<a \tag{7-43a}$$

$$\ddot{e}+\eta\dot{e}=-E,\quad e\geqslant a \tag{7-43b}$$

$$\ddot{e}+\eta\dot{e}=E,\quad e\leqslant -a \tag{7-43c}$$

式(7-43)表明，虽然继电系统是非线性的，但我们可把继电特性分为三段直

线，由此把非线性系统分解为三个线性的子系统。式(7-43)是三个子系统的线性方程式，而每一个方程式的条件决定了子系统的运行区域。研究继电系统的方法是，首先根据分解线性段的条件把相平面划分成几个子系统的运行区，然后确定每个区域内的奇点和绘制相轨迹。这种由几个运行区构成的相图，称为多叶相图。

划分相平面：第Ⅰ叶相平面的范围，可根据式(7-40a)的条件$|e|<a$确定，即

$$e=a \quad \text{直线 } L_1 \tag{7-44a}$$

和

$$e=-a \quad \text{直线 } L_2 \tag{7-44b}$$

根据式(7-44)作图，如图7-77(b)所示。图中，L_1L_2划定的条状区即第Ⅰ叶相平面的范围，在这个区域内，$y=0$。显然，L_1以右满足式(7-40b)，是第Ⅱ叶相平面；在该区域内，$y=E$。L_2以左满足式(7-40c)，是第Ⅲ叶相平面，$y=-E$。

绘制相轨迹：由式(7-42)得

$$\frac{\mathrm{d}e}{\mathrm{d}t}=\dot{e} \tag{7-45}$$

$$\frac{\mathrm{d}\dot{e}}{\mathrm{d}t}=-y-\eta\dot{e} \tag{7-46}$$

以上二式相除，得相轨迹斜率方程

$$\frac{\mathrm{d}\dot{e}}{\mathrm{d}e}=\frac{-y-\eta\dot{e}}{\dot{e}} \tag{7-47}$$

对上式求积分，得相轨迹表达式

$$e=\frac{y}{\eta^2}\ln\frac{\eta\dot{e}+y}{\eta\dot{e}_0+y}+\frac{1}{\eta}(\dot{e}_0-\dot{e})+e_0 \tag{7-48}$$

第Ⅰ叶相平面上，$y=0$，其相轨迹方程由上式得

$$\dot{e}=\eta(e_0-e)+\dot{e}_0 \tag{7-49}$$

是许多条斜率为$-\eta$的平行线(见图7-78)，起点由初始值$\dot{e}_0$和e_0决定。

第Ⅱ叶相平面上，$y=E$，由式(7-48)得相轨迹表达式

$$e=\frac{E}{\eta^2}\ln\frac{\eta\dot{e}+E}{\eta\dot{e}_0+E}+\frac{1}{\eta}(\dot{e}_0-\dot{e})+e_0 \tag{7-50}$$

第Ⅲ叶相平面上，$y=-E$，故它的相轨迹表达式为

$$e=-\frac{E}{\eta^2}\ln\eta\frac{\eta\dot{e}-E}{\dot{e}_0-E}+\frac{1}{\eta}(\dot{e}_0-\dot{e})+\dot{e}_0 \tag{7-51}$$

相应的相轨迹都画在图7-78上，说明如下。

设系统由初态M_0开始运行，此时$y=0$，电机断电，系统减速，描述点沿相轨迹M_0M_1运行并与分界线L_1相交于M_1，这时角差e为正，其变化率也为正，角差e继续加大。自M_1点起，继电器正向接通，$y=E$，描述点进入第Ⅱ叶相平面，相轨迹按曲线M_1M_2变化，角差变化率$\dot{e}$变小，并变号。以后角差e减小。当相轨迹再

和 L_1 相交于 M_2 时,继电器又断开,然后按直线 M_2M_3 运行,角差变化率逐渐减小,直到与奇线 $-a\,a$ 相交,才停止运动。由上可知,系统运行状态的改变,只可能发生在相平面分界线处,此时继电器产生切换动作,故把这些分界线叫做开关线。图 7-78 中,L_1 是开关线。同理可知,L_2 也是开关线,但它产生 0 与 $-E$ 之间的切换动作。

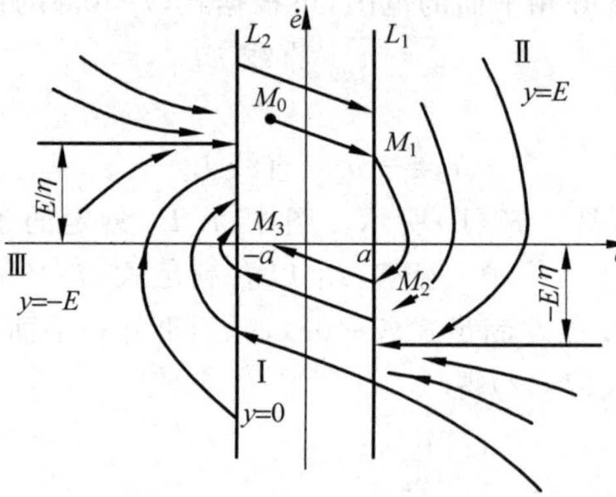

图 7-78 继电系统的相平面

小结

本章介绍了非线性系统的两种分析方法:描述函数法、相平面法。它们都是用工程作图的方法分析解决问题。

描述函数法把非线性特性基波传递关系作为它的替代公式,所以只适用于非线性程度较低和特性对称的非线性元件,还要求线性部分具有良好的低通滤波特性。描述函数法的核心是计算非线性特性的描述函数和它的负倒特性。由于描述函数是系统运动状态做周期运动的描述,一般没有考虑外界作用。所以用于分析稳定性和自持振荡,而不能得到系统的响应。

相平面的基本概念有相平面,相轨迹的对称性、斜率和运动方向,稳定的、不稳定的和半稳定的极限环等。读者应能够绘出相轨迹,并应用相轨迹分析系统的性能。相平面法适用于二阶系统,不仅可以判定稳定性、自持振荡,还可以计算动态响应,高于二阶系统用相平面法就丧失了它的直观性。本章对相平面法只作基本概念的介绍,给出了运动状态转移的概念,这对今后的学习有一定参考价值。

思考题与习题

7-1 什么是非线性系统?它有什么特点?

7-2 常见的非线性特性有哪些?

7-3　非线性系统的分析设计方法有哪些？

7-4　描述函数分析法的实质是什么？试述描述函数的概念及其求取方法。

7-5　试述相平面分析法的实质。为什么它是分析二阶系统的有效方法？

7-6　试确定 $y=x^3$ 表示的非线性元件的描述函数。

7-7　一放大装置的非线性特性见图 P7-1，求其描述函数。

7-8　图 P7-2 为变放大系数非线性特性，求其描述函数。

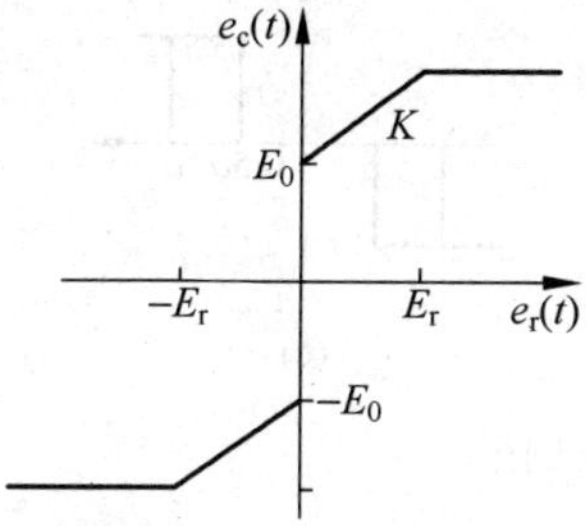

图 P7-1　题 7-7 图

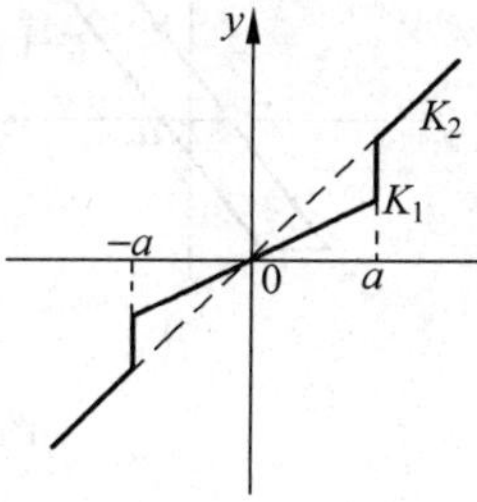

图 P7-2　题 7-8 图

7-9　求图 P7-3 所示非线性环节的描述函数。

7-10　某死区非线性特性如图 P7-4 所示，试画出该环节在正弦输入下的输出波形，并求出其描述函数 $N(A)$。

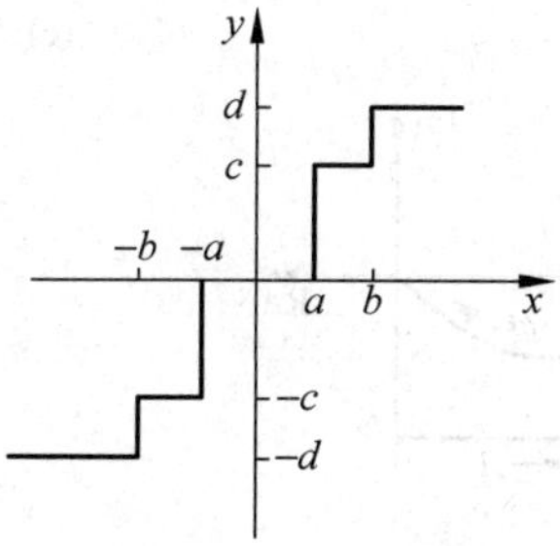

图 P7-3　题 7-9 图

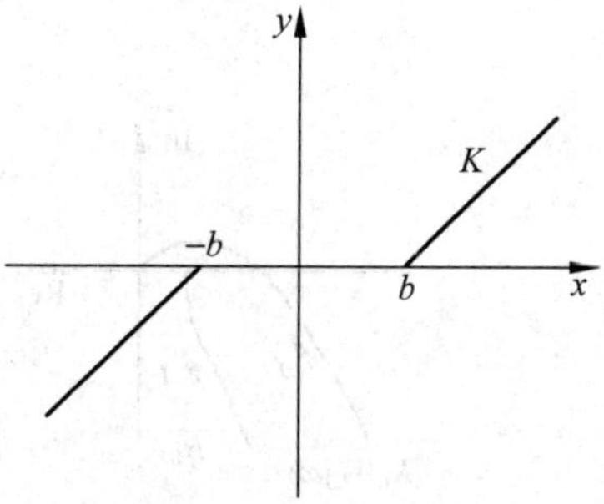

图 P7-4　题 7-10 图

7-11　图 P7-5 给出几个非线性特性。试分别写出其基准描述函数公式，并在复平面上大致画出其基准描述函数的负倒数特性。

7-12　图 P7-6 所示的各系统是否稳定？$-\dfrac{1}{N_0}$ 与 $K_\circ W(\mathrm{j}\omega)$ 的交点是稳定工作点还是不稳定工作点？

7-13　图 P7-7 所示为继电器控制系统的结构图，其线性部分的传递函数为

$$W(s)=\frac{10}{(s+1)(0.5s+1)(0.1s+1)}$$

试确定自持振荡的角频率和振幅。

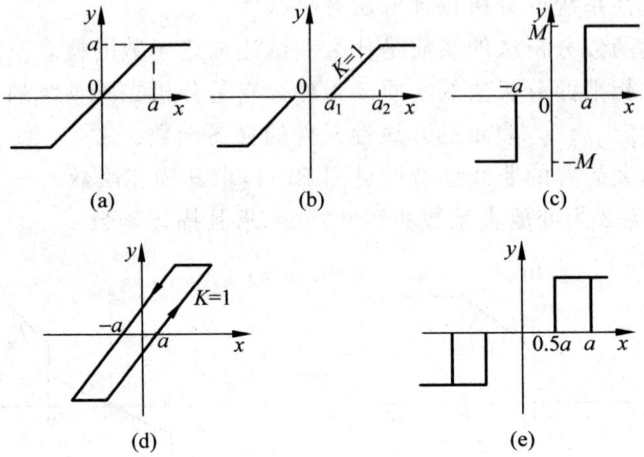

图 P7-5 题 7-11 图

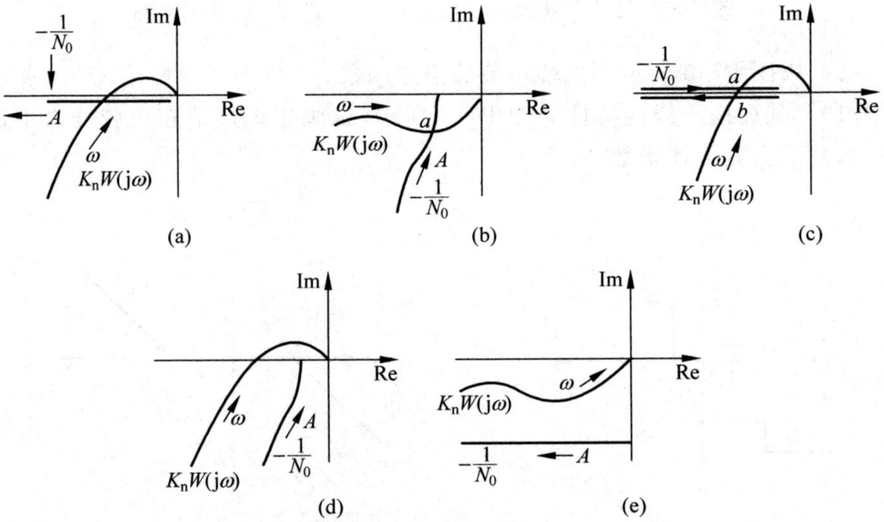

图 P7-6 题 7-12 图

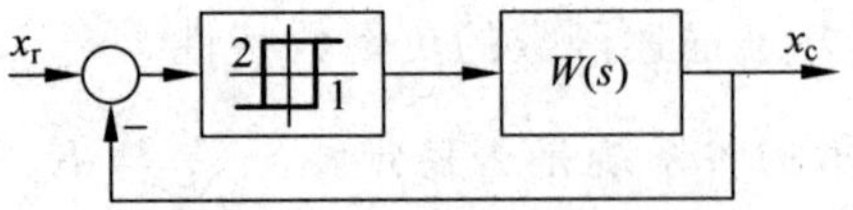

图 P7-7 题 7-13 图

7-14 非线性系统如图 P7-8 所示,图中系统的参数 K_1,K_2,M,T 均为正数,试运用描述函数法:

(1) 给出系统发生自振时参数应满足的条件;

(2) 计算在发生自振时,自振角频率和输出端的振幅。

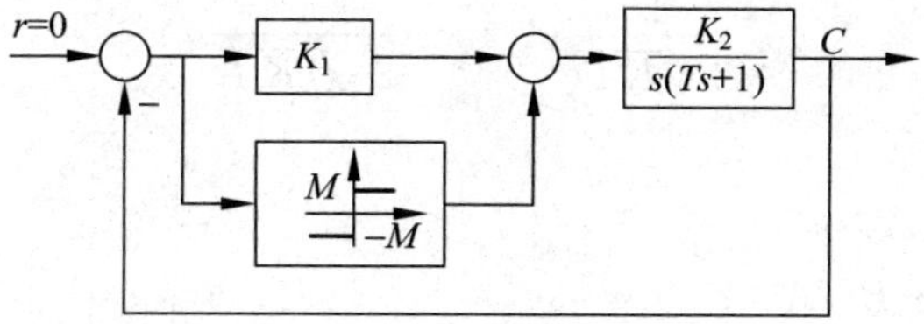

图 P7-8　题 7-14 图

7-15　图 P7-9 所示为一个非线性系统，用描述函数法分析其稳定性。

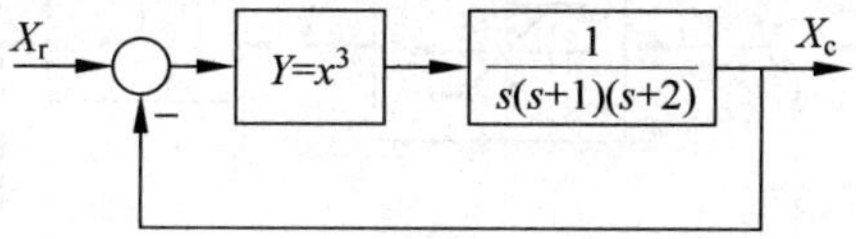

图 P7-9　题 7-15 图

7-16　求下列方程的奇点，并确定奇点类型。

(1) $\ddot{x}-(1-x^2)\dot{x}+x=0$；

(2) $\ddot{x}-(0.5-3x^2)\dot{x}+x+x^2=0$。

7-17　利用等斜线法画出下列方程的相平面图。

(1) $\ddot{x}+|\dot{x}|+x=0$；

(2) $\ddot{x}+\dot{x}+|x|=0$。

7-18　系统见图 P7-10，设系统原始条件是静止状态，试绘制相轨迹。其系统输入为

(1) $x_r(t)=A$，　$A>e_0$；

(2) $x_r(t)=A+Bt$，　$A>e_0$。

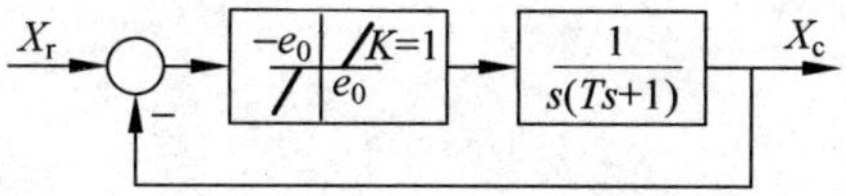

图 P7-10　题 7-18 图

7-19　图 P7-11 为变增益非线性控制系统结构图，其中 $K=1$，$k=0.2$，$e_0=1$，并且参数满足如下关系

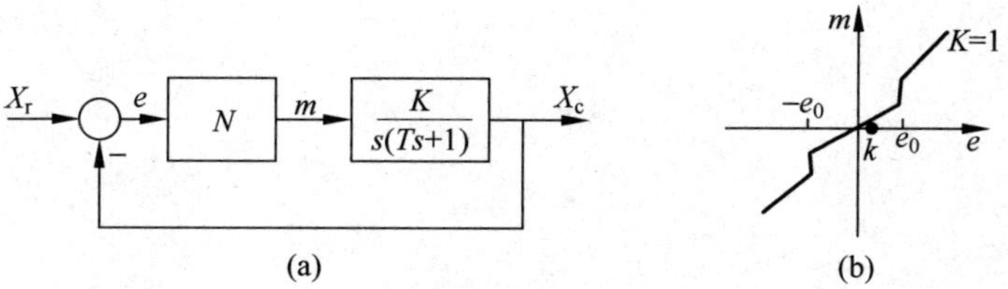

图 P7-11　题 7-19 图

$$\frac{1}{2\sqrt{KT}}<1<\frac{1}{2\sqrt{kKT}}$$

试绘制输入量为

(1) $x_r(t)=A, A>e_0$;

(2) $x_r(t)=A+Bt, A>e_0$

时,以$\dot{e}$和e为坐标的相轨迹。

7-20 非线性系统结构如图P7-12所示,试问:

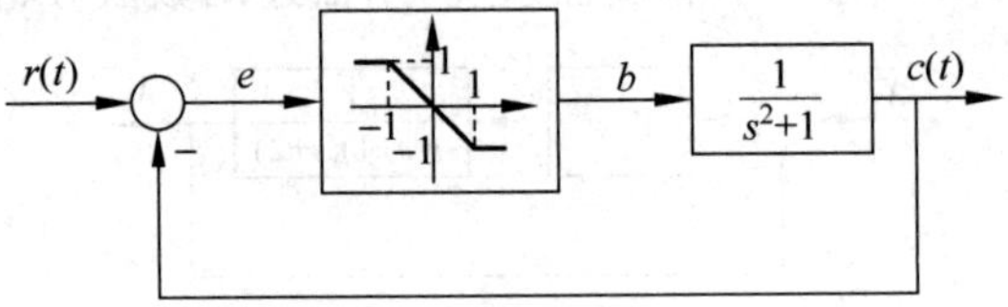

图P7-12 题7-20图

(1) 用相平面法分析该系统是否存在周期运动;

(2) 若存在周期运动,分析该周期运动是否稳定,并计算在初始条件为$x_c(0)=0, \dot{x}_c(0)=1$时的运动周期是多少?

第8章 线性离散系统的理论基础

前面几章所研究的控制系统都是连续系统，其中的各个变量，如输入量 $x_r(t)$、输出量 $x_c(t)$ 和偏差量 $e(t)$ 等都是时间 t 的连续函数，这样的系统称为连续时间系统，简称连续系统。

随着科学技术的飞速发展，计算机已被广泛地应用于控制系统，而计算机是以数字方式传递和处理信息的，因而在这样的控制系统中的信号仅定义在离散时间上，这样的系统称为离散时间系统，简称离散系统。

离散系统与连续系统相比，在信号传递方式上有所不同，但在分析方法方面有很多相似之处。有关连续系统的理论虽然不能直接用来分析离散系统，但通过 z 变换这一数学工具，可以将连续系统中的一些概念和方法，推广应用于线性离散系统。

8.1 线性离散系统的基本概念

为了便于说明各种不同形式的系统，现将系统中的信号作一简单介绍：

模拟信号(即连续信号) 时间上连续，幅值上也连续的信号。

离散的模拟信号 时间上离散，幅值上连续的信号。

数字信号 时间上离散，幅值上也是离散的信号；或者说，时间上离散，幅值是用一组数码表示的信号。

采样 将模拟信号按一定时间采样成离散的模拟信号。

量化 采用一组数码来逼近离散模拟信号的幅值，将其转化成数字信号。

自动控制系统按照它所包含的信号形式通常可以划分为以下几种类型：

(1) 连续控制系统 典型结构如图 8-1(a)所示，系统中均为模拟信号。

(2) 采样控制系统 典型结构如图 8-1(b)所示，它是既含有连续信号$[x_r(t),e(t),u(t),x_c(t)]$又含有离散模拟信号$[e^*(t),u^*(t)]$的混合系统。由结构图看出,采样控制系统是由连续的控制对象、离散的控制器、采样器和保持器等环节所组成的。

(3) 数字控制系统　典型结构如图 8-1(c)所示,系统中包含数字信号 $e^*(k)$,$u^*(k)$。

显然,在计算机控制系统中,除含有数字信号外,由于被控制对象是连续的,因此系统中也含有连续信号,如果省略数字信号量化效应,则数字信号即为离散的模拟信号。因此,计算机控制系统即为采样控制系统。

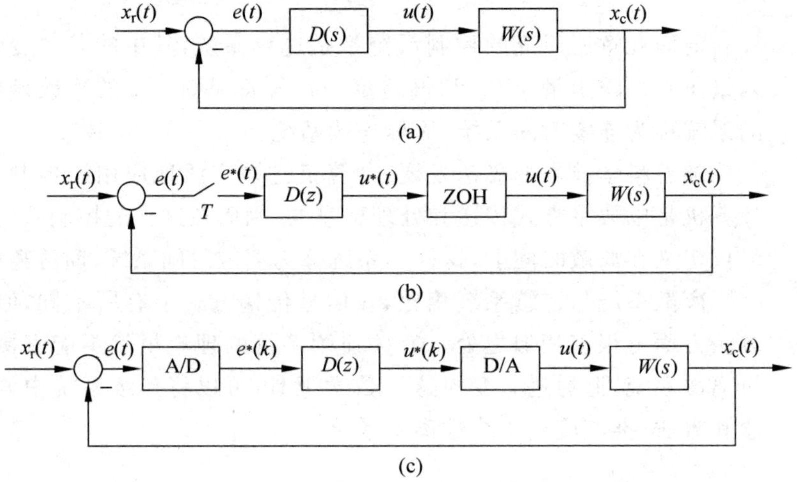

图 8-1　三种系统

采样控制系统是一个断续控制系统,它借助对采样器(即采样开关),时而对系统进行闭环控制,时而又把闭环断开不进行控制。采样系统的特点是:

(1) 在连续系统中的一处或几处设置采样开关,对被控对象进行断续控制;

(2) 通常采样周期远小于被控对象的时间常数;

(3) 采样开关合上的时间远小于断开的时间;

(4) 采样周期通常是相同的。

本章的主要内容是对采样系统进行数学描述和分析。

8.2　离散时间函数的数学表达式及采样定理

在采样系统中,一方面要使用采样开关把连续信号变换为脉冲信号;另一方面又需要使用保持器将脉冲信号变为连续信号,控制连续式被控对象。因此,为了定量研究采样系统,必须对离散时间函数、信号的采样过程和保持过程用数学的方法加以描述。

8.2.1 离散时间函数的数学表达式

连续信号经采样后变成离散信号或脉冲序列。采样过程如图 8-2 所示。其特点是,开关打开时没有输出,开关闭合时才有输出,其值等于采样时刻的模拟量 $f(t)$。由于开关闭合时间远小于采样周期 T,因此可省略,则 $f^*(t)$变成了脉冲列,T 通常为常数。于是可以写出 $f^*(t)$的数学表达式

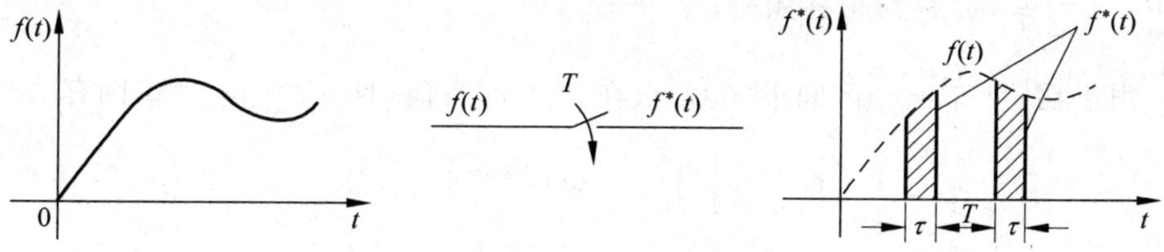

图 8-2　采样过程

$$f^*(t)=f(kT),k=0,1,2,\cdots \tag{8-1}$$

由单位脉冲函数 $\delta(t)$可以写出函数 $\delta_T(t)$

$$\delta_T(t)=\sum_{k=-\infty}^{\infty}\delta(t-kT)=\cdots+\delta(t+T)+\delta(t)+\delta(t-T)+\cdots \tag{8-2}$$

函数 $\delta_T(t)$表示一个无穷的脉冲序列,其脉冲发生在 $t=kT$ 时刻,脉冲幅值为无穷大,而其面积为 1。

所以采样函数 $f^*(t)$可以表示成

$$\begin{aligned}f^*(t)&=f(t)\delta_T(t)=f(t)\sum_{k=-\infty}^{\infty}\delta(t-kT)=\sum_{k=-\infty}^{\infty}f(kT)\delta(t-kT)\\&=\cdots+f(-T)\delta(t+T)+f(oT)\delta(t)+f(T)\delta(t-T)+\cdots\end{aligned} \tag{8-3}$$

$f^*(t)=f(t)\delta_T(t)$相当于用 $\delta_T(t)$去调制 $f(t)$,调制后的 $f(t)$即为 $f^*(t)$。

8.2.2 采样函数 $f^*(t)$的频谱分析

一个周期函数可以用傅氏级数进行分解,即

$$f(t)=\frac{a_0}{2}+\sum_{n=1}^{\infty}[a_n\cos n\omega t+b_n\sin n\omega t] \tag{8-4}$$

式中:

$$a_0=\frac{2}{T}\int_{-\frac{T}{2}}^{\frac{T}{2}}f(t)\mathrm{d}t$$

$$a_n=\frac{2}{T}\int_{-\frac{T}{2}}^{\frac{T}{2}}f(t)\cos n\omega t\,\mathrm{d}t$$

$$b_n=\frac{2}{T}\int_{-\frac{T}{2}}^{\frac{T}{2}}f(t)\sin n\omega t\,\mathrm{d}t,n=1,2,3\cdots \tag{8-5}$$

傅氏级数的复数形式为

$$f(t)=\sum_{n=-\infty}^{\infty}C_n e^{jn\omega t},\quad C_n=\frac{1}{T}\int_{-\frac{T}{2}}^{\frac{T}{2}}f(t)e^{-jn\omega t}dt, n=0,\pm1,\pm2\cdots \tag{8-6}$$

把周期信号展开成复数形式的傅氏级数,然后对它的频率和振幅进行分析,这就是频谱分析。

单位理想脉冲序列 $\delta_T(t)$的傅氏级数

$$\delta_T(t)=\sum_{k=-\infty}^{\infty}\delta(t-kT)=\sum_{k=-\infty}^{\infty}C_k e^{jk\omega_s t} \tag{8-7}$$

式中：$\omega_s=\frac{2\pi}{T}$,ω_s 称为采样频率；

由于在$\left[-\frac{T}{2},\frac{T}{2}\right]$区间中 $\delta_T(t)$仅在 $t=0$ 时有值,且 $e^{-jk\omega_s t}\big|_{t=0}=1$ 则有

$$C_k=\frac{1}{T}\int_{-\frac{T}{2}}^{\frac{T}{2}}\delta_T(t)e^{-jk\omega_s t}dt=\frac{1}{T}$$

所以

$$\delta_T(t)=\frac{1}{T}\sum_{k=-\infty}^{\infty}e^{jk\omega_s t}$$

采样函数 $f^*(t)$的频谱

$$f^*(t)=f(t)\delta_T(t)=\frac{1}{T}\sum_{k=-\infty}^{\infty}f(kT)e^{jk\omega_s t} \tag{8-8}$$

对式(8-8)取拉氏变换,有

$$\mathcal{L}[f^*(t)]=F^*(s)=\frac{1}{T}\sum_{k=-\infty}^{\infty}F(s-jk\omega_s)=\frac{1}{T}\sum_{k=-\infty}^{\infty}F(s+jk\omega_s) \tag{8-9}$$

令 $s=j\omega$,则得

$$F^*(j\omega)=\frac{1}{T}\sum_{k=-\infty}^{\infty}F(j\omega+jk\omega_s)=\cdots+\frac{1}{T}F(j\omega-j\omega_s)+\frac{1}{T}F(j\omega)+\frac{1}{T}F(j\omega+j\omega_s)+\cdots \tag{8-10}$$

式(8-10)建立了连续函数 $f(t)$的频谱 $F(j\omega)$和采样函数频谱 $F^*(j\omega)$之间的关系。通常 $F(j\omega)$是孤立的连续频谱。设 $F(j\omega)$如图 8-3(a)所示,则相应的采样函数频谱如图 8-3(b)所示。

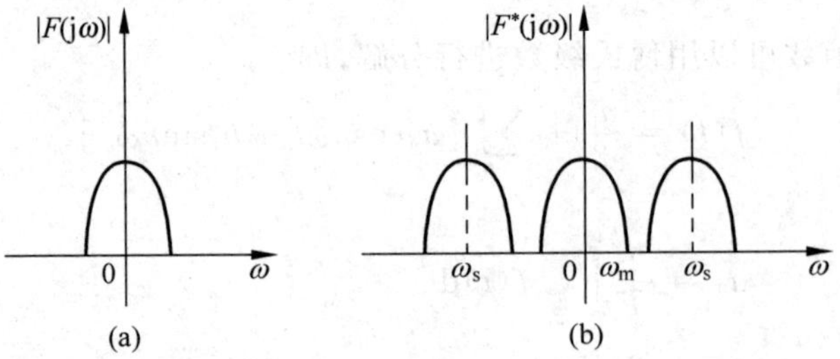

图 8-3 频谱

由图 8-3(b)看出,采样函数频谱是离散的,当 $k=0$ 时,$\frac{1}{T}F(j\omega)$为主频谱;$k\neq0$ 时,有无穷多个附加的高频频谱,并且每隔采样角频率 ω_s 重复一次,所以理

想采样信号是周期函数，且含有高频分量。

8.2.3 采样定理

采样定理所要解决的问题是：采样周期选多大，才能将采样信号较少失真地恢复为原来的连续信号。从图 8-3 可以看出，如果希望从采样信号中不失真地恢复原来的信号 $f(t)$，则只要加上如图 8-4 所示的低通滤波器 $W(\mathrm{j}\omega)$ 即可实现。又连续函数频谱中如 $\omega_{\max}$ 已定，若加大采样周期 T，即减小 ω_s，则采样函数的频谱会产生重叠现象，这种重叠现象将导致被恢复信号的失真。

香农(Shannon)采样定理　如果 $f(t)$ 是有限带宽的信号，即 $\omega > \omega_{\max}$ 时，$F(\omega)=0$；而 $f^*(t)$ 是 $f(t)$ 的理想采样信号，若采样频率 $\omega_s \geqslant 2\omega_{\max}$，则一定可以由采样信号 $f^*(t)$ 唯一地决定出原始信号 $f(t)$。即当 $\omega_s \geqslant 2\omega_{\max}$ 时，可由 $f^*(t)$ 完全地恢复出 $f(t)$ 来。

采样定理的证明完全可以由图 8-4 看出，当 $\omega_s \geqslant 2\omega_{\max}$ 时，用理想滤波器则可滤去高频分量，只留下主频谱。这个主频谱可以和原信号相对应。反之，当 $\omega_s < 2\omega_{\max}$ 时，如图 8-5 所示，则频谱出现混叠，滤不掉高频分量，被恢复的原信号将失真。

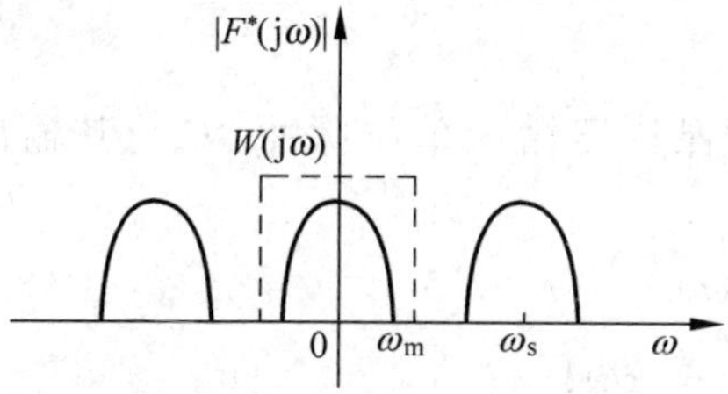

图 8-4　理想滤波器 $W(\mathrm{j}\omega)$

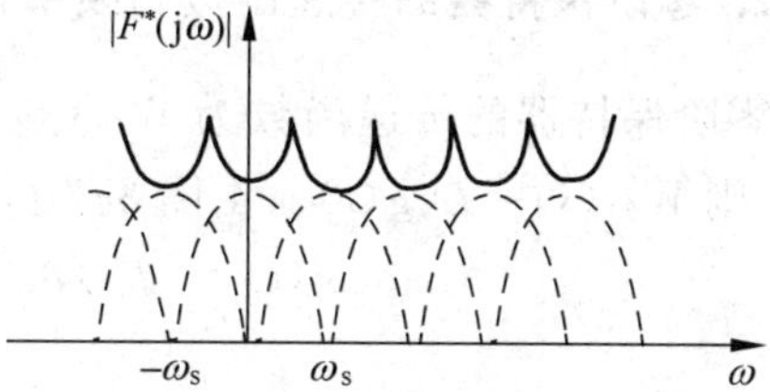

图 8-5　$\omega_s < 2\omega_{\max}$ 时的频谱

应当指出，采样定理只给出一个指导原则，因为一般信号的 $\omega_{\max}$ 很难求出，且带宽有限，也很难满足。所以选择 ω_s 时，采用的是另外一些间接办法。

8.2.4 信号的复现

控制被控对象的信号通常需要连续信号，把采样信号恢复为原来连续信号的过程通常称为信号的复现。在理论上，信号复现的办法是加入理想滤波器 $W(\mathrm{j}\omega)$，但这在实际中是实现不了的。实用的办法是加入保持器，即从采样的信号中复现原信号，这是一种在物理上可实现的多项式外推方法。

多项式外推方法，是利用 $f(t)$ 的幂级数展开公式，即

$$f_n(t) = f(nT) + f'(nT)(t-nT) + \frac{f''(nT)}{2}(t-nT)^2 + \cdots \tag{8-11}$$

式中：$f_n(t)=f(t)$，$nT \leqslant t \leqslant (n+1)T$。

为计算式(8-11)中各项系数值,必须求出函数 $f(t)$在各采样时刻的各阶导数值。从理论上讲,式(8-11)中保留的项数越多,复现的信号越准确;而进一步分析(分析过程略)结果表明,保留两项以上时,会因保持器的相位滞后而影响系统的稳定性。

因此,保持器大多取式(8-11)的第一项(称为零阶保持器)或前两项(称为一阶保持器)。其中最常用的是零阶保持器。

1. 零阶保持器

零阶保持器是这样一种保持器,在 $t=kT$ 和 $t=(k+1)T$ 之间时,它的输出 $f_{h0}(t)$保持 $f(t)$在 $t=kT$ 时刻的值不变。零阶保持器的作用如图 8-6 所示。

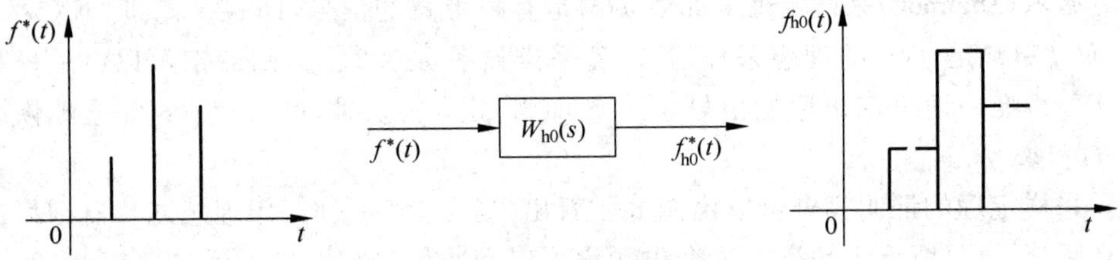

图 8-6 零阶保持器

2. 零阶保持器的传递函数和频率特性

零阶保持器的传递函数为 $W_{h0}(s)$。对保持器输入单位脉冲 $\delta(t)$,其输出为 $g(t)$,则 $W_{h0}(s)=\mathcal{L}[g(t)]$,由图 8-7 得

$$g(t)=f_{h0}(t)=1(t)-1(t-T) \tag{8-12}$$

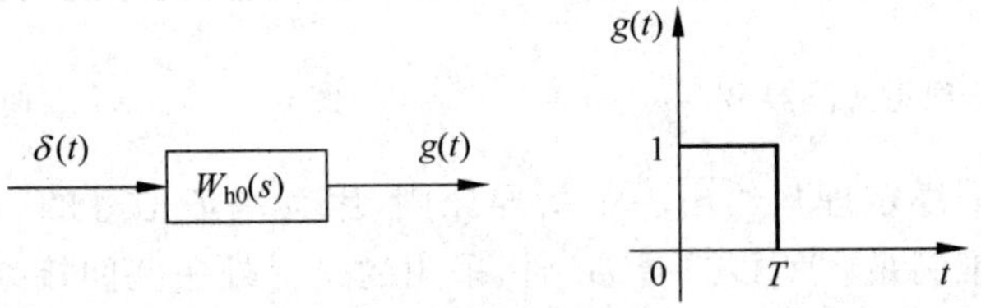

图 8-7 求 $W_{h0}(s)$

所以

$$W_{h0}(s)=\mathcal{L}[f_{h0}(t)]=\frac{1}{s}-\frac{1}{s}e^{-Ts}=\frac{1-e^{-Ts}}{s}\approx\frac{T}{1+Ts} \tag{8-13}$$

下面求频率特性 $W_{h0}(j\omega)$。令 $s=j\omega$,则有

$$\begin{aligned}W_{h0}(j\omega)&=\frac{1-e^{-j\omega T}}{j\omega}=\frac{2e^{-j\frac{\omega T}{2}}\left(e^{j\frac{\omega T}{2}}-e^{-j\frac{\omega T}{2}}\right)}{2j\omega}\\&=\frac{2Te^{-j\frac{\omega T}{2}}\sin\frac{\omega T}{2}}{\omega T}=T\frac{\sin\frac{\omega T}{2}}{\frac{\omega T}{2}}e^{-j\frac{\omega T}{2}}\end{aligned} \tag{8-14}$$

幅频特性：

$$|W_{h0}(j\omega)| = T\frac{|\sin\omega T/2|}{\omega T/2} \tag{8-15}$$

相频特性：

$$\angle W_{h0}(j\omega) = \begin{cases} -\omega T/2, & 0 \leqslant \omega T/2 < \pi \\ -(\omega T/2 - \pi), & \pi \leqslant \omega T/2 < 2\pi \end{cases} \tag{8-16}$$

式中：$\omega_s = 2\pi/T$。

幅频和相频特性绘于图 8-8。从图 8-8 看出，零阶保持器是一个低通滤波器，具有滞后的相角。

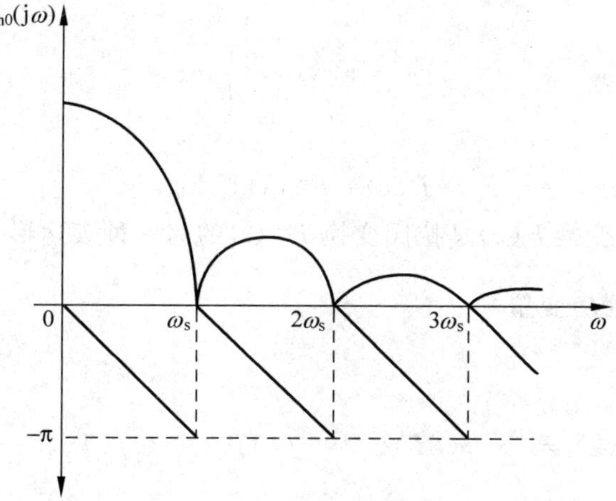

图 8-8　$W_{h0}(j\omega)$的幅频和相频率特性

8.3　z 变换

在连续时间系统中，为了避开解微分方程的困难，可以通过拉氏变换把问题从时域变换到频域中，把解微分方程转化为解代数方程，使解题得以简化。出于同样的目的，在采样系统中为了避开求解差分方程的困难，通过 z 变换把问题从离散的时间域转换到 z 域中，把解线性时不变差分方程转化为求解代数方程。

8.3.1　z 变换的定义

对于采样函数 $f^*(t) = \sum_{k=0}^{\infty} f(t)\delta(t-kT)$，其拉氏变换有两种形式，一种形式为

$$\mathcal{L}[f^*(t)] = F^*(s) = \frac{1}{T}\sum_{k=-\infty}^{\infty} F(s + jk\omega_s) \tag{8-17}$$

另一种形式为

$$\mathcal{L}[f^*(t)] = F^*(s) = \mathcal{L}\left[\sum_{k=0}^{\infty} f(kT)\delta(t-kT)\right] = \sum_{k=0}^{\infty} f(kT)\mathrm{e}^{-kTs} \quad (8\text{-}18)$$

令 $z=\mathrm{e}^{Ts}$,则上式变为

$$\mathcal{Z}[f^*(t)] = F(z) = \sum_{k=0}^{\infty} f(kT)z^{-k} \quad (8\text{-}19)$$

式(8-19)称为采样函数 $f^*(t)$的 z 变换。

为了加深对 z 变换的理解,现作如下说明。

1. $F(z)$和 $F^*(s)$之间的关系

因为

$$z = \mathrm{e}^{Ts}, s = \frac{1}{T}\ln z$$

故有

$$F(z) = F^*(s)\big|_{s=\frac{1}{T}\ln z} \quad (8\text{-}20)$$

式(8-20)说明,z 变换 $F(z)$是拉氏变换 $F^*(s)$的另一种表达形式。

2. z^{-k}代表时序变量

因为

$$F(z) = \sum_{k=0}^{\infty} f(kT)z^{-k} = f(0T)z^{-0} + f(T)z^{-1} + \cdots$$

所以

$$f^*(t) = \sum_{k=0}^{\infty} f(kT)\delta(t-kT) = f(0T)\delta(t) + f(T)\delta(t-T) + \cdots$$

其中,z^{-0}对应于 $\delta(t)$,z^{-1}对应于 $\delta(t-T)$,…,z^{-k}对应于 $\delta(t-kT)$。这说明 z^{-k} 是一个时序变量。

3. 对应关系

$F(z)$是 $f^*(t)$的 z 变换,不是 $f(t)$的 z 变换,但在采样点上 $f^*(t)$和 $f(t)$之值是相等的。$f(t)$和 $F(s)$一一对应,$f^*(t)$和 $F^*(s)$一一对应,而 $F^*(s)$和 $f(t)$并非一一对应。可以有无穷多个 $f(t)$,只在采样点上和 $f^*(t)$相等,在采样点之间是不相等的。

8.3.2 z 变换的方法

z 变换方法就是要求取某些采样函数的 z 变换式。最直接的办法是由连续函数 $f(t)$求出采样函数 $f^*(t)$,通过拉氏变换求出 $F^*(s)$,再令 $s=\frac{1}{T}\ln z$,求出采样函数 $f^*(t)$的 z 变换 $F(z)$。但这种求法太烦琐,下面我们通过级数求和法和部分

分式法求 $f^*(t)$ 的 z 变换式。

1. 级数求和法

现用下列例子来说明级数求和法。

例 8-1　求 $1^*(t)$ 的 z 变换。

解　$$F(z) = \mathcal{Z}[1^*(t)] = \sum_{k=0}^{\infty} 1(kT)z^{-k} = z^0 + z^{-1} + z^{-2} + \cdots = \frac{1}{1-z^{-1}}$$
$$= \frac{z}{z-1}$$

例 8-2　求 e^{-at} 的 $F(z)$。

解　$$F(z) = \sum_{k=0}^{\infty} e^{-akT}z^{-k} = e^0 z^0 + e^{-aT}z^{-1} + e^{-2aT}z^{-2} + \cdots = \frac{1}{1-e^{-aT}z^{-1}}$$
$$= \frac{z}{z-e^{-aT}}$$

2. 部分分式法

用 z 变换分析离散系统时，需要将连续函数 $f(t)$ 的拉氏变换式写成 z 变换式以备用。这种变换的实质是将 $f(t)$ 的采样值 $f^*(t)$ 进行 z 变换。由于 $f(t)$ 和其拉氏变换式 $F(s)$ 是一一对应的，所以表达式 $z[F(s)]$ 即表示 $f^*(t)$ 的 z 变换。

用部分分式法求 $f^*(t)$ 的 z 变换，是由 $F(s)$ 开始的。其步骤是首先把 $F(s)$ 分解为部分分式之和，然后对每一部分分式求 z 变换。

例 8-3　求 $F(s)=\dfrac{a}{s(s+a)}$ 的 z 变换。

解　因为 $F(s)=\dfrac{A}{s}+\dfrac{B}{s+a}=\dfrac{1}{s}-\dfrac{1}{s+a}$，而 $\mathcal{L}^{-1}[F(s)]=1(t)-e^{-at}$，所以

$$F(z)=\frac{z}{z-1}-\frac{z}{z-e^{-aT}}=\frac{z(1-e^{-aT})}{(z-1)(z-e^{-aT})}$$

例 8-4　求 $F(z)=\mathcal{Z}[\sin\omega t]$。

解　$$\mathcal{L}[\sin\omega t]=\frac{\omega}{s^2+\omega^2}=\frac{-\frac{s}{2j}+\frac{\omega}{2}+\frac{\omega}{2}+\frac{s}{2j}}{s^2+\omega^2}=\frac{-\frac{1}{2j}}{s+j\omega}+\frac{\frac{1}{2j}}{s-j\omega}$$

因为

$$\mathcal{L}^{-1}\left[\frac{1}{s\pm j\omega}\right]=e^{-j(\pm\omega t)},\ \mathcal{Z}\left[\frac{1}{s\pm j\omega}\right]=\frac{1}{1-e^{-(\pm j\omega T)}z^{-1}}$$

所以

$$F(z)=\mathcal{Z}\left[\frac{\omega}{s^2+\omega^2}\right]=-\frac{1}{2j}\frac{1}{1-e^{-j\omega T}z^{-1}}+\frac{1}{2j}\frac{1}{1-e^{j\omega T}z^{-1}}$$
$$=\frac{z^{-1}\sin\omega T}{1-e^{-j\omega T}z^{-1}-e^{j\omega T}z^{-1}+z^{-2}}=\frac{z^{-1}\sin\omega T}{1-2z^{-1}\cos\omega T+z^{-2}}$$

表 8-1 给出了常用函数的 z 变换。

表 8-1 常用函数的 z 变换表

$F(s)$	$f(t)$或 $f(k)$	$f(z)$
1	$\delta(t)$	1
e^{-nTs}	$\delta(t-nT)$	z^{-n}
$\frac{1}{1-e^{-Ts}}$	$\delta_T(t)=\sum_{n=0}^{\infty}\delta(t-nT)$	$\frac{1}{1-z^{-1}}$
$\frac{1}{s}$	$1(t)$	$\frac{1}{1-z^{-1}}$
$\frac{1}{s^2}$	t	$\frac{Tz^{-1}}{(1-z^{-1})^2}$
$\frac{1}{s^3}$	$\frac{1}{2}t^2$	$\frac{T^2}{2}\cdot\frac{z^{-1}(1+z^{-1})}{(1-z^{-1})^3}$
$\frac{1}{s+a}$	e^{-at}	$\frac{1}{1-e^{-aT}z^{-1}}$
	a^k	$\frac{1}{1-az^{-1}}$
$\frac{1}{(s+a)^2}$	te^{-at}	$\frac{Te^{-aT}z^{-1}}{(1-e^{-aT}z^{-1})^2}$
$\frac{a}{s(s+a)}$	$1-e^{-at}$	$\frac{(1-e^{-aT})z^{-1}}{(1-z^{-1})(1-e^{-aT}z^{-1})}$
$\frac{a-b}{(s+a)(s+b)}$	$e^{-bt}-e^{-at}$	$\frac{(e^{-bT}-e^{-aT})z^{-1}}{(1-e^{-aT}z^{-1})(1-e^{-bT}z^{-1})}$
$\frac{a}{s^2+a^2}$	$\sin at$	$\frac{(\sin aT)z^{-1}}{1-2(\cos aT)z^{-1}+z^{-2}}$
$\frac{s}{s^2+a^2}$	$\cos at$	$\frac{1-(\cos aT)z^{-1}}{1-2(\cos aT)z^{-1}+z^{-2}}$

8.3.3 z 变换的性质

z 变换的性质确定了原函数、采样序列和 z 变换之间的关系。通过这些性质可以求出更多函数的 z 变换,并为求解差分方程打下基础。

1. 线性性质

若

$$\mathcal{Z}[f_1^*(t)]=F_1(z),\mathcal{Z}[f_2^*(t)]=F_2(z)$$

则

$$\mathcal{Z}[\alpha_1 f_1^*(t)+\alpha_2 f_2^*(t)]=\alpha_1 F_1(z)+\alpha_2 F_2(z) \tag{8-21}$$

上式的证明是显然的。

2. 延迟定理

设 $t<0, f(t)=0$，令 $\mathcal{Z}\{f(t)\}=F(z)$，则 $\mathcal{Z}[f(t-iT)]=z^{-i}F(z)$　　(8-22)

证明　由 z 变换有

$$\begin{aligned}\mathcal{Z}\{f(t-iT)\} &= \sum_{k=0}^{\infty} f(kT-iT)z^{-k} = f(-iT)z^{-0} + f[(1-i)T]z^{-1} + \cdots \\ &\quad + f(-T)z^{-(i-1)} + f(0T)z^{-i} + f(T)z^{-(i+1)} + \cdots \\ &= z^{-i}[f(0T) + f(T)z^{-1} + f(2T)z^{-2} + \cdots] + f(-T)z^{-(i-1)} \\ &\quad + f(-2T)z^{-(i-2)} + \cdots + f(-iT)z^{0} = z^{-i}F(z)\end{aligned}$$

3. 超前定理

令 $\mathcal{Z}\{f(t)\}=F(z)$，则

$$\mathcal{Z}[f(t+iT)] = z^{i}F(z) - z^{i}\sum_{k=0}^{i-1} f(kT)z^{-k} \tag{8-23}$$

证明　由定义 $\mathcal{Z}[f(t+iT)] = \mathcal{Z}[f(kT+iT)] = \sum_{k=0}^{\infty} f(kT+iT)z^{-k}$

$$\begin{aligned}&= f(iT)z^{0} + f[(1+i)T]z^{-1} + \cdots \\ &= z^{+i}[f(iT)z^{-i} + f[(1+i)T]z^{-(i+1)} + \cdots] \\ &= z^{i}\sum_{k=i}^{\infty} f(kT)z^{-k} = z^{i}\left[\sum_{k=0}^{\infty} f(kT)z^{-k} - \sum_{k=0}^{i-1} f(kT)z^{-k}\right] \\ &= z^{i}F(z) - z^{i}\sum_{k=0}^{i-1} f(kT)z^{-k}\end{aligned}$$

若 $f(0)=f(T)=f(2T)=\cdots=f((i-1)T)=0$，则 $\mathcal{Z}\{f(t+iT)\}=z^{i}F(z)$。

从延迟和超前定理看出，脉冲序列可以在横轴上向左（超前）或向右（延迟）移动 i 个采样周期。移动前后 $F(z)$ 不变，只是乘上时序变量 z^{i} 或 z^{-i} 而已。

4. 复位移定理

设 $\mathcal{Z}\{f(t)\}=\mathcal{F}(z)$，则

$$\mathcal{Z}[\mathrm{e}^{\mp at}f(t)] = \mathcal{F}(z\mathrm{e}^{\pm aT}) \tag{8-24}$$

证明　由定义得

$$\begin{aligned}\mathcal{Z}\{\mathrm{e}^{\mp at}f(t)\} &= \sum_{k=0}^{\infty} \mathrm{e}^{\mp akT}f(kT)z^{-k} \\ &= \sum_{k=0}^{\infty} f(kT)\,(z\mathrm{e}^{\pm aT})^{-k} \\ &= \sum_{k=0}^{\infty} f(kT)z_1^{-k} = F(z_1) \\ &= F(z\mathrm{e}^{\pm aT})\end{aligned}$$

5. 初值定理

设$\mathcal{Z}\{f(t)\}=F(z)$,如果$z\to\infty$时$F(z)$的极限存在,则函数的初值为

$$\lim_{t\to 0}f(t)=f(0)=\lim_{z\to\infty}F(z) \tag{8-25}$$

证明 由定义得

$$F(z)=\mathcal{Z}\{f(t)\}=\sum_{k=0}^{\infty}f(kT)z^{-k}=f(0)+f(T)z^{-1}+\cdots$$

对上式两边取$z\to\infty$的极限,则有$f(0)=\lim\limits_{z\to\infty}F(z)$。

6. 终值定理

设$\mathcal{Z}\{f(t)\}=F(z)$,则函数的终值为

$$\lim_{t\to\infty}f(t)=f(\infty)=\lim_{z\to 1}(z-1)F(z)=\lim_{z\to 1}(1-z^{-1})F(z) \tag{8-26}$$

证明 由定义得

$$F(z)=\sum_{k=0}^{\infty}f(kT)z^{-k}$$

又据超前定理

$$\mathcal{Z}\{f(t+T)\}=\sum_{k=0}^{\infty}f(kT+T)z^{-k}=zF(z)-zf(0)$$

用此式减去上式得

$$zF(z)-zf(0)-F(z)=\sum_{k=0}^{\infty}f(kT+T)z^{-k}-\sum_{k=0}^{\infty}f(kT)z^{-k}$$

所以

$$\begin{aligned}(z-1)F(z)-zf(0)&=\sum_{k=0}^{\infty}[f(kT+T)-f(kT)]z^{-k}\\&=[f(T)-f(0)+f(2T)-f(T)+\cdots]z^{-k}\\&=[f(\infty)-f(0)]z^{-k}\end{aligned}$$

对此式两边取$z\to 1$的极限得

$$f(\infty)=\lim_{z\to 1}(z-1)F(z)=\lim_{z\to 1}\frac{z-1}{z}F(z)=\lim_{z\to 1}(1-z^{-1})F(z)$$

需要指出,应用终值定理的前提条件是:$\lim\limits_{t\to\infty}f(t)$存在,或$(z-1)F(z)$的极点均在单位圆内。

7. 卷积和定理

若

$$x_c(kT)=\sum_{i=0}^{k}g[(k-i)T]x_r(iT)$$

其中:$k=0,1,2,\cdots$;且当$k=0,-1,-2,\cdots$时,$x_c(kT)=g(kT)=x_r(kT)=0$。则

$$X_c(z) = W(z)X_r(z) \tag{8-27}$$

式中：

$$W(z) = Z[g(kT)],\quad X_r(z) = Z[x_r(kT)]$$

证明　由定义得

$$x_c(z) = \sum_{k=0}^{\infty} x_c(kT)z^{-k} = \sum_{k=0}^{\infty}\left[\sum_{i=0}^{k} g(k-i)Tx_r(iT)\right]z^{-k}$$

因为 $n<i$ 时，$g(k-i)T=0$，所以

$$\begin{aligned}X_c(z) &= \sum_{k=0}^{\infty}\sum_{i=0}^{\infty} g(k-i)Tx_r(iT)z^{-k} = \sum_{i=0}^{\infty} x_r(iT)\sum_{k=0}^{\infty} g(k-i)Tz^{-k} \\ &= \sum_{i=0}^{\infty} x_r(iT)z^{-i}\sum_{k=0}^{\infty} g(kT)z^{-k} = X_r(z)W(z)\end{aligned}$$

8.3.4　z 反变换

已知变换式 $F(z)$ 求出相应的离散序列 $f^*(t)$ 或 $f(kT)$ 称为 z 反变换。求出的 $f(kT)$ 只是采样点上有值，不包含采样点中间之值。具体求法有以下三种。

1. 幂级数展开法

用长除法把 $F(z)$ 按降幂展成幂级数，然后求得 $f^*(t)$，即

$$F(z) = \frac{b_0z^m + b_1z^{m-1} + \cdots + b_m}{a_0z^n + a_1z^{n-1} + \cdots + a_n},\quad n > m$$

将 $F(z)$ 展开成

$$F(z) = c_0z^0 + c_1z^{-1} + c_2z^{-2} + \cdots \tag{8-28}$$

对应的原函数为

$$f^*(t) = c_0\delta(t) + c_1\delta(t-T) + c_2\delta(t-2T) + \cdots \tag{8-29}$$

例 8-5　求 $F(z)=\dfrac{z}{(z-1)(z-2)}$ 的原函数 $f(kT)$。

解　$F(z)=\dfrac{z}{(z-1)(z-2)}=\dfrac{z}{z^2-3z-2}=z^{-1}+3z^{-2}+7z^{-3}+15z^{-4}+\cdots$

对应的原函数为

$$f(kT) = \delta(t-T) + 3\delta(t-2T) + 7\delta(t-3T) + \cdots$$

2. 部分分式法

把 $F(z)$ 分解为部分分式，再通过查表求出原离散序列。因为 z 变换表中 $F(z)$ 的分子常有因子 z，所以通常将 $F(z)$ 展成 $F(z)=zF_1(z)$ 的形式，即

$$F(z) = zF_1(z) = z\left[\frac{A_1}{z-z_1} + \frac{A_2}{z-z_2} + \cdots + \frac{A_i}{z-z_i}\right] \tag{8-30}$$

式中系数 A_i 用下式求出

$$A_i = [F_1(z)(z-z_i)]_{z=z_i} \tag{8-31}$$

例 8-6 求 $F(z)=\dfrac{z}{(z-1)(z-2)}$ 的反变换 $f(kT)$。

解 $F(z)=\dfrac{z}{(z-1)(z-2)}=z\left[\dfrac{A_1}{z-1}+\dfrac{A_2}{z-2}\right]=\dfrac{z}{z-2}-\dfrac{z}{z-1}$

因为

$$\mathcal{Z}^{-1}\left[\frac{z}{z-a}\right]=a^k$$

所以

$$f(kT)=2^k-1^k=2^k-1,k=0,1,2,\cdots$$

3. 反演积分法(留数法)

在实际问题中遇到的变换式 $F(z)$,除了有理分式外,也可能是超越函数,这就要用到反演积分法求反变换。而求积分值时要用到柯西留数定理,所以也称留数法。这种方法的论证要用到复变函数理论,我们在此只给出结论,不进行推导。

在反演积分法中,离散序列 $f(kT)$ 等于 $F(z)z^{k-1}$ 各个极点上留数之和,即

$$f(kT)=\sum_{i=1}^{n}\operatorname{res}\left[F(z)z^{k-1}\right]_{z\to z_i} \tag{8-32}$$

式中:z_i 表示 $F(z)$ 的第 i 个极点。极点上的留数分两种情况求取。

(1) 单极点的情况

$$\operatorname{res}\left[F(z)z^{k-1}\right]_{z\to z_i}=\lim_{z\to z_i}\left[(z-z_i)F(z)z^{k-1}\right] \tag{8-33}$$

(2) 重极点的情况

若 $F(z)$ 有 n 阶重极点 z_i,则

$$\operatorname{res}\left[F(z)z^{k-1}\right]_{z\to z_i}=\frac{1}{(n-1)!}\lim_{z\to z_i}\frac{\mathrm{d}^{n-1}\left[(z-z_i)^nF(z)z^{k-1}\right]}{\mathrm{d}z^{n-1}} \tag{8-34}$$

例 8-7 用留数法求 $F(z)=\dfrac{z^2}{(z-1)(z-0.5)}$ 的反变换。

解 $F(z)$ 有两个极点:$z=1$ 和 $z=0.5$,分别求出其留数

$$z=1,\operatorname{res}\left[\frac{z^2z^{k-1}}{(z-1)(z-0.5)}(z-1)\right]_{z=1}=2$$

$$z=0.5,\operatorname{res}\left[\frac{z^2z^{k-1}}{(z-1)(z-0.5)}(z-0.5)\right]_{z=0.5}=-0.5^k$$

所以

$$f(kT)=2+(-0.5^k)=2-0.5^k,k=0,1,2\cdots$$

8.4 线性常系数差分方程

连续控制系统所处理的信息都是连续函数,输出输入关系用微分方程来描述,用拉氏变换求解微分方程,用传递函数对系统进行动态分析。与此相对应,计

算机系统的信息是离散信号，输出与输入之间的关系用差分方程来描述，用 z 变换来求解差分方程，而用脉冲传递函数对离散系统进行动态分析。

8.4.1　差分方程的定义

对于如图 8-9 所示的单输入单输出线性定常系统，很显然，在某一采样时刻的输出值 $x_c(k)$（为方便以下将采样周期 T 省略）不仅与这一时刻的输入值 $x_r(k)$ 有关，而且与过去时刻的输入值 $x_r(k-1), x_r(k-2)\cdots$ 有关，还与过去时刻的输出值 $x_c(k-1), x_c(k-2)\cdots$ 有关。可以把这种关系描述如下：

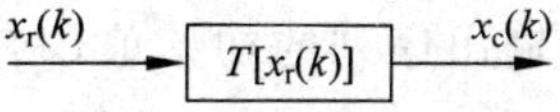

图 8-9　线性定常系统

$$x_c(k)+a_1x_c(k-1)+a_2x_c(k-2)+\cdots$$
$$=b_0x_r(k)+b_1x_r(k-1)+b_2x_r(k-2)+\cdots \tag{8-35}$$

或表示为

$$x_c(k)=T[x_r(k)] \tag{8-36}$$

当系数均为常数时，该式则为线性定常差分方程。

差分方程还可以表示成卷积和的形式，即

$$x_c(k)=h(0)x_r(k)+h(1)x_r(k-1)+\cdots=\sum_{i=0}^{k}h(i)x_r(k-i) \tag{8-37}$$

例 8-8　某一储户系统，设第 k 个月的存款数为 $x_c(k)$，第 k 个月期间存入款数为 $x_r(k)$，上个月余款为 $x_c(k-1)$，月利率为 r，且 $x_c(0)=x_r(0)$。由上述条件可以写出储户存款关系的差分方程为

$$x_c(k)=x_c(k-1)+rx_c(k-1)+x_r(k)$$

解　可以将此差分方程写成卷积和的形式

$x_c(0)=0+0+x_r(0)$

$x_c(1)=x_c(0)+rx_c(0)+x_r(1)$

$\quad=(1+r)x_c(0)+x_r(1)=(1+r)x_r(0)+x_r(1)$

$x_c(2)=x_c(1)(1+r)+x_r(2)=(1+r)x_r(1)+(1+r)^2x_r(0)+x_r(2)$

$x_c(3)=(1+r)x_r(2)+(1+r)^2x_r(1)+(1+r)^3x_r(0)+x_r(3)$

这样一直写下去，便可用卷积和表示为

$$x_c(k)=\sum_{i=0}^{k}h(i)x_r(k-i)$$

式中：$h(0)=1, h(1)=(1+r), h(2)=(1+r)^2, \cdots$。

差分方程与微分方程类似，也分齐次方程和非齐次方程。输入信号为零的方程为齐次方程，输入信号不为零的方程为非齐次方程。与连续系统类似，齐次方程的物理意义是：在无外界作用的情况下，离散系统的自由运动反映了系统的自

身物理特性,而非齐次方程的特解,则反映了在输入量作用下系统强迫运动的情况。

8.4.2 差分方程的解法

1. 迭代法

迭代法是已知离散系统的差分方程和输入序列、输出序列的初始值,利用递推关系逐步计算出所需要的输出值的方法。

例 8-9 已知采样系统的差分方程是

$$x_c(k)+x_c(k-1)=x_r(k)+2x_r(k-2)$$

初始条件: $x_r(k)=\begin{cases}k & k>0\\ 0 & k\leqslant 0\end{cases}$, $x_c(0)=2$。

解 令 $k=1$,有 $x_c(1)+x_c(0)=x_r(1)+2x_r(-1)$。

因为 $x_c(1)+2=1+0$,所以 $x_c(1)=-1$。

令 $k=2$,有 $x_c(2)+x_c(1)=x_r(2)+2x_r(0)$。

因为 $x_c(2)+(-1)=2+0$,所以 $x_c(2)=3$。

同理,求出 $x_c(3)=2$,$x_c(4)=6$。输入输出关系见图 8-10。

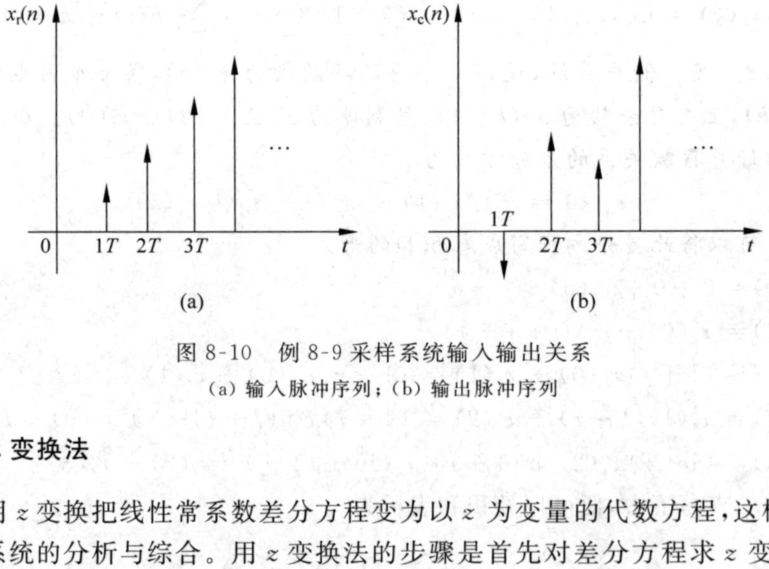

图 8-10　例 8-9 采样系统输入输出关系

(a) 输入脉冲序列;(b) 输出脉冲序列

2. z 变换法

利用 z 变换把线性常系数差分方程变为以 z 为变量的代数方程,这样便简化了采样系统的分析与综合。用 z 变换法的步骤是首先对差分方程求 z 变换,然后通过 z 反变换求出输出脉冲序列。

例 8-10 求解差分方程 $x_c(k+2)+3x_c(k+1)+2x_c(k)=0$

初始条件: $x_c(0)=0$,$x_c(1)=1$。

解 由超前定理,令 $\mathcal{Z}[x_c(k)]=X_c(z)$,于是

$$\mathcal{Z}[x_c(k+2)]=z^2X_c(z)-z^2X_c(0)-zX_c(1)$$

$$\mathcal{Z}[x_c(k+1)] = zX_c(z) - zX_c(0)$$

代入原式得

$$z^2X_c(z) - z^2X_c(0) - zX_c(1) + 3zX_c(z) - 3zX_c(0) + 2X_c(z) = 0$$

代入初始条件得

$$z^2X_c(z) - z^2 \cdot 0 - z \cdot 1 + 3zX_c(z) - 3z \cdot 0 + 2X_c(z) = 0$$

整理后得

$$X_c(z) = \frac{z}{z^2+3z+2} = \frac{z}{(z+1)(z+2)} = \frac{z}{z+1} - \frac{z}{z+2}$$

所以

$$x_c(kT) = (-1)^k - (-2)^k, k = 0,1,2\cdots$$

8.5 脉冲传递函数

与连续系统中的传递函数概念相对应，脉冲传递函数是描述离散系统的数学模型。它反映了离散系统输入序列、输出序列之间的转换关系。根据脉冲传递函数，可以获得离散系统与系统性能指标之间的关系等信息，它是采样系统分析与设计的基础。

8.5.1 脉冲传递函数的定义

离散系统或环节的结构图如图 8-11 所示。仿照连续系统传递函数的概念，离散系统脉冲传递函数或 z 传递函数的定义为

$$W(z) = \frac{X_c(z)}{X_r(z)} = \frac{\text{输出脉冲序列 } x_c(k) \text{ 的 } z \text{ 变换}}{\text{输入脉冲序列 } x_r(k) \text{ 的 } z \text{ 变换}} \tag{8-38}$$

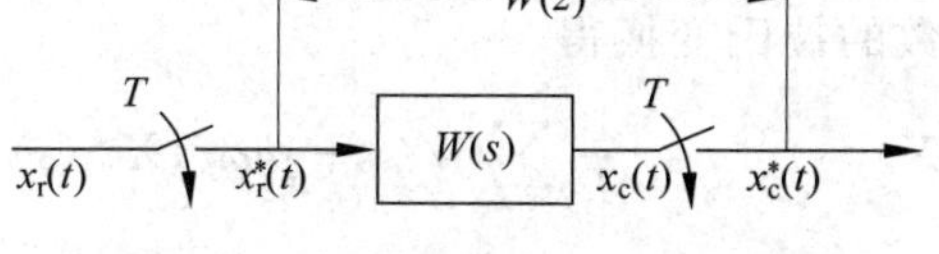

图 8-11　离散系统或环节的结构图

应当指出，无论是连续系统还是离散系统，谈到传递函数总是指线性系统，而且是在零初始条件下。同时传递函数仅取决于系统本身的特性，而与输入量无关。

8.5.2 脉冲传递函数的推导

1. 由单位脉冲响应推出

因为是线性系统，根据延迟定理，所以有

$$x_{\mathrm{r}}(t)=\delta(t)\text{ 对应输出 }x_{\mathrm{c}}(t)=g(t)$$

$$x_{\mathrm{r}}(t-iT)\text{ 对应输出 }x_{\mathrm{c}}(t)=g(t-iT)$$

当输入信号为

$$x_{\mathrm{r}}(t)=x_{\mathrm{r}}(0)\delta(t)+x_{\mathrm{r}}(1)\delta(t-T)+x_{\mathrm{r}}(2)\delta(t-2T)+\cdots$$

时,则输出为

$$x_{\mathrm{c}}(t)=x_{\mathrm{r}}(0)g(t)+x_{\mathrm{r}}(1)g(t-T)+x_{\mathrm{r}}(2)g(t-2T)+\cdots$$

令 $t=kT$,则有 $t=kT$ 时刻的输出值

$$x_{\mathrm{c}}(kT)=\sum_{i=0}^{k}g(kT-iT)x_{\mathrm{r}}(iT)$$

因为在求 $x_{\mathrm{c}}(kT)$时,$(k+1)T$,$(k+2)T\cdots$等时刻的值对 $x_{\mathrm{c}}(k+1)$,$x_{\mathrm{c}}(k+2)$ $x_{\mathrm{c}}(k)$没有影响,所以

$$x_{\mathrm{c}}(kT)=\sum_{k=0}^{\infty}g(kT-iT)x_{\mathrm{r}}(iT)$$

根据卷积和定理得

$$X_{\mathrm{c}}(z)=W(z)X_{\mathrm{r}}(z)\text{ 或 }W(z)=\frac{X_{\mathrm{c}}(z)}{X_{\mathrm{r}}(z)} \tag{8-39}$$

式中

$$W(z)=\mathcal{Z}[g(kT)]=\sum_{k=0}^{\infty}g(kT)z^{-k} \tag{8-40}$$

其中 $g(kT)$为系统的单位脉冲响应。

2. 由拉氏变换求出

由图 8-11 得

$$X_{\mathrm{c}}(s)=W(s)X_{\mathrm{r}}^{*}(s)$$

对等式两边取采样函数的拉氏变换得

$$X_{\mathrm{c}}^{*}(s)=[W(s)X_{\mathrm{r}}^{*}(s)]^{*}=\frac{1}{T}\sum_{k=-\infty}^{\infty}W(s+\mathrm{j}k\omega_{\mathrm{s}})X_{\mathrm{r}}^{*}(s)=W^{*}(s)X_{\mathrm{r}}^{*}(s)$$

故有

$$X_{\mathrm{c}}(z)=W(z)X_{\mathrm{r}}(z)\text{ 或 }W(z)=\frac{X_{\mathrm{c}}(z)}{X_{\mathrm{r}}(z)} \tag{8-41}$$

3. 由差分方程求 $W(z)$

在零初始条件下,对差分方程进行 z 变换可求出 $W(z)$。

例 8-11 差分方程为

$$x_{\mathrm{c}}(k)+a_1x_{\mathrm{c}}(k-1)+a_2x_{\mathrm{c}}(k-2)+\cdots=b_0x_{\mathrm{r}}(k)+b_1x_{\mathrm{r}}(k-1)+\cdots$$

取 z 变换后,上式变为

$$X_c(z)+a_1z^{-1}X_c(z)+a_2z^{-2}X_c(z)+\cdots$$
$$=b_0X_r(z)+b_1z^{-1}X_r(z)+b_2z^{-2}X_r(z)+\cdots$$

因此

$$W(z)=\frac{X_c(z)}{X_r(z)}=\frac{b_0+b_1z^{-1}+b_2z^{-2}+\cdots}{1+a_1z^{-1}+a_2z^{-2}+\cdots} \tag{8-42}$$

脉冲传递函数是对输入序列、输出序列而言，当输出并非脉冲序列时，可将其看成脉冲序列，这对求采样时刻之值是一样的，见图 8-12。另外还可把脉冲传递函数看成是线性环节与采样器组合的传递函数，$x_r^*(t)$是这种组合的输入量，$X_c(z)$是其输出量。

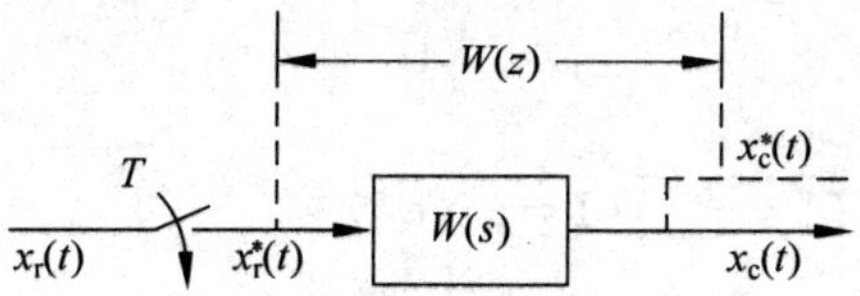

图 8-12　开环离散系统

8.5.3　开环系统脉冲传递函数

（1）串联各环节间有采样器的情况见图 8-13。这时有

$$X_c(z)=W_2(z)X_{c1}(z)=W_1(z)W_2(z)X_r(z)$$

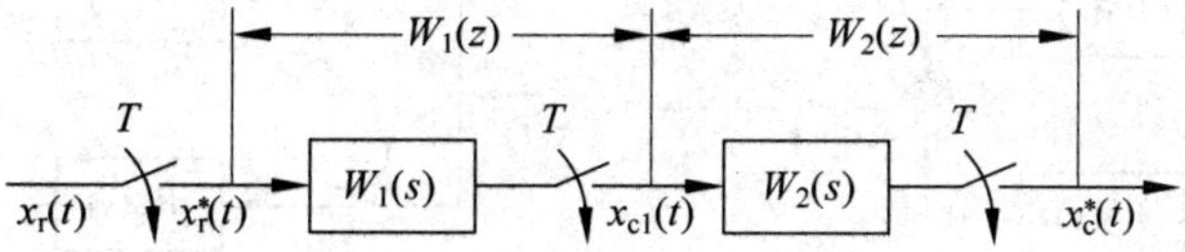

图 8-13　串联环节间有采样器

所以

$$W(z)=\frac{X_c(z)}{X_r(z)}=W_1(z)W_2(z) \tag{8-43}$$

（2）串联环节中间没有采样器的情况见图 8-14。这时有

$$X_c^*(s)=W_1(s)W_2(s)X_r^*(s)$$
$$X_c(z)=\mathcal{Z}[W_1(s)W_2(s)]X_r(z)$$

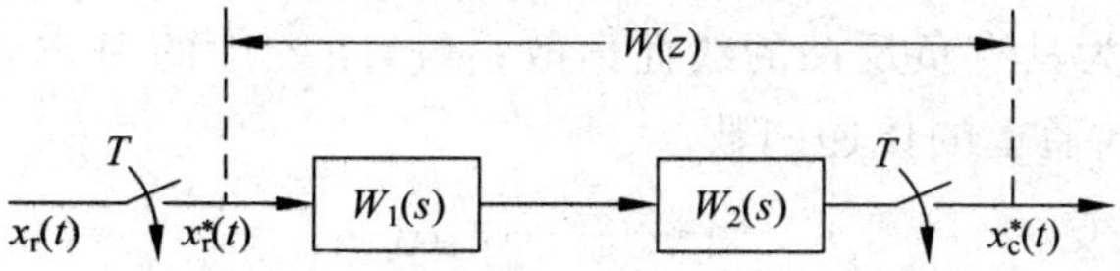

图 8-14　串联环节中间没有采样器

所以

$$W(z)=\frac{X_c(z)}{X_r(z)}=\mathcal{Z}[W_1(s)W_2(s)] \tag{8-44}$$

由上述两种情况看出，中间有采样器的环节，总的脉冲传递函数等于各环节脉冲传递函数之积；而串联环节中间没有采样器时，其总的脉冲传递函数等于各

环节传递函数相乘后再取 z 变换。

例 8-12 已知 $W_1(s)=\frac{1}{s}$，$W_2(s)=\frac{a}{s+a}$，试计算 $W_1(s)$ 和 $W_2(s)$ 中间有采样器、无采样器时的 $W(z)$。

解 有采样器时，因为

$$\mathcal{Z}\left[\frac{1}{s}\right]=\frac{1}{1-z^{-1}},\quad \mathcal{Z}\left[\frac{a}{s+a}\right]=\frac{a}{1-z^{-1}\mathrm{e}^{-aT}}$$

所以

$$W(z)=\frac{1}{1-z^{-1}}\frac{a}{1-z^{-1}\mathrm{e}^{-at}}=\frac{a}{(1-z^{-1})(1-z^{-1}\mathrm{e}^{at})}$$

无采样器时

$$W(z)=\mathcal{Z}\left[\frac{1}{s}\cdot\frac{a}{s+a}\right]=\mathcal{Z}\left[\frac{1}{s}-\frac{1}{s+a}\right]=\frac{z^{-1}(1-\mathrm{e}^{-at})}{(1-z^{-1})(1-\mathrm{e}^{-at}z^{-1})}$$

由上两式看出，有、无采样器时，其脉冲传递函数是不同的，但极点是相同的。

(3) 并联环节的 z 传递函数，对于图 8-15 和图 8-16 的环节并联情况，有

$$W(z)=\mathcal{Z}[W_1(s)]+\mathcal{Z}[W_2(s)]=W_1(z)+W_2(z) \tag{8-45}$$

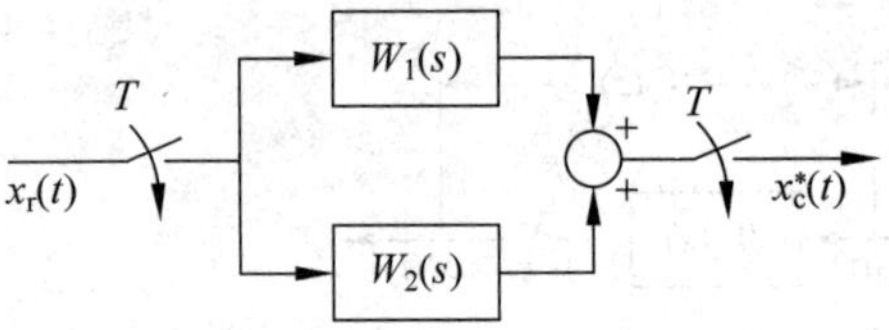

图 8-15 环节并联

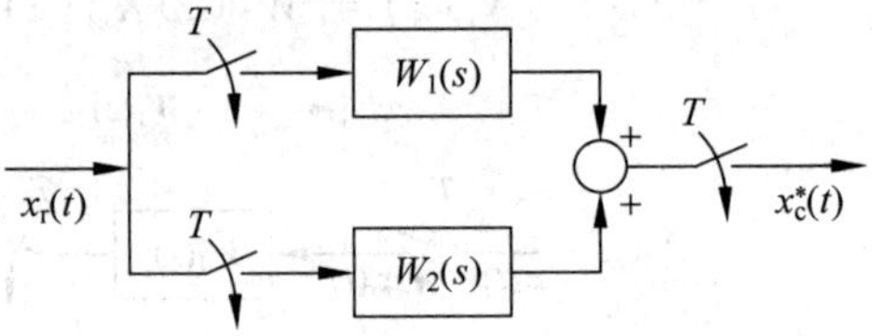

图 8-16 环节并联

8.5.4 闭环系统脉冲传递函数

在分析离散闭环系统脉冲传递函数时，同样也必须注意在闭环的各个通道以及环节之间是否有采样开关，因为有、无采样开关所得的闭环脉冲传递函数是不同的。下面推导几种典型闭环系统的脉冲传递函数。

(1) 图 8-17 为具有负反馈的线性离散系统，系统中的 $W_1(s)$ 和 $H(s)$ 分别表示正向通道和反向通道的传递函数。

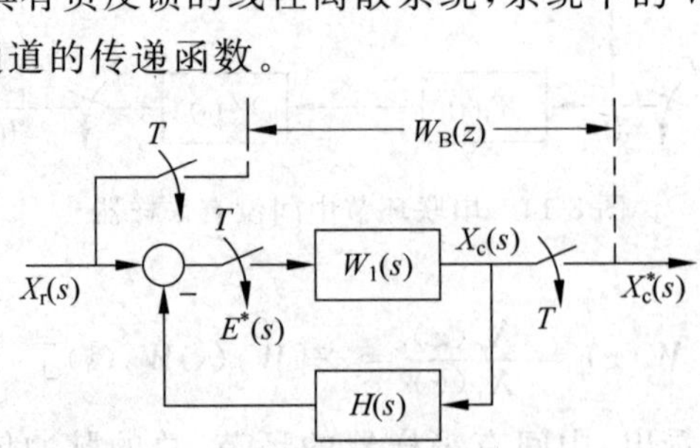

图 8-17 闭环离散系统

因为 $X_c(s)=E^*(s)W_1(s)$，取 z 变换为 $X_c(z)=E(z)W_1(z)$；又因为

$$E^*(s)=X_r^*(s)-E^*(s)W_1(s)H(s)$$

取 z 变换有

$$E(z)=X_r(z)-E(z)\mathcal{Z}[W_1(s)H(s)]=X_r(z)-E(z)W_1H(z)$$

故有

$$\frac{E(z)}{X_r(z)}=\frac{1}{1+W_1H(z)}$$

$$W_B(z)=\frac{X_c(z)}{X_r(z)}=\frac{W_1(z)}{1+W_1H(z)} \tag{8-46}$$

式中：$1+W_1H(z)=0$——系统的特征方程。

(2) 图 8-18 为具有数字校正装置的闭环离散系统。在该系统的正向通道中，有脉冲传递函数为 $D(z)$ 的数字校正装置，其作用与连续系统的串联校正环节相同。这是典型的离散系统，其校正作用可由计算机软件来实现。

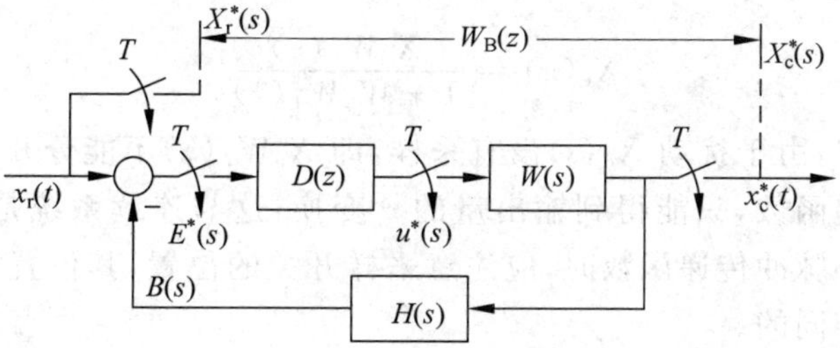

图 8-18　闭环离散系统

由图 8-18 得

$$X_c(s)=E^*(s)D^*(s)W(s)，即\ X_c(z)=E(z)D(z)W(z)$$

$$E(s)=X_r(s)-E^*(s)D^*(s)W(s)H(s)$$

即

$$E(z)=X_r(z)-E(z)D(z)WH(z)$$

所以

$$\frac{E(z)}{X_r(z)}=\frac{1}{1+D(z)WH(z)}$$

$$W_B(z)=\frac{X_c(z)}{X_r(z)}=\frac{D(z)W(z)}{1+D(z)WH(z)} \tag{8-47}$$

(3) 如图 8-19 所示，离散系统除输入信号外，在系统的连续信号部分尚有扰动信号输入，扰动对输出量的影响常是衡量系统性能的一个重要指标。同分析连续系统一样，在求输出量对扰动的脉冲传递函数时，令系统的输入量为零。为求出 $X_c^*(s)$ 同 $X_d(s)$ 之间关系，首先把图 8-19 变成图 8-20。由图 8-20 得

$$X_c(s)=X_d(s)W_2(s)-W_2(s)W_1(s)X_c^*(s)$$

$$X_c(z)=X_dW_2(z)-W_2W_1(z)X_c(z)$$

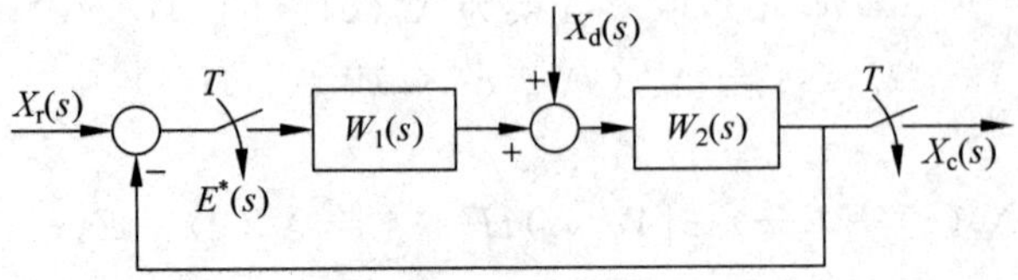

图 8-19 带有扰动的闭环离散系统

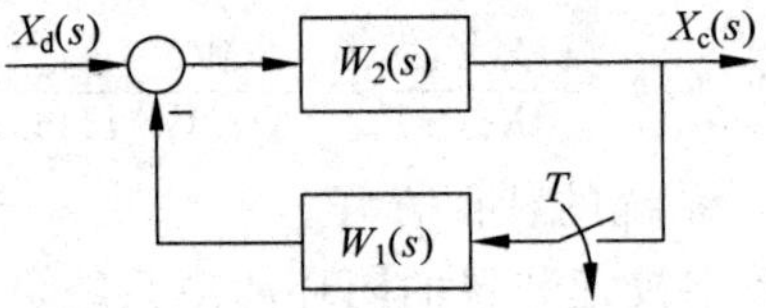

图 8-20 $X_d(s)$作用时的系统结构图

故有

$$X_c(z) = \frac{X_d W_2(z)}{1 + W_2 W_1(z)} \tag{8-48}$$

由上式看出,由于扰动 $X_d(s)$没有采样,即 $X_d W_2(z)$不能分开,故不能得出对扰动的脉冲传递函数,只能得到输出量的 z 变换,这与连续系统是不同的。在求离散系统的闭环脉冲传递函数时,应注意采样开关的位置,其位置不同,闭环脉冲传递函数是不相同的。

几种常见采样系统的结构图,以及输出量的 z 变换列于表 8-2 中,其中序号 3、4、6 的结构图,因为输入信号没有经过采样,因此只能得到输出量的 z 变换,而不能定义脉冲传递函数。

表 8-2 几种常见的采样系统的 z 变换

序号	系统的结构图	输出的 z 变换 $X_c(z)$
1	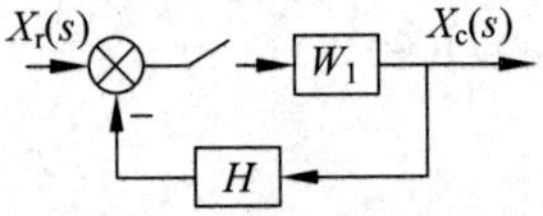	$X_c(z)=\frac{W_1(z)}{1+HW_1(z)}X_r(z)$
2	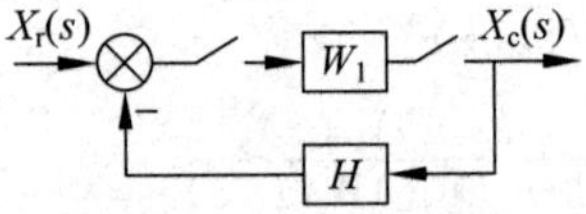	$X_c(z)=\frac{W_1(z)}{1+W_1(z)H(z)}X_r(z)$
3	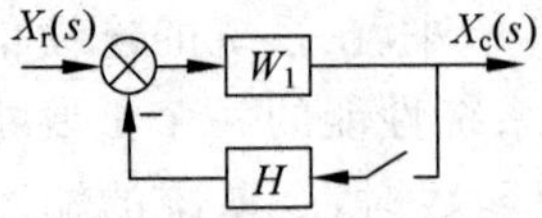	$X_c(z)=\frac{X_r W_1(z)}{1+HW_1(z)}$
4	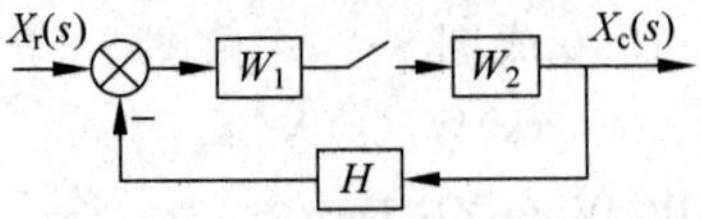	$X_c(z)=\frac{X_r W_1(z) W_2(z)}{1+W_1 W_2 H(z)}$

续表

序号	系统的结构图	输出的 z 变换 $X_c(z)$
5	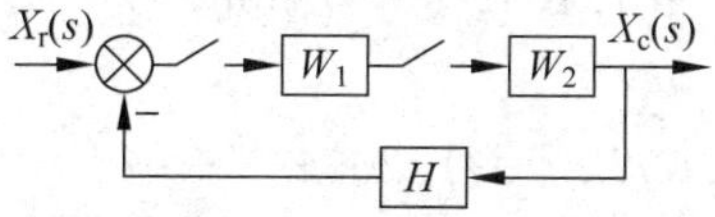	$X_c(z)=\dfrac{W_1(z)W_2(z)}{1+W_1(z)HW_2(z)}X_r(z)$
6	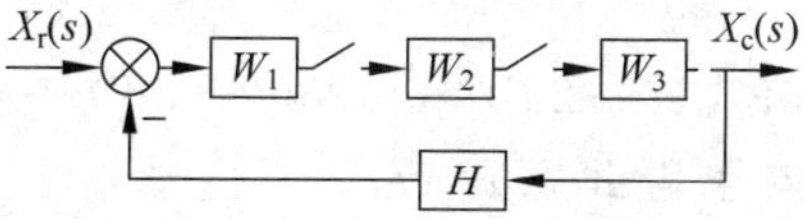	$X_c(z)=\dfrac{W_2(z)W_3(z)X_rW_1(z)}{1+W_2(z)W_1W_3H(z)}$

8.6　采样控制系统的时域分析

因为采样控制系统的输出多半是时间的函数，所以在时域里分析采样系统是很有必要的。但因采样系统的输出受采样周期的影响很大，所以在分析时必须特别注意这一点。

像连续系统一样，采样控制系统的性能指标也用单位阶跃响应的超调量、上升时间、调整时间等来表示。

8.6.1　用 z 变换法求系统的单位阶跃响应

下面通过两个例子来说明其求解过程。

例 8-13　已知系统的动态结构图如图 8-21 所示，求系统的单位阶跃响应。

解　系统输出量的 z 变换为

$$X_c(z)=\frac{W_K(z)}{1+W_K(z)}X_r(z)$$

式中：

$$W_K(z)=\mathcal{Z}\left[\frac{K}{s(s+1)}\right]$$

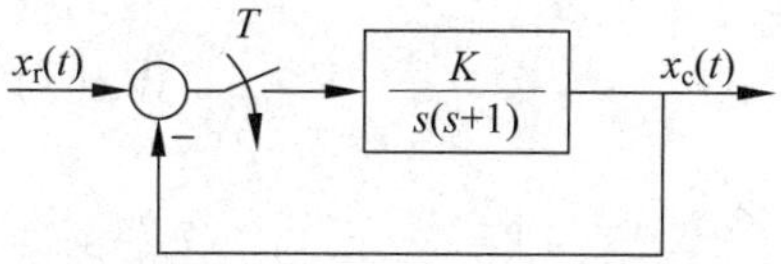

图 8-21　例 8-13 系统结构图

令 $K=1$，则

$$W_K(z)=\mathcal{Z}\left[\frac{1}{s(s+1)}\right]=\frac{z}{z-1}-\frac{z}{z-e^{-T}}$$

$$=\frac{z(z-e^{-T})-z(z-1)}{(z-1)(z-e^{-T})}=\frac{z(1-e^{-T})}{(z-1)(z-e^{-T})}$$

$$W_B(z)=\frac{W_K(z)}{1+W_K(z)}=\frac{z(1-e^{-T})}{(z-1)(z-e^{-T})+z(1-e^{-T})}$$

所以

$$X_c(z)=W_B(z)\frac{z}{z-1}=\frac{z^2(1-e^{-T})}{z^3+(-1-2e^{-T})z^2+(e^{-T}+2e^{-T})z-e^{-T}}$$

令 $T=1\mathrm{s}$,则 $\mathrm{e}^{-T}=0.368$,而

$$X_c(z)=\frac{0.632z^{-1}}{1-1.736z^{-1}+1.104z^{-2}-0.368z^{-3}}$$

利用长除法,将 $X_c(z)$ 展开得

$$X_c(z)=0.632z^{-1}+1.097z^{-2}+1.205z^{-3}+\cdots$$

求 z 反变换得

$$x_c^*(t)=0.632\delta(t-T)+1.097\delta(t-2T)+1.2\delta(t-3T)+\cdots$$

例 8-14 在上例中加入保持器后再求输出量 $x_c^*(t)$。

解 如图 8-22 所示,有

$$\begin{aligned}W_K(z)&=\mathcal{Z}\left[\frac{1-\mathrm{e}^{-Ts}}{s}\frac{1}{s(s+1)}\right]\\&=(1-z^{-1})\left[\frac{Tz^{-1}}{(1-z^{-1})^2}-\frac{1}{1-z^{-1}}+\frac{1}{1-\mathrm{e}^{-T}z^{-1}}\right]\\&=\frac{z(T+\mathrm{e}^{-T}-1)+(1-T\mathrm{e}^{-T}-\mathrm{e}^{-T})}{z^2-z(1+\mathrm{e}^{-T})+\mathrm{e}^{-T}}\end{aligned}$$

$$W_B(z)=\frac{W_K(z)}{1+W_K(z)}=\frac{z(T+\mathrm{e}^{-T}-1)+(1-T\mathrm{e}^{-T}-\mathrm{e}^{-T})}{z^2-(2-T)z+(1-T\mathrm{e}^{-T})}$$

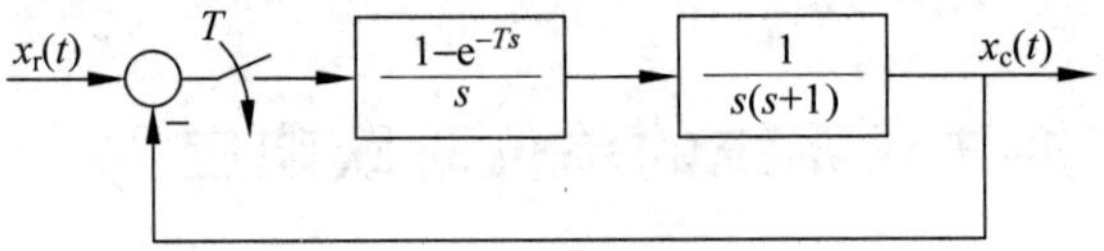

图 8-22 例 8-14 系统结构图

将 $T=1\mathrm{s}$ 代入得

$$W_B(z)=\frac{0.368z+0.264}{z^2-z+0.632}$$

所以

$$\begin{aligned}X_c(z)&=W_B(z)\frac{z}{z-1}=\frac{0.368z^2+0.264z}{z^3-2z^2+1.632z-0.632}\\&=0.368z^{-1}+z^{-2}+1.4z^{-3}+1.4z^{-4}+\cdots\end{aligned}$$

$$x_c^*(t)=0.368\delta(t-T)+\delta(t-2T)+1.4\delta(t-3T)+1.4\delta(t-4T)+\cdots$$

由此结果看出,因为增加了保持器,使得系统输出量的超调量增加了。

8.6.2 采样系统的稳定性分析

稳定性是设计采样系统首先要考虑的问题,因为采样周期的大小会直接影响系统的稳定性。采样系统稳定性分析是建立在 z 变换基础上的,所以,这里关于稳定性分析也只限于采样点上的值。

在连续系统的稳定分析中,曾介绍了各种稳定判据,如代数稳定判据,奈氏稳

定判据等。它们都是根据传递函数的极点(或者说特征方程的根)在 s 平面的分布来分析系统是否稳定的。由于 z 变换和拉氏变换在数学上的联系,使我们有可能从 s 平面和 z 平面的关系中,找出利用已有的稳定判据分析采样系统稳定性的方法。

1. z 平面上系统稳定的条件

在连续系统中,闭环传递函数可以写成 s 的多项式之比,即

$$\frac{X_c(s)}{X_r(s)}=\frac{b_0s^m+b_1s^{m-1}+b_2s^{m-2}+\cdots+b_m}{s^n+a_1s^{n-1}+a_2s^{n-2}+\cdots+a_n},n>m \tag{8-49}$$

因稳定性和输入信号无关,所以令 $x_r(t)=1(t)$,则

$$\begin{aligned}X_c(s)&=\frac{b_0s^m+b_1s^{m-1}+\cdots+b_m}{s^n+a_1s^{n-1}+\cdots+a_n}\frac{1}{s}\\&=\frac{A_0}{s}+\frac{A_1}{s+p_1}+\frac{A_2}{s+p_2}+\cdots+\frac{A_n}{s+p_n}\end{aligned} \tag{8-50}$$

其时间函数为

$$\begin{aligned}x_c(t)&=A_0+A_1\mathrm{e}^{-p_1t}+A_2\mathrm{e}^{-p_2t}+\cdots+A_n\mathrm{e}^{-p_nt}\\&=A_0+\sum_{i=1}^{n}A_i\mathrm{e}^{-p_it}\end{aligned} \tag{8-51}$$

可见,当 $t\to\infty$ 时,输出量不趋于无穷大的条件是所有动态项趋于零,即

$$\lim_{t\to\infty}\sum_{i=1}^{n}A_i\mathrm{e}^{-p_it}\to 0 \tag{8-52}$$

要求闭环传递函数的极点具有负实部,或者说极点均分布在 s 平面的左半平面。采样系统的稳定条件可以用与连续系统相类似的办法求出。

设采样系统在单位阶跃函数作用下,其输出函数的 z 变换为

$$\begin{aligned}X_c(z)&=\frac{b_0z^m+b_1z^{m-1}+\cdots+b_m}{z^n+a_1z^{n-1}+\cdots+a_n}\frac{z}{z-1}\\&=\frac{A_0z}{z-1}+\frac{A_1z}{z+z_1}+\frac{A_2z}{z+z_2}+\cdots+\frac{A_nz}{z+z_n}\\&=A_0\frac{z}{z-1}+\sum_{i=1}^{n}A_i\frac{z}{z+z_i}\end{aligned} \tag{8-53}$$

式中,$z=-z_i(i=1,2,3\cdots)$为闭环脉冲传递函数的极点。对上式取反变换并写成序列形式为

$$x_c(k)=A_0+\mathcal{Z}^{-1}\left[\sum_{i=1}^{n}A_i\frac{z}{z+z_i}\right]=A_0+\sum_{i=1}^{n}A_i(-z_i)^k \tag{8-54}$$

式中,第一项为系统输出的稳态分量,第二项为动态分量。显然,若系统是稳定的,当 k 趋于无穷大时,系统的动态分量趋于零,即 $\lim\limits_{k\to\infty}\sum\limits_{i=1}^{n}A_i(-z_i)^k\to 0$。

为满足这一条件,要求闭环系统脉冲传递函数的全部极点 $-z_i(i=1,2,3,\cdots)$ 满足 $|-z_i|<1$。

这一条件说明,闭环系统的稳定条件是脉冲传递函数的全部极点位于 z 平面

上以原点为圆心的单位圆内,否则将是不稳定的。这一结论还可以由 s 平面和 z 平面之间关系得到进一步说明。

2. 把 s 平面映射到 z 平面上

在连续系统中,闭环传递函数极点在 s 平面的位置唯一地决定了系统的输出响应。采样系统也是如此。为此,首先把 s 平面的主频带左半平面映射到 z 平面上,如图 8-23 所示。在 $\mathrm{j}\omega$ 轴上:

$$z = \mathrm{e}^{sT} = \mathrm{e}^{\sigma T}\mathrm{e}^{\mathrm{j}\omega T} = \mathrm{e}^{\mathrm{j}\omega T} = \cos\omega T + \mathrm{j}\sin\omega T = 1\angle\omega T \tag{8-55}$$

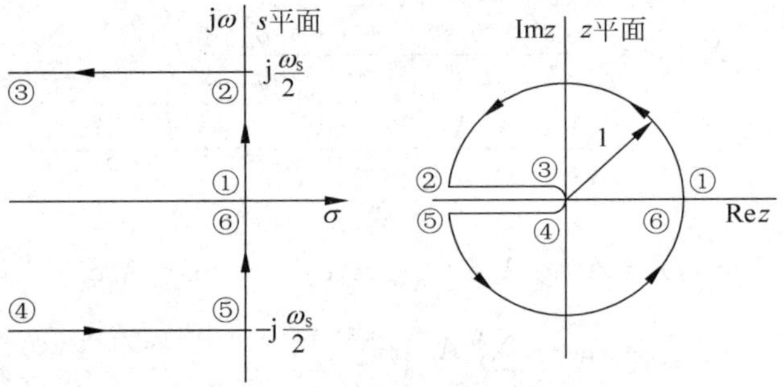

图 8-23 s 左半平面主频带在 z 平面上的映射

因为 $\omega=\omega_s/2$(ω_s 为采样角频率)时,$\omega T=\pi$,所以在 $\pm\mathrm{j}\omega_s/2$ 之间的值都可以映射到 z 平面上。而 s 平面 $\mathrm{j}\omega$ 轴上的点都可以映射到 z 平面的单位圆上。s 平面的左半平面映射到 z 平面的单位圆内,而右半平面映射到单位圆外。这给出了采样系统的稳定域是在 z 平面的单位圆内。

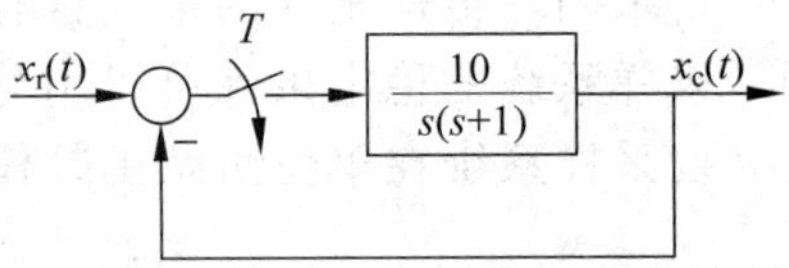

图 8-24 例 8-15 的系统结构图

例 8-15 图 8-24 所示系统,试分析其稳定性。

解 开环脉冲传递函数为

$$W_K(z) = \mathcal{Z}\left[\frac{10}{s(s+1)}\right] = \frac{10z(1-\mathrm{e}^{-T})}{(z-1)(z-\mathrm{e}^{-T})}$$

特征方程为 $1+W_K(z)=0$,即

$$(z-1)(z-\mathrm{e}^{-T}) + 10z(1-\mathrm{e}^{-T}) = 0$$

设 $T=1\mathrm{s}$,则 $\mathrm{e}^{-1}=0.368$。代入并整理得

$$z^2 + 4.952z + 0.368 = 0, z_1 = -0.076, z_2 = -4.87$$

由于 $|z_2|>1$,所以系统是不稳定的。

3. 闭环脉冲传递函数极点的位置与动态特性的关系

在单位阶跃输入下,系统输出为

$$x_c(k) = A_0 + \sum_{i=1}^{n} A_i(-z_i)^k, -z_i = |z_i|\mathrm{e}^{\mathrm{j}\theta_i} \tag{8-56}$$

$-z_i$ 在单位圆的不同位置，其输出 $x_c(k)$ 有不同值。$-z_i$ 在正实轴上，$x_c(k)=A_0+\sum_{i=0}^{n}A_i\ |-z_i|^k$。在单位圆内，$|-z_i|<1$，当 k 增加时，$x_c(k)$ 递减；在单位圆上，$|-z_i|=1$，当 k 增加时，$x_c(k)$ 不变。如果 $-z_i$ 在负实轴上，则 $x_c(k)=A_0+\sum_{i=0}^{n}A_i\ |z_i|^k e^{jk\pi}$：因为 $e^{jk\pi}=\cos k\pi+j\sin k\pi$，所以 $k=1$，$e^{j\pi}=-1$；$k=2$，$e^{j2\pi}=+1$；$x_c(k)$ 有符号变化。当 $-z_i$ 为共轭复数极点时，$-z_i=|z_i|e^{j\theta_i}$，$x_c(kT)=A_0+\sum_{i=0}^{n}A_i\ |z_i|^k e^{jk\theta_i}$：$-z_i$ 在单位圆内时，$x_c(k)$ 为衰减振荡；$-z_i$ 在单位圆上时，$x_c(k)$ 为等幅振荡。

极点在 z 平面上分布及其响应分别如图 8-25 和图 8-26 所示。

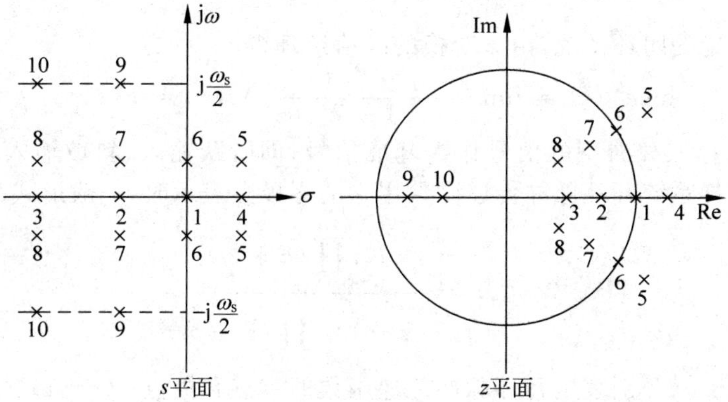

图 8-25　s 平面上的极点与 z 平面的对应关系

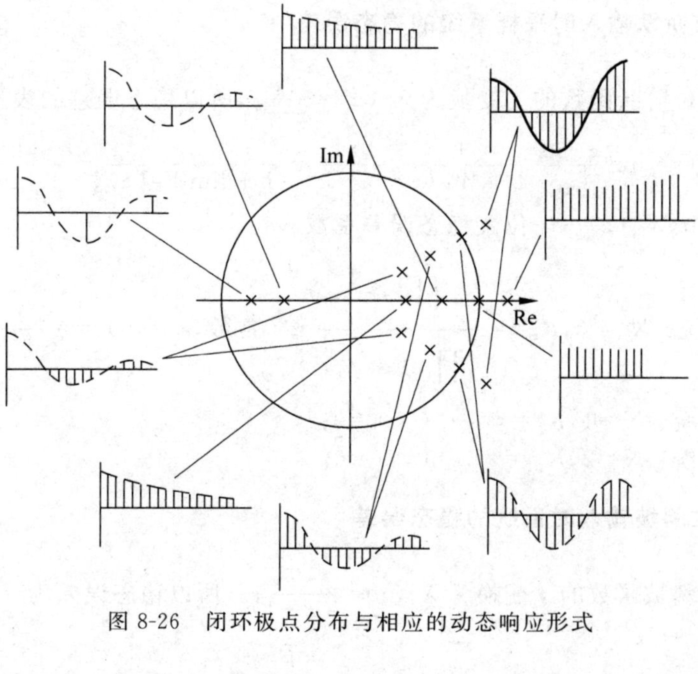

图 8-26　闭环极点分布与相应的动态响应形式

8.6.3 采样控制系统的稳态误差

稳态误差是系统稳态性能的一个重要指标。采样系统的稳态误差和连续系统一样，都与输入信号的类型有关，也与系统本身的特性有关。因此，在分析系统稳态误差时，将从系统的类型和几种典型输入信号开始，利用 z 变换的终值定理求出。

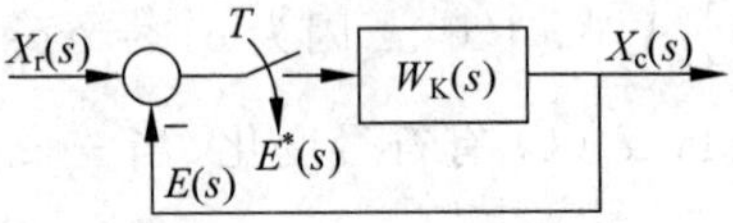

图 8-27　采样系统

具有单位反馈的采样系统如图 8-27 所示。其误差信号的 z 变换为

$$E(z)=X_r(z)-X_c(z)=\frac{1}{1+W_K(z)}X_r(z) \tag{8-57}$$

对于稳定的闭环系统，由 z 变换的终值定理得

$$\lim_{t\to\infty}e^*(t)=\lim_{z\to1}\frac{z-1}{z}\frac{1}{1+W_K(z)}X_r(z)=e^*(\infty) \tag{8-58}$$

通常选择三种典型的信号作为基准信号，即阶跃输入、斜坡输入和抛物线输入信号。采样系统开环脉冲传递函数用它的零极点表示时，一般形式为

$$W_K(z)=\frac{K_g\prod_{i=1}^{m}(z+z_i)}{(z-1)^N\prod_{j=1}^{n-N}(z+p_j)} \tag{8-59}$$

式中，$-z_i$，$-p_j$ 分别表示开环脉冲传递函数的零点和极点；$(z-1)^N$ 表示在 $z=1$ 处有 N 个重极点；$N=0$、1、2 时，分别表示为 0 型、Ⅰ型和Ⅱ型系统。

1. 单位阶跃输入时采样系统的稳态误差

因为单位阶跃函数的 z 变换为 $X_r(z)=\dfrac{z}{z-1}$，所以稳态误差的表达式为

$$e_p^*(\infty)=\lim_{z\to1}\frac{z-1}{z}\frac{1}{1+W_K(z)}\frac{z}{z-1}=\frac{1}{1+\lim\limits_{z\to1}W_K(z)}=\frac{1}{1+K_p} \tag{8-60}$$

式中，$K_p=\lim\limits_{z\to1}W_K(z)$——位置稳态误差系数。

0 型系统：$N=0$，$K_p=\dfrac{K_g\prod_{i=1}^{m}(1+z_i)}{\prod_{j=0}^{n}(1+p_j)}=$ 常数，$e_p^*(\infty)=\dfrac{1}{1+K_p}$；

Ⅰ型系统：$N=1$，$K_p=\infty$，$e_p^*(\infty)=0$；

Ⅱ型系统：$N=2$，$K_p=\infty$，$e_p^*(\infty)=0$。

2. 单位斜坡输入时系统的稳态误差

因单位斜坡函数的 z 变换为 $X_r(z)=\dfrac{Tz}{(z-1)^2}$，所以稳态误差为

$$e_v^*(\infty) = \lim_{z\to 1}\frac{z-1}{z}\frac{1}{1+W_K(z)}\frac{Tz}{(z-1)^2} = \lim_{z\to 1}\frac{1}{\frac{z-1}{T}W_K(z)} = \frac{1}{K_v} \tag{8-61}$$

式中，$K_v=\frac{1}{T}\lim\limits_{z\to 1}[(z-1)W_K(z)]$，称为速度稳态误差系数。

0 型系统：$N=0, K_v=0, e_v^*(\infty)=\infty$；

Ⅰ型系统：$N=1, K_v=$常数$, e_v^*(\infty)=\frac{1}{K_v}$；

Ⅱ型系统：$N=2, K_v=\infty, e_v^*(\infty)=0$。

3. 单位抛物线函数输入时系统的稳态误差

单位抛物线函数的 z 变换为 $X_r(z)=\frac{T^2z(z+1)}{2(z-1)^3}$。

稳态误差为

$$\begin{aligned} e_a^*(\infty) &= \lim_{z\to 1}\frac{z-1}{z}\frac{1}{1+W_K(z)}\frac{T^2z(z+1)}{2(z-1)^3} \\ &= \frac{T^2}{2}\lim_{z\to 1}\frac{(z+1)}{(z-1)^2[1+W_K(z)]} \\ &= \frac{1}{\frac{1}{T^2}\lim\limits_{z\to 1}[(z-1)^2W_K(z)]} = \frac{1}{K_a} \end{aligned} \tag{8-62}$$

式中，$K_a=\frac{1}{T^2}\lim\limits_{z\to 1}[(z-1)^2W_K(z)]$，称为加速度稳态误差系数。

0 型和Ⅰ型系统：$K_a=0, e_a^*(\infty)=\infty$；Ⅱ型系统：$K_a=$常数，稳态误差 $e_a^*(\infty)=\frac{1}{K_a}$，也为常数。

由上面求得的结果看出，在 $z=1$ 处的极点越多，则稳态误差越小。这也可由表 8-3 看出。

表 8-3　稳态误差

系统类型	位置误差	速度误差	加速度误差
0	$1/(1+K_p)$	∞	∞
Ⅰ	0	$1/K_v$	∞
Ⅱ	0	0	$1/K_a$

8.7　采样控制系统的频域分析

采样控制系统同连续控制系统一样，也可以用频率法进行分析，写出系统的开环频率特性，画出奈氏曲线，导出奈氏判据，求出闭环频率特性并得出相应的频率响应等。但这些方法都是很烦琐的，在工程上较少应用。在频域中，用伯德(Bode)图法是比较直观的，所以本节主要介绍伯德图法。

8.7.1 双线性变换

在连续控制系统中,很多分析和设计(如稳定判据,伯德图等)都是基于稳定边界位于 s 平面的虚轴上。这些技术不能用来分析 z 平面上的采样控制系统,因为 z 平面上稳定边界是在单位圆上。为了利用连续系统在 s 平面上的一些结论,我们把 z 平面通过变换映射到 w 平面上,且令稳定边界在 w 平面的虚轴上。这种变换被称为 w 变换(或双线性变换)。设

$$z=\frac{1+(T/2)w}{1-(T/2)w} \quad 或 \quad w=\frac{2(z-1)}{T(z+1)}$$

在 z 平面的单位圆上,$z=e^{j\omega T}$,所以有

$$\begin{aligned} w &= \frac{2}{T}\frac{z-1}{z+1}\bigg|_{z=e^{j\omega T}} = \frac{2}{T}\frac{e^{j\omega T}-1}{e^{j\omega T}+1} \\ &= \frac{2}{T}\frac{\left(e^{j\frac{\omega T}{2}}-e^{-j\frac{\omega T}{2}}\right)}{\left(e^{j\frac{\omega T}{2}}+e^{-j\frac{\omega T}{2}}\right)} = \frac{2}{T}\frac{2j\sin\dfrac{\omega T}{2}}{2\cos\dfrac{\omega T}{2}} \\ &= j\frac{2}{T}\tan\left(\frac{\omega T}{2}\right) \end{aligned} \tag{8-63}$$

从上式可以看出,z 平面上的单位圆被映射到 w 平面的虚部。s 平面的主频带映射到 z 平面的图形示见图 8-28。从图上看出,w 平面的稳定域在左半平面。

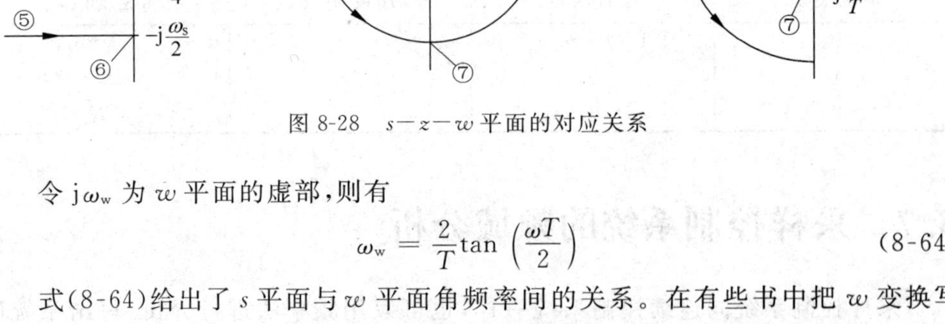

图 8-28 s—z—w 平面的对应关系

令 $j\omega_w$ 为 w 平面的虚部,则有

$$\omega_w=\frac{2}{T}\tan\left(\frac{\omega T}{2}\right) \tag{8-64}$$

式(8-64)给出了 s 平面与 w 平面角频率间的关系。在有些书中把 w 变换写成 $w=\dfrac{z-1}{z+1}$,这个关系式并不影响对于离散系统稳定性分析的结论。然而,我们认为这里给出的定义是较好的,因为当角频率较小时,ω_w 变为

$$\omega_w = \frac{2}{T}\tan\left(\frac{\omega T}{2}\right) \approx \frac{2}{T}\left(\frac{\omega T}{2}\right) = \omega$$

这样 w 平面的角频率就等于 s 平面的角频率。

8.7.2 伯德图

采样控制系统的伯德图也是由若干典型环节的伯德图组成的，每个典型环节的伯德图都是由直线代替曲线。这样，系统的伯德图就很容易画出。典型环节的伯德图如 8-29 所示。

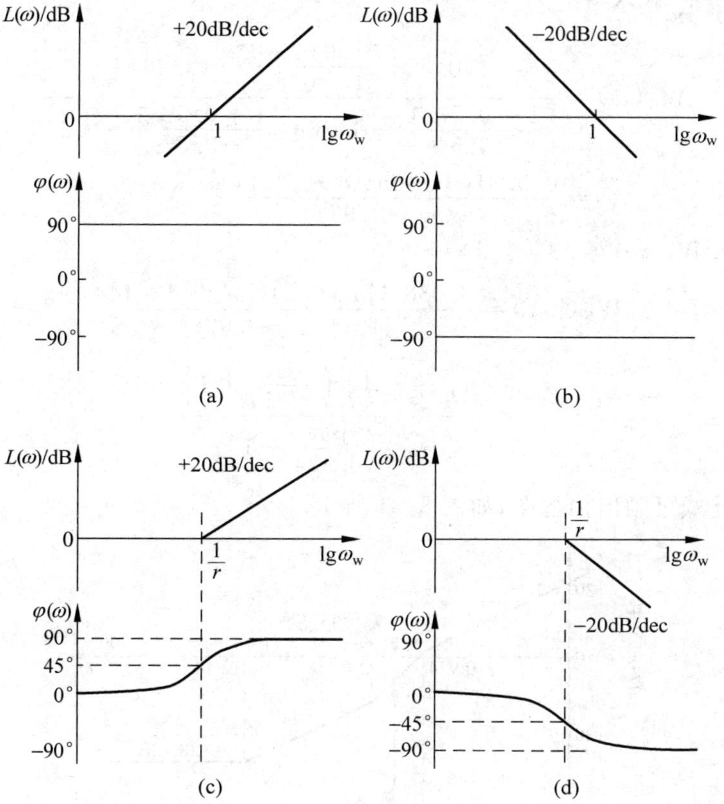

图 8-29　各典型环节伯德图

(a) $W(j\omega_w)=j\omega_w$；(b) $W(j\omega_w)=\frac{1}{j\omega_w}$；(c) $W(j\omega_w)=1+jT\omega_w$；(d) $W(j\omega_w)=\frac{1}{1+jT\omega_w}$

例 8-16　画出图 8-30 所示系统的伯德图，图中 $K=1, T=1\mathrm{s}$。

解　系统开环脉冲传递函数为

$$W_K(z) = \left(\frac{z-1}{z}\right)\mathcal{Z}\left[\frac{1}{s^2(s+1)}\right]$$

$$= \frac{z-1}{z}z\left[\frac{(1-1+e^{-1})z+(1-e^{-1}-e^{-1})}{(z-1)^2(z-e^{-1})}\right]$$

$$= \frac{0.368z + 0.264}{z^2 - 1.368z + 0.368}$$

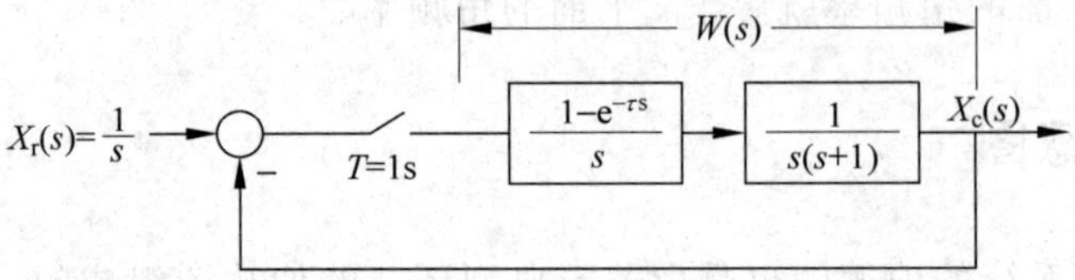

图 8-30 例 8-16 的系统结构图

将 $z=\frac{1+0.5w}{1-0.5w}$ 代入得

$$W_K(w) = \frac{0.368\left[\frac{1+0.5w}{1-0.5w}\right] + 0.264}{\left[\frac{1+0.5w}{1-0.5w}\right]^2 - 1.368\left[\frac{1+0.5w}{1-0.5w}\right] + 0.368}$$

$$= \frac{0.0381(w-2)(w+12.14)}{w(w+0.924)}$$

将 $j\omega_w$ 代入 $W_K(w)$ 得

$$W_K(j\omega_w) = \frac{0.0381(j\omega_w - 2)(j\omega_w + 12.14)}{j\omega_w(j\omega_w + 0.924)}$$

$$= \frac{\left(j\frac{\omega_w}{2} - 1\right)\left(\frac{j\omega_w}{12.14} + 1\right)}{j\omega_w\left(\frac{j\omega_w}{0.924} + 1\right)}$$

根据此式可画出伯德图,如图 8-31 所示。

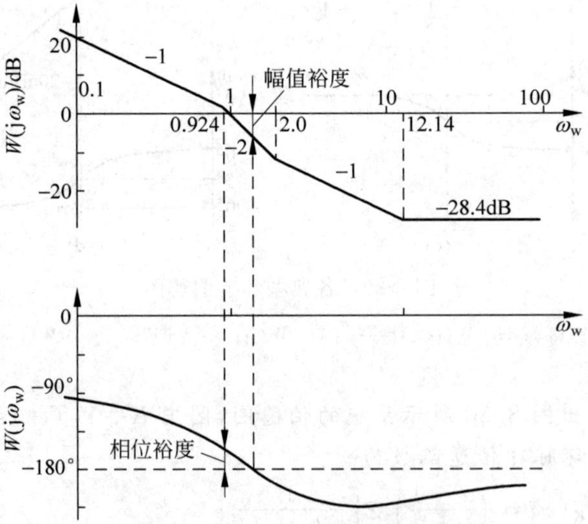

图 8-31 例 8-16 系统的伯德图

从图上可以找出相位与幅值裕度。和连续系统一样，为达到所要求的相位和幅值裕度，可以通过改变系统的参数或加入调节器来实现。

8.8　线性离散系统的数字校正

对于线性离散系统而言，在工程实际应用中，当其在某方面不能满足技术要求时，必须对系统加以校正，并应设计使系统满足要求的校正装置。与连续系统一样，离散系统也可以用串联、并联、局部反馈和复合校正。根据系统中传递信号的特点，其校正又可分为连续校正和数字校正，如图 8-32 所示。

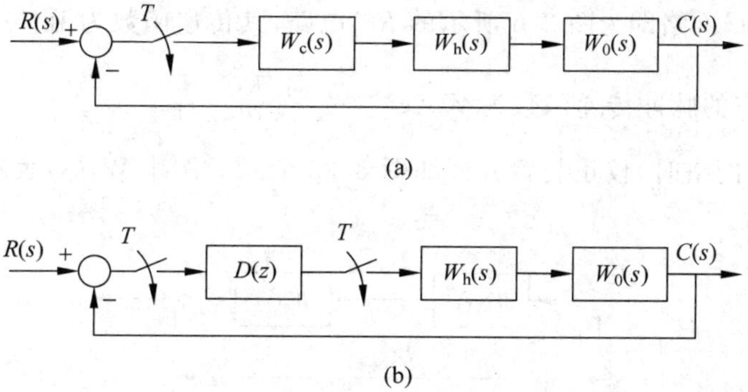

图 8-32　离散系统的数字校正

与连续系统不同的是，采样系统中的校正装置不仅可以用模拟电路来实现，而且也可以用数字装置来实现。由于现代采样控制系统大多是数字控制系统，所以采用数字装置实现校正是主要的校正方式。

8.8.1　用根轨迹法综合数字校正装置

闭环离散系统的根轨迹不是绘在 s 平面上，而是绘在 z 平面上的。

通常离散系统的闭环特征方程可以表示为

$$1 + W_K(z) = 0$$

式中，$W_K(z)$为开环脉冲传递函数。因此离散系统的闭环特征方程与开环脉冲传递函数之间的关系，与线性连续系统完全相同，因而 z 域中的根轨迹作图方法与 s 域中的根轨迹作图规则完全一致。应该注意，在连续系统中稳定边界是根轨迹与虚轴的交点，而在离散系统中，稳定边界是根轨迹与单位圆的交点。特别是当系统具有一对闭环主导极点，且指标以误差系数和主导极点在单位圆内的位置或阻尼比 ξ 等形式给出时，应用根轨迹比较方便。

对图 8-32(a)所示系统，首先应绘出校正前系统的根轨迹图。如果该根轨迹不满足给定的要求，可利用校正装置引入新的零点，以抵消原来不希望有的极点，同时附加新的极点,改变根轨迹的形状,使系统达到给定的要求。

8.8.2 数字校正装置的实现

实现数字校正装置可以有两种不同的方式。在一般的采样控制系统中,通常采用比较简单、低廉的 RC 网络。当采用数字计算机控制时,上述脉冲传递函数 $D(z)$ 可以用数字程序来实现。后一种方式又称为数字滤波器方式。

1. 用 RC 网络实现 $D(z)$

简单的 RC 网络即为图 2-6 所示的 RC 电路,其传递函数为 $W_c(s)=\dfrac{1}{RCs+1}=\dfrac{1/RC}{s+1/RC}$,对应的脉冲传递函数为 $W_c(z)=\dfrac{1/RC}{1-e^{-T/RC}z^{-1}}$。

采用 RC 网络时,校正装置方框如图 8-33 所示。图中 $W_c(s)$ 表示 RC 校正网络的传递函数。

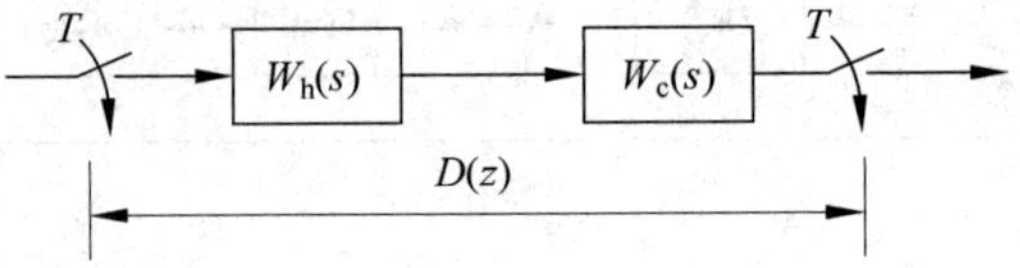

图 8-33 用 RC 网络实现 $D(z)$

由图可见

$$D(z)=\mathcal{Z}[W_h(s)W_c(s)]$$

将 $W_h(s)=\dfrac{1-e^{-Ts}}{s}$ 代入上式,得到

$$D(z)=\mathcal{Z}\left[\frac{1-e^{-Ts}}{s}W_c(s)\right]=(1-z^{-1})\,\mathcal{Z}\left[\frac{W_c(s)}{s}\right] \tag{8-65}$$

采用 RC 网络实现 $W_c(s)$ 时,因为 $W_c(s)$ 的极点通常为负的实数,所以 $\dfrac{W_c(s)}{s}$ 可以展开成

$$\frac{W_c(s)}{s}=\frac{A_0}{s}+\sum_{k=1}^{n}\frac{A_k}{s+a_k}$$

式中:A_0,A_k——常数。

上式的 z 变换为

$$\mathcal{Z}\left[\frac{W_c(s)}{s}\right]=\frac{A_0}{1-z^{-1}}+\sum_{k=1}^{n}\frac{A_k}{1-e^{-a_kT}z^{-1}} \tag{8-66}$$

由式(8-65)、式(8-66)可以直接求出用 RC 网络表示的 $D(z)$ 表达式。

2. 用计算机程序实现 $D(z)$

在数字控制系统中，数字控制器 $D(z)$ 又称为数字补偿器或数字滤波器。可以直接用计算机程序来实现 $D(z)$ 所描述的数字校正规律。常用的编程方法有直接程序法、串联程序法和并联程序法。下面仅对直接程序法作简要介绍。

数字控制器 $D(z)$ 的脉冲传递函数一般可写成如下形式

$$D(z)=\frac{E_2(z)}{E_1(z)}=\frac{b_0+b_1z^{-1}+b_2z^{-2}+\cdots+b_mz^{-m}}{1+a_1z^{-1}+a_2z^{-2}+\cdots+a_nz^{-n}} \tag{8-67}$$

上式可写成

$$\begin{aligned}&(1+a_1z^{-1}+a_2z^{-2}+\cdots+a_nz^{-n})E_2(z)\\&=(b_0+b_1z^{-1}+b_2z^{-2}+\cdots+b_mz^{-m})E_1(z)\end{aligned}$$

对上式求其 z 反变换，并整理得到

$$e_2(kT)=\sum_{i=0}^{m}b_ie_1[(k-i)T]-\sum_{i=1}^{n}a_ie_2[(k-i)T],\quad k=0,1,2,\cdots \tag{8-68}$$

式中：kT 表示现在采样时刻；$(k-i)T$ 表示过去采样时刻，它与现在采样时刻相距 i 个采样周期。

由式(8-68)可知，若要实现其描述的校正规律，除需要现在采样时刻的信息外，还需要过去对应时刻的信息。因此，在每一采样时刻上的输入 e_1 和计算结果 e_2 都要送入存储单元，以备下一采样时刻的计算。程序编制框图如图 8-34 所示。

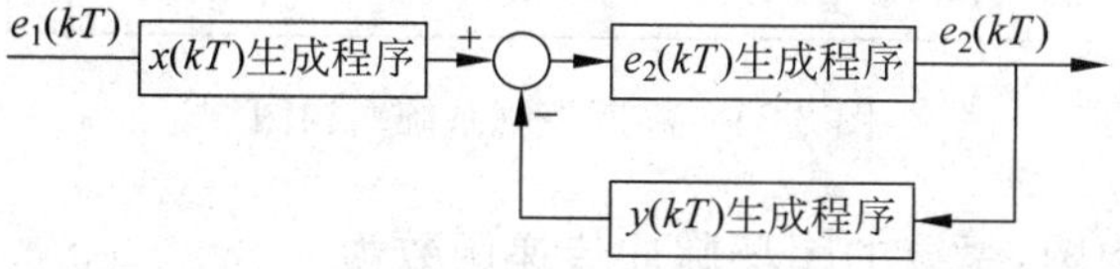

图 8-34　程序编制框图

由图 8-34 可知

$$e_2(kT)=x(kT)-y(kT),\quad x(kT)=\sum_{i=0}^{m}b_ie_1[(k-i)T]$$

$$y(kT)=\sum_{i=0}^{n}a_ie_2[(k-i)T]$$

例 8-17　已知一个数字控制器的脉冲传递函数为

$$D(z)=\frac{0.543(1-0.368z^{-1})(1-0.5z^{-1})}{(1-z^{-1})(1+0.717z^{-1})}$$

试用直接程序法编写其脉冲传递函数实现程序的表达式。

解　由已知

$$\begin{aligned}E_2(z)=&\ 0.543E_1(z)-0.471z^{-1}E_1(z)+0.0999z^{-2}E_1(z)\\&+0.283z^{-1}E_2(z)+0.717z^{-2}E_2(z)\end{aligned}$$

对上式取 z 反变换,得到

$$e_2(kT)=0.543e_1(kT)-0.471e_1[(k-1)T]+0.0999e_1[(k-2)T]+0.283e_2[(k-1)T]+0.717e_2[(k-2)T]\quad(k=0,1,2,\cdots)$$

式中,$e_2(kT)$就是要编制的程序表达式,它很容易用直接程序法来实现。

8.9 最少拍离散控制系统的分析与设计

最少拍离散控制系统,是指在指定输入下快速响应,且无稳态误差的离散控制系统,即这种系统在某一典型输入信号(例如单位阶跃信号、单位斜坡信号或单位抛物线信号)作用下,系统的过渡过程最短,能在极少的几个采样周期(人们通常把一个采样周期称为一拍)内结束过渡过程,并且稳态误差为零,从而实现对输入信号的完全跟踪。因此最少拍离散系统又称为最快响应系统。

8.9.1 最少拍系统的闭环脉冲传递函数

设离散控制系统的结构如图8-35所示,$D(z)$为数字校正装置的脉冲传递函数。系统连续部分与零阶保持器的传递函数为$W(s)$。

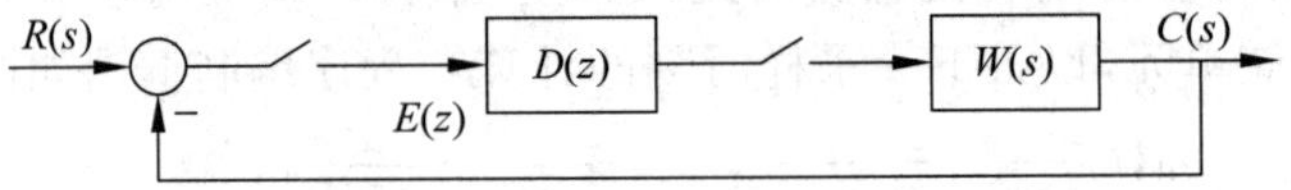

图8-35 离散控制系统结构图

根据系统结构图,系统的闭环脉冲传递函数为

$$W_B(z)=\frac{C(z)}{R(z)}=\frac{D(z)W(z)}{1+D(z)W(z)}\tag{8-69}$$

系统的误差脉冲传递函数为

$$W_e(z)=\frac{E(z)}{R(z)}=1-W_B(z)=\frac{1}{1+D(z)W(z)}\tag{8-70}$$

则误差的 z 变换为

$$E(z)=W_e(z)R(z)=[1-W_B(z)]R(z)=\frac{R(z)}{1+D(z)W(z)}$$

用幂级数展开法可得

$$E(z)=a_0z^0+a_1z^{-1}+a_2z^{-2}+\cdots$$

则

$$e^*(t)=a_0\delta(t)+a_1\delta(t-T)+a_2\delta(t-2T)+\cdots$$

8.9.2 最少拍系统的设计

所谓最少拍系统的设计，是针对典型输入(单位阶跃函数、单位斜坡函数、单位抛物线函数)作用下进行的。这三种函数的 z 变换分别为

$$\mathcal{Z}[1(t)] = \frac{z}{z-1} = \frac{1}{1-z^{-1}} \qquad \mathcal{Z}[t] = \frac{Tz}{(z-1)^2} = \frac{Tz^{-1}}{(1-z^{-1})^2}$$

$$\mathcal{Z}\left[\frac{1}{2}t^2\right] = \frac{T^2 z(z+1)}{2\,(z-1)^3} = \frac{\frac{1}{2}T^2 z^{-1}(1+z^{-1})}{(1-z^{-1})^3}$$

由此，可得到上述典型输入信号的一般表达式为

$$R(z) = \frac{A(z)}{(1-z^{-1})^m}$$

式中，$A(z)$是不含 $(1-z^{-1})$ 因子的 z^{-1} 多项式。

根据最少拍系统的定义，需要求出稳态误差 $e^*(\infty)$的表达式。由于误差信号 $e^*(t)$的 z 变换为

$$E(z) = W_e(z)R(z) = \frac{W_e(z)A(z)}{(1-z^{-1})^m}$$

根据 z 变换的终值定理，离散系统的稳态误差为

$$e^*(\infty) = \lim_{z\to1}(1-z^{-1})E(z) = \lim_{z\to1}(1-z^{-1})\ \frac{A(z)}{(1-z^{-1})^m}W_e(z)$$

为了使系统的稳态误差为零，$W_e(z)$中应包含$(1-z^{-1})^m$ 的因子，即

$$W_e(z) = (1-z^{-1})^m F(z)$$

式中的 $F(z)$为不含$(1-z^{-1})$因子的多项式。为使求出的 $D(z)$最简单，阶数最低，可取 $F(z)=1$。其意义是使 $W_B(z)$的全部极点均位于 z 平面的原点。因此，可以得到

$$\begin{cases} W_e(z) = (1-z^{-1})^m \\ W_B(z) = 1-(1-z^{-1})^m \end{cases}$$

上述两式就是无稳态误差的最少拍控制系统的误差脉冲传递函数和闭环脉冲传递函数。

最少拍系统的设计原则是：若系统广义被控对象无迟延且在 z 平面单位圆上及单位圆外无零极点，要求选择闭环脉冲传递函数 $W_B(z)$，使系统在典型输入作用下，经历最少采样周期后，能使输出序列在各采样时刻的稳态误差为零，从而达到完全跟踪的目的，最后确定出所需要的数字控制器的脉冲传递函数 $D(z)$。

为了针对某一典型输入信号构成最少拍系统，可以从上述设计原则的要求出发，构成对应的最少拍系统的闭环脉冲传递函数 $D(z)$。下面分析几种典型输入信号作用时的情况。

(1) 输入信号是单位阶跃函数,即 $r(t)=1(t)$, $R(z)=\dfrac{z}{z-1}=\dfrac{1}{1-z^{-1}}$,因为 $m=1$,所以

$$W_e(z)=1-z^{-1},\ W_B(z)=z^{-1}$$

$$C(z)=R(z)W_B(z)=\frac{z^{-1}}{1-z^{-1}}=z^{-1}+z^{-2}+\cdots+z^{-n}+\cdots$$

于是

$$c^*(t)=0\cdot\delta(t)+\delta(t-T)+\delta(t-2T)+\cdots$$

(2) 输入信号是单位斜坡函数,即 $r(t)=t$, $R(z)=\dfrac{Tz^{-1}}{(1-z^{-1})^2}$,因为 $m=2$,所以 $W_e(z)=(1-z^{-1})^2$, $W_B(z)=2z^{-1}-z^{-2}$

$$C(z)=R(z)W_B(z)=\frac{(2z^{-1}-z^{-2})Tz^{-1}}{(1-z^{-1})^2}$$

$$=2Tz^{-2}+3Tz^{-3}+\cdots+nTz^{-n}+\cdots$$

于是

$$c^*(t)=0\cdot\delta(t)+0\cdot\delta(t-T)+2T\delta(t-2T)+3T\delta(t-3T)+\cdots$$

(3) 输入信号是单位抛物线函数,即 $r(t)=\dfrac{1}{2}t^2$, $R(z)=\dfrac{T^2z^{-1}(1+z^{-1})}{2(1-z^{-1})^3}$,因为 $m=3$,所以

$$W_e(z)=(1-z^{-1})^3,\quad W_B(z)=3z^{-1}-3z^{-2}+z^{-3}$$

$$C(z)=R(z)W_B(z)=\frac{(z^{-1}+1)T^2z^{-1}}{2(1-z^{-1})^3}(3z^{-1}-3z^{-2}+z^{-3})=$$

$$1.5T^2z^{-2}+4.5T^2z^{-3}+8T^2z^{-4}+\cdots+\frac{n^2}{2}T^2z^{-n}+\cdots$$

于是

$$c^*(t)=1.5T^2\delta(t-2T)+4.5T^2\delta(t-3T)+\cdots$$

最少拍系统在上述输入信号作用下的动态响应 $c^*(t)$ 分别如图 8-36、图 8-37 和图 8-38 所示。

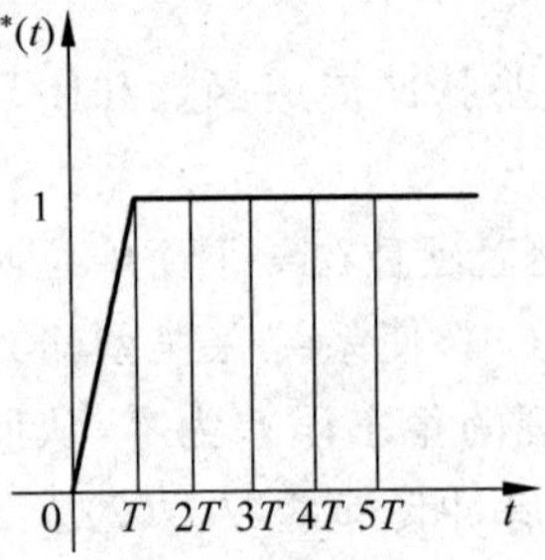

图 8-36 最小拍单位阶跃响应

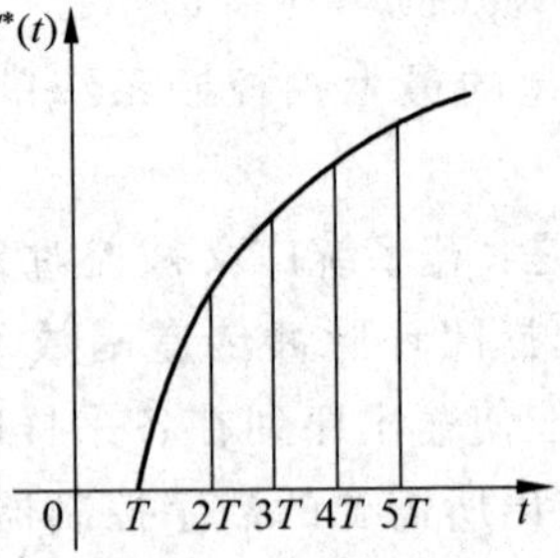

图 8-37 最小拍单位斜坡响应

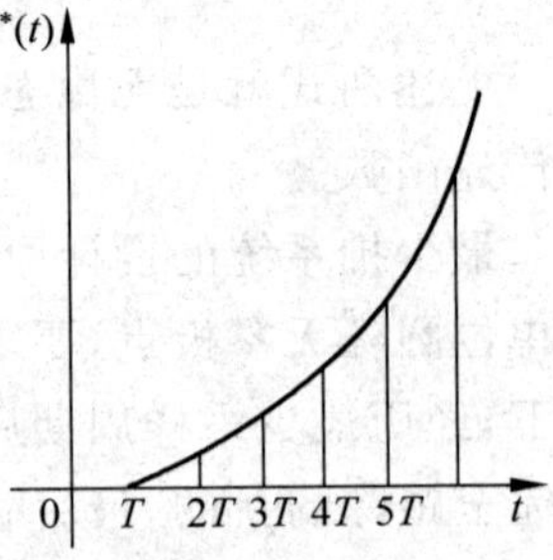

图 8-38 最小拍单位抛物线响应

对不同的输入，相应最少拍系统的闭环脉冲传递函数与过渡过程时间列于表 8-4 中。

表 8-4　最少拍系统的闭环脉冲传递函数与调节时间

输入信号 $r(t)$	$R(z)$	$W_B(z)$	$W_e(z)$	$D(z)$	调节时间 t_s
$1(t)$	$\dfrac{1}{1-Z^{-1}}$	z^{-1}	$1-z^{-1}$	$\dfrac{z^{-1}}{(1-z^{-1})W(z)}$	T
t	$\dfrac{Tz^{-1}}{(1-z^{-1})^2}$	$2z^{-1}-z^{-2}$	$(1-z^{-1})^2$	$\dfrac{z^{-1}(2-z^{-1})}{(1-z^{-1})^2W(z)}$	$2T$
$\dfrac{1}{2}t^2$	$\dfrac{T^2z^{-1}(1+z^{-1})}{2(1-z^{-1})^3}$	$3z^{-1}-3z^{-2}+z^{-3}$	$(1-z^{-1})^3$	$\dfrac{z^{-1}(3-3z^{-1}+z^{-2})}{(1-z^{-1})^3W(z)}$	$3T$

例 8-18　设一个采样系统如图 8-39 所示，已知 $r(t)$ 为单位阶跃函数，采样周期 $T=1\text{s}$。初始条件为 $c(0)=0$。试设计一个控制器 $D(z)$ 使系统为无稳态误差的最少拍系统（$e^{-1}=0.368, e^{-2}=0.136$）。

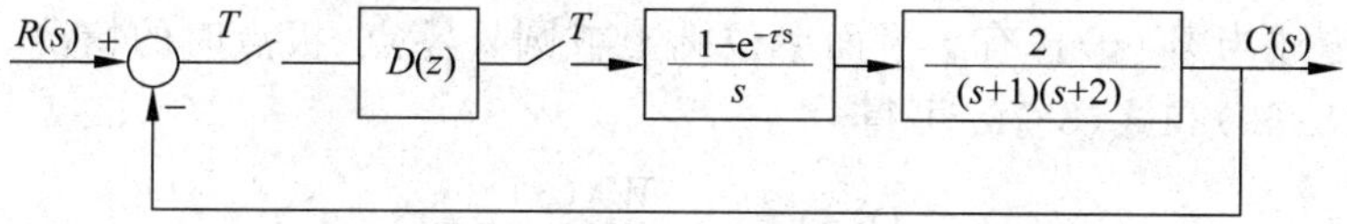

图 8-39　采样系统方框图

解　系统连续部分的传递函数为

$$W(s)=\frac{1-e^{-Ts}}{s}\frac{2}{(s+1)(s+2)}$$

当 $T=1\text{s}$ 时，其 z 变换为

$$W(z)=\frac{0.4(z+0.365)}{(z-0.136)(z-0.368)}$$

由表 8-4 可知，为使系统对单位阶跃输入是无稳态误差的最少拍系统，其闭环脉冲传递函数为

$$W_B(z)=z^{-1}=\frac{1}{z}$$

所以

$$D(z)=\frac{W_B(z)}{W(z)[1-W_B(z)]}=\frac{2.5(z-0.136)(z-0.368)}{(z-1)(z+0.365)}$$

显然，$D(z)$ 是可实现的。

校正后系统输出响应的 z 变换为

$$C(z)=W_B(z)R(z)=\frac{1}{z}\frac{z}{z-1}=z^{-1}+z^{-2}+z^{-3}+\cdots$$

输出响应 $c^*(t)$ 如图 8-40 所示。

该系统在单位阶跃输入作用下，动态过程将在一个采样周期内结束，且在采样时刻的稳态误差为零。

应该注意，按某种典型输入信号设计出的最少拍系统，对其他形式的输入信号来说，其响应不一定理想，例如对校正后的系统改用加速度输入，则系统误差的 z 变换为

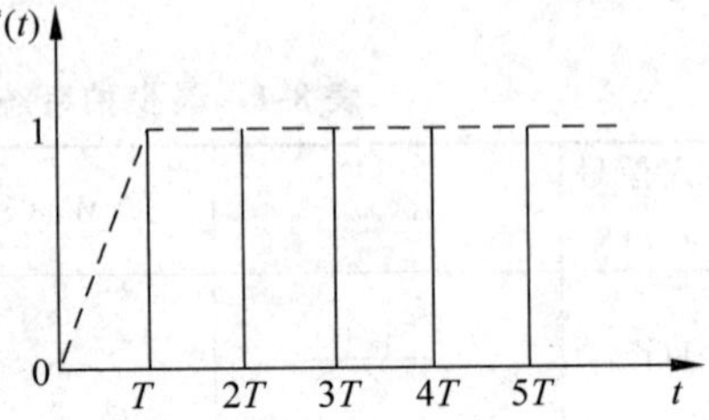

图 8-40　输出响应 $c^*(t)$

$$E(z)=W_e(z)R(z)=[1-W_B(z)]R(z)=(1-z^{-1})\frac{Tz}{(z-1)^2}=\frac{T}{z-1}$$

稳态误差为

$$e_{ss}(\infty)=\lim_{z\to 1}(z-1)E(z)=T$$

以上讨论的最少拍系统的校正方法，以及列入表 8-4 中的基本结论，是当 $W(z)$ 在 z 平面以原点为圆心的单位圆上和圆外均无零点、极点，而且系统不包含滞后环节的情况下得到的。如果不满足这些条件，就不能直接应用相关的结论。

下面论述当 $W(z)$ 含有 z 平面单位圆上或圆外零点、极点时的情况。

由式(8-69)和式(8-70)可得

$$D(z)=\frac{W_B(z)}{W(z)W_e(z)}$$

为了保证闭环采样系统稳定，这里不加证明地给出有关结论：闭环脉冲传递函数 $W_B(z)$ 和 $W_e(z)$ 都不包含 z 平面单位圆上或圆外的极点。此外，$W(z)$ 中所包含的单位圆上或单位圆外的零点、极点也不希望用来补偿 $D(z)$，以免参数漂移会对这种补偿带来不利的影响。这样一来，$W(z)$ 中所包含的单位圆上或圆外的极点只能靠 $W_e(z)$ 的零点来抵消，$W(z)$ 所含单位圆上或圆外的零点则只能用 $W_B(z)$ 的零点来抵消。

综上所述，在 $W(z)$ 包含 z 平面单位圆上或单位圆外零点、极点时，可以按照以下方法选择闭环脉冲传递函数：

(1) 用 $W_e(z)$ 的零点补偿 $W(z)$ 在单位圆上或圆外的极点；

(2) 用 $W_B(z)$ 的零点抵消 $W(z)$ 在单位圆上或圆外的零点；

(3) 由于在 $W(z)$ 中常含有 z^{-1} 的因子，为了使 $D(z)$ 在实际中能实现，要求 $W_B(z)$ 也含有 z^{-1} 的因子。考虑到 $W_B(z)=1-W_e(z)$，所以，$W_e(z)$ 应为包含常数项为 1 的 z^{-1} 的多项式。

例 8-19　已知一个采样系统如图 8-41 所示。要求设计 $D(z)$ 使系统对单位阶跃输入为无稳态误差的最少拍系统。某设计人员设计的 $D(z)$ 满足如下差分方程

$$e_2(k)=e_1(k)-0.21e_1(k-1)+0.002e_1(k-2)-$$

$$1.15e_2(k-1)-0.055e_2(k-2)$$

试问：(1) 上述设计是否正确？

(2) 如果上述设计不正确，请作出正确设计。

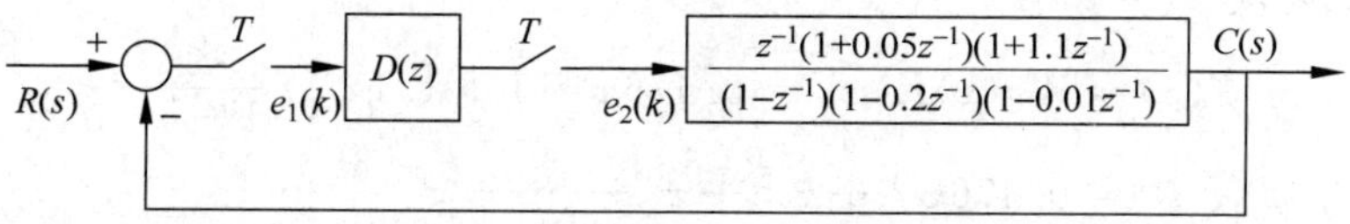

图 8-41　采样系统传递框图

解　对已知 $D(z)$ 满足的差分方程作 z 变换后得

$$E_2(z)=E_1(z)-0.21z^{-1}E_1(z)+0.002z^{-2}E_1(z)-1.15z^{-1}E_2(z)-0.055z^{-2}E_2(z)$$

整理该方程后得

$$D(z)=\frac{E_2(z)}{E_1(z)}=\frac{(1-0.2z^{-1})(1-0.01z^{-1})}{(1+0.05z^{-1})(1+1.1z^{-1})}$$

可见，$D(z)$ 中有一个极点分布在 z 平面上的单位圆外，$D(z)$ 是不稳定的，故该设计是不正确的。

在图 8-41 中，已知

$$W(z)=\frac{z^{-1}(1+0.05z^{-1})(1+1.1z^{-1})}{(1-z^{-1})(1-0.2z^{-1})(1-0.01z^{-1})}$$

因为 $W(z)$ 中含有单位圆外和单位圆上的零点、极点，根据上述结论，系统闭环脉冲传递函数中必须含有 $(1+1.1z^{-1})$ 和 z^{-1} 因子，故设

$$W_B(z)=1-W_e(z)=b_1z^{-1}(1+1.1z^{-1}) \tag{8-71}$$

式中：b_1——待定的常系数。

由式(8-71)可见，误差传递函数 $W_e(z)$ 应是一个不低于二阶的关于 z^{-1} 的多项式。考虑到系统对阶跃输入的稳态误差为零的要求，应有

$$W_e(z)=(1-z^{-1})(1+a_1z^{-1}) \tag{8-72}$$

式中：a_1——待定的常系数。

将式(8-72)代入式(8-71)后得到

$$1-(1-z^{-1})(1+a_1z^{-1})=b_1z^{-1}(1+1.1z^{-1})$$

比较等式两边的系数有

$$\begin{cases}a_1=0.524\\ b_1=0.476\end{cases}$$

所以

$$W_B(z)=0.476z^{-1}(1+1.1z^{-1})$$
$$W_e(z)=(1-z^{-1})(1+0.524z^{-1})$$

于是得到

$$D(z)=\frac{W_B(z)}{W(z)W_e(z)}=\frac{0.476(1-0.2z^{-1})(1-0.01z^{-1})}{(1+0.05z^{-1})(1+0.524z^{-1})}$$

显然$D(z)$是稳定的，且满足物理可实现的条件。由此求出系统的输出响应$c^*(t)$的z变换

$$C(z)=W_B(z)R(z)=0.476z^{-1}(1+1.1z^{-1})\frac{1}{1-z^{-1}}$$
$$=0.476z^{-1}+z^{-2}+z^{-3}+\cdots+z^{-n}+\cdots$$

8.10 用MATLAB进行采样系统分析

8.10.1 z变换和z反变换

在MATLAB中，可以使用ztrans()实现z变换，使用iztrans()实现z反变换，其调用格式如下：

F=ztrans (f)，F是默认独立变量n的关于符号向量f的z变换，在默认的情况下就会返回关于z的函数：F(z)=syssum(f(n)/z^n,n,0,inf)。

f=iztrans(F)，f是默认独立变量z的关于符号向量F的z反变换，在默认情况下，其返回所得到的是关于n的函数。

例 8-20 求函数$F(s)=\frac{(s+3)}{(s+1)(s+2)}$的$z$变换。

解 这类问题应该首先对函数进行拉氏反变换，然后再求z变换。输入以下MATLAB命令：

```
%L0801.m
syms s              %定义符号变量s
x=ilaplace((s+3)/(s+1)/(s+2)); %求给出函数的拉氏反变换
y=ztrans(x)
y=simplify(y) %对结果进行简化
```

运行结果为

```
y = 2*z/exp(-1)/(z/exp(-1)-1)-z/exp(-2)/(z/exp(-2)-1)
```

化简后的结果为

```
y = z*exp(1)*(z*exp(2)-2+exp(1))/(z*exp(1)-1)/(z*exp(2)-1)
```

例 8-21 计算函数$F(z)=\frac{z(1-e^{-aT})}{(z-1)(z-e^{-aT})}$的$z$反变换($T$为采样周期)，并求出其前六项的表达式。

解 输入以下MATLAB命令

```
%L0802.m
syms z a
```

```
y2 = iztrans(z * (1 - exp( - a))/(z - 1)/(z - exp( - a)));  % 进行 z 反变换
y2 = simple(y2)                                              % 对上述结果进行化简
syms n                                                       % 定义符号对象 n
yy = subs(y2,{a,n},{ones(1,6),0: 5}) % 令 a = 1,n = 0,1,2,3,4,5 求取 y2 的前六项
```

z 反变换的结果如下

```
y =
   1 - exp( - a)^n
```

前六项的值为

```
yf6 =
     0     0.6321     0.8647     0.9502     0.9817     0.9933
```

前六项的表达式为

$$F(z) = 0.6321z^{-1} + 0.8647z^{-2} + 0.9502z^{-3} + 0.9817z^{-4} + 0.9933z^{-5} + \cdots$$

8.10.2 连续系统的离散化

在 MATLAB 中,可以用 c2dm()函数将连续系统离散化,其调用格式为

```
c2d(num,den,T,Method)
```

其中,T 为采用周期;Method 用来选择离散化方法,Method 的类型分别为(1) 'zoh'(零阶保持器);(2) 'foh'(一阶保持器);(3) 'tustin'(双线性变换法);(4) 'prewarp'(频域法);(5) 'matched'(零极点匹配法),如果省略参数 METHOD 的话,默认为对输入信号加零阶保持器,即'zoh'。

例 8-22 设控制系统的传递函数为 $W(s)=\dfrac{2}{s(s+1)}$,试采用加入零阶保持器的方法将此系统进行离散化,设采样周期为 1s。

解 输入以下 MATLAB 命令

```
% L0803.m
num = [2];
den = [1 1 0];
w = tf(num,den);
wd = c2d(w,1,'zoh') % 采用加入零阶保持器的方法进行离散化
```

运行结果如下:

```
Transfer function:
  0.7358 z + 0.5285
  ----------------------
  z^2 - 1.368 z + 0.3679
Sampling time: 1
```

8.10.3 采样控制系统的时域分析

1. 采样系统的单位阶跃响应

线性离散系统的过渡过程通常用典型信号作用下系统的响应来表示,如采用单位阶跃响应、单位斜坡响应等来分析系统的动态性能,离散系统中所研究的是过渡过程中采样时刻上的离散信号。

MATLAB 中绘制离散系统的单位阶跃响应可以用 dstep()函数实现,具体的调用格式为

```
dstep(num,den)
```

例 8-23 已知采样系统的闭环传递函数为 $W_{B}(z)=\dfrac{0.368z+0.264}{z^{2}-z+0.632}$,设采样周期为 $T=1$s,试求系统的单位阶跃响应。

解 输入以下 MATLAB 命令

```
%L0804.m
num=[0.368 0.264];
den=[1 -1 0.632];
g=tf(num,den,1)
dstep(g.num,g.den)
```

采样系统的传递函数表达式为

```
Transfer function:
  0.368 z + 0.264
  ---------------
  z^2 - z + 0.632
Sampling time: 1
```

离散系统的单位阶跃响应曲线如图 8-42 所示。由图 8-42 可以写出系统的单位阶跃响应输出:

$$x_{c}(kT)=0.368\delta(t-T)+\delta(t-2T)+1.4\delta(t-3T)+$$
$$1.4\delta(t-4T)+1.15\delta(t-5T)+\cdots$$

离散系统的性能指标和模型属性与连续系统相同,可用与连续系统相同的方法获得,利用 MATLAB 可以方便地得到系统的性能指标。现用 MATLAB 分析由例 8-23 所得到的系统的性能指标如图 8-43 所示。

由图 8-43 可以清楚地看出该系统的上升时间,峰值时间,超调量以及调节时间等性能指标。

2. 采样系统的稳定性分析

当闭环线性离散系统所有特征方程根的模都小于 1 时,该线性离散系统就

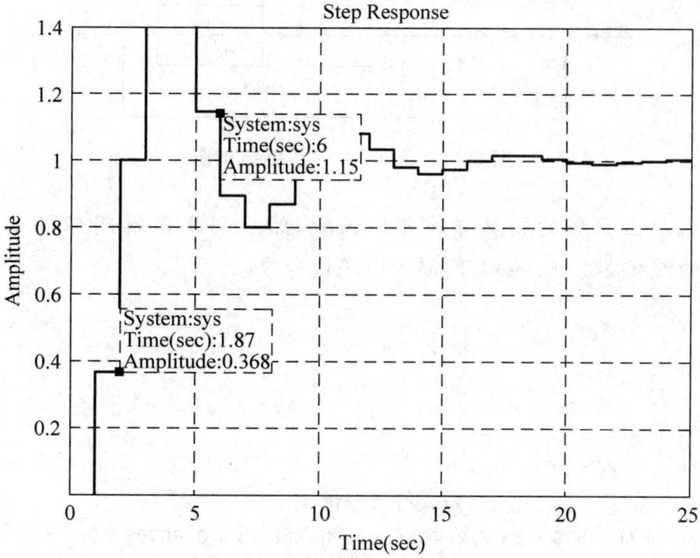

图 8-42　系统的单位阶跃响应图

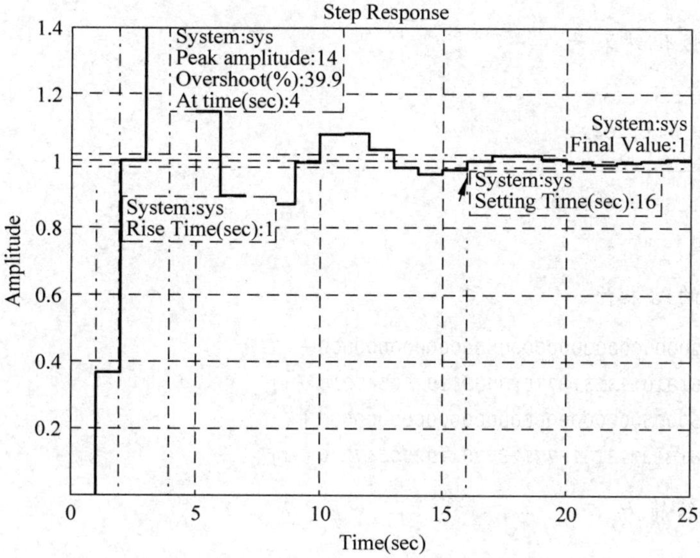

图 8-43　系统单位阶跃响应的性能指标

是稳定的；只要有一个特征根的模值大于或等于 1，该线性离散系统就是不稳定的。

上述结论反映在 z 平面上就是，如果闭环脉冲传递函数的全部极点位于 z 平面上以原点为圆心的单位圆内，则此闭环系统就是稳定的。

例 8-24　判断如图 8-44 所示系统的稳定性，采样时间 $T=1\text{s}$。

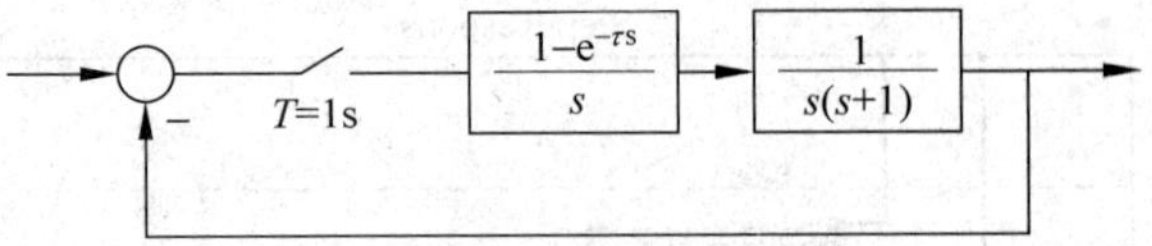

图 8-44 例 8-24 的系统结构图

解 首先求出系统的闭环脉冲传递函数,然后利用求解闭环特征根的方法判断闭环系统的稳定性。输入以下 MATLAB 命令:

```
%L0805.m
num=[1];
den=[1 1 0];
w=tf(num,den);
wk=c2d(w,1,'zoh')
syms z                          %定义符号向量 z
r=solve('1+(0.3679*z+0.2642)/(z^2-1.368*z+0.3679)=0')
                                %求解 1+wk=0 的根
wb=feedback(wk,1,-1);           %求采样系统的闭环脉冲传递函数
pzmap(wb)                       %绘制系统的零极点图
```

连续系统离散化结果为

```
Transfer function:
0.3679 z + 0.2642
---------------------
z^2 - 1.368 z + 0.3679
Sampling time: 1
```

求解特征根的结果为

```
r= [0.50005000000000000000000000000000-
   0.61810193131877528538119250547216*i]
  [0.50005000000000000000000000000000+
   0.61810193131877528538119250547216*i]
```

将结果可以约简为

```
yr =0.5000 + 0.6181i
    0.5000 - 0.6181i
```

由运行结果可以看出,采样时间 $T=1\text{s}$ 时,特征根为 $0.5000\pm0.6181i$,其模小于 1,因此采样系统是稳定的。

通过绘制采样系统零极点图的方式判断此系统的稳定性,运行结果如图 8-45 所示,由图可知,闭环脉冲传递函数的所有极点都在单位圆内部,由 z 平面上的稳定性判据可知,此闭环系统是稳定的。

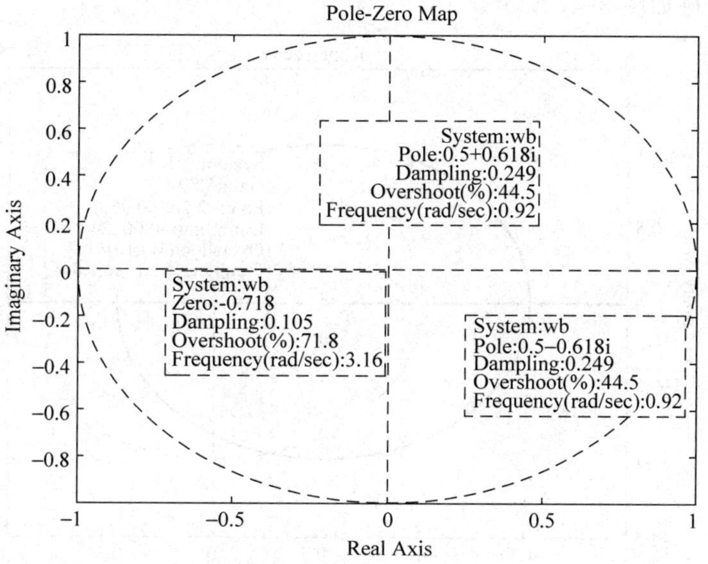

图 8-45　系统的零极点图

例 8-25　已知一个采样系统如图 8-46 所示。其中采样周期 $T=1\text{s}$，求使闭环系统稳定的 k 值范围。

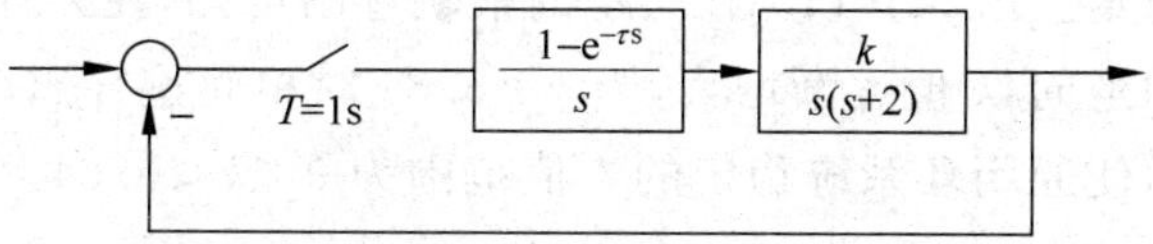

图 8-46　例 8-25 的系统结构图

解　采用绘制系统根轨迹的方法求解 k 值范围，输入以下 MATLAB 命令：

```
%L0806.m
num = [1];
den = [1 2 0];
w = tf(num,den);
wd = c2d(w,1)           %加入零阶保持器将上述系统进行离散化
rlocus(wd)              %绘制上述所得离散系统的根轨迹
```

运行结果如下：

```
Transfer function:
0.2838 z + 0.1485
----------------------
z^2 - 1.135 z + 0.1353
Sampling time: 1
```

绘制的根轨迹如图 8-47 所示。

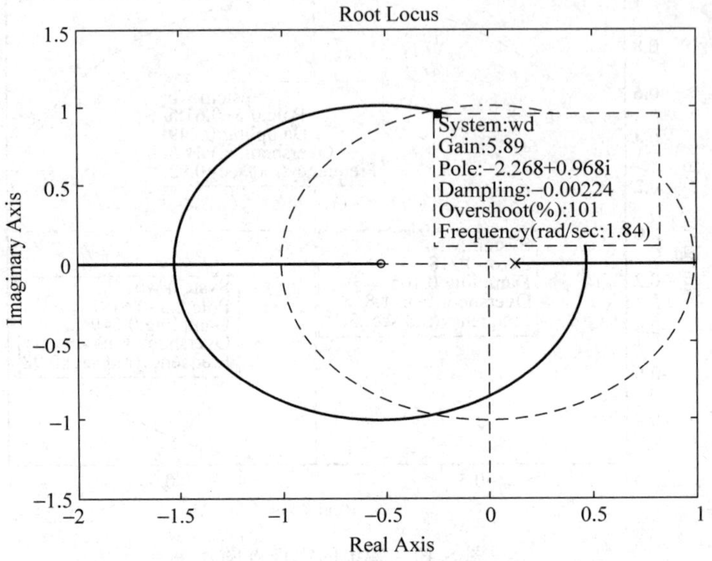

图 8-47 系统的根轨迹图

系统稳定性分析。根据 z 平面上采样系统的稳定判据,当根轨迹到达单位圆外时,系统不再稳定。由 MATLAB 绘得的根轨迹图可知,在开环极点处 k 的值为零,随着根轨迹的走向,k 值逐渐增大,当 $k=5.84$ 时根轨迹穿出单位圆,系统不再稳定。由此可见,使原闭环系统稳定的 k 值范围为 $0<k<5.84$。

8.10.4 采样控制系统的频域分析

采样控制系统同连续控制系统一样,也可以用频率法进行分析,例如绘制系统的奈氏图,给出稳定性结论;绘制系统伯德图,比较直观地分析系统的动态性能和稳态性能。通过 MATLAB 提供的 bode()、nyquist()函数,可以很容易绘制出上述曲线。

例 8-26 已知一个采样系统如图 8-48 所示。其中采样周期 $T=1\text{s}$,当 $k=3$ 和 $k=10$ 时判断系统的稳定性。

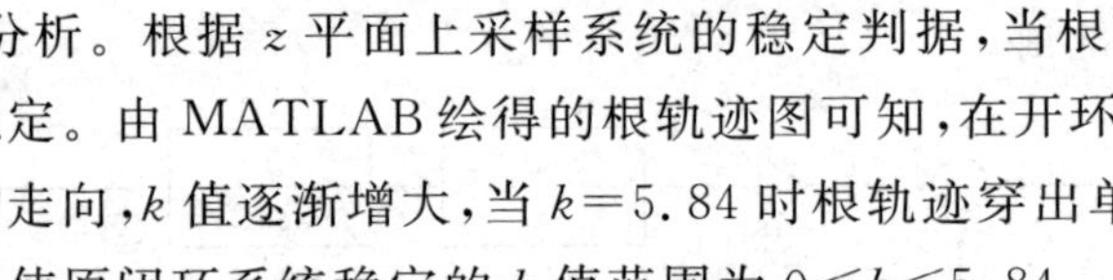

图 8-48 例 8-26 的系统结构图

解　输入以下 MATLAB 命令

```
%L0807.m
num = [3];                  %k = 3 时取 3,k = 10 时取 10
den = [1 2 0];
w = tf(num,den);
wd = c2d(w,1)               %加入零阶保持器将上述系统进行离散化
nyquist(wd)                 %绘制采样系统的奈氏图
bode(wd)                    %绘制采样系统的伯德图
```

运行结果：当 $k=3$ 时，奈氏图如图 8-49 所示，伯德图如图 8-50 所示。由绘制的奈氏图可以看出，曲线不包围(−1,j0)点，由奈氏稳定判据可知，此系统是稳定的；由图示中直接显示的 Closed Loop Stable? Yes，也可直接判定此系统是稳定的。这一结论由系统的伯德图也可以得出。利用其稳定性判定定理，由图 8-50 可知系统是稳定的；由图中直接显示的 Closed Loop Stable? Yes，也可直接判定此系统是稳定的。

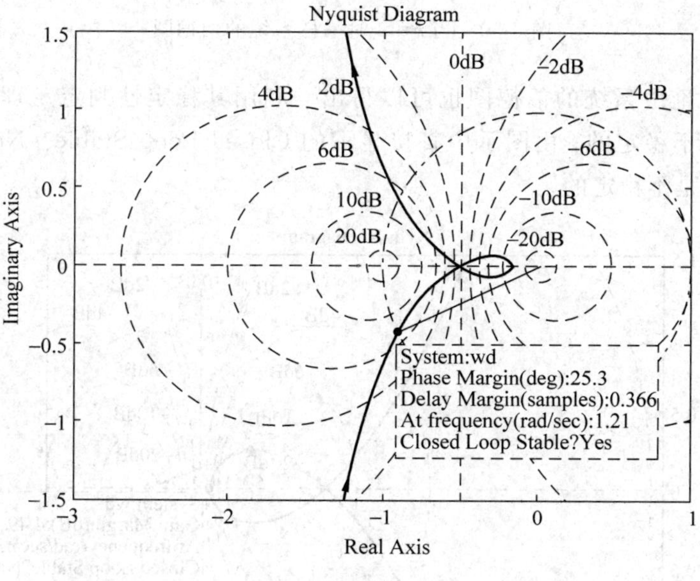

图 8-49　当 $k=3$ 时采样系统的奈氏图

当 $k=10$ 时，运行结果的奈氏图如图 8-51 所示，伯德图如图 8-52 所示。

由绘制的奈氏图可以看出，曲线包围(−1,j0)点，由奈氏稳定判据可知，此系统闭环是不稳定的；由图示中直接显示的 Closed Loop Stable? No，也可直接判定此系统是不稳定的。

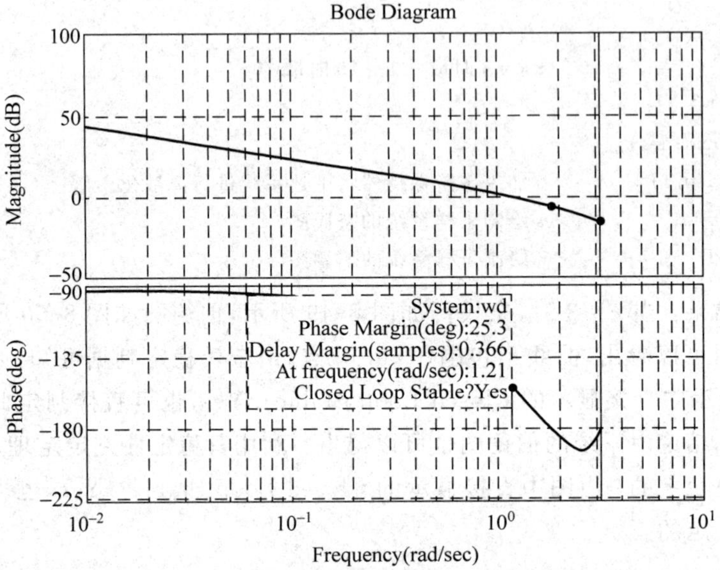

图 8-50 当 $k=3$ 时采样系统的伯德图

这一结论由系统的伯德图也可以得出。利用其稳定性判定定理，由图 8-52 可知系统是不稳定的；由图示中直接显示的 Closed Loop Stable? No，也可直接判定此系统是不稳定的。

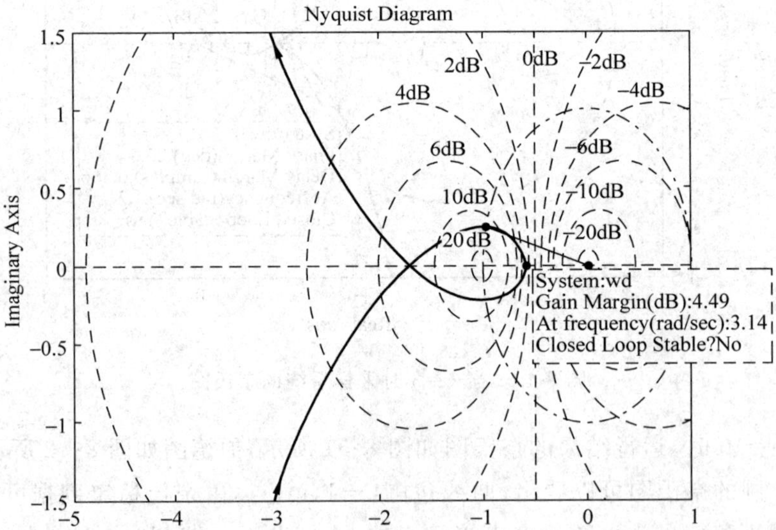

图 8-51 当 $k=10$ 时采样系统的奈氏图

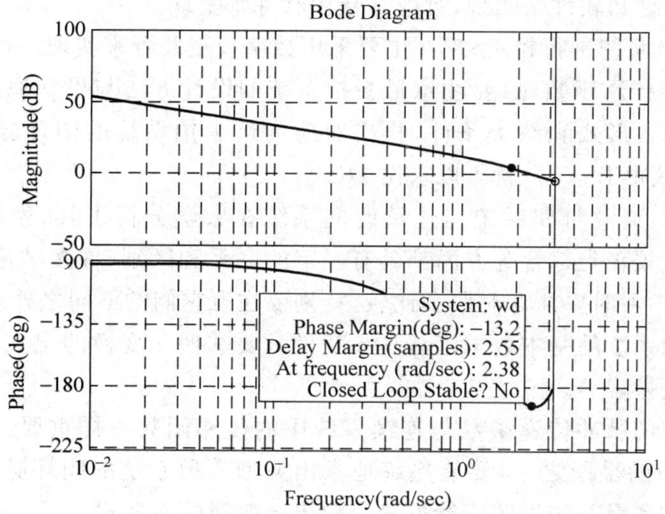

图 8-52　当 $k=10$ 时采样系统的伯德图

小结

由于计算机技术的迅速发展，采样控制系统的应用日益广泛。本章介绍了线性采样控制系统的分析与设计方法，其主要内容是：

1. 为了实现控制目的，必须将连续信号变换为离散的信号，这就是采样。为能不失真地复现连续信号，采样频率必须满足香农采样定理。

2. 理想滤波器能将采样后的离散信号无失真地恢复成连续信号。但实际上不存在理想滤波器，实践中常用零阶保持器来实现信号的恢复。

3. 离散系统的输出在大多数情况下仍是连续信号 $x_c(t)$，为了应用 z 变换来研究问题，$x_c(t)$将虚拟地离散化为 $x_c^*(t)$，借用 $x_c^*(t)$来描述 $x_c(t)$。

4. 在零初始条件下，采样系统(或环节)的离散输出信号的 z 变换与离散输入信号的 z 变换之比即是脉冲传递函数。求系统的脉冲传递函数时应注意各环节间是否设有采样开关。

5. 为了能用代数判据判断系统的稳定性，要经过双线性变换，将 z 域中的特征方程变为 w 域中的特征方程。一旦获得 w 域中的特征方程，不仅在 w 域可用代数判据来判断离散系统的稳定性，而且连续系统中的频率法经稍加修改，也可以推广用于离散系统的分析与综合。

6. 根轨迹法也适用于线性采样系统。

7. 经过双线性变换后，设计校正装置的频域方法也能用于线性离散系统。

8. 虽然采样系统的校正装置也能用模拟电路实现，但现在的采样控制系统多用计算机的硬件和软件来实现,且应尽量用软件来实现。

9. 对离散系统进行校正,现在主要采用数字校正装置来实现。在设计数字校正装置的脉冲传递函数时,要注意最少拍系统的设计方法与设计原则,其关键是根据给定的输入形式和约束条件,找出对应的最少拍系统的闭环脉冲传递函数 $W_B(z)$,一旦获得 $W_B(z)$,就可以求出 $D(z)$。

综上所示,离散时间系统与连续时间系统在数学分析工具、稳定性、动态特性、静态特性、校正与综合等方面都具有一定的联系和区别,许多结论都具有相类同的形式,在学习时要注意对照和比较,特别要注意它们的不同之处。

处理离散系统的基本数学工具是 z 变换。要掌握 z 变换的定义及主要性质,要会使用 z 变换表。

离散系统的脉冲传递函数与连续系统中的传递函数一样重要。它是研究离散系统最有力的手段之一,要能熟练地求出典型离散系统的闭环脉冲传递函数。对一些常见的离散系统框图应能推导出输出 z 变换的表达式。

要掌握 s 平面与 z 平面的对应关系,掌握离散系统的稳定判据及采样周期等参数对稳定性的影响。能对离散系统的动态特性作一般分析,能够根据系统结构特点分析其静态误差特性。

思考题与习题

8-1 离散数据系统由哪些基本环节组成?

8-2 离散数据系统中 A/D、D/A 转换器的作用是什么?

8-3 离散数据系统与连续数据系统有什么区别和联系?

8-4 香农采样定理的意义和作用是什么?

8-5 脉冲传递函数是怎么定义的?它与传递函数有什么区别和联系?求解过程中要注意哪些问题?

8-6 离散系统稳定的条件是什么?

8-7 离散系统的稳定性与什么因素有关?

8-8 采样周期对系统的稳定性有没有影响?

8-9 采样系统的稳态误差怎样求解?

8-10 设计最少拍系统的目的、原则是什么?

8-11 求下列函数的 z 变换。

(1) $f(t)=1-e^{-at}$

(2) $f(t)=\cos\omega t$

(3) $f(t)=te^{-at}$

(4) $f(k)=a^k$

8-12 证明下列关系式。

(1) $\mathcal{Z}[e^{\mp at}f(t)]=F(e^{\pm aT}z)$（$T$ 是采样周期）

(2) $\mathcal{Z}[tf(t)]=-Tz\dfrac{d}{dz}F(z)$

8-13　求下列函数的 z 变换。

(1) $F(s)=\dfrac{1}{s^2}$

(2) $F(s)=\dfrac{(s+3)}{(s+1)(s+2)}$

(3) $F(s)=\dfrac{1}{(s+2)^2}$

(4) $F(s)=\dfrac{k}{s(s+a)}$

(5) $F(s)=\dfrac{e^{-nTs}}{(s+a)}$（$T$ 是采样周期）

8-14　求下列函数的 z 反变换。

(1) $F(z)=\dfrac{z(1-e^{-T})}{(z-1)(z-e^{-T})}$（$T$ 是采样周期）

(2) $F(z)=\dfrac{z}{(z-1)^2(z-2)}$

(3) $F(z)=\dfrac{z}{(z+1)^2\ (z-1)^2}$

(4) $F(z)=\dfrac{2z(z^2-1)}{(z^2+1)^2}$

8-15　用 z 变换方法求解下列差分方程，结果以 $f(k)$ 表示。

(1) $f(k+2)+2f(k+1)+f(k)=u(k)$

$f(0)=0,f(1)=0,u(k)=k\quad(k=0,1,2,\cdots)$

(2) $f(k+2)-4f(k)=\cos k\pi$

$f(0)=1,f(1)=0\quad(k=0,1,2,\cdots)$

(3) $f(k+2)+5f(k+1)+6f(k)=\cos\dfrac{k}{2}\pi$

$f(0)=0,f(1)=1\quad(k=0,1,2,\cdots)$

8-16　已知某采样系统的输入输出差分方程为

$$x_c(k+2)+3x_c(k+1)+4x_c(k)=x_r(k+1)-x_r(k)$$

$$x_c(1)=0,x_c(0)=0,x_r(1)=1,x_r(0)=1$$

试求该系统的脉冲传递函数 $X_c(z)/X_r(z)$ 和脉冲响应。

8-17　求图 P8-1(a)所示环节的 z 变换、图 P8-1(b)所示输出的 z 变换。（T 是采样周期）

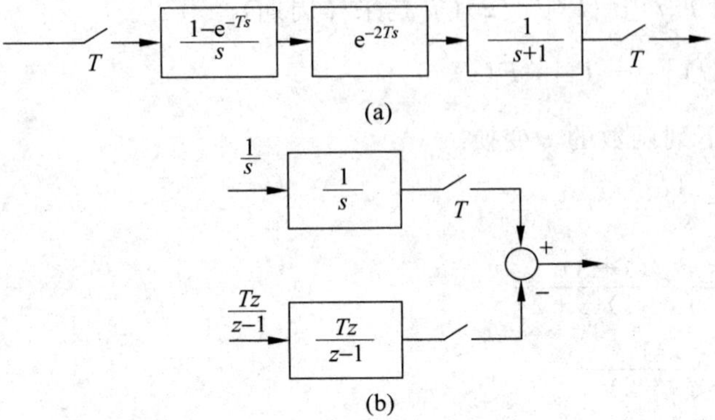

图 P8-1 题 8-17 图

8-18 图 P8-2 所示的系统所有采样开关均为同步采样开关,求该系统的 $E(z)/F(z)$,$X_c(z)/X_r(z)$,其中

$$W_{h0}(s)=\frac{1-e^{-Ts}}{s},\quad W(s)=\frac{2}{s(s+1)}(T=1s)$$

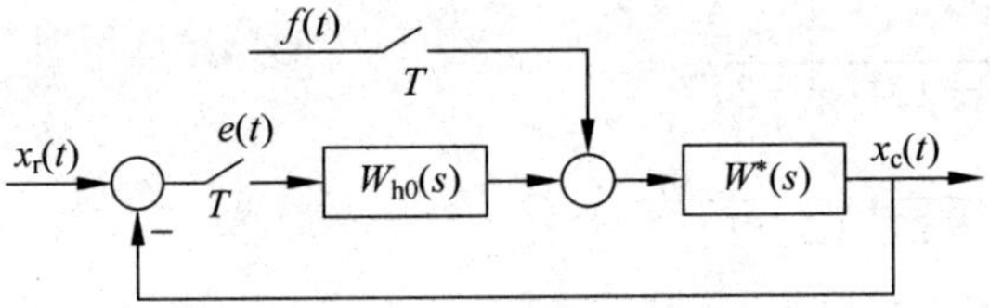

图 P8-2 题 8-18 的系统结构图

8-19 求图 P8-3 所示系统的输出 $C(z)$。

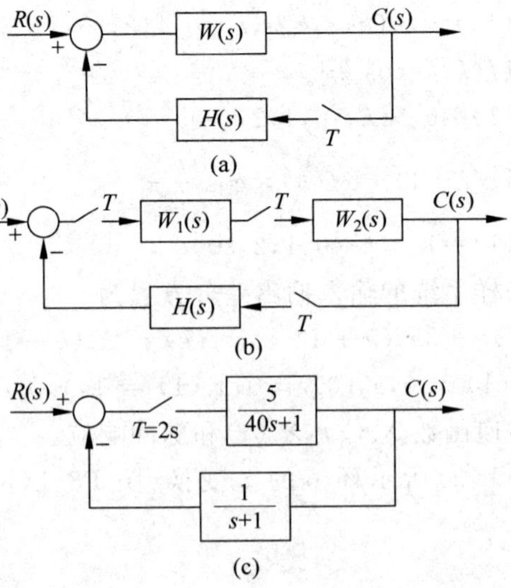

图 P8-3 题 8-19 的系统结构图

8-20 图 P8-4 所示系统，令 $T=1$，要求在 $x_r(t)=t$ 作用下的稳态误差 $e_{ss}=0.25T$，试确定系统稳定时 T_1 的取值范围。

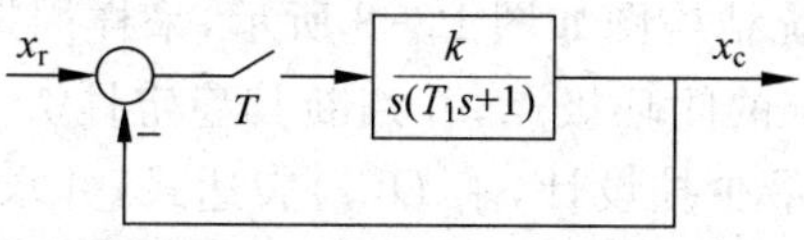

图 P8-4 题 8-20 的系统结构图

8-21 应用稳定判据，分析题 8-20 系统的临界放大系数 k 与采样周期 T 的关系(设 $k>0$，$T_1>0$)。

8-22 已知一个采样系统如图 P8-5 所示，其中采样周期 $T=1\text{s}$，试判断 $k=8$ 时系统的稳定性，并求使系统稳定的 k 值范围。

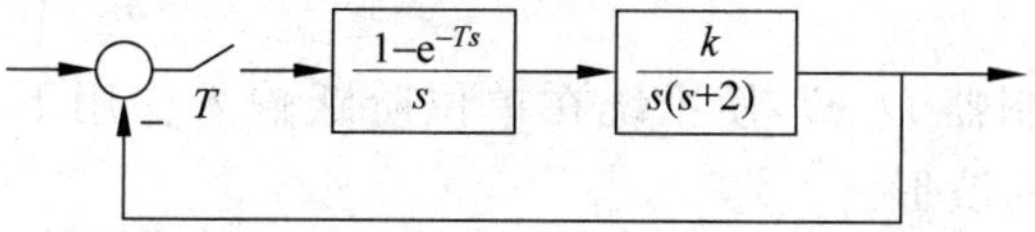

图 P8-5 题 8-22 的系统结构图

8-23 已知图 P8-6 各系统开环脉冲传递函数的零点、极点分布，试分别绘制根轨迹。

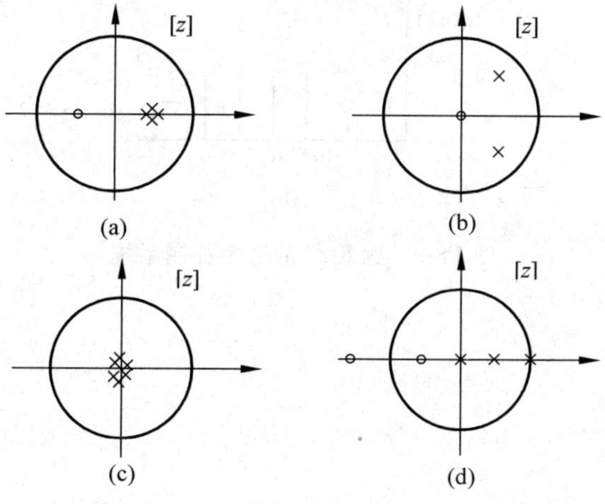

图 P8-6 题 8-23 的系统开环零点、极点分布图

8-24 设图 P8-7 所示采样系统的采样周期 $T=0.5\text{s}$，而 $W(s)=\dfrac{K}{s(s+2)}$，试绘制此系统的根轨迹图，并确定系统稳定的临界增益 K 值。

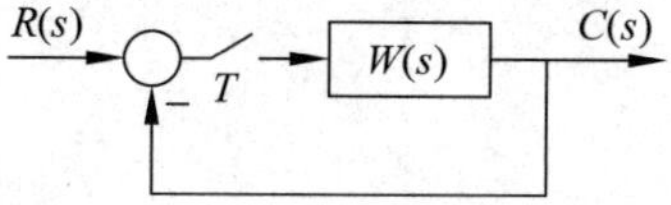

图 P8-7 题 8-24 的系统结构图

8-25 已知一个采样系统如图 P8-5 所示。其中,采样周期 $T=1\text{s}$,试绘制 $W_{h0}W(j\omega_W)$ 的对数频率特性,判断系统的稳定性,求相角裕度 $\gamma(\omega_{W_c})$。

8-26 数字控制系统结构图如图 P8-8 所示,采样周期 $T=1\text{s}$。

(1) 试求未校正系统的闭环极点,并判断其稳定性。

(2) $x_r(t)=t$ 时,按最少拍设计,求 $D(z)$ 表达式,并求 $X_c(z)$ 的级数展开式。

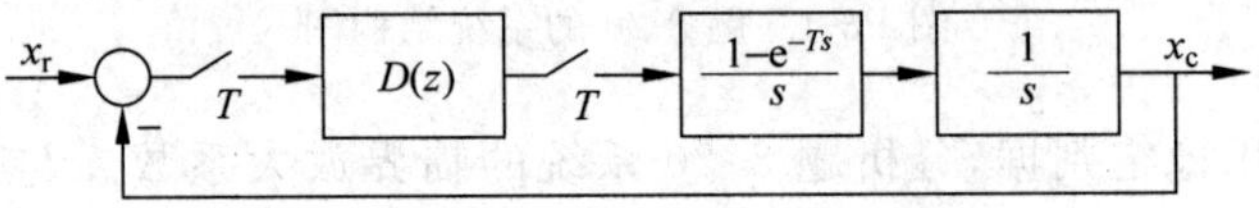

图 P8-8 题 8-26 的数字控制系统结构图

8-27 结构如图 P8-9(a)所示的数字控制系统,其中,$\tau=aT$,a 为正整数,T 为采样周期。

试设计数字控制器 $D(z)$,使系统在单位阶跃输入作用下,输出量 $X_c(nT)$ 满足图 P8-9(b)所示的波形。

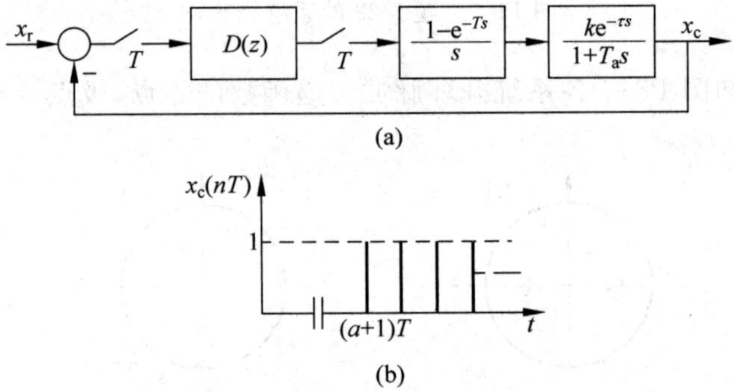

图 P8-9 题 8-27 的数字控制系统

名词术语索引

附录　本书使用的部分 MATLAB 指令

本节将简要介绍书中所用到的 MATLAB 工具箱函数和常用的指令，以方便读者阅读和使用书中有关 MATLAB 的内容，掌握其在自动控制原理课程中的应用。读者可以通过阅读本书相关内容和 MATLAB 所提供的 Help 命令对相关指令进行更深入的了解和学习。

线性连续系统的传递函数为

$$W(s)=\frac{X_c(s)}{X_r(s)}=\frac{b_0s^m+b_1s^{m-1}+\cdots+b_{m-1}s+b_m}{a_0s^n+a_1s^{n-1}+\cdots+a_{n-1}s+a_n}$$

MATLAB 中传递函数由其分子和分母多项式唯一地确定出来。作为一种约定，分子多项式用 num 表示，num$=[b_0,b_1,b_2,\cdots,b_m]$；分母多项式用 den 表示，den$=[a_0,a_1,a_2,\cdots,a_n]$。

1. 常用的通用操作指令

指　令	含　义
cd	设置当前工作目录
clf	清除图形窗口
clc	清除命令窗口的显示内容
clear	清除 MATLAB 工作空间中保存的变量
dir	列出指定目录下的文件和值的目录清单
edit	打开 M 文件编辑器
exit	关闭/退出 MATLAB
quit	关闭/退出 MATLAB
which	指出其后文件所在的目录
help	获取帮助信息

2. 常用绘图函数

指　令	含　义
plot(x,'s')	绘图函数。其中 s 用来设置曲线线型、色彩、数据点标记符号的选项字符串。一般缺省设置为“实线”线型
hold on	使当前轴与图形保持不变，准备在此图上再叠加绘制新的图形
hold off	使当前轴与图形被刷新，不再叠加绘制新的图形
hold	当前图形是否具备被刷新功能的双向切换开关
grid	是否画出分隔线的双向切换指令

续表

指　令	含　义
grid on	画出分隔线
grid off	不画分隔线
subplot(m,n,i)	把图形窗口分割成 m 行 n 列的子窗口,并选定第 i 个窗口为当前窗口
semilogx(x,y)	以 x 轴为对数坐标绘制对数坐标曲线
semilogy(x,y)	以 y 轴为对数坐标绘制对数坐标曲线

3. 常用图形标记

指　令	含　义
title	为图形添加标题
xlabel	为 x 轴加标注
ylabel	为 y 轴加标注
legend	为图形添加图例
text	在指定位置添加文本字符串

4. 模型建立函数

指　令	含　义
[num, den] = parallel(num1, den1, num2,den2)	两个系统的并联连接,连接后的分子、分母多项式分别在 num、den 中
[num,den]=series(num1,den1,num2,den2)	两个系统的串联连接,连接后的分子、分母多项式分别在 num、den 中
[num, den] = feedback(num1, den1, num2,den2,sign)	两个系统的反馈连接,sign 为反馈极小,正反馈为 1,负反馈为 −1(不指明反馈极性,系统自动默认为负反馈)
[numc,denc]=cloop(num,den,sign)	单位反馈系统的闭环形式
sys=tf(num,den)	建立系统传递函数模型

5. 模型变换函数

指　令	含　义
c2d(num,den,T,Method)	将连续系统离散化。T 为采用周期; Method 用来选择离散化方法,Method 的类型分别为(1)'zoh'(零阶保持器);(2)'foh'(一阶保持器);(3)'tustin'(双线性变换法);(4)'prewarp'(频域法);(5)'matched'(零极点匹配法),如果省略参数 METHOD,默认为对输入信号加零阶保持器,即'zoh'
d2c(num,den,T)	将离散时间系统转换成连续时间系统,T 为采用周期
[z,p,k]=tf2zp(num,den)	将系统传递函数形式变换为零极点增益形式。z 为系统的零点,p 为系统的极点,k 为增益
[num,den]=zp2tf(z,p,k)	将系统零极点增益形式变换为传递函数形式

6. 时域响应函数

指　令	含　义
[y,x,t]=step(num,den)	求连续系统的单位阶跃响应。t 为仿真时间,y 为输出响应,x 为状态响应
[y,x,t]=step(num,den,t) [y,x,t]=impulse(num,den) [y,x,t]=impulse(num,den,t)	求连续系统的单位脉冲响应
[y,x]=lsim(num,den,u,t)	连续系统的仿真。u 为任意的系统输入信号

7. 频域响应函数

指　令	含　义
bode(num,den)	绘制连续系统的开环对数频率特性曲线(Bode 图)
bode(num,den,w)	绘制 Bode 图,w 为用户指定的某一频段矢量
[mag,phase,w]=bode(num,den)	把系统的频率特性转变成 mag、phase 和 w 三个矩阵,在屏幕上不生成图形
[mag,phase,w]=bode(num,den,w) nyquist(num,den)	绘制连续系统的开环幅相频率特性曲线(Nyquist 曲线)
[re,iu,w]=nyquist(num,den)	将系统的频率特性表示成矩阵 re、im 和 w 三个矩阵,在屏幕上不生成图形
[re,iu,w]=nyquist(num,den,w) [gm, pm, wcp, wcg] = margin (num, den)	求增益和相位裕度。gm、wcg 为增益裕度的值与相应的频率,pm、wcp 为系统的相位裕度的值与相应的频率

8. 根轨迹函数

指　令	含　义
[p,z]=pzmap(num,den)	绘制系统的零极点图。z 为系统的零点,p 为系统的极点
rlocus(num,den)	求系统的根轨迹
rlocus(num,den,k)	利用给定的增益矢量 $k(k=0\to\infty)$绘制系统的根轨迹
[r,k]= rlocus(num,den)	返回系统根位置的复数矩阵 r 及其相应的增益向量,而不直接绘制出零极点图
[k,poles]=rlocfind(num,den)	计算给定的根轨迹增益。函数执行后,可在根轨迹图形窗口中显示十字型光标,当用户选择根轨迹上某一点时,其相应的增益由 k 记录,与增益对应的所有极点记录在 poles 中
[k,poles]=rlocfind(num,den,p)	对给定根 p 计算对应的增益k 与 p 以外的其他极点 poles
sgrid	在连续系统根轨迹和零极点图中绘制阻尼系数和自然频率栅格

9. 其他 MATLAB 指令

指　令	含　义
C=conv(A,B)	多项式乘法处理函数，A 和 B 分别表示一个多项式，C 为 A 和 B 的乘积多项式
root(P)	多项式求特征根指令，P 为多项式
[r,p,k]=residue(num,den)	部分分式展开，r 为展开式中的留数，p 为极点，k 为整数项
dcg=dcgain(num,den)	求取系统的稳态误差
F=ztrans (f)	z 变换。F 是缺省独立变量 n 的关于符号向量 f 的 z 变换，在默认的情况下就会返回关于 z 的函数：$F(z)$= syssum(f(n)/z^n,n,0,inf)
f = iztrans (F)	z 反变换。f 是缺省独立变量 z 的关于符号向量 F 的 z 反变换，在默认情况下，其返回所得到的是关于 n 的函数

参 考 文 献

[1] 顾树生主编. 自动控制原理. 第3版. 北京：冶金工业出版社，2001

[2] 绪方胜彦主编. 现代控制工程. 北京：科学出版社，1976

[3] Kuo B C. Automatic Control Systems, 3rd edition, Prentice-Hall. Inc., Englewood Cliffs, New Jersey, 1975

[4] Kuo B C. Analysis and Synthesis of Sampled-Data Control System, Prentice-Hall. Inc., 1963

[5] D'Azzo J J, Houpis C H. Linear Control System Analysis and Design, 2nd edition, McGraw-Hill International Book Company, Tokyo, 1981

[6] Eveleigh V W. Introduction to Control Systems Design, Syrause, New York, 1973

[7] 李友善主编. 自动控制原理. 北京：国防工业出版社，1980

[8] 冯巧玲主编. 自动控制原理. 北京：北京航空航天大学出版社，2003

[9] 邹伯敏主编. 自动控制理论. 北京：机械工业出版社，1999

[10] 吴麒主编. 自动控制原理. 北京：清华大学出版社，1990

[11] 胡寿松主编. 自动控制原理. 修订版. 北京：国防工业出版社，1984

[12] 蔡尚峰主编. 自动控制理论. 北京：机械工业出版社，1980

[13] 孔凡才编. 自动控制原理与系统(第2版). 北京：机械工业出版社，1995

[14] 王建辉主编. 自动控制原理习题详解. 北京：冶金工业出版社，2005

[15] Shinner S M. Modern Control System Theory and Application, Addison-Wesley Publishing, Inc., 1972

[16] Kuo B C. Digital Control Systems, Holt, Rinehart and Winston, Inc., 1980

[17] Thaler G J. Design of Feedback Systems, Naval Postgraduate School Monterey, California, 1973

[18] B. B. 索洛多夫尼柯夫主编. 自动调节原理. 第一分册、第二分册. 北京：水利电力出版社，1957

[19] 刘坤主编. MATLAB自动控制原理习题精解. 北京：国防工业出版社，2004

[20] 黄忠霖主编. 控制系统MATLAB计算及仿真. 第2版. 北京：国防工业出版社，2004

[21] 陈小琳主编. 自动控制原理例题习题集. 北京：国防工业出版社，1982

[22] 汪谊臣主编. 自动控制原理习题集. 北京：冶金工业出版社，1983

[23] 李光泉主编. 自动控制原理. 北京：机械工业出版社，1987

[24] 孙虎章主编. 自动控制原理. 北京：中央广播电视大学出版社，1984

[25] 张晋格主编. 自动控制原理. 哈尔滨：哈尔滨工业大学出版社，2003